光刻技术

（原著第二版）

Optical Lithography: Here Is Why

（Second Edition）

林本坚 著

Burn J. Lin

严天宏 译

化学工业出版社

·北京·

内容简介

本书详细介绍了半导体芯片制造中的核心技术——光刻技术。主要内容包括驱动光学光刻的基本方程和参数的相关知识、曝光系统和成像基础理论、光刻系统组件、工艺和优化技术等；深入分析了光刻技术的发展前景，详述了浸没式光刻与极紫外（EUV）光刻。

本书（第二版）特别融合了作者在研究、教学以及世界级大批量制造方面的独特经验，增加了关于接近式曝光方面的全新内容，同时更新并扩展了曝光系统、成像、曝光-离焦（E-D）法、硬件组件、工艺和优化以及 EUV 光刻和浸没式光刻等方面的资料。

本书可供半导体光刻领域的工程师、管理者以及研究人员阅读，还可作为高校微电子、光学工程、集成电路等相关学科的参考教材。

Optical Lithography: Here is Why, Second Edition, by Burn J. Lin

ISBN 978-1-5106-3995-9

图书在版编目（CIP）数据

光刻技术/林本坚著；严天宏译. —北京：化学工业出版社，2024. 3

书名原文：Optical Lithography：Here is Why (Second Edition)

ISBN 978-7-122-45151-4

Ⅰ. ①光… Ⅱ. ①林… ②严… Ⅲ. ①光刻系统 Ⅳ. ①TN305. 7

中国国家版本馆 CIP 数据核字（2024）第 046539 号

责任编辑：毛振威　　　　装帧设计：史利平

责任校对：王鹏飞

出版发行：化学工业出版社（北京市东城区青年湖南街 13 号　邮政编码 100011）

印　　装：河北尚唐印刷包装有限公司

787mm×1092mm　1/16　印张 23¾　字数 592 千字　2024 年 8 月北京第 1 版第 1 次印刷

购书咨询：010-64518888　　　　售后服务：010-64518899

网　　址：http://www.cip.com.cn

凡购买本书，如有缺损质量问题，本社销售中心负责调换。

定　　价：198.00 元

第二版前言

本书第一版于2010年出版。在光刻领域，11年是很长的一段时间，但书中许多内容仍然经得起时间推移和技术节点进步的考验。下面是我决定更新本书的原因：

1. 这些年来，我感到欣慰的是实现了初衷，使本书适合以下读者：（1）对技术职业发展感兴趣的领域新手；（2）追求更深入技术的、经验丰富的专业人士；（3）渴望拓宽视野的经理和主管。这些读者纷纷表示，本书对他们很有帮助，也会向新读者推荐这本书。通过这个新版本，我希望本书更加有帮助。

2. 自2015年11月从台积电退休以来的三年多时间里，我一直使用本书中的内容讲授“创新光刻”（Innovative Lithography）课程。我的学生给了我灵感和热情来改进和更新本书。

3. 光刻技术的学习、实践和教学都很有趣。我再次感到欣慰的是，我将这些知识保存在一本书中，以便光刻技术的火炬能够传递。

第二版包含以下更新：

第2章，接近式曝光。这是全新的一章。在大学和许多研究实验室，技术人员需要使用更便宜的设备制作掩模图案。因此，尽管关于接近式成像的出版物并不多，接近式曝光仍然非常流行。本书给出了在接触区、近场、中场和远场模拟衍射图像的严格和近似方法，以及这些方法的有效区域。绘制了来自邻近图像的非直观的正胶和负胶图像。还包括了曝光-间距（E-G）图（来自不同作者），用于量化接近式成像。附录提供了我们（我的两个研究生和我）关于确定有效区域的近似方法的扩展性研究。

第3章，曝光系统。为了补充第一版中描述的复制图案的历史和当前曝光系统的覆盖范围，添加了一个细心绘制的分步图解，来说明在步进扫描系统中的掩模和晶圆运动过程，并阐明了投影式曝光系统的成像是镜像，尽管通常印象是只有接近式曝光系统才能产生镜像。

第4章，成像。添加了分辨率比例方程和焦深（DOF）比例方程的推导，以及空间频率、光-光刻胶相互作用和光刻胶图像显影的分析；我几乎完全重写了泽尼克（Zernike）多项式的部分，以便光刻工程师更容易掌握其概念。本章中模拟的部分相干图像亦进行了更新。

第5章，曝光-离焦（E-D）法。这一章是永恒的。我提供了如何构建E-D树的详细说明，并强调了为什么在强度和曝光方面首选对数尺度。引入了“表观曝光——强度的倒数”这一术语，并解释了其在E-D图中的应用。

第6章，硬件组件。关于光刻组件的这一章篇幅很大，我添加了一些具有启发性的光刻胶显影现象的示例，以帮助人们可视化光刻胶显影过程；也扩大了化学放大光刻胶的覆盖范围；还进一步丰富了晶圆、晶圆台和对准系统的内容。

第7章，工艺与优化。这又是很长的一章。我添加了关于离轴照明的、新的、有见地的推导，以及使用冗余数据点提取套刻误差分量的演示，以提高精度。还广泛讨论了多重图案化，并介绍了双重图案化的G规则。

第8章，浸没式光刻。本章延续了第一版对这项技术的全面介绍，并展望其可扩展性及其对半导体技术的影响。给出了分辨率和焦深的最佳比例方程，并阐明了缩小浸没式系统的数值孔径。

第 9 章，极紫外光刻（EUVL）。我几乎完全重写了这一章，这是可以理解的，因为 EUVL 在过去十年中发展迅速。鉴于已经有其他关于 EUVL 的书籍，我确保我的贡献提供了一个有价值的、独特的技术视角。

我省略了关于多电子束（MEB）直写的内容，以便为将来的发展留出了就这一重要主题编写单本书的可能性。最后，在新版中升级了彩色图片。事实上，第二版中的所有图片都更现代化。

我十分感谢我的妻子修慧对第一版和我整个人生的支持。2018 年，在开始本书修订工作之前，我们庆祝了结婚 50 周年纪念日。在我撰写第二版期间，修慧一直是我不可或缺的伙伴，她在我的职业生涯、家庭生活和精神生活中给予了支持。

林本坚

2021 年 6 月

目录

第1章 绪论

光刻在晶圆上产生光刻胶图像。随后的刻蚀、剥离或离子注入工艺在光刻掩模指定的区域被光刻胶图像掩蔽。因此，晶圆上的薄膜材料被选择性地去除或堆积，或者其特性被选择性地改变。除了掩模制作或在晶圆上直写的情况之外，光刻胶图像是通过复制掩模图案产生的。图 1.1 描述了使用成像透镜的掩模复制过程。来自光源的光被聚光器收集以照亮掩模图案。它穿过成像透镜以形成选择性曝光光刻胶的空间像。显影后，产生如图所示的光刻胶图像。图 1.2 显示了从光刻胶到底层薄膜的各种形式的图像转移。使用图案化的光刻胶作为掩模，可以以各向同性或各向异性地刻蚀、剥离、电镀或注入该薄膜。第 4 章将给出这些转移过程的详细描述。

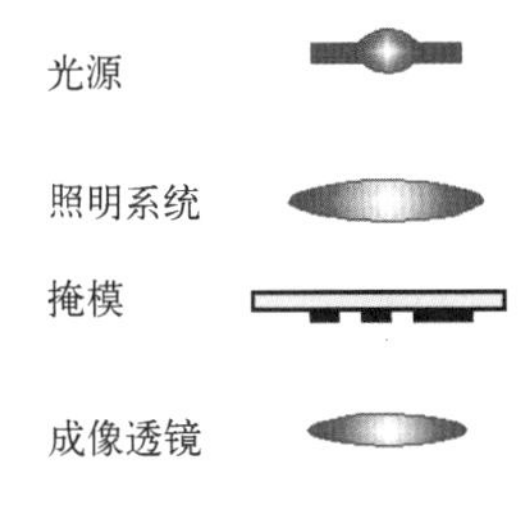

图 1.1 光学光刻技术通过成像透镜复制掩模图案。

图像形成过程是通过由光子、电子或离子组成的携带信息的光束来完成的。光学光刻技术使用光子来完成这个过程，可以使用能量范围从可见光到 X 射线波长的光子。然而，在本书中，考虑的波长在 157nm 和 436nm 之间，以及 13.5nm。这些波长已经全都可用于制造半导体集成电路，除了 157nm，该波长在研发中大量投入学习后被放弃，取而代之的是浸没在液体中的 193nm 波长，获得等效的波长为 134nm。关于 193nm 浸没式（也称浸润式）光刻技术的更多细节将在第 8 章中给出。第 9

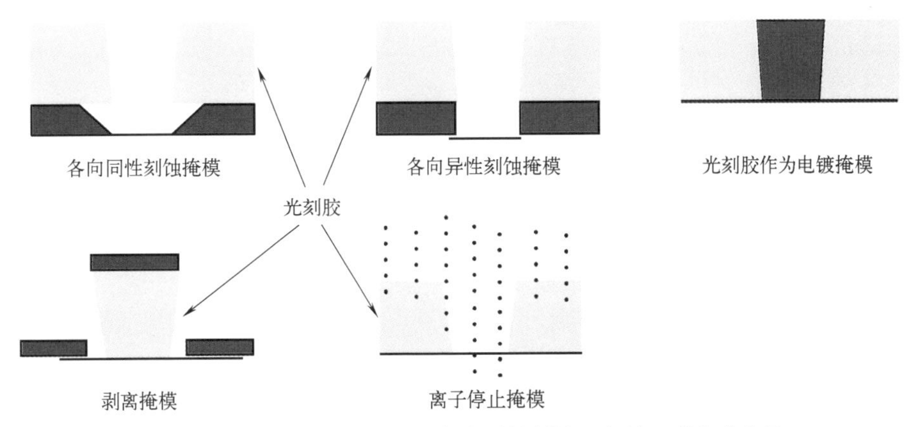

图 1.2 通过各向同性刻蚀或各向异性刻蚀、电镀、剥离或离子注入工艺，将曝光的光刻胶图像转移到下面的薄膜上。

章则介绍已用于制造7nm节点电路的13.5nm极紫外（EUV）光。

本书的目的是通过提供示例而不是操作方法，来介绍光学光刻中每个领域的工作原理。通过这种方式，读者可以理解在特定情况下为什么使用某些技术，以及为什么不使用其他技术。本书的目标是使读者能够更好地具备改进技术和解决问题所需的创新能力。

1.1 光刻在集成电路制造中的作用

光刻工艺是半导体制造技术的一个重要组成部分，因为每个掩模层都需要它。在一个具有4个金属层的典型0.13μm CMOS（互补金属氧化物半导体）集成电路的制造过程中，有474个工艺步骤，使用了超过了30个掩模层，其中212个步骤与光刻曝光相关，105个步骤与使用光刻胶图像的图案转移相关。对于8个工艺节点后的7nm CMOS技术，掩模层数就更多了。与掩模层相关的步骤如下所列。

与光刻曝光相关的步骤：

- 晶圆清洗和涂底漆以提高附着力；
- 在光刻胶涂覆之前和/或之后涂覆抗反射涂层（ARC）；
- 光刻胶涂覆；
- 涂胶后烘焙；
- 曝光/对准；
- 曝光后烘焙（后烘）；
- 光刻胶显影；
- 光刻胶硬化（坚膜）；
- 关键尺寸（CD）测量；
- 对准测量；
- 选择性去除抗反射涂层；
- 剥离抗反射涂层和光刻胶。

图案转移相关步骤：

- 刻蚀；
- 离子注入；
- CD计量；
- 表面准备；
- 电镀。

需要注意，处理步骤的实际顺序和数量将根据特定的掩模层而变化。例如，如果底部抗反射涂层（bottom anti-reflection coating，BARC）是无机的，处于晶圆-光刻胶界面的BARC是在涂底漆和光刻胶涂覆之前被沉积在晶圆上。否则，它被施加在底漆和光刻胶涂覆步骤之间。在后一种情况下，BARC需要额外的烘焙步骤。在光刻胶涂覆和烘焙之后，不论使用或不使用BARC，都可以施加顶部抗反射涂层（top anti-reflection coating，TARC）。另一个烘焙步骤是在应用TARC之后。图1.3显示了一个可能的顺序和这些工艺步骤间的关系。

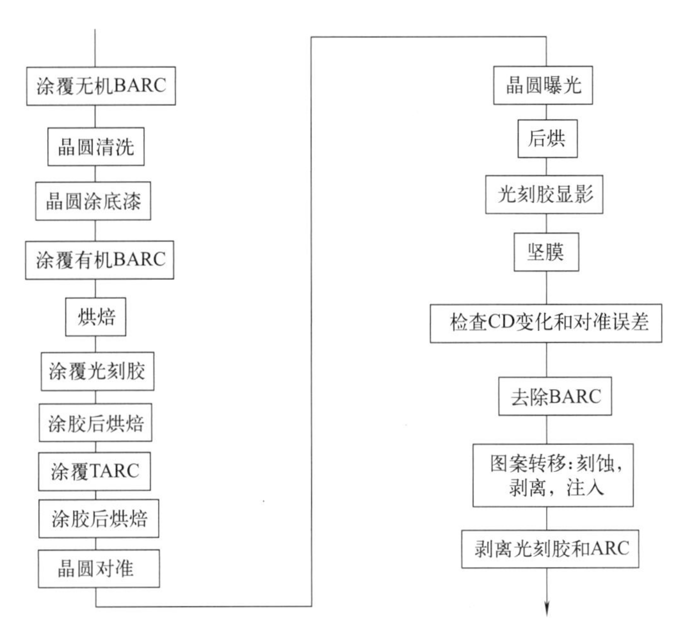

图 1.3　光刻工艺步骤框图。

光刻技术很重要，不仅因为所有的掩模层都需要它，还因为它常常是进入下一个技术节点的限制因素。对于每个节点，最小特征尺寸及其间距都会降低为上一节点的 $1/\sqrt{2}$（约 70%）。这样，电路密度的降低系数为 2。因此，1μm 光刻工艺之后的下一代是 0.7μm，接着是 0.5μm、0.35μm、0.25μm、0.18μm、0.13μm，等等。随着技术的不断进步，节点名称不再由最小特征尺寸来定义。此外，这些名称并不严格遵循 70% 的乘法系数，然而仍遵循类似的趋势，因此，有 90nm、65nm、40nm、28nm、20nm、16nm/14nm、10nm、7nm 的工艺节点。尺度上，不管它是否仍然是前一个节点的固定百分比，都需要提高分辨率和套刻精度，这需要以下各方面的改进：增加数值孔径（numerical aperture，NA）、减小波长（wavelength）、抑制反射、更好的光刻胶、更好的掩模、更高精度的步进控制、更高精度的对准、更小的透镜畸变、更好的晶圆平整度和其他方面。这些性能指标将在接下来的章节中详细讨论。

1.2　光刻的目标

为了使电路可用，电路上制造的特征必须满足一定的标准。最重要的标准是边缘位置控制。芯片上任何给定边缘的位置特征必须在标称位置给定的公差范围内。当边缘位置满足此要求时，线宽（linewidth）和套刻（overlay）控制都得到保持。如图 1.4 所示，其中 L 形特征的六条边中的每一条都必须与

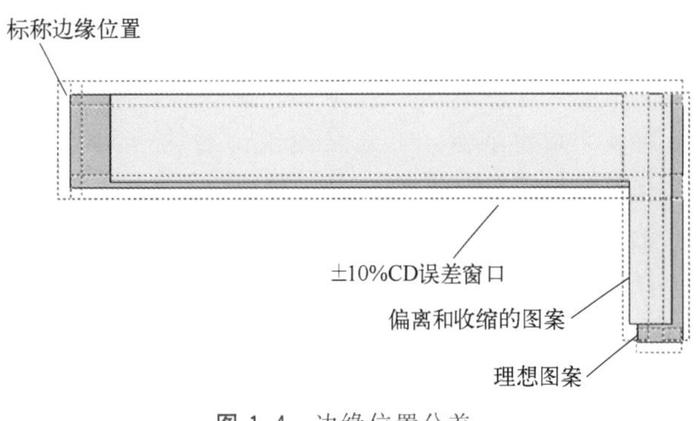

图 1.4　边缘位置公差。

围绕边的六个窗口相适应。由中心线表示的标称位置是边缘的理想位置。特征尺寸或特征位置都会导致偏离理想的边缘位置。虽然分开处理特征尺寸控制和特征定位是方便的，但是它们的组合必须满足最终的边缘放置要求。

1.3 光刻的度量标准

按照上一节中提出的目标，成功的度量标准在于将给定特征边缘保持在其公差内的特征尺寸和位置控制中的工艺窗口大小。特征尺寸控制参数是焦距和曝光剂量，而特征位置参数是对准精度、放大和旋转。所有这些参数都是相互依赖的，并且可以在晶圆曝光期间设置。在这五个参数中，图 1.5 所示的曝光-离焦（E-D）窗口和图 1.6 所示的曝光裕度和焦深（depth of focus，DOF）的相互平衡是最常用的。合并对准、放大和旋转等指标会形成包括套刻精度在内的相关度量参数。这些度量指标将在本书中被充分叙述和广泛使用。

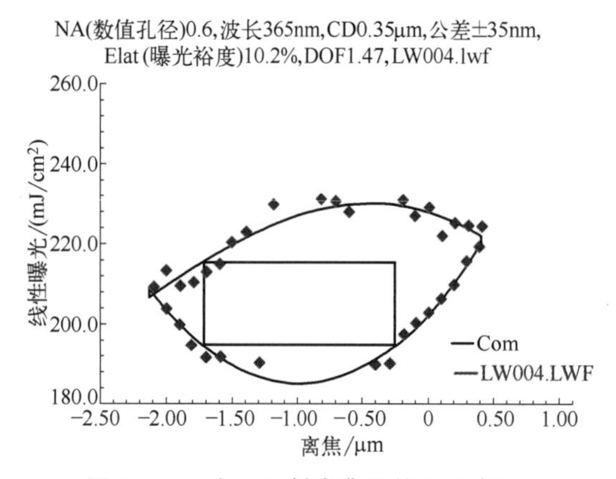

图 1.5　一个 E-D 树中典型的 E-D 窗口。

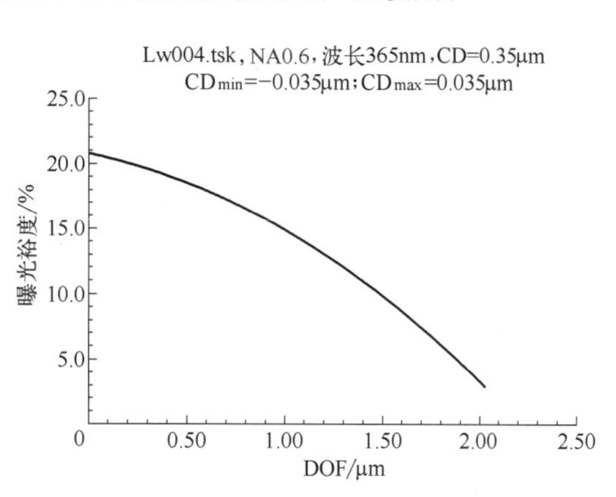

图 1.6　曝光裕度与 DOF 平衡关系曲线。

1.4 本书内容介绍

在接下来的各章中，将涉及曝光系统、成像以及用于接近式曝光（光刻）和投影式曝光的光刻度量标准，接着是光学光刻的硬件组件，以及工艺和优化，然后是浸没式光刻技术和 EUV 光刻技术。

第 2 章包括接近成像的接近式光刻系统，衍射的各种近似有效区域，邻近图像和曝光-间距（exposure-gap，E-G）图。

第 3 章介绍了投影曝光系统：步进重复系统、步进扫描系统、1× 系统和缩小系统。

第 4 章讨论成像，首先是掩模衍射的空间像的形成和通过透镜的像差成像，然后是潜像、光刻胶图像和转移图像的形成。

第 5 章中探讨光刻曝光的度量标准，包括 E-D 树、森林和窗口的基本原理。它们的应用包括使用 CD 公差、光刻胶处理公差、掩模误差以及邻近和投影曝光的组合，在特征的不同切割处，定义不同特征类型和尺寸的公共和单独曝光裕度以及焦深（DOF）。这些度量指标有助于对照理论检查实验、表征透镜像差、量化相移掩模的性能以及指导邻近效应校正。

第 6 章介绍了光学光刻的硬件组成部分，包括光源、照明器、掩模、成像透镜、光刻胶、晶圆、晶圆台和对准系统。

第7章介绍加工工艺和优化问题。加工工艺包括曝光、套刻、光刻胶处理、k_1 降低、光学邻近效应校正和改善关键尺寸（critical dimension，CD）均匀性。优化包括优化数值孔径（NA）和照明相干性、波长、偏置、离轴照明角（off-axis illumination angle）和掩模公差。

第8章阐述了浸没式光刻的理论和实践。

第9章介绍了使用13.5nm波长的EUV光刻，并讨论这项技术能将光学光刻技术延续多久。

第2章 接近式曝光

2.1 引言

集成电路（IC）于1958年发明后不久[1]，光刻技术就被用于将掩模上的设计图案复制到晶圆上。最直观的方法是通过掩模和晶圆的直接接触来复制掩模图案，不需要透镜，视场大小可以和掩模一样大，晶圆甚至不需要精确的聚焦。这种复制技术被称为接触式曝光，但这是一个误称。除非刻意努力实现紧密接触，否则掩模和晶圆仅在它们整个面积的几个点上相互接触。即使实现了紧密接触，因为在掩模和晶圆之间有光刻胶层，掩模距离晶圆仍然有光刻胶的厚度。现实中，紧密接触是不可取的，原因有以下三点。

① 当掩模和晶圆紧密接触时，只要有轻微的接触缺陷，就会形成高对比度的干涉条纹，如图2.1所示。这些条纹使得接触曝光不均匀。

② 掩模和晶圆在紧密接触后变得难以分离。

③ 对掩模和晶圆的损坏是不可避免的。

因此，复制掩模图案的恰当的无透镜方式是接近式曝光，而不是接触式曝光。

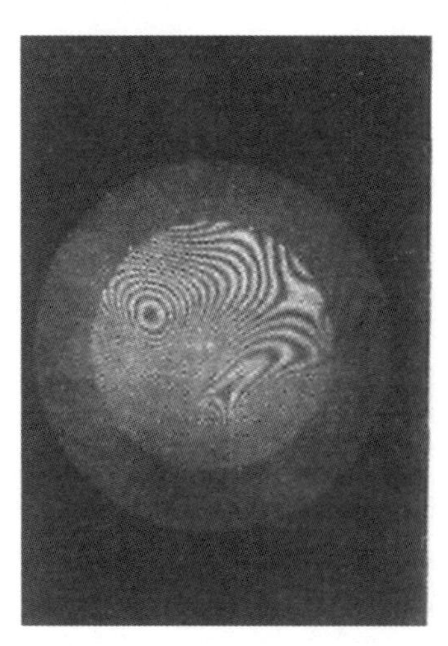
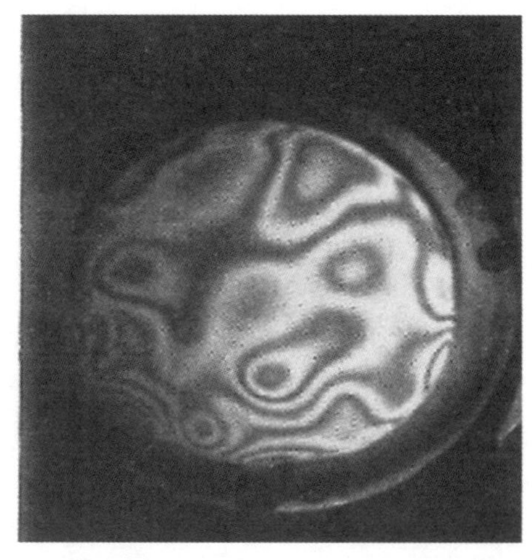

图2.1　当掩模和晶圆紧密但不完全接触时，形成接触条纹。这些条纹使得接触式曝光不均匀。

接近式曝光系统由光源、照明器、掩模、晶圆和晶圆台组成，晶圆台通常通过在掩模上放置间隔物将晶圆保持在离掩模固定距离处。掩模或晶圆被用力压向对方，在它们之间为间隔物（垫片）。该平台还具有用于对准的相对于掩模移动晶圆的装置；由对准观察装置来引导晶圆上的横向定位。图2.2显示了一个接近式曝光系统的示意图。该系统的照明由光源和聚光器组成。掩模和晶圆被保持在它们各自的固定器中，使得掩模的吸收体表面和晶圆的光刻胶表面保持大约20μm的间距。更大的间距会防止对掩模和晶圆的损坏；然而，分辨率随着掩模到晶圆间距的增加而迅速降低。此外，对准观察必须提供两个焦点位置。为了实现这种对准，掩模或晶圆必须相对于另一个横向移动。笔者于1980年在其他地方[2]已经给出了接近式曝光的详细论述。四十年后，人们对接近式曝光有了更多的了解，它仍然在许多实验室中使用。由于意识到它在研究实验室中的重要性，在本章中，笔者提供了这项技术中所包含主题的最新进展。

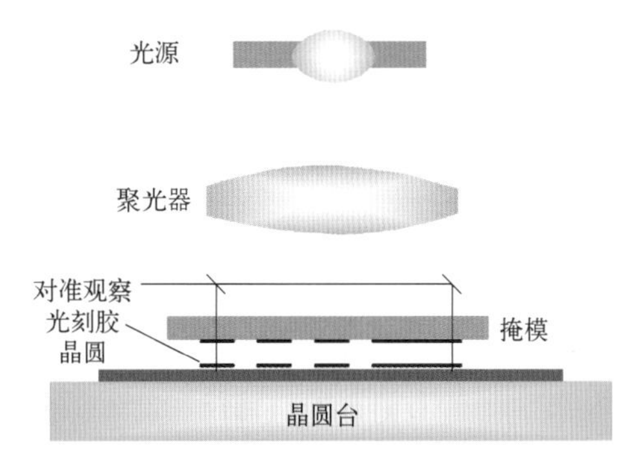

图2.2 接近式曝光系统示意图。

因为这种系统没有成像透镜，所以相对容易改变成像系统的波长。因此，接近式曝光通常是用于筛选潜在备选光刻胶波长缩短方案的先驱[3-6]。这种曝光还能够在绝对不可能使用折射透镜材料的光谱区域进行印刷，例如，在X射线接近式曝光的1nm波长附近。使用的菲涅耳数阈值为3，20μm的间距可以勾画0.25μm的特征，这是X射线接近式曝光声称具有极高分辨率潜力的基础[7,8]。菲涅耳数ν是晶圆接近度的一个指标，具体定义见后面式（2.1）。

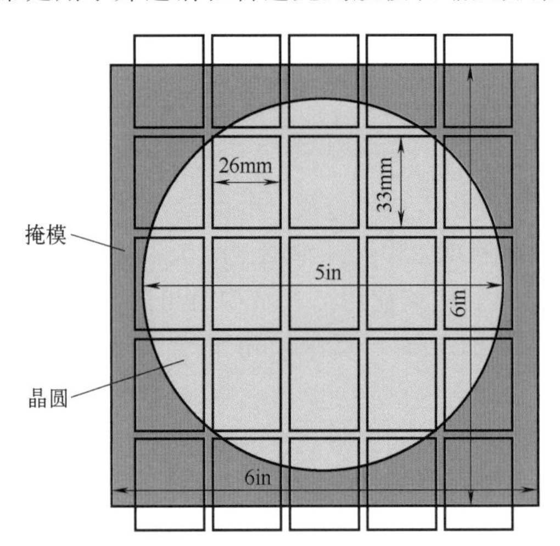

图2.3 接近式曝光和投影式曝光中的视场尺寸。对于接近式曝光，即使在所有边上允许留有0.5in❶的边界，6in×6in的掩模也可以覆盖整个晶圆。对于投影式曝光，需要九个全扫描场加上八个尺寸相当的部分扫描场来覆盖整个晶圆。

接近式曝光的另一个优势是视场尺寸。在接近式曝光中，半导体芯片的尺寸可以是掩模允许的最大尺寸。掩模上的整个可曝光区域都可以是它的视场。然而，在使用4×缩小的投影式曝光中，可能的最大视场尺寸在宽度上受到投影透镜的成像区域限制；在长度上，它被限制为掩模尺寸的1/4。图2.3显示了一个6in×6in的掩模和5in直径的晶圆，来说明这两种曝光中的视场大小。对于接近式曝光，即使在所有边上允许留有0.5in的边界，6in×6in的掩模也可以覆盖整个晶圆。对于投影式曝光，需要九个全扫描场加上八个相当大尺寸的部分场来覆盖晶圆。第3章将详细讨论投影式曝光系统的芯片尺寸和视场尺寸。

接近式曝光的一个独特特征是其焦深（DOF）与工作距离（working distance，WD）“相同”。掩模到晶圆的间距被设计成使晶圆上可接受的邻近图像可以保持在该间距内。因此，DOF处于掩模的吸收体侧和晶圆上表面之间。工作距离是减去光刻胶厚度的DOF。

❶ 英寸，1in=25.4mm。

在接近式曝光制造中，产生的最小特征在近紫外（near UV，NUV）和中紫外为 2μm，在深紫外为 1.5μm，它们的光谱波段分别是 450～350nm、350～260nm 和 260～200nm。选择 UV 的下限波长 350nm，以便包括流行的汞灯 i 线波长 365nm。类似地，深紫外的上限波长 260nm 包括 254nm 的汞灯谱线。

直到 20 世纪 70 年代，UV 接近式曝光才被广泛应用于生产。商用深紫外接近式曝光机（光刻机）直到 20 世纪 70 年代后期至 80 年代初期才出现。大约在那个时候，基于透镜的投影式曝光系统开始在大批量制造中取代接近式曝光，以满足低缺陷数、高分辨率、大工作距离和高套刻精度的需求，该技术的发展在第 3 章中有详细的介绍。今天，商用接近式曝光机仍在实验室和要求不太苛刻的制造环境中使用。

2.2 接近式成像

对于接近式成像，让我们考虑由下式定义的菲涅耳数（Fresnel number）ν：

$$\nu=\frac{W^2}{\lambda G} \tag{2.1}$$

其中，ν 是晶圆与掩模的光学接近度的指标。一个大的 ν 值表示光学上非常接近掩模，会因此以掩模/晶圆损坏为代价，支持更高的分辨率。根据 2.3 节，在给定的条件下，来自掩模的衍射图案被认为与同一个 ν 相同。最小特征尺寸 W、波长 λ 和掩模到晶圆的间距 G 的相互依赖性由 W、λ 和 G 进行折中决定，这时 ν 保持不变。式（2.1）是使用菲涅耳近似从近场衍射方程推导出来的[9]。当菲涅耳数 ν 高于某个阈值时，相对于 λG 而言，特征尺寸的平方被认为是较大的，这表明图像足够接近掩模，使其严格类似于掩模上的图案，并且系统被认为能够获得由此得出的分辨率。例如，在 $\nu=1$，波长为 250nm，间距为 10μm 的情况下，系统可以支持曝光 1.6μm 的特征尺寸。为了严格起见，应该使用 2.5 节中给出的曝光-间距（exposure-gap，E-G）法来确定 ν 的阈值。该方法类似于第 5 章中使用曝光-离焦（exposure-defocus，E-D）法确定 k_1 的可用值。

一个之前的工作[10] 研究了从掩模平面延伸至任意距离的无限长狭缝的衍射。这项研究中的横电（transverse electric，TE）场衍射图案显示了掩模平面中波长的高对比度周期性，如图 2.4（a）所示，其中 3λ 狭缝在传播到两个峰之前的狭缝中具有三峰条纹图案，然后具有逐渐扩散的单峰。图 2.4（b）显示横磁（transverse magnetic，TM）孔径场与平面波入射磁场相同，然后它迅速变成三波纹形状，然后逐渐变成两波纹，然后变成单峰形状，如 TE 的情况。在短至 5λ 的距离处，TE 和 TM 的情况变得非常相似。在该图中可以观察到各自的边界条件。

为了精确地评估衍射图案，需要用由掩模图案定义的一组边界条件来求解麦克斯韦方程组。求解封闭形式的麦克斯韦方程组并不总是可能的。幸运的是，对于接近式曝光，可以对任意图案进行良好的近似。图 2.5 显示了物面 $z=0$ 的坐标，这是掩模所在的位置，还有 (x,y) 所在的任意像面。

传播的波可以表示为

$$E(x,t)=A\cos(kx-\omega t)=A\cos\left[2\pi\left(\frac{x}{\lambda}-\frac{t}{T}\right)\right] \tag{2.2}$$

其中，A 是波的振幅，λ 是波长，T 是周期。

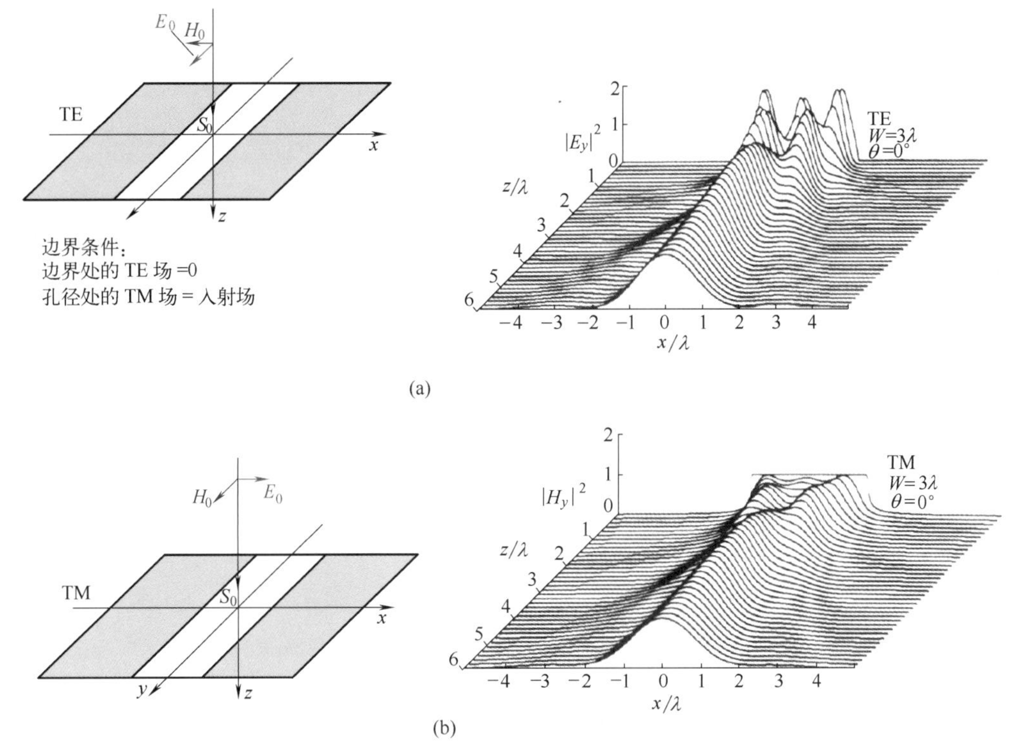

图 2.4　在（a）TE 模和（b）TM 模下垂直入射的近场衍射。掩模上的孔是一个 3λ 宽、无限长的狭缝。

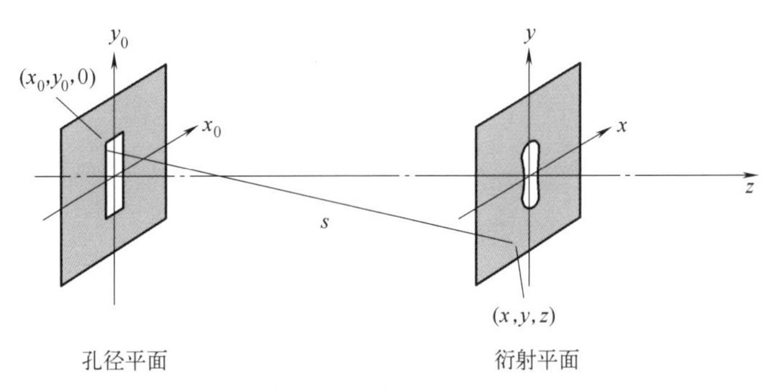

图 2.5　孔径和衍射坐标。

如图 2.6 所示，波开始于 $t=0$。在 $t=T/4$ 之后，波移动了 $\pi/2$。通常与时间相关的部分不会明确地写出来，因为它总是存在的。该波可简单地写为 $A\cos(kx)=A\cdot\mathrm{Re}\,[\mathrm{e}^{\mathrm{i}kx}]$。

对于从点源辐射的波，有

$$E(r)=A\,\frac{\mathrm{e}^{\mathrm{i}kr}}{kr} \tag{2.3}$$

其中，r 是从光源到球面波前的半径。同样，与时间相关的部分没有明确写出。而惠更斯原理指出，任意点 (x,y,z) 处的场可以由给定辐射区域的场（例如图 2.4 所示透光区

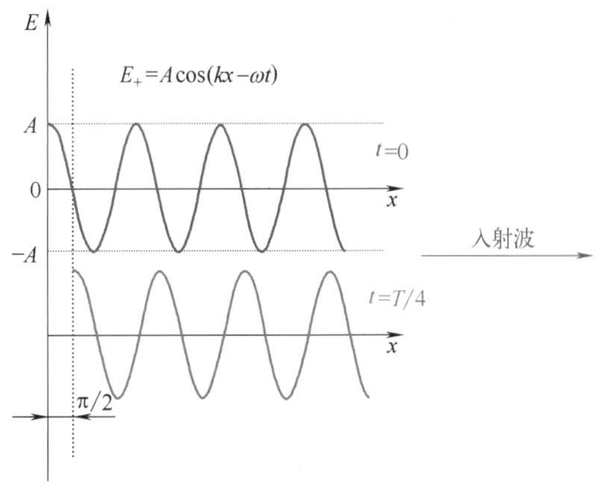

图 2.6　传播中的平面波。

域中 $z=0$ 平面上的孔径区域）来估算：

$$U(x,y,z)=\frac{2\pi}{\lambda^2}\int_{y_{0m}}^{y_{0M}}\int_{x_{0m}}^{x_{0M}}U(x_0,y_0,0)\frac{e^{iks}}{ks}dx_0dy_0,\text{在 } z=0 \text{ 平面上} \tag{2.4}$$

其中，$s^2=(x-x_0)^2+(y-y_0)^2+z^2$，晶圆数 $k=2\pi/\lambda$，而 x_{0m} 和 x_{0M} 分别是 x_0 的最小值和最大值，y_{0m} 和 y_{0M} 类同。

因此，可以将电场分布 $E_y(x_0,y_0,0)$ 代入式（2.4）来评估 $E_y(x,y,z)$。事实上，当场中任何平面上的振幅和相位已知时，任意平面上的场都可以用式（2.4）来评估。

当任何一个给定平面上的场难以计算时，可以使用直观的近似法来评估任意 z 上的衍射场。这种方法包括将场设置为孔径平面上的入射场，其他地方设置为 0，称为物理光学近似法（physical optics approximation，POA）。如图 2.4 所示，TE 孔径场与 POA 孔径场有很大不同。只有在不透明部分 $E_y=0$ 成立。另一方面，TM 孔径场在开口的孔径中拟合 POA，但在不透明部分不为 0。幸运的是，非零场在远离孔径边缘的地方很快接近零。比较 TE 场和 TM 场，在 3λ 无限狭缝开口的情况下，衍射场会聚在 $z\geqslant 5\lambda$ 处。因此，POA 在该区域有效。

验证区域将在下面小节中进行更严格的定义。现在，我们引入更多的近似值，这些近似值利用了我们所感兴趣的 z 通常远大于孔径大小这一事实。由式（2.4），

$$\begin{aligned}s^2&=z^2+(x-x_0)^2+(y-y_0)^2=z^2\left[1+\frac{(x-x_0)^2}{z^2}+\frac{(y-y_0)^2}{z^2}\right]\\ s&=z\sqrt{1+\frac{w_x^2}{z^2}+\frac{w_y^2}{z^2}}=z\left(1+\frac{w_x^2}{2z^2}+\frac{w_y^2}{2z^2}+\frac{w_x^4+w_y^4}{8z^2}+\cdots\right)\end{aligned} \tag{2.5}$$

其中，$w_x^2\equiv(x-x_0)^2$ 和 $w_y^2\equiv(y-y_0)^2$ 截断二次项并在指数中的 s 中超出（因为 $z\gg x$ 和 y），且在分母中使 $s\to z$，则有：

$$U(x,y,z)\cong\frac{2\pi}{\lambda^2}\times\frac{e^{ikz}}{kz}\iint U(x_0,y_0,0)e^{i\pi\left(\frac{w_x^2}{\lambda z}+\frac{w_y^2}{\lambda z}\right)}dx_0dy_0 \tag{2.6}$$

这是菲涅耳近似，也是菲涅耳数的基础：

$$\frac{w^2}{\lambda z}\equiv\text{Fresnel number(菲涅耳数)} \tag{2.7}$$

当 z 取 G 时，掩模和晶圆之间的间距，即式（2.7），变成了式（2.1）。菲涅耳近似是有用的，因为它可以由列表化的菲涅耳积分 $C(X)$ 和 $S(X)$ 来估算：

$$\begin{aligned}\int_0^Y\int_0^X e^{i(x^2+y^2)}dxdy&=\int_0^Y e^{iy^2}dy\int_0^X e^{ix^2}dx\\&=\int_0^Y e^{iy^2}dy\int_0^X(\cos x^2+i\sin x^2)dx\\&=\int_0^Y e^{iy^2}[C(X)+i\,S(X)]dy\end{aligned}$$

当 z 变得更大时，可以进行另一个近似（可产生夫琅禾费近似）：

$$U(x,y,z)\cong\frac{1}{\lambda z}\iint U(x_0,y_0,0)e^{ikz\left(1+\frac{w_x^2}{2z^2}+\frac{w_y^2}{2z^2}\right)}dx_0dy_0$$

$$=\frac{e^{ikz\left(1+\frac{x^2}{2z^2}+\frac{y^2}{2z^2}\right)}}{\lambda z}\iint U(x_0,y_0,0)e^{ikz\left(\frac{x_0^2}{2z^2}+\frac{y_0^2}{2z^2}-\frac{xx_0}{z^2}-\frac{yy_0}{z^2}\right)}dx_0dy_0$$

当 z 变得相当大时，可以忽略$\frac{x_0^2}{2z^2}+\frac{y_0^2}{2z^2}$，得到：

$$U(x,y,z)\cong\frac{e^{ikz}}{\lambda z}\iint U(x_0,y_0,0)e^{\frac{-ik}{z}(xx_0+yy_0)}dx_0dy_0 \tag{2.8}$$

这就是夫琅禾费近似（Fraunhofer approximation）。$U(x,y,z)$ 现在是 $U(x_0,y_0,0)$ 的傅里叶变换。夫琅禾费近似是一种远场近似。菲涅耳近似被认为是近场，尽管事实上 POA 可以处理更近的场。

图 2.7 显示了作为菲涅耳数 2～30 和 50 的函数的衍射图案。较小的 ν 表示掩模和晶圆间距 z 较长，或者特征尺寸 W 较小。随着距离变短，峰的数量增加，如图 2.3 所示。然而，对于更大的物理尺寸 W，相似性更接近。也就是说，即使在相同的 ν 下，当 $W=50\lambda$ 时，菲涅耳预测也比 $W=1\lambda$ 时更好。在 2.3 节的讨论之后，这一点将变得显而易见。

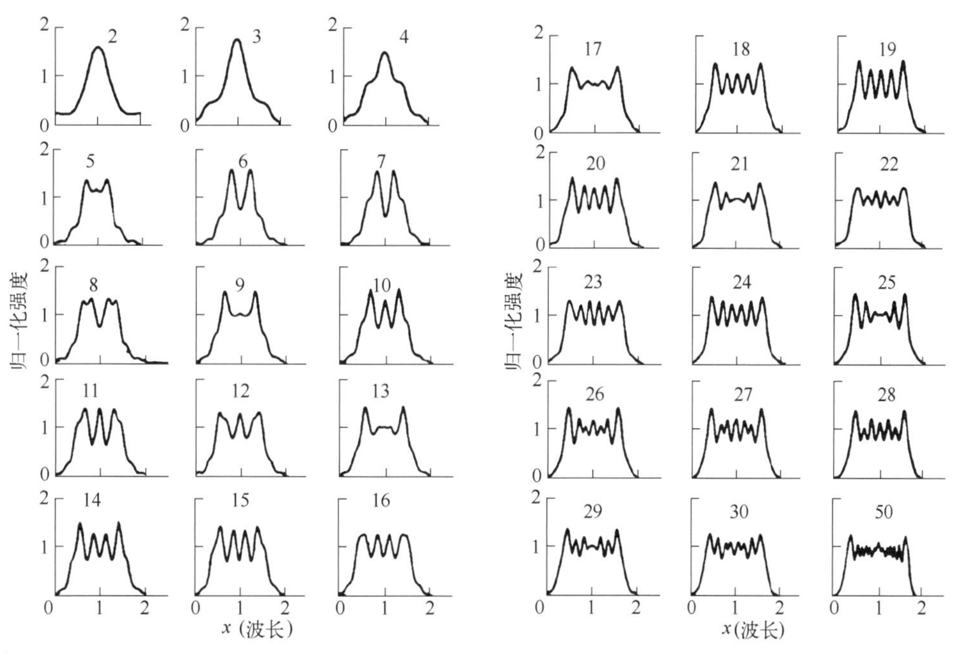

图 2.7 菲涅耳衍射图案。衍射图案上方的数字是根据式（2.1）将 W 和 z 组合的菲涅耳数。注意，x 坐标以波长 λ 被归一化。

对于接近式曝光，$\nu=1\sim3$ 是常用的情况。在 $\nu=51$ 时，晶圆距离掩模太近。下面以 $\lambda=254$nm 的深紫外接近式曝光为例。对于 $\nu=1$，为了曝光 0.5μm 的特征，仅允许 1μm 的间距。这个间距必须包括光刻胶厚度。因此，晶圆和掩模之间紧密接触，光刻胶位于其间。由于传播介质完全在光刻胶中，菲涅耳数中的波长应该被校正以匹配光刻胶的折射率。在这种情况下，光刻胶是聚甲基丙烯酸甲酯（polymethyl methacrylate，PMMA），其折射率在 $\lambda=254$nm 时为 1.56。现在 λ 变成了 162.8nm。对于同一 ν，z 向距离现在是 1.535μm。图 2.8 显示了在 1.78μm 厚的 PMMA 光刻胶中的 0.5μm 特征和 0.5μm 的空（space）。因此，我们已经说明了 $\nu=0.86$ 时的接触式曝光。然而，这是在特定的最佳条件下进行的曝光。对于大批量生产，ν 应保持在 1～3。

图 2.8　1.78μm PMMA 中 0.5μm 的人字形特征和相同尺寸的空。

2.3 各种衍射近似的有效区域

POA、菲涅耳近似和夫琅禾费近似有多精确？$\nu=51$、11 和 1.126 的条件分别绘制在图 2.9 至图 2.11 中，使用参考文献［10］中的方法，将菲涅耳近似和 POA 对 TE 和 TM 模的精确解进行比较。图 2.4 显示了它在 3λ 狭缝上的应用。

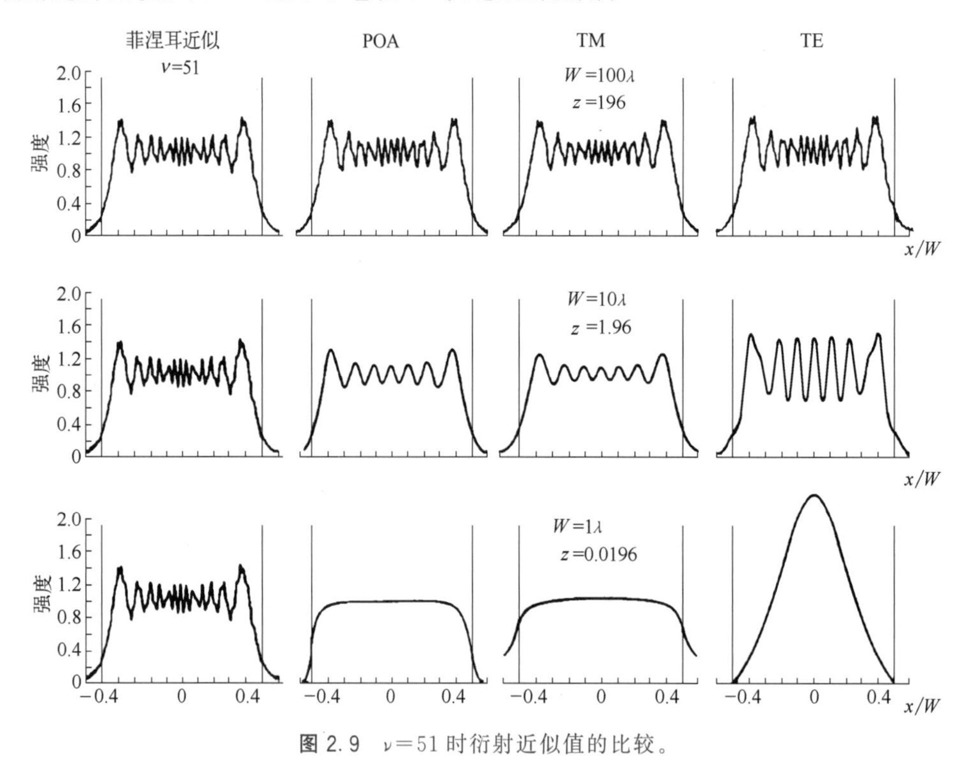

图 2.9　$\nu=51$ 时衍射近似值的比较。

图 2.9 由宽度为 100λ、10λ 和 1λ 的无限狭缝所衍射的 TE、TM 和标量场的图案所组成，所有的 $\nu=51$。在菲涅耳近似下，无论狭缝宽度如何，每个 ν 值都只有一个衍射图案，但是 TE、TM 和 POA 的衍射图案是不同的。在 $W=100\lambda$ 时，TE、TM 和 POA 的衍射图案在视觉上是相同的。除了峰的数量和分布外，菲涅耳衍射图案看起来和其他的一样。在

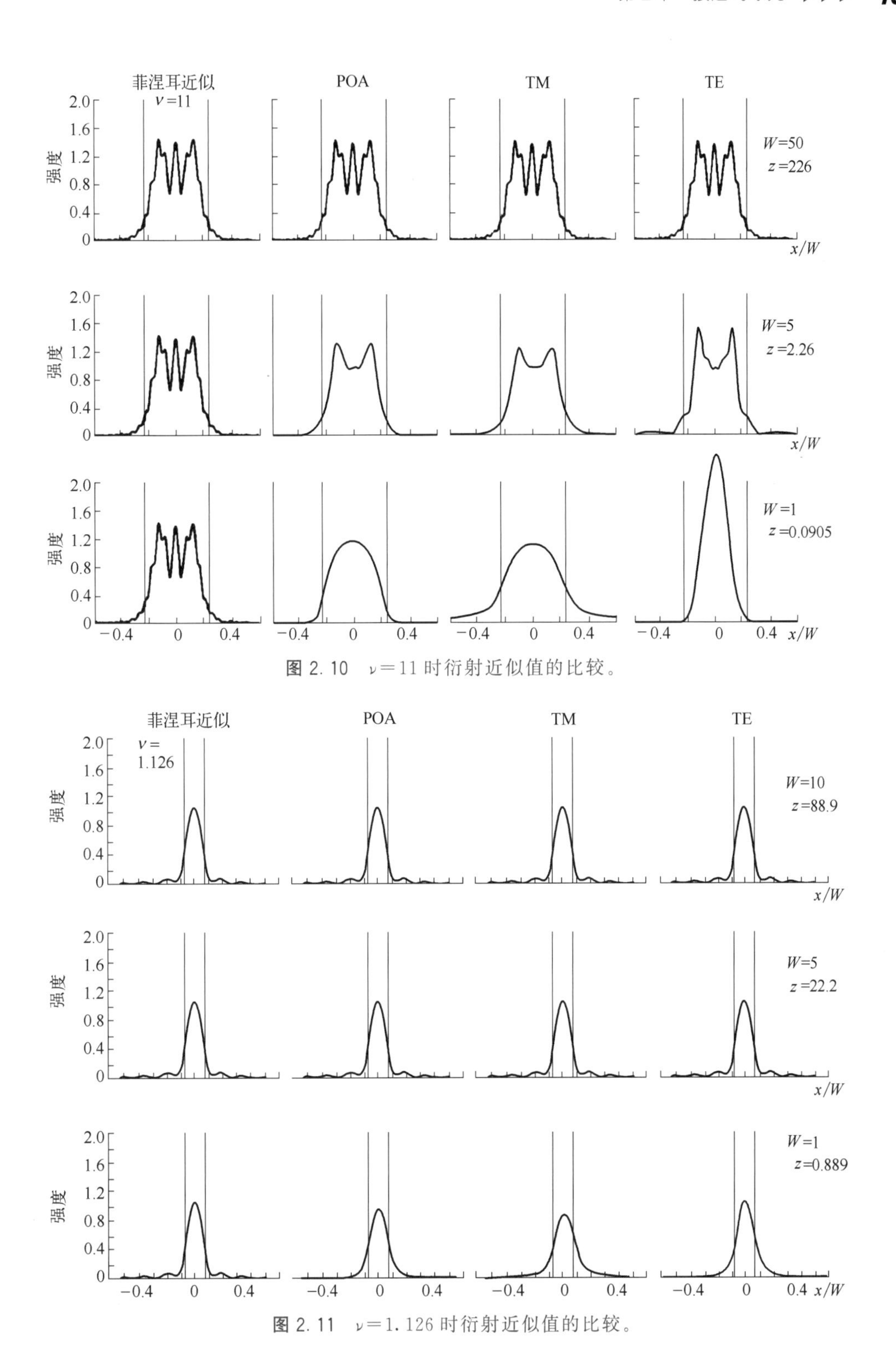

图 2.10　ν＝11 时衍射近似值的比较。

图 2.11　ν＝1.126 时衍射近似值的比较。

$W=10\lambda$ 时，菲涅耳衍射图案与其他类型的衍射图案完全不同。POA 和 TM 相似，但 TM 稍宽，对比度稍低；TE 在边缘处的对比度最高。对于 $W=1\lambda$，POA 和 TM 仍然相似，TM 更宽，但 TE 表现出强烈的聚焦效应。与 POA 相比，TM 在掩模边界外的扩散更大，因为 POA 假定边界外的磁场为零，而 TM 的边界条件允许从孔径场中淡出的磁场与入射磁场相同。

在图 2.10 中，$\nu=11$。在 $W=50\lambda$ 时，所有的衍射图案看起来都是一样的。在 $W=5\lambda$ 时，除了 TE 的对比度稍高外，它们看起来还是一样的。在 $W=1\lambda$ 时，TM 的扩散比图 2.9 中的更多，TE 的聚焦效应甚至更强。

在图 2.11 中，$\nu=1.126$。衍射场足够远，对于 $W=10\lambda$、5λ 和 1λ，在这四种情况下没有太大差别。在 $W=1\lambda$ 时，对于 TE 仅看到稍微尖锐的峰值。

定性而言，ν 值越小，近似越好。在相同的 ν 值下，W 和 z 值越大，近似越好。对于有效区域的定量比较，则使用均方根（RMS）误差：

$$\delta=\sqrt{\frac{\int_{x_1}^{x_2}(F_{\text{approx}}-F_{\text{exact}})^2\,\mathrm{d}x}{x_2-x_1}},\quad \text{其中 } x_2>x_1 \tag{2.9}$$

对于 $2\lambda\leqslant W\leqslant 200\lambda$ 和 $2\lambda\leqslant z\leqslant 1000\lambda$，$\delta$ 值绘制在图 2.12 至图 2.17 的 W-z 空间中。每个参数都用波长归一化。均方根误差分布以对数方式分为多个区域，从 0 到 19 递增。W-z 空间中的每个像素由一种颜色表示。这些区域相距 2.5dB。因此，两个区域的间隔大约相当于均方根误差的 2 倍。均方根误差的百分比与表 2.1 所示的区域数（级数）有关。

表 2.1　区域级数及其对应的均方根误差。

级数	0	1	2	3	4	5	6	7	8	9	10
RMS(%)	0.01	0.02	0.04	0.08	0.16	0.31	0.63	1.25	2.50	5.00	10.00

图 2.12 显示了无限长狭缝的夫琅禾费近似的有效区域，参考了 TE 解。后者的评估依据是索末菲半平面（Sommerfeld half-planes）的综合[10]。我们将 5%作为可接受的 RMS 精度的阈值。这里 $\nu=1.126$、11 和 51 的线分别在图 2.12 至图 2.17 的 W-z 坐标下进行了绘制。在 $\nu=1.126$ 的线右边的一条对应于 $\nu=1.67$ 的红线，是 $\delta=5\%$的边界。在这条红线的右边，均方根误差超过 5%。因此，在 $\nu>1.67$ 时，夫琅禾费近似法的 RMS 精度不合格。在 $\nu<1.67$ 的区域是可以接受的。这证实了直觉，RMS 误差在沿着恒定 W 线的较大 z 值处减小，并且类似地在沿着恒定 z 值线的较小 W 值处减小。强度等值线波动，表明 RMS 误差不是 W 的平滑函数，因为 TE 情况下的边界条件与导致夫琅禾费近似的 POA 假设非常不同。在图 2.17 中显示了所有均方根误差后，这一概念将进一步被讨论。

图 2.13 显示了夫琅禾费-TM 的有效区域。$\delta=5\%$的区域边界类似于 $\nu=1.67$，红线的

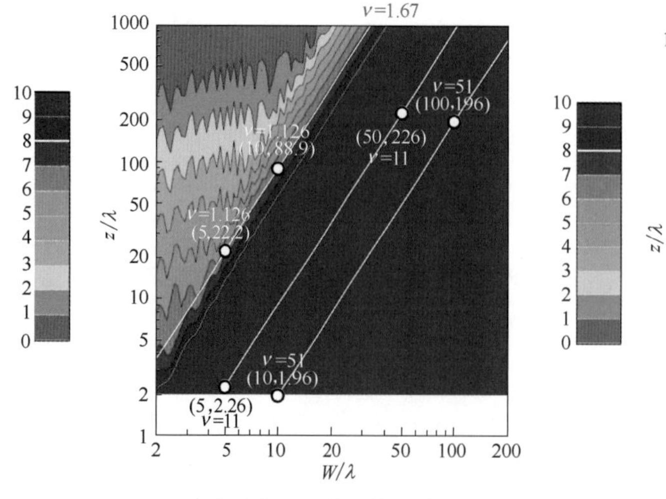

图 2.12　夫琅禾费-TE 的有效区域。

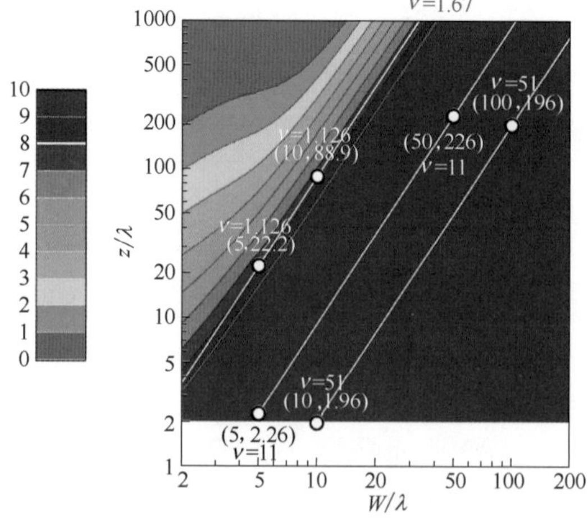

图 2.13　夫琅禾费-TM 的有效区域。

下部略微上移。图 2.14 显示了菲涅耳-TE 的有效区域。现在有一个更大的有效 W-z 区域，因为菲涅耳是比夫琅禾费更好的近似。红线表示 $\delta=5\%$ 的区域的有效性边界。正如在图 2.12 的讨论中所解释的，由于两种方法的边界条件不同，区域边界也是振荡的。然而与图 2.12 不同的是，图 2.14 在 $W>50\lambda$ 时有一个高达 $\nu=51$ 的可用区。

图 2.15 显示了菲涅耳-TM 的有效区域。像夫琅禾费的情况一样，与 TE 模相比，TM 模在低 W 区域有更好的有效性。此外，该图中边界比前面图中的边界更平滑。

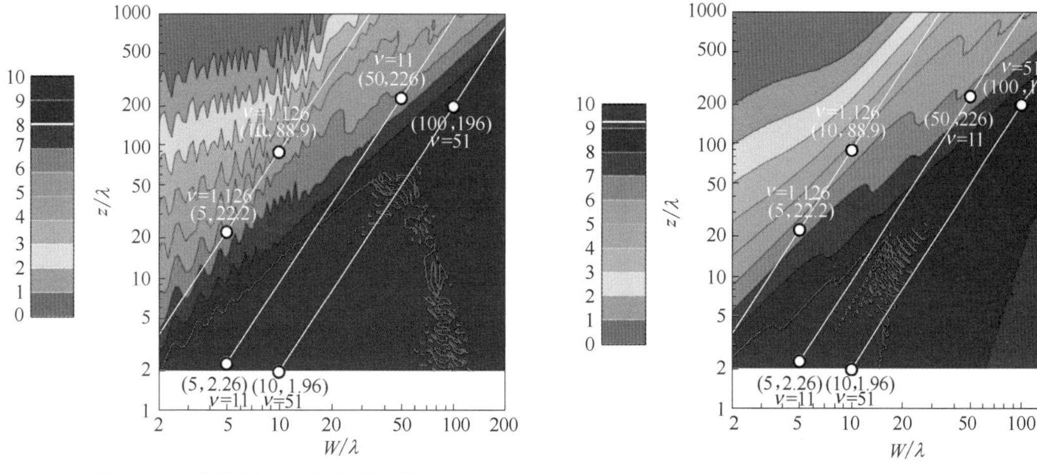

图 2.14　菲涅耳-TE 的有效区域。

图 2.15　菲涅耳-TM 的有效区域。

图 2.16 显示了 POA-TE 的有效区域，图 2.17 显示了 POA-TM 的有效区域。区域边界靠近图的最底部，这意味着 POA 即使在掩模到晶圆的距离非常短的情况下也是有效的。它相当平坦，即 δ 对 W 的变化不敏感。这种效应对于 TM 模甚至更强，与 TM 边界条件一致。在这种情况下，绘图区域内不存在 δ 大于 5% 的区域。

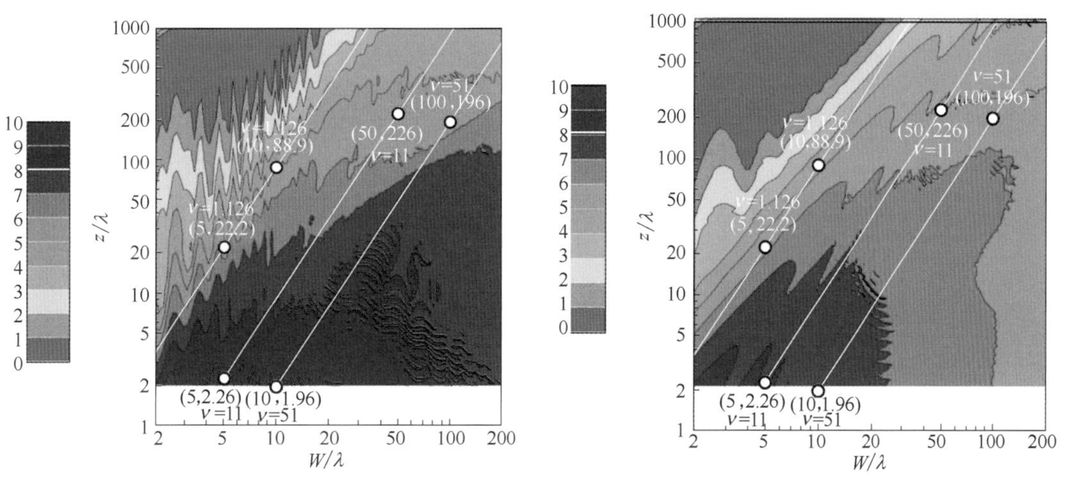

图 2.16　POA-TE 的有效区域。

图 2.17　POA-TM 的有效区域。

我们一直将均方根误差作为近似方法有效性的指标。对于光刻，人们不需要太关心衍射图案形状的正确性。在相关边缘处，衍射图案的斜率与由衍射图案和给定曝光水平相交产生的 CD 更相关。在图 2.18 和图 2.19 中，CD 取为衍射图案和一半峰值强度的交点。图 2.18（a）是菲涅耳近似的 CD 图，图 2.18（b）是 TE 情况下 E_y 的 CD 图；图 2.19（a）是 E_x 的 CD 图，图 2.19（b）是 H_y 的 CD 图，分别是 TM 情况下的电场和磁场分布。H_y 是横向电场分布，而 E_x 是光刻胶反应的电场分布。在所有情况下，等值线图看起来都很相似。它们都具有接近垂直的截面，直到 z/W^2 比变得非常大。当场分布如此之远以至于衍射图案的峰值非常小，并且衍射图案的对数斜率太低而不实用时，就会出现这种情况。接近垂直的轮廓意味着 CD 对离掩模的距离不敏感。不管是菲涅耳、TE 还是 TM 的情况，$\nu=3.7$ 的线都是转折边界。因此，这些线决定了这些近似法的有效性。所以，即使满足所需的均方根精度，也必须检查 $\nu=3.7$ 的边界。

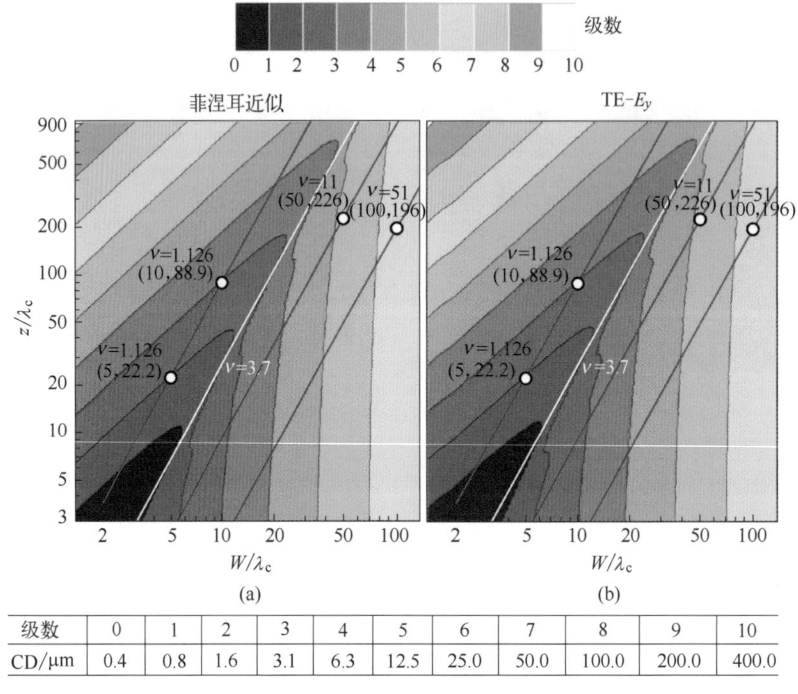

级数	0	1	2	3	4	5	6	7	8	9	10
CD/μm	0.4	0.8	1.6	3.1	6.3	12.5	25.0	50.0	100.0	200.0	400.0

图 2.18 (a) 菲涅耳近似和 (b) TE 精确解（$W=0.5\sim50\mu m$，$z=1\sim50\mu m$，$\lambda_c=365nm$）的 CD 等值线图。

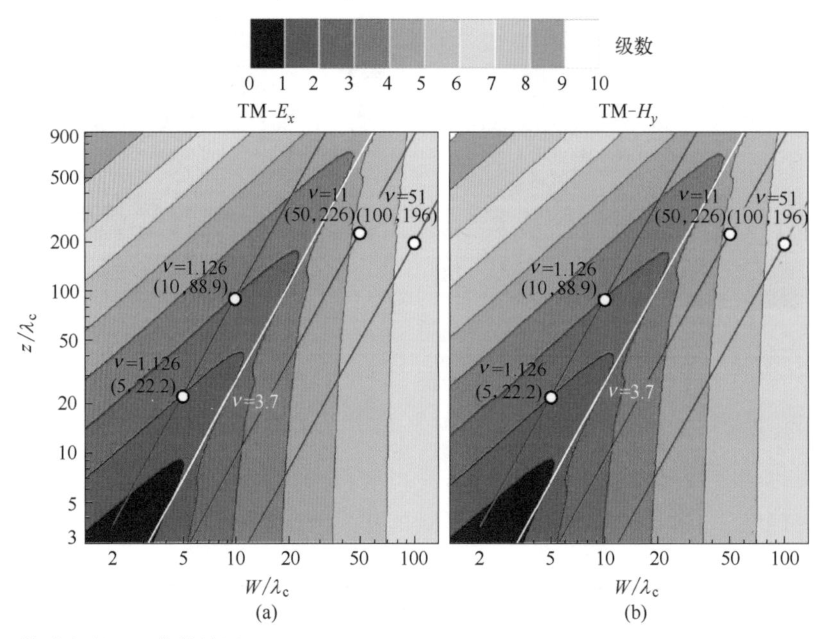

图 2.19 TM 精确解的 CD 等值线图：(a) E_x；(b) H_y（$W=0.5\sim50\mu m$，$z=1\sim350\mu m$，$\lambda_c=365nm$）。

现在，我们分别对照图 2.20 和图 2.21 中的 TE 和 TM 精确解来检查菲涅耳近似的 CD 误差。色阶的标度与图 2.12 至图 2.17 中的标度相同。与图 2.12 至图 2.17 不同，最大的误差出现在 $W=3\lambda$ 和 5λ 之间的附近以及小的 z 值处。这可以通过观察图 2.10 中 $\nu=11$ 时的衍射图案来理解。由于其他图中使用了不同的边界条件，菲涅耳-TE 曲线不太平滑。

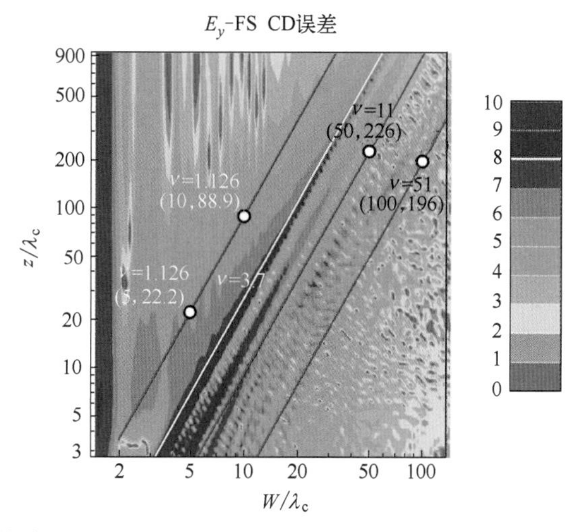

图 2.20 TE 精确解相对于菲涅耳（FS）近似的横向电场分布的 CD 误差等值线图
[$W=0.5\sim50\mu m$，$z=1\sim350\mu m$，$\lambda_c=365nm$；误差(%)=($CD_{FS}-CD_{TE}$)×100/CD_{FS}]。

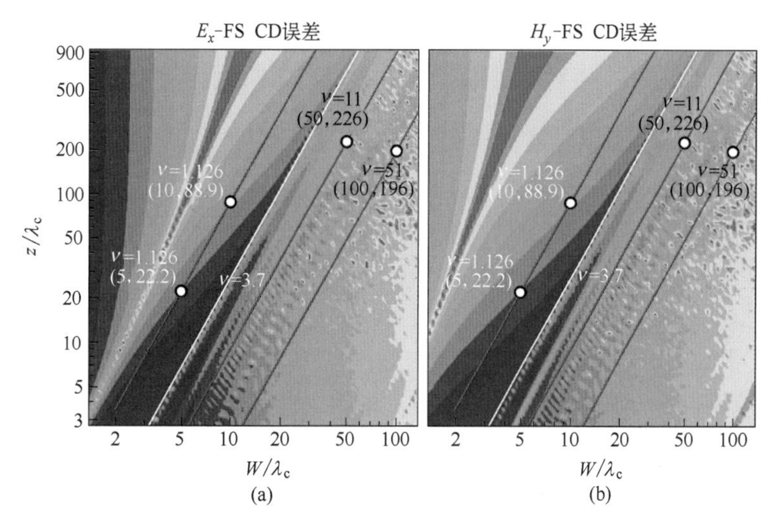

图 2.21 与菲涅耳（FS）近似相关的 TM 精确解的横向磁场分布的 CD 误差等值线图
[$W=0.5\sim50\mu m$，$z=1\sim350\mu m$，$\lambda_c=365nm$；误差(%)=($CD_{FS}-CD_{TE}$)×100/CD_{FS}]。

2.4 邻近图像

我们来展示一些模拟的和实验的邻近图像。图 2.22 显示了两个相隔 2.5μm 的 2.5μm×12.7μm 长条，使用 365nm 垂直入射照明的 POA 评估的强度分布。邻近图像距离掩模 12.7μm。强度等级相隔 1.5dB。入射强度为 1。19 级相当于强度为 4。0 级是小于 0.0078 的强度。利用对称的优势，只展示了 1/4 的图像。菲涅耳数是 $2.5^2/(0.365\times12.7)=1.35$。

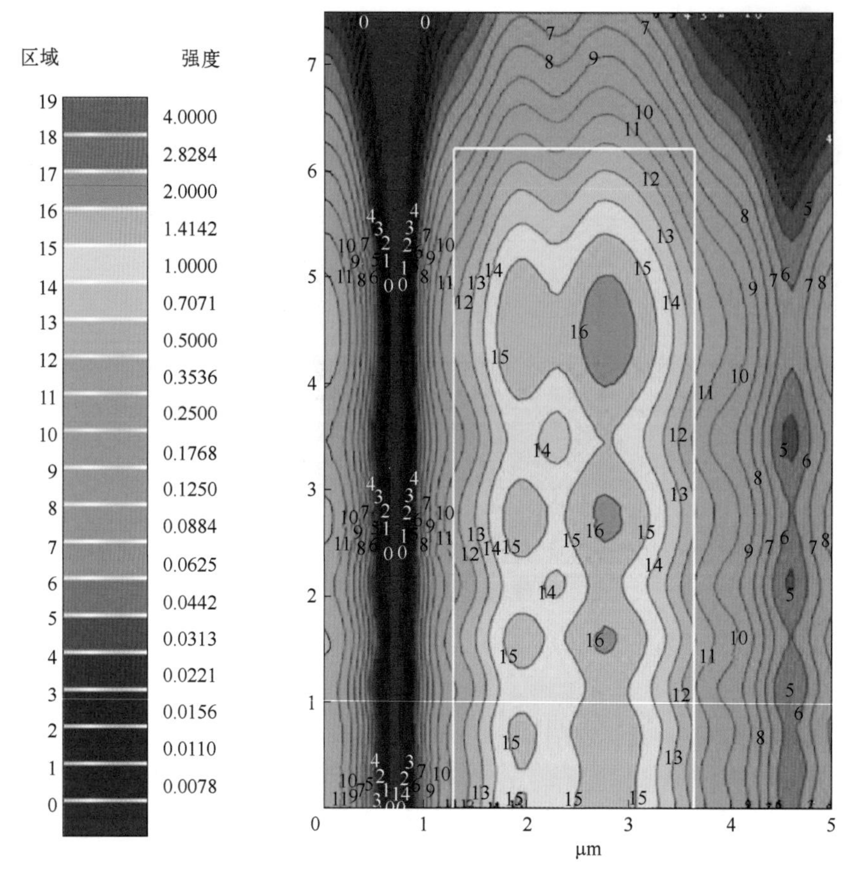

图 2.22　使用 POA 模拟的邻近图像。其中有两个 2.5μm×12.7μm 长条，相距 2.5μm，掩模与像面距离是 12.7μm。照明是 λ=365nm 垂直入射的平面波。由于对称，只模拟了 1/4 的图像。

12 级等值线对应的图像最类似于掩模图案。因为在衍射图像中损失了较高的空间频率，所以条纹的角是圆的。由于边缘的干扰，等值线不直。在两个长条的中间，在 $x=0$ 和 $4<y<5$ 处有一个 12 级亮点，同样在 $y=2.7$ 和 1.6 附近有较小的亮点。为了防止该点曝光，除非允许在两个条纹中间出现额外的亮线，否则不能使用 12 级曝光。这当然是不可能的。多余的线称为鬼线 (ghost line)，必须抑制。可以通过使用 13 级或更高的等级来抑制鬼线。不幸的是，这将缩小主要条纹。可以通过操纵照明来打破照明中的相干性，从而保持期望的条宽。

图 2.23 显示了距离 3.8μm×8.6μm 长方形开口 25μm 处的模拟邻近图像。照明是 λ=405nm 垂直入射的平面波。通常使用 405nm 的入射照明。与掩模图案最相似的曝光等级也是 12 级。图像呈现拐角圆化和腰部变窄的“8”字形。这时，菲涅耳数为 $3.8^2/(0.405\times25)=1.43$。

图 2.24 显示了距离宽度为 2.5μm、跨度为 25μm×51μm 的十字开口 25μm 处的模拟邻近图像。照明波长为 405nm。这类图像的特征在于与十字中心成 45°角的亮点。此时菲涅耳数为 $2.5^2/(0.405\times25)=0.617$。❶

❶ 图 2.12 至图 2.24 是由 Yen Hui Hsieh 和 Ming Xiang Hsieh 从参考文献 [2] 中更新的。他们分别是我在台湾交通大学的助教和光刻技术核心课程的研究生。两人都是博士研究生。Yen Hui 已经毕业，Ming Xiang 当时在读三年级。其中需要做很多工作来重新编程、重新整合和重新绘制这些图形。通过这些努力，获得了许多新的见解，并收录在本版的附录中。

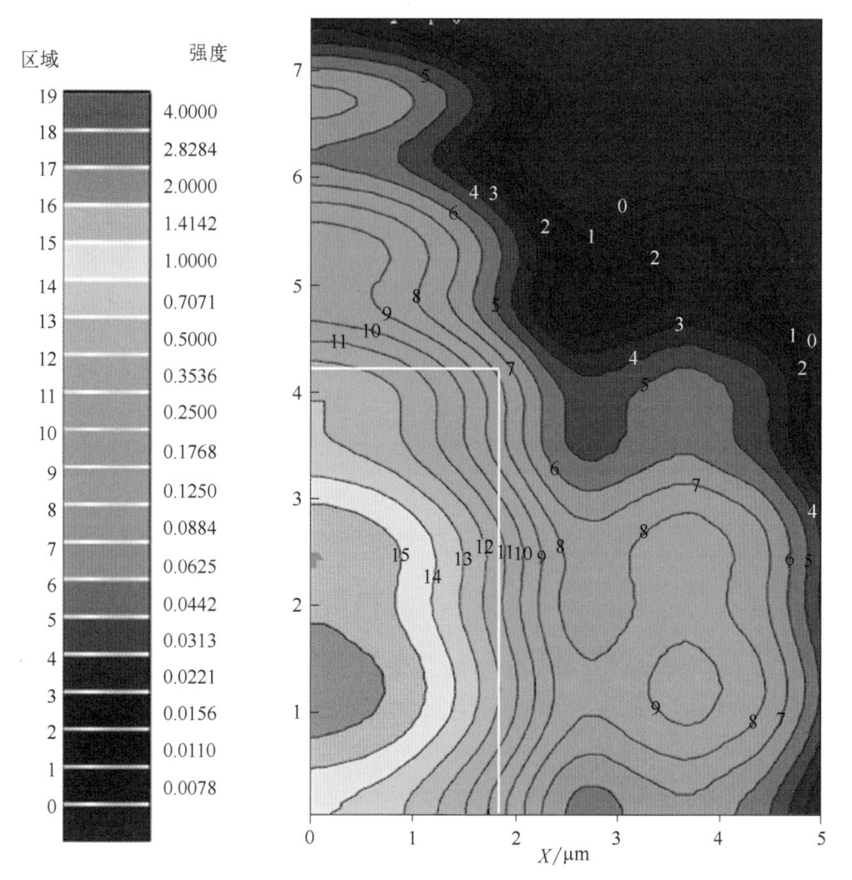

图 2.23　距 3.8μm×8.6μm 长方形开口 25μm 处的模拟邻近图像。照明是 λ=405nm 垂直入射的平面波。由于对称，只仿真了 1/4 的图像。

图 2.25 显示了各种尺寸的实验接近图像，每个图像和掩模之间的间距也各不相同。间距分别为 65、80、100、140、180、250、400、500、550、650、800 微英寸（μin），或 1.65、2.03、2.54、3.56、4.57、6.35、10.2、12.7、14.0、16.5、20.3μm。对于最大矩形的情况，其形状保持一致。只有在大间距时拐角变得更圆。对于第三组矩形，前面所示的“8”字形开始出现。第 4 组的效果更明显。第 5 组图像由“8”字形，然后接近椭圆形。对于第 6 组，在较大的间距处椭圆变成圆，然后再次变成椭圆，但是交换了长轴和短轴。图像进入夫琅禾费区域，即傅里叶变换范围。第 8 组图案几乎未印刷，并且与第 7 组图像相比，在较大的间距处看起来更垂直而不是水平。

在图 2.25 中，在掩模处的长方形尺寸不再可用。然而，我的学生在 2016 年“创新光刻”的课上使用了 400nm 波长来模拟给定间距处的邻近图像，以匹配实验结果。良好的匹配如图 2.26 所示。由此，学生们估计的掩模图案对于组 1、2、3、4、5 分别是 30×15、21.7×10.6、10.8×5.4、8.16×4.8、5.8×3.4μm^2。

接触面上存在高分辨率条纹，是接近式曝光的显著特点。如图 2.4 所示，这些条纹在掩模上的宽度约为一个波长。随着衍射波从掩模传播到晶圆，条纹的数量减少到两个。衍射波最终变成单峰图像。为了在光刻胶中捕捉这些条纹，在掩模上涂覆光刻胶，如图 2.27 所示。根据正在研究的衍射现象照明掩模。这里，垂直入射的平面波用于从玻璃侧照射掩模。光刻胶被部分显影到所关注的平面上。图 2.27 显示了在一个周期为 2μm、宽度为 1.1μm 的狭缝

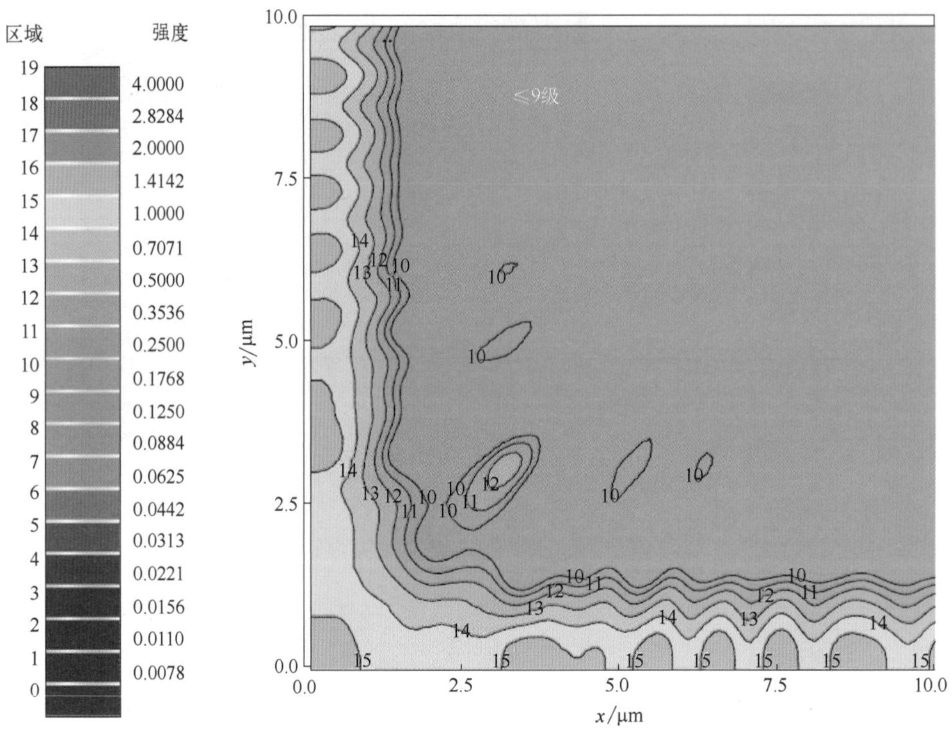

图 2.24 距离宽度为 2.5μm、跨度为 25μm×51μm 的十字开口 25μm 处的模拟邻近图像，照明波长 405nm。

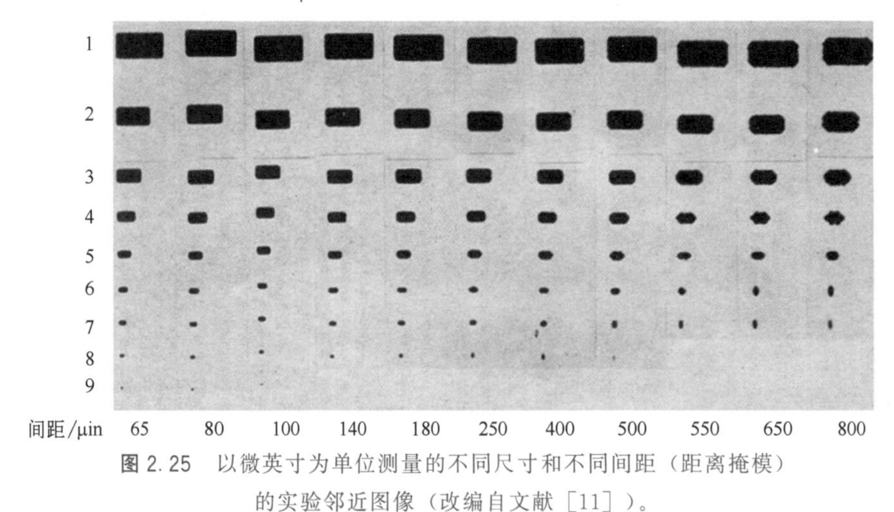

图 2.25 以微英寸为单位测量的不同尺寸和不同间距（距离掩模）的实验邻近图像（改编自文献［11］）。

开口处，$z=0.16\mu m$ 和 $0.35\mu m$ 时的衍射条纹。照明波长是 254nm/1.56=162.8nm，其中 1.56 是 PMMA 光刻胶的折射率。

显影的光刻胶图像可能与空间像非常不同。例如，图 2.28 显示了来自三个 0.5μm 狭缝的衍射空间像，狭缝间隔 0.5μm，距离掩模 0、0.6、1.5、2.4、3.3μm。照明由六条谱线组成，其光谱特性如表 2.2 所示。在 $z=0$ 时，即在掩模处，即使使用多色照明，强度分布也会出现预期的条纹。当 $z=0.6\mu m$ 时，图像在聚焦时会变得清晰。它在 $z=1.5\mu m$ 处变宽，在 $z=2.4\mu m$ 时再次变尖。在 $z=2.7\mu m$ 时，三个主要峰值变得更低，而两个增长的峰值出现在主峰之间。在 $z=3.3\mu m$ 时，有五个峰强度相似的峰。

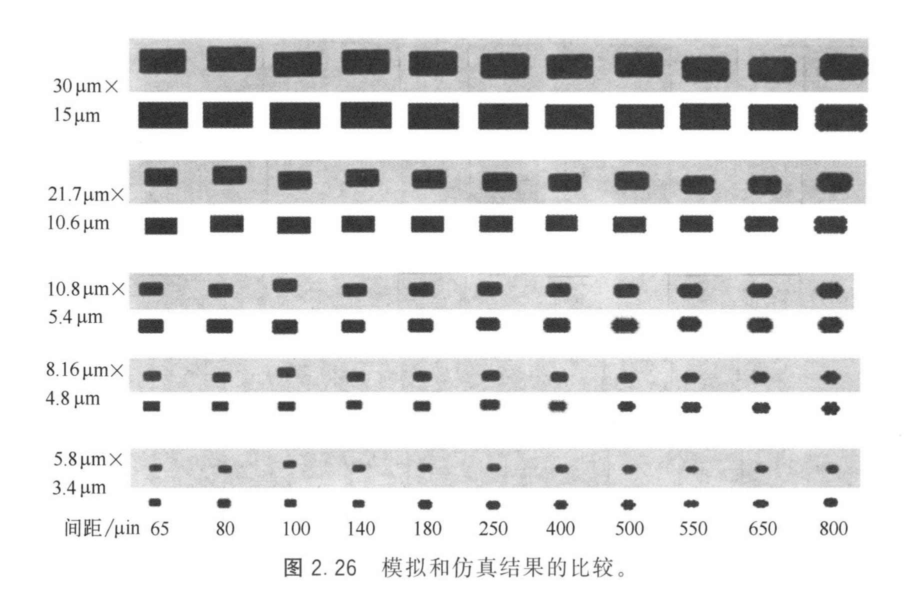

图 2.26　模拟和仿真结果的比较。

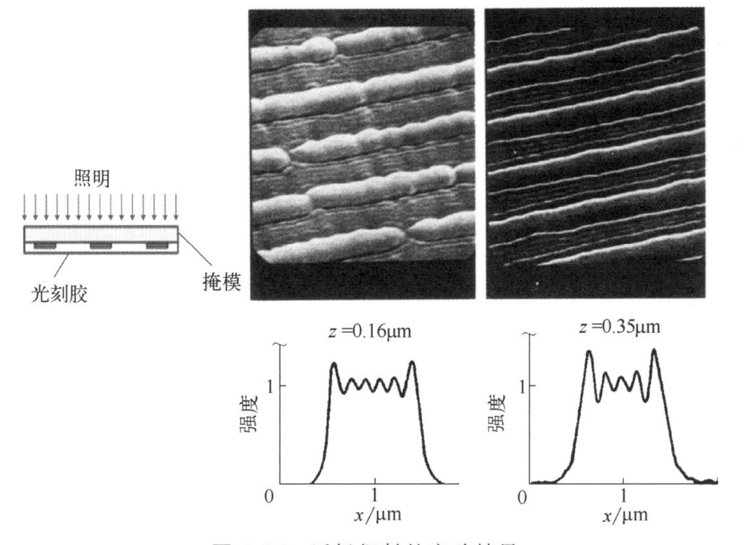

图 2.27　近场衍射的实验结果。

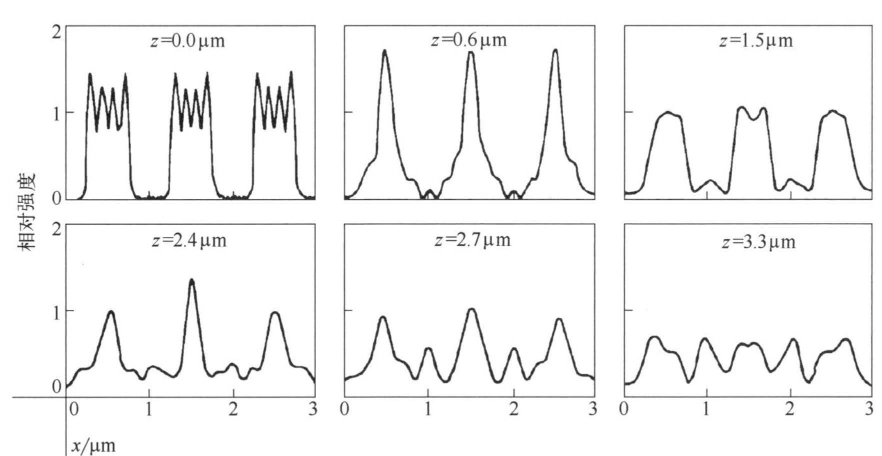

图 2.28　0、0.6、1.5、2.4、2.7、3.3μm 间距时的邻近图像。

表 2.2　多色照明和光刻胶的光谱特性。

光谱线	1	2	3	4	5	6
波长/nm	205	215	225	235	245	255
折射率	1.596	1.588	1.579	1.571	1.562	1.534
相对频谱	2	8	13	22	30	29
相对光谱光敏性	254.6	131.2	62.5	15.46	3.22	0.214

现在我们来看一下图 2.29 所示的潜像和光刻胶显影后的像。潜像是正常曝光、过度曝光和曝光不足时曝光和未曝光区域的侧视图。正性光刻胶图像显示，三线图像的延伸比空间像预测的要更深。原因是主峰中间的两个曝光区域被未曝光区域包围，并与显影剂屏蔽开。在过度曝光的情况下，受保护的未曝光的光刻胶在一侧太薄。显影剂渗透了曝光区域。在曝光不足的情况下，曝光区显影较浅。两个圆柱形潜像受到周围未曝光区域的保护。负性光刻胶图像的问题更大。在正常曝光的情况下，中间的光刻胶岛由于缺乏支撑而落到晶圆上。在过度曝光的情况下，中间部分被晶圆顶部的光刻胶固定在一侧。在曝光不足的情况下，所有的光刻胶碎片由于缺乏支撑而倒塌。除了使局部失效之外，这些掉落的光刻胶碎片也是缺陷的来源。

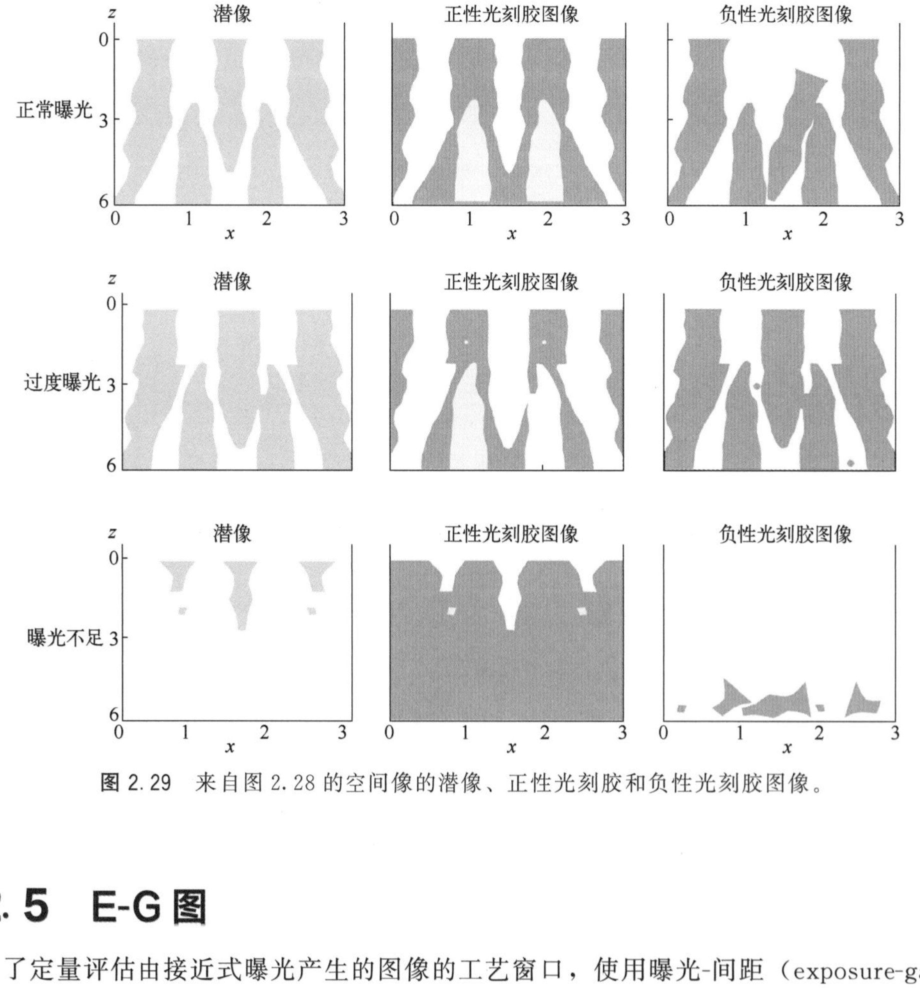

图 2.29　来自图 2.28 的空间像的潜像、正性光刻胶和负性光刻胶图像。

2.5　E-G 图

为了定量评估由接近式曝光产生的图像的工艺窗口，使用曝光-间距（exposure-gap，E-

G）图。这就像第 5 章中的曝光-离焦图。恒定特征宽度等值线绘制在 $E_{\log}$-间距的空间中。每个等值线是一个 E-G 图分支。这些等值线的组合称为 E-G 树。特征宽度的上限和下限的分支定义了 E-G 空间中的可用区域。0%等值线是关键尺寸（CD）的值。每个特征都有其可用的 E-G 区域。E-G 公共窗口是拟合公共区域的矩形。这是可以印刷的特征组合的工艺窗口。公共窗口和公共区域的概念将在第 5 章中详细解释。

图 2.30 显示了孤立的不透明空图形、孤立线开口、打包的线空图形、孤立岛和孤立孔的 E-G 树[11-13]。1D 特征具有 250nm 的宽度，而 2D 特征是 250nm×250nm。具有相等强度和标称入射的 0.68、0.84、1、1.16、1.32nm 的五条谱线用于照射掩模，其与 X 射线吸收体的对比度为 10∶1。E-D 图分支的间隔为 5%，介于－30%到 30%之间。这些树的分支在最终汇聚到无用点之前呈现出变窄和变宽现象。以线空图形的树为例，最大的曝光裕度（EL）出现在 $z=50\mu m$ 附近，这与越小的间距总是越好的直觉相反。

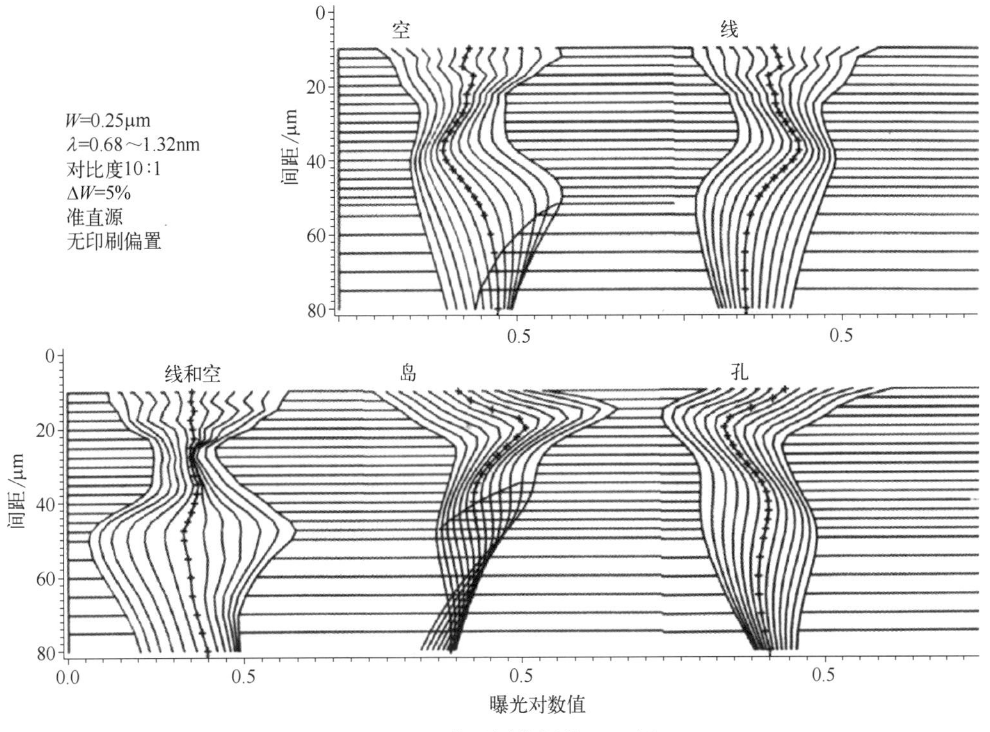

图 2.30　五种不同特征的 E-G 树。

图 2.31（a）解释了这种反直觉的现象。当 $z=25\mu m$ 时，在标称特征尺寸的曝光下，

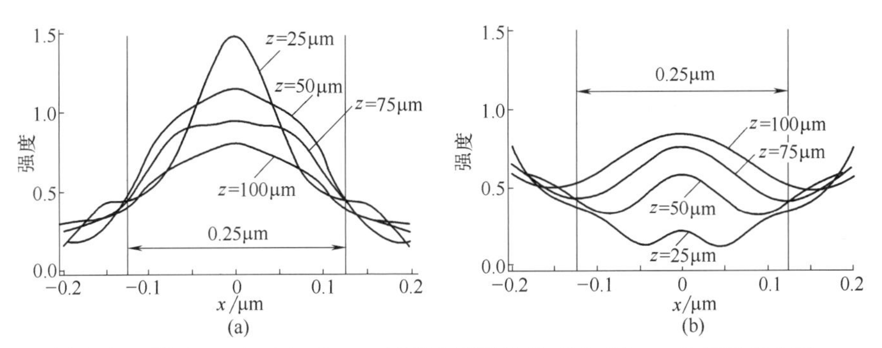

图 2.31　图 2.30 中（a）250nm 线和空图形以及（b）250nm 岛的强度分布。

强度对数斜率较浅。因此，EL 很小。当 $z=50\mu m$ 时，对数斜率变陡，使得等值线之间的间距变大。如图 2.31（b）所示，对于不透明的物体，如岛和孤立的空图形，可用区域会因鬼线而进一步减少。例如，在 $z=50\mu m$ 时，如果曝光阈值被设置为产生标称线宽，则在标称暗线中将印刷额外的亮带。这些鬼线的起点由图 2.30 中等值线上的记号标出。

线空图形、孤立线开口和孤立不透明空图形 1D 特征的 ±10%CD E-G 树被绘制到一起，以找到它们的公共窗口。图 2.32（a）显示了 500nm 1D 特征的单独和公共 E-G 窗口。除了 ±5% 的 CD 公差外，图 2.32（b）与图 2.32（a）相同。图 2.32（c）在 ±10%CD 公差下将特征尺寸改为 350nm。图（a）的情况支持在 EL 为 0.045/0.4＝11.25% 时可用间距高达 70μm 的大工艺窗口。如果需要更大的 EL，可用间距将减少到 50μm。对于 EL＝10% 的情况［图（b）］，可用间距为 50μm。图（c）的情况可以支持大的 EL，但是可用间距被限制为小于 35μm。

应当进一步阐述所谓的 E-G 窗口的含义。它表示 DOF 还是工作距离（WD）？前者意味着在矩形内的任何 z 和 W 处，图像支持 CD 公差。这不是我们所说的 E-G 图的情况，因为从 $z=0mm$（即接触面）到 $z=20\mu m$ 的范围没有绘制出来。即使把它画出来，图 2.32 也表明，在接触平面附近，邻近图像可以在窄和宽之间摆动，并且不是很有用。此外，这是接近式曝光的禁区。在这个区域中，晶圆和掩模可能由于意外地相互接触而被损坏。因此，这个矩形明确地表示晶圆可以从掩模上分离的 WD；然而，在该 WD 的短端执行接近式曝光并不十分安全。为了获得 DOF，必须从 WD 中减去大约 10～20μm。这个矩形窗口的底部更有用；它设置了可印刷给定特征集的最大间距尺寸。

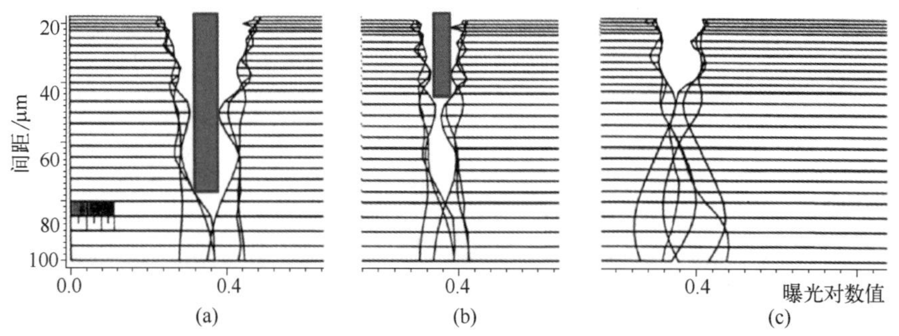

图 2.32 具有（a）±50nm 公差和（b）±25nm 公差的 500nm 特征的公共 E-G 区域；（c）350nm 特征的公共区域。

我们进一步探究 250nm 特征的可印刷性。图 2.33 显示了 CD＝250nm 时三个 1D 特征的 E-G 窗口，CD 公差保持在 ±10%，最大间距为 30μm。当 350nm 和 500nm 的特征被一起

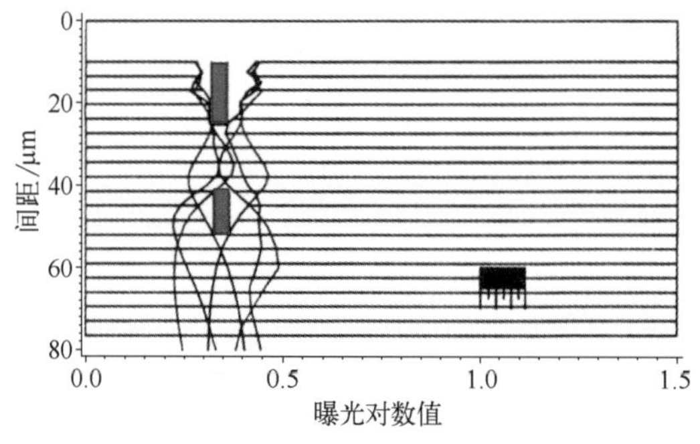

图 2.33 三个 250nm 1D 特征的 E-G 窗口。

印刷时，WD 下降到 15μm，如参考文献［13］的图 7 所示。在同一篇文章中提到，有许多方法可以扩展这个 WD，比如使用更大的源尺寸，也对物理扰动和偏置进行了探索。WD 可以延伸到 23μm，但是实现这一点的方法不是很可靠。

Oertel 等人[14] 找到了扩展 WD 的其他途径。如图 2.34 所示，通过优化 X 射线源的半影模糊或角度视差，WD 可以扩展到大约 47μm。进一步研究物理干扰，例如使用双重曝光，掩模或晶圆在两次曝光之间稍微移动，WD 可以被延伸到 59μm。如图 2.35 所示，曝光时连续移动掩模或晶圆可以将 WD 延长到 60μm。后两种技术不如前两种实用。

Oertel 等人同 Lin 的文章所介绍的一样，在 W-G 空间中画出了 E-G 窗口，如图 2.36 所示。如图 2.37 所示，他们还探索了在 W-CD 空间中绘制 E-G 窗口的方法。

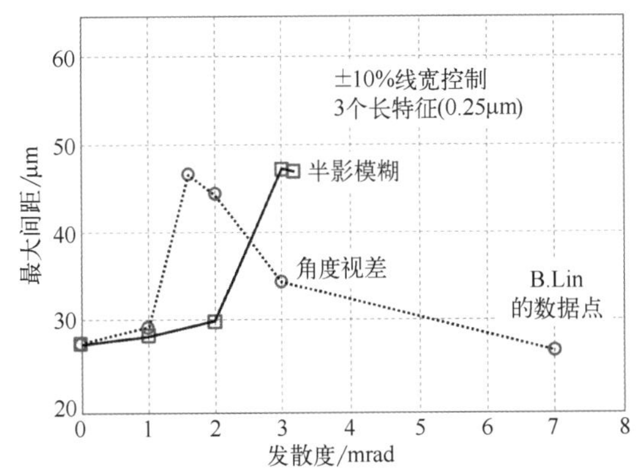

图 2.34　具有±10%EL 和±10%CD 公差的三个 1D 250nm 特征的最大间距与光束发散度的函数关系（转载自参考文献［14］）。

图 2.35　具有±10%EL 和±10%CD 公差的三个 1D 250nm 特征的最大间距，作为掩模和晶圆之间的连续移动和双重曝光的函数（转载自参考文献［14］）。

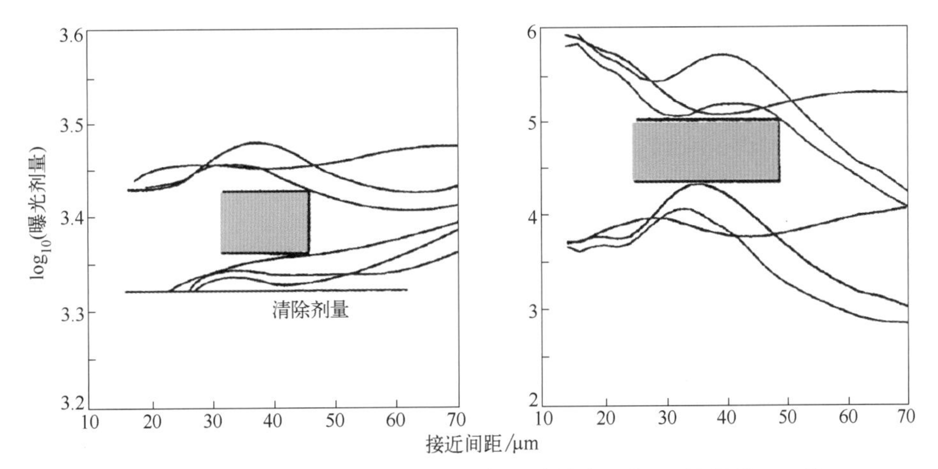

图 2.36　具有 250nm 设计规则和±10%CD 公差的三个 1D 特征的 E-D 窗口：（左）1cSt❶ 光刻胶和（右）空间像（转载自参考文献［14］）。

❶ 厘斯，$1cSt=1mm^2/s$。

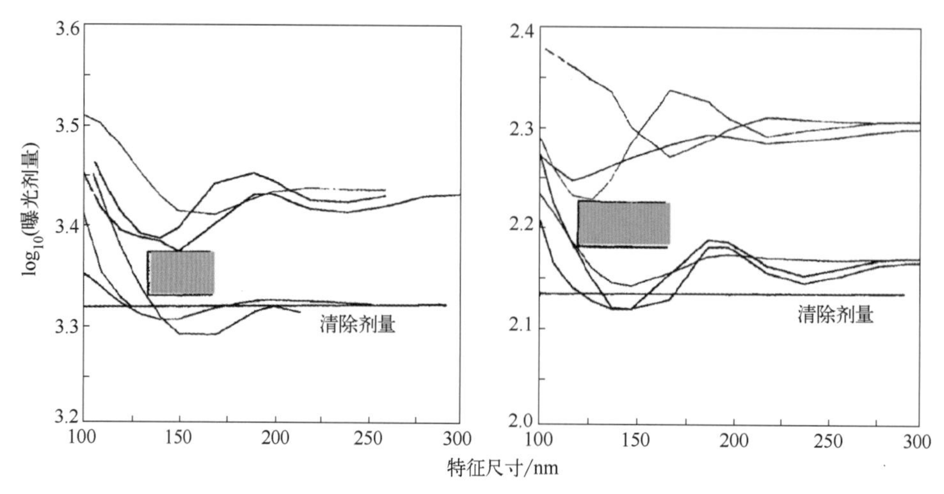

图 2.37　具有±20nm CD 公差和 10%曝光裕度的三个 1D 特征的曝光特征尺寸空间中的工艺窗口：（左）1cSt 光刻胶和（右）空间 3cSt 光刻胶（转载自参考文献［14］）。

2.6　小结

接近式曝光因其简单、大视场和多色性而具有吸引力。只要可以开发掩模和光刻胶材料，就可以使用从可见光到个位数纳米的波长。这项技术吸引了许多公司和政府的资金支持，将光刻技术扩展到亚微米领域。

然而，由于 $W \propto z^{1/2}$，X 射线接近式曝光的可扩展性受到限制。通过将波长从 254nm 减小到 1nm，分辨率只能提高 16 倍。降低 z 的空间不大，它应该在 20μm 到 40μm 之间。1×掩模是另一个问题，它不仅很难制造，而且对 CD 公差的贡献是直接的，无法像缩小掩模那样缩小，分辨率提高的可能性不大。邻近效应校正是可能的，但由于是 1×掩模，需要更高的精度。因此，当 X 射线接近式曝光正在为 250nm 的分辨率而奋斗时，光学投影式光刻技术已经超越了 250nm，达到了 180、130、90、65、40、28、20、16、10、7nm。甚至 1×投影光刻也停止在不低于 700nm 的分辨率上。

尽管有各种缺点，但由于设备的初始成本较低以及产品缺陷密度的公差，UV 和深 UV 中的接近式曝光仍在大学和实验室中使用。这些是它持续存在的原因，但要理解其分辨率将停止在 500nm 或稍低于 500nm。

参考文献

1. J. S. Kilby, "Miniaturized Electronic Circuits," U. S. Patent 3,138,7431 (1964).
2. B. J. Lin, "Optical methods for fine line lithography," Chapter 2 in *Fine Line Lithography*, R. Newman, Ed., American Elsevier Publishing Co. (1980).
3. B. J. Lin, "Deep UV lithography," *J. Vac. Sci. Technol.* **12**, p. 1317 (1975).
4. M. Feldman, D. L. White, E. A. Chandross, M. J. Bowden, and J. Appelbaum, "A demonstration of photolithography at 1850 Å," paper given to B. J. Lin in 1975 without specific citation.
5. K. Jain, C. G. Wilson, and B. J. Lin, "Ultrafast high resolution contact lithography using excimer lasers," *Proc. SPIE* **334**, pp. 259-262 (1982) [doi: 10.1117/12.933585].

6. J. C. White, H. G. Craighead, R. E. Howard, L. D. Jackel, R. E. Behringer, R. W. Epworth, D. Henderson, and J. E. Sweeney, "Submicron, vacuum ultraviolet contact lithography with an F_2 excimer laser," *Appl. Phys. Lett.* **44** (1), p. 22 (1984).

7. D. L. Spears and H. I. Smith, "Prospects for x-ray fabrication of Si IC devices," *Electron. Lett.* **8**, p. 102 (1972).

8. M. Hasegawa, Y. Nakayama, K. Yamaguchi, T. Terasawa, and Y. Matsui, "Printing characteristics of proximity x-ray lithography and comparison with optical lithography for 100-nm node and below," *Proc. SPIE* **3997**, pp. 96-104 (2000) [doi: 10.1117/12/390116].

9. Equation 2.22 of Ref. 2.

10. B. J. Lin, "Electromagnetic near-field diffraction of a medium slit," *J. Opt. Soc. Am.* **62**, pp. 977-981 (1972).

11. B. J. Lin, "A comparison of projection and proximity printings—from UV to x-ray," *Microelectronic Engineering* **11** (1-4), pp. 137-145 (1990).

12. B. J. Lin, "A new perspective on proximity printing—from UV to x-ray," *J. Vac. Sci. Technol. B* **8** (6), p. 1539 (1990).

13. J. Z. Y. Guo, G. Chen, V. White, P. Anderson, and F. Cerrina, "Aerial image formation in synchrotron-radiation-based x-ray lithography: the whole picture," *J. Vac. Sci. Technol. B* **8** (6), p. 1551 (1990).

14. H. K. Oertel, M. Weiss, H. L. Huber, Y. Vladimirsky, and J. R. Maldonado, "Modeling of illumination effects on resist profiles in x-ray lithography," *Proc. SPIE* **1465**, pp. 244-253 (1991) [doi: 10.1117/12.47361].

第3章 曝光系统

在进入成像理论和实践之前，这里先介绍一下曝光系统，以便读者带着正确的视角来阅读第4章和第5章。

曝光系统在晶圆一侧再现掩模图像，以曝光晶圆上的光刻胶（光致抗蚀剂）层。在1倍的系统（有时直接称1×系统）中，再现的图像可以与掩模图像大小相同。在现代曝光系统上的复制通常是将复制的图像缩小至1/5或1/4，使其分别成为5×系统或4×系统。在显影之后，该光刻胶图像被用作刻蚀、注入、电镀或剥离掩模，用于将图案转移到晶圆上的薄膜层。

对于图像再现技术，存在不同的系统。当特征尺寸在2～5μm的机制内，并且半导体制造的预算较低时，在掩模20～40μm附近的空间像足以产生一个可用的光刻胶图像，保持特征尺寸和位置控制，如第2章所述。

在2μm以下，空间像失真、缺陷产生和对准观察困难促使大部分曝光系统转向1×全晶圆投影式曝光。1×全晶圆覆盖满足了从接近式曝光到投影式曝光的平稳过渡要求。当集成电路的最小特征尺寸达到1μm时，全晶圆系统的场尺寸随着直径从50mm到125mm的晶圆尺寸而增长。这种不断增加的晶圆尺寸和减小的特征尺寸，以及特征尺寸控制和套刻精度的相关要求，促使曝光系统减少步进和重复。缩小成像用于解决较小特征尺寸、严格的特征尺寸控制和套刻精度的需要。步进和重复功能则用于适应不断增加的晶圆尺寸，以便克服投影系统的有限像场尺寸。

本章介绍投影式曝光系统，1×系统和n×系统，以及全晶圆系统、步进重复系统、步进扫描系统，还分析了缩小成像的意义。

3.1 投影式曝光及其与接近式曝光的比较

接近式曝光的两个问题导致了使用成像透镜进行光刻图案转移。

第一个问题与缺陷有关。当设计规则减小到2μm及以下，而波长在紫外区域保持不变时，最大可曝光掩模到晶圆的间距被挤压到20μm以下，使得晶圆极有可能意外刮伤掩模，反之亦然。掩模损坏问题和边缘锐度要求推动了铬掩模替代乳胶掩模。晶圆损坏问题驱使制造商在每100次曝光后清洗掩模。这些预防措施仍然不能阻止投影式曝光的潮流，投影式曝光可以在更大的工作距离上曝光，而不用担心掩模接触晶圆。

第二个问题与缺乏缩小能力有关。这仅在特征尺寸降至1μm以下时才变得明显，并且以1×制作掩模变得过于苛刻。由于这些持续存在的问题，无论波长是多少，光刻技术都需要完全依靠投影。即使波长减少到1nm，如在X射线接近式曝光的情况下，1×掩模的要求也是相当严格。关于1×和缩小成像系统的更多讨论可在3.5节中找到。

图3.1所示为一个投影式曝光系统的示意图。除了增加成像透镜以及掩模和晶圆之间的间距更大外，该系统看起来非常类似于接近式曝光系统。

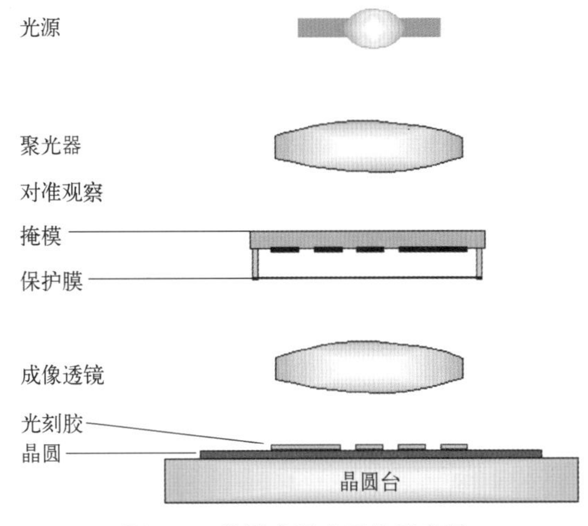

图3.1 投影式曝光系统示意图。

这里没有显示对准系统，因为有许多不同的方法来查看对准状态。可以通过成像透镜或在完全独立的系统中观察对准标记。掩模和晶圆的标记可以一起或分开观察。

在投影式曝光系统中，掩模到晶圆的距离通常为80cm或更大。前透镜元件和晶圆表面之间的工作距离大约为毫米数量级。更为宽容的是，掩模和第一个物理元件之间的工作距离大约为厘米级的，这有助于掩模和晶圆之间的高速运动，而没有损坏它们中任何一个的危险。投影式曝光还允许在掩模的两侧放置掩模保护膜（pellicle）。保护膜是光学厚度可以忽略的透明薄膜，在连接掩模的框架上拉伸覆盖。图3.1中，仅显示出了掩模吸收体侧的保护膜。如果任何外来颗粒落在保护膜上，它通过保持在成像平面之外而被安全地保持在焦点之外。因此，该系统不受掩模上颗粒引起的缺陷或由晶圆接触掩模引起的缺陷的影响。

接近式曝光和投影式曝光之间存在一个实际差异。当从图案侧观察掩模时，邻近图像总是掩模的镜像，而如果在投影式透镜系统中没有使用反射镜或使用偶数个反射镜时，则投影图像通常不被认为是镜像的。

图3.2显示了从玻璃侧观察的接近式曝光和带有掩模的投影式曝光的晶圆图像，邻近图

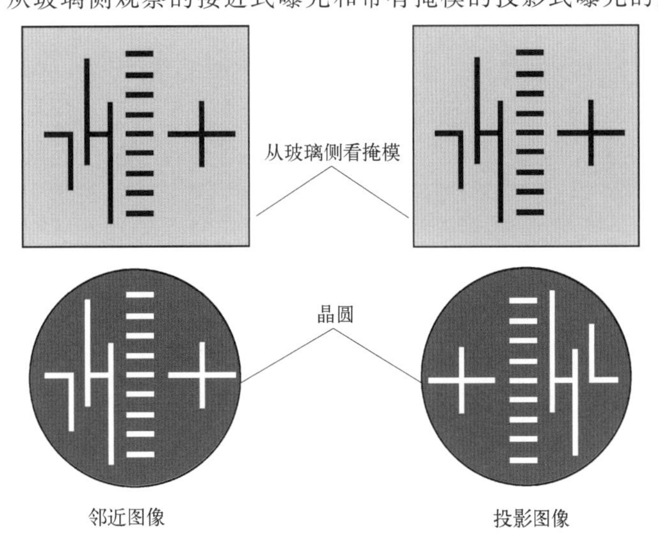

图3.2 邻近和投影图像。

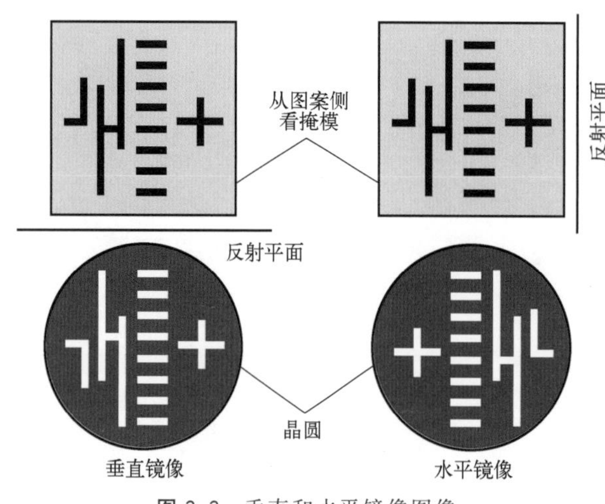

图 3.3 垂直和水平镜像图像。

像保持不变，投影图像则旋转了 180°。图 3.3 显示了从图案侧观察的掩模情况，邻近晶圆图像是垂直镜像，反射平面在掩模的底部；投影晶圆图像是水平镜像，反射平面在掩模的侧面。

在引入使用反射镜的全晶圆 1× 投影式曝光的过程中，引入了一个额外的镜像步骤，以创建与接近式曝光中使用的掩模相同的图像，从而使两个系统兼容。3.2 节将讨论这种全晶圆视场 1× 系统。

当数值孔径（NA）较小时，投影式曝光系统的分辨率和焦深（DOF）遵循以下关系：

$$W \propto \frac{\lambda}{\mathrm{NA}} \tag{3.1}$$

$$\mathrm{DOF} \propto \frac{\lambda}{\mathrm{NA}^2} \tag{3.2}$$

其中，W 是可分辨的图案中的最小半周期（half pitch，也译半周距、半间距等），λ 是波长，NA 是透镜数值孔径［参见式（4.2）的定义］。式（3.1）和式（3.2）的比例常数分别是 k_1 和 k_2。这些常数将在第 4 章中详细讨论。其中，式（3.2）仅适用于 NA 相对较小的干式系统和近轴（也称傍轴）系统。这里，式（3.1）和式（3.2）只是用来指出投影式曝光和接近式曝光之间的区别。

注意，与接近式曝光一样，当波长减小时，分辨率会提高。但是，投影式曝光的改善效率更高，它与波长线性相关；而在接近式曝光系统中，它仅与波长的平方根相关。

在投影式曝光系统中，当波长减小时，焦深（DOF）会有损失，而在接近式曝光系统中，较短波长的成像影响不会减小焦深（DOF）。在投影式曝光中，DOF 与工作距离无关，前者通常在几微米到几十纳米的数量级，后者则以毫米为单位。在接近式曝光中，DOF 和工作距离是相同的，该值通常在 DOF 方面大于投影式曝光的值，但在工作距离方面存在不足。

投影式曝光的一个重要方面是曝光场的尺寸，它决定了可以生产的芯片大小和缺陷水平。如果可以在同一个场曝光许多相同的芯片，即使重复步进同一个场以覆盖整个晶圆，其中一个芯片上的缺陷对良率的影响很小。另一方面，如果场很小，以至于只能容纳单个芯片，则缺陷在晶圆上的每个芯片上重复出现，良率下降到零。多个相同的芯片使得芯片到芯片（chip-to-chip）检测［通常称为管芯到管芯（die-to-die）检测］的使用成为可能，而不是依赖于管芯到数据库检测。在接近式曝光中，场大小仅受掩模衬底和照明系统的大小限制，没有其他基础性限制。一次曝光直径 100mm 的晶圆并不难。在投影式曝光中，视场大小由成像透镜决定。视场直径仅在两位数的毫米量级，这导致了下面对覆盖晶圆方法的讨论。

3.2　全晶圆视场

全晶圆视场曝光系统在一个曝光步骤中覆盖整个晶圆。掩模覆盖了与晶圆一样大的场。就在一次曝光中容纳尽可能多的芯片而言，全晶圆视场曝光是理想的。这也有助于提高产率，因为不需要等待晶圆台移动通过所有的曝光位置，这与小视场系统必须步进通过整个晶圆相反。在早期，全晶圆的要求使投影式曝光无法在制造业中使用，直到一个巧妙的方案使其能够覆盖全晶圆视场，就像接近式曝光固有的能力一样。目前流行的全反射 1× 投影式曝光系统[1,2] 如图 3.4 所示。

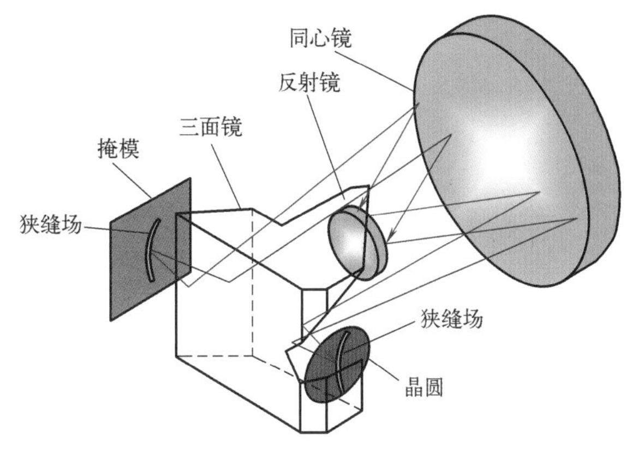

图 3.4　1×全反射全晶圆视场投影式曝光系统（转载自参考文献［1］）。

该方案的发明人利用了两个同心反射镜的低像差环形场（狭缝场）区域的优势，并扫描环形场的一部分以覆盖整个晶圆。这个系统的一个关键部件是三面镜装置。如果没有这种反射镜装置，掩模上物的环形截面和晶圆上像的环形截面是共面的，并且必须以相反的方向扫描以覆盖整个掩模，如图 3.5 所示。

考虑到难度和成本，显然应该避免在掩模和晶圆之间进行精度远小于 1μm 的扫描。掩模侧的一个反射镜和晶圆侧的另一个反射镜用以改变光束，因此，如图 3.6 所示，此时掩模和晶圆可以在单个托架上沿一个方向一起被扫描。注意，在晶圆侧有两个反射镜，而不是像掩模侧只有一个。插入额外的反射镜目的是在晶圆上产生镜像，从而与来自接近式曝光机的镜像相匹配。掩模和晶圆安装在晶圆-掩模托架上，以便在扫描过程中绕着挠性支撑旋转。

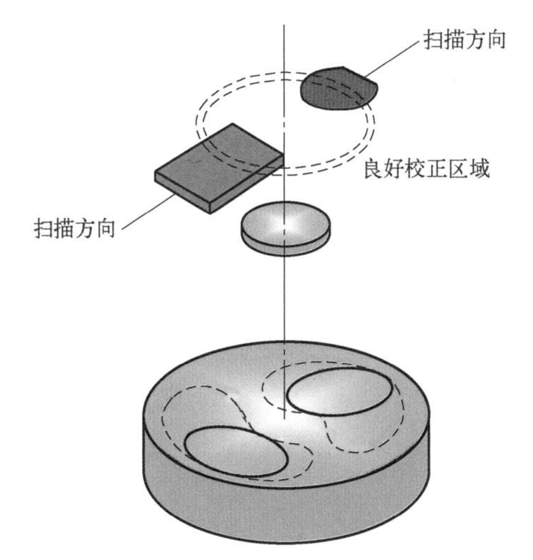

图 3.5　良好校正的环形区域，以及掩模和晶圆扫描方向（转载自参考文献［1］）。

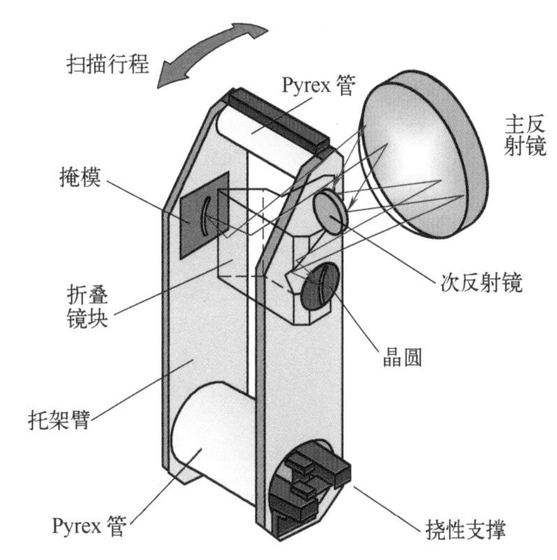

图 3.6　1×全反射全晶圆视场投影式曝光系统，带有绕挠性支撑旋转的掩模-晶圆托架（经作者许可转载自参考文献［2］）。

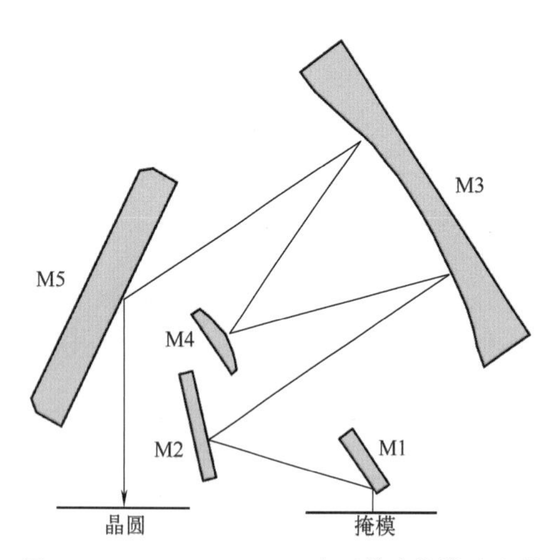

图 3.7 Colbilt 3000 1∶1 全反射式掩模对准器中的成像透镜（转载自参考文献［3］）。

使用如图 3.7 所示 Colbilt 系统的设计[3]，可以取消难以制造的挠性支撑，该系统重新排列三个反射镜，使得掩模和晶圆共面，并且可以在一个刚性平台上一起扫描。代价是缺少一个可以在工厂里精确、永久安装三个反射镜的单一棱镜片，就像在 Hemstreet-Markle 系统中一样。当反射镜失去了其优选位置时，三个分开安装的反射镜会导致在制造车间进行冗长的对准。

因为反射定律与波长无关，所以这些全反射系统是宽带的，可以用于新的、更短的波长，就像在接近式曝光系统中一样方便。全反射系统具有接近式曝光系统的所有优点，而没有它的缺点。事实上，该系统本身就复制了掩模的正确图像，这意味着电路设计者在设计掩模时不用担心晶圆上生成的图像是镜像。

从 1974 年开始，1× 投影式曝光系统迅速取代了接近式曝光系统，成为该行业的主力。随着晶圆尺寸继续增加，最初的 1× 全反射投影式曝光系统在 1984 年进行了扩展，包括两组同心反射镜[4,5] 和一些折射元件，使其成为折反射（折射和反射光学元件的混合）系统，该系统的示意图如图 3.8 所示。除了扩展到更大的场尺寸之外，现在可以通过公共矩形柱上的空气轴承一起扫描掩模和晶圆。折射壳将环形场狭缝宽度从 1mm 增加到 3mm。在扫描过程中，通过在轴向上的移动，以及连同掩模相对于晶圆的移动，强折射壳能够微调放大率。图 3.4 和图 3.6 所示的三面屋脊棱镜被取消了，节省了制作这种昂贵元件的精力，但导致了视场中间的轻微畸变以及由此引起的分辨率损失。当增加照明强度以提高晶圆产率时，镜块中的次镜发热并产生穿过环形场中心的热空气流。因此，用氦气填充光路，从而提供更好的热传导和更低的折射率[6]。

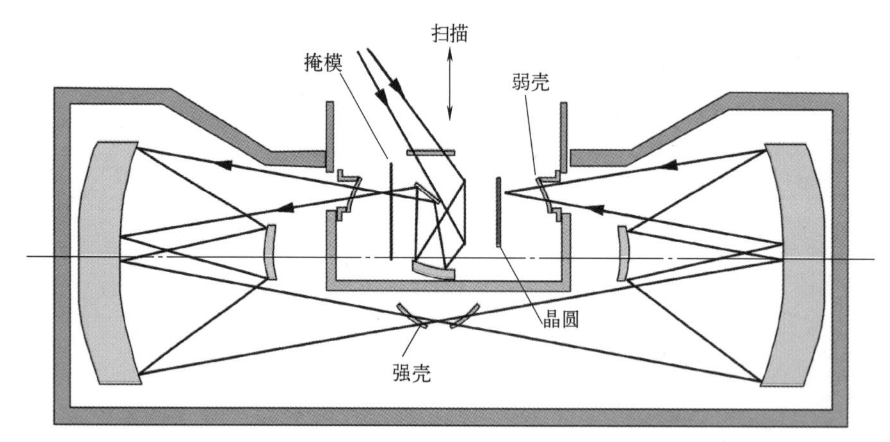

图 3.8 1× 全反射全晶圆视场投影式曝光系统，带有可线性移动的掩模-晶圆架和挠性支撑（转载自参考文献［2］）。

该系统能够覆盖全视场的 125mm 晶圆。由于扫描，视场在扫描方向上不再受透镜的限制。对于 150mm 晶圆，使用 $125 \times 150mm^2$ 的视场。曝光晶圆面积的损失降低了利润，不然，可以制造出更多的芯片。因此，晶圆尺寸的进一步增加需要增加掩模和透镜视场。这两项努力都不容易。随着特征尺寸接近 1μm，按照规格制作 1×掩模变得困难。此外，同心镜方案仅在大约 0.18 的 NA 以下可用。成像透镜的分辨率与 NA 成反比，如式（3.1）所给出的那样。第 4 章将给出关于 NA 的详细讨论。在 0.18 的 NA 以上，很难避免像差以实现较高 NA 所期望的分辨率。不可避免的是，全晶圆视场概念无法持续。步进重复曝光系统取代了全晶圆视场曝光系统。使用深紫外光，全晶圆视场系统制造的最小特征为 1μm[7]。

在 13.5nm EUV 波长下，全反射系统凭借其光学上的必要性重新流行起来，因为对于该波长没有透明材料。由于成像透镜中有 4～6 个极高精度的非球面镜面，生产中 NA 可以达到 0.35。甚至已经实现了 0.55 的 NA。关于该主题的更多内容将在第 9 章中介绍。

3.3 步进重复系统

当成像透镜规定的视场尺寸小于晶圆尺寸时，覆盖整个晶圆的唯一方法是通过晶圆步进来进行相同的曝光。虽然理论上可以在曝光之间更换掩模，但出于产率（throughput）和套刻（overlay）的考虑，很少这样做。步进重复系统通过重复步进掩模以覆盖整个晶圆。图 3.9 描绘了一个圆形透镜场和一个曝光场，透镜场中未使用的部分用机械叶片粗略地遮挡，用掩模吸收体精细地遮挡。出于缺陷、产率和掩模检查方面的考虑，将尽可能多的芯片放入曝光场。芯片（chip）有时也称为“die”（可译作“管芯”“裸片”等）。通常，关注衬底电性能的人使用前者（chip）；而那些对物理结构感兴趣的人使用后者（die），例如那些将晶圆切割成管芯的人。

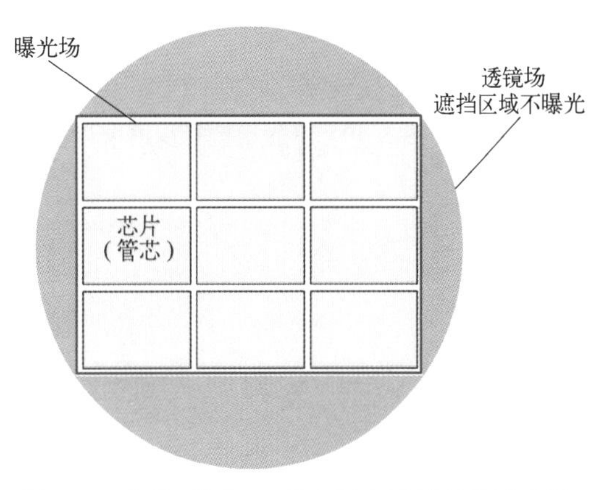

图 3.9 芯片(管芯)、曝光场和透镜场的示意图。

曝光场被重复步进以覆盖整个晶圆，如图 3.10 所示。请注意，超出边界的场也被曝光了。晶圆面积是非常宝贵的，即使丢失部分或完全出界的芯片，但是，在同一场但全部曝光的芯片仍可作为产品芯片。在纳米时代，曝光部分视场的另一个原因是保持物理和化学上的均匀负载。

图 3.11 所示为一个使用折射透镜的典型步进重复投影式曝光系统。这是用于生产特征尺寸为 1.5μm 及以下的集成电路的最流行配置。大多数步进重复投影式曝光系统[8-10] 使用 5×的缩小倍率，虽然投影式曝光并不要求，但这对于提高掩模精度至关重要。最初，有 10×缩小系统，制作掩模更容易，但要以视场尺寸为代价[11,12]。在 5×系统之后，开始出现 4×系统[13]。成像中缩小倍率的折中考量将在 3.5 节中讨论。

步进重复投影式曝光系统不限于屈光（折射）缩小系统。图 3.12 描述了一个步进重复系统中使用的 1×折反射透镜[14]，该系统已被证明具有成本效益，并广泛用于较长亚微米的技术节点，以及较短亚微米技术节点的非临界水平。短亚微米是 0.3μm 以下的范围，中亚微米为 0.3～0.7μm，长亚微米是 0.7～1μm；短亚微米有时被称为深亚微米。

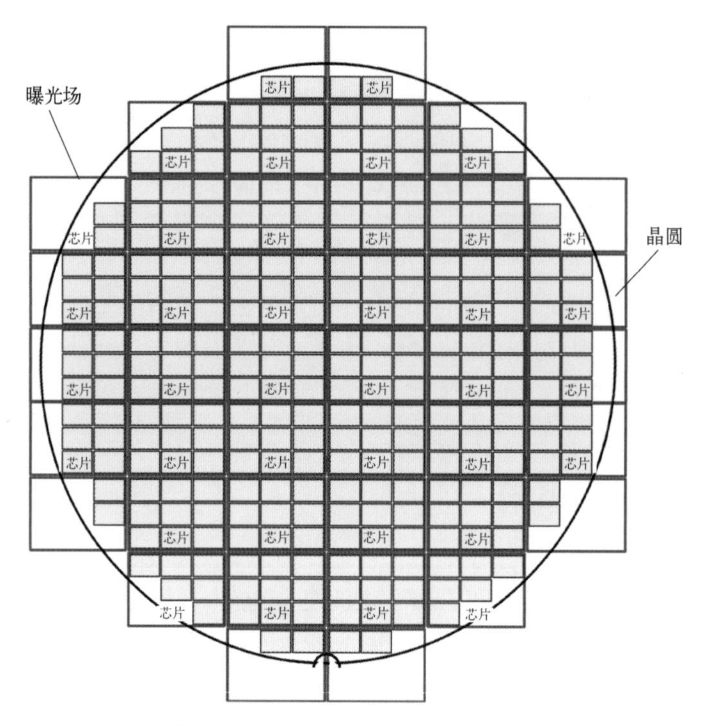

图 3.10 曝光场重复步进以覆盖整个晶圆。未画出溢出晶圆边缘的芯片。

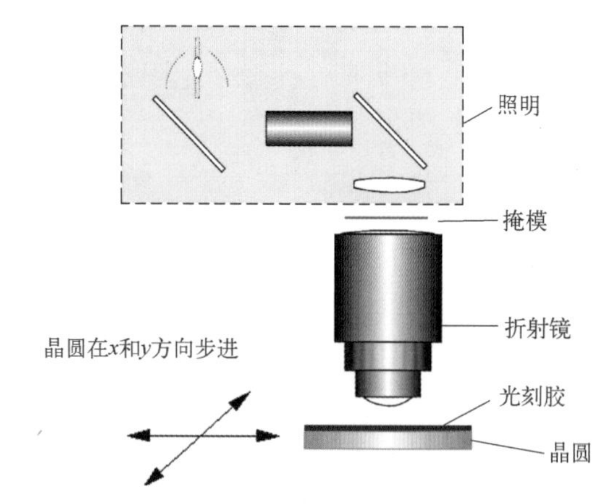

图 3.11 使用屈光缩小成像透镜的步进重复投影式曝光系统。

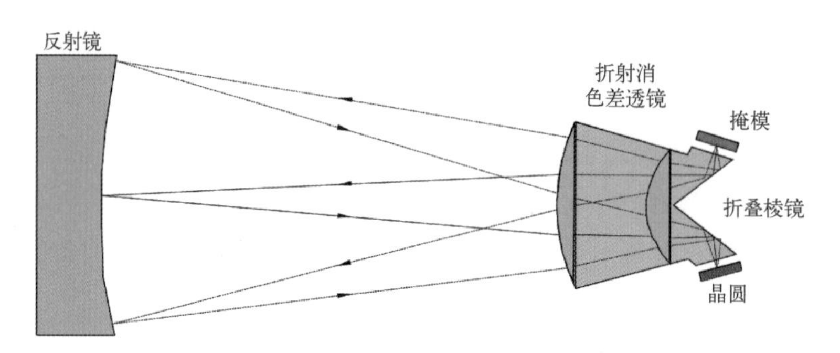

图 3.12 用于步进重复系统的 1×折反射投影透镜（转载自参考文献［13］）。

这种折反射系统没有完整的圆形透镜场，而是半圆形场，因为入射光和反射光需要相互让路。图3.13显示了拟合半圆形透镜场的三个可能的矩形场。

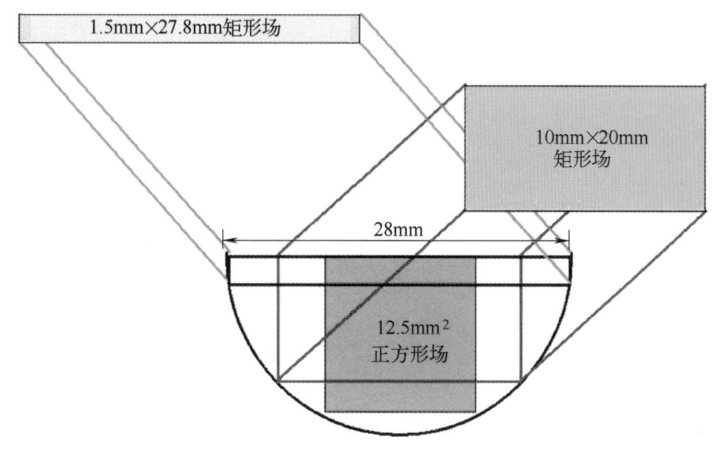

图3.13 图3.12中系统的半圆形透镜场和用来拟合透镜场的三个可能矩形场。

最初，在步进重复系统中使用的掩模（mask）被称为“reticle”（可译作“光罩”“掩模版”等）。这个术语是从光复制器的用法中借用的[15]，其中减少了一个光罩，并在空白掩模（mask blank）上重复步进以制作掩模。掩模可以是1×或n×。光罩上的图案必须大于掩模上的图案，从而可以通过在光敏衬底上步进聚焦光点来产生光罩图案。执行该任务的工具称为图形生成器[16]。电子束掩模直写技术消除了对光学图形生成器和光复制器的需要。今天，术语mask和reticle几乎可以互换。

3.4 步进扫描系统

芯片尺寸的增加推动了视场尺寸的增加，没有这种增加，就不能保持晶圆的产率、良率和生产效率。另一方面，高封装密度要求更高的分辨率，这通常要求增加透镜数值孔径（NA）。高封装密度还要求更高的套刻精度，这就严格要求了透镜畸变的规格和掩模制造的规格。这些相互竞争的要求增加了成像透镜的复杂性和成本。这三个透镜参数的极限变得难以超越。步进扫描系统就是为了满足这些要求而开发的。

步进扫描的原理是由Markle[5]提出的。Markle的系统使用固定的垂直狭槽，并在相同的水平方向上，扫描垂直的掩模和晶圆。现代扫描曝光机使用一个固定的水平狭槽，并在相反的水平方向上扫描水平的掩模和晶圆。图3.14为现代扫描曝光机的步进扫描序列。

掩模和晶圆的起始位置如步骤1所示，位于晶圆的左下角。掩模在狭槽的下面，晶圆在狭槽的上面。在步骤2中，掩模向上扫描，晶圆向下扫描。扫描结束时的情况如步骤3所示。然后，晶圆向左移动一个场位置，准备扫描下一个场，如步骤4和5所示。在步骤6中，扫描下一场，该扫描的结束显示在步骤7中。然后，在步骤8中，我们跳到下一场的扫描结束位置。晶圆向下步进以准备扫描第二行中的场。然后，我们跳到准备扫描第三行的第一个场的位置，并继续跳到扫描最后一个场的位置，见步骤11。步骤12和13为执行扫描。通过步骤14，晶圆被卸载，留下固定狭槽和掩模，等待下一个晶圆。

图3.15总结了具有更多场的更大晶圆中的步进扫描运动，没有画出图3.14中所示的掩模运动。

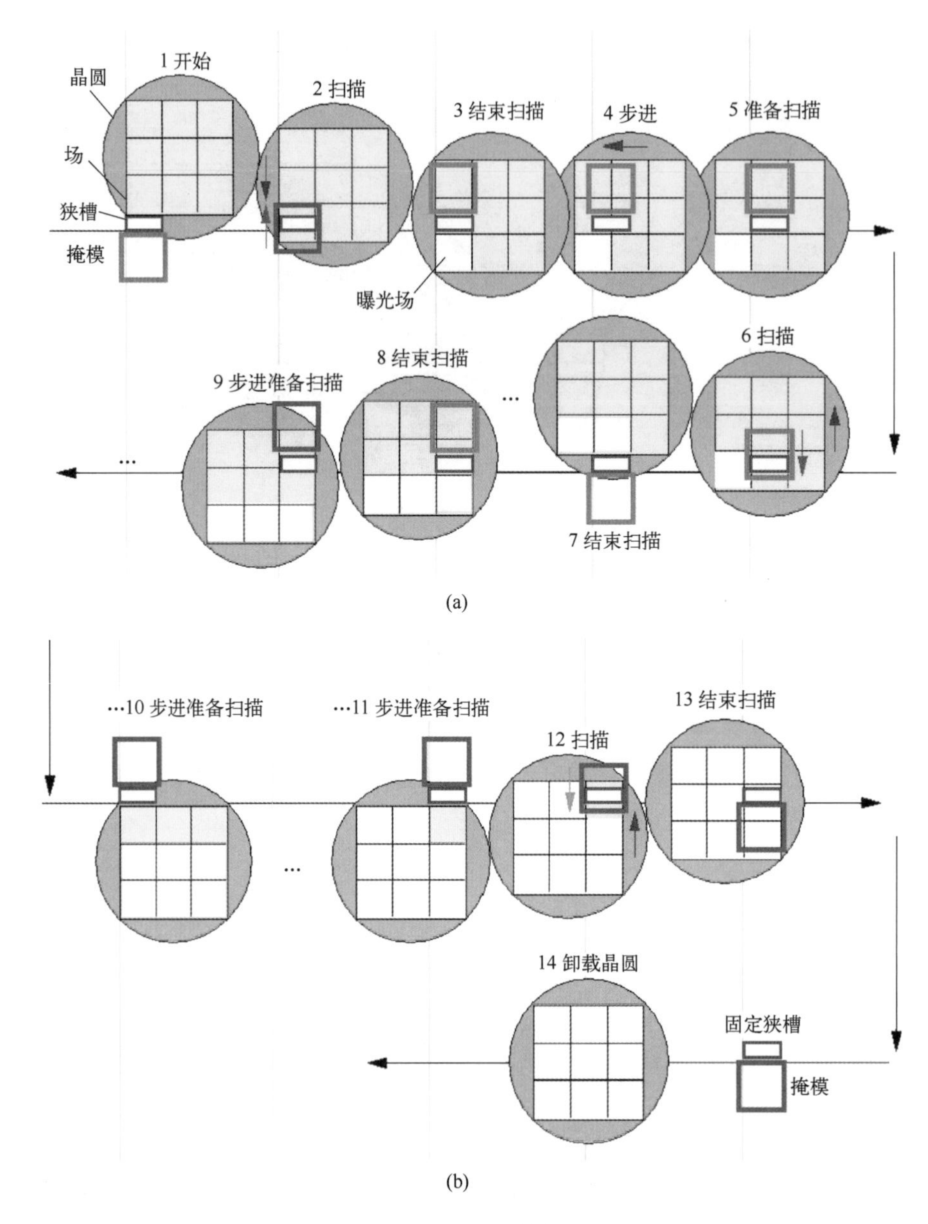

图 3.14 步进扫描序列。

使用 3.2 节中描述的 1×系统，掩模和晶圆以相同速度沿相同方向移动，使得其同步扫描在机械上更加简单。然而，1×系统对短亚微米应用中的掩模要求是无法达到的规格；必须使用缩小系统，要求掩模与晶圆的移动速度之比等于缩小比。例如，对于 4×系统，掩模的移动速度必须恰好是晶圆的 4 倍。在行程结束时，晶圆被移动到新的位置，进行下一次扫描。重复该过程，直到整个晶圆被曝光。请注意，从一个步骤到另一个步骤，扫描方向必须相反，因为狭槽在掩模的另一端。反向扫描有效地产生晶圆图像，而不浪费时间将狭槽移动到掩模的第一个尾端。

步进扫描投影式曝光系统的示意图如图 3.16 所示。除了场定义的狭槽和从掩模到晶圆的扫描机理之外，该系统兼容缩小步进重复曝光系统的许多基本组件。狭槽与成像透镜保持静止，而对于这种 4×缩小系统，掩模的扫描速度是晶圆的 4 倍。大多数步进扫描系统[17-19]采用屈光（折射）缩小透镜。然而，早期的步进扫描系统使用带有分束器[20-22] 的折反射透镜，如图 3.17 所示。该成像系统产生镜像，使得掩模和晶圆可以在相同的方向上被扫描；还将该系统布置成使掩模和晶圆是垂直的。其他步进扫描系统需要在相反的方向上扫描掩模和晶圆，这使它们在机械平衡方面稍微更可取，但是由于控制掩模相对于晶圆运动的难度增加而稍微不太理想；这类系统中的掩模和晶圆水平放置。无论哪种情况，都会出现掩模下凹，但是水平系统的下凹比垂直系统的下凹更对称。折射、折反射和反射透镜系统将在 6.4.2 节中讨论。

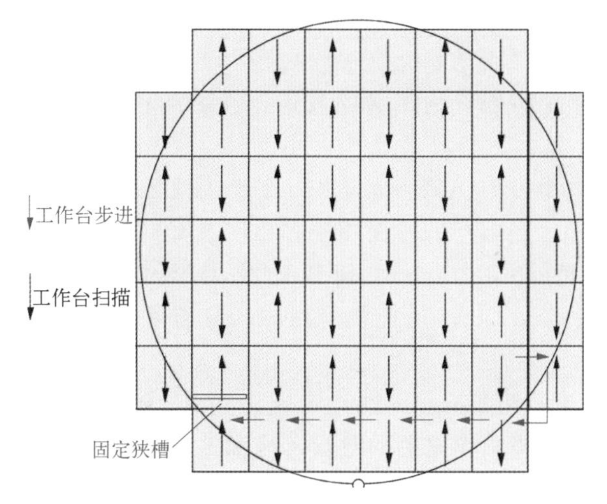

图 3.15　步进扫描运动总结。

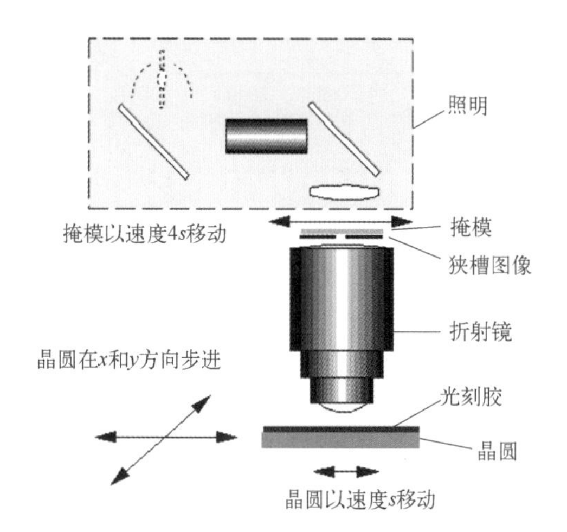

图 3.16　使用屈光缩小透镜的步进扫描投影式曝光系统。

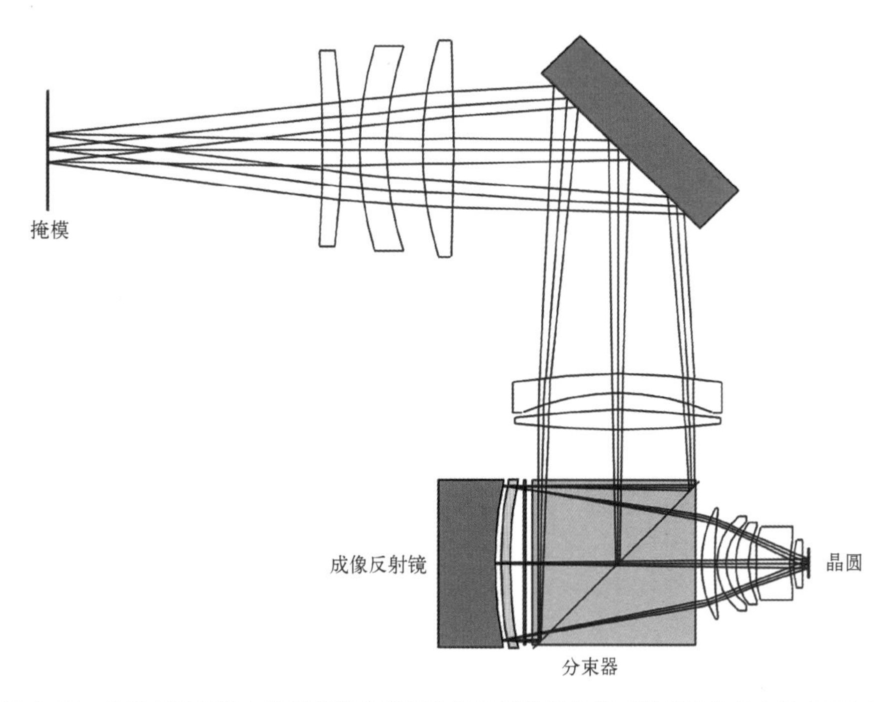

图 3.17　步进扫描系统中使用的带分束器的折反射透镜系统（转载自参考文献 [20] ）。

在 1×全晶圆视场曝光系统中，使用圆形扫描狭缝，如图 3.4 所示。狭缝具有遵循成像环形场轮廓的曲率，在弯曲、狭窄的成像场之外不能保持良好的成像。另一方面，用于限制实际上能够产生全圆形视场的透镜视场的照明狭槽区域是直的[23]。由于曲率的原因，使用狭缝行进的扫描距离比使用狭槽行进的扫描距离更长，这需要额外的前置时间和后置时间。因此，狭缝视场稍微多浪费了一点扫描时间。由于 EUV 光需要全反射系统，EUV 光刻系统的扫描场使用狭缝视场，因为产生一个均匀的视场来支持一个直槽实在是太浪费了。

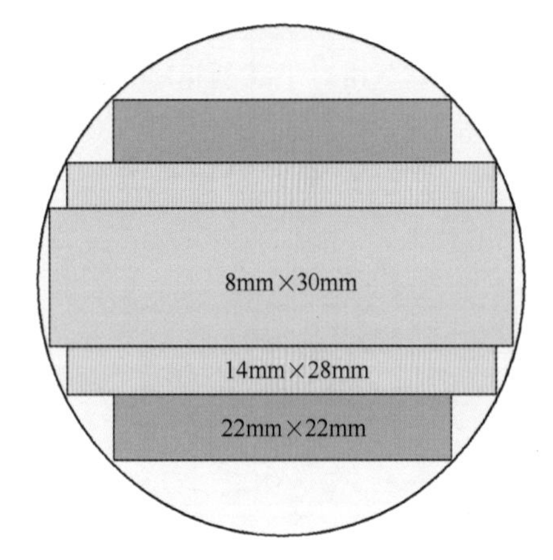

图 3.18 相同圆形场面积的步进曝光机和扫描曝光机的视场。

步进扫描曝光系统的一个主要优点是能够在一个方向上扩展视场，而不会给成像透镜增加任何负担。图 3.18 表示一个典型尺寸大小为 $22\times22mm^2$ 的视场，与大小为 $14\times28mm^2$ 的 1∶2 步进视场共享相同的圆形场。当同样的透镜用于扫描时，$8\times30mm^2$ 的狭槽支持 $30\times150mm^2$ 掩模的视场尺寸为 $30\times33mm^2$；当 225mm 的掩模可用时，该场可以在扫描方向上扩展到 50mm。

扫描曝光机的另一个优点是在扫描方向上透镜畸变的一致性。图 3.19（a）显示了步进透镜狭槽区静态畸变的模拟动态畸变图[24]，当扫描动作完美的时候，这就是预期效果。实际的畸变图如图 3.19（b）所示。它们之间的差异是由扫描缺陷和测量不一致性引起的。注意，图（a）和（b）的误差矢量相差 2.5 倍。

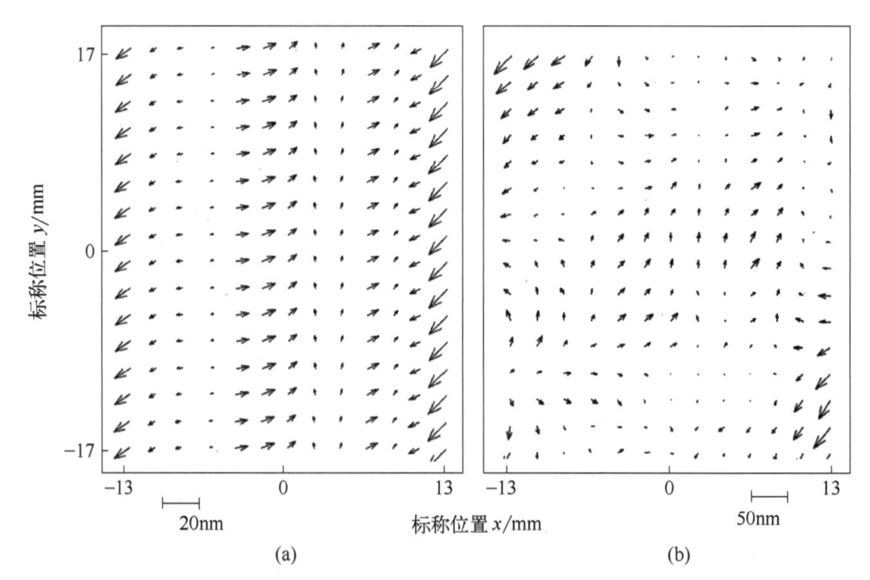

图 3.19 （a）由测量的静态畸变模拟动态畸变。（b）与（a）相同的透镜实际动态畸变（转载自参考文献［23］）。

扫描曝光机的其他优点包括扫描期间的原位聚焦、调平以及对准，所有这些都提高了光刻性能。没有理由认为狭槽的宽度应该一致。狭槽宽度的扰动可以用来补偿狭槽长度方向上的照明不均匀性。此外，可以修改扫描速度，以在扫描方向上产生曝光梯度或曝光变化。

步进扫描系统通过用光学复杂性换取机械精度和复杂性而具有优势。例如，为了保持产率，晶圆台必须以 250mm/s 或更高的速度移动。现代扫描曝光机已经实现了高于 500mm/s 的速度。毋庸置疑地说，在 4×系统中，对于 250mm/s 和 500mm/s 的晶圆速度，掩模必须分别以 1m/s 和 2m/s 速度移动。在这样的速度下保持几纳米的定位精度，无论如何都不是理所当然的。

3.5 缩小系统和 1×系统

光刻技术始于 1×复制，因为其简单性及多功能性。如前所述，1×系统一直很受欢迎，直到 1×掩模的规格参数随着不断减小的特征尺寸和随之而来的套刻精度而无法再维持。大多数制造商的切换点为 1.5μm。从这一点来看，掩模参数在选择复制系统的缩小倍率时至关重要。

表 3.1 更新了早期对掩模制造和晶圆加工的 CD 公差贡献的分析[23]。我们假设晶圆光刻胶特征尺寸被控制在临界尺寸的 10%。晶圆刻蚀控制为 6%，热处理引起的 CD 误差为 5%。掩模 CD 的光刻胶控制和刻蚀控制分别为 8%和 4.8%，优于晶圆。当相同的控制被应用于 4×系统时，掩模控制相比 1×系统改善了 4 倍，而晶圆公差是相同的。1×系统 CD 误差的和的平方根（root-sum-square，RSS）为 15.75%，而 4×系统为 12.9%，相差 22%。为了使两个系统的 CD 控制性能相同，1×系统的晶圆光刻胶图像误差必须降低到 4.3%，但这是完全不可能的。将晶圆和掩模光刻胶误差分别提高到 5.8%和 7%，使得 1×和 4×系统 CD 误差的 RSS 相同。在这两种情况下，很少有理由认为这种改进不能同样应用于 4×系统，使 1×系统要赶上来反而却会弄巧成拙。

表 3.1 掩模误差增强因子（MEEF）为 1 时，掩模制造和晶圆加工对 CD 公差的影响。

CD 公差	4×	1×	1×,改进晶圆	1×,改进掩模和晶圆
掩模光刻胶	8%/4	8%	8%	7%
掩模刻蚀	4.8%/4	4.8%	4.8%	4.8%
晶圆光刻胶	10%	10%	4.3%	5.8%
晶圆刻蚀	6%	6%	6%	6%
热处理	5%	5%	5%	5%
RSS 总和	12.9%	15.75%	12.9%	12.9%

通常，任何尺寸变化都是线性传递到晶圆上的，即 1×掩模上的 10nm 变化会变成晶圆上的 10nm 变化。类似地，4×掩模上的 40nm 变化会转化为晶圆上的 10nm 变化。然而，当晶圆图像尺寸被推到远低于 λ/NA 时，掩模误差增强因子 $MEEF \equiv \Delta CD_{wafer}/\Delta CD_{mask}$ 不再是 1，极端情况下可以超过 4。在 1×和 4×情况下，来自掩模的贡献必须乘以 MEEF。具体情况如表 3.2 所示。4×情况下是不希望 CD 公差增加，而 1×情况下的状态是灾难性的。整个 CD 公差预算很容易被掩模公差占用。使晶圆的贡献为零仍然是不够的。

表 3.2 与表 3.1 相同，除了 MEEF=4。

CD 公差	4×	1×	1×,改进晶圆	1×,改进掩模和晶圆
掩模光刻胶	32%/4	32%	32%	0%
掩模刻蚀	19.2%/4	19.2%	19.2%	19.2%
晶圆光刻胶	10%	10%	0%	0%
晶圆刻蚀	6%	6%	0%	0%
热处理	5%	5%	0%	0%
RSS 总和	15.7%	39.4%	37.3%	19.2%

表 3.3 是对之前的套刻预算分析的类似更新。掩模放置公差取自 30nm 的电子束放置公差。当一个掩模层与另一个掩模层对准时，套刻公差是两个位置公差的 RSS 之和：$\sqrt{2}\times$30nm。如表 3.3 的第 2 列和第 3 列所示，1× 系统的套刻误差可能比类似的 4× 系统高出 76%。事实上，即使在使用电子束直写系统时，套刻精度仍然比 4× 缩小系统差 70%。原件产品甚至比复制产品差！这展示了缩小系统的杠杆作用。

表 3.3 掩模制造和晶圆加工对套刻预算的贡献。

	4×	1×	电子束直写
掩模放置公差	42/4nm	42nm	42nm
对准公差	15nm	15nm	12nm
放大公差	15nm	12nm	12nm
透镜畸变	10nm	10nm	0
激光台公差	10nm	10nm	10nm
RSS 总和	27.6nm	48.7nm	46.8nm

因此，从 CD 和套刻控制的角度来看，高的缩小倍率总是可取的。然而，更大的缩小倍率需要更大的掩模衬底，以及更长更快的扫描，以在晶圆上保持相同的视场尺寸。在商业系统中实现这些参数是昂贵的。相反，可以使用相同的衬底尺寸并减小晶圆视场尺寸。如 7.1.5 节将讨论的，需要更长的步进时间来支持更小的视场尺寸。此外，生产效率损失亦令人望而却步。当掩模贡献不再占主导地位时，进一步增加缩小倍率的收益将递减。

3.6 缩小系统制造的 1× 掩模

为了利用缩小系统的优势，人们已经考虑将电子束直写制成的 4× 掩模进行光学缩小，以制造 1× 掩模。公差分析必须包括掩模制造的额外步骤。对于 CD 控制，公差组成成分如表 3.4 所示。4× 掩模上的 CD 公差确实提供了 4× 缩小的杠杆作用。然而，制造 1× 掩模所需的 CD 控制类似于制造晶圆时所需的 CD 控制；但是，因为掩模衬底是平面的，所以可以将 1× 掩模上的光刻胶图像和刻蚀图像控制到 8% 和 4.8%，而不是 10% 和 6%。其结果仍然比使用传统掩模制造的 1× 光刻技术差。

表 3.4 缩小制造掩模的 CD 公差分析。

	CD 公差		CD 公差
4× 掩模光刻胶	2%	晶圆光刻胶	10%
4× 掩模刻蚀	1.2%	晶圆刻蚀	6%
1× 掩模光刻胶	8%	热处理	5%
1× 掩模刻蚀	4.8%	RSS 总和	16%

表 3.5 显示了使用缩小制造的掩模的套刻预算。缩小掩模制造中的放大误差、透镜畸变和激光台误差的影响被添加到表 3.3 所示的组成中。透镜畸变的分量较小，因为可以选择一个极低畸变的透镜来制造缩小掩模。所产生的 32nm 套刻公差比传统的 1× 光刻好得多，但是仍然比传统的 4× 缩小光刻要差 14%。1× 系统的固有缺点是掩模的 DOF 与晶圆的 DOF 相同，而不是比缩小倍率的平方还大。

表 3.5 缩小制造掩模的套刻预算分析。

套刻误差组成	公差	套刻误差组成	公差
4× 掩模放置误差	42/4nm	晶圆曝光放大误差	10nm
缩小掩模导致的放大误差	15nm	晶圆曝光透镜畸变	10nm
缩小掩模导致的透镜畸变	6nm	晶圆曝光激光台误差	10nm
缩小掩模导致的激光台误差	10nm	RSS 总和	32nm
晶圆曝光对准误差	15nm		

3.7 小结

本章给出了光学曝光系统（光刻机）从接近式曝光到投影式曝光，从1×全晶圆到缩小步进重复曝光，再到步进扫描曝光的发展过程。在半个世纪里，分辨率、工作距离、视场大小、CD/套刻精度控制和生产效率的相互作用，已经将光学曝光系统的形式改变为最终的缩小步进扫描系统。总体了解光学曝光系统后，我们就可以进行下一章关于光学成像的介绍。

参考文献

1. H. S. Hemstreet, D. A. Markle, W. H. Newell, and A. Offner, "Optical projection apparatus," U. S. Patent 4,011,011 (1977).
2. D. A. Markle, "A new projection printer," *Sol. State Tech.* **17**, p. 50 (June 1974).
3. T. W. Novak, "A new VLSI printer," *Proc. SPIE* **0135**, pp. 36-43 (1978) [doi: 10.1117/12.956111].
4. J. D. Buckley, "Expanding the horizons of optical projection lithography," *Sol. State Tech.* **25**, p. 77 (May 1982).
5. D. A. Markle, "The future and potential of optical scanning systems," *Sol. State Tech.* **27**, p. 159 (September 1984).
6. D. A. Markle private communications.
7. J. G. Maltabes, S. J. Holmes, J. R. Morrow, R. L. Barr, M. C. Hakey, G. Reynolds, W. R. Brunsvold, C. G. Willson, N. J. Clecak, S. A. MacDonald, and H. Ito, "1X deep-UV lithography with chemical amplification for 1-micron DRAM production," *Proc. SPIE* **1262**, pp. 2-7 (1990) [doi: 10.1117/12.20090].
8. K. Ushid, M. Kameyama, and S. Anzai, "New projection lenses for optical stepper," *Proc. SPIE* **633**, pp. 17-23 (1986) [doi: 10.1117/12.963698].
9. A. Suzuki, "Double telecentric wafer stepper using laser scanning method," *Proc. SPIE* **538**, pp. 2-8 (1985) [doi: 10.1117/12.947740].
10. S. Wittekoek, "Step and repeat wafer imaging," *Proc. SPIE* **221**, pp. 2-8 (1980) [doi: 10.1117/12.958617].
11. J. M. Roussel, "Step and repeat wafer imaging," *Proc. SPIE* **135**, pp. 30-35 (1978) [doi: 10.1117/12.956110].
12. K. Suwa, K. Nakazawa, and S. Yoshida, "10:1 step-and-repeat projection system," Kodak Micro-Electronics Seminar (1981).
13. R. DeJule, "Cover story: mix-and-match: a necessary choice," *Semicond. Int.* **23**(2), pp. 66-67 (2000).
14. R. Hershel, "Optics in the Model 900 Projection Stepper," *Proc. SPIE* **221**, pp. 39-45 (1980) [doi: 10.1117/12.958622].
15. D. J. Elliot, *Integrated Circuit Mask Technology*, McGraw-Hill Book Co., p. 161 (1985).
16. ibid, p. 146.
17. S. Murakami, "Optical exposure system—today and future," *Proc. SEMI Technology Symposium* **94**, p. 397 (1994).
18. R. Ebinuma, K. Iwamoto, H. Takeishi, H. Itoh, M. Inoue, K. Takahashi, and M. Ohta, "Imaging performance of scanning exposure systems," *Proc. SPIE* **3334**, pp. 437-447 (1998) [doi: 10.1117/12.310772].

19. M. van den Brink, H. Jasper, S. Slonaker, P. Wijnhover, and F. Klaassen, "Step-and-scan and step-and repeat, a technology comparison," *Proc. SPIE* **2726**, pp. 734-753 (1996) [doi: 10.1117/12/240936].
20. D. M. Williamson, "Optical reduction system," U. S. Patent 4,953,960 (1990).
21. D. M. Williamson, "Catadioptric microlithographic reduction lenses," *Proc. Int. Optical Design Conference* **22**, OSA (1994).
22. D. M. Williamson, J. A. McClay, K. W. Andresen, G. M. Gallatin, M. D. Himel, J. Ivaldi, C. J. Mason, A. W. McCullough, C. Otis, J. J. Shamaly, and C. Tomczyk, "Micrascan III: 0. 25-um resolution step-and-scan system," *Proc. SPIE* **2726**, pp. 780-786 (1996) [doi: 10. 1117/12. 240939].
23. B. J. Lin, "The paths to subhalf-micrometer optical lithography," *Proc. SPIE* **922**, pp. 256-269 (1988) [doi: 10. 1117/12. 968423].
24. G. de Zwart, M. A. van den Brink, R. A. George, D. Satriasaputra, J. Baselmans, H. Butler, J. B. P. van Schoot, and J. de Klerk, "Performance of a step-and-scan system for DUV lithography," *Proc. SPIE* **3051**, pp. 817-835 (1997) [doi: 10. 1117/12. 276002].

第4章 成像

正如第1章所述，光刻技术的目标是在规定的公差范围内，将给定掩模图案的边缘放置到晶圆上。要做到这一点并进行有效的控制，需要很好地理解图像的形成过程——从掩模图像到最终的转移图像。空间像是由照亮掩模的光线形成的，它携带着掩模图案的信息，通过镜头聚焦在像平面上。空间像在传播到光刻胶中时发生了反射和折射，并被光刻胶以及晶圆衬底上的多个薄膜层多次反射和折射。反射和折射的图像在光刻胶中的叠加使这种介质曝光，产生化学和物理变化。这些变化的分布就是潜像。曝光的光刻胶根据潜像具有溶解率的分布。显影剂根据溶解率的分布和光刻胶表面的形貌来去除光刻胶。显影后的光刻胶就是光刻胶图像。转移图像是由光刻胶图像和转移过程的特点决定的。下面将讨论这些图像。

4.1 空间像

我们将空间像定义为在没有任何光刻胶或多重反射表面的情况下像平面附近的光分布。与几何光学中的光线不同，在物理光学中，图像必须被视为光波。当光波具有完美的波前以形成图像时，不存在使图像恶化的像差。分辨率的唯一限制来自成像透镜孔径所决定的波前的有限范围。更大的孔径产生更好的衍射图像。这种成像系统被称为衍射受限系统。我们使用具有有限透镜孔径的完美球面波前来形成点像，这导致了衍射极限分辨率与波长和孔径大小的关系，其次是焦深（DOF）与同一组参数的关系。球面波前的偏差在4.1.4节中讨论。4.1.5节和4.1.7节给出了从掩模图案和三种不同类型的照明形成衍射受限的空间像。空间频率和角谱的概念将在4.1.6节中进一步讨论。

4.1.1 球面波前及其偏差的影响

透镜设计者和透镜制造者煞费苦心地使成像透镜衍射受限。他们的目标是使透镜视场中的每个像点从相同孔径的球面波前会聚。因此，球面波前在理解衍射极限成像中起着关键作用。这个衍射极限图像是定义球体范围的孔径大小的函数。较小的孔径会使衍射图像更宽，从而降低分辨率。受有限孔径限制的球面波前的偏差进一步恶化了衍射受限的图像。实际上，即使偏差被抑制到波长的十分之一，当光学光刻被推到极限时，由偏差引起的像差也不能被忽略。因此，4.1.4节涵盖了球面波前偏差的分析处理。

4.1.2 球面波前

下面我们来考虑点光源的成像。给定一个点物，完美的点像将在像平面中再现。这种情况下的理想波前是球面波前（如图 4.1 所示，其中 θ 的最大范围是从 $-\pi/2$ 到 $\pi/2$）：

$$E=A\mathrm{e}^{\mathrm{i}kr} \tag{4.1}$$

其中，E 是光波的电场分布；A 是电场的振幅大小；r 是像点 P 和波前上的点之间的距离；$k\equiv 2n\pi/\lambda_0$ 为波数，其中，λ_0 为真空中的波长。图 4.1 中的 n_i 是球面波前和像平面之间介质的折射率。

在图 4.1 中，$P(0,0,0)$ 是像平面上坐标系的原点。所有垂直于球面波前的光线会聚到 P。θ 定义了球面的大小。

球面波前上的所有点与 $P(0,0,0)$ 等距，因此彼此同相。这里使用电场（而不是传播光的电磁波中的磁场），是因为光刻胶记录了正比于 $|E|^2$ 的光强度。这种现象在光学光刻的实践中经常观察到，并且很容易用光刻胶中的驻波来验证，正如将在 6.5.2.5 节中所讨论的。这种球面波前在 $P(0,0,0)$ 处产生最强的场分布 E（因此，图像最清晰），但由于衍射，它并不是无穷小的，即使当角度 θ 维持从 $-\pi/2$ 到 $\pi/2$ 的整个范围时也是如此。在图 4.2 中，用一个单透镜来说明。透镜光瞳与单透镜的直径一致。对于实际的复合透镜，光瞳平面在透镜设计过程中确定。出射光瞳的大小由成像透镜的数值孔径（NA）表示，它被定义为 $\sin\theta$ 与像侧（球面波前和点 P 之间）介质的折射率 n_i 的乘积，如图 4.2 所示，并在式（4.2）中定义：

$$\mathrm{NA}=n_\mathrm{i}\sin\theta \tag{4.2}$$

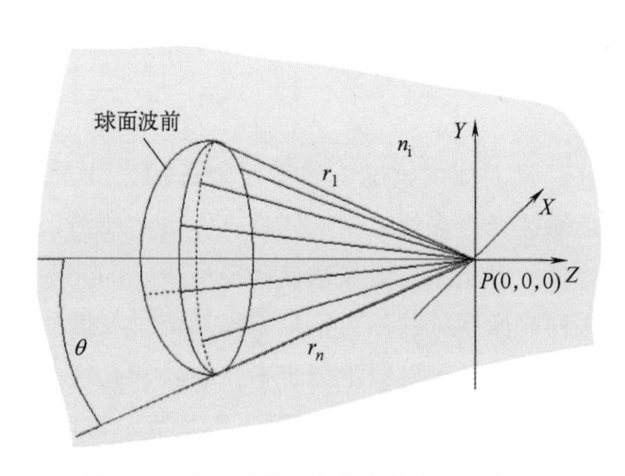

图 4.1 球面波前，成像光束会聚到点 P。有限波前保持角度 θ。

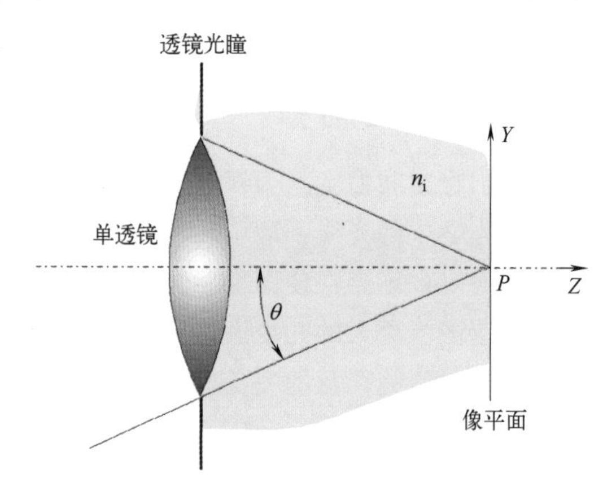

图 4.2 由 $n_\mathrm{i}\sin\theta$ 定义的数值孔径（NA），其中 n_i 是成像介质的折射率。

注意，如图 4.3（a）所示，在现代投影式曝光机使用的双远心系统中，缩小系统中透镜的 NA 在掩模侧和晶圆侧是不同的。物 $A_\mathrm{o}B_\mathrm{o}$ 缩小为像 $A_\mathrm{i}B_\mathrm{i}$，而孔径角 θ_o 增加到 θ_i。通过透镜设计，将

$$\frac{\mathrm{NA_i}}{\mathrm{NA_o}}=\frac{n_\mathrm{i}\sin\theta_\mathrm{i}}{n_\mathrm{o}\sin\theta_\mathrm{o}}=\frac{A_\mathrm{o}B_\mathrm{o}}{A_\mathrm{i}B_\mathrm{i}}=m \tag{4.3}$$

定义为像侧 NA 比物侧 NA，其中，m 是 NA 比。NA 比与缩小倍率 M 相同，缩小倍率 M 被定义为物尺寸比像尺寸。复合透镜使得保持这种关系成为可能。当使用单透镜时，情况有所不同［如图 4.3（b）所示］：

$$M=\frac{C_o}{C_i}=\frac{\tan\theta_i}{\tan\theta_o}=\frac{\sin\theta_i}{\sin\theta_o}\times\frac{\cos\theta_o}{\cos\theta_i} \tag{4.4}$$

因此当 $n_i=n_o$ 时，

$$m\equiv\frac{NA_i}{NA_o}=\frac{n_i\sin\theta_i}{n_o\sin\theta_o}=M\frac{\cos\theta_i}{\cos\theta_o}$$

除了小角度之外，NA 比 m 不再等同于缩小倍率 M。取$NA_i=0.93$，这是 4×缩小系统的现代投影扫描光刻机的典型值，则 NA 比是 10.58，而不是 4。

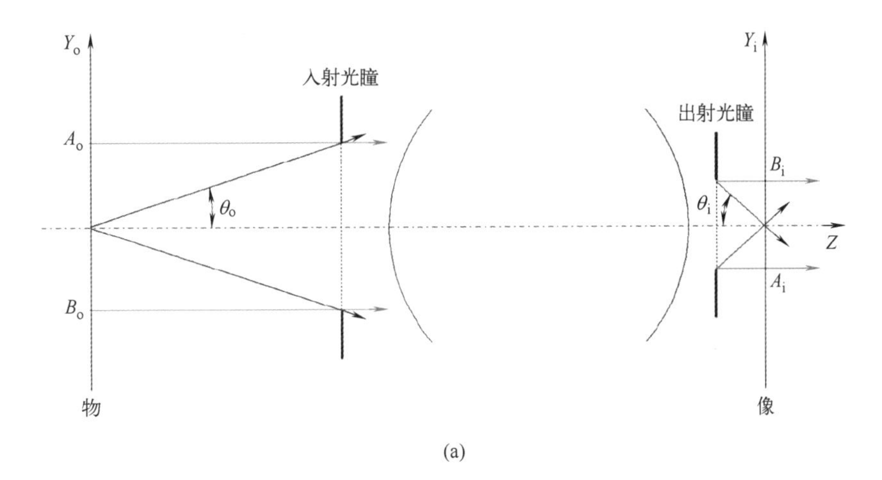

(a)

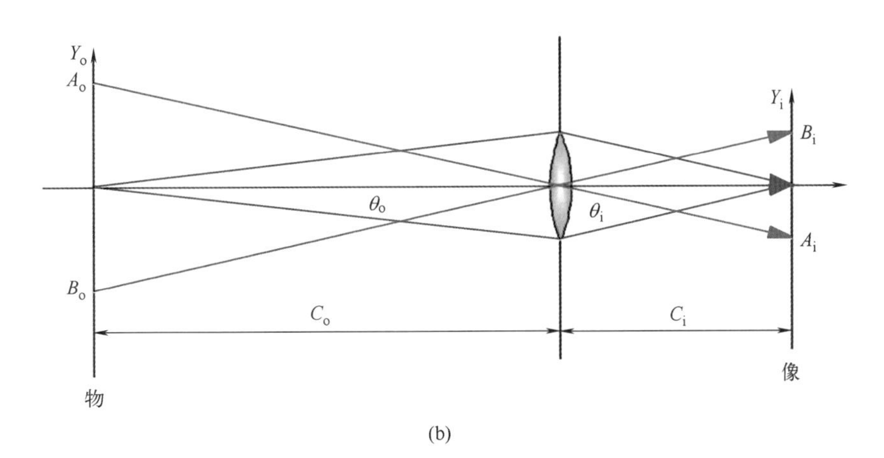

(b)

图 4.3 (a) 2×缩小双远心系统，显示了掩模侧和晶圆侧的 NA。缩小倍率 M 与 NA 比 m 是相同的。(b) m×缩小单元素透镜系统，除了小角度之外，不能保持 NA 比与缩小倍率相同。

4.1.3 有限数值孔径对球面波前的影响

我们从图 4.4 所示的点物的成像开始。点物将照明光衍射成覆盖物后整个半球的宽光谱空间频率。仅收集成像透镜的接受角内的空间频率，并且它们的球面波前被成像透镜反转以聚焦在像平面上。

先来看看有限 NA 对 $E[P(x,0,0)]$ 的影响。为了简化计算，球面波前被展平为圆柱形，y 轴从积分中略去，如图 4.5 所示。

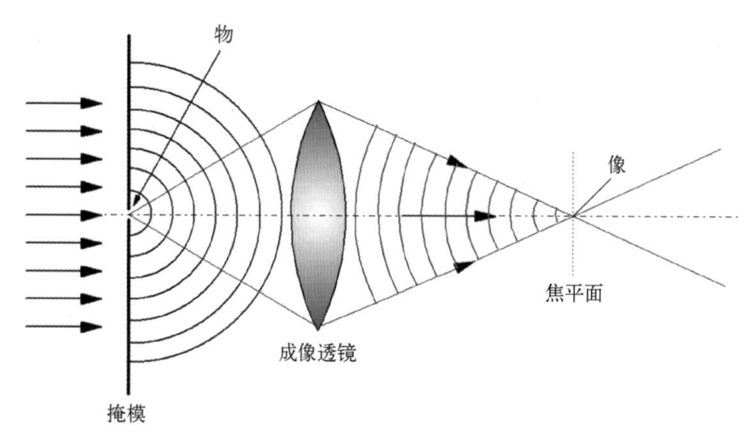

图 4.4 点物的球面波前。点物将照明光衍射成覆盖物后整个半球的宽光谱空间频率。透镜仅收集其孔径内的空间频率，并反转这些波前以聚焦在像平面上。

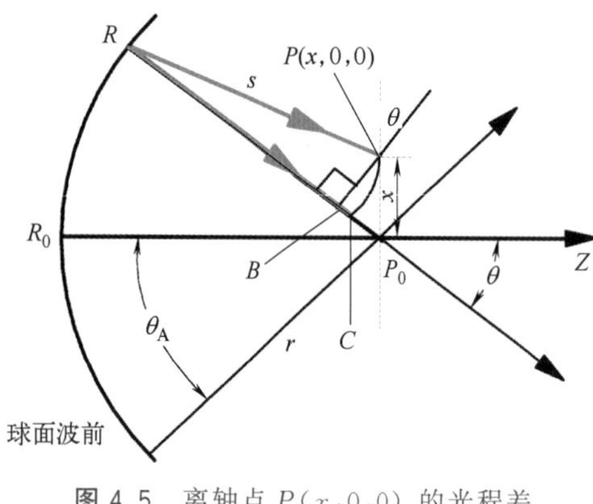

图 4.5 离轴点 $P(x,0,0)$ 的光程差 $\delta=RP_0-RP$。

设 NA 定义的角度为 θ_A，波前上的任意点 R 与光轴 z 成角度 θ，在 $P(x,0,0)$ 处，像的电场分布由角度 θ_A 以内球面上所有点的光的积累决定。在 z 方向上传播的电场矢量 E_x 的振幅是

$$E_x[P(x,0,0)]=\frac{1}{2\theta_A}\int_{-\theta_A}^{\theta_A}A\mathrm{e}^{\mathrm{i}ks}\cos\theta\mathrm{d}\theta \tag{4.5}$$

其中，s 是 R 和 P 之间的距离，r（见图 4.5）是 R_0 和 P_0 之间的距离。根据球面波前的定义，$RP_0=R_0P_0=r$。如图 4.5 所示，我们引入 B 点和 C 点。点 B 是从 P 到 RP_0 的垂直交点。C 点到 R 的距离与 P 相等，即 $RC=RP$。因此，距离 s 被定义为

$$\begin{aligned} s&=RP=\sqrt{(r-x\sin\theta)^2+(x\cos\theta)^2}\\ &=\sqrt{r^2+x^2(\sin^2\theta+\cos^2\theta)-2rx\sin\theta}\\ &=r\sqrt{1-2\frac{x}{r}\sin\theta+\frac{x^2}{r^2}}\approx r\sqrt{1-2\frac{x}{r}\sin\theta}\approx r-x\sin\theta \end{aligned} \tag{4.6}$$

（因为 $x/r\ll 1$）

其中，x 通常以纳米为单位，而 r 通常以厘米为单位。RP 和 RP_0 之间的光程差 δ 是

$$\delta=r-s=x\sin\theta \tag{4.7}$$

其中，第一个零强度出现在 $\delta=\lambda/2$ 位置处，且

$$x=0.5\frac{\lambda}{\sin\theta}=0.5\frac{\lambda_0}{\mathrm{NA}} \tag{4.8}$$

由式（4.5）继续，如果考虑传播的 x 分量，正弦项 $\sin\theta$ 就会存在。这里只对 z 分量感兴趣。由于相对于 z 轴对称，x 分量为零：

$$E[P(x,0,0)]=\frac{1}{2\theta_A}\int_{-\theta_A}^{\theta_A}A\mathrm{e}^{\mathrm{i}k(r-x\sin\theta)}\cos\theta\mathrm{d}\theta \tag{4.9}$$

积分之后，

$$E[P(x,0,0)]=\frac{A\mathrm{e}^{\mathrm{i}kr}\sin(kx\sin\theta_A)}{\mathrm{i}kx\sin\theta_A} \tag{4.10}$$

将式（4.2）代入式（4.10），则 P 处的电场分布为

$$E[P(x,0,0)]=\frac{A\mathrm{e}^{\mathrm{i}kr}\sin\left(2\pi\frac{\mathrm{NA}}{\lambda_0}x\right)}{2\pi\frac{\mathrm{NA}}{\lambda_0}x} \tag{4.11}$$

因此，像点附近的强度不为零。只有在以下情况下，它才会变为零：

$$2\pi\frac{\mathrm{NA}}{\lambda_0}x=\pi$$

即

$$x=0.5\frac{\lambda_0}{\mathrm{NA}} \tag{4.12}$$

式（4.12）与式（4.8）相同。比例常数 0.5 可以作为透镜孔径边界形状（例如，正方形或圆形）的函数而改变。它将在式（5.1）中指定为 k_1，并且是许多成像参数的函数。关于 k_1 的详细讨论将在第 5 章中给出。这里，式（4.12）的要点是，即使有一个理想的球面波前，像点也有一个由 λ 和 NA 决定的有限尺寸。当波长减小时，像点尺寸变小，而较小的 NA 产生较大的像点尺寸。像点越小，分辨率越高。x 对 NA 和 λ 的这种依赖性是式（5.1）的基础。

在研究了 $E[P(x,0,0)]$ 之后，我们现在通过研究焦平面附近的 $E[P(0,0,z)]$ 来检查有限 NA 对 DOF 的影响。

式（4.1）再次用于推导。这里，光程差 δ 在 R_0P 和 RP 之间，如图 4.6 所示，表示为$2z\sin^2(\theta/2)$：

$$\delta=s-(r+z)=\frac{s^2-(r+z)^2}{s+(r+z)} \tag{4.13}$$

其中，$s=RP$，$r=R_0P_0=RP_0$，$z=P_0P$。根据余弦定律，

$$s^2=r^2+z^2-2rz\cos(\pi-\theta) \tag{4.14}$$

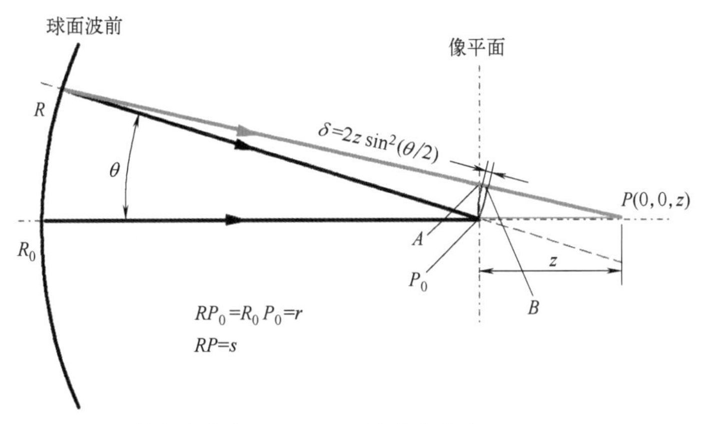

图 4.6　轴向离焦点 $P(0,0,z)$ 处的光程差（$\delta=RP-R_0P$）。

合并式（4.13）和式（4.14），得

$$\delta=\frac{2rz(\cos\theta-1)}{s+r+z}=\frac{-4rz\sin^2\left(\frac{\theta}{2}\right)}{s+r+z} \tag{4.15}$$

令 $s+r+z\approx 2r$，则有

$$\delta=-2z\sin^2\left(\frac{\theta}{2}\right) \tag{4.16}$$

接下来推导焦深的比例方程。采用式（4.5）评估 $P(0,0,z)$ 而不是 $P(x,0,0)$ 处的切向电场分布：

$$E[P(0,0,z)]=\frac{1}{2\theta_A}\int_{-\theta_A}^{\theta_A}A\mathrm{e}^{iks}\cos\theta\mathrm{d}\theta \tag{4.17}$$

由式（4.3），可得

$$E[P(0,0,z)]=\frac{1}{2\theta_A}\int_{-\theta_A}^{\theta_A}A\mathrm{e}^{\mathrm{i}k(r+z-2z\sin^2\frac{\theta}{2})}\cos\theta\mathrm{d}\theta \tag{4.18}$$

$$E_z[P(0,0,z)]=\frac{A\mathrm{e}^{\mathrm{i}k(r+z)}}{2\theta_A}\int_{-\theta_A}^{\theta_A}\mathrm{e}^{-2kz\sin^2\frac{\theta}{2}}\cos\theta\mathrm{d}\theta \tag{4.19}$$

对于该积分，无法找到一个闭式解。与其依赖闭式解，不如推导出像点沿 z 轴的有限尺寸与沿 x 轴的有限尺寸的类似关系，如式（4.12）所示。然后我们用 $\Delta\theta$ 来总结波前不同部分的贡献，而不是用 $\mathrm{d}\theta$ 来积分。我们选择 $\Delta\theta$，使得从波前到像点有 10 个小波，如图 4.7 所示。当 $z=0$ 时，所有来自球面的小波都是同相位的，强度最高。只要 z 增加，小波就会因增量 $(1/2)z\ \sin^2(\theta_A/2)$ 而失去相位，并开始有虚部，使总强度变小。当式（4.20）满足时达到第一个最小强度：

$$2kz\sin^2(\theta_A/2)=2\pi \tag{4.20}$$

因此，当如下条件即式（4.21）成立时，也就是当 NA 最小时，强度达到第一个最小值：

$$z=\frac{0.5\lambda_0}{n\sin^2(\theta_A/2)}=\frac{0.5n\lambda_0}{\mathrm{NHA}^2}\approx\frac{2n\lambda_0}{\mathrm{NA}^2} \tag{4.21}$$

数值半孔径（numerical half aperture，NHA）定义为

$$\mathrm{NHA}=n\sin(\theta_A/2) \tag{4.22}$$

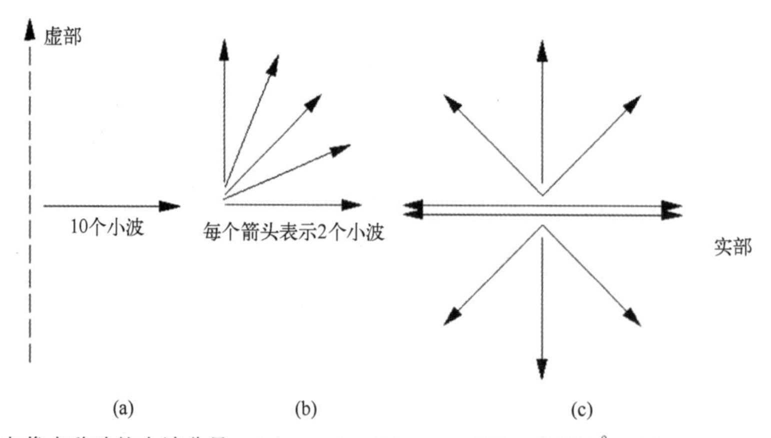

图 4.7　向像点移动的小波分量：(a) $z=0$，(b) $z=0.125n\lambda/\mathrm{NHA}^2$，(c) $z=0.5n\lambda/\mathrm{NHA}^2$。

因此，来自理想球面波前的点光源的焦深（DOF）不为零。正如横向位移的情况一样，它由 λ 和 θ_A 决定。一个区别是它与 $\sin^2(\theta_A/2)$ 成反比，而不仅仅是 $\sin\theta_A$。在实际情况下，

系数 0.5 由 k_3 代替，就像 k_1 用于横向位移一样。同样，对于小的 NA，使用 k_2 代替因子 2。式（4.21）是第 5 章式（5.2）的基础。当 θ 较小时，可以进行如式（4.21）的近似。

一种简化的分析方法可以用来帮助我们表达成像的物理意义。Sheppard 和 Matthews[1] 推导出了 DOF 对 $\sin^2(\theta_A/2)$ 的依赖性。对于从球面波前成像点像的广泛处理，可参阅 Born 和 Wolf 的出版物[2]。这些研究者证明了具有圆形光阑的球面波前在焦平面中的归一化强度分布为

$$I(0,v)=\left[\frac{2J_1(v)}{v}\right]^2 \tag{4.23}$$

对于小数值孔径时，沿 z 轴的归一化强度分布为

$$I(u,0)=\left(\frac{\sin\frac{u}{4}}{\frac{u}{4}}\right)^2 \tag{4.24}$$

其中

$$u=\frac{2\pi}{\lambda}\left(\frac{a}{r}\right)^2 z \tag{4.25}$$

$$v=\frac{2\pi}{\lambda}\left(\frac{a}{r}\right)x \tag{4.26}$$

其中，a 是圆形光阑的半径，r 是波前到像点的距离。比率 a/r 可以被认为是正弦的近轴近似。因此，式（4.23）和式（4.24）分别具有与式（4.12）和式（4.21）相同的意义。注意，任意 NA 的衍射受限系统的焦深（DOF）不是与 NA^2 反比，而是与 NHA^2 成反比。

4.1.4 球面波前的偏差

衍射受限图像由球面波前产生。当波前偏离理想球面以再现点光源时，图像不再受衍射限制，图像附近的光分布要复杂得多。图 4.8 显示了叠加在参考球面上的有像差的波前。

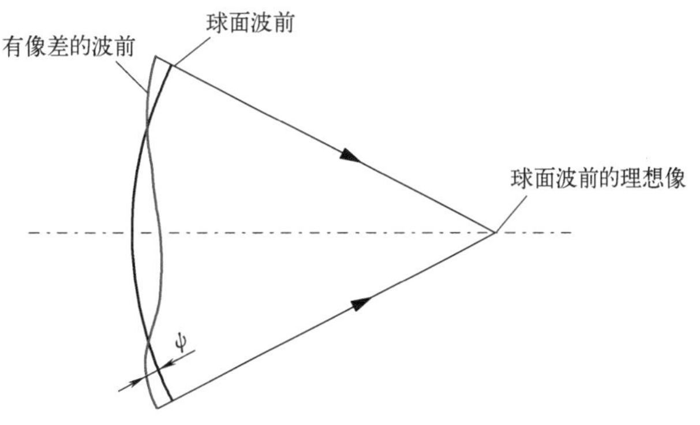

图 4.8 理想波前和有像差的波前。

对于有像差的波前，式（4.1）变成

$$E=Ae^{ik(r+\psi)} \tag{4.27}$$

像差由像差系数来表征。这些仅仅是多项式的系数，解析地定义了与理想球面的偏差，有两种主要的表示形式——赛德尔像差系数和泽尼克像差系数。

4.1.4.1 赛德尔像差系数

赛德尔像差系数（Seidel aberration coefficient）基于 x_i、y_i、x_p 和 y_p 中的像差波前的幂级数展开，其中，x_i 和 y_i 在像平面中，x_p 和 y_p 在出射光瞳平面中：

$$\psi=\sum_l^{\infty}\sum_q^{\infty}\sum_m^{\infty}\sum_n^{\infty}A_{lqmn}x_i^l y_i^q x_p^m y_p^n \tag{4.28}$$

其中，m、n、l 和 q 是正整数。可以进行许多简化。如果只对轴对称光学系统感兴趣，那么 ψ 只包含 $x_i^2+y_i^2$、$x_p^2+y_p^2$ 和 $x_ix_p+y_iy_p$ 的组合。此外，由于只考虑一个像点，并且存在轴对称，因此可以将 x_i 和 y_i 中任意坐标的任何像点旋转到 x_i，使 y_i 为零，从而将组合简化为 x_i^2、$x_p^2+y_p^2$ 和 x_ix_p。光瞳直角坐标 x_p 和 y_p 由极坐标 ρ 和 θ 代替：

$$x_p=\rho\cos\theta \tag{4.29}$$

$$y_p=\rho\sin\theta \tag{4.30}$$

式（4.28）现在可以表达成如下形式：

$$\psi=\psi^{(0)}+\psi^{(2)}+\psi^{(4)}+\psi^{(6)}+\cdots \tag{4.31}$$

$$\psi^{(2)}=A_{200}\rho^2+A_{111}x_i\rho\cos\theta+A_{002}x_i^2 \tag{4.32}$$

注意，l 代表 x_i 的阶次，m 代表 ρ 的阶次，n 代表 A_{lmn} 中 $\cos\theta$ 的阶次：

$$\psi^{(4)}=A_{400}x_i^4+A_{040}\rho^4+A_{131}x_i\rho^3\cos\theta+A_{222}x_i\rho^2\cos^2\theta+A_{220}x_i^2\rho^2+A_{131}x_i^3\rho\cos\theta \tag{4.33}$$

给定有像差的波前 ψ，有像差的成像光线和由球面波前确定的像平面的交点为[3,4]：

$$\Delta x=r\frac{\partial\psi}{\partial x_p} \tag{4.34}$$

$$\Delta y=r\frac{\partial\psi}{\partial y_p} \tag{4.35}$$

$$\Delta z=\frac{r}{\mathrm{NA}^3}\times\frac{\partial\psi}{\partial\rho} \tag{4.36}$$

在式（4.33）中，A_{400} 项在式（4.33）～式（4.35）的微分后消失。剩余的五个系数构成了五个主要的赛德尔像差，即球差（spherical aberration）A_{040}，彗差（coma aberration）A_{131}，像散（astigmatism）A_{222}，场曲（field curvature）A_{220}，畸变（distortion）A_{311}。这些像差的详细描述可以在标准光学教科书中找到（如参考文献［3］和［4］）。

4.1.4.2 泽尼克多项式

对于光学光刻，泽尼克像差系数（Zernike aberration coefficients）比赛德尔像差系数更受欢迎，因为泽尼克多项式[5-10] 是建立在适合成像透镜几何形状的柱面坐标中。因此，使用泽尼克多项式来设计成像透镜，并通过这些多项式进行表征。泽尼克多项式不仅在单位圆内形成一个完备集，而且在旋转中也是不变的。此外，泽尼克多项式在径向和旋转方向的阶次之间是正交的。利用泽尼克多项式 $Z_n^m(\rho,\theta)$，任意一个有像差的波前可由下式表示：

$$\begin{aligned}\psi(\rho,\theta)&=\sum_{n,m}C_n^mZ_n^m(\rho,\theta)\\&=C_0^0+\sum_{n=2}^{\infty}C_n^0R_n^0(\rho)+\\&\sum_{n=1}^{\infty}\left[\sum_{m=1,2}^{n}R_n^m(\rho,\theta)C_n^m\cos(m\theta)+\sum_{m=-n,2}^{-1}R_n^m(\rho,\theta)C_n^m\sin(m\theta)\right]\end{aligned}$$

其中

$$R_n^m(r)=\sum_{l=0}^{(n-m)/2}(-1)^l\frac{(n-l)!}{l!\left(\frac{n+m}{2}-l\right)!\left(\frac{n-m}{2}-l\right)!}r^{(n-2l)} \tag{4.37}$$

整数 n 和 m 分别归因于径向波数和周向波数。还有，$n-m$ 必须是偶数，否则$\left(\frac{n-m}{2}-1\right)!$

和$\left(\frac{n+m}{2}-1\right)!$将会无效。

分配一个数字 j 来表示 n 和 m 的组合是有帮助的。根据 Lakshminarayanan 和 Varadharajan[10] 的研究，分配顺序如表 4.1 所示。分配公式为：

$$j=1/2[n(n+2)+m] \tag{4.38}$$

$$n=\text{Integer}[1/2(-3+\sqrt{9+8j})] \tag{4.39}$$

$$m=2j-n(n+2) \tag{4.40}$$

表 4.1 根据 n 和 m 得出的单个数字 j。

n	m	−7	−6	−5	−4	−3	−2	−1	0	1	2	3	4	5	6	7
0									0							
1								1		2						
2							3		4		5					
3						6		7		8		9				
4					10		11		12		13		14			
5				15		16		17		18		19		20		
6			21		22		23		24		25		26		27	
7		28		29		30		31		32		33		34		35

泽尼克多项式是正交的，在径向上则有：

$$\int_0^1 R_n^m(\rho)R_{n'}^m(\rho)\rho\mathrm{d}\rho=\frac{1}{2(n+1)}\delta_{nn'} \tag{4.41}$$

然而，在旋转方向上则有：

$$\int_0^{2\pi}\cos(m\theta)\cos(m'\theta)\mathrm{d}\theta=\pi(1+\delta_{m0})\delta_{mm'} \tag{4.42}$$

$$\int_0^{2\pi}\int_0^1 Z_j(\rho,\phi)Z_{j'}(\rho,\phi)\rho\mathrm{d}\rho\mathrm{d}\theta=\frac{\pi}{2(n+1)}(1+\delta_{m,0})\delta_{j,j'} \tag{4.43}$$

因为泽尼克集合 $R_n^m(1)=1$，所以泽尼克多项式未归一化。

泽尼克多项式还提供了一种对透镜像差进行分类的方法。一般来说，如果 m 是偶数，则这些像差称为偶数像差；类似地，奇数像差对应 m 是奇数。当 $m=0$、±1、±2、±3、±4、±5 时，相应的像差分别称为球差、彗差、像散、三叶像差、四叶像差、五叶像差。当 $n+|m|=4$ 时，像差称为初级像差、初级球差、初级彗差等；$n+|m|=6$ 对应二级像差；$n+|m|=8$ 对应于三级像差。

式（4.37）可以改写为

$$\psi(\rho,\theta)=\sum_j c_j Z_j \tag{4.44}$$

在这种情况下，波前的均方差为

$$\overline{(\Delta\psi)^2}=\frac{\int_0^{2\pi}\int_0^1(\Delta\psi)^2\rho\mathrm{d}\rho\mathrm{d}\theta}{\int_0^{2\pi}\int_0^1\rho\mathrm{d}\rho\mathrm{d}\theta}=\sum_j\frac{1+\delta_{m,0}}{2(n+1)}c_j^2 \tag{4.45}$$

这是泽尼克多项式的另一个优点。对于波前的均方差，每个泽尼克项的大小可以独立地平方求和。成像镜头通常是这样规定的。

对于 m 和 n 的每种组合，可以很容易地使用式（4.37）来显式地写出多项式。例如：

$$R_4^2(\rho)=4\rho^4-3\rho^2 \tag{4.46}$$

$$R_6^2(\rho)=15\rho^6-20\rho^4+6\rho^2 \tag{4.47}$$

我们现在验证这两项的正交性：

$$\int_0^1 R_4^2(\rho)R_6^2(\rho)\rho\mathrm{d}\rho=\int_0^1\left(\frac{60}{12}\rho^{12}-\frac{125}{10}\rho^{10}+\frac{84}{8}\rho^8-\frac{18}{6}\rho^6\right)\mathrm{d}\rho=0$$

4.1.4.3 Z_j 的样本图

本节提供了 Wong[9] 使用 Lakshminarayanan 和 Varadharajan[10] 命名的理论得到的 Z_j 图。图 4.9 显示了对于 $j=0$、4、12、24、40 以及 $m=0$ 的情况。对于 $m=0$，ψ 是圆形对称的。当 $l=0$ 时，无像差的波前的修正形状通常被称为“活塞”，因为它是不改变无像差的球面波前形状的平坦值。$Z_l=4$ 对应于未使点像变形的焦点改变。$Z_l=12$ 表示初级球差，$Z_l=24$ 表示二级球差，$Z_l=40$ 表示三级球差，等等。这些球差不会改变像的圆形对称性，但会给像带来不同程度的模糊。

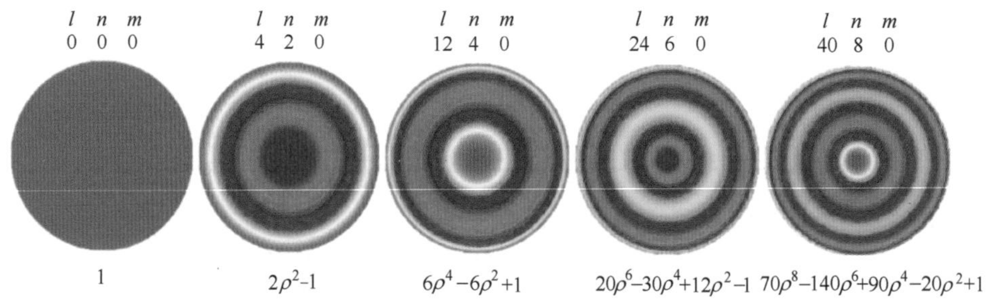

图 4.9 $m=0$，$j=0$、4、12、24、40 时的泽尼克多项式（转载自参考文献 [9]）。

图 4.10 中 $m=\pm1$，当 $j=1$ 或 2 时，对球面波前的修正分别是水平倾斜或垂直倾斜，图像被简单地移动而没有其他变形。对于 $j=7$，图像不再是圆形对称的，它在左侧有很强

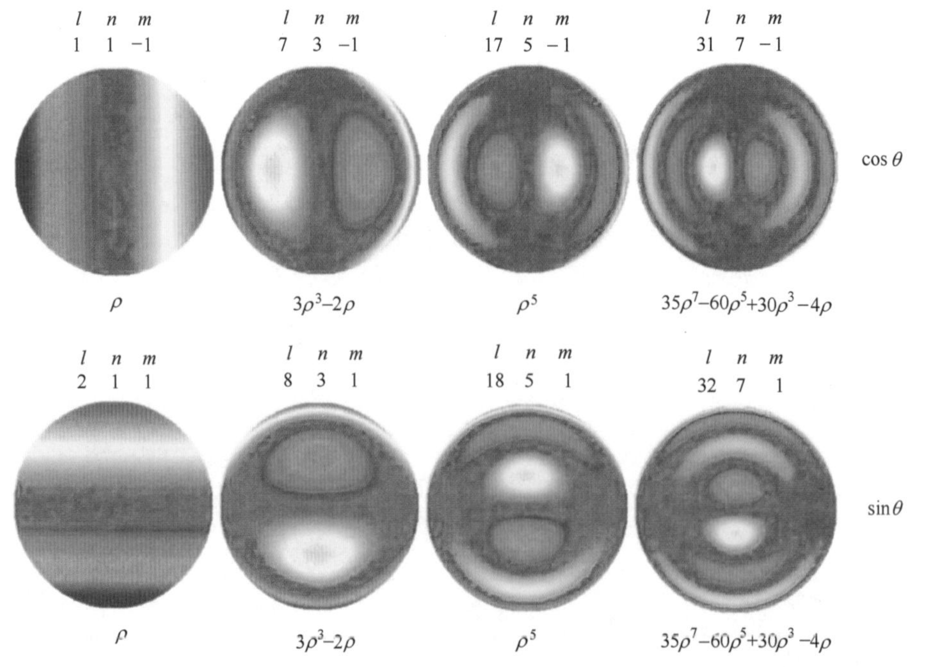

图 4.10 $m=\pm1$，$j=1$、2、7、8、17、18、31、32 时的泽尼克多项式（转载自参考文献 [9]）。

的焦点，但向右模糊程度增加，这被称为初级彗差。$Z_j=8$ 的行为类似，但是尖锐的焦点在顶部。$j=17$ 和 18 以及 $j=31$ 和 32 的高级彗差分别称为二级彗差和三级彗差。对于二级彗差，清晰的焦点现在旋转了 180°，模糊的彗尾在亮度上振荡了两次；对于三级彗差，明亮的焦点保持在与初级彗差相同的方向，但是彗尾振荡了三次。

我们现在转向图 4.11 中 $m=\pm 2$ 的情况，即 θ 的依赖性变成了 $\sin\theta$ 或 $\cos\theta$。对于 $l=3$ 或 5，像差是初级像散。在 $\cos\theta$ 的情况下，图像沿着光轴从水平到垂直交替其方向。对于 $\sin\theta$，方向在 45°和 135°之间振荡。

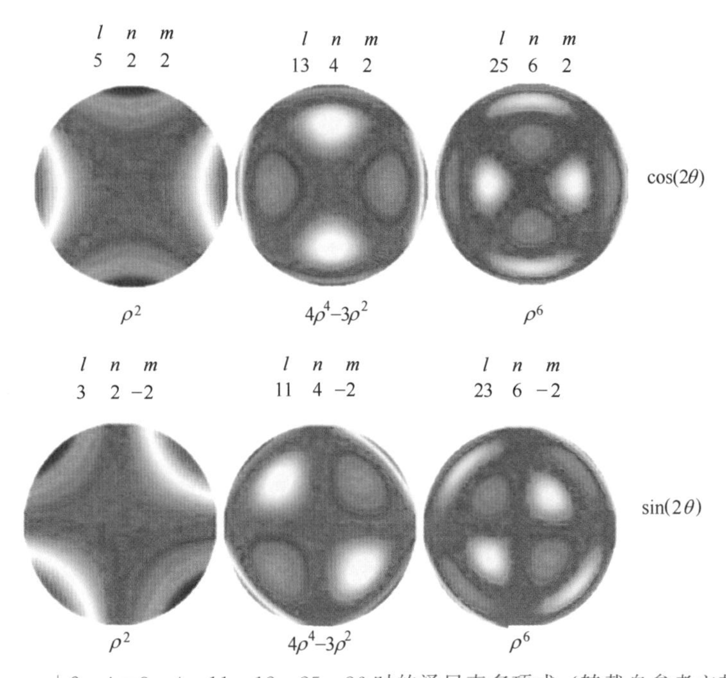

图 4.11 $m=\pm 2$，$j=3$、4、11、12、25、26 时的泽尼克多项式（转载自参考文献 [9]）。

4.1.5 从掩模图案成像

人们很少用光学微光刻曝光点物，除非他们通过在掩模中有意地产生针孔物体来研究成像透镜的像差。当曝光的不是针孔，而是长线、矩形、正方形、肘形、T 形或这些基本图案的组合时，它们被转变成复杂的电路图案。因此，必须研究有像差和无像差的掩模图案的衍射效应。第 5 章描述的 E-D 工具用于定量研究掩模图案的形状和尺寸以及这些图案的位置如何影响工艺窗口（E-D 窗口）。以下各小节涵盖了从给定的掩模图案获得衍射图像的过程。

4.1.5.1 掩模图案的相干成像

物体通过透镜的相干成像如图 4.12 所示。从几何光学的角度考虑，穿过掩模平面中的物体的所有光线都被透镜弯曲，使得它们会聚到图像的明亮部分中的相应几何图像位置。从波衍射的观点来看，来自一个物点的光波被透镜改变，使得它们以相同的光程传播到像点。换句话说，当光波会聚在像点上时，会经历相同数量的峰和谷以及它们的一部分。

不管波的角度如何，所有波的光程都通过透镜变得相同。近轴波穿过透镜较厚的部分，而较远的离轴波穿过透镜较薄的部分。因为透镜介质的折射率缩短了波长，所以近轴波在透镜介质中传播的更大距离弥补了到像点更短的物理距离。利用相干成像，来自单个物点以及来自任何其他物点的所有波彼此之间具有确定的相位关系。

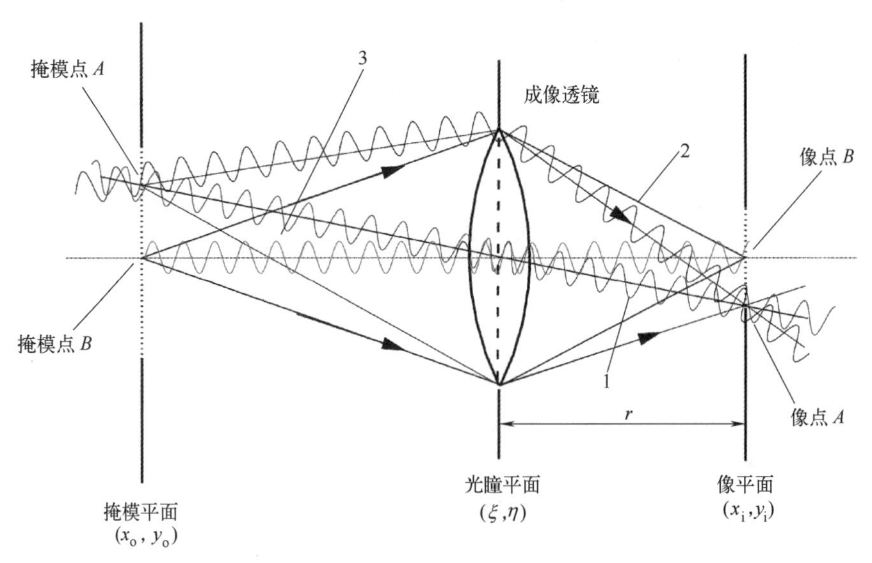

图 4.12 相干成像（任何成像光束之间的相位都是确定的）。

例如，来自物点 A 的点 1 比同样来自物点 A 的点 2 超前 180°，如图 4.12 所示，这种关系在任何情况下都成立。来自物点 B 的点 3 也与来自物点 A 的点 1 保持同相，并且比点 2 超前 180°。将掩模平面上的标量电场分布与像平面上的标量电场分布相关联的等式[11,12] 是

$$E_i(x_i,y_i)=\int_{-\infty}^{\infty}\int_{-\infty}^{\infty}E_o(x_o,y_o)K(x_i,x_o;y_i,y_o)\mathrm{d}x_o\mathrm{d}y_o \tag{4.48}$$

在校正良好的系统中，传递函数 K 可以取为

$$K(x_i-x_o,y_i-y_o)=\frac{1}{\lambda^2r^2}\int_{-\infty}^{\infty}\int_{-\infty}^{\infty}G(\xi,\eta)\mathrm{e}^{\frac{-ik}{r}[(x_i-x_o)\xi+(y_i-y_o)\eta]}\mathrm{d}\xi\mathrm{d}\eta \tag{4.49}$$

当执行逆变换时，通过插入光瞳函数 $G(\xi, \eta)$，可以将下面的等式分解成傅里叶变换和逆傅里叶变换分量。在一个无像差的系统中，$G(\xi, \eta)$ 在孔径中简单地为 1，在孔径外是 0。即：

$$E_i(x_i,y_i)=\frac{1}{\lambda^2r^2}\int_{-\infty}^{\infty}\int_{-\infty}^{\infty}\left[\int_{-\infty}^{\infty}\int_{-\infty}^{\infty}E(x_o,y_o)\mathrm{e}^{\frac{ik}{r}(x_o\xi+y_o\eta)}\mathrm{d}x_o\mathrm{d}y_o\right]G(\xi,\eta)\mathrm{e}^{\frac{-ik}{r}(x_i\xi+y_i\eta)}\mathrm{d}\xi\mathrm{d}\eta \tag{4.50}$$

严格来说，掩模平面内的电场分布是非常复杂的，它必须满足麦克斯韦方程组和边界条件[13]。对于使用铬作为吸收体的掩模，横向电场分布为零，因为铬是导体，在其表面上不支持任何横向电场分布。对于 TE 入射，支持以下假设：

$$E(x_o,y_o)=\begin{cases}1, & \text{开口处}\\0, & \text{不透明区域处}\end{cases} \tag{4.51}$$

Bachynski 和 Bekefi[14] 证明了开口中的横向磁场分布与入射横向磁场分布相同。否则，式 (4.51) 不成立。

图 4.13 显示了 3λ 宽狭缝开口的掩模平面上的电场分布及其向像平面的传播。这里，TE 入射指的是垂直于入射平面并且平行于狭缝方向的电场，TM 入射是指平行于狭缝方向的磁场。精细结构在离掩模平面几个波长的距离处消失，这对于 TE 入射更为明显。在 TM 入射的情况下，掩模开口中的磁场分布遵循常规假设，例如式 (4.51)，除了掩模的不透明部分中的场分布不为零。相反，TE 入射时不透明部分中的电场分布为零，但是掩模开口内

的电场分布不符合常规假设。传统的假设被称为物理光学近似（POA），仅在与掩模的距离大于 W^2/λ 时有用，其中，W 是物宽，λ 是波长，详见第 2 章“接近式曝光”。作为精确边界条件的一部分，在掩模开口的边缘可能存在奇点。关于边缘奇点的图解，请见参考文献 [15]。

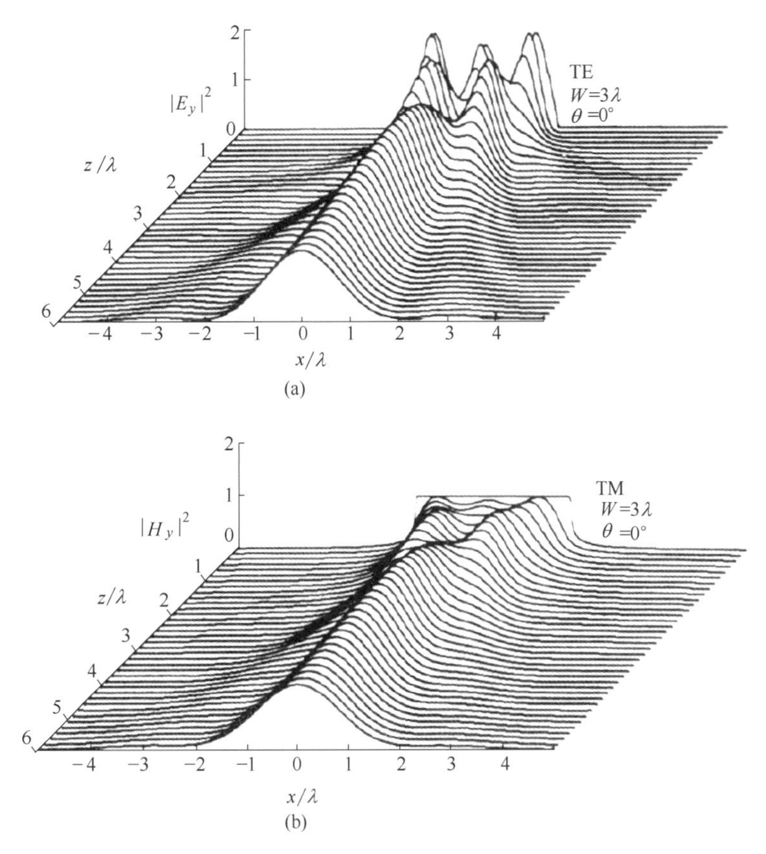

图 4.13 宽狭缝开口掩模平面上的电场分布及其向像平面的传播：(a) TE 入射；(b) TM 入射（转载自参考文献 [15]）。

图 4.14 显示了使用在掩模吸收体侧涂有光刻胶的曝光，在光刻胶中捕获的精细结构。因此，光刻胶在与掩模吸收体完全接触的同时被曝光，这不同于在掩模附近具有光刻胶的常规接近式曝光中的光刻胶曝光。这里，光刻胶显影从离掩模最远的平面开始，并沿接触平面的方向上继续。与接触平面的距离被用于显影后的测量，并且可以在非常接近掩模吸收体的地方记录衍射图像。在该图中，使用了 6.6λ 宽的狭缝，而且从像平面到掩模平面的距离是 2.1λ。入射光是非偏振的，包含相等的 TE 和 TM 分量。

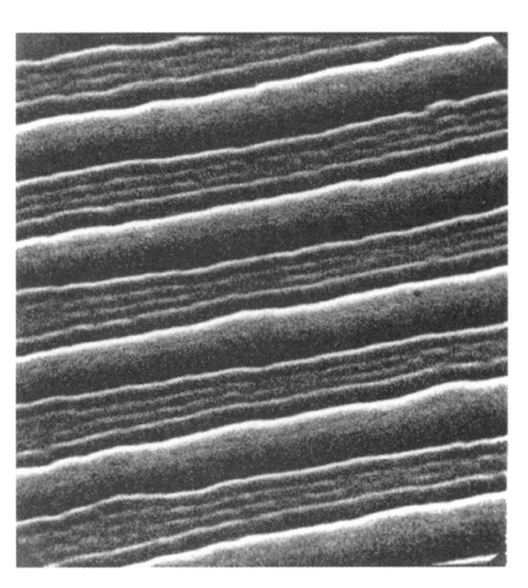

图 4.14 距离 6.6λ 宽狭缝 2.1λ 处的曝光强度（电场平方）分布的实验记录。

通常，只有当关注与掩模非常接近的区域时，例如在接近式曝光的情况下[16]，或者当掩模图案尺寸在一个波长或更小的数量级时，例如在亚微米 1×投影光刻的情况下，或者在 50nm 或更小特征的 193nm 4×缩小系统中，光刻中才需要这种高度精确的表示。带有吸收体的衰减型相移掩模（AttPSM）透射光并改变其相位的情况显然不符合式（4.51）。对于大多数其他目的，对 $E(x_o, y_o)$ 的物理光学近似通常是足够的。

K 为镜头的传递函数［见式（4.49）］，与式（4.5）或式（4.18）的核函数密切相关。$G(\xi,\eta)$ 是光瞳函数，在没有像差的情况下，镜头孔径外为 0，镜头孔径是 1。否则，$G=1+\psi/r$，其中，ψ 和 r 在式（4.27）中定义。坐标（x_o, y_o）、（ξ,η）和（x_i，y_i）如图 4.15 所示。如前所述，光刻胶对光强度有响应，而不是电场。一旦确定了电场分布，强度分布简单地遵循下式：

$$I(x_i, y_i)=E^*(x_i, y_i)E(x_i, y_i) \tag{4.52}$$

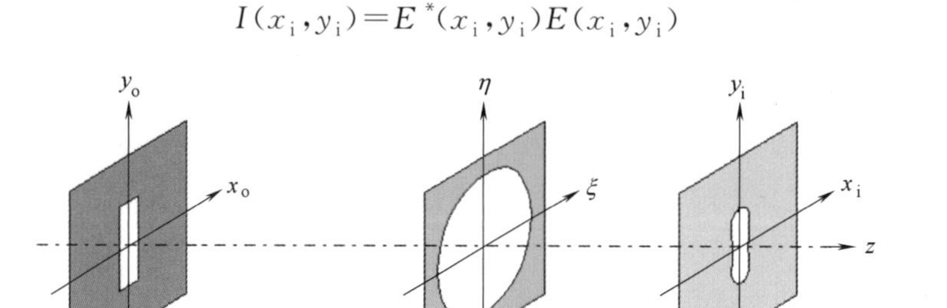

图 4.15 物坐标、光瞳坐标和像坐标。

4.1.5.2 掩模图案的非相干成像

对于非相干成像，不同像点之间的相位关系是完全随机的，如图 4.16 所示。尽管一个无穷小的物点和它的共轭像点之间的相位关系仍然是确定的，但是确切地确定电场是不可能的。然而，使用如下公式很容易评估强度分布：

$$I_i(x_i, y_i)=\int_{-\infty}^{\infty}\int_{-\infty}^{\infty} I_o(x_o, y_o)\mid K(x_i, x_o, y_i, y_o)|^2 \mathrm{d}x_o \mathrm{d}y_o \tag{4.53}$$

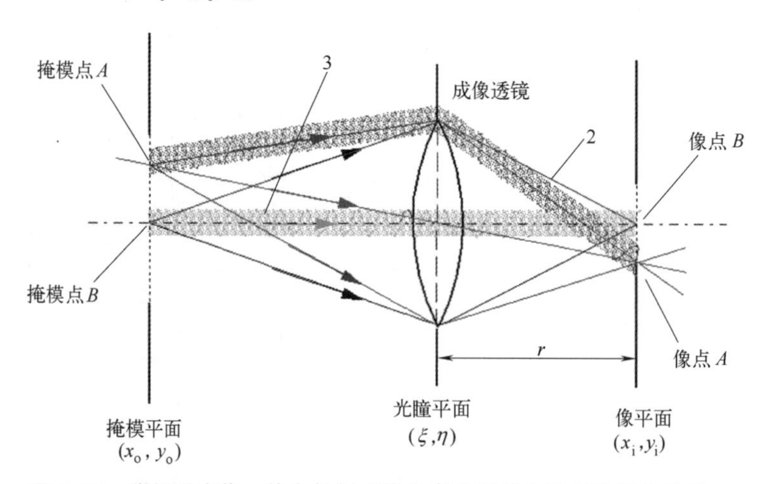

图 4.16 非相干成像，其中任何成像光束之间没有确定的相位关系。

可以设想一个支配无穷小物体成像的相干成像方程。但是对于另一个物点，即使它离第一个物点只有很小的、有限的距离，也不存在确定性的相位关系。任意两点之间的电场互不干扰。解释这些点同时存在的唯一方法是根据强度将它们的贡献相加。

4.1.5.3 掩模图案的部分相干成像

在光学微光刻的实践中，掩模的照明既不是相干的，也不是非相干的，而是部分相干的，这意味着不同像点之间的光波存在统计关系，而不是完全随机的。这种情况如图4.17所示。

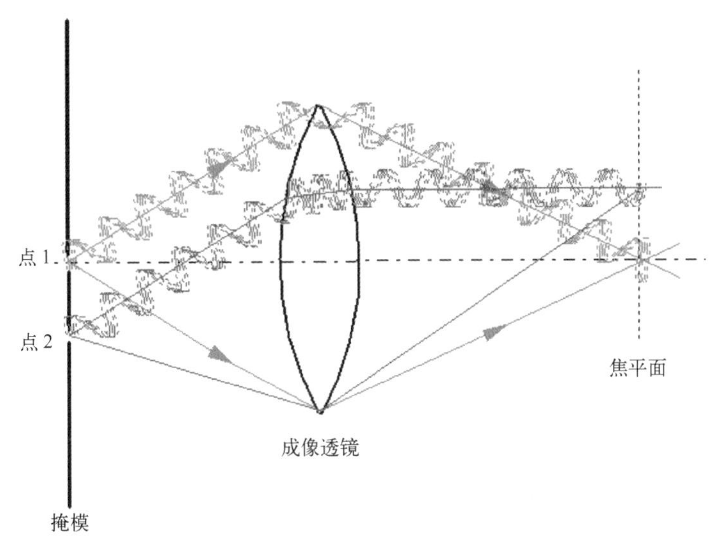

图4.17 部分相干成像，其中任何成像光束之间存在统计相位关系。

评估其强度分布不像式（4.49）或式（4.53）那样简单。基于霍普金斯分析（Hopkins' analysis）[17,18] 的掩模图案上的部分相干照明的图像强度分布如下：

$$I(x_i, y_i)=\int_{-\infty}^{\infty}\int_{-\infty}^{\infty}\int_{-\infty}^{\infty}\int_{-\infty}^{\infty} J_o(x_o, y_o; x'_o, y'_o) K^*(x_o, y_o; x_i, y_i) K(x'_o, y'_o, x_i, y_i) \mathrm{d}x_o \mathrm{d}y_o \mathrm{d}x'_o \mathrm{d}y'_o \tag{4.54}$$

其中，$J_o(x_o, y_o, x'_o, y'_o)$ 是掩模平面处的互强度，K 是与式（4.49）和式（4.53）中相同的传递函数。掩模平面上的互强度可以进一步分解成两个分量 B_o 和 M：

$$J_o(x_o, y_o; x'_o, y'_o)=B_o(x_o, y_o; x'_o, y'_o) M(x_o, y_o) M^*(x'_o, y'_o) \tag{4.55}$$

其中，B_o 是照明的互强度，M 是掩模透射函数。B_o 可以表示为第一类一阶贝塞尔函数，即 $J_1(u_c)$，其中，u_c 以聚光器的数值孔径 NA_c 为单位。K 也可以表示为 $J_1(u_i)$，其中，u_i 以成像透镜的数值孔径 NA_i 为单位。事实证明，在进行实际计算时，经常会用到孔径比 $\sigma=NA_c/NA_i$。该比率成为指示光学成像系统相干程度的参数。对于相干系统，$\sigma=0$；对于非相干系统，$\sigma=\infty$。当 $\sigma=0$ 时，B_o 变为1，而式（4.54）变成式（4.53）。当 $\sigma=\infty$，B_o 是 δ 函数，而式（4.54）变成式（4.49）。

虽然物理意义很明确，但式（4.54）在数值上的评估是很费时的，因为它涉及一个四重积分。让计算更快、数学上更容易处理的一个好方法是，利用式（4.50）将电场的传播视为与来自无限小光源的光完全相干。在光源区域上，通过对来自式（4.52）的图像强度进行积分来产生实际有限尺寸的光源，引入了部分相干性。Yeung[18] 率先提出了这一概念，用于从高NA成像光学器件和通过多层介质进行严格的电磁衍射，如典型半导体衬底中的光刻胶和薄膜叠层。

在傅里叶变换空间的频率空间中，使用式（4.50）或式（4.54）任一个都可以加快数值计算速度。不仅卷积公式变得更简单，而且现有的快速傅里叶变换算法也使得执行傅里叶变换和逆傅里叶变换非常有效。但是，积分的数据点总数 N 通常要求是 2 的整数次幂。此外，真正孤立的特征必须由自身周期的多重性来进行近似，特征之间的距离很大。

4.1.6 空间频率

空间频率在微光刻成像中起着重要的作用，原因有二：

① 空间频率是理解波长和亚波长成像的关键。NA 的工作原理、照明角度、相移掩模、孔径设计等，可通过空间频率给出的参数最容易地理解。

② 正如在 4.1.5.3 节中所讨论的，空间频率能使衍射公式的计算更快。

可以使用傅里叶积分将 2D 空间中的给定函数分解成空间频率：

$$\kappa(f,g)=\int_{-\infty}^{\infty}\int_{-\infty}^{\infty}K(x,y)\mathrm{e}^{\mathrm{i}2\pi(fx+gy)}\mathrm{d}x\mathrm{d}y \tag{4.56}$$

通过逆傅里叶变换恢复为 $K(x,y)$：

$$K(x,y)=\int_{-\infty}^{\infty}\int_{-\infty}^{\infty}\kappa(f,g)\mathrm{e}^{-\mathrm{i}2\pi(fx+gy)}\mathrm{d}f\mathrm{d}g \tag{4.57}$$

将傅里叶变换应用于式（4.48）的两边可得：

$$E(f,g)=E_{\mathrm{o}}(f,g)\kappa(f,g) \tag{4.58}$$

式（4.58）的物理意义是明确的。通过将掩模平面处的空间频率分布 $E_{\mathrm{o}}(f,g)$ 乘以光瞳函数 $\kappa(f,g)$ 来评估像平面处的空间频率分布 $E(f,g)$，在无像差系统中，光瞳函数 $\kappa(f,g)$ 在成像透镜孔径内简单地为 1，其他为 0。具有圆形光瞳的透镜的截止频率 $f_{\mathrm{cutoff}}=g_{\mathrm{cutoff}}=\mathrm{NA}/\lambda$。透镜充当低通滤波器，将掩模平面上的空间频率分量与像平面上的空间频率分量相关联。

4.1.6.1 孤立线开口的空间频率

现在，我们用典型的微光刻掩模图案来说明，一条孤立的、无限长的线由式（4.59）表示：

$$E(x)=\begin{cases}1, & -\dfrac{w}{2}\leqslant x\leqslant\dfrac{w}{2}\\ 0, & \text{其他}\end{cases} \tag{4.59}$$

式（4.56）产生的空间频率：

$$\mathscr{E}(f)/w=\frac{\sin(\pi wf)}{\pi wf} \tag{4.60}$$

如图 4.18 所示。

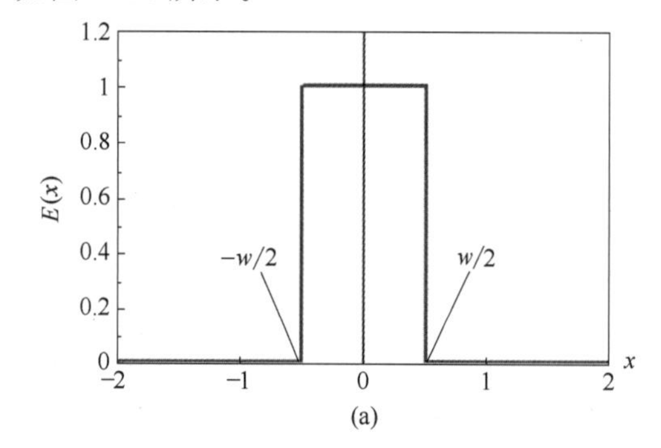

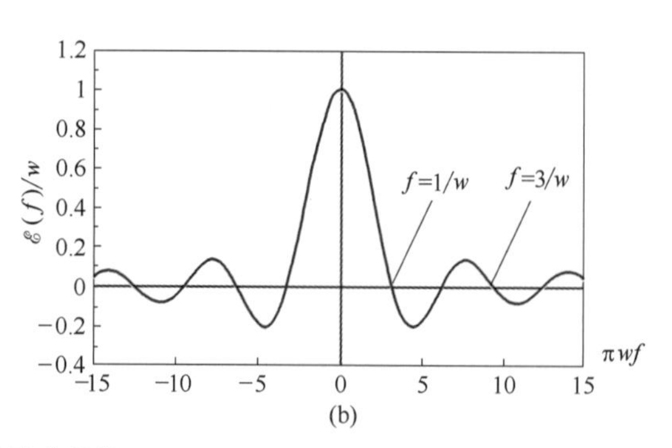

图 4.18 孤立线开口的电场及其傅里叶变换：(a) $E(x)$；(b) $\mathscr{E}(f)$。

因此，简单的线开口由正负空间频率的全频谱组成。这些频率的振幅可以是正的或负的。由于与 $1/f$ 的相关性，$\mathscr{E}(f)$ 的有效频率分布在低频区域。零点是 $f=\pm n/w$，这里 n 是正整数。就角谱而言[19]：

$$\sin\alpha=\lambda f \tag{4.61}$$

其中，α 是对应于空间频率 f 的平面波的传播角：

$$\sin\alpha=\frac{\lambda}{w} \tag{4.62}$$

如果成像透镜的数值孔径将截止频率设置在第一个正零点，则有

$$\mathrm{NA}=\frac{\lambda}{w} \tag{4.63}$$

现代微光刻旨在分辨 w 值小于 λ 的特征，而 NA 很少足以达到高于频谱中第一个零点的截止频率。让我们考虑 $w=\lambda$，NA=0.3、0.6 和 0.9。光瞳函数叠加在图 4.19（b）所示的频率分布上。式（4.52）、式（4.57）和式（4.58）用于估算图 4.19（a）中像平面上的合成电场分布。

注意，即使在非常高 NA 的情况下，由于 w 被选择为大于或等于 λ，因此所得图像看起来与掩模图像非常不同。好在微光刻工程师并不关心物体中所有灰阶的再现。如 1.3 节所述，微光刻的主要目的是控制图像边缘位置。通过利用作为高对比度记录材料的光刻胶和随后图案转移过程的优势，使图像为二元的。

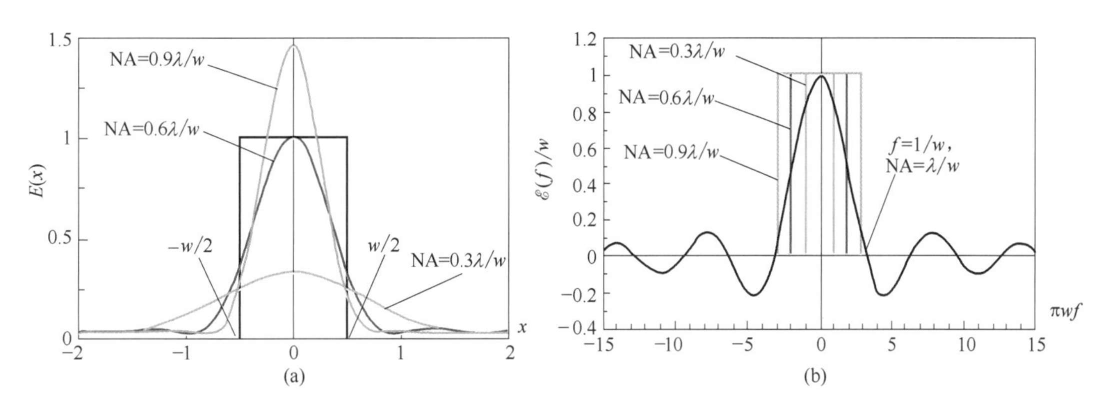

图 4.19 应用于图 4.18 中线开口的光瞳函数：(a) $E(x)$ 和 (b) $\mathscr{E}(f)$。

4.1.6.2 线空对的空间频率

微光刻中另一种常用的掩模图案是相等的线空对（line-space pairs），用 $E(x,y)$ 表示：

$$E(x,y)=\begin{cases}1, & np-\dfrac{w}{2}\leqslant x\leqslant np+\dfrac{w}{2}\\[2mm] 0, & np-\dfrac{w}{2}>x, x>np+\dfrac{w}{2}\end{cases}\quad(n=0,\pm1,\pm2,\cdots) \tag{4.64}$$

其中，w 是开口的宽度，p 是周期，n 是从负无穷到正无穷的整数（换句话说，是无穷多个相等的线空对）。如果线空对的数量真的是无限的，那么空间频率是离散的，其振幅由式（4.60）决定，如图 4.20 和图 4.21 所示。注意，无论 w 如何，频率尖峰之间的距离始终为 $1/p$。

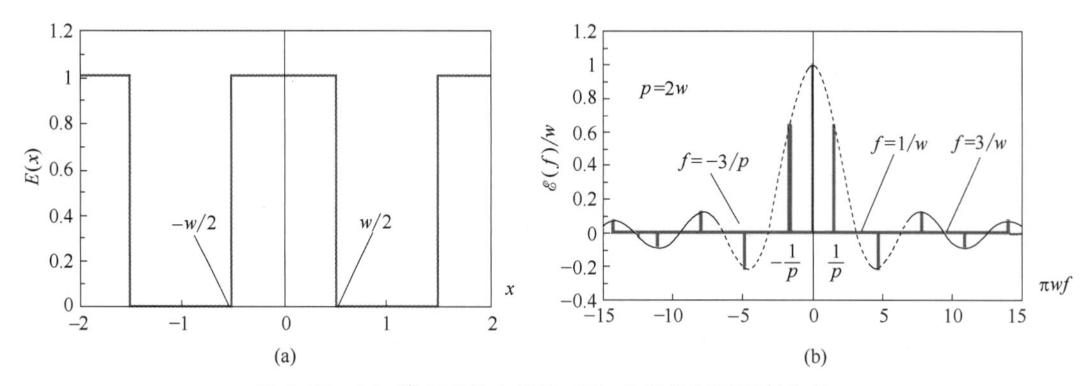

图 4.20 (a) 线空对的电场和 (b) 相应的空间频率分布。

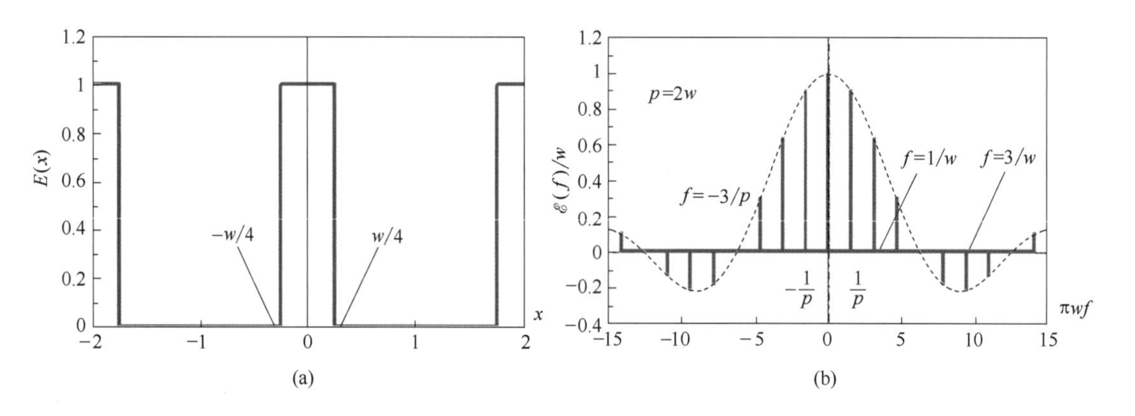

图 4.21 (a) 线空对的电场和 (b) 线空比为 1∶3 时相应的空间频率分布。

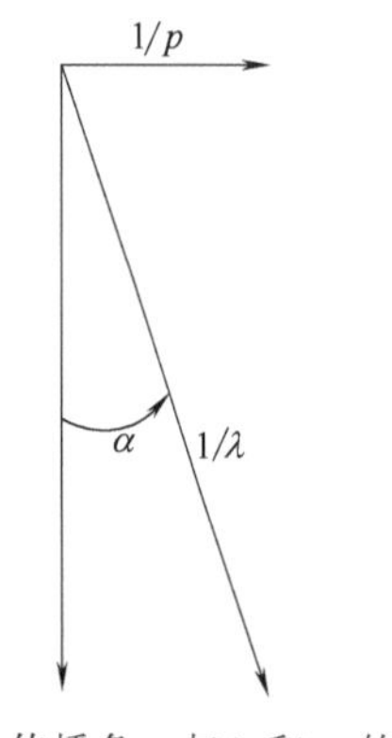

图 4.22 传播角 α 与 λ 和 p 的关系。

根据以上定义，空间频率与波长无关。它纯粹是 p 的函数，振幅与 w 有关。当考虑波长时，空间频率对应于作为 p 和 λ 的函数在一个方向上传播的波，如图 4.22 所示，即

$$\sin\alpha=\frac{\lambda}{p} \tag{4.65}$$

当 p 相对于 λ 较大时，α 较小，光束在 z 轴旁传播。角度随着 p 的减小而增大，直到等于 λ。

当 p 超过 λ 时，光束不再是规则的行波，而是倏逝波。透镜 NA 的角度 θ 与 p 和 λ 无关。该角度起到截止高空间频率的作用。当 $\sin\theta$ 小于 $\sin\alpha$ 时，透镜孔径阻挡空间频率 λ/p。

综合所有这些情况，当光入射到掩模图案上时，它在节点 $\pm n/p$ 处衍射成空间频谱，低于 $1/\lambda$ 的频率以角度 $\alpha=\pm\arcsin(\lambda/p)$ 向透镜传播。那些大于或等于 $1/\lambda$ 的频率将不会到达透镜。透镜数值孔径 $n\sin\theta$ 进一步将空间频率限制在 $\pm\mathrm{NA}/\lambda$。注意这里应该使用真空波长，否则空间频率为 $\pm\sin\theta_{\mathrm{medium}}/\lambda_{\mathrm{medium}}$。

线空对的空间分布可解析地表达为：

$$E(f)=\sum_{n=-\infty}^{\infty}\int_{np-w/2}^{np+w/2}\mathrm{e}^{\mathrm{i}2\pi fx}\,\mathrm{d}x=\frac{\sin(\pi wf)}{\pi wf}\sum_{n=-\infty}^{\infty}\mathrm{e}^{\mathrm{i}2\pi npf} \tag{4.66}$$

其中，第一项是尖峰的包络，求和部分[20]是一系列以 $f=\pm np$ 为中心的 δ 函数。利用几何级数的和，

$$\sum_{n=-\infty}^{\infty}\mathrm{e}^{\mathrm{i}2\pi npf}=\lim_{n\to\infty}\frac{\mathrm{e}^{-\mathrm{i}2\pi pf}\left[\mathrm{e}^{\mathrm{i}(4n+2)\pi pf}-1\right]}{\mathrm{e}^{\mathrm{i}2\pi pf}-1}$$

$$=\lim_{n\to\infty}\frac{\sin(2n+1)\pi pf}{\sin(\pi pf)}=\sum_{n=-\infty}^{\infty}\delta\left(f-\frac{n}{p}\right) \tag{4.67}$$

因此

$$E(f)=\frac{\sin(\pi wf)}{\pi wf}\sum_{n=-\infty}^{\infty}\delta\left(f-\frac{n}{p}\right) \tag{4.68}$$

正如在孤立线开口的情况下，不能承受高 NA 来传递更高级次的空间频率，因为高 NA 的透镜成本更高。大多数情况下，只有 0 级和 1 级通过镜头，从而产生纯正弦波图像和恒定强度偏差。

图 4.23（a）显示了图 4.20 所示的线空对的图像电场分布，使用的 NA 值分别为 0.3、0.6 和 0.9。当 NA＝0.3 时，图像中没有结构，它只是一个强度为 0.25 的恒定背景。参考图 4.23（b），原因很明显：光瞳根据 NA＝0.3 接受的唯一空间频率是 0 级频率。当 NA 增加到 0.6 时，允许 1 级空间频率，从而产生一个正弦图像，其电场是叠加的单个正弦波，平均电场振幅为 0.5。因为两个 1 级正弦波之和大于 0 级场，所以在 $x=1$ 时的总场为负，当应用式（4.52）将电场转化为强度时从而导致较小的正峰值。进一步将 NA 增加到 0.9 不会改变强度分布，因为低通滤波器的截止频率仍然排除了 2 级频率。

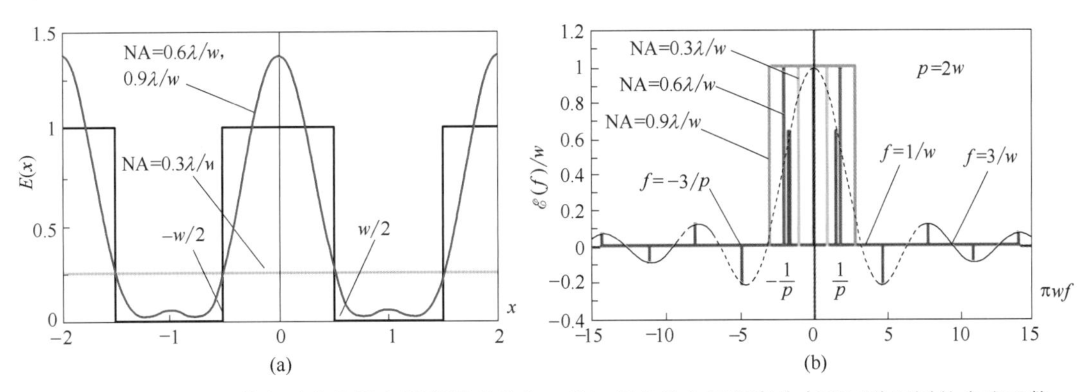

图 4.23 （a）1∶1 线空对的掩模和图像强度分布；（b）相应的空间频率分布和三种不同的光瞳函数。

如图 4.24 所示，当透明与不透明区域的比率改变为 1∶3 而不是 1∶1 时，图 4.24（a）中的图像强度分布的形状类似于图 4.23（a），除了振幅更低，导致在相同曝光水平下，图像开口相比 1∶1 的图案更小。这可以根据图 4.24（b）所示的频谱来理解。同样，只有 0 级和 1 级频率通过透镜。较强的 1 级分量降低了组合强度，因为它们是负的。

对于比最小特征尺寸大很多的图案，可以存在更高级次的空间频率。我们现在展示的是两倍大的 1∶1 线空对，相当于前面展示的线空对频率的一半。如图 4.25 所示，NA＝0.3 足以收集 1 级频率，NA＝0.6 收集 1 级和 2 级频率。然而，在原始物体中没有 2 级分量。因此，0.3 和 0.6 的 NA 产生相同的图像。NA＝0.9 时，3 级频率被接受，从而产生更宽但呈双峰的图像。

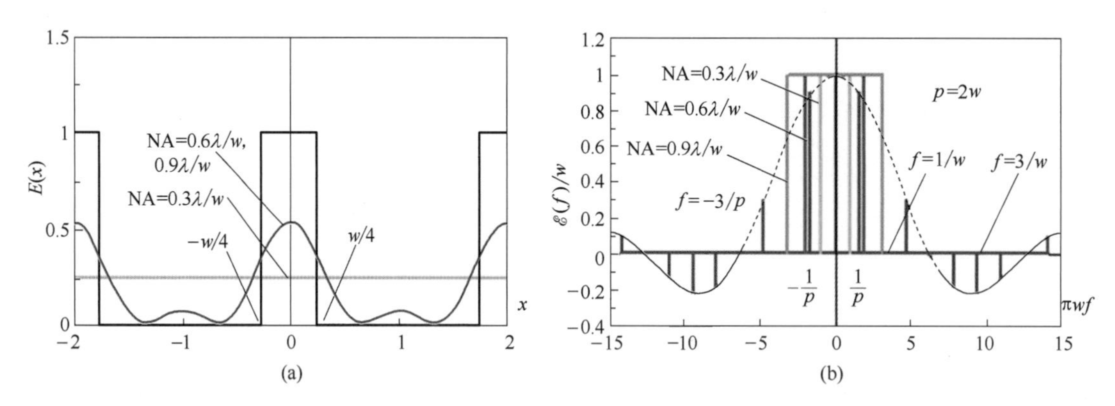

图 4.24 (a) 1∶3 线空对的掩模和图像强度分布；(b) 相应的空间频率分布和三种不同的光瞳函数。

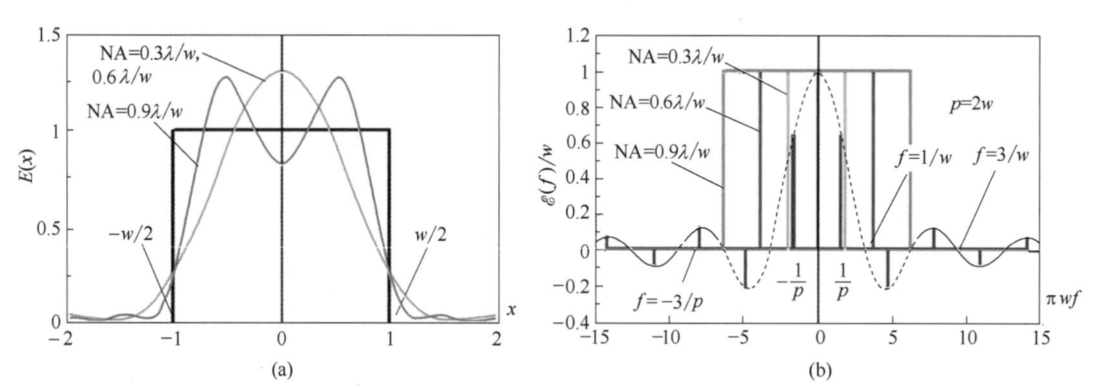

图 4.25 (a) 1∶1 线空对的掩模和图像强度分布；(b) 对应的空间频率分布和 $w=2$ 的三个不同的光瞳函数。

4.1.6.3 角谱

每个空间频率 f 与一对角平面波相关联。这些平面波的角度是

$$\theta=\pm\arcsin(\lambda f) \tag{4.69}$$

其中，$\theta=0$ 是光轴的方向。利用 4.1.6.1 节和 4.1.6.2 节给出的条件，当 $f=1/w$ 且 $w=\lambda$ 时，平面波的角度为 $\pm\theta=\pi/2$。

4.1.7 成像结果

这里给出两个例子来比较式 (4.48)、式 (4.53) 和式 (4.54) 的结果。第一个例子使用了一个名为 BigMaC[21] 的测试掩模图案，它是为大量特征组合的紧凑布局而设计的，存在具有最小尺寸空图形和大的空图形的最小尺寸特征和大的特征，长特征和短特征，内拐角和外拐角，以及垂直特征和水平特征。如图 4.26 所示，最小特征尺寸的选择为 $0.4\lambda/\text{NA}$。

图 4.27 (a) 显示了由 BigMaC 掩模在焦平面上的衍射图像。实线描绘了曝光对数值为 −0.6 时的恒定强度等值线图。另一条等值线图是在对数曝光强度为 −0.5 时进行的评估。两条等值线之间的距离对应于 26% 的曝光裕度。虚线表示了原始掩模图案的 10% 的线宽控制范围。两个图像等值线的对数强度水平是通过将其居中到 ±10% 的范围来选择的。对于 $0.4\lambda/\text{NA}$ 的这种最小尺寸特征，衍射图像仅在有限的区域满足线宽控制标准，例如，边缘 bb″、cc″、ef、hi、ij、jk 和 kk′的小部分，它们的对称部分在其他三个象限中。边缘 ee″不符

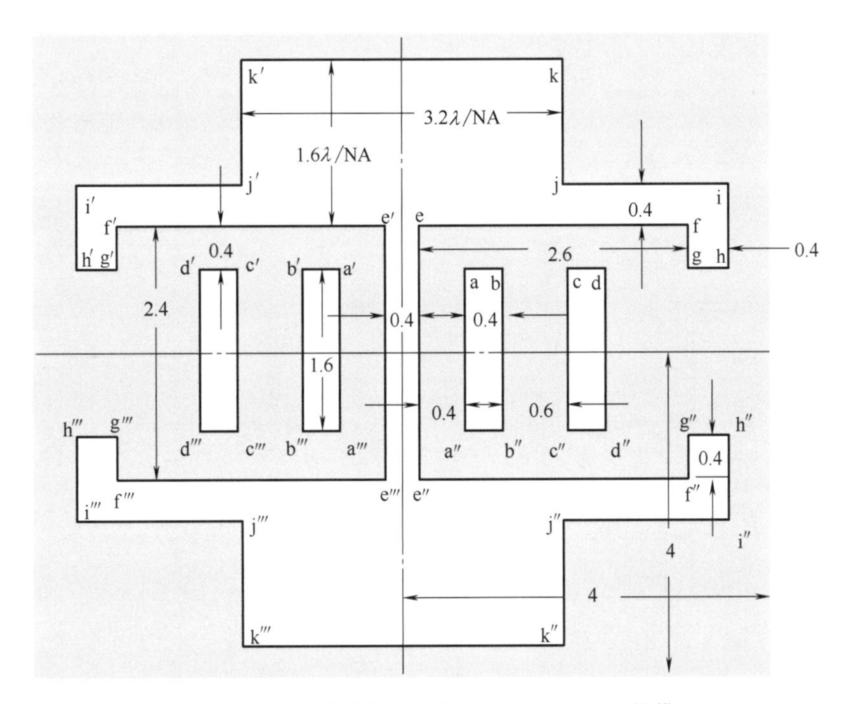

图 4.26 大小特征和内外角测试（BigMaC）掩模。

合标准。abb″a″和 cdd″c″的长度严重缩短。后者缩短得更少，因为它离其他特征更远。由于不均匀的边缘错位，abb″a″向左移动，而 cdd″c″则向右移动。曲线 fghi 严重变形。中心线段 ee′e‴e″边缘位置有振荡。当离焦=0.4λ/NA^2 时，如图 4.27（b）所示，图像就更没使用价值了。图 4.28 显示了对应于 σ=0.8 的低得多的相干照明的图像，其中线宽振荡明显减小。

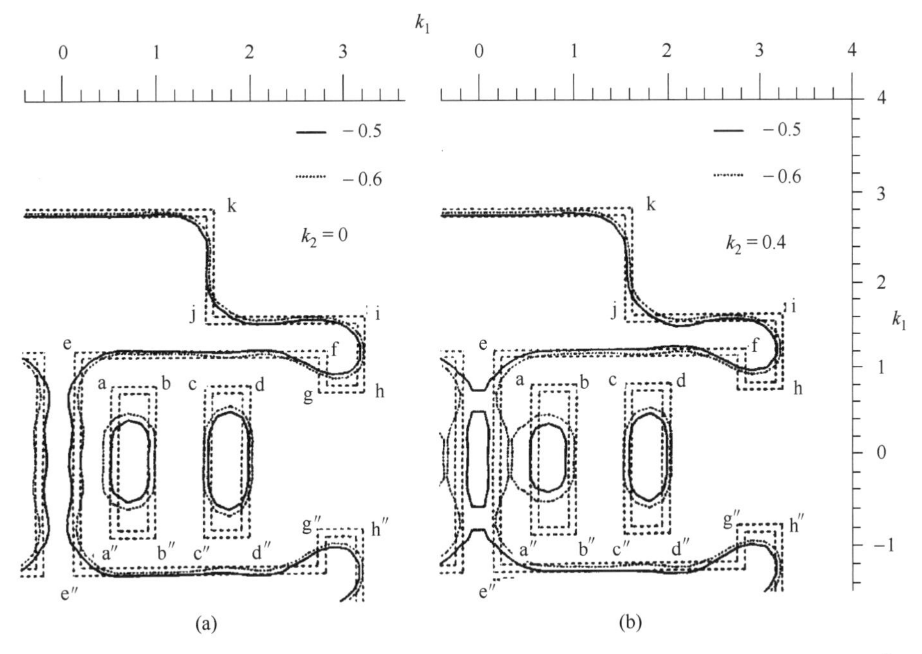

图 4.27 在 σ=0.4 时 BigMaC 掩模的衍射图像：(a) 离焦=0；(b) 离焦=0.4λ/NA^2。

优化曝光以产生可接受的 ee″和 aa″截面会导致其他截面的损失，尤其是臂 efghij。这与离焦＝0.4λ/NA^2 的情况类似，但是更严重。

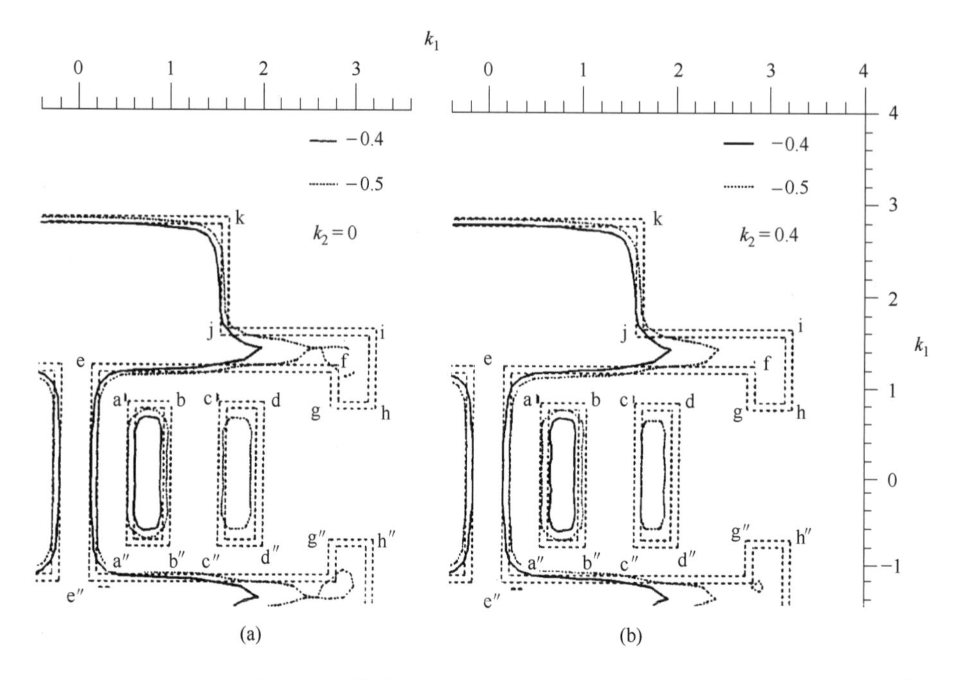

图 4.28 在 σ＝0.8 时 BigMaC 掩模的衍射图像：(a) 离焦＝0；(b) 离焦＝0.4λ/NA^2。

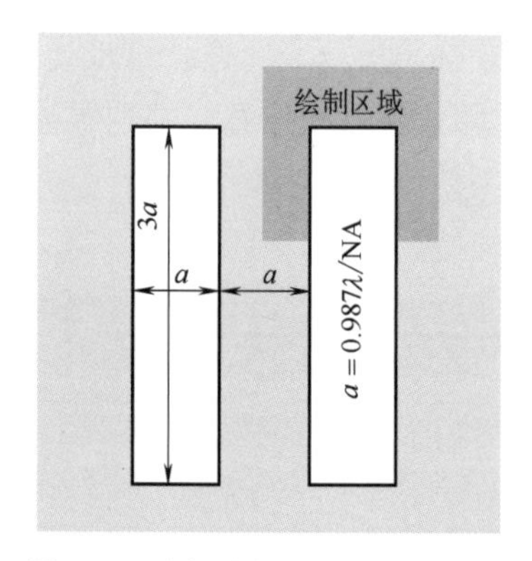

图 4.29 用于图 4.30～图 4.32 的掩模图案（改编自参考文献［22］）。

另一个例子使用了两个 3∶1 深宽比的相邻开口，如图 4.29 所示[22,23]。特征的尺寸和间距为 0.987λ/NA，这对于现代标准来说是很大的。即使有如此大的特征，在图 4.30 至图 4.32❶ 中也很容易观察到圆角。再现尖角需要许多高级次的空间频率。图 4.30 显示出两个条纹的非相干衍射。恒定强度等值线相隔 1.5dB。使用对数强度，使得光学图像的对数斜率与强度级别无关。级别 0 包含所有高于或等于 1 的强度，这是归一化的入射强度。类似地，级别 19 包含等于或高于该级别的所有强度级别。图 4.30 (a) 中的衍射图像显示出良好的直边，除了有由于较高空间频率的损失引起的圆角。然而，级别间的间距是宽的，表明线宽控制较差，因为小的曝光变化会导致大的线宽变化。在离焦平面上，情况更糟。

对于图 4.31 中的相干图像，图像对比度提高了，如曝光级别之间的密集空所示。但是，线条边缘会摆动，并且在中心有一条明亮的鬼线。离焦时，鬼线的波纹和影响甚至更差。

图 4.32 所示的部分相干图像是一个很好的折中，它消除了鬼线，同时保持了边缘的平直度和图像的对比度。这个例子显示了 3D 衍射图像的一些定性行为。σ 的实际优化需要使用第 5 章中介绍的 E-D 方法。

❶ 笔者感谢 Shuo-Yen Chou 和 Minfeng Chen，他们用最新的软件更新了这些图片。

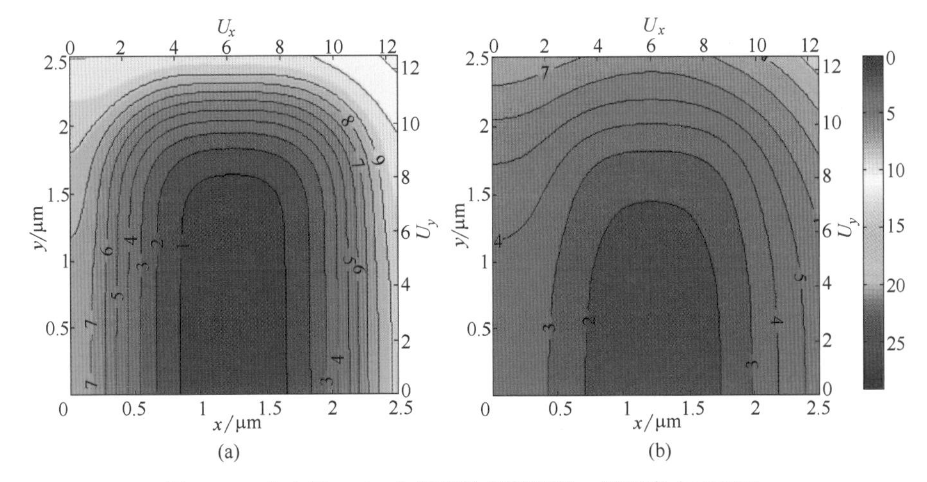

图 4.30　来自图 4.29 中掩模的衍射图像，照明完全不相干，即 $\sigma=\infty$。(a) 离焦=0；(b) 离焦=λ/NA^2。

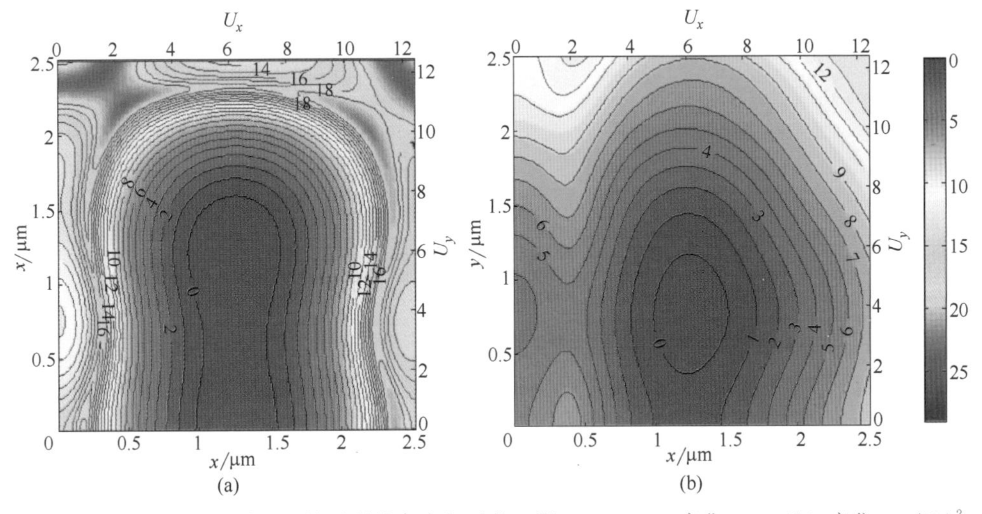

图 4.31　与图 4.30 相同，只是照明是完全相干的，即 $\sigma=0$。(a) 离焦=0；(b) 离焦=λ/NA^2。

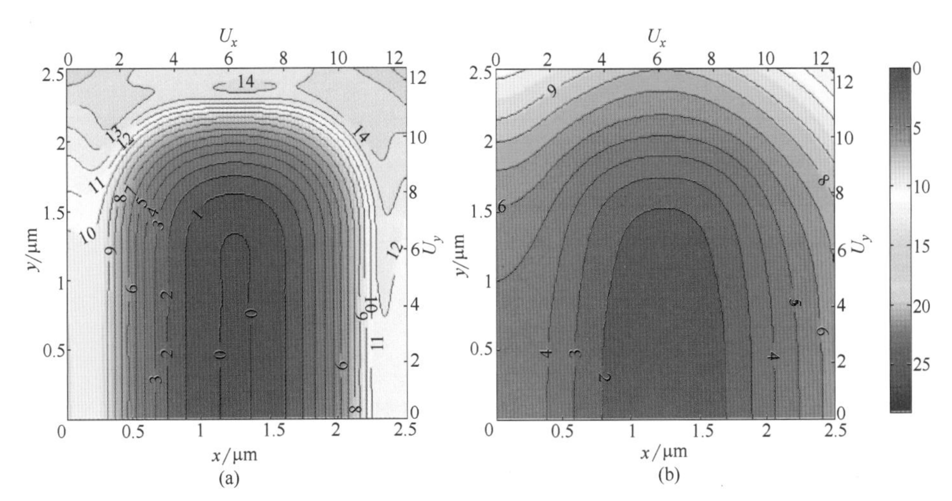

图 4.32　与图 4.30 相同，只是照明是部分相干的，即 $\sigma=0.78$。(a) 离焦=0；(b) 离焦=λ/NA^2。

4.2 反射和折射图像

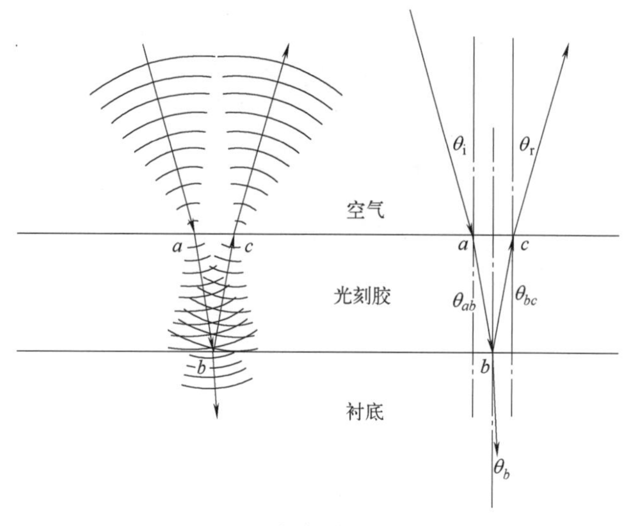

图 4.33 折射波和反射波。

空间像一旦进入光刻胶膜，就会发生一系列变化。如图 4.33 所示，当成像波到达空气-光刻胶界面时，它会折射到光刻胶中并反射回空气介质。为了使绘图更容易观察，图像焦点设置为空气-光刻胶界面。在实际操作中，图像应聚焦到光刻胶上。在任何情况下，当波撞击光刻胶-衬底界面时，它会折射入衬底并反射到光刻胶中。折射角遵循折射定律：

$$n_1\sin\theta_1=n_2\sin\theta_2 \quad (4.70)$$

而反射角等于入射角：

$$\theta_{\text{incidence}}=\theta_{\text{reflection}} \quad (4.71)$$

当光刻胶介质吸收光时，折射率是具有作为吸收分量的虚部的复数。折射角和反射角仍然遵循式（4.70）和式（4.71）。然而，伴随着折射波和反射波振幅的变化，在界面处引起相移。波一离开折射面，就根据衰减系数 α 被吸收。设入射波的电场分布为

$$E_i(x,z)=e^{i\frac{2n_0\pi}{\lambda}(z\cos\theta_i+x\sin\theta_i)} \quad (4.72)$$

反射场分布则为

$$E_r(x,z)=C_r e^{i\frac{2n_0\pi}{\lambda}(z\cos\theta_r+x\sin\theta_r)} \quad (4.73)$$

其中，反射系数 C_r 是一个复数，表示空气-光刻胶界面处的振幅和相位变化；n_0 是空气的折射率。从 a 点到 b 点的电场分布为

$$E_{ab}(x,z)=C_{ab} e^{i\frac{2n_0\pi}{\lambda}(z\cos\theta_{ab}+x\sin\theta_{ab})} \quad (4.74)$$

其中，折射系数 C_{ab} 也是规定空气-光刻胶界面处的振幅和相位变化的复数。n_{resist} 是光刻胶的复折射率：

$$n_{\text{resist}}=n_{\text{resist,real}}+i\,n_{\text{resist,imaginary}} \quad (4.75)$$

在两个界面上发生多次反射和折射，直到衰减至剩余的波可以忽略不计，如图 4.34 所示。

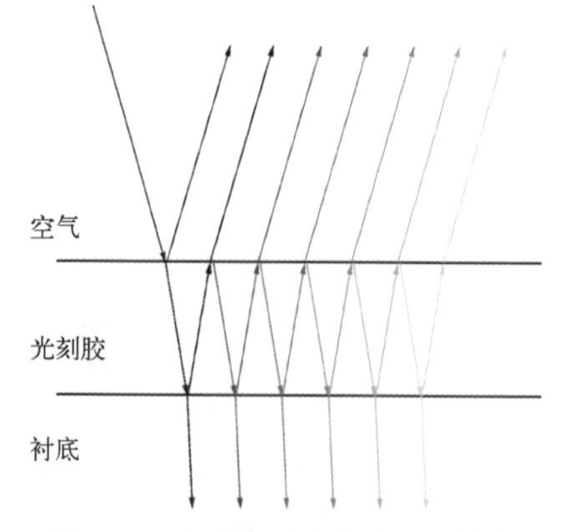

图 4.34 衰减介质中的多次反射波。

4.2.1 掩模反射和折射图像的评估方法

有两种方法来评估来自给定掩模图案的反射和折射图像。第一种方法通过由图 4.34 所示的所有多次反射和折射表面来追踪波，遵循式（4.70）～式（4.75）。对于给定的掩模图案，评估空间频率分量，然后去除被透镜 NA 拒绝的较高空间频率。每个剩余的频率分量被视为角度为 θ_i 的平面入射波，以通过反射和折射来追踪。在相关文献中，平面波通过薄膜

叠层的多次反射和折射得到了很好的处理。我们只需将这些方程应用于每个空间频率分量，然后用部分相干性将它们重新组合，正如在4.1.5.3节中所讨论的那样。当光刻胶漂白或染色时（即其复折射率是曝光的函数），在初始曝光时评估图像，然后针对局部曝光调整折射率，并再次评估反射和折射的图像，直到折射率的变化稳定。

加州大学伯克利分校电子研究实验室[24,25]、Mack[26,27] 和该领域的许多其他研究人员都采用了这种方法。这种方法的困难在于，当薄膜叠层包括诸如在多晶硅栅极上延伸的线、接触孔、金属线等形貌时，反射和折射必须在每个界面上被追踪，这非常繁琐。

在存在形貌和薄膜叠层的情况下，评估反射和折射图像的最佳方法是利用形貌和薄膜给定的边界条件求解麦克斯韦方程组[28]。可以将掩模图案分解成平面波的角谱，然后在部分相干重组之前精确求解每个平面波分量的麦克斯韦方程组。更进一步，可以为掩模开口设置边界条件，从而去除式（4.51）中的近似项。感兴趣的读者可以参考 Lin[15]、Yeung[29,30] 和 Barouch 等人[31,32] 的出版物。

4.2.2 多次反射对焦深的影响

为了理解多次反射对焦深（DOF）的影响，最佳的方法是将多次反射引起的图像变化可视化。图4.35为在垂直入射情况下，采用 $\sigma=0.5$ 的照明，$k_1=0.35$ 的线开口界面处的电场分布。注意，k_1 用来作为归一化横向尺寸，在5.4节有详细介绍。波束是垂直的，但是为了达到演示的目的，波束以有限的角度展开。因此，通过假设一个小的入射角而省略 $\cos\theta$。否则，光程 na 将变成 $na\cos\theta$。

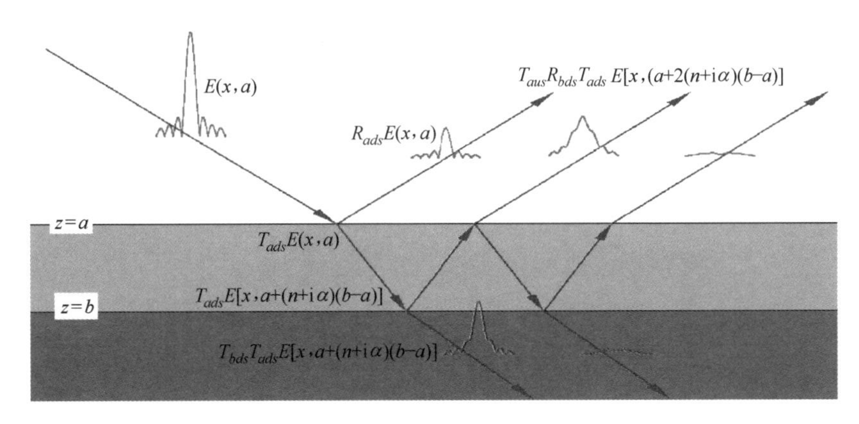

图4.35 不同界面处的电场分布（图片由S. S. Yu提供）。

在 $z=a$ 处，也即图像聚焦的空气-光刻胶界面处，电场分布为 $E(x,0)$，且反射图像为 $R_{ads}E(x,0)$，其中 R_{ads} 为第一界面的反射系数，a 代表 z 轴的位置，d 为入射光的向下方向，s 为偏振态。同样，传递电场分布为 $T_{ads}E(x,a)$，其中 T_{ads} 是空气-光刻胶界面的传递系数。在光刻胶-晶圆界面处，反射电场分布为 $R_{bds}T_{ads}E[x,a+(n+\mathrm{i}\alpha)(b-a)]$，其中 R_{bds} 是光刻胶-衬底界面的反射系数，α 是多重反射介质的吸收系数，n 是介质的折射率，传递电场分布为 $T_{aus}R_{bds}T_{ads}E[x,a+(n+\mathrm{i}\alpha)(b-a)]$。通过将参考点处的电场分布乘以适当的反射和透射系数，并根据光在其中传播的介质的折射率和吸收系数调整 $E(x,z)$ 中的离焦距离，可以类似地表达其他点处的电场分布。

在图4.35中，使用了193nm的光源，光刻胶的厚度为288nm，光刻胶的 n 和 α 分别取为 1.69 和 0.012，硅晶圆的 n 和 α 分别为 0.863 和 2.747。因此，$R_{ads}=-0.257-0.003i$，$T_{ads}=0.743-0.003i$，$R_{bds}=-0.385-0.656i$，$T_{bds}=-0.615-0.656i$，$T_{aus}=1.257-0.003i$。请注意，第二次反弹时输出的电场分布比第一次反弹时更大更宽。更宽是因为场分布随着离焦距离的增加而扩展，正如图 4.39 和图 4.40 所示。更大是因为 $T_{aus}R_{bds}T_{ads}$ 比 R_{ads} 大。

当与没有多次反射的图像相比时，所得到的图像在最佳聚焦位置处肯定具有较低的对比度。一般来讲，高对比度的图像可能会导致更大的 DOF，但这在考虑式（4.21）时候显然是不成立的。当对比度的增强由较高的 NA 产生时，DOF 减小。在多次反射的情况下，尽管最佳焦点处的图像对比度较低，但 DOF 也有所提高。这种情况类似于 FLEX 系统[33]，其离焦图像的叠加是通过多次曝光实现的，其中晶圆在离焦的不同阶段有目的地偏移。这些图像的平均效应利用了焦平面中足够的对比度来帮助实现离焦平面中的低对比度。

虽然两种方法都在许多离焦平面上叠加图像，但多次反射不同于 FLEX，因为前者相干叠加，而后者不相干叠加。不应使用多次反射来扩展 DOF。事实上，应不惜一切代价避免使用它们，因为它们是导致曝光不均匀的最主要因素，会带来形貌上的线宽控制问题，见 6.5.2.5 节。

4.3 潜像

潜像是在光刻胶被显影成光刻胶图像之前光刻胶中辐射引起的变化。简单的可视化是将光刻胶层中的复折射率分布 $n(x,z)$ 与光刻胶层中组合的反射和折射图像的强度分布直接关联起来。这些图像的实际组合更加复杂，因为折射率变化是光强度的函数。正如 4.2.1 节所述，必须及时动态地对这些图像进行组合。

潜像不容易看到，因为它主要由折射率分布而不是吸收分布组成。对于一些具有显著复折射率变化的光刻胶，确实可以看到潜像。例如，i 线或 g 线光刻胶在过度曝光时会产生可见的潜像。根据定义，对比度增强光刻胶强调产生明显可见的潜像。

然而，我们希望观察到潜像，因为该图像提供了在被锁定到显影的光刻胶图像之前，观察在光刻胶介质中捕获的空间像的机会。潜像与许多光刻胶工艺特性无关，因此可以解决当出现问题时是成像工具还是光刻胶有问题的疑问。能够在显影之前测量潜像有助于先验地确定显影条件和显影终点，以控制最终的显影图像。人们已经进行了许多尝试来使潜像可见。这是可能的，但是这样的图像通常不能提供足够的对比度。

4.4 光刻胶图像

光刻胶曝光会导致光刻胶物理特性的改变。不仅其复折射率改变，而且光刻胶在显影剂中的溶解速率也根据曝光图像而改变。溶解速率分布 $D(x,z)$ 通过曝光-溶解关系与 $n(x,z)$ 直接相关，如图 4.36 所示。

对于正性光刻胶（正胶），更高的曝光导致更快的溶解速率，反之亦然。给定 $D(x,z)$，可以评估光刻胶图像 $R(x,z,z_{resist})$。然而，分析性地评估该图像并不简单，因为光刻胶的去除是光刻胶表面暴露于显影剂的方式的函数。

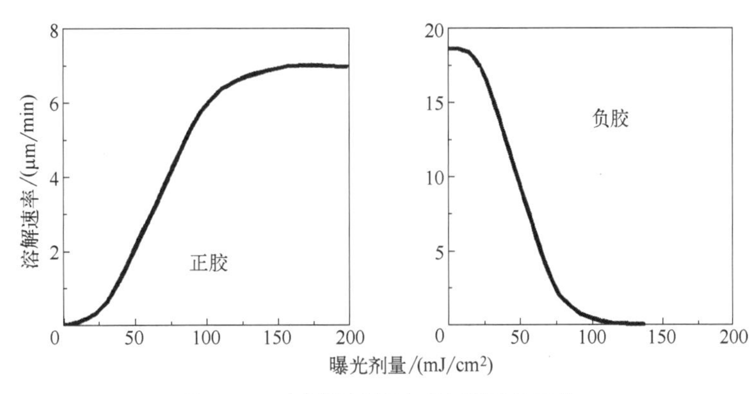

图 4.36 光刻胶溶解速率与曝光的函数。

为了进一步显示光刻胶显影过程，图 4.37 描绘了一个理想化溶解速率的图像的显影顺序。假设穿过光刻胶深度的空间像 $I(x,y,z)$ 在掩模的不透明区域中完全为 0，在透明区域中为 1。当 $-a<x<a$ 时，$I(x,z)=1$，其他区域 $I(x,z)=0$。

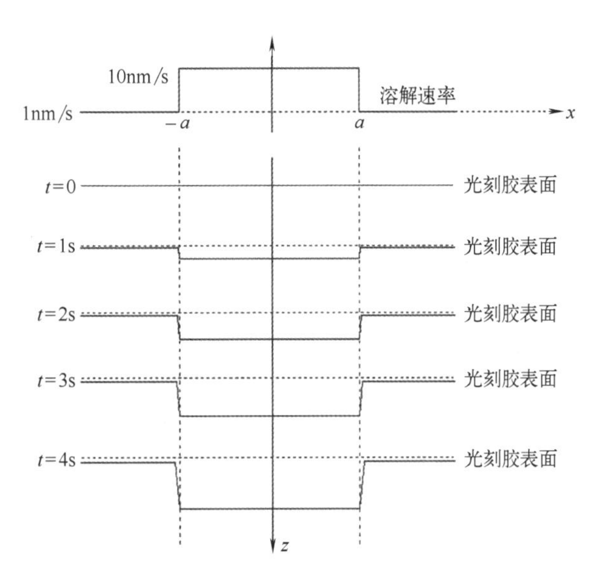

图 4.37 理想化溶解速率的图像显影顺序。

通过假设在空气-光刻胶和光刻胶-晶圆表面有完美的抗反射涂层，可以忽略多次反射。光刻胶吸收和衍射效应也被忽略。因此，潜像也是一个简单的方形函数——不透明区域为 0，曝光区域为常数值。当 $-a<x<a$ 时，显影速率 $R(x,y,z)$ 变为 $R(x,z)=10\text{nm/s}$，而在其他地方 $R(x,z)=1\text{nm/s}$。这里存在有限的未曝光显影速率，并且为了便于演示，使光刻胶保持在低对比度。

图 4.37 显示，由于未曝光区域的溶解速率有限，光刻胶不仅在显影时厚度会减少，而且一旦显影剂-光刻胶界面在垂直方向形成，光刻胶也会从侧面被去除。因此，如果在正胶的未曝光区域或负性光刻胶（负胶）的曝光区域存在有限的溶解速率，则显影的光刻胶图像具有自然的过切轮廓。

当考虑光吸收而忽略表面效应时，显影速率朝向正胶的底部降低，反之同理。如图 4.38 所示，过切轮廓对于正胶来说更为夸张，而负胶则有可能得到补偿。

为代替人工的空间像，我们现在用 $\sigma=0.5$ 的光照射 $k_1=0.64$ 的线开口获得的衍射空间像来表示图 4.39 中描述的显影过程。如图所示，衍射图像在光刻胶介质中折射。衍射图像在空气介质中传播，直到它在三个位置碰到空气-光刻胶界面。顶部位置显示了距离焦点 $-1.8\ k_2$ 处的光刻胶-空气界面，中间位置为 $-0.5\ k_2$，底部位置为 $-1.0\ k_2$。请注意，k_2 被用作归一化的纵向尺寸，将在 5.4 节中详述。

光一旦到达每个空气-光刻胶界面，传播常数就切换到光刻胶的 n_r 和 α，这就是图 4.39 所描述的情况。图 4.36 中的正胶溶解速率曲线用于所有三个位置。显影图像曲线的每一族

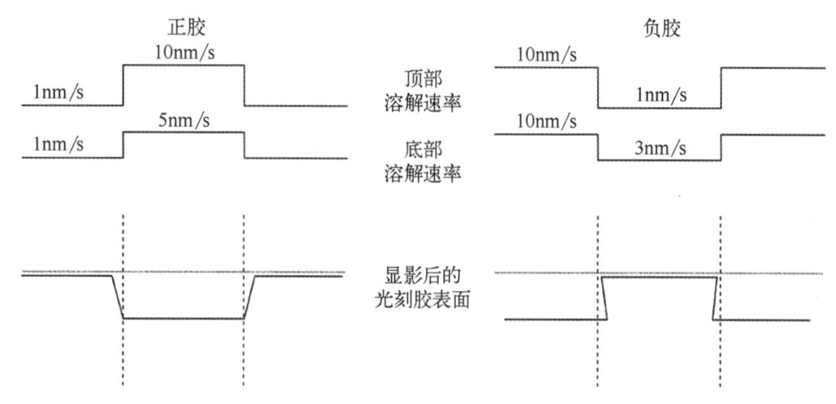

图 4.38 吸收性正胶和负胶图像。

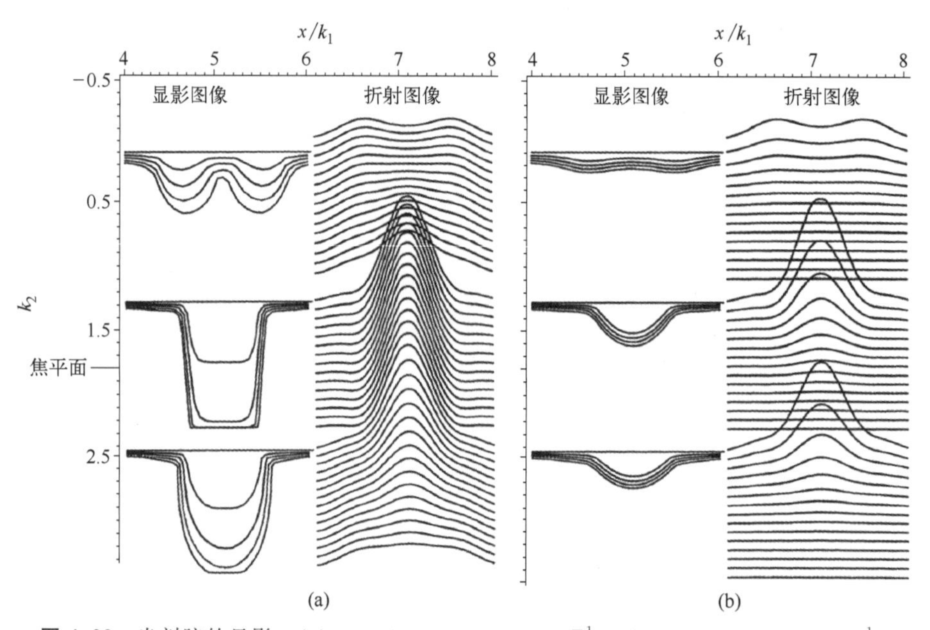

图 4.39 光刻胶的显影：(a) $n_r=1.5$，$\alpha=0.178\mu m^{-1}$；(b) $n_r=1.5$，$\alpha=3\mu m^{-1}$。

代表作为显影时间的函数的光刻胶图像的变化。横向尺寸 k_1 和纵向尺寸 k_2 的归一化单位随后在 5.4 节中定义。

图 4.39 显示了显影的光刻胶图像是折射图像的强函数，它主要受顶部折射图像的影响，即每个折射图像族中的第一条曲线。此外，离焦光刻胶图像是不对称的，即使折射的空间像相对于图中标记的焦平面是对称的。

图 4.39 (a) 中的 n 和 α 值是典型的 i 线光刻胶，显影后的图像看起来很合理。图 4.39 (b) 中的 α 值为 $3\mu m^{-1}$，相应的显影图像非常依赖于光刻胶表面的折射图像。这对于诸如 DESIRE[34] 的顶面成像系统来说是理想值。另一方面，对于光刻胶厚度在微米范围内的常规光刻胶体系来说，吸收率太高。请注意，这是 157nm 光刻胶体系[35] 的典型吸收水平，也是 157nm 光刻的问题之一。然而，当光刻胶厚度下降到 100nm 或更低时，该 α 值大约正好在光刻胶层中获得 30% 的吸收率。

当光刻胶吸收率降低到 0 时，如图 4.40 所示，焦距中的显影图像比图 4.39 (a) 中的图像具有稍微更垂直的轮廓。然而，在 $-1.0\ k_2$ 处的显影图像太宽，因为在相同的阈值处未衰减的图像更宽。因此，完全无吸收的光刻胶不一定是最理想的情况，即使我们可以忽略光刻胶需要吸收化学反应的能量。

图 4.40（b）表示 $n_r=1$ 和 $\alpha=0$ 的情况。这种光刻胶消耗更多的DOF；因此，在离焦为$-1.8\ k_2$时（在折射图像中），光刻胶底部的折射图像已经变成单峰，而在图4.40（a）中，折射图像仍然是双峰。不过，这种情况还不错。显影的光刻胶图像更接近聚焦的图像。光刻胶图像仅在离焦为$1.0\ k_2$时变得更差，其中光刻胶底部的折射图像离焦点更远。因为展开的图像更多地依赖于顶部的折射图像，它并不比图4.39（a）中相应的图像严重多少。自然，当离焦更远时，差异会更显著。

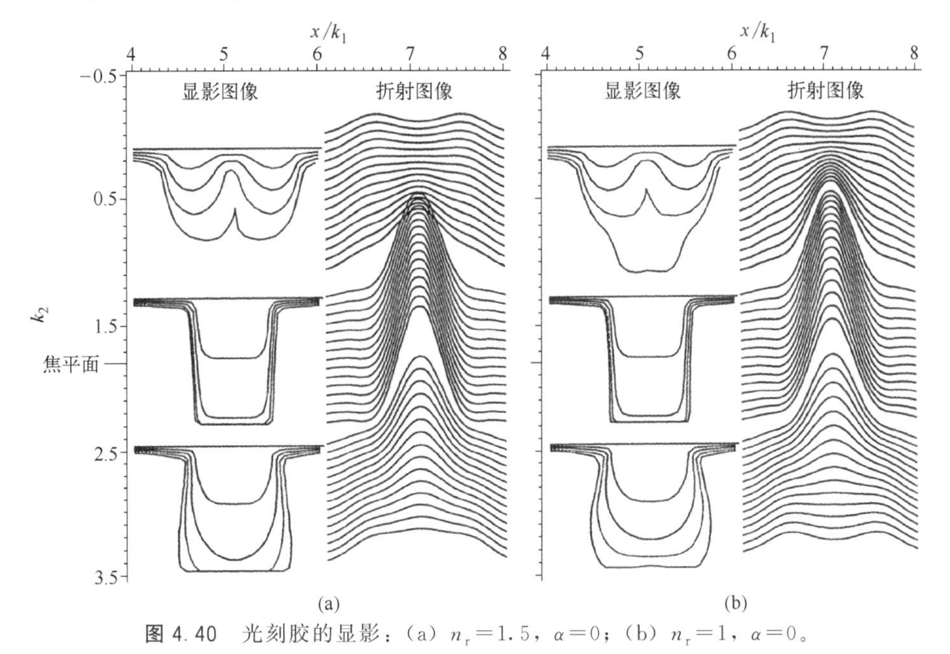

图 4.40 光刻胶的显影：（a）$n_r=1.5$，$\alpha=0$；（b）$n_r=1$，$\alpha=0$。

我们刚刚演示了如何由折射图像通过速率图像来模拟显影图像。这种模拟是可能的，但非常耗时。最精确的模型方法是将光刻胶空间分成单元，并根据每个单元的显影速率，逐个单元地显影光刻胶。显影不仅取决于单元接受的曝光量，也是与显影剂接触的小平面数量的函数。

4.4.1 A、B、C 系数

A、B、C 系数由 Dill 等人开发[36]，这些系数描述了光刻胶曝光和显影行为，经常用于量化任何给定的光刻胶。如后式（4.123）所示，光刻胶的复折射率 n_{cr} 不仅仅是空间的函数，尽管当通过透镜接收来自掩模图案的衍射光时，如果光刻胶保持不变，这将是事实。对于实际的光刻胶，n_{cr} 是 I_r 的函数，I_r 是光刻胶接收的光强度。因此，光刻胶在曝光期间被漂白或染色。另一方面，不管是漂白还是染色，I_r 总是 n_{cr} 的函数。因此，I_r 和 n_{cr} 在一个循环中动态地相互连接。设 α 为光刻胶介质的吸收系数，则有

$$\alpha=\frac{2\pi}{\lambda}n_i \tag{4.76}$$

朗伯定律（Lambert's law）表明对于 z 向传播的光有：

$$\frac{dI(z)}{dz}=-\alpha I(z) \tag{4.77}$$

这考虑了强度的变化，作为沿着被吸收光的光程的函数。必须有另一个方程来控制作为强度的函数的 α 的变化。让我们假设 α 由两部分组成，一个常数项和一个光敏项，因此

$$\alpha = Am + B \tag{4.78}$$

B 与入射光的强度无关；而 m 与入射光的强度有关，并且是光刻胶的光敏成分的浓度 M，被归一化为曝光前的初始浓度 M_0；A 是 m 的系数。那么 m 的变化率是：

$$\frac{\mathrm{d}m}{\mathrm{d}t} = -Cm(t)I \tag{4.79}$$

既然 I 和 α 相互依赖，它们必定都是空间和时间的函数，就像 m 一样也必定是空间和时间的函数。式（4.77）和式（4.79）分别变为：

$$\nabla I(x,y,z,t) = -I(x,y,z,t)[Am(x,y,z,t)+B] \tag{4.80}$$

$$\frac{\partial m(x,y,z,t)}{\partial t} = -Cm(x,y,z,t)I(x,y,z,t) \tag{4.81}$$

其中，∇I 是强度梯度，即

$$\nabla I \equiv \frac{\partial I}{\partial x} + \frac{\partial I}{\partial y} + \frac{\partial I}{\partial z} \tag{4.82}$$

式（4.80）和式（4.81）用广义坐标表示。最初的 Dill 方程将 I 视为仅在 z 向上传播。一旦广义化，导出一个解析解就不容易了。然而，大多数仿真程序要么使用这些简化方程，要么使用广义方程，来对 I 和 m 进行数值计算。要求解这两个联立方程，需要知道三个系数（A,B,C）以及初始条件 $[I(x,y,z,t_0)$ 和 $m(x,y,z,t_0)]$。A 和 B 的单位为 μm^{-1}，分别称为可漂白和不可漂白吸收系数；C 的单位为 cm^2/mJ，称为曝光速率常数。$I(x,y,z,t_0)$ 通常被称为空间像，即在光通过光刻胶之前从掩模开口通过成像透镜的衍射光。光刻胶中光敏成分的归一化浓度 m 在图案化曝光之前通常是均匀的。

对于给定的光刻胶体系，可以通过实验评估 A、B、C 系数。光刻胶涂在与它具有相同折射率的光学匹配衬底上。因此，光在没有反射的情况下传播，并且只进入光刻胶一次。空气-光刻胶界面的反射可以通过使用空白的折射率匹配的衬底进行读数来校准。吸收系数是通过分光光度计适用的光化波长处的入射光强度与出射光强度之比获得：

$$\alpha = \frac{1}{d}\ln\left(\frac{I_{in}}{I_{out}}\right) \tag{4.83}$$

其中，d 是光刻胶厚度。则有

$$A = \alpha_{unexposed} + \alpha_{exposed} \tag{4.84}$$

$$B = \alpha_{exposed} \tag{4.85}$$

对 C 的评估更复杂。Dill 等人提供了下式[37]：

$$C = \left\{\frac{A+B}{AI_0T(0)[1-T(0)]}\right\}\frac{\mathrm{d}T(0)}{\mathrm{d}t} \tag{4.86}$$

其中

$$T(0) = \left(\frac{I_{out}}{I_{in}}\right)_{t=0} \tag{4.87}$$

Dill 等人还提出了一种迭代方案，通过对实验透射曲线 $T(t)$ 进行均方偏差拟合来更准确地确定 A、B 和 C[37]。A、B、C 系数是表征光刻胶和模拟光刻胶图像的良好参数。它们容易与任何已商用的光刻胶体系一起提供。令人担忧的是其准确性。它们肯定是加工条件的

函数。例如，高温预曝光烘焙可以去除一些光活性化合物，并使 A 和 C 更小。任何烘焙都可能改变光刻胶的折射率，从而影响 A 和 B。即使光刻胶及其处理保持得非常严格，完美地匹配光刻胶和衬底的折射率也不是微不足道的，尤其是当光刻胶的折射率作为曝光的函数而变化时。必须做一些工作来适应折射率的动态差异。

4.4.2 集总参数模型

A、B、C 系数对于表征给定的光刻胶体系和模拟光刻胶图像是有用的。一旦确定了系数，就可以通过建议的式（4.127）～式（4.130）来评估最终的光刻胶图像。这个过程从物理上来说是合理的，但是冗长且耗时。在大多数情况下，一旦获得空间像，就可以用集总参数估计光刻胶图像，集总参数包括光刻胶厚度 D、光刻胶吸收系数 α 及其显影对比度 γ。

集总参数模型（lumped parameter model，LPM）由 C. A. Mack 等人[38] 在 1986 年最早提出。后来，Mack 将模型扩展为增强型集总参数模型[39]，该模型通过假设垂直和水平方向上的分段显影路径，包括了光刻胶吸收的影响。1996 年，Brunner 和 Ferguson[40] 假设空间像在阈值附近呈指数形式，通过模拟几何光学中的光线追踪，获得了非吸收性光刻胶的光刻胶特征的线宽和图像形成侧壁角度的解析表达式。然而，如果考虑光刻胶吸收，显影路径也可以近似为分段的路径，具有对角的附加段。这里我们证明，在这种情况下，解析表达式也可以通过直接推导得到。在此之前，简要总结一下 Mack 的理论。定义坐标系，使得 z 轴指向下方，即垂直于光刻胶顶面。

Mack 的 LPM 做了如下假设：

① 空间像在其 x 轴和 z 轴上的相关性是可分离的，即 $I(x,z)=I_x(x)I_z(z)$。那么在任意点，光刻胶的曝光能量 $E(x,z)=EI_x(x)I_z(z)$，其中 $I_x(\infty)=1$，$I_z(0)=1$。

② 假设光刻胶对比度 γ 恒定，光刻胶局部显影速率为

$$r(x,z)=r_0\left[\frac{E(x,z)}{E_0}\right]^{\gamma} \tag{4.88}$$

其中，E_0 是清除大透明区域的能量。

③ 假设一个分段的显影路径，从 $(x_0,0)$ 开始，垂直前进，直到 $E(x_0,z+\Delta z)<E(x_0+\Delta x,z)$，然后水平行进到 (x,z)。从 $(x_0,0)$ 到 (x_0,z) 的垂直显影时间为

$$T_z=\int_0^z \frac{\mathrm{d}z'}{r(x_0,z')}=r_0^{-1}E_0^{\gamma}E^{-\gamma}[I_x(x_0)]^{-\gamma}\int_0^z[I_z(z')]^{-\gamma}\mathrm{d}z' \tag{4.89}$$

同理，从 $(x_0,0)$ 到 (x,z) 的水平显影时间为

$$T_x=\int_{x_0}^x \frac{\mathrm{d}x'}{r(x',z)}=r_0^{-1}E_0^{\gamma}E^{-\gamma}[I_z(z)]^{-\gamma}\int_{x_0}^x[I_x(x')]^{-\gamma}\mathrm{d}x' \tag{4.90}$$

因此，从 (x_0,z) 到 (x,z) 的显影时间为

$$T=T_z+T_x \tag{4.91}$$

由于 $x=0$ 位于掩模特征的中心，最终显影点的 x 坐标实际上是显影光刻胶线宽的一半（即 $x=w/2$）。所以，式（4.91）可以看作是一个隐函数 $E(x)$。重新整理后，得到

$$E^{\gamma}=r_0^{-1}t^{-1}E_0^{\gamma}[I_x(x_0)]^{-\gamma}\int_0^z[I_z(z')]^{-\gamma}\mathrm{d}z'+r_0^{-1}t^{-1}E_0^{\gamma}[I_z(z)]^{-\gamma}\int_{x_0}^x[I_x(x')]^{-\gamma}\mathrm{d}x' \tag{4.92}$$

为了推导由曝光能量的变化引起的线宽变化，将式（4.92）对 E 进行微分，因此有

$$\frac{\mathrm{d}E(x)}{\mathrm{d}x}=\frac{E(x)}{\gamma D'}\left[\frac{E(0)I_x(0)}{E(x)I_x(x)}\right]^{\gamma} \tag{4.93}$$

其中，定义 $D'=r^0[I_z(D)]^\gamma T$，并将大透明区域 E_0 中的清除能量与曝光能量相关联，从而通过 $E_0=E(0)I_x(0)$得到零线宽 $E(0)$。综合两边，最终得到

$$\frac{E(x)}{E(0)}=\left\{1+\frac{1}{D'}\int_0^x\left[\frac{I_x(x')}{I_x(0)}\right]^{-\gamma}\mathrm{d}x\right\}^{\frac{1}{\gamma}} \tag{4.94}$$

④ 如果阈值附近的空间像的强度进一步近似为

$$I(x,z)=I(x_0)\mathrm{e}^{s(x-x_0)}\mathrm{e}^{-\alpha z} \tag{4.95}$$

其中，s 是图像对数斜率，α 是吸收系数，则可以导出光刻胶线宽的解析表达式，如下所示。定义

$$n(x,z)\equiv\frac{1}{r(x,z)}=r_0^{-1}\mathrm{e}^{-\gamma s(x-x_0)}\mathrm{e}^{-\gamma\alpha z} \tag{4.96}$$

这里使用 $EI(x_0)=E_0$。那么，$\nabla n=n\gamma(-s\boldsymbol{x}+\alpha\boldsymbol{z})$。现在定义一个由 x_1 和 z_1 展开的新坐标系。新的标准正交基矢量与旧的相关联：

$$\begin{aligned}x-x_0&=x_1\cos\phi+z_1\sin\phi\\ z&=-x_1\sin\phi+z_1\cos\phi\end{aligned} \tag{4.97}$$

在新的坐标系中，

$$n(x_1,z_1)=r_0^{-1}\mathrm{e}^{-\gamma\sqrt{s^2+\alpha^2}x_1} \tag{4.98}$$

式 (4.98) 只取决于 x_1。可以看出，$n\cos\theta_1$ 是常数，其中 θ_1 是显影路径的切矢量与 z_1 形成的角度。当 $t=0$，$x_1=0$，$z_1=0$，并且

$$\cos\theta_1=\cos\phi=\frac{s}{\sqrt{s^2+\alpha^2}}$$

有

$$n\cos\theta_1=r_0^{-1}\left(\frac{s}{\sqrt{s^2+\alpha^2}}\right)$$

即

$$\cos\theta_1=\frac{s}{\sqrt{s^2+\alpha^2}}\mathrm{e}^{\gamma\sqrt{s^2+\alpha^2}x_1} \tag{4.99}$$

x_1 方向上显影路径的差异为

$$\Delta x_1=-r\sin\theta_1\Delta t=-r_0\mathrm{e}^{-\gamma\sqrt{s^2+\alpha^2}x_1}\sin\theta_1\Delta t \tag{4.100}$$

对上式两边进行积分，得到

$$x_1(t)=\frac{-1}{2\gamma\sqrt{s^2+\alpha^2}}\ln\left[\frac{s^2}{s^2+\alpha^2}+(\gamma\sqrt{s^2+\alpha^2}r_0t)^2\right] \tag{4.101}$$

z_1 方向显影路径的差异为

$$\Delta z_1=r\cos\theta_1\Delta t=r_0\mathrm{e}^{\gamma\sqrt{s^2+\alpha^2}x_1}\cos\theta_1\Delta t \tag{4.102}$$

对上式两边进行积分，得到

$$z_1(t)=\frac{1}{\gamma\sqrt{s^2+\alpha^2}}\arctan\left[\frac{(\gamma\sqrt{s^2+\alpha^2})}{s}r_0t\right] \tag{4.103}$$

变换到原来的坐标系，最终得到

$$x(t)=x_0-\frac{s}{2\gamma\sqrt{s^2+\alpha^2}}\ln\left[\frac{s^2}{s^2+\alpha^2}+(\gamma\sqrt{s^2+\alpha^2}r_0t)^2\right]+\frac{\alpha}{\gamma(s^2+\alpha^2)}\arctan\left[\frac{\gamma(s^2+\alpha^2)}{s}r_0t\right] \tag{4.104}$$

$$z(t)=\frac{\alpha}{2\gamma(s^2+\alpha^2)}\ln\left[\frac{s^2}{s^2+\alpha^2}+(\gamma\sqrt{s^2+\alpha^2}r_0t)^2\right]+\frac{s}{\gamma(s^2+\alpha^2)}\arctan\left[\frac{\gamma(s^2+\alpha^2)}{s}r_0t\right] \tag{4.105}$$

也有如下关系：

$$\cos\theta_1=\frac{1}{\sqrt{1+\left[\frac{\gamma(s^2+\alpha^2)}{s}r_0t\right]^2}} \tag{4.106}$$

或

$$\tan\theta_1=\frac{\gamma(s^2+\alpha^2)}{s}r_0t \tag{4.107}$$

因此

$$\theta(t)=\theta_1-\phi=\arctan\left[\frac{\gamma(s^2+\alpha^2)}{s}r_0t\right]-\arcsin\left[\frac{\alpha}{\sqrt{s^2+\alpha^2}}\right] \tag{4.108}$$

选择 $t=T$ 使得 $r_0T=D$，获得最终的光刻胶线宽和光刻胶侧壁角度。

集总参数模型[38,39] 中做的假设总结如下：

- 光刻胶显影速率与 γ 次幂的曝光相关。
- 光刻胶吸收在其整个厚度上是恒定的，并且与曝光时间无关。
- 显影过程在横向和纵向上独立进行。

利用这些假设，产生光刻胶特征所需的曝光可以解析地与空间像相关联，使得

$$E(W/2)=E(0)\left[1+\frac{1}{\gamma D_{\text{eff}}}\int_0^{W/2}I^{-\gamma}(x)\mathrm{d}x\right]^{\frac{1}{\gamma}} \tag{4.109}$$

其中，$E(W/2)$ 是显影到光刻胶图像边缘 $x=W/2$ 所需的曝光剂量，W 是所关注的特征宽度，$E(0)$ 是对应于零特征宽度的曝光剂量，$I(x)$ 是空间像的归一化强度分布。有关详细的推导，请见参考文献 [36]。

光刻胶显影对比度 γ 可以用以下公式评估

$$\gamma=\frac{\mathrm{d}r/r}{\mathrm{d}E/E} \tag{4.110}$$

其中，r 是溶解速率，E 是曝光量。因此，γ 的物理意义是在评估点归一化的溶解速率相对于曝光曲线的斜率，也就是说 r 和 E 的所有值都是在预期曝光时获得的。当使用 r 相对于 E 的对数关系绘图时，无需归一化即可直接获得斜率，如下所示：

$$\gamma=\frac{\mathrm{d}(\ln r)}{\mathrm{d}(\ln E)} \tag{4.111}$$

D_{eff}，即由 Hershel 和 Mack 命名的有效光刻胶厚度定义为：

$$D_{\text{eff}}=r_0t_{\text{dev}}\mathrm{e}^{\gamma\mathrm{i}(D)} \tag{4.112}$$

其中，r_0 是对应于曝光量 E_0 的溶解速率，该曝光量 E_0 刚好能清除大的均匀照射区域中的光刻胶。此外，t_{dev} 是显影完整个光刻胶厚度 D 所花费的时间。整理式（4.112）可以揭示 D_{eff} 的物理意义：

$$D_{\text{eff}}=t_{\text{dev}}[r_0\mathrm{e}^{\gamma\mathrm{i}(D)}] \tag{4.113}$$

其中，如果假设光刻胶在从光刻胶层顶部到底部的曝光范围内具有常数 γ，第二项是深度 D 处的溶解速率。因此，D_{eff} 在物理上是指如果显影以 $z=D$ 的速率进行，在用 E_0 照射光刻

胶的情况下清除光刻胶所需的持续时间内，显影剂将清除的等效光刻胶厚度。

目前为止，第二个集总参数 α 还没有被明确使用。它隐藏在 D_{eff} 中。使用下式：

$$t_{\text{dev}}=\int_0^D \frac{\mathrm{d}z}{r}=\frac{1}{r}\int_0^D \mathrm{e}^{-\gamma i(z)}\,\mathrm{d}z \tag{4.114}$$

Hershel 和 Mack 推导出

$$D_{\text{eff}}=\int_0^D \left[\frac{I(z)}{I(D)}\right]^{-\gamma}\mathrm{d}z \tag{4.115}$$

进行积分来揭示 D_{eff} 对 α 的依赖性：

$$D_{\text{eff}}=\frac{1}{\alpha\gamma}(1-\mathrm{e}^{-\alpha\gamma D}) \tag{4.116}$$

式（4.109）和式（4.116）一起使用来预测从给定的空间像获得的显影光刻胶图像。

集总参数模型的精度取决于假设的有效性和三个参数的精度。实际上，光刻胶显影速率可能偏离 γ 次幂假设。为了使误差最小化，应该在用于获得期望线宽的曝光剂量附近评估 γ。恒定吸收假设通常是可以接受的。除非感兴趣的光刻胶是强调其漂白特性的对比度增强光刻胶，否则典型的光刻胶具有小的漂白或染色成分。横向和纵向的独立显影似乎不会引起严重的问题。就参数的准确性而言，γ 是最重要的。D 需要测量光刻胶厚度，这不是问题。α 可以从 A、B、C 系数中取为

$$\alpha=\frac{1}{2}(\alpha_{\text{unexposed}}+\alpha_{\text{exposed}})=B+\frac{A}{2} \tag{4.117}$$

图 4.41 显示了 γ 对 0.35μm 孤立线开口 DOF 的影响，在 $\lambda=365\text{nm}$ 和 $\sigma=0.3$ 时成像。另外两个集总参数 D 和 α 分别固定为 0.9μm 和 $0.2\mu\text{m}^{-1}$。使用 5.3.2 节中给出的 E-D 工具方法评估 DOF，将 CD 公差设置为±10%，曝光裕度（EL）设置为 10%。从图 4.41 可以

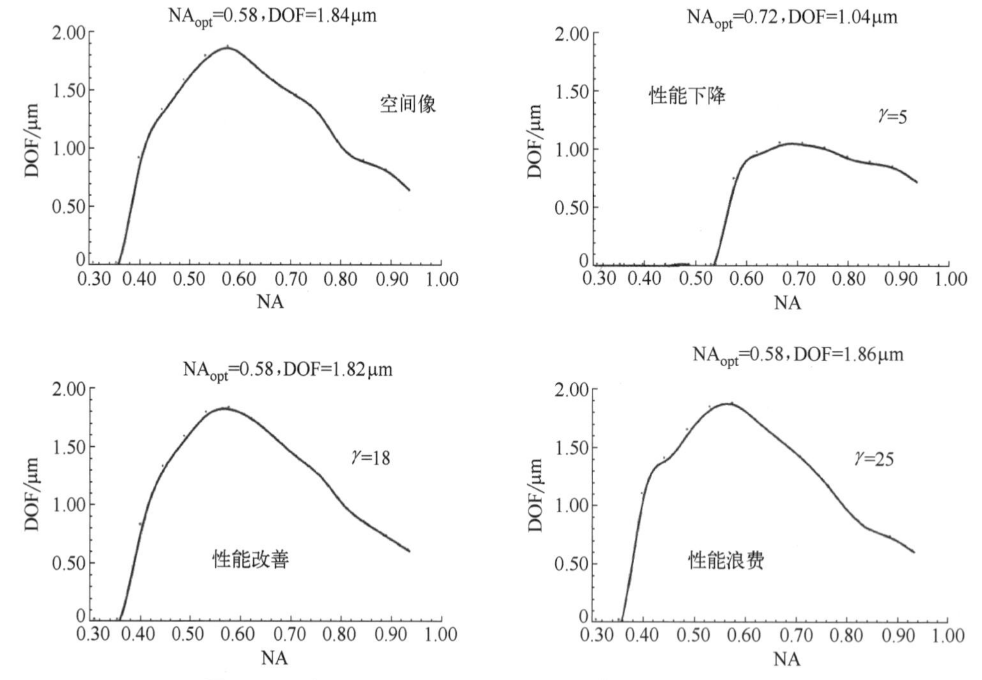

图 4.41 当 $\sigma=0.3$，$\lambda=365\text{nm}$，孤立线开口为 0.35μm，$D=0.9\mu\text{m}$，$\alpha=0.2\mu\text{m}^{-1}$ 时，DOF 与 NA 的关系。

看出，一个相对较高的 γ 值 5 会显著地减少空间像预测的焦深。只有当 γ 增加到 18 时，空间像焦深潜力才得以恢复。γ 高于 18 后，更高的 γ 不能进一步改善图像。对于 i 线光刻胶，γ 很少达到 5。对于化学放大光刻胶，γ 可以非常高。

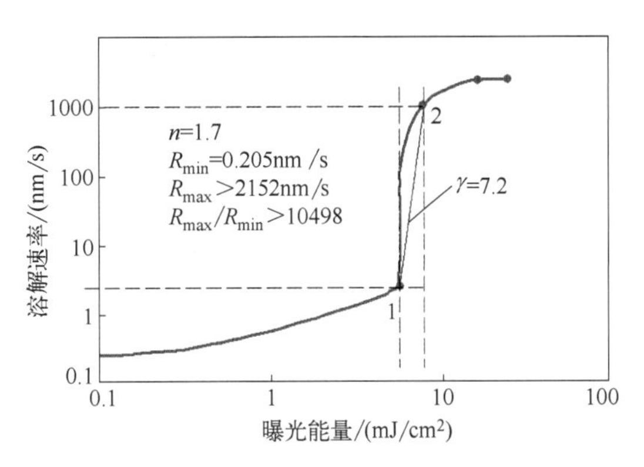

图 4.42 UVⅢ在 CD-26 中的溶解特性（转载自参考文献［42］）。

图 4.42 描述了 CD-26 中 UVⅢ的溶解特性，如 Conley 等人[41] 所报告的。在点 1 和点 2 之间添加了补充线，可以看到，这两点之间的平均 γ 为 7.2。如果在点 2 附近评估，γ 值约为 1；而如果在点 1 附近评估，γ 值很容易超过 100。Katnani 等人[42] 明确绘制了电子束化学放大光刻胶的 γ，他们证明了 γ 是软烘温度和时间以及显影剂浓度和时间的函数，在实验参数范围内，γ 的区间为 2.39～68.6，如图 4.43 所示。

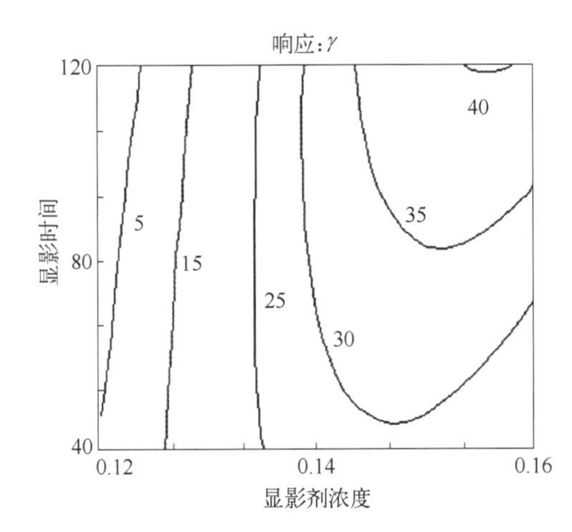

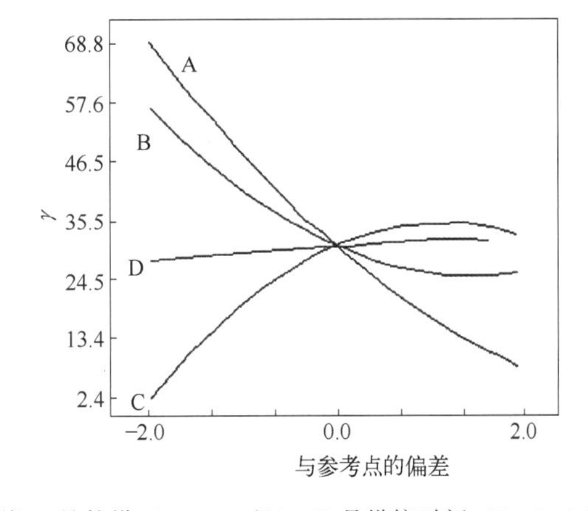

图 4.43 电子束化学放大光刻胶的 γ。在右图中，曲线 A 是软烘（90～130℃），B 是烘焙时间（2～6min），C 是显影剂浓度（0.12～0.16N），D 是显影时间（40～120s）（改编自参考文献［42］）。

评估 γ 最有用的方法[43] 是将模拟线宽和曝光曲线与相应的实验曲线相匹配。这种类型的 γ 是线宽导出的（linewidth derived，LWD）。选择在两条曲线之间产生最小均方误差的 γ 值作为在给定曝光和给定显影环境下光刻胶的 γ 值。图 4.44 显示了一系列 γ 值的实验曲线和模拟曲线，γ=4.45 时是最佳匹配。图 4.45 显示了使用 LPM 和图 4.44 中的 γ 值仿真生成的 E-D 树❶。实验数据点绘制在了 E-D 平面上，以检查仿真的准确性。

图 4.46 表示在与图 4.41 所示相同的情况下，α 对 DOF 的影响，但 γ 值固定为 5。α 对 DOF 的影响不如图 4.41 中呈现的大。然而，更大的 α 似乎改善了 DOF。这与零吸收产生更少底切的光刻胶轮廓以及光刻胶图像更接近空间像的知识相矛盾。

图 4.47[44] 描述了空间像和显影后光刻胶图像之间的差异。因为光刻胶是横向和纵向同时显影的，所以当显影剂到达底部时，底部的显影边缘已经清除了空间像预测的边缘。如

❶ E-D 树将在第 5 章中进行讨论。

果目标 CD 被设置为减去 DOF 的掩模尺寸，这种额外的偏差则不利于 E-D 窗口[1]。当光刻胶吸收率高时，光强度随着向底部传播而衰减更多。现在底部的光强则比之前低，使得光刻胶轮廓更加过切，而光刻胶顶部的显影边缘位置没有改变，因为那里的曝光不受增加的光刻胶吸收的影响。即使轮廓不太令人满意，如果严格地通过底部边缘的位置来判断光刻胶图像，则与光刻胶吸收率低且 DOF 较大时相比，光刻胶边缘位置更接近于由空间像预测的位置。高光刻胶吸收的另一个优点是减少了多重干扰和驻波。然而，除了会过度切割轮廓之外，曝光时间还会增加许多倍，显著降低晶圆产率。

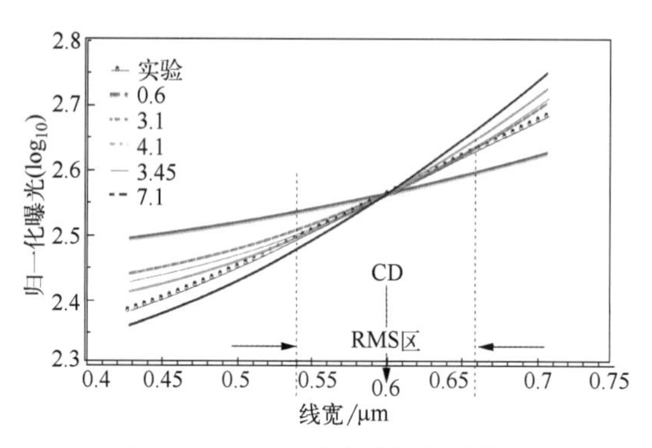

图 4.44 通过匹配实验结果评估 γ。

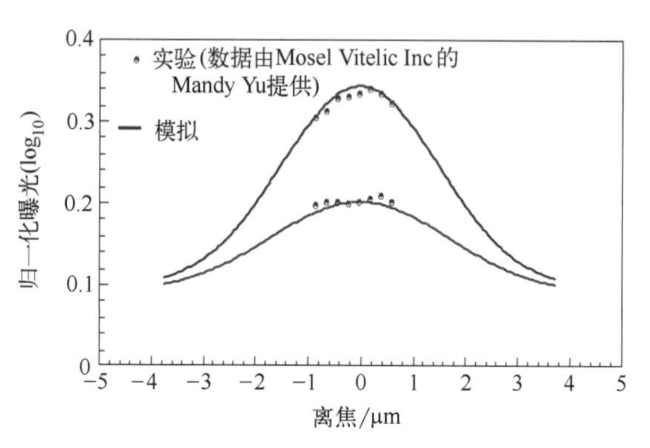

图 4.45 用曲线拟合得到的 γ 模拟的 E-D 树与实验数据比较。

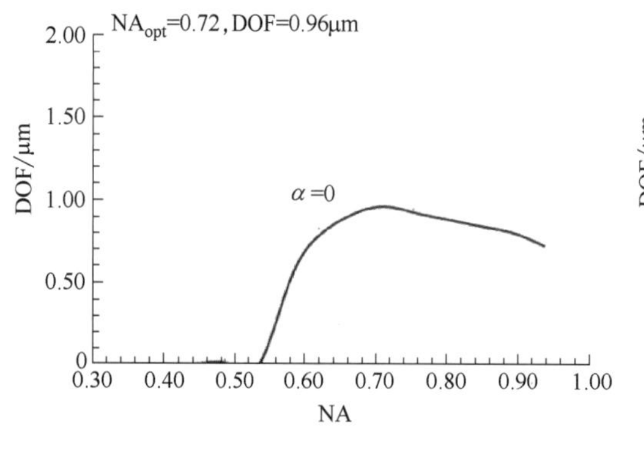

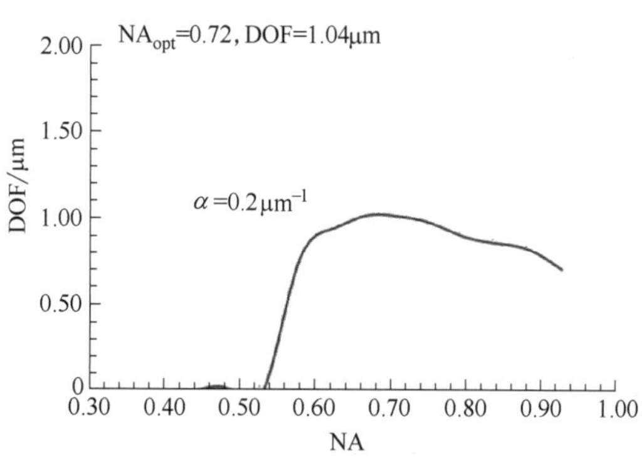

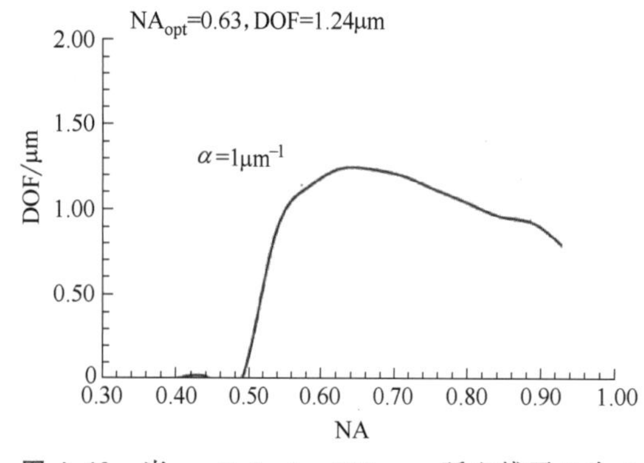

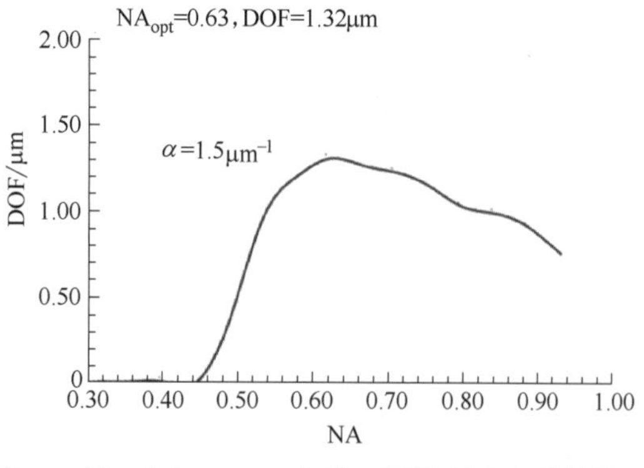

图 4.46 当 $\sigma=0.3$，$\lambda=365$nm，孤立线开口为 0.35μm，$D=0.9$μm，$\gamma=5$ 时，DOF 与 NA 的关系。

[1] E-D 窗口将在第 5 章中进行讨论。

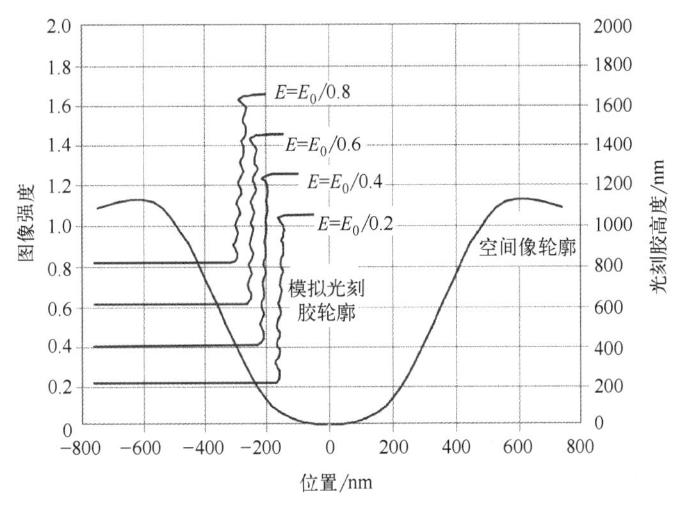

图 4.47 空间像轮廓和光刻胶轮廓的比较（转载自文献［44］）。

图 4.48 显示了在图 4.41 所示的相同情况下 D 对 DOF 的影响，其中 α 和 γ 分别固定为 $0.2\mu m^{-1}$ 和 5。在 LPM 的情况下，光刻胶厚度不太重要。仅当不可用的光刻胶厚度在 $0.01\mu m$ 附近时，DOF 略有提高。这并不意味着 D 在成像中不重要。D 的影响是改变由厚度变化引起的光刻胶中的有效曝光。这转化为曝光范围要求的变化。要同时描绘的两种光刻胶厚度的较大曝光摆动，需要较大的曝光范围。一旦通过指定正确的曝光裕度来处理曝光摆动，D 的影响与 α 的影响类似。

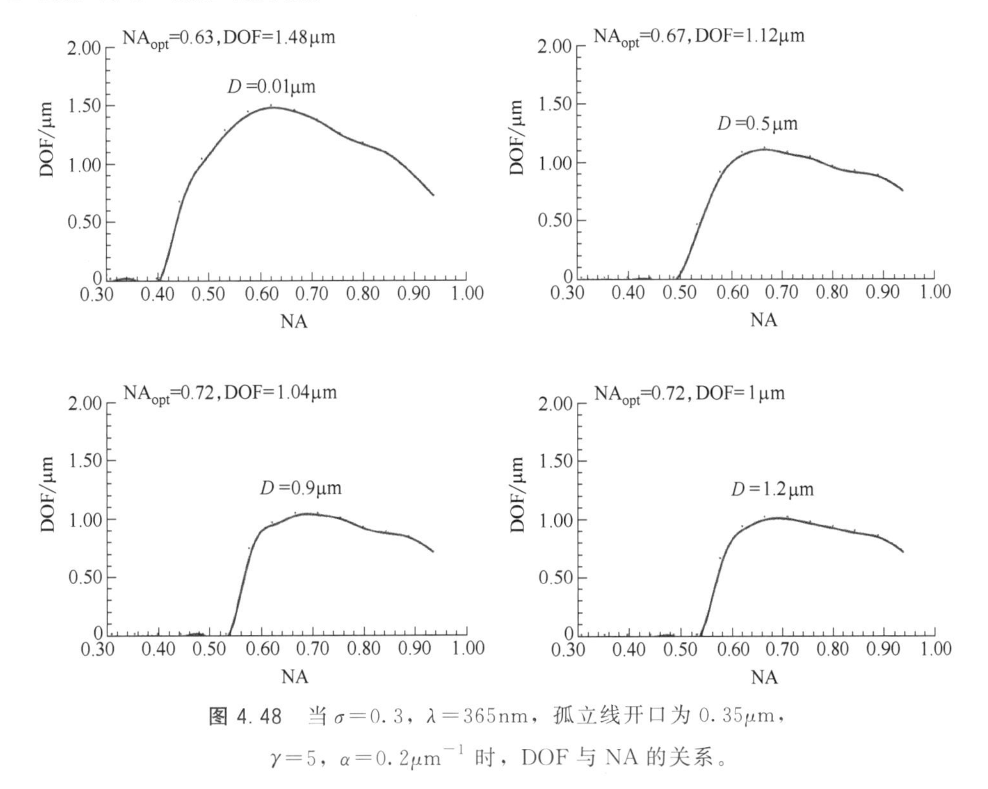

图 4.48 当 $\sigma=0.3$，$\lambda=365nm$，孤立线开口为 $0.35\mu m$，$\gamma=5$，$\alpha=0.2\mu m^{-1}$ 时，DOF 与 NA 的关系。

当 $D\rightarrow 0$、$\alpha\rightarrow 0$ 和 $\gamma>25$ 时，用 LPM 预测的光刻胶图像实际上与空间像相同。图 4.49 表明，两种曝光机之间的差异大于从 LPM 得出的结果的偏差。

我们使用由PROLITH❶完全模拟的光刻胶图像来检查LWD-γ的有效性[45]。等线空对的$k_1=0.82$和0.9，用$\sigma=0.5$的365nm光源曝光在800nm厚的光刻胶上，这是用于平面硅晶圆的典型光刻胶和加工参数。所需的曝光剂量被绘制成显影的光刻胶空图形宽度的函数。如图4.50所示，这个完整的模拟结果与用LWD-γ的LPM导出的结果进行了比较，一致性非常好。

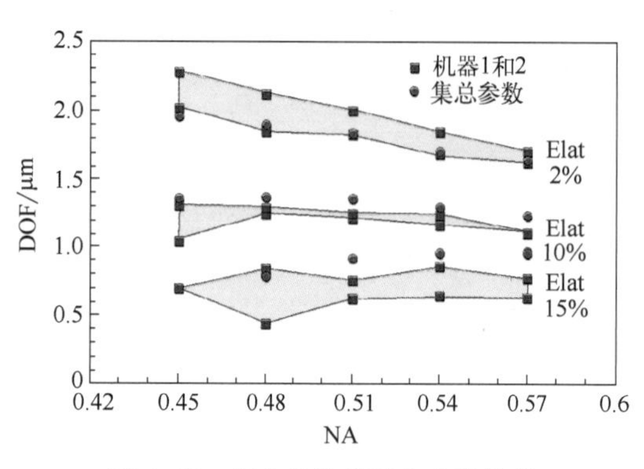

图4.49 集总参数模型和实验结果（Elat是曝光裕度百分比）。

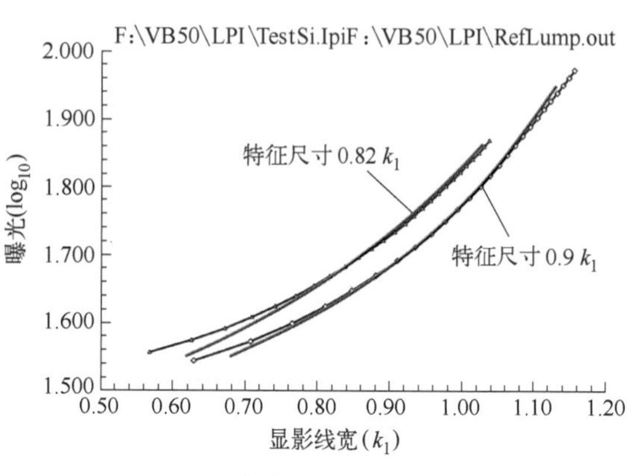

图4.50 线宽导出的γ拟合用于完整仿真的集合方程。

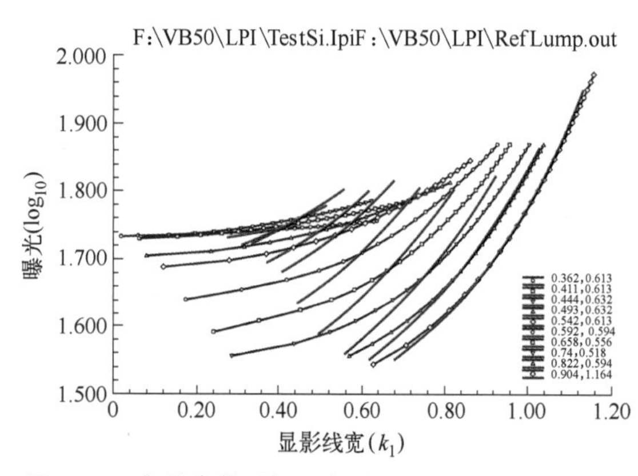

图4.51 集总参数近似，应用于$k_1=0.362\sim0.904$。

4.4.3 β与η

LPM适用于$k_1=0.82$或更大的情况。当试图匹配较小的k_1值时，LPM则失效。图4.51显示了与图4.50相似的比较，除了特征尺寸现在的范围是$k_1=0.362$，0.411，0.444，0.493，0.542，0.592，0.658，0.74，0.822，0.904，对应于最佳拟合的LWD-γ值分别为0.613，0.613，0.632，0.632，0.613，0.594，0.556，0.518，0.594，1.164。k_1小于0.8时拟合不佳的LWD-γ归因于Hershel-Mack集总参数不再最佳地导出正确的γ值。

与其将曝光对显影线宽曲线拟合到从集总参数导出的曲线，不如简单地将这些曲线拟合到下式：

$$E(w)=e^{\eta w} \tag{4.118}$$

其中，E是曝光剂量，w是显影的线宽，η是新的光刻性能指标（LPI），称为LWD-η[46]。由式（4.118）可得

$$\eta=\frac{1}{w}\ln E(w) \tag{4.119}$$

因此，η是曝光对显影线宽的对数斜率；该对数斜率不同于我们熟悉的x方向强度与位移的对数斜率，η拟合的精度如图4.52所示。它实际上是每条$E(w)$曲线在标称k_1点的对数

❶ PROLITH 5.10版。PROLITH是KLA-Tencor的子公司Finle, Inc.的注册商标。

斜率。例如，右边第三条曲线的标称 k_1 值为 0.74。即使整个 $E(w)$ 曲线覆盖了 $k_1=0.28\sim1.0$ 的范围，对数斜率也是 $k_1=0.74$ 处的切线。标称 k_1 是要曝光的特征尺寸，而 $E(w)$ 曲线中的 k_1 范围是显影的线宽范围。

由于所有特征尺寸都需要集总参数，并且受到图 4.52 的良好拟合结果的鼓舞，我们可以通过对 $E(w)$ 曲线进行对数-对数拟合来确定一个新的集总参数：

$$\beta \equiv \frac{1}{w}\ln[10\ln E(w)] \tag{4.120}$$

这是从如下的解析形式中提取的：

$$E(w)=e^{0.1\exp(\beta w)} \tag{4.121}$$

对小的 k_1 值，图 4.53 所示的拟合比 LWD-γ 的拟合好得多。因此，LWD-β 可用于在低 k_1 情况下从空间像中获得显影的光刻胶图像。

虽然在低 k_1 情况下，β 是代替 LPM 的较好参数，但 η 作为光刻性能指标是有用的，如参考文献 [45] 所述。

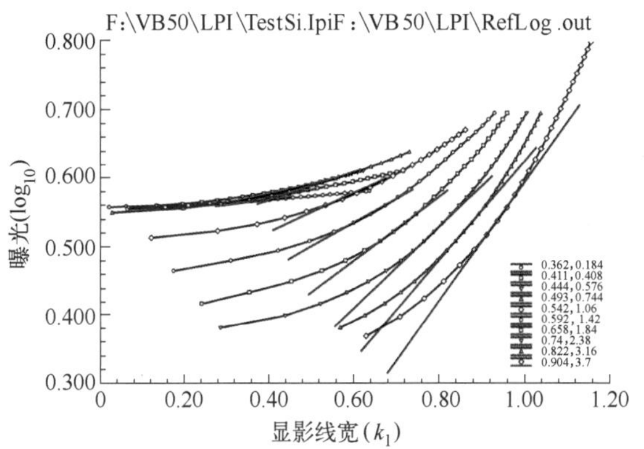

图 4.52 拟合的 LWD-η，$k_1=0.362\sim0.904$。

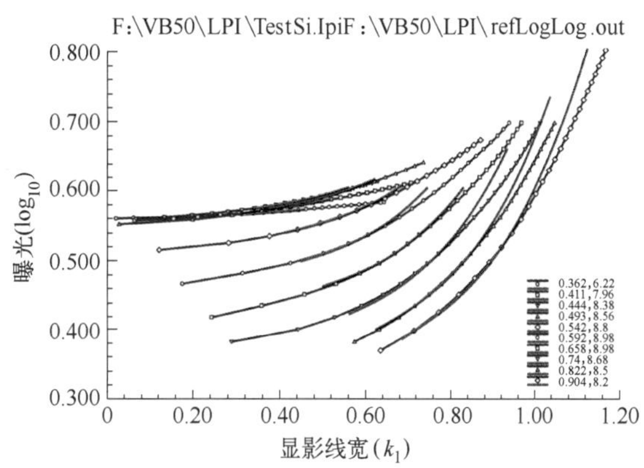

图 4.53 拟合的 LWD-β，$k_1=0.362\sim0.904$。

4.5 从空间像到光刻胶图像

现在把 4.1 节到 4.4 节的讨论浓缩成函数形式。考虑从光源辐射的光，以适当优化的时间和空间相干性穿过照明系统，然后穿过掩模，通过透镜系统的许多折射和反射表面传播，并在光刻胶中引发化学相互作用。最后，考虑将光刻胶潜像显影成光刻胶图像。下面是空间像、折射/反射图像、潜像、溶解速率图像以及最终显影的光刻胶图像的影响参数。

• 空间像——空间像是在图像与光刻胶发生任何相互作用之前，通过透镜从掩模衍射的图像。在式 (4.122) 中，空间像的强度 I_a 是特征尺寸 F_{size}、特征形状 F_{shape} 和特征组合 F_{combi} 的函数；λ 是波长；NA_i 是成像透镜的数值孔径；σ 是聚光器和成像透镜之间的孔径比 NA_c/NA_i；a_1、a_2、…、a_n 是透镜像差系数。

$$I_a(x,y,z)=f_1(F_{shape},F_{size},F_{combi},\lambda,NA_i,\sigma,a_1,\cdots,a_n) \tag{4.122}$$

该空间像被假设为有像差的透镜衍射，而不考虑透镜元件表面的多次反射，或者光刻胶-晶圆衬底界面的折射和反射。

• 折射/反射图像——折射/反射图像的 I_r 包括以下影响因素：

$$I_r(x,y,z,t)=f_2[I_a,n_{cr}(x,y,z,I_r),n_{c1},\cdots,n_{cn},S_1(x,y,z),\cdots,S_n(x,y,z)] \tag{4.123}$$

其中，$n_c \equiv n_r + \mathrm{i}n_i$ 为复折射率。折射率的实部是 n_r，它说明了介质中波长的变化和相移；折射率的复数部分是 n_i，它说明了薄膜中的光吸收。光刻胶层的复折射率是 n_{cr}。光刻胶层上方和下方的膜由 $n_{c1} \sim n_{cn}$ 表示。$S_1 \sim S_n$ 是透镜表面。注意，n_{cr} 不仅是空间坐标的函数，也是 I_r 的函数。这就是光刻胶漂白或染色现象。折射率随入射光的变化而变化，这种变化会干扰光刻胶中的入射光，形成反馈回路，直到漂白或染色停止。

• 潜像——曝光通常在漂白或染色饱和之前终止。这导致在曝光结束（end exposure）时潜像 n_{cr} 的表达式如下：

$$n_{cr}[x,y,z,I_r(t_{\text{end exposure}})] \tag{4.124}$$

• 溶解速率图像——光刻胶溶解速率可以直接与光刻胶中的局部曝光相关联。这种关系通常被绘制成溶解速率与曝光的曲线，如图 4.36 所示。潜像也是光刻胶中局部曝光的直接指标。因此，溶解速率图像为

$$\text{Rate}(x,y,z)=f_3(I_r,d_t,\text{resist variable},\text{thermal history},\text{resist development variables})^{❶} \tag{4.125}$$

• 光刻胶图像——给定溶解速率分布 Rate(x,y,z)，光刻胶显影剂从光刻胶表面开始，随着显影剂根据速率分布，区别地去除光刻胶，进而雕刻出新的表面形状。显影剂继续根据可用于溶解的新表面和溶解点的速率来调整其推进。去除显影剂后所得的图像就是光刻胶图像，其中 THK 是光刻胶层的厚度：

$$Z(x,y)=f_4[\text{THK},\text{Rate}(x,y,z),t_{\text{dev}}] \tag{4.126}$$

4.6 转移图像

光刻胶图像可以通过四种方式转移到晶圆上：刻蚀、剥离、注入和电镀。刻蚀可以进一步分为各向同性或各向异性。下面讨论这些转移过程。

4.6.1 各向同性刻蚀

利用各向同性刻蚀，刻蚀剂在所有方向上以相同的速率去除光刻胶刻蚀掩模下的衬底。如图 4.54 所示，一旦刻蚀剂穿透刻蚀掩模，去除过程就在横向和纵向进行。在薄膜被完全刻蚀到底部之后，继续横向刻蚀，进一步扩大刻蚀掩模下的刻蚀开口。注意，刻蚀图像的轮廓总是呈 45°，因为轮廓的模拟严格基于静态刻蚀速率。在刻蚀过程中，去除速率是静态刻蚀速率和暴露于刻蚀剂的面积的函数。一个实际的各向同性刻蚀轮廓可能为球形表面。表

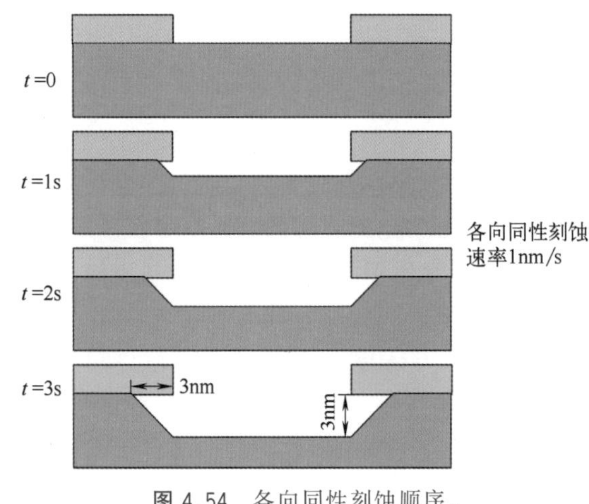

图 4.54 各向同性刻蚀顺序。

❶ resist variable，thermal history，resist development variables：光刻胶变量，热历史，光刻胶显影变量。

达各向同性刻蚀的方程为：

$$Z(x,y)=f_5(\mathrm{THK},\mathrm{Rate},\mathrm{etch\ area},t_{\mathrm{etch}})^{❶} \tag{4.127}$$

其中，THK 是待刻蚀的衬底材料厚度；溶解速率 Rate 不是位置的函数，而是常数。由于去除侧面材料，小的光刻胶斑点可能被完全刻蚀并消失。这并不总是不可取的，不管怎样，可以通过这种过度刻蚀来去除小的缺陷。湿法刻蚀通常与各向同性刻蚀有关，除了沿晶格具有优先速率的特殊刻蚀剂[46]。某些类型的干法刻蚀，如等离子体刻蚀和灰化，是各向同性的。各向同性刻蚀不适合高密度或高深宽比的刻蚀图像。对于这类图像，必须使用有利于垂直于衬底表面方向的各向异性刻蚀。

4.6.2 各向异性刻蚀

通过各向异性刻蚀，材料在一个方向上的去除速度比在另一个方向上更快。通常，优选在垂直于衬底的方向上更快地去除材料。图 4.55 显示了通过光刻胶刻蚀掩模进行 5∶1 的各向异性刻蚀的刻蚀顺序，刻蚀图像与图 4.37 中的图像相似但不相同。在后一种情况下，光刻胶保护下面的薄膜；而在前一种情况下，整个显影的光刻胶表面被显影剂逐渐溶解。

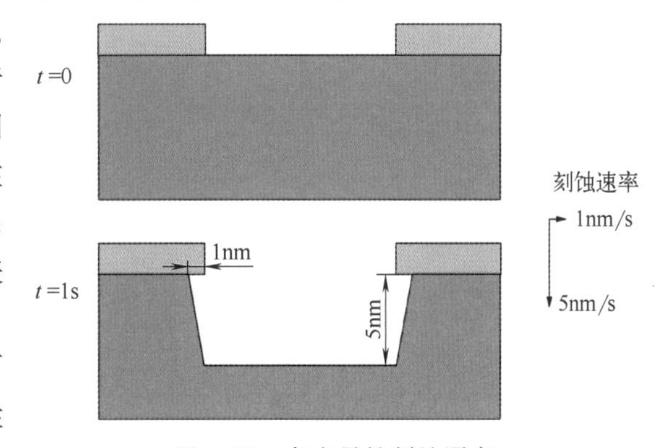

图 4.55 各向异性刻蚀顺序。

在某种程度上，刻蚀中的表面去除可以类比光刻胶显影来处理。对于各向同性刻蚀的情况，在顶部存在零溶解速率的突变层，并且在主体中的溶解速率是均匀的。利用各向异性刻蚀，光刻胶中的溶解速率分布仍然相同，但是在单元去除中存在方向偏好，在一个方向上比在另一个方向上去除更多的单元。类似地，当刻蚀表面被视为传播波前时，波前在一个方向上比在另一个方向上移动得更快。各向异性刻蚀方程为

$$Z(x,y)=f_5(\mathrm{THK},\mathrm{Rate}_{\mathrm{hor}},\mathrm{Rate}_{\mathrm{ver}},t_{\mathrm{etch}}) \tag{4.128}$$

其中，$\mathrm{Rate}_{\mathrm{hor}}$ 是水平方向上光刻胶表面的材料沉积速率，$\mathrm{Rate}_{\mathrm{ver}}$ 是垂直方向上的速率。

各向异性刻蚀用于实现高密度和高深宽比，通常对于需要产生完全垂直的轮廓是必需的。这不能仅仅通过增加各向异性刻蚀速率比来实现。刻蚀区域的钝化有助于防止侧向刻蚀产生各向异性效应。

4.6.3 剥离

剥离是将材料添加到光刻胶开口的加成工艺，而刻蚀是通过光刻胶开口移除材料的减成工艺。如图 4.56 所示，要添加到衬底表面的材料不加选择地沉积在光刻胶图像上。通过将衬底放置在光刻胶溶剂中，用光刻胶去除其覆盖区域上不需要的部分。光刻胶图像需要具有垂直或底切轮廓，否则，沉积的材料将覆盖整个光刻胶/衬底表面，阻止任何溶剂渗透。此外，图像形成的沉积过程必须是定向的（例如在蒸发中），以促进沉积材料在顶部和底部之间的断裂。保形沉积不适于剥离。

❶ etch area：刻蚀面积。

图 4.57 显示了剥离前沉积在光刻胶图像上的铝的 SEM 显微照片。请注意，随着沉积材料的增加，它会在横向上稍微膨胀。该沉积会影响垂直轮廓，因为允许沉积材料到达衬底的开口变得越来越小，使得垂直轮廓无法维持。图 4.56 就是考虑到这种影响而绘制的，图 4.57 验证了该图。

剥离方程类似于各向异性刻蚀方程，只是剥离图像的轮廓不依赖于其厚度。自然，光刻胶的厚度必须大于剥离材料的厚度，以免开口闭合，从而使溶剂无法渗透到图案边缘。剥离方程为：

$$Z(x,y)=f_5(\mathrm{Rate}_{\mathrm{hor}},\mathrm{Rate}_{\mathrm{ver}},t_{\mathrm{deposition}}) \tag{4.129}$$

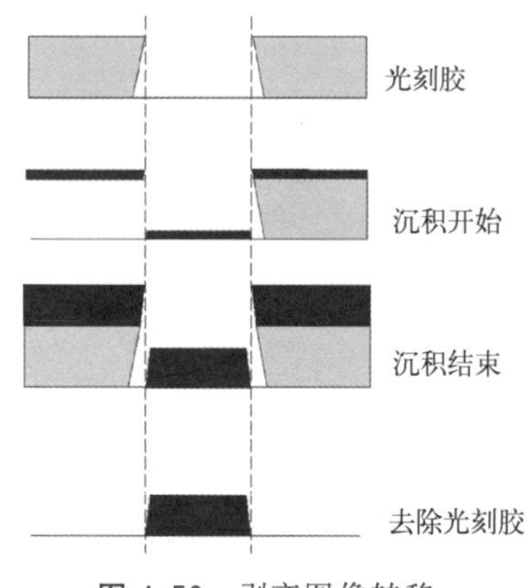

图 4.56 剥离图像转移。

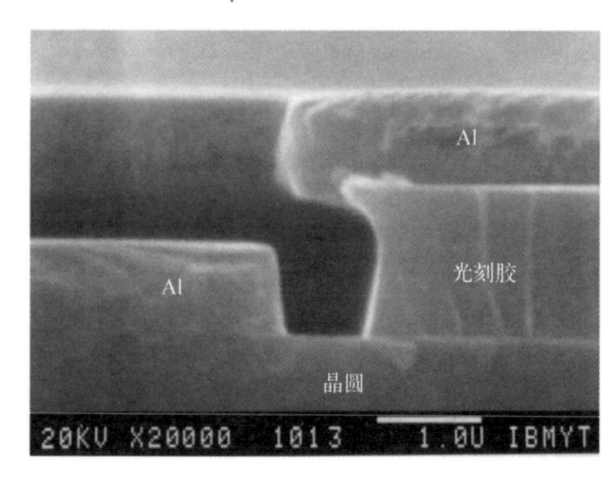

图 4.57 沉积在光刻胶图像上的铝的 SEM 显微照片。

4.6.4 离子注入

在离子注入图像转移中，注入离子的空间分布函数 $f(x,y,z)$ 由下式[47] 给出：

$$f(x,y,z)=\frac{1}{(2\pi)^{3/2}\Delta R_{\mathrm{p}}\Delta X\Delta Y}\exp\left\{-0.5\left[\frac{x^2}{\Delta X^2}+\frac{y^2}{\Delta Y^2}+\frac{(z-R_{\mathrm{p}})^2}{\Delta R_{\mathrm{p}}^2}\right]\right\} \tag{4.130}$$

其中，x 和 y 垂直于离子入射的 z 方向；ΔX 和 ΔY 分别是 x 和 y 方向上离子扩散的标准差；R_{p} 是在入射方向上的所谓离散，它只是离子穿透到衬底中的标准差。式（4.130）表明，除了在入射方向上行进之外，由于光刻胶和衬底中的散射，离子还在横向扩散。因此，在光刻胶边缘，即使离子在入射方向上被光刻胶侧的光刻胶阻挡，离子仍然穿透到光刻胶下方。这是因为在边缘的未覆盖侧，撞击衬底的离子在覆盖和未覆盖的方向上均发生侧向散射。注意，离子穿透不是完全各向同性的，横向穿透与入射穿透之比通常不一致。例如，图 4.58 表明，在 200 keV 时，磷的横向与入射穿透比约为 1：2。

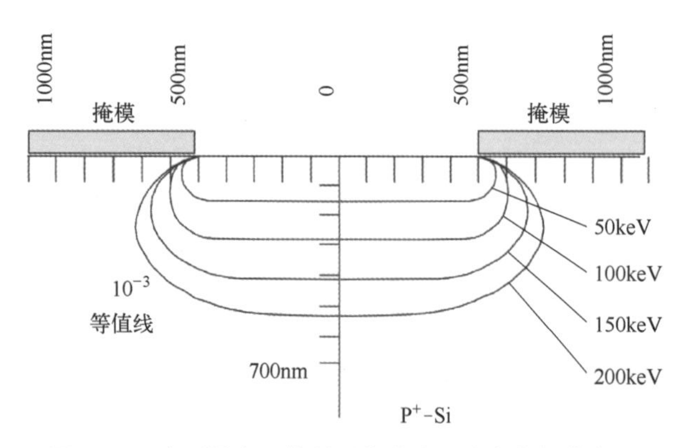

图 4.58 在不同注入能量下将磷注入硅中的相等离子浓度曲线（间隔 0.1%）。使用了 1μm 的掩模切口[48]。经许可转载自参考文献［48］；版权所有（1972）日本物理学会和日本应用物理学会。

在某种程度上，离子注入就是离子束接近式曝光。光刻胶图像是阻挡离子束的完美接触掩模。进入未遮挡衬底的光束被衬底材料散射。这可以被视为离子束邻近效应，类似于电子被其穿透的材料散射的电子束邻近效应。从这个角度来看，离子束光刻已经成为一种大批量生产的技术，但我们并没有意识到。当然，也可以将其视为图案转移过程，将光刻胶图像转移到注入图像。

4.6.5 电镀

利用绝缘体图案下的电镀基底，可以在未被绝缘体图案覆盖的区域处的电镀基底上电镀金属。绝缘体可以是光刻胶图像以及从光刻胶图像转移的其他绝缘体图像。电镀过程的示意图如图 4.59 所示。

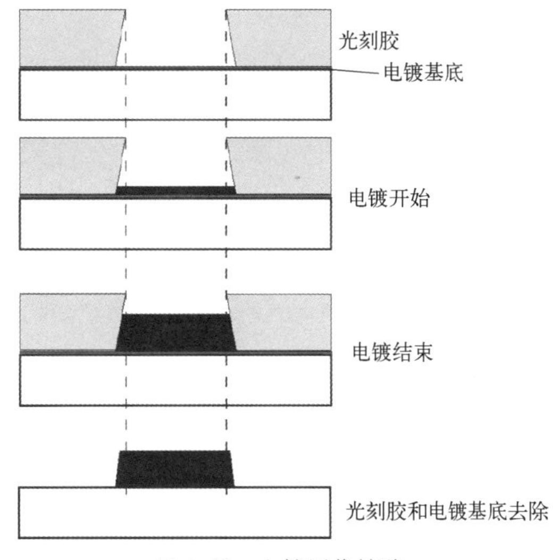

图 4.59 电镀图像转移。

像剥离一样，电镀是一种加成工艺。只要其厚度不超过绝缘体厚度，金属图像就忠实地符合绝缘体图像。除此之外，由于没有约束，电镀材料在横向及纵向上生长；在大多数情况下，可以被视为各向同性生长。如果继续电镀，金属图案可能最终连接到绝缘体上。因此，电镀图像与绝缘体表面下的绝缘体图像相同。在绝缘体表面上方，可以从图案化区域中整合球形小波来描述 3D 金属表面。

参考文献

1. C. J. R. Sheppard and H. J. Matthews, "Imaging in high-aperture optical systems," *J. Opt. Soc. Am. A* **4** (8), pp. 1354-1360 (1987).
2. M. Born and E. Wolf, *Principles of Optics*, *6th Edition*, Cambridge Univ. Press, p. 435 (1980).
3. Eq. 17 of Section 5.2 in Ref. 2.
4. E. L. O'Neil, *Introduction to Statistical Optics*, Addison-Wesley, p. 50 (1963).
5. F. Zernike, *Physica I*, 689-704 (1934); English translation: "Diffraction theory of the knife-edge test and its improved form: the phase-contrast method," *J. Micro/Nanolith.*, *MEMS*, *and MOEMS* **1** (2), pp. 87-94 (2002) [doi: 10.1117/1.1488608].
6. Section 9.2.2 of Ref. 2.
7. V. N. Mahajan, *Optical Imaging and Aberrations*, *Part II. Wave Diffraction Optics*, SPIE Press, p. 163 (2001) [doi: 10.1117/3.415727].
8. K. B. Doyle, V. L. Genberg, and G. J. Michels, *Integrated Optomechanical Analysis*, *2nd Edition*, SPIE Press, Chapter 3 (2012) [doi: 10.1117/3.974624].
9. A. K. K. Wong, *Optical Imaging in Projection Microlithography*, SPIE Press (2005) [doi: 10.1117/3.612961].
10. V. Lakshminarayanan and L. S. Varadharajan, *Special Functions for Optical Science and Engineering*,

SPIE Press, Chapter 14 (2015) [doi: 10.1117/ 3.2207310].
11. Section 9.5 of Ref. 2.
12. J. W. Goodman, *Introduction to Fourier Optics*, McGraw-Hill, p. 108 (1968).
13. Sections 1.1.1 and 1.1.3 of Ref. 2.
14. M. P. Bachynski and G. Bekefi, "Study of optical diffraction images at microwave frequencies," *J. Opt. Soc. Am.* **47** (5), pp. 428-438 (1957).
15. B. J. Lin, "Electromagnetic near-field diffraction of a medium slit," *J. Opt. Soc. Am.* **62** (8), pp. 977-981 (1972).
16. B. J. Lin, "Optical Methods for Fine Line Lithography," Section 2.1 in *Fine Line Lithography*, R. Newman, Ed., North-Holland Publishing Co. (1980).
17. H. H. Hopkins, "On the diffraction theory of optical images," *Proc. Roy. Soc. A* **217**, p. 408 (1953).
18. M. S. Yeung, "Modeling high numerical aperture optical lithography," *Proc. SPIE* **922**, p. 149 (1988) [doi: 10.1117/12.968409].
19. J. W. Goodman, *Introduction to Fourier Optics*, McGraw-Hill, Section 3-7, p. 49 (1968).
20. A. Papoulis, *The Fourier Integral and Its Applications*, McGraw-Hill, Section 3-2, p. 45 (1962).
21. B. J. Lin, "Off-axis illumination—working principles and comparison with alternating phase-shifting masks," *Proc. SPIE* **1927**, p. 89 (1993) [doi: 10.1117/12.150417].
22. B. J. Lin, "Partially coherent imaging in two dimensions and the theoretical limits of projection printing in microfabrication," *IEEE Trans. Electron Devices* **ED-27**, p. 931 (1980). [Figures 4.30 to 4.32 were modernized by Shuo-Yen Chou and Minfeng Chen of TSMC.]
23. B. J. Lin, "Optical Methods for Fine Line Lithography," Section 2.3.2 in *Fine Line Lithography*, R. Newman, Ed., North-Holland Publishing Co. (1980).
24. W. G. Oldham, S. N. Nandgaonkar, A. R. Neureuther, and M. M. O'Toole, "A general simulator for VLSI lithography and etching processes: Part Ⅰ-Application to projection lithography," *IEEE Trans. Electron. Dev.* **ED-26**, pp. 717-722 (1979).
25. K. K. H. Toh and A. R. Neureuther, "Three-dimensional simulation of optical lithography," *Proc. SPIE* **1463**, p. 356 (1991) [doi: 10.1117/12.44795].
26. C. A. Mack, "PROLITH: A comprehensive optical lithography model," *Proc. SPIE* **538**, p. 207 (1985) [doi: 10.1117/12.947767].
27. C. A. Mack and C. B. Juang, "Comparison of scalar and vector modeling of image formation in photoresist," *Proc. SPIE* **2440**, p. 381 (1995) [doi: 10.1117/12.209270].
28. Section 1.1.1 in Ref. 2.
29. M. S. Yeung and E. Barouch, "Three-dimensional nonplanar lithography simulation using a periodic fast multipole method," *Proc. SPIE* **2051**, p. 509 (1997) [doi: 10.1117/12.276030].
30. M. S. Yeung and E. Barouch, "Three-dimensional mask transmission simulation using a single integral equation method," *Proc. SPIE* **3334**, p. 704 (1998) [doi: 10.1117/12.310803].
31. E. Barouch, J. W. Cahn, U. Hollerbach, and S. A. Orszag, "Numerical simulations of submicron photolithographic processing," *J. Sci. Comput.* **6** (3), p. 229-250 (1991).
32. E. Barouch, B. Bradie, H. Fowler, and S. Babu, "Three-dimensional modeling of optical lithography for positive photoresists," *KTI Microelectronics Seminar Interface '89*, p. 123 (1989).
33. T. Hayashida, H. Fukuda, T. Tanaka, and N. Hasegawa, "A novel method for improving the defocus tolerance in step and repeat photolithography," *Proc. SPIE* **772**, p. 66 (1987) [doi: 10.1117/12.967035].
34. F. Coopmans and B. Roland, "DESIRE: a novel dry developed resist system," *Proc. SPIE* **631**, p. 34

(1986) [doi: 10.1117/12.963623].

35. R. R. Kunz, T. M. Bloomstein, D. E. Hardy, R. B. Goodman, D. K. Downs, and J. E. Curtin, "Outlook for 157nm resist design," *J. Vac. Technol. B* **17**, pp. 3267-3272 (1999).

36. F. H. Dill, A. R. Neureuther, J. A. Tuttle, and E. J. Walker, "Modeling projection printing of positive photoresists," *IEEE Trans. Electron Dev.* **ED-22**, p. 456 (1975).

37. F. H. Dill, W. P. Hornberger, P. S. Hauge, and J. M. Shaw, "Characterization of positive photoresist," *IEEE Trans. Electron. Dev.* **ED-22**, p. 445 (1975).

38. C. A. Mack, A. Stephanakis, and R. Hershel, "Lumped parameter model of the photolithographic process," *Proc. Kodak Microelectronics Seminar 86*, pp. 228-238 (1986).

39. C. A. Mack, "Enhanced lumped parameter model for photolithography," *Proc. SPIE* **2197**, p. 501 (1994) [doi: 10.1117/12.175444].

40. T. A. Brunner and R. A. Ferguson, "Approximate models for resist processing effects," *Proc. SPIE* **2726**, p. 198-207 (1996) [doi: 10.1117/12.24906].

41. W. Conley, G. Breyta, B. Brunsvold, R. A. DePietro, D. C. Hofer, S. J. Holmes, H. Ito, R. Nunes, G. Fichtl, P. Hagerty, and J. W. Thackeray, "Lithographic performance of an environmentally stable chemically amplified photoreist (ESCAP)," *Proc. SPIE* **2724**, p. 34 (1996) [doi: 10.1117/12.24180].

42. A. D. Katnani, D. Schepis, R. W. Kwong, W. S. Huang, Z. C. H. Tan, and C. A. Sauer, "Process optimization of a positive-tone chemically amplified resist for 0.25-μm lithography using a vector scan electronbeam tool," *Proc. SPIE* **2438**, p. 99 (1995) [doi: 10.1117/12.210374].

43. B. J. Lin, "Signamization of resist images," *Proc. SPIE* **3051**, p. 620 (1997) [doi: 10.1117/12.276041].

44. T. A. Brunner and R. A. Ferguson, "Approximate models of resist development effects," *Proc. SPIE* **2726**, p. 198 (1996) [doi: 10.1117/12.240906].

45. B. J. Lin, "Lithography performance indicator (LPI) and a new lumped parameter to derive resist images from aerial images," *Proc. SPIE* **3677**, p. 408 (1999) [doi: 10.1117/12.350828].

46. M. P. Lepselter, "Beam lead technology," *Bell Sys. Tech. J.* **45**, p. 233-253 (1966).

47. S. K. Gandhi, *VLSI Fabrication Principles—Silicon and Gallium Arsenide*, John Wiley & Sons, p. 317 (1983).

48. S. Furukawa, H. Matsumura, and H. Ishiwara, "Theoretical considerations on lateral spread of implanted ions," *Jpn. J. Appl. Phys.* **11** (2), p. 134 (1972).

第5章 光刻的度量：曝光-离焦(E-D)工具

在显微术中，人们关注的是图像中可以分辨的两个物体之间的最近距离。光刻技术的关注点完全不同。使用光刻胶可以将具有浅强度斜率的低对比度图像变成锐利的边缘。如1.3节所述，该边缘的位置是最重要的，并且必须在制造过程中根据曝光机的操作参数进行量化，因为它决定了可能与电路开关速度、漏电流、电阻等相关的特征尺寸。此外，边缘位置还决定了给定层中的图像是否可以有效地与前一层或后一层进行套刻。可以在现场调整的五个主要参数是曝光剂量、焦点位置、层之间的图案对准、放大倍率和旋转。后三个参数大多与套刻有关。尽管放大倍率原则上会影响特征尺寸，但其对套刻的影响远大于对特征尺寸的影响。前两个参数曝光剂量和焦点位置，以相互依赖的方式决定了光刻系统的工艺窗口。这种相互依赖以及在不同特征上叠加同时性要求的能力，可在曝光-离焦（E-D）工具中得到体现，该工具是光刻工艺度量的核心和支柱。

5.1 分辨率和焦深比例方程

3.1节介绍了投影式曝光中的分辨率和焦深（DOF）比例，使用了与波长的正比关系和与透镜数值孔径的反比关系，并没有引入比例常数。式（4.12）和式（4.16）使用了一个任意常数0.5来表示这些关系的物理意义。在本节，我们终于要介绍具有严格比例常数 k_1 和 k_3 的分辨率和DOF比例方程了。延迟给出方程的原因是本章讨论的E-D工具可以明确地确定这些比例常数。

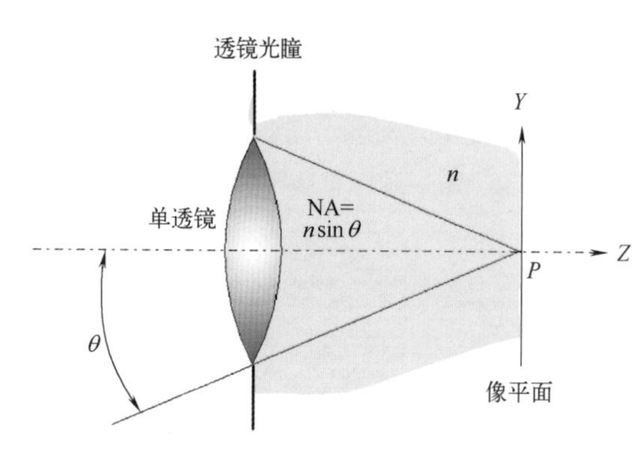

图5.1 成像透镜晶圆侧NA的定义，其中 n 是掩模和成像透镜之间介质的折射率。

光学投影成像系统的分辨率可以由如下分辨率比例方程来描述[1]，

$$W=k_1\frac{\lambda_0}{\mathrm{NA}} \tag{5.1}$$

其中，W 表示要描绘的图像中的最小特征尺寸或半周期（half-pitch），λ_0 是真空中的波长，NA是成像透镜的数值孔径，k_1 是在0.25到1之间变化的比例常数（取决于许多因素），将在下一节中讨论。图5.1描绘了 NA 和成像透镜收集角 2θ 之间的关系：$NA=n\sin\theta$，其中 n 是物和成像透镜之间的介质的折射率。

类似地，焦深的比例方程[1] 为

$$DOF=k_2\frac{n\lambda_0}{NA^2} \tag{5.2}$$

其中，k_2 是 DOF 的比例常数。k_2 也取决于很多因素[2]，包括 k_1。

如第 4 章所述，分辨率 $W\propto\lambda_0/NA$ 和 $DOF\propto n\lambda_0/NA^2$ 的关系也可以从衍射理论[3,4]中推导出来，并且是近轴近似。大角度分辨率和焦深比例方程[5] 分别是

$$W=k_1\frac{\lambda}{\sin\theta} \tag{5.3}$$

和

$$DOF=k_3\frac{\lambda}{\sin^2(\theta/2)} \tag{5.4}$$

其中，λ 是光化波长。正比关系 $W\propto\lambda/\sin\theta$ 和 $DOF\propto\lambda/\sin^2(\theta/2)$ 适用于所有照明条件。显然，k_1 必须针对照明中的相干程度进行调整，k_3 是 k_1 和许多其他参数的函数，就像近轴情况一样。因此，k_1 是分辨率系数，k_2 是 DOF 的近轴系数，k_3 是 DOF 的系数。

从这些公式中，可以观察得出如下结论：

① 通过增加成像透镜的 $\sin\theta$ 可以提高分辨率。较高的 $\sin\theta$ 从掩模上的特征衍射的光捕获较大范围的空间频率，因此能以较高的分辨率再现原始物体。注意，当 $n=1$ 时，即在非浸没式光刻中，$\sin\theta$ 和 NA 可以互换使用。

② 用更高的 $\sin\theta$ 实现更高分辨率的代价是 DOF 迅速减小。随着图像离焦，不同的空间频率分量很快变得彼此异相。

③ 通过缩短波长来提高分辨率。较短的波长降低了衍射光的空间频率，使成像透镜更容易捕捉更多的衍射光。

④ 随着波长的缩短，DOF 的减小速度与特征尺寸的减小速度相同。DOF 的损失比 $\sin\theta$ 的增加要慢，因为 DOF 与 $\sin\theta$ 的平方成反比。

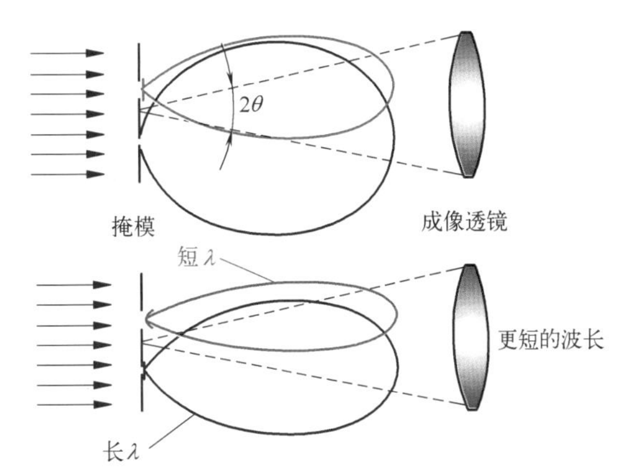

图 5.2　来自两个物体的两种波长的衍射光，描绘了成像透镜对空间频率的捕捉。

图 5.2 描绘了一个大物体和一个小物体的衍射光。小物体包含较高的空间频率，必须用较大 NA 的成像透镜来捕捉。当波长缩短时，两个物体的空间带宽变窄，使得较小 NA 的成像透镜能够分辨物体。图 5.3 显示了在 λ 和 NA 连续保持不变的情况下 DOF 与分辨率的关系，以说明 DOF 与更高分辨率之间的权衡，以及波长缩短和 NA 增加之间权衡的严重程度。

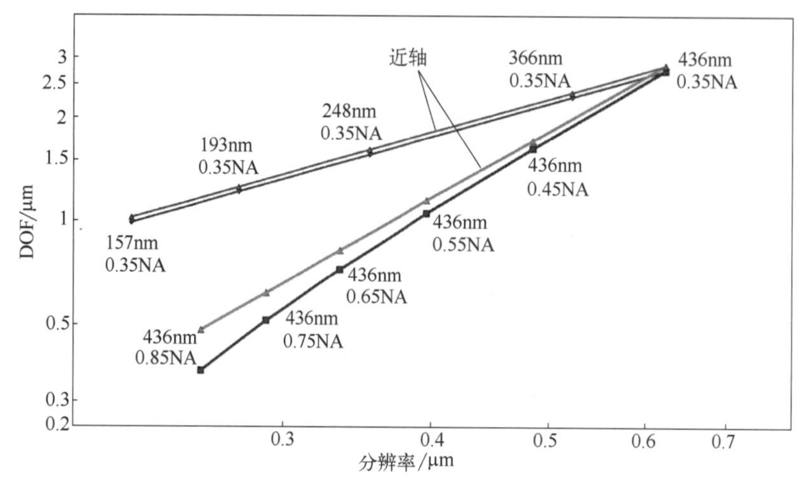

图 5.3 在恒定 λ 和恒定 NA 下的 DOF 与分辨率的关系。

5.2 基于显微术测定 k_1 和 k_3

我们非常希望确定一个给定成像系统的分辨率极限和 DOF。因此，必须评估 k_1 和 k_3。在光刻的早期阶段，对分辨率的定义借用了显微术。毕竟，缩小投影成像系统可以被视为一个倒置的显微镜。即使使用 1× 投影式或接近式曝光系统，衍射也是其中的主要现象。在显微镜中，如果两个点的图像是可分离的，则认为这两个点是可分辨的。

对于非相干成像，当点源的艾里斑中心落在第二个点源的第一个零点时，这两个点被分辨。使用线光源和圆形孔径，在许多其他学者之中，Goodman[6] 表明了中心和第一个零点之间的距离是 $0.61\lambda/\mathrm{NA}$。这就是非相干照明物体的经典分辨率极限。

对于相干照明和部分相干照明，如果峰和谷的强度相差一个约定的百分比[7]，如 26.5%，这与非相干照明时它们相隔 $0.61\lambda/\mathrm{NA}$ 的量相同，则可认为两点被分辨。应用这一标准，分辨率的经典极限范围为 $(0.5\sim0.8)\lambda/\mathrm{NA}$。

可以基于强度差设置相同的标准来确定当离焦发生时两个点是否被分辨。同样，除了依赖于 $\lambda/\sin^2(\theta/2)$ 的确定性之外，DOF 的系数（k_3）是照明、归一化特征尺寸 k_1、特征形状、特征接近度、掩模类型以及检测器的灵敏度和动态范围的强函数。这种经典推导的困难在于任意性和缺乏普遍性。就任意性而言，普通人眼分辨不相干距离可能是巧合，因为其灵敏度和动态范围适合检测 26.5% 的差异。一个光源的中心落在第一个零点，而另一个光源落在第二个零点，这在数学上是清晰的，在物理上也是有启发性的，但是没有绝对的理由要求分辨率必须停在那里。有了现代高精度仪器，这些传统的限制很容易被超越。

就缺乏普遍性而言，很明显 k_1 和 k_3 依赖于许多变量。在电路掩模中，存在许多特征形状、尺寸和邻近条件，不可避免地导致不同的 k_1 值。确定制造极限的最佳方法是确定 k_1 最小的情况。然而，5.5.6.3 节的内容将清楚地表明，能够解决电路图案中最困难的部分，并不能保证成功地描绘出电路中较容易的部分。电路的每个部分通常需要不同优化的曝光水平。当曝光水平不重叠时，仅仅解决最困难的部分仍然会使一些较容易的部分曝光过度或曝光不足。

5.3 基于光刻确定 k_1、k_2 和 k_3

正如第 1 章所述，光刻工艺师关心的不是分辨两条相邻的线，而是控制线的边缘以符合产品的规格。也就是说，边缘位置必须在公差范围内，通常取电路关键尺寸（CD）的±5%。

5.3.1 E-D 分支、树和区域

边缘放置标准需要了解 E-D 空间中±10%的 CD 边界状态。图 5.4 显示了在 NA=0.59 和 σ=0.5 时，使用 248nm 光源的 0.26μm 孤立线开口的一个边缘的边界。这些恒定边缘位置等值线是 E-D 分支。+10% CD 的等值线和−10%CD 的等值线构成一个 E-D 树[8]。由这两个 E-D 分支界定的 E-D 区域中的任何操作点将在边缘控制的预算内产生图像。然而，不同物体形状或大小的分支是不同的。因此，如果电路中有三个关键边缘，则必须构建三个 E-D 树。只有由这些分支包围的公共区域对于特征组合是可接受的。图 5.5 显示了上述线开口的一个边缘的 E-D 树的叠加，即相同大小的不透明空图形的 E-D 树和周期为 0.52μm 的相等线空对的 E-D 树的叠加。所有三个树重叠的区域是该特征-形状组合的公共 E-D 区域。公共区域中的操作点可产生满足所有三个相关边缘的位置要求的图像。公共 E-D 区域不仅仅关注特征-形状组合，尺寸组合、CD 公差的混合、光刻胶烘焙温度的不均匀性、烘焙时间的变化、显影条件、不同透镜场位置处的物体，以及不同的场、晶圆和晶圆批次，也应该用公共 E-D 区域来表征。

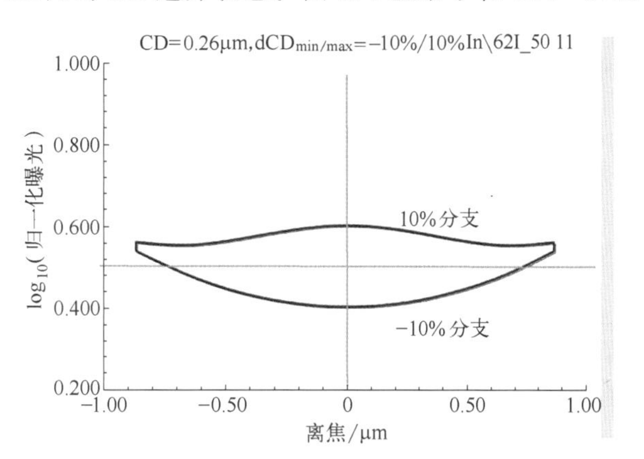

图 5.4　260nm 线开口、248nm 曝光、NA=0.59、σ=0.5 的恒定边缘位置等值线。

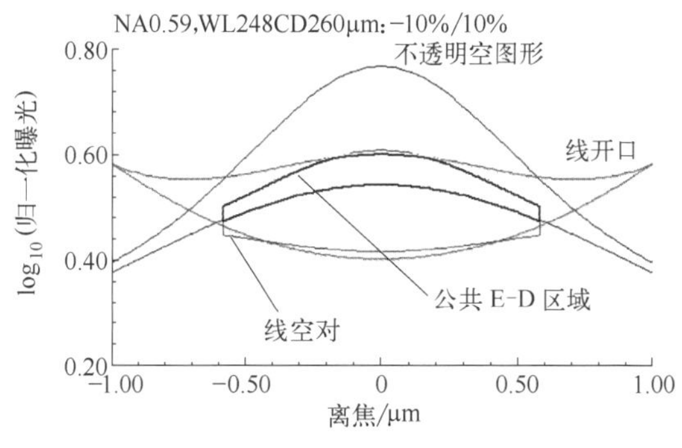

图 5.5　线开口、不透明空图形和线空对的 E-D 树，还显示了三种特征的公共 E-D 区域。

严格地说，每个特征有两个 E-D 树，因为每个特征有两条边缘。如图 5.5 所示，公共 E-D 区域应该由六个 E-D 树叠加而成，而不是只有三个。然而，用于成像上述特征的透镜被假定为无像差的。因此，作为曝光和离焦的函数，每个特征的两条边缘对称地向内或向外移动，使得每个特征的两个 E-D 树相同。任一条边缘的 E-D 树可用于表示另一条边缘的树，并可用于表示除了恒定边位置等值线之外，为恒定线宽等值线绘制的 E-D 树。然而，当两条边缘的移动不对称时，必须使用两条边缘的树，并且必须评估其公共树以评定工艺窗口。

图 5.6 描绘了与图 5.4 相同的物体，但是其边缘被移动了 0.01μm，以模拟透镜畸变。

边缘的 E-D 树在它们相对于理想边缘位置的相对位置方面不再彼此相同，导致两个分离的树，其公共区域比之前小得多。这种情况如图 5.7 所示，其中边缘 1 和边缘 2 不再位于边缘放置窗口的中心。边缘 1 的过度曝光空间更大，边缘 2 的过度曝光空间更小。曝光不足的结果正好相反。因此，边缘 1 的 E-D 树高于基于线宽的树，而边缘 2 的 E-D 树低于基于线宽的树。

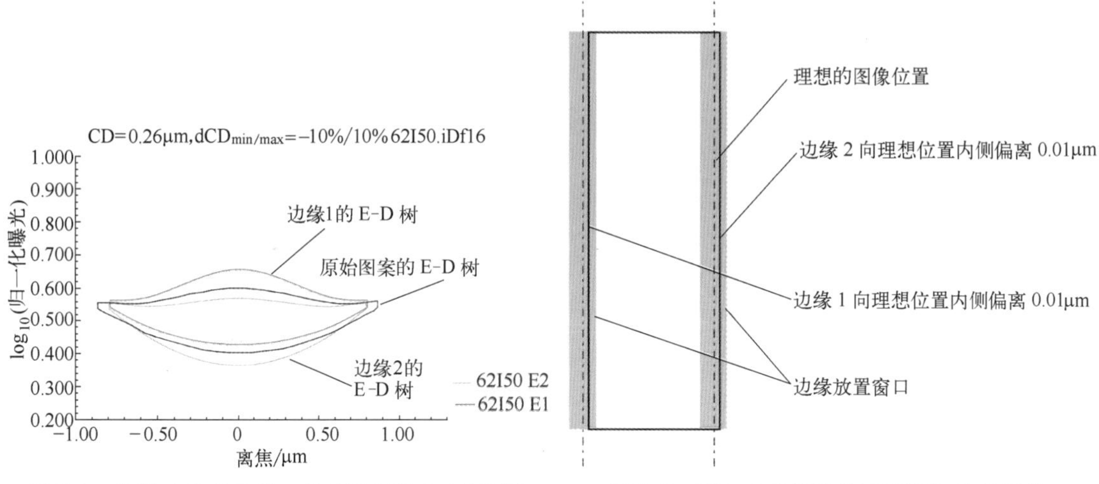

图 5.6 边缘 1 的 E-D 树，显示了与图 5.4 相同的线开口，以及边缘 2 的 E-D 树，显示了边缘偏移了 0.01μm，这表明当特征的边缘不对称移动时，必须使用两个 E-D 树。

图 5.7 图 5.6 中使用的不对称运动的图像。

5.3.2 E-D 窗口、DOF 和曝光裕度

如图 5.8 所示，可以在图 5.4 的 E-D 区域中拟合一个矩形。该矩形的高度是给定 E-D 树的曝光裕度（exposure latitude，EL），宽度是其焦深（DOF）。对于该矩形，EL 为 36.7%，DOF 为 0.85μm。如果保持这些参数，则最终的边缘放置符合所需的规格。矩形之外的 E-D 区域不是很有用，并且不能计入总的 EL 或 DOF。比如对于 $\log_{10}$(曝光)=0.5 和离焦=−0.6μm 的点 A(−0.6,0.5)，就不能支持 36.7% 的 EL。点 B(−0.6,0.46) 在

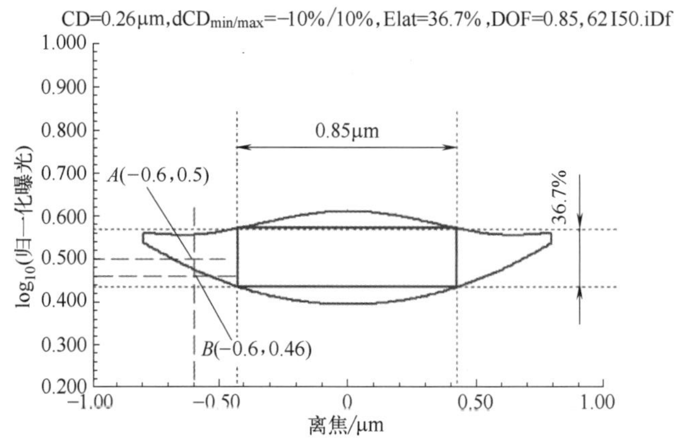

图 5.8 在图 5.4 的 E-D 树中构造的 E-D 窗口。

36.7%的 EL 内，但在可用的 E-D 区域之外，因此，它违反了边缘放置规格。

我们可以拟合另一个宽度（即 DOF）为 1.2μm 的矩形。然而，EL 减少到 20.2%。因此，在 EL 和 DOF 之间有一个折中，图 5.9 描述了该关系。EL 并不是随 DOF 变化的唯一参数；E-D 区域的面积、焦点中心和曝光中心随新矩形的大小、形状和位置而变化。

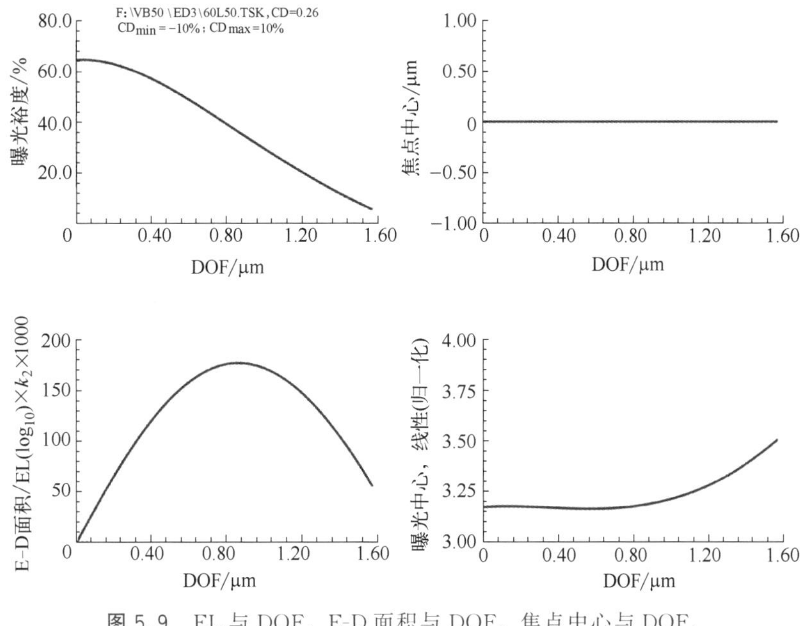

图 5.9 EL 与 DOF、E-D 面积与 DOF、焦点中心与 DOF、曝光中心与 DOF 的关系，参数同图 5.4。

5.3.3 使用 E-D 窗口确定 k_1、k_2 和 k_3

使用 E-D 方法评估 k_1 和 k_2，首先要构建每个组成部分的 E-D 树，即每个特征尺寸、特征形状、特征方向、邻近环境、场位置和加工条件。E-D 树被叠加起来，以评估公共 E-D 区域。再用矩形拟合 E-D 区域。根据光刻环境，矩形可以固定高度以限制曝光公差，或者固定宽度以限制 DOF。当两者都不需要被限制时，可以选择最大 E-D 面积的矩形，用于最大可能的工艺窗口。

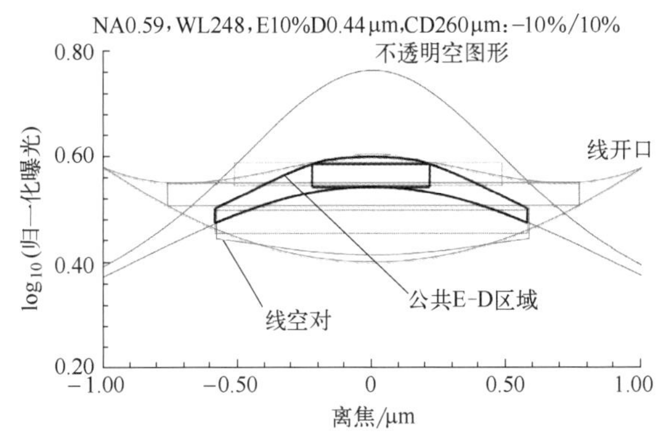

图 5.10 拟合图 5.5 中 E-D 树的单独和公共窗口。所有的树为 10%的 EL。

这里把导致图 5.5 的情况作为一个例子。如图 5.10 所示，矩形适合于每个单独的树，也适合于公共树。这里施加 10%的 EL，因此，所有矩形的高度都相同。表 5.1 显示了这些矩形的尺寸，线开口产生最大的 DOF，其次是线空对，然后是不透明空图形。对于每个特征，实现最大 DOF 所需的曝光水平是不同的。公共树和不透明空图形的曝光水平是相似的，因为不透明空图形是这种组合的限制特征。

表 5.1 图 5.10 中公共和单独 E-D 窗口的尺寸。

特征	EL/%	DOF/μm	E-D 面积/EL(log_{10})$\times k_2 \times$1000
公共窗口	10	0.44	26.8
线开口	10	1.53	93.8
不透明空图形	10	1.00	61.2
线空对	10	1.16	71.4

当 E-D 窗口用于优化 E-D 面积时，结果如图 5.11 所示。新 E-D 窗口的 E-D 值如表 5.2 所示。现在，三个特征的 EL 不再彼此相同，并且比之前的情况大得多，这是以 DOF 为代价的。公共 E-D 窗口的 EL 为 10%只是巧合。

使用第一种情况，成像系统可以分辨：$k_1=0.26/0.248\times0.59=0.62$，且 $k_2=0.45/0.248\times0.59^2=0.63$，$k_3=0.45/0.248\times0.31^2=0.17$。然而，必须通过识别特征组合、照明和 EL 来确定该组系数。由于公共 E-D 窗口中的一致性，对于优化后的 E-D 面积，k_1、k_2 和 k_3 也分别为 0.62、0.63 和 0.17。一般来说，该集合可以是不同的。

在这两种情况下，$k_1=0.62$ 时不会超过分辨率极限。对于相同的一组特征，如果任何限定条件被改变，分辨率极限可能很容易被超过。例如，15% EL 的结果如图 5.12 所示。不存在公共 E-D 窗口，因为具有 15% EL 的 E-D 窗口的高度大于公共 E-D 树的两个 E-D 分支之间的垂直距离。E-D 值如表 5.3 所示。

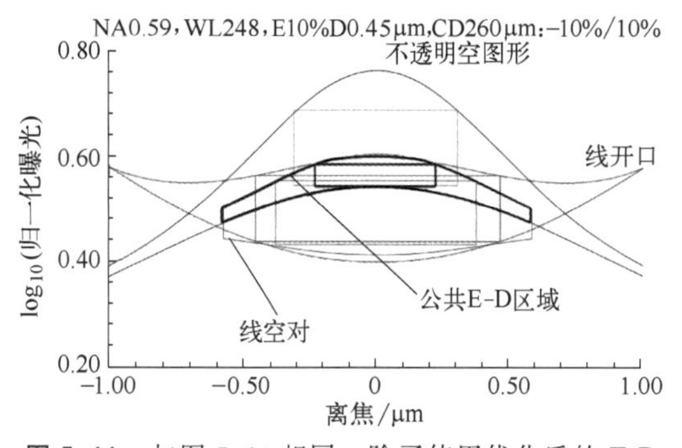

图 5.11 与图 5.10 相同，除了使用优化后的 E-D 面积作为绘制 E-D 窗口的标准。

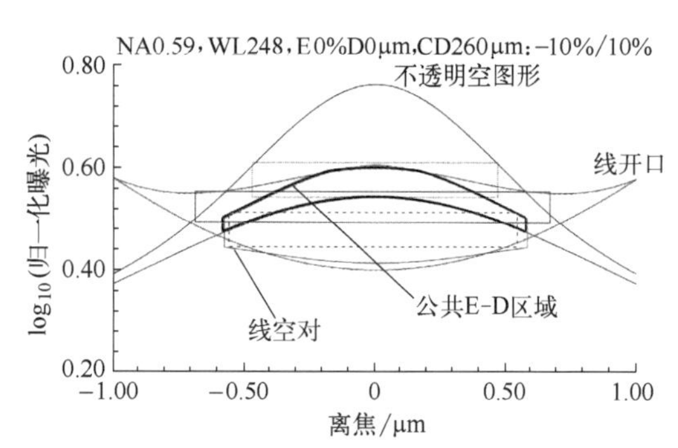

图 5.12 与图 5.10 相同，除了将 EL 增加到 15%。对于 EL=15%，不再有公共窗口。

表 5.2 图 5.11 中公共和单独 E-D 窗口的尺寸。

特征	EL/%	DOF/μm	E-D 面积/EL(log_{10})$\times k_2 \times$1000
公共窗口	9.73	0.45	26.8
线开口	28.6	0.93	162.5
不透明空图形	32.5	0.62	123.6
线空对	27.9	0.76	130.0

表 5.3 图 5.12 中公共和单独 E-D 窗口的尺寸。

特征	EL/%	DOF/μm	E-D 面积/EL(log_{10})$\times k_2 \times$1000
公共窗口	15	0	0
线开口	15	1.37	125.3
不透明空图形	15	0.94	85.8
线空对	15	1.11	101.7

5.4 k_1、k_2 和 k_3 作为归一化的横向和纵向尺寸单位

我们一直使用 k_1、k_2 和 k_3 作为分辨率和焦深（DOF）的系数，如式（5.1）～式

(5.4)，它们也可以定义为归一化的横向和纵向尺寸[2]：

$$k_1 = W\frac{\sin\theta}{\lambda} = W\frac{NA}{\lambda_0} \tag{5.5}$$

$$k_2 = Z\frac{\sin^2\theta}{\lambda} \tag{5.6}$$

和

$$k_3 = Z\frac{\sin^2(\theta/2)}{\lambda} \tag{5.7}$$

横向尺寸的例子包括分辨率、线宽、线长度、边缘位置、特征之间的距离以及掩模或晶圆平面上的任何距离或位置。纵向尺寸包括 DOF、离焦和薄膜厚度。最好将系统用归一化尺寸进行比较。例如，在 248nm 和 0.59NA 下的 0.26μm 分辨率表示为 $0.62\lambda_0/NA$ 的分辨率，或简单地表示为 $0.62k_1$ 单位，这相当于 365nm 和 0.59NA 时的 0.38μm 或 248nm 和 0.45NA 时的 0.34μm。这些均为 $k_1=0.62$。较低的 k_1 意味着给定的一套成像设备可以为下一代产品所用。这节省了成本，可以推迟新设备的采购。

5.5 E-D 工具

E-D 工具包括 E-D 分支、树、森林和窗口。除 E-D 森林外，所有这些工具都在 5.3.1 节和 5.3.2 节中讨论过。E-D 森林只是 E-D 树的集合，其中的 E-D 树多到人类无法处理。在本节中，将解释构造 E-D 树的方法，还将给出 E-D 工具的应用实例。

5.5.1 构建 E-D 树

可以从三种类型的图像数据中构建 E-D 树，即作为曝光和离焦的函数的线宽、作为曝光和离焦的函数的边缘位置，以及在一系列离焦平面上的图像强度分布。

5.5.1.1 由 E-D 矩阵线宽数据构建 E-D 树

通过评估 E-D 空间中的恒定线宽等值线，由作为曝光和离焦的函数的线宽构建 E-D 树。图 5.13 显示了 E-D 矩阵数据的线宽，数据点标记在 E-D 位置。使用最小均方多项式拟合来评估恒定线宽等值线。除非数据来自模拟，否则拟合的数据优于直接插值，并且数据中绝对不可能有噪声。大多数实验数据可以受益于最小均方拟合。图 5.14 显示了相同的数据，但使用样条拟合等值线。样条拟合强制等值线精确地通过所有数据点。实验引起的噪声被保留。

现在我们讨论构成图 5.13 所涉及的数值细节。取线宽为标称关键尺寸 CD（0.22μm－0.011μm＝0.209μm）的－5％等值线，在图上标记为“－5.0％，－0.011”。数据点首先被线性内插，用于在每个离焦点曝光。例如，在 $z=-0.4\mu m$ 时，$26.6mJ/cm^2$ 产生 214nm 特征，$28mJ/cm^2$ 产生 191nm 特征。在数据收集中可以使 CD 间隔变小，从而可以使用线性插值来评估离焦点处的曝光剂量。在该例中，产生 0.209μm 的曝光剂量是 $26.9mJ/cm^2$。对－5％ 等值线的所有离焦点的线性插值剂量进行评估后，执行多项式拟合。多项式拟合后，$26.9mJ/cm^2$ 的点变为 $27.16mJ/cm^2$，如等值线所示。

根据 5.5.2 节的论述，插值和多项式拟合应使用对数曝光进行。

5.5.1.2 由 E-D 矩阵边缘数据构建 E-D 树

如果作为 E-D 坐标的函数的边缘位置数据是可用的，则更希望由该数据构建基于边缘

图 5.13 多项式曲线拟合的恒定线宽等值线图。

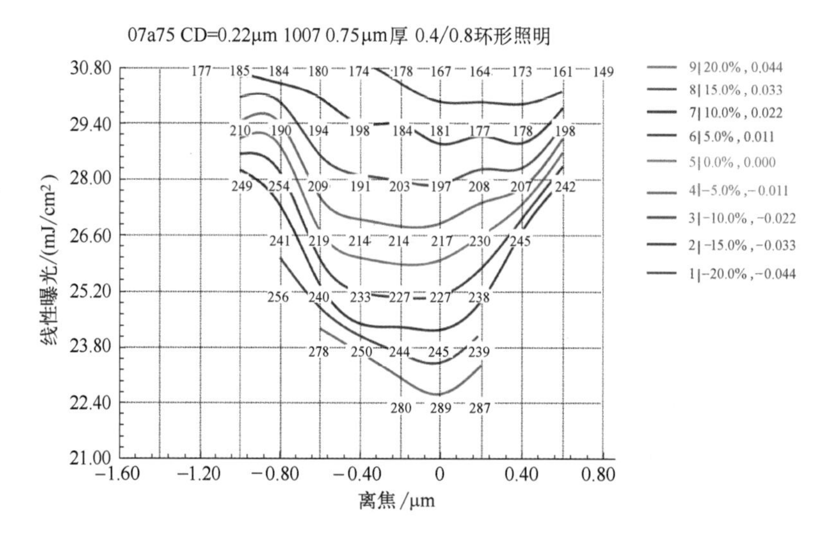

图 5.14 与图 5.13 相同，除了使用的是样条曲线拟合。

的 E-D 树。这一过程类似于使用线宽 E-D 矩阵数据，除了在曲线拟合时用边缘位置不变的等值线来拟合数据，如图 5.15 所示。拟合可以是最小均方多项式拟合或样条曲线拟合。在图 5.15 中，只显示了一半的数据点，因为数据的离焦是对称的。

5.5.1.3 由强度分布构造 E-D 树

为了由图像的强度分布构建 E-D 分支，我们首先定义所感兴趣的分支的边缘位置。例如，分支 0 是如图 5.16 所示强度分布图上零边缘位置公差的位置。分支 1 用于上限的边缘，分支−1 用于下限的边缘。可以在每个离焦位置找到这个边缘位置的强度。图 5.16 使用三个离焦位置来产生分支 1 的点 $I(D_0, B_1)$、$I(D_1, B_1)$ 和 $I(D_2, B_1)$ 以及分支−1 的其他三个点。其中，I 代表强度，D 代表离焦，B 代表分支。通过取光强的倒数，在图 5.17 所示的 E-D 平面上产生点 $E(D_0, B_1)$、$E(D_1, B_1)$ 和 $E(D_2, B_1)$，光强被转换成曝光量。通过连接对应于分支 1 的所有 E-D 点获得 E-D 分支 1。类似地，也可获得 E-D 分支−1。

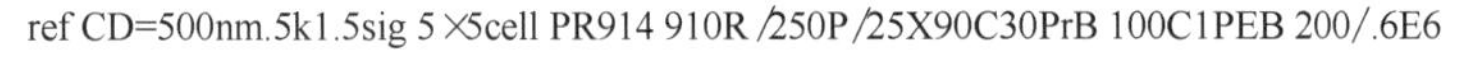

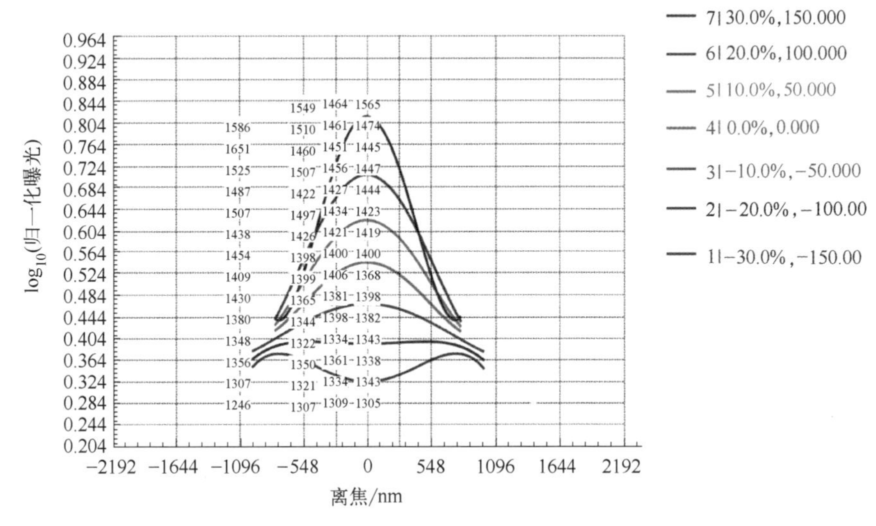

图 5.15　多项式曲线拟合的恒定边缘位置等值线。

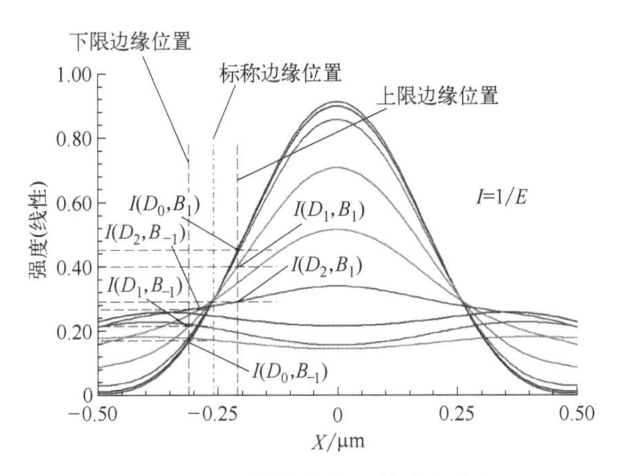

图 5.16　不同离焦位置的强度分布曲线和 $I(D,B)$ 点的定义。

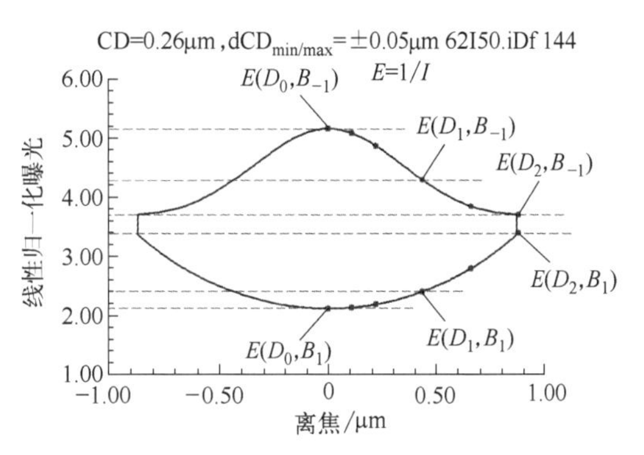

图 5.17　由图 5.16 中 $E(D,B)$ 点和 $I(D,B)$ 点组成的 E-D 树和分支。通过 $E=1/I$ 将 I 转换为 E，即文中解释的表观曝光量。

E 和 I 之间的倒数关系是基于给定的光刻胶灵敏度。它不同于关系 $E=It$，其中 I 是以 mW/cm^2 为单位的图像强度，t 是以 s 为单位的时间。曝光的单位为 mJ/cm^2。这里，E 是曝光机的操作者看到的表观曝光量。图 5.18 显示了曝光灵敏度为 $100mJ/cm^2$ 的光刻胶时，峰值为 $100mW/cm^2$ 的强度分布。令掩模上的照明也是 $100mW/cm^2$。在没有掩模的情况下使用 1s 的曝光时间，光刻胶被完全曝光以通过后续的显影去除。因此，全面

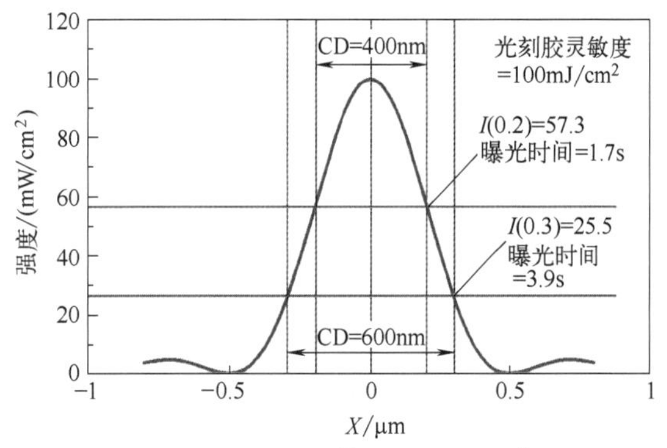

图 5.18　当光刻胶曝光阈值为 $100mJ/cm^2$ 时，为了在负胶中产生 CD=0.4μm，曝光时间为 1.7s，而对于 CD=0.6μm，曝光时间为 3.9s（1.7=1/0.573 和 3.9=1/0.255 是绘制图 5.17 的归一化表观曝光剂量）。

曝光强度是 100mW/cm^2，并且全面曝光剂量是 100mJ/cm^2。现在，利用图中所示的强度分布，对于负胶，描绘 0.4μm 的线需要 1.7s，对于 0.6μm 的线需要 3.9s。

在生产现场，曝光机通常参考全面曝光来设置曝光剂量。为了描绘一条 0.4μm 的线，对工艺工程师来说表观曝光剂量是 1.7s、100mW/cm^2；为了描绘一条 0.6μm 的线，表观曝光剂量应为 3.9s、100mW/cm^2。随着光刻胶灵敏度和峰值强度分别归一化到 1mJ/cm^2 和 1mW/cm^2，在省略单位 s 的情况下，归一化表观曝光量分别为 1.7 和 3.9。图 5.16 和图 5.17 中的关系式 $E=1/I$ 使用了该归一化表观曝光剂量。

5.5.2 曝光轴使用对数比例的重要性

直观上，人们倾向于以线性比例绘制曝光和离焦的 E-D 树。然而，因为曝光应该用比值来表示，所以对数比例是绘制 E-D 树的正确方法。这样，可以直接比较 E-D 区域中的水平和垂直距离。假设有三次曝光：E_1、E_2 和 E_3。如果用对数作图，任意两点之间的距离为 $\log E_2-\log E_1$、$\log E_3-\log E_2$ 和 $\log E_3-\log E_1$，表示 E_2/E_1、E_3/E_2 和 E_3/E_1 比值的对数。如果 $E_2=2E_1$ 和 $E_3=2E_2$，那么 $\log E_2-\log E_1=\log E_3-\log E_2=\log 2$。然而，$E_2-E_1=E_1$，$E_3-E_2=2E_1$。因此，$E_3$ 和 E_2 之间的距离在对数比例上等于 E_2 和 E_1 之间的距离，但是在线性比例上加倍。根据对数比例上 E 值之间的距离确定的 EL 也是相同的：

$$\mathrm{EL}=2\times\frac{E_3-E_2}{E_3+E_2}=2\times\frac{E_2-E_1}{E_2+E_1}=2\times\frac{\mathrm{e}^{(\log E_2-\log E_1)}-1}{\mathrm{e}^{(\log E_2-\log E_1)}+1} \tag{5.8}$$

如图 5.19 所示，当曝光以线性比例绘制时，具有相同 EL 的两个 E-D 树可能看起来大小不同；相反，以对数比例绘制的 E-D 树正确地反映了其 EL 的相对大小，因此有助于可视化地比较工艺窗口。下一节将解释这些图中的椭圆。

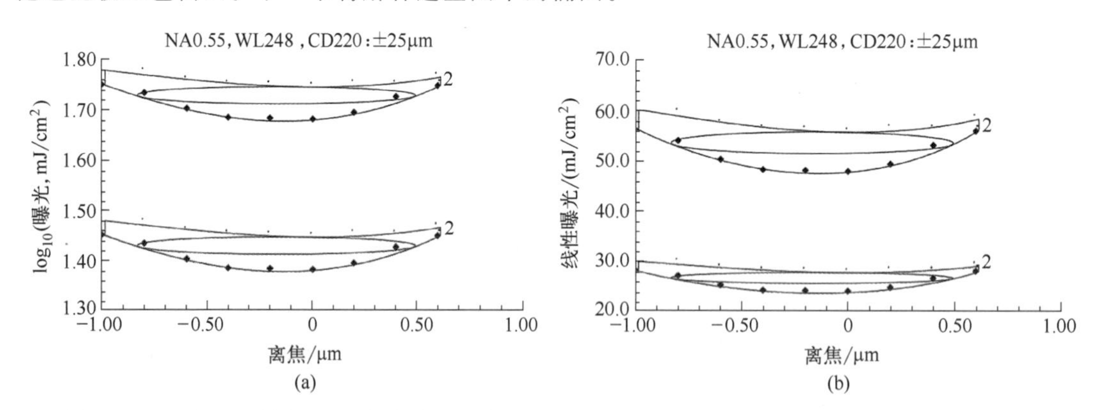

图 5.19 两个 E-D 树的 EL 相同但曝光剂量不同。(a) 在对数比例中，树是相同的，除了它们的垂直位置不同。(b) 在线性比例中，曝光较多的树看起来较大，因此给人一种误导的视觉印象。

5.5.3 椭圆 E-D 窗口

用矩形定义的 E-D 窗口表示成像过程允许的曝光和离焦的绝对范围，这对制造来说太严格了。在大量晶圆流的情况下，曝光和离焦变化通常呈现高斯分布。在拐角处违反矩形边界是允许的，这就产生了椭圆的 E-D 窗口，如图 5.20 所示。由椭圆的两个直径定义的 EL 和 DOF 不再是绝对的限制，而在本质上是统计性的。它们与标准偏差的某个值相关，例如 6σ。标准偏差的实际值还需要用大量的 CD 对曝光和离焦数据来定义。图 5.20 显示了当

NA=0.55、λ=248nm 时，将 220nm 的谱线控制在±25nm 的 E-D 树。具有 8% EL 的 E-D 窗口以椭圆和矩形绘制。椭圆窗口定义的 DOF 是 1330nm，而矩形窗口定义的 DOF 是 1090nm，相差了 22%。如图 5.21 所示，当曝光公差变为 15%时，DOF 为 960nm 和 350nm，导致 267%的变化。在极小的 EL 或 DOF 处，两类窗口之间的差异是不明显的，但是接近最大 E-D 面积时，差异可能是显著的。

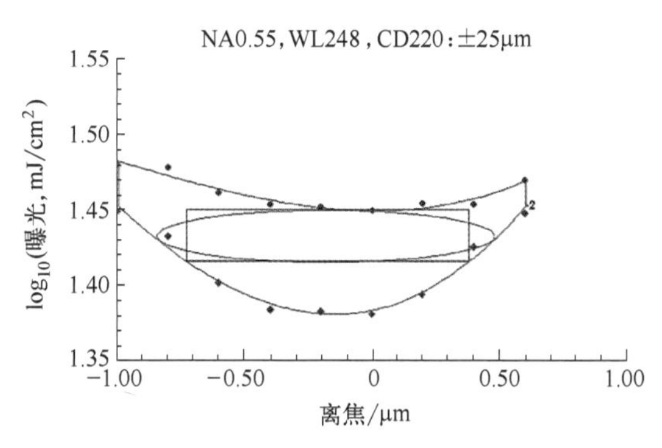

图 5.20　220nm 线的 E-D 树，控制在±25nm，其中 NA=0.55、λ=248nm，显示了具有 8% EL 的椭圆和矩形 E-D 窗口。

通过构建相应的 E-D 窗口，使用一系列 EL 来评估相应的 DOF。这些 EL-DOF 曲线显示了 EL 和 DOF 之间的折中，即它们的相互依赖性。图 5.20 中所用特征的这种折中曲线如图 5.22 所示。基于椭圆 E-D 窗口的曲线比基于矩形窗口的曲线弯曲得更厉害，这意味着在 DOF=0 处定义 EL 和在 EL=0 处定义 DOF 的惯例更类似于椭圆 E-D 窗口的情况。

许多学者在线性 E-D 空间中错误地绘制了一个完美的椭圆。完美的椭圆只有在曝光的对数空间中绘制才有意义。正确的方法是在对数空间中工作，构造椭圆，然后转换到线性空间。幸运的是，曝光范围通常很小，这使得误差可以容忍。

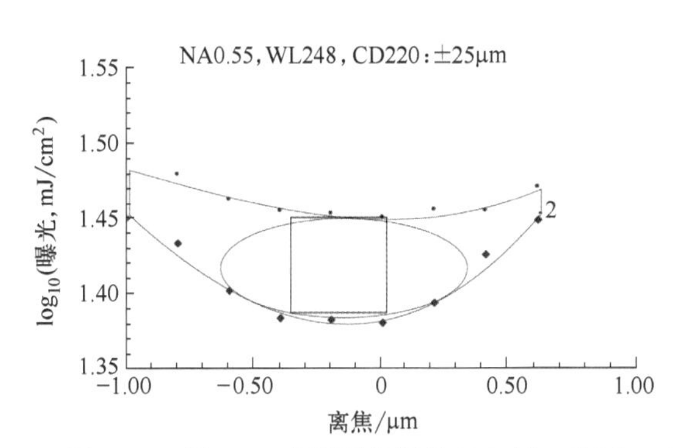

图 5.21　图 5.20 中所用特征的 E-D 树，除了椭圆和矩形 E-D 窗口是用 15% EL 绘制。

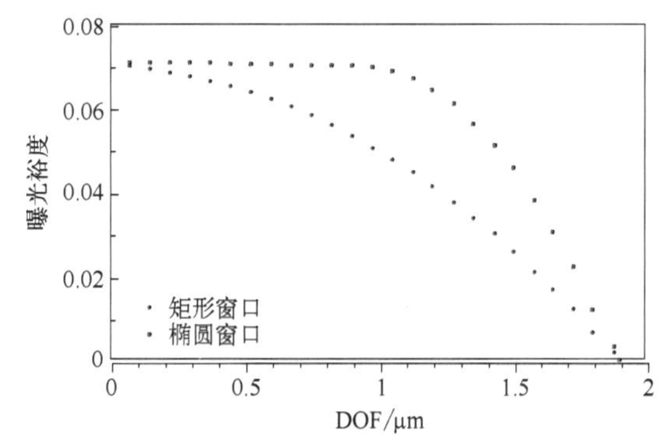

图 5.22　图 5.20 中 220nm 特征的 EL 与 DOF 变化关系。由椭圆窗口得到的曲线更接近方形。

5.5.4　CD 居中的 E-D 窗口与全 CD 范围的 E-D 窗口

采用曝光和离焦的统计分布的概念，假设曝光和离焦最常见的情况是在设定点。因此，将椭圆的中心设定为 ΔCD=0 的等值线，确保了最频繁出现的线宽是标称 CD。这个椭圆称为 CD 居中（CD-centered，CDC）的 E-D 窗口。而我们之前定义的是 CD 范围（CD-range，CDR）的 E-D 窗口。在图 5.23 中，用最大 E-D

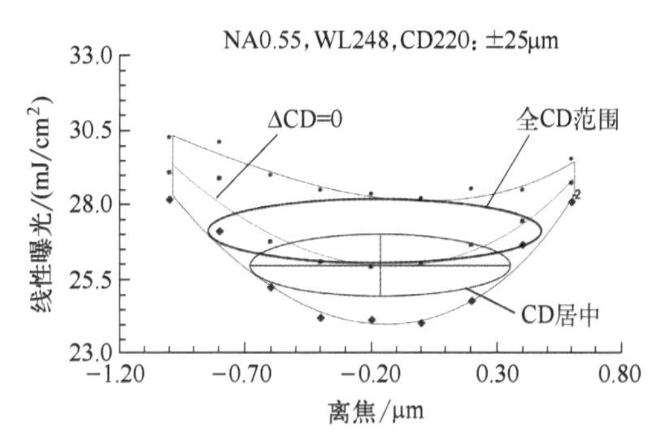

图 5.23　图 5.20 中特征的 CD 居中和全 CD 范围 E-D 窗口。

面积的 E-D 窗口描述了这两种情况。使用 CDC 窗口的代价是更小的 EL 和 DOF。例如，CDC 窗口的 EL 和 DOF 分别为 8%和 1.03μm，而 CDR 窗口的 EL 和 DOF 分别为 8%和 1.33μm。

更小的 E-D 窗口并不是 CDC 窗口最严重的问题。公共 E-D 窗口变得没有意义，因为不管哪个单独的窗口居中，都只能有一个以标称曝光为中心的特征。如图 5.24 所示，恒定 DOF 的每个 E-D 窗口以唯一的（E,D）坐标为中心，即使 750nm 和 820nm 光刻胶厚度的窗口比 960nm 光刻胶厚度的窗口更接近。显然，在这种情况下没有公共窗口。相比之下，图 5.25 显示了共享 800nm 相同 DOF 的单独和公共 CDR E-D 窗口。E-D 窗口参数如表 5.4 所示。

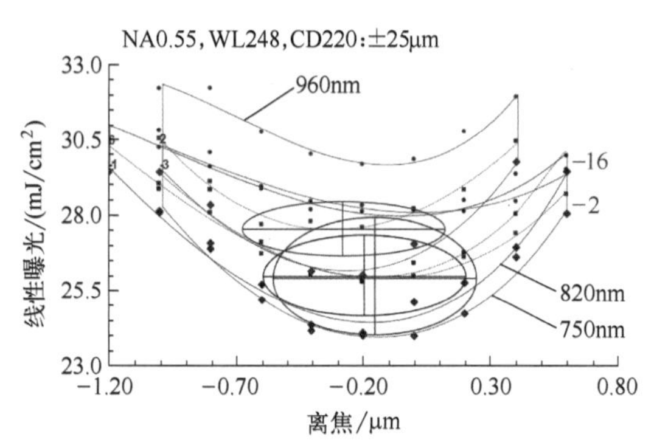

图 5.24　三种光刻胶厚度的 CDC E-D 窗口。这种情况下没有公共窗口。

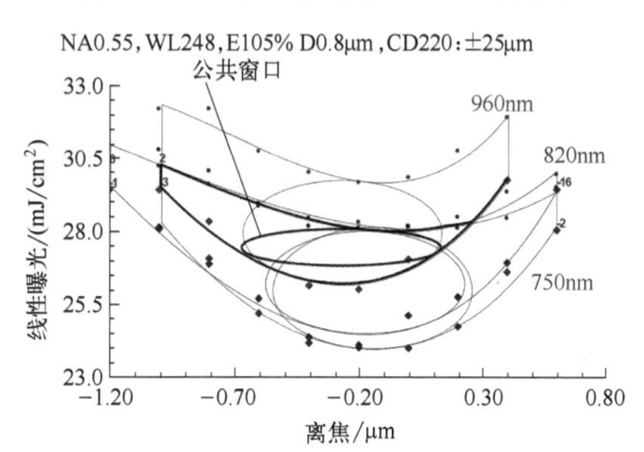

图 5.25　三种光刻胶厚度的 CDR E-D 窗口（单独和公共）。

表 5.4　CDR 和 CDC E-D 窗口参数。

光刻胶厚度/nm	E_{min} /(mJ/cm²)	EL /%	D_{min} /nm	DOF /nm	E-D 面积 /EL($\log_{10}$)×k_2×1000	E_{center} /(mJ/cm²)	D_{center} /nm
公共	26.84	4.55	−671	800	19.29	27.46	−271
750	24.03	15.95	−548	800	67.75	25.95	−148
820	24.55	13.36	−578	800	56.70	26.19	−178
960	26.32	12.44	−671	800	52.78	27.95	−271
750, $CD_{centered}$	24.05	14.98	−554	800	63.60	25.85	−154
820, $CD_{centered}$	24.68	10.27	−595	800	43.54	25.95	−195
960, $CD_{centered}$	26.66	6.50	−677	800	27.56	27.53	−277

将所有窗口居中到标称曝光的一种方法是通过掩模偏置。每个特征在掩模上被给定特定的偏置，以在给定的相同曝光下产生标称 CD。这对于 1D 特征是可能的。

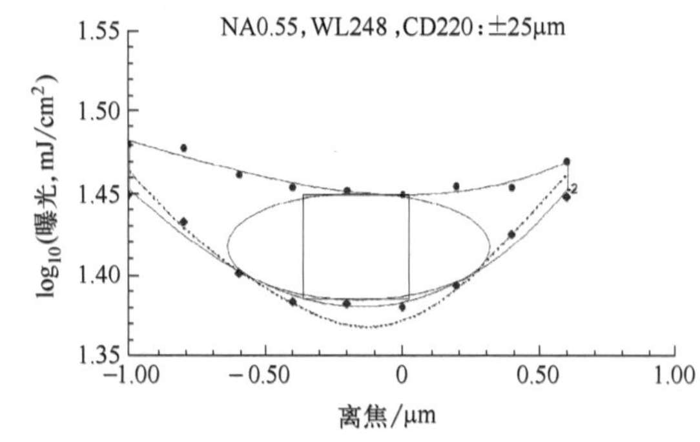

图 5.26　由图 5.21 修改的 E-D 树。额外的 E-D 分支（虚线所示）是人为添加的，以说明不同 E-D 树共享相同 E-D 窗口时 CD 控制的差异。

5.5.5　E-D 窗口和 CD 控制

E-D 窗口定义给定特征或特征组合的 EL 和 DOF。当 E-D 空间中的点在窗口之外时，违反了窗口定义的 EL 或 DOF。对于 EL 和 DOF，不能考虑该 E-D 点。然而，给定两个 E-D 树，包含同一个 E-D 窗口，在窗口外具有更大面积的一个树在统计上更能满足曝光或聚焦要求。因此，该树表示有更好的 CD 控制。例如，在图 5.26 所示的两个 E-D 树中，人工创建的 E-D 树——由虚线中的下分支和与真实树共享的上分支定义——在焦点附近具有更大的面积。这种人工创建的树在焦点附近提供了更好的 CD 控制。相反，当焦点不是那么准确时，真实树的 CD 控制更好。

5.5.6　E-D 工具的应用

E-D 工具的作用有很多方面。第一，它提供了给定光学成像系统的 EL 和 DOF 及其相互依赖性的严格定义。第二，可以为其公共 E-D 窗口叠加组件。第三，系统可以用相同的标准进行比较。这些优点带来了许多重要而有趣的应用。

5.5.6.1　博松曲线的替换

约翰·博松于 1977 年首次绘制了博松曲线（Bossung curves）[9]。由于其独特形状，这些曲线也被称为“微笑曲线”。在图 5.27 中，一个给定特征的关键尺寸（CD）被绘制成不同曝光时焦点的函数。曲线的平坦度表示对离焦的容忍度。曲线的接近程度显示了 CD 对曝光的高度依赖性。CD 的边界有助于确定曝光和离焦的可接受范围。这些线条有助于将单个特征的行为表征为曝光和离焦的函数。曲线的不规则性表明存在像差、振动、测量噪声或其他不完美的成像条件。

同样的一组数据也可以在 E-D 空间中绘制成 E-D 树，如图 5.28 所示。CD 控制的边界由上下 E-D 分支明确定义。可以在边界内绘制矩形或椭圆，以定量地定义给定单个特征的 EL 和 DOF。像博松曲线一样，E-D 分支的紧密程度表明 EL 较小。分支的平直度表示等焦行为。使用 E-D 树和 E-D 窗口可以更好地量化和掌握成像行为。

博松曲线不能表征两种不同情况（例如不同的特征）的共同行为，如图 5.29 和图 5.30

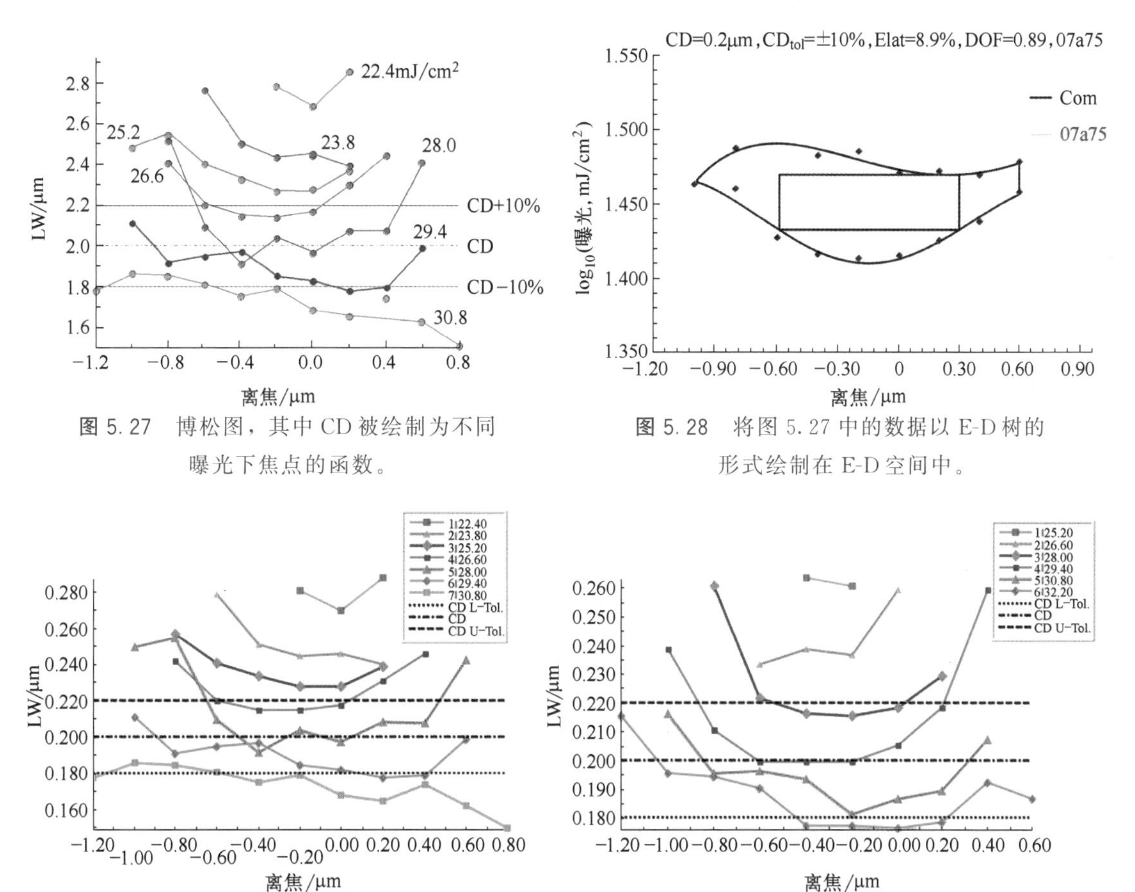

图 5.27　博松图，其中 CD 被绘制为不同曝光下焦点的函数。

图 5.28　将图 5.27 中的数据以 E-D 树的形式绘制在 E-D 空间中。

图 5.29　来自两个不同数据集的两组博松图。

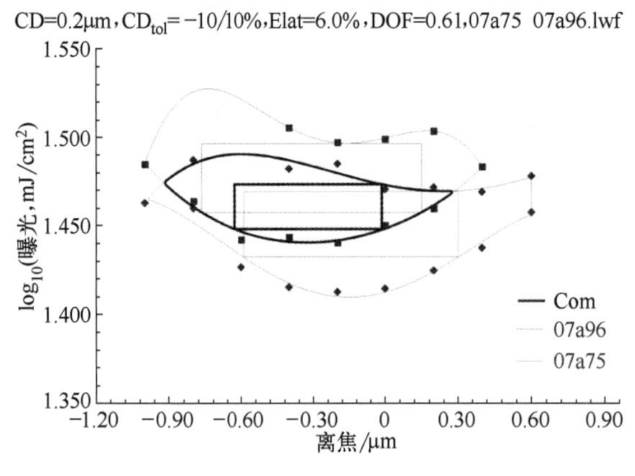

图 5.30 由图 5.29 中的数据在二维空间中绘制成的 E-D 树。

所示。在图 5.29 中，两组博松曲线用于两种不同的特征。这两种特征的共同成像行为不能用该图显示。另一方面，如图 5.30 所示，当在 E-D 空间中绘制相同的数据集时，其 E-D 树、E-D 窗口、公共树和公共窗口可以很容易地显示这些情况的 EL 和 DOF。

对于必须量化许多情况的总成像行为时，E-D 方法的优势变得明显。图 5.31 显示了六种不同情况下的博松曲线，这些图无法重叠在一张图上。另一方面，六个 E-D 树连同它们单独和共同的行为一起被绘制在相同的 E-D 空间上，如图 5.32 中所示。原则上，对于共同的成像特征，可以一起考虑的情况的数量没有限制。图 5.45 显示了 50 个 E-D 树叠加在一起的公共工艺窗口。

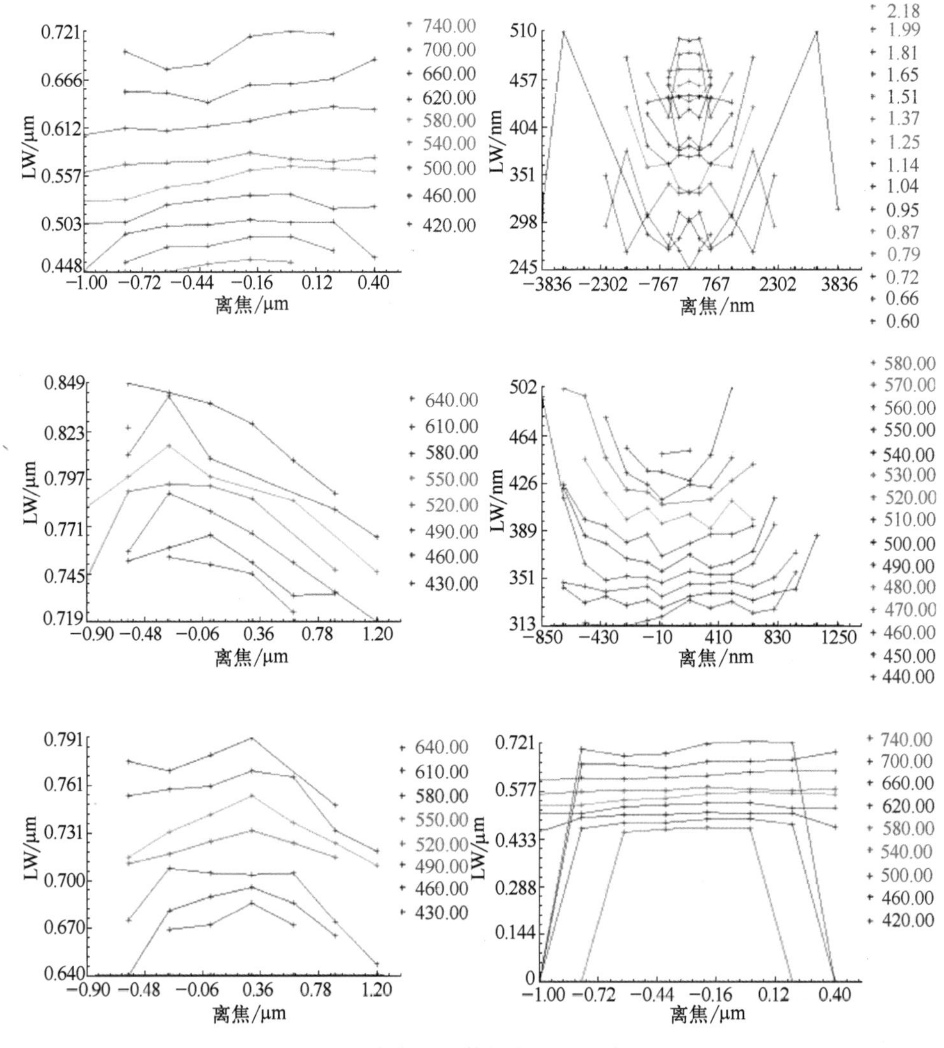

图 5.31 来自不同数据集的六个博松图。

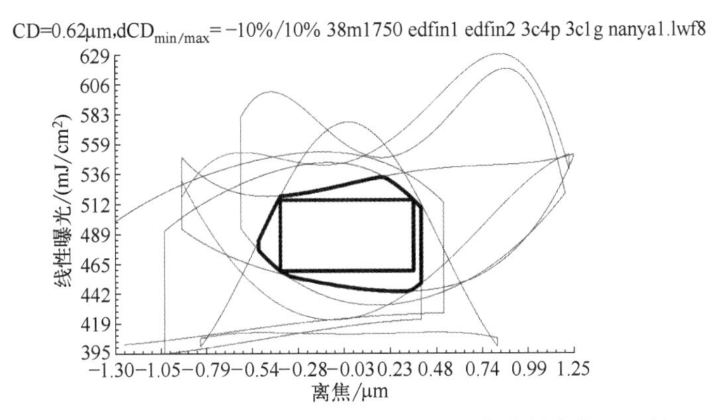

图 5.32 由图 5.31 中的数据在 E-D 空间中绘制成的 E-D 树。

5.5.6.2 特征类型的组合

图 5.5 和图 5.10 是线开口、不透明空图形和线空对组合的例子。从这些图中，可以很容易地观察到与不同特征相关联的不同形状以及它们在 E-D 空间中的不同位置。各个树为每个特征提供了充足的工艺窗口。然而，因为它们具有不同的曝光中心，所以公共 E-D 窗口非常小，这使得在相同的曝光下很难按照相同的线宽标准描绘所有三个特征。E-D 树还表明线开口和线空对可以作为一组进行偏置，以产生具有不透明空图形的更大的公共窗口，反之亦然。

5.5.6.3 特征尺寸的组合

电路制造中的常见做法是使用相同的栅极长度，但允许栅极之间的间隔不同。这类似于混合不同线空比（L∶S）的线空对。对于正胶，掩模由相同宽度的不透明栅极空图形组成。这里，E-D 树和 1∶1、1∶1.5 和 1∶2 的不透明∶透明比例组合的公共 E-D 窗口如图 5.33 所示。使用 $\sigma=0.5$、NA＝0.6 和 $\lambda=193$nm，栅极宽度保持在 0.13μm，即栅极长度的 $k_1=0.4$。尽管栅极长度是相同的，但因为栅极之间的间隔不同，没有公共窗口。

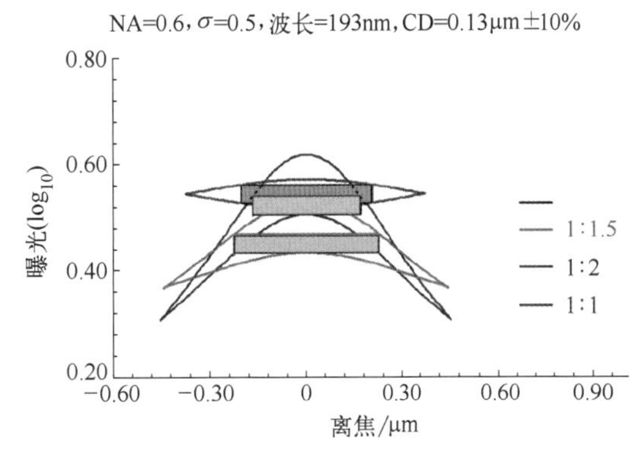

图 5.33 L∶S 为 1∶1、1∶1.5 和 1∶2 的线空对组合。

为了找到图 5.33 中三个特征的公共窗口的 NA/σ 组合，在 $\sigma=0.86$ 时，NA＝0.3～0.9 的所有 E-D 树都绘制在图 5.34 中。当 NA≥0.57 时，出现公共 E-D 窗口。在图 5.35 中，8% EL 时的焦深（DOF）是 NA 的函数。单个树的焦深明显比公共树大得多。此外，1∶1 的特征具有比 1∶1.5 的特征更高的峰值焦深（peak DOF），1∶1.5 的特征又具有比 1∶2 的特征更高的峰值焦深。直觉上，密集特征被认为比更大间隔的特征更难打印。E-D 树分析揭示，尽管具有更大间隔的特征具有更大的 EL，因此在焦平面上具有更大的图像对比度，但是焦深更小。这些树弯曲度更大，只能支持更小的焦深。图 5.36 绘出了焦深与 NA、σ 的函数关系，当 NA＝0.67 和 $\sigma=0.7$ 时，焦深最佳。

另一种常见的做法是混合不同周期的接触孔。图 5.37 显示了在 $\lambda=193$nm 和 NA＝0.64（即 $k_1=0.43$）时，0.13μm 接触孔的 E-D 树的焦深（DOF）与 σ 的关系，在同一掩模

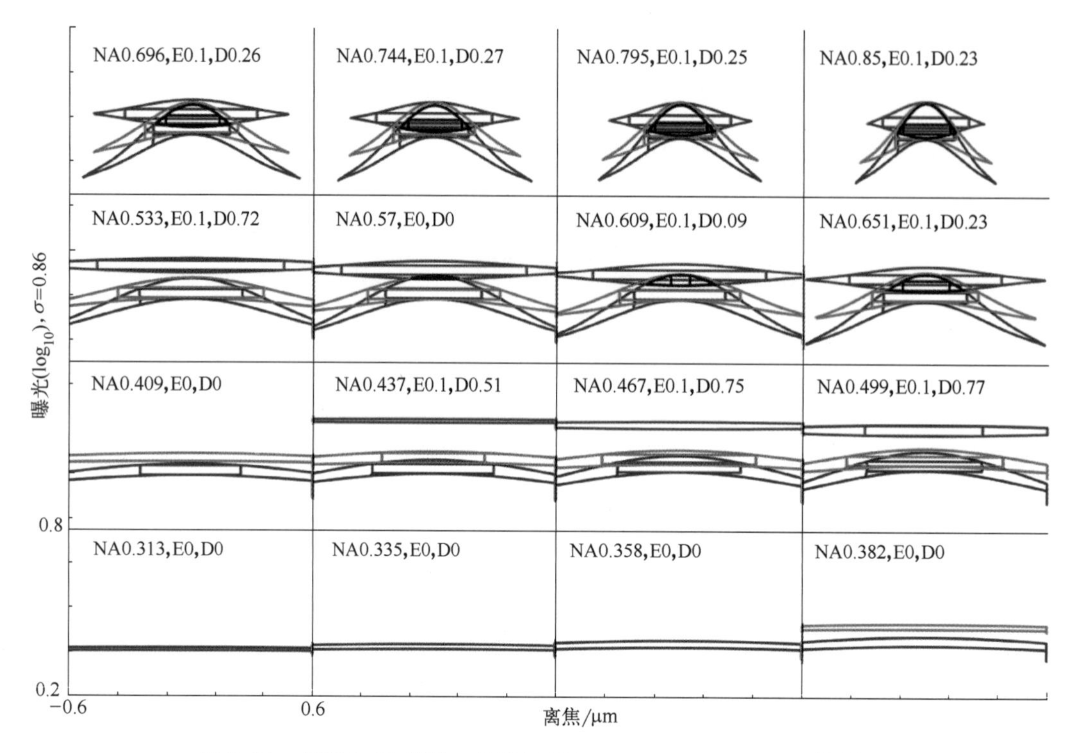

图 5.34　与图 5.33 相同，但通过 NA=0.3～0.9、σ=0.86 绘制。

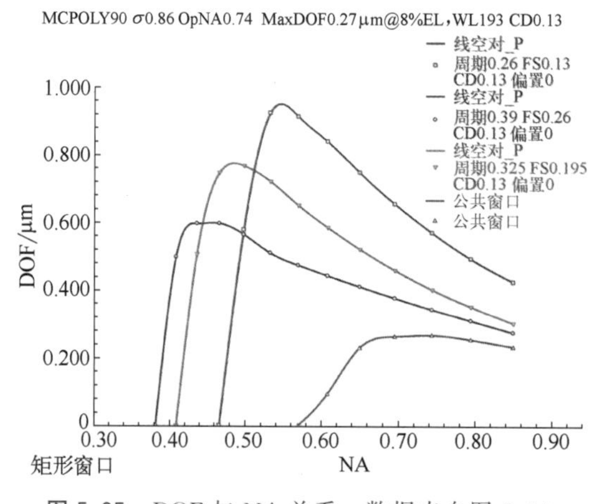

图 5.35　DOF 与 NA 关系，数据来自图 5.34。

上组合了 0.26、0.325 和 0.39μm 的周期。这组接触孔分别具有 1∶1、1∶1.5 和 1∶2 的孔-间距比。使用透射率为 6%的衰减型相移掩模。照明是内径占 50%的环形照明，关于环形照明的更多讨论见 7.3.2 节。E-D 树由 σ=0.44～1 以 0.04 的步长构建，E-D 窗口具有 8%的固定 EL。

接触孔的目标尺寸为 0.13μm，控制在±10%。然而，它们的实际尺寸是 0.10μm，即被偏置了 30nm。如果没有偏置，这些孔的 DOF 会小得多。这些孔必须过度曝光来达到目标图像大小。为了进一步提高 DOF，可以单独调整偏置。读者可参阅 7.3.4 节相关内容。

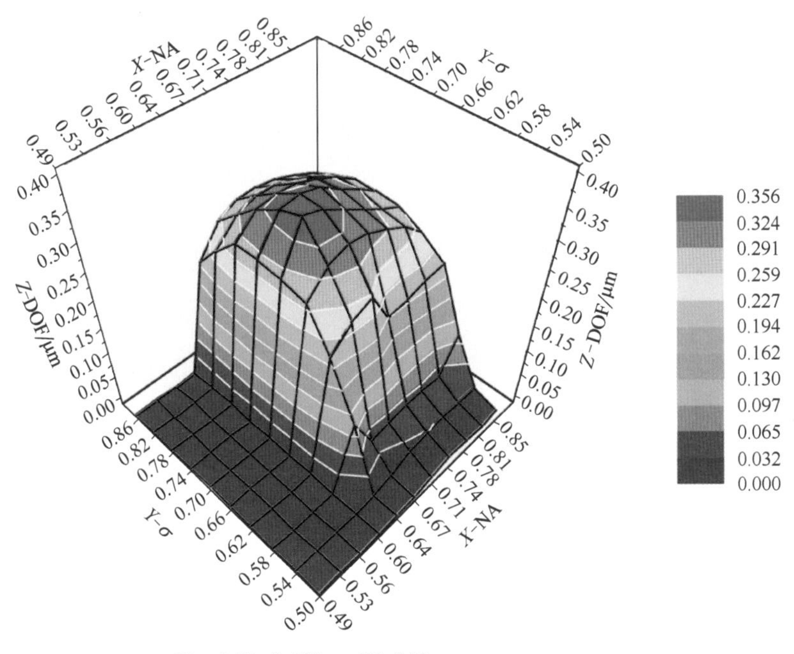

图 5.36 图 5.34 中特征的焦深与 NA、σ 的关系。

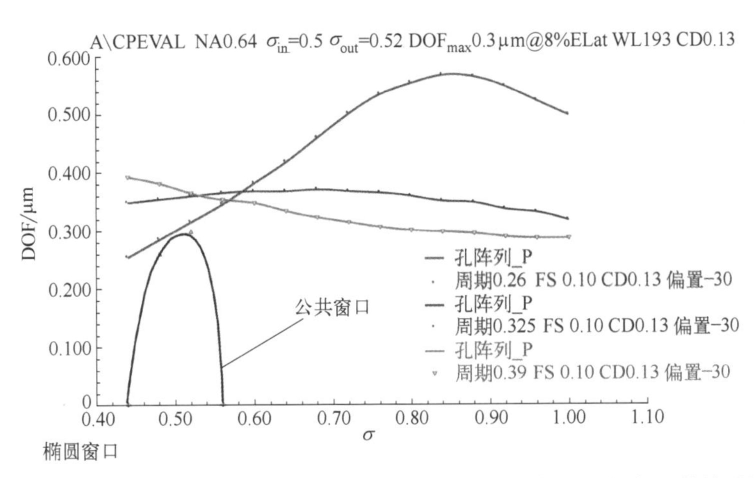

图 5.37 在 $\lambda=193\text{nm}$、NA=0.64 时，0.13μm 接触孔 E-D 树的焦深与 σ 的关系图。这组接触孔的孔：间距为 1∶1、1∶1.5 和 1∶2。使用 6%的 AttPSM 和 50%内径的环形照明。

5.5.6.4 2D 特征的切口组合

对于 1D 特征，仅在特征边缘一个切口就足以评估其 E-D 特性。组合的特征尺寸和类型仍然需要每种类型和每种尺寸各一个切口。如果由于特征版图的不对称或成像系统中的像差而需要边缘 E-D 树，则切口的数量可以增加到版图中每个特征最多两个。对于 2D 特征，特征边缘不能仅由一个或两个切口来表示。一个特征上的不同位置或边缘通常必须保持相同的边缘控制规格。例如，光刻胶线的宽度和长度必须保持在 CD 公差规格内。

图 5.38 显示了在 $\sigma=0.7$ 和 365nm 波长照明下，1.4μm 长、0.35μm 宽的线的 E-D 树。宽度和长度都被控制在其标称边缘位置的±35nm。在 NA≤0.63 时，即使每个图像边缘可以在其自身的曝光剂量下被控制在规格范围内，如其单个树所描绘，也没有唯一的曝光剂量

来满足两个边缘。在实践中，因为线端更容易受到线宽变化的影响，所以CD公差的规格不太严格，使得公共E-D窗口更大。这种补偿必须包含在设计规则中。

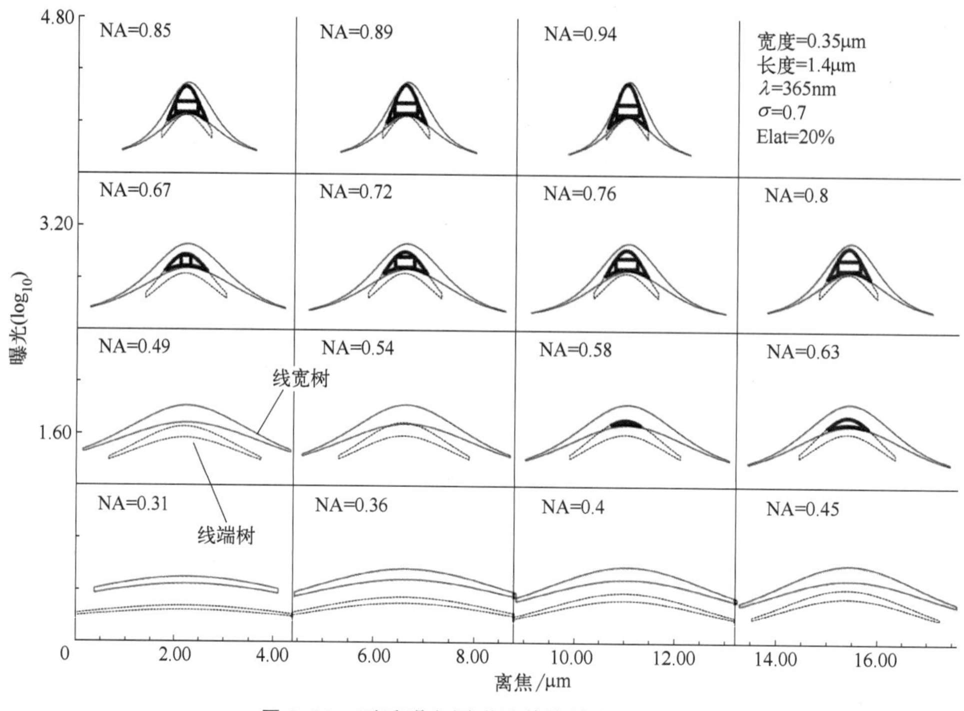

图5.38 不透明空图形及其线端的E-D树。

除了线端之外，在其他2D的情况下，沿着线的边缘位置的变化也值得关注。例如，T形、L形或不连续T形连接处附近的CD变化，必须用许多恰当位置的切口来表示。典型的应用将在7.3.4节基于模型的光学邻近效应校正中讨论，并在图7.101和图7.102中描述。

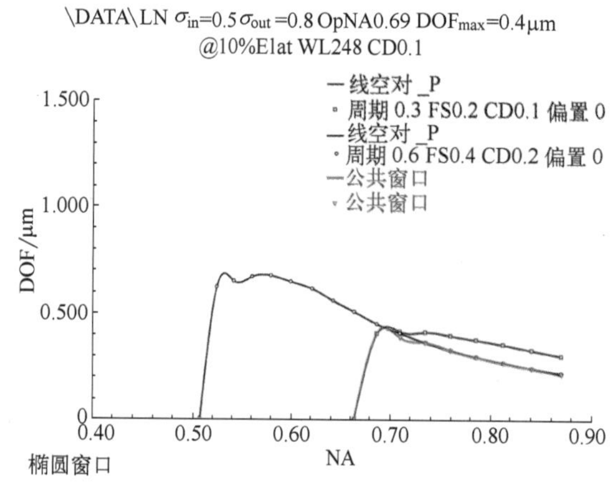

图5.39 0.3μm周期的0.1μm正胶线和0.6μm周期的0.2μm线的DOF与NA关系。CD公差为±10nm。

5.5.6.5 CD公差的组合

可以组合以不同CD公差绘制的E-D树来研究不同线宽控制要求的效果。图5.39显示了使用10%EL的椭圆E-D窗口，对0.3μm周期的0.1μm正胶线和0.6μm周期的0.2μm线评估的DOF。对于任一线组，E-D分支的CD公差设置为±10nm。可以看出，在低NA时，0.1μm线组选通DOF，而当NA≥0.7时，DOF由更宽的线组选通。当0.2μm线组只需要±20nm时，在更高的NA下会有DOF增益，因为更窄的线组现在选通整个NA范围，如图5.40所示。

5.5.6.6 光刻胶工艺公差的组合

当光刻胶工艺条件改变时，E-D树可以采取不同的形状。从6.5.2.5节来看，由于多次反射，光刻胶厚度在线宽控制中起重要作用。图5.41显示了NA=0.55、λ=248nm、CD公差为±25nm时，220nm线的E-D树和窗口。其中唯一改变的参数是光刻胶厚度，每个厚度支持一个具有足够EL和DOF的E-D树。然而，曝光中心和DOF变化很大，特别是对于960nm的厚度。如果没有反射，焦点中心的调整将是960nm和750nm之间的差除以光刻胶的折射率，假设光刻胶折射率为1.7，导致大约112nm的焦点偏移。由表5.5可知，焦点中心的偏移为119.9nm。在这种情况下，多次反射并没有明显改变焦点。然而，750nm和960nm厚度之间的曝光中心和范围有很大不同。因此，公共窗口的EL和DOF被极大地降低，正如6.5.2.5节所预测的，多次反射确实会影响曝光剂量。

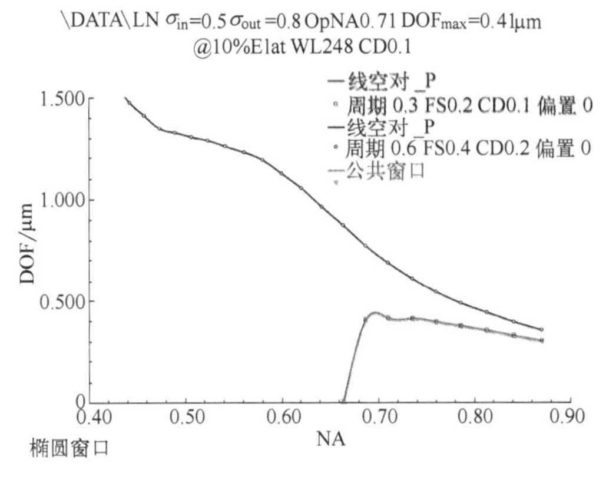

图5.40　与图5.39相同，除了较宽的光刻胶线的CD公差为±20nm。

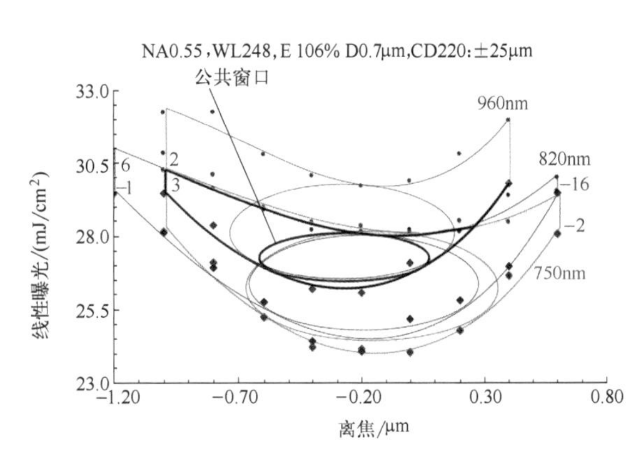

图5.41　光刻胶厚度为750、820、960nm的E-D树和窗口。特征是220nm线，NA=0.55，λ=248nm，CD公差为±25nm。

表5.5　图5.41中窗口的E-D参数。

光刻胶厚度/nm	E_{min} /(mJ/cm²)	EL /%	D_{min} /nm	DOF /nm	E-D面积 /EL(log_{10})×k_2×1000	E_{center} /(mJ/cm²)	D_{center} /nm
公共	26.47	6.04	−619	697	22.31	27.27	−271
750	24.44	14.25	−676	1025	77.49	26.19	−164
820	24.80	12.33	−664	933	60.98	26.33	−198
960	26.56	11.47	−740	912	55.49	28.08	−284

图5.42显示了六边掩模图案中的400nm边缘，使用250nm波长、0.5 NA和σ=0.5。图5.43基于第一个边缘，显示了用典型光刻胶模拟的100°C和102°C曝光后烘焙的两个E-D树。CD公差为30nm，EL为10%。尽管E-D树的形状相似，但由于曝光中心的巨大差异，公共窗口要小得多。

有些工艺比其他工艺更重要。图5.43所示的曝光后烘焙工艺比图5.44所示的显影时间

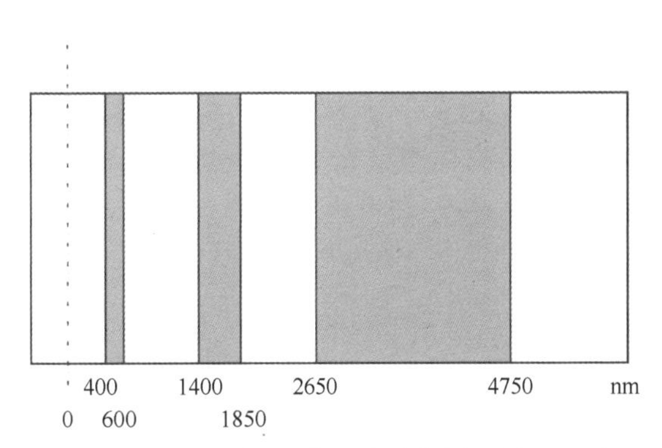

图5.42　六边图案。第一个边缘用于图5.43和图5.44；前五个边用于图5.45。

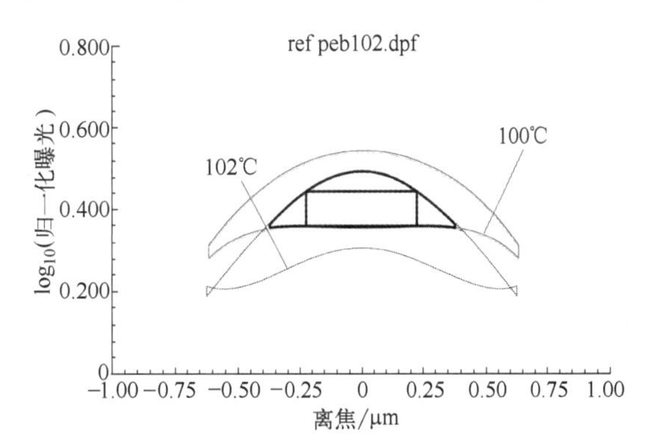

图5.43　曝光后烘（101±1)℃的E-D树。虽然E-D树的形状相似，但由于曝光中心的差异很大，公共窗口要小得多。

的影响引起更多的 DOF 减少。这两个显影时期的 E-D 树不仅形状相似，而且位置也非常接近。因此，对于这种光刻胶，1s 的显影时间变化比 1℃ 的曝光后烘焙温度的影响要小得多。

为了实际评估公共 E-D 窗口，必须考虑所有的工艺公差。在图 5.45 中，对于图 5.42 中的前五个边缘，绘制了对应于曝光后烘焙温度、时间、前烘温度、显影时间和光刻胶厚度的工艺公差的 E-D 树。每条边缘有 10 个树，包括标称工艺条件的树。因此，图中有 50 个树。公共 E-D 窗口大大减少。最受限的树被确定为曝光后烘焙的树，为了改善这一点，必须提高曝光后烘焙温度的公差；或者，对于较大的公共 E-D 窗口，可以改变标称烘焙温度。在 EL 中反映的成像对比度和 E-D 窗口的垂直位置之间存在折中。使用 E-D 树可以明确地实现对这种折中的优化。然后可以研究下一个受限的工艺条件，直到获得最大的公共 E-D 窗口。或者，可以使用光学邻近效应校正来移动 E-D 树的位置。这个话题将在第 7 章进一步讨论。

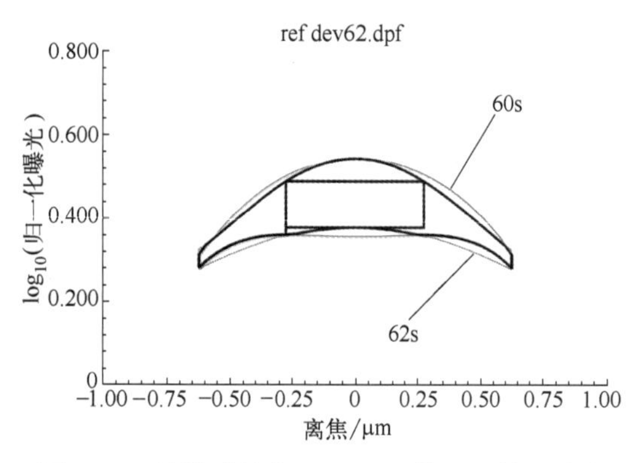

图 5.44 显影时间为 (61±1)s 的 E-D 树。对公共窗口的影响小于图 5.43 中的曝光后烘焙。

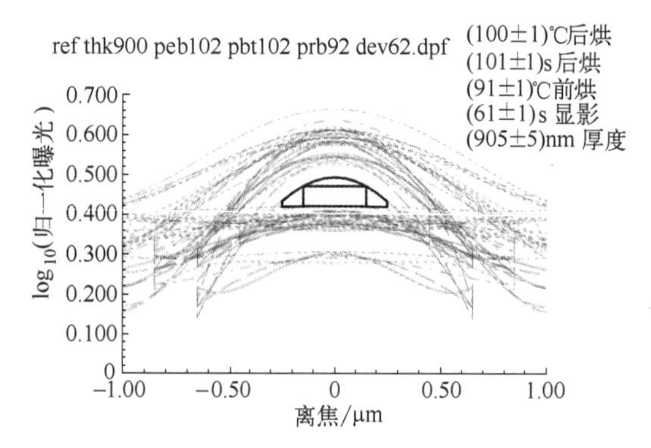

图 5.45 工艺公差 E-D 树及其公共窗口。图 5.42 中的前 5 条边有 50 个树和 10 种不同的工艺变化。最受限的工艺是曝光后烘焙温度。

5.5.6.7 像场位置的组合

即使是相同特征的图像，也可能在透镜视场内以多种方式变化。①成像视场是倾斜的。②成像透镜的场曲不是完全平坦的。③透镜像差，例如球面像差、彗差和像散，都对场曲有影响。④照明不完全均匀。⑤掩模和邻近效应校正可以具有它们自己的 CD 标记和 CD 控制残留。⑥晶圆可能不是完全平坦的。⑦晶圆上的形貌经常是个问题。⑧如果曝光机是扫描光刻机，扫描误差也会导致场相关的 CD 变化。此外，EUV 光刻受曝光范围内变化的影响更大，这将在第 9 章中讨论。图 5.46 和表 5.6 显示了使用 NA=0.55、λ=365nm 步进光刻机时，455nm y 向特征的 9 个曝光场位置的 E-D 树。比较 E-D 面积的各个部分，可在左上方的视场看到更好的成像性能。焦点中心表明，最佳成像区域位于中间列的较下方。

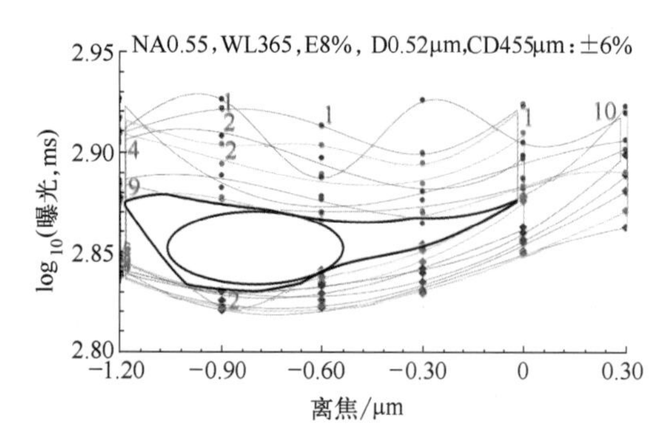

图 5.46 9 个场位置的 455nm 特征的 E-D 树，NA=0.55，λ=365nm。只需更改曝光区域中的位置，即可使公共窗口小得多。

表 5.6　对于 NA＝0.55、λ＝365nm，描绘的 455nm 特征的 9 个曝光场位置的 E-D 窗口和公共窗口。9 个树和公共窗口如图 5.46 所示。

场位置	E_{min} /(mJ/cm²)	EL /%	D_{min} /nm	DOF /nm	E-D 面积 /EL($\log_{10}$)×k_2×1000	E_{center} /(mJ/cm²)	D_{center} /nm
公共	22.70	8.39	−1062	523	15.81	23.65	−800
左-上	23.30	14.02	−1170	985	49.80	24.93	−678
中-上	22.40	14.75	−1187	905	48.13	24.05	−734
右-上	22.10	12.19	−1182	925	40.64	23.45	−720
左-中	23.00	14.00	−1191	985	49.74	24.61	−698
中-中	22.60	13.09	−1187	804	37.96	24.08	−784
右-中	22.20	10.90	−1178	945	37.12	23.41	−706
左-下	22.90	11.40	−1182	1126	46.25	24.20	−619
中-下	22.40	10.22	−1191	985	36.27	23.54	−698
右-下	22.10	10.38	−1178	945	35.36	23.25	−706

不必深究是什么导致了如此严重的场依赖性，一种简单的解决问题的方法是根据曝光中心的分布来修改曝光。从图 5.47 和表 5.7 中可以看到结果的改善。与优化前的 8.39% EL 和 523nm DOF 相比，E-D 树在曝光中对准，并且所得 E-D 窗口具有 9.97% EL 和 865nm DOF。许多方案可以用来改变曝光场中的曝光。一种直接的方法是使用具有灰度级分布的掩模来补偿每个 E-D 树曝光中心的分布。

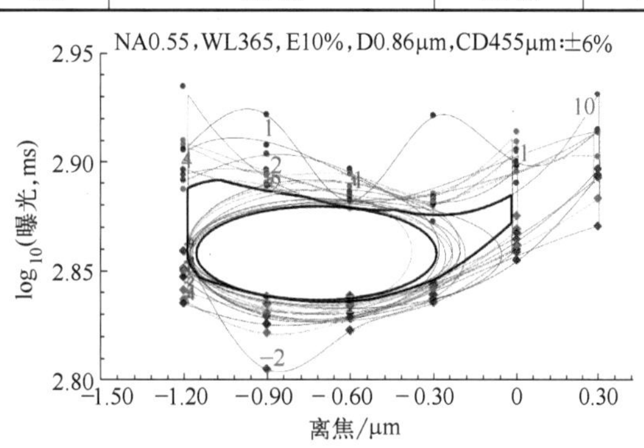

图 5.47　9 个位置的 E-D 树，如图 5.46，只是每个场的曝光根据表 5.7 所示曝光中心的位置进行了修改。

表 5.7　图 5.47 中 E-D 树的 E-D 窗口。在修改了 9 个场位置的曝光后，公共窗口比图 5.46 的窗口大得多。

场位置	E_{min} /(mJ/cm²)	EL /%	D_{min} /nm	DOF /nm	E-D 面积 /EL($\log_{10}$)×k_2×1000	E_{center} /(mJ/cm²)	D_{center} /nm
公共	22.86	9.97	−1154	865	31.05	24.00	−722
左-上	22.35	14.02	−1170	985	49.80	23.92	−678
中-上	22.41	14.75	−1187	905	48.13	24.06	−734
右-上	22.53	12.19	−1182	925	40.64	23.90	−720
左-中	22.54	14.00	−1191	985	49.74	24.12	−698
中-中	22.55	13.09	−1187	804	37.96	24.03	−784
右-中	22.82	10.90	−1178	945	37.12	24.06	−706
左-下	22.66	11.40	−1182	1126	46.25	23.95	−619
中-下	22.88	10.22	−1191	985	36.27	24.05	−698
右-下	22.75	10.38	−1178	945	35.36	23.94	−706

5.5.6.8　设置掩模制造公差

为了给掩模制造者设置公差[10]，对应于在掩模上最大和最小可能的 CD 值以及标称 CD 值，构建了三个 E-D 树。我们选择周期为 0.45μm 的 0.18μm 正胶线作为例子。使用 σ_{out}＝0.76 和 σ_{in}＝0.5 σ_{out} 的环形照明，曝光波长为 193nm。用 10% EL 评估 DOF 与 NA 的关系。图 5.48 显示了掩模上 10nm CD 控制范围的情况。各个 DOF 与 NA 的曲线彼此非常接近。然而，由于曝光中心的扩展，公共 DOF 减少了大约一半，并且在 NA＜0.48 时完全消失。

当掩模 CD 范围仅放宽 2nm 时，除了 NA ＞ 0.75 处可忽略的值之外，公共 DOF 几乎完全消失，如图 5.49 中所示。如图 5.50 所示，将掩模 CD 范围收紧至 6nm，可显著提高公共 DOF。

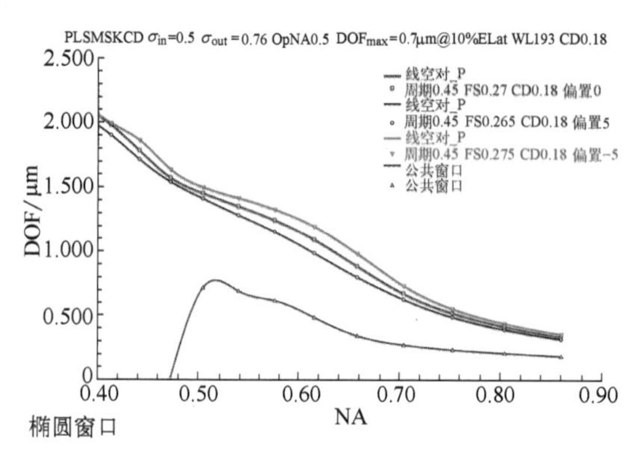

图 5.48 0.5nm 和－5nm 掩模偏置的 3 个 E-D 树的 DOF 与 NA。尽管这些曲线看起来相似，但由于各个 E-D 窗口中心的位置不同，公共窗口的曲线具有更小的 DOF。

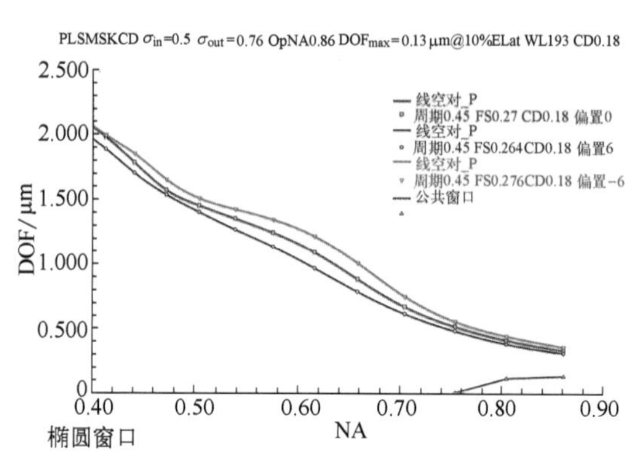

图 5.49 0、6、－6nm 掩模偏置的 E-D 树的 DOF 与 NA。掩模 CD 公差的这种微小变化会导致公共窗口丢失。

掩模 CD 范围不是唯一需要控制的掩模参数。放置误差也会减小公共 E-D 窗口。现在考虑与图 5.50 相同的情况，只是 CD 误差被放置误差所代替。图 5.51 显示了掩模 0nm 和±5nm 上的三个放置误差的 DOF-NA 曲线。再次看到公共 DOF 小于任何单个 DOF。与图 5.48 相比，在这种情况下，放置误差比 CD 误差更容易接受。

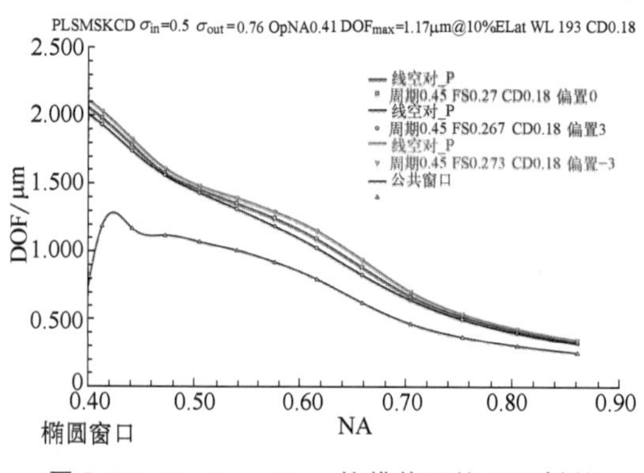

图 5.50 0、3、－3nm 掩模偏置的 E-D 树的 DOF 与 NA，显示出公共窗口有很大改善。

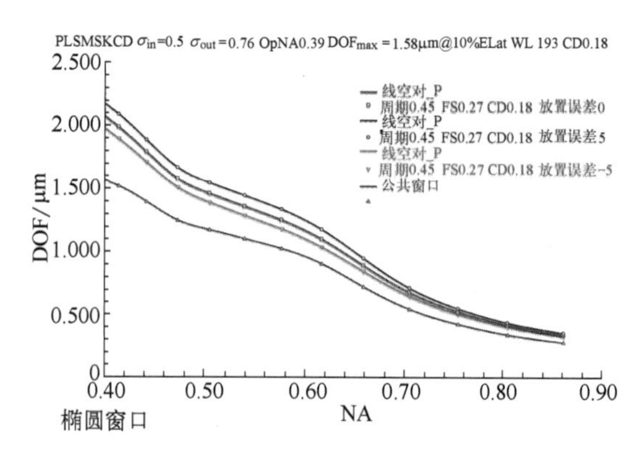

图 5.51 0、5、－5nm 掩模放置误差的 E-D 树的 DOF 与 NA。公共窗口的减少小于图 5.48 中的减少。

把放置误差放宽到 8nm，就得到如图 5.52 所示的 DOF 与 NA 的关系曲线。放置误差越大，DOF 损失越大。实际上，掩模 CD 误差和放置误差是共存的。图 5.53 显示了±5nm CD 和掩模位置误差的综合效果。在这种情况下，E-D 窗口的损失由掩模 CD 误差决定。

5.5.6.9 相移掩模误差的影响

除了 CD 和放置误差之外，由于制造公差，相移掩模还会存在相位和透射误差。图 5.54 由五种情况的 E-D 树组成，即 100%透射和 180°相移、170°相移、190°相移，其中一个开口

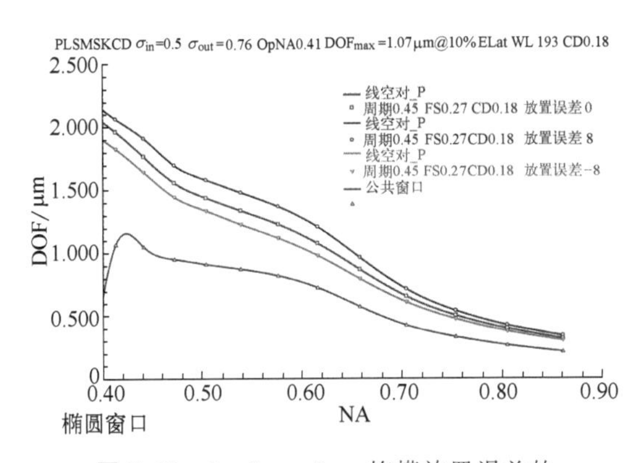

图 5.52　0、8、−8nm 掩模放置误差的 E-D 树的 DOF 与 NA。放置误差更大，DOF 的损失明显更大。

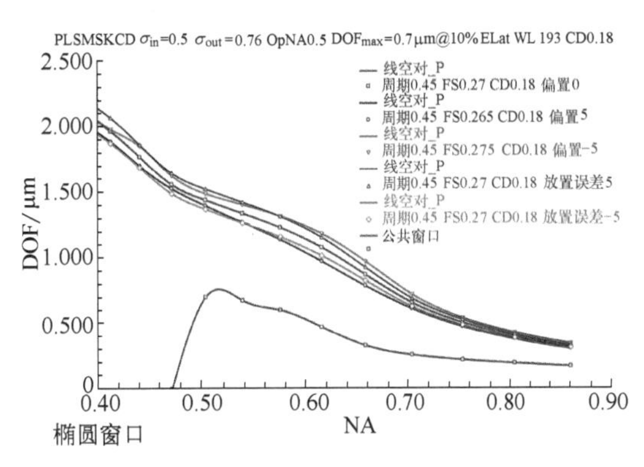

图 5.53　来自 5 个 E-D 树的 DOF 与 NA，具有 0、±5nm CD 误差和±5nm 掩模放置误差。E-D 窗口的损失主要是掩模 CD 误差。

处的 90%透射，大多数开口的 90%透射。具有这些掩模制造误差的公共 E-D 窗口的 EL=7%，DOF=0.62k_2。这比图 5.55 所示的理想 AltPSM（交替型相移掩模）的 18.4%和 1.33k_2 有所降低。该图中所示的理想二元强度掩模（BIM）的 EL=11.5%、DOF=0.75k_2。因此，如果不正确指定 AltPSM，该掩模的成像性能可能会比简单 BIM 的成像性能差。此处不包括 BIM 和 AltPSM 的 CD 公差。

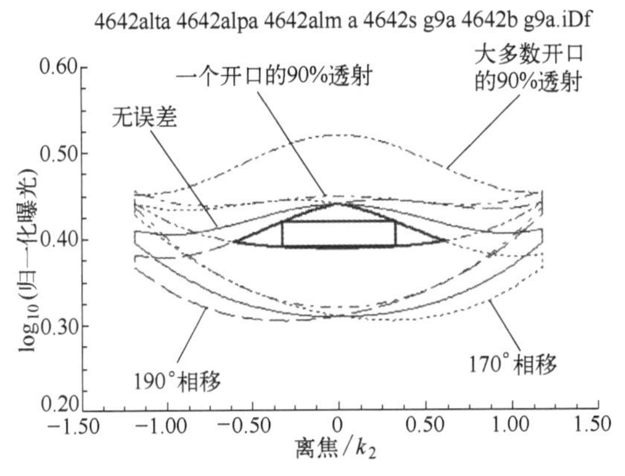

图 5.54　具有相位和透射误差的 AltPSM（k_1=0.46，σ=0.42）。

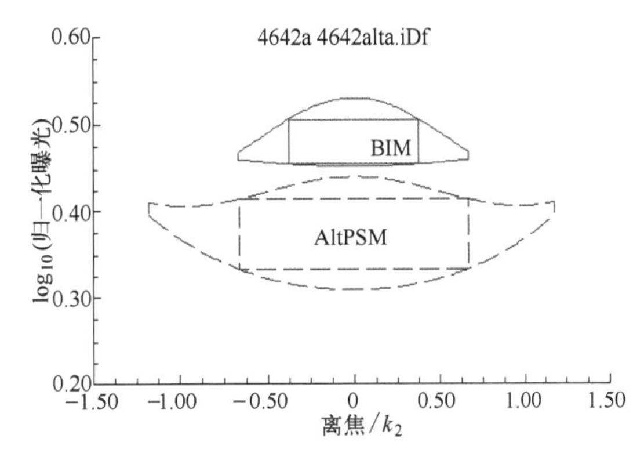

图 5.55　来自图 5.54 的理想 AltPSM 和理想 BIM。如果没有正确指定 AltPSM，AltPSM 的成像性能可能会比简单的 BIM 差。

参考文献

1. B. J. Lin, "Where is the lost resolution?" *Proc. SPIE* **633**, p. 44 (1986)[doi：10.1117/12.963701]. Note：B. J. Lin credited these two equations to Lord Rayleigh because of Rayleigh's criterion for resolution. The equation for DOF was derived by this author after consulting Eq. (8.8.27) in Ref. 3 and the equation for resolution.
2. B. J. Lin, "Optimum numerical aperture for optical projection microlithography," *Proc. SPIE* **1463**, p. 42 (1991) [doi：10.1117/12.44773].
3. M. Born and E. Wolf, *Principles of Optics*, *6th Edition*, Cambridge University Press, Section 8.5

(1980).

4. J. W. Goodman, *Introduction to Fourier Optics*, McGraw-Hill Publishing Co., Sections 6.2 and 6.3 (1968).
5. B. J. Lin, "New λ/NA scaling equations for resolution and depth-offocus," *Proc. SPIE* **4000**, 759-764 (2000) [doi: 10.1117/12.389068].
6. Page 130 in Ref. 4.
7. Section 8.6, p. 424 in Ref. 3.
8. B. J. Lin, "Exposure-defocus forest," *Jpn. J. Appl. Phys.* **33** (12S) p. 6756 (1994).
9. J. W. Bossung, "Projection printing characterization," *Proc. SPIE* **100**, pp. 80-84 (1977) [doi: 10.1117/12.955357].
10. B. J. Lin, "The relative importance of the building blocks for 193nm optical lithography," Lecture notes, First Seminar on 193nm Optical Lithography, p. 403 (1998).

第6章 光学光刻的硬件组件

光刻成像系统包括以下关键组件：光源，提供具有期望能谱的曝光光子；照明器，收集来自光源的光，调节其相干性和入射角，并将光均匀地传递到掩模；包含要复制到光刻胶上的电路图像的掩模；具有所需 NA 和视场尺寸的成像透镜，用于通过曝光在光刻胶中复制掩模图像；涂覆在晶圆上的光刻胶层；通过图案转移工艺或注入来描绘的薄膜叠层；由晶圆工作台（简称晶圆台）上的卡盘夹持的晶圆，该卡盘可以移动用于对准和曝光场步进；引导晶圆台对准运动的对准观察器件。以下各节将对这些组件进行逐一介绍。

6.1 光源

用于光刻机的光源有两种类型：汞弧灯（mercury arc lamp）和准分子激光器（excimer laser）。这些光源在各自波长的光谱中是明亮和有效的。

6.1.1 汞弧灯

由于汞弧灯在近紫外（near-UV，NUV，350～460nm）、中紫外（mid-UV，MUV，280～350nm）和深紫外（deep-UV，DUV，200～280nm）区域有许多可用的发射谱线，所以它一直是光学光刻的首选光源，甚至在 184nm 处也有一条发射谱线。与其他非激光光源相比，汞弧灯的高亮度是其受欢迎的另一个原因。图 6.1 显示了典型汞弧灯的辐射光谱。图 6.2 为汞弧灯的示意图，尖头和圆头电极被封装在一个石英外壳中，里面含有一种惰性气体和一滴水银。在点燃过程中，两个电极之间发生放电。随着热量积累，水银被气化，水银的辐射光谱占主导地位。尖头电极成为一个明亮的辐射点。圆头电极产生的光斑亮度较低，这对于衍射受限成像来说是不理想的，因为照明系统通常只为单个点光源设计。

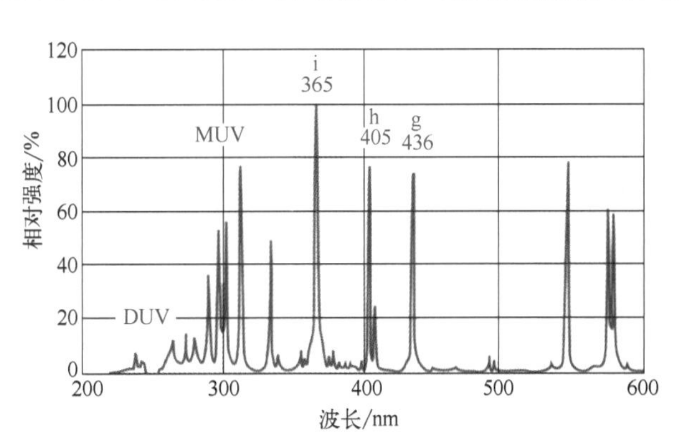

图 6.1 汞弧灯的辐射光谱（经 Ushio 许可转载）。

用于单色光刻成像的汞弧灯的主要问题是其光学效率低。光输出功率通常是电输入功率的 5%；此外，在光谱过滤之后，能使用不超过 1%或 2%的光能，这是因为折射投影光学系统需要 5nm 量级的窄带宽。对于深紫外光刻来说，由于 254nm 谱线的输出很低，汞弧灯的效率变得更低。随着灯的老化，电极会因腐蚀而改变形状。因此，明亮的辐射点形状和大小会发生改变，并且亮度也会降低。灯管外壳的内壁可能被吸收光的沉积物所污染，从而进一步降低光的输出。无论如何，汞弧灯一直是 436nm 的 g 线、405nm 的 h 线和 365nm 的 i 线系统的光学光刻技术的主力。汞弧灯还被用于 4×缩小的深紫外宽带系统、深紫外扫描曝光系统[1]、1×深全晶圆深紫外投影式掩模对准系统[2]和 1×全晶圆深紫外接近式掩模对准系统[3]。通过优化灯中的气体混合物和其他参数，可以增强深紫外光谱。图 6.3 是针对 SVGL Microscan 1 型深紫外扫描光刻机优化的 Ushio UXM-4000P 汞弧灯的辐射光谱。对于该应用，灯的石英外壳需要在深紫外具有高透射率。

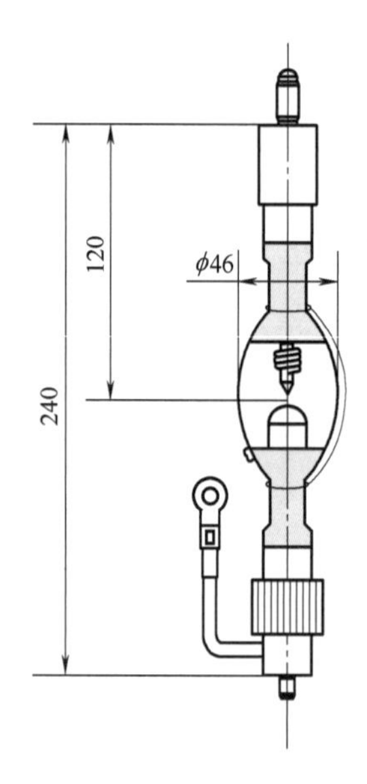

图 6.2 汞弧灯的示意图（经 Ushio 许可转载）。

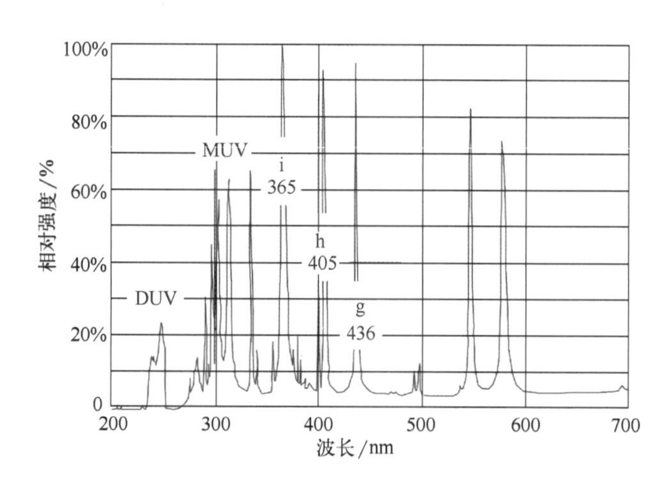

图 6.3 Ushio UXM-4000P 汞弧灯的辐射光谱，针对深紫外进行了优化，在 100A 和 4kW 下运行（经 Ushio 许可转载）。

6.1.2 准分子激光器

当曝光波长缩短到深紫外区时，汞弧灯的低光学效率使其难以提供所需的曝光功率。此外，在 250 nm 附近，很少有光学材料具有足够的透射率和机械加工性能，以用于消色差成像透镜。对于深紫外屈光系统，熔融石英是唯一用于成像透镜的光学材料；因此，不可能对色差进行校正，这就需要具有皮米范围带宽的照明。进一步缩短波长使得带宽要求更加严格，不可避免要使用激光源。然而，大多数激光源在时间和空间上是高度相干的。这种光源产生的散斑对于微光刻应用来说是不可取的。幸运的是，准分子激光器恰好是非常有效的。由于它的高增益，光只需要在谐振腔中传播几次就可以被充分放大，这使其空间相干性比其

[1] PerkinElmer Microscan 1 型系统。

[2] PerkinElmer 500 型及 600 型系统。

[3] Canon 深紫外接近式掩模对准系统。

他激光器低得多。对于波长的选择，如 KrF 是 248nm 波长，ArF 是 193nm，F_2 是 157nm，使得准分子激光器成为深紫外和更短波长的明确选择。

准分子激光器在微光刻中的最早应用是在接近式曝光中[1,2]。随后，这种激光器在全视场全反射系统[3] 和折射步进重复系统[4] 中得到演示。在 Das 和 Sengupta[5] 的工作中，可以找到对准分子激光器的全面介绍，包括其历史、操作、设计考虑、系统和维护。在这里，我们介绍准分子激光器在工程实践中与微光刻最相关的内容。

6.1.2.1 准分子激光器的工作原理

与微光刻技术有关的准分子激光器是由放电泵浦的。在放电过程中，形成 KrF^* 准分子。一旦准分子出现，自发发射、受激发射和猝灭就发生了。自发发射和受激发射分别显示在以下反应中

$$KrF^* \longrightarrow Kr+F+h\nu \tag{6.1}$$

和

$$KrF^* +h\nu \longrightarrow Kr+F+2h\nu \tag{6.2}$$

受激发射提供了所需的光输出。图 6.4 显示了 KrF 准分子激光器的能量图。$Kr^+ + F^-$ 波段支持受激发射，$Kr+F_2$ 波段支持自发发射。

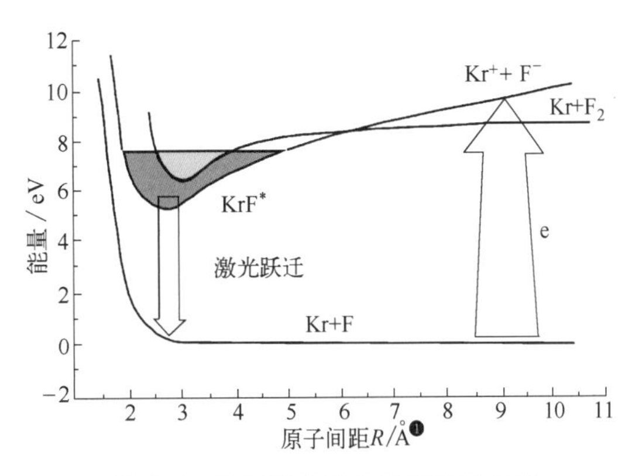

图 6.4 KrF 准分子激光器的能量图（改编自参考文献［68］）。

当谐振器中的气体处于几个大气压❷的压力下时，放电电压大于 10 kV。使用能够以 1～2MHz 的重复频率提供这种电压的脉冲电源。它由一系列由高速高压开关控制的 π 型饱和电感网络和高压电容组成。典型的放电持续时间为 300～500ns。光脉冲持续时间大约为 10～20ns。

6.1.2.2 带宽变窄

来自未经调节的准分子激光器的 248.35nm 脉冲具有几百皮米的带宽。然而，需要更窄的带宽来减少光刻的色差。对带宽的要求是关于光学材料的色散特性以及成像透镜 NA 的函数。表 6.1 显示了 248、193、157nm 的透镜在不同 NA 下的 E95 和 FWHM（full-width-at-half-maximum，半高宽）光谱带宽要求。更高的 NA 需要更窄的带宽。

表 6.1 成像透镜的带宽要求。

248nm	<3pm，E95，0.35 NA	<1.4pm，E95，0.75 NA	<1pm，E95，0.85 NA
193nm	1.2pm，E95，0.75 NA	0.75pm，E95，0.85 NA	0.5pm，E95，0.93 NA
157nm	0.5pm，FWHM，0.8 NA 屈光透镜	1pm，FWHM，0.8 NA 折反射透镜	

E95 带宽定义为整个光谱能量的 95% 所在的频带。FWHM 带宽是半高点处频谱的全宽，该带宽曾被用于表征激光带宽，直到 E95 被证明是一个更好的跟踪量。图 6.5 显示了来自表观激光输出的 FWHM 和 E95 带宽，这是来自带宽测量设备的原始数据。该原始数

❶ 1Å=0.1nm。

❷ 即 atm，1atm=101325Pa。

据是测量仪器响应谱的卷积。可以通过去卷积重建实际的激光输出光谱。左图的曲线依次表示 50% 水平的从宽到窄的宽度：仪器输出的表观激光光谱、测量仪器光谱和去卷积的实际激光光谱。右图曲线表示由与中心的距离定义的频带内的积分功率。

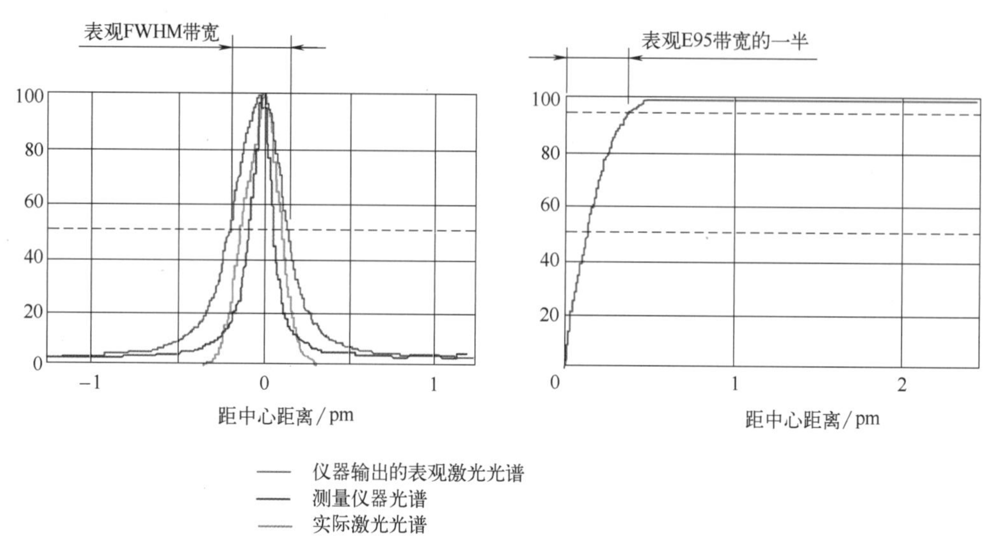

图 6.5 激光输出光谱：FWHM 和 E95 带宽。

表 6.2 显示了熔融石英和 CaF_2 在 248nm 和 193nm 处的色散特性[6]。更高的色散需要更窄的照明带宽。为了保持高效率，激光谐振腔中加入了波长变窄功能。分别使用三种波长选择元件，即标准具（etalon）、棱镜和光栅，如图 6.6 所示。标准具的波长分辨率高，但对热高度敏感。棱镜不能提供足够的分辨率。扩束器和光栅的组合（如图 6.7 所示）已被成功应用[11]。另一种组合使用光栅进行粗波长选择，用标准具进行精细选择[12]，以克服标准具发热的问题。

表 6.2 熔融石英和 CaF_2 的色散。

波长/nm	熔融石英/nm^{-1}	CaF_2/nm^{-1}
248.4	−0.00056[7]	−0.00037[8]
193.4	−0.00157[9]	−0.00098[8,9]
157.6	—	−0.0026[8,10]

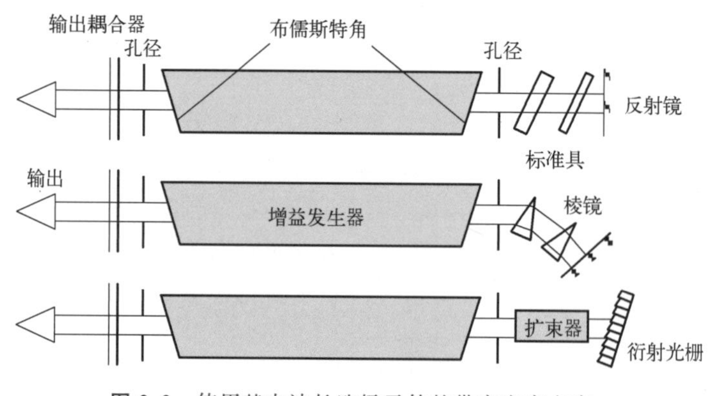

图 6.6 使用基本波长选择元件的带宽变窄方案。

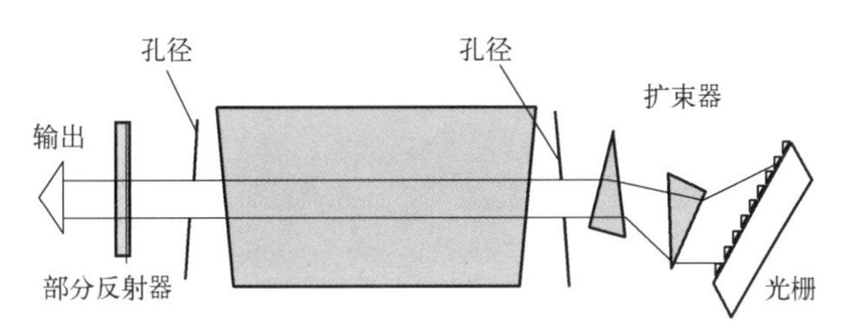

图 6.7　使用棱镜和光栅的带宽变窄系统
（改编自参考文献 [68]）。

6.1.2.3　空间相干性

尽管研究人员已经付出了巨大的努力来缩小准分子输出的带宽，但其时间相干性不可避免地会随着更窄的带宽而增加，从而产生更多激光散斑。必须降低空间相干性以抑制散斑的产生。从本质上讲，准分子激光器的空间相干性已经很低，因为只需要三到四束光通过放大介质，使其可以在多种模式下工作。准分子激光器的典型相干长度一般为几百微米（作为对比，一些高调谐激光器为米量级）。然而，有必要通过加扰来进一步降低空间相干性。早期系统使用旋转镜、蝇眼透镜或光纤来散布点源。现代照明系统加入了光棒，对光源进行多次内部反射，以扰乱光线并填充入射光瞳。图 6.8 显示了使用旋转镜和光纤的早期方案，以及使用光棒的现代方案。光棒非常有效，即使是传统的点光源（如汞弧灯）也可以从中受益。

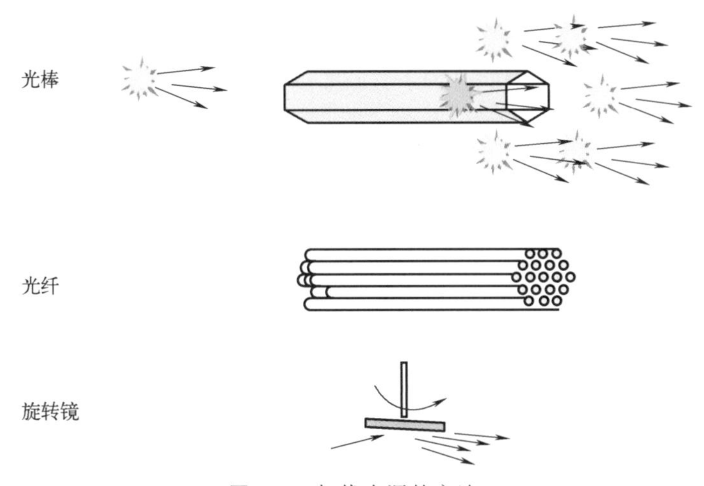

图 6.8　加扰光源的方法。

6.1.2.4　准分子激光器的维护、安全和寿命

准分子激光器比汞弧灯更昂贵，操作成本也更高。至少需要对激光腔、波长稳定模块和带宽变窄模块进行维护，激光器还占用更多的工厂空间。

人们应该非常小心，避免辐射引起的眼睛损伤。与汞弧灯不同，汞弧灯的输出是可见的，可以提醒旁观者，而 KrF 和 ArF 准分子激光器的输出是完全不可见的。只有在事后才能意识到损害。因此，采用了许多安全联锁装置，以防止在任何情况下将激光束暴露给人们。

准分子激光器以几千赫兹的频率运行，每年可提供数百亿个脉冲，其寿命和维护以脉冲数来衡量。用于光刻的现代准分子激光器的腔室寿命约为 150 亿个脉冲，波长稳定和带宽变窄模块的寿命约为 200 亿个脉冲。日常维护包括清洁 F_2 捕集器和输出耦合器，前者在数百次新的填充后进行维护，后者在 70 亿个脉冲后进行维护。准分子激光器通常每月微调一次，以消除波长漂移，并恢复带宽和能量稳定性。

6.2 照明器

典型扫描光刻机的照明器如图 6.9 所示。激光束可通过光束指向与转向单元以及可调衰减器来调整其方向、位置和强度，然后进入照明整形光学器件。在那里，光束整形后，适合不同照明类型，例如轴向、离轴、扇形（Quasar）照明等。为了降低空间相干性，光束穿过石英棒，在石英棒中监测其照明能量。照明的相干性是在掩模掩蔽组件处确定的。这些组件与成像透镜一起构成了科勒（Köhler）照明系统。在掩模掩蔽组件处，掩模曝光区域外的面积可被掩蔽掉。

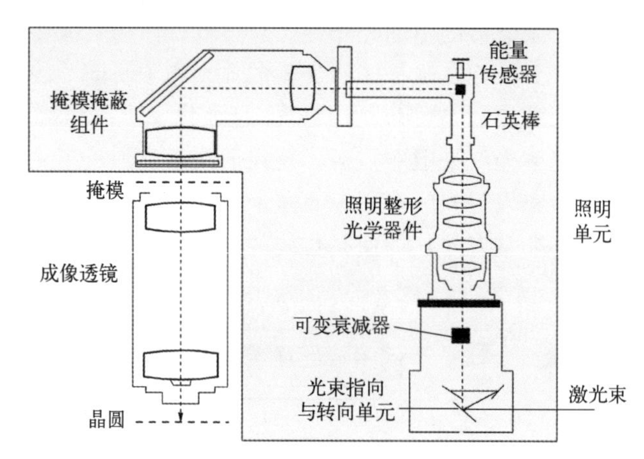

图 6.9 ASML 扫描光刻机的照明单元示意图
（经 ASML 许可转载）。

6.2.1 科勒照明系统

典型的科勒照明系统[13] 如图 6.10 所示。科勒照明的关键在于光源面与光瞳面共轭，当然，光瞳面也彼此共轭。因此，来自光源点 Q_s 的光线会在光瞳 1 处的点 Q_{P1} 处会聚，它们在 Q_{P2} 处再次会聚。来自其他光源点的光线由掩模开口 A_M 处的其他光线表示，通过成像

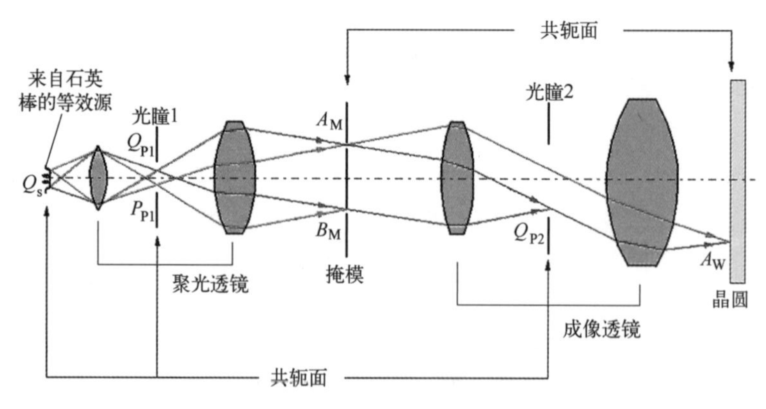

图 6.10 科勒照明系统示意图。

透镜系统（包括光瞳2），会聚在晶圆上的A_W处。其中有两个共轭关系，一个连接光源面和光瞳面，另一个连接掩模平面、晶圆平面和掩模掩蔽组件中的掩模掩蔽平面。

6.2.2 离轴照明

产生离轴照明的最简单方法是用光阑挡住不需要的中心照明区域。事实上，这种方法非常灵活，因为可以制作任意形状。然而，被阻挡区域的照明能量被浪费了，这增加了曝光时间，从而降低了晶圆产率，增加了每片晶圆的制造成本。

配合锥体可用于产生无能量损失的离轴光，例如环形照明的情况。如图6.11（a）所示，当两个锥体相互接触时，照明在轴上；如图6.11（b）所示，当它们之间存在间隔时，照明被分离，两个光束之间的距离是两个锥体间隔的函数。

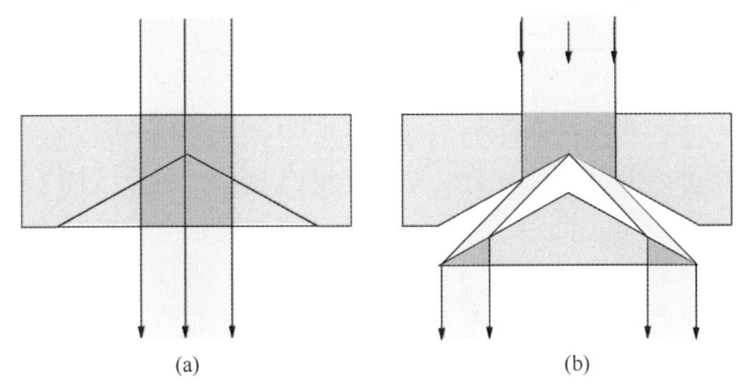

图6.11 产生离轴光而没有能量损失的配合锥体示意图：（a）轴上照明；（b）离轴照明（经ASML许可转载）。

6.2.3 任意照明

现代照明器必须提供自由照明[14]的设置，而不仅仅是简单的离轴照明。衍射光学元件（diffractive optical element，DOE）使用局部衍射光栅将均匀的光束整形为任意方向的任意分布，这是最佳成像所需的。不同的方向成为成像透镜光瞳面上的强度分布。FlexRay® 照明器（来自ASML）的工作原理类似，只是用可编程微镜阵列替换了光栅簇，如图6.12所示。FlexRay® 照明器中可以有数千个微镜。

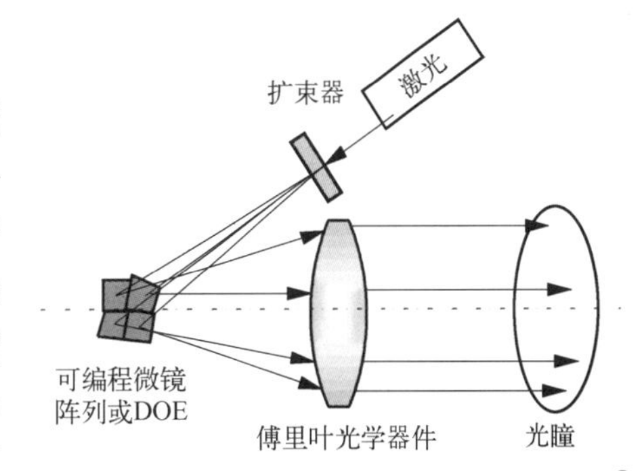

图6.12 衍射光学元件（DOE）和FlexRay® 照明器的工作原理（经ASML许可转载）。

6.3 掩模

光掩模由描绘在透明衬底上的图案化吸收体和/或移相器组成。根据有无吸收体和移相器，以及这些图案材料的层数，光掩模可以大致分为图6.13所示的六种类型。

二元强度掩模（binary intensity mask，BIM）——这是最常用的掩模类型。根据电路图案，吸收体放置在掩模的各个区域。吸收体在照射到掩模时会完全阻挡光线，或者说，光穿过不存在吸收体的掩模。请注意，许多人将BIM称为“二元掩模”（binary mask），这是用词

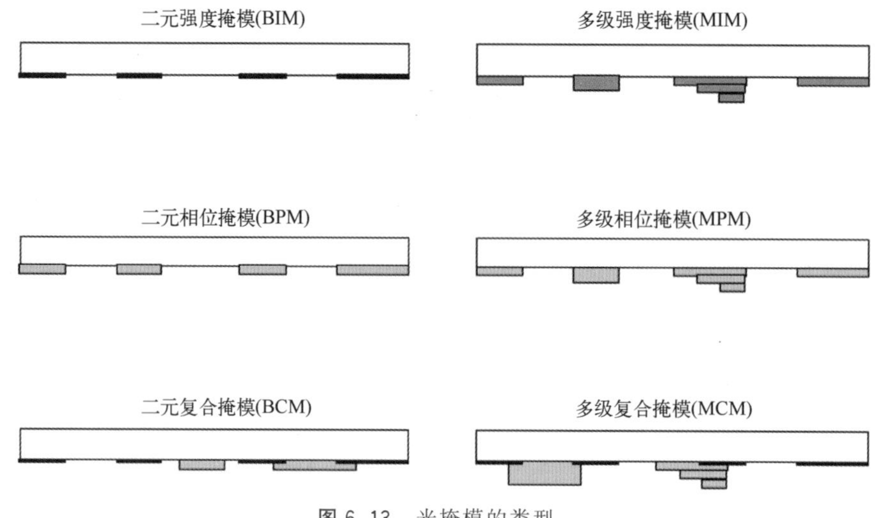

图 6.13 光掩模的类型。

不当，因为二元掩模可以进一步细分为二元强度掩模和二元相位掩模。另请注意，BIM 有时会与玻璃上铬（chrome on glass，COG）混淆；前者表示掩模的类型，后者表示空白掩模（mask blank）的类型，COG 无法与相移掩模（PSM）区分开来，因为许多 PSM 由铬和石英组成，例如 AltPSM。“玻璃”这个词也是用词不当，在投影式光刻流行后不久，掩模衬底变成了石英而不是玻璃，以利用石英的低热膨胀系数。深紫外光刻肯定需要石英衬底，因为它在较短波长下具有透明度。

二元相位掩模（binary phase mask，BPM）——此掩模上没有吸收体，BPM 唯一可能的与模式相关的变化是 π 相移。这以非衰减（无铬）的 PSM 为代表。

二元复合掩模（binary complex mask，BCM）——吸收体控制光的通过或阻挡，无论光存在或不存在。移相器将光的相位移动 180°。掩模上有相移和非相移区域，BCM 构成了 PSM 的主体，包括交替型、衰减型、次分辨率辅助型和边缘型。包括衰减型是因为吸收体/移相器的分布仍然是二元的，即使吸收体执行移相器的功能并且不完全吸收。但是，当这些掩模中包含常规吸收体图案时，它们将成为多级复杂掩模，如下所述。

多级强度掩模（multilevel intensity mask，MIM）——强度掩模可能包含用于特定应用的许多灰度层，例如包含许多校准灰度层的曝光校准掩模，以促进快速和经济地确定曝光剂量，MIM 还可用于阈值调平[14]，根据图案密度修改掩模上的背景透射率，以产生很大的曝光-离焦（E-D）窗口。

多级相位掩模（multilevel phase mask，MPM）——移相器在掩模上产生多级相位，一般是 0°、90°和 180°，或 0°、60°、120°和 180°。工程实践中很少使用这种掩模。

多级复合掩模（multilevel complex mask，MCM）——吸收体或移相器都是多级的。后者的示例如 AltPSM 与多级相移边缘的结合[16]。为了消除相移冲突，引入了额外的相移边缘，并在这些边缘位置实现了小增量（例如 60°）的多级相移，以降低其图像对比度，使它们不被曝光。除了透射吸收体/移相器之外，MCM 中的多级吸收体的示例如具有完全不透明区域的 AltPSM。在 6.3.4.3 节将介绍对 MCM AttPSM 的需求。

注意：“PSM”不是通用术语，PSM 可以是 BPM、BCM、MPM 或 MCM。有关各种类型 PSM 的详细说明，请参阅 6.3.4.3 节。

6.3.1　掩模衬底和吸收体

熔融石英被用作衬底材料有两个原因：

① 其0.5ppm[❶]/℃的热膨胀系数比其他候选产品小一个数量级。除了需要掩模和晶圆之间热膨胀系数匹配的接近式曝光之外，非常希望掩模具有热稳定性。

② 熔融石英从可见光区域到200nm波长以下是透明的。它可用于g线（435.83nm）、i线（365.02nm）、KrF（248.35nm）和ArF（193.39nm）波长。即使在只有少数氟化物（如CaF_2）透射的F_2（157.63nm）波长下，氟化石英也可以用作掩模衬底。如果需要CaF_2，则157nm光刻中空白掩模的成本将令人望而却步。13.5nm波长的EUV掩模由于空白掩模材料以外的原因非常昂贵，这些掩模将在关于EUV光刻的第9章中介绍。

与掩模衬底材料一样，掩模吸收体也经受了多代光刻技术的考验。在接近式曝光时代，乳胶掩模吸收体很快让位于铬，因为后者的硬度高、厚度更小。铬仍然是首选的掩模吸收体。已有人提出将光刻胶材料[17]用于掩模吸收体。通过直接使用光刻胶，可以省去铬沉积和描绘步骤。由于硅化物（例如$MoSi_2$）具有理想的加工特性和有利的吸收光谱，因此也有人建议将其用于掩模吸收体。然而，低缺陷镀铬石英加工技术的惯性实在是太大了。$MoSi_2$主要用作AttPSM的移相吸收体。可以对其进行微调，在相同厚度下表现出6%的透射率和180°的相移，从而使AttPSM制造工艺与BIM类似。

6.3.2　保护膜

如图6.14所示，保护膜（pellicle）是安装在框架上的透明膜[18]，该框架连接到掩模衬底。保护膜通常是几微米厚的有机聚合物。6mm的框架厚度是精心选择的，因此，如果不是太大的颗粒附着在保护膜上，该颗粒就会完全失焦，最多只能在其局部引起可容忍的曝光变化。任何掩模不受保护膜的保护是不可想象的，因为要非常小心地确保掩模不会引起任何缺陷。如果没有保护，在每个晶圆上的每个曝光场都会出现重复的缺陷。即使以这种方式制造，要保持掩模无缺陷也并不容易。如果在转移、装载/卸载到曝光机、曝光过程、存储或任何其他类型的处理过程中，哪怕只有一个外来颗粒落在掩模上，则就会造成损坏。因此，保护膜是必不可少的。

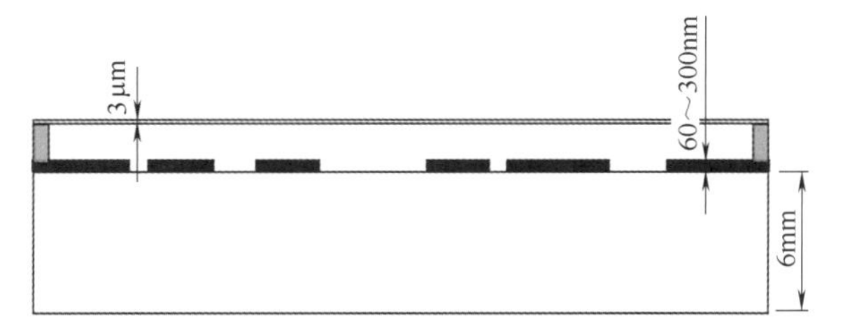

图6.14　掩模及其保护膜。

将保护膜安装到掩模上时，应注意防止在空腔内捕获或产生颗粒。保护膜安装不应引起掩模变形。重新安装次数应保持在最低限度，为了减少重新安装的次数，掩模检查工具通常被设计为在不移除保护膜的情况下使用。然而，当需要清洁或修复掩模时，去除保护膜并因此重新安装则是不可避免的。

胶水用于将保护膜框架连接到掩模上。在选择胶水时必须非常小心，以防止在光化晶圆曝光期间产生应力、污染或产生颗粒。此外，保护膜材料必须经受长时间的曝光而不降低其透射率或光滑度。有时会在保护膜框架上钻一些小孔，以防止曝光期间产生的有害蒸气被困

❶ 1ppm$=10^{-6}$。

住，然而这留下了外部污染的可能性。

EUV 保护膜

由于无法获得13.5nm 波长的透明材料，因此在 EUV 光刻中使用保护膜是不可想象的。然而，光刻工艺师已经习惯于使用保护膜来防止掩模上的落入缺陷。对 EUV 保护膜技术的开发，人们已经付出了巨大的努力，第 9 章中将对 EUV 光刻技术给出详细信息。

6.3.3 掩模的关键参数

6.3.3.1 关键尺寸控制

由电路设计者指定的关键尺寸（CD）的平均值和标准差是掩模的重要参数。CD 的平均值必须尽可能地接近期望值。期望值必须是晶圆上的目标值乘以成像系统的缩小系数。一个稍有不同的值可能会产生一个较大的 E-D 窗口，这取决于特征形状、特征尺寸、特征环境、光学序列、光刻胶特性和加工条件。该值被称为掩模偏置（mask bias）。标准差会消耗晶圆 CD 控制的总预算。

6.3.3.2 放置精度

掩模上的每个特征必须相对于同一掩模上的其他特征放置在所期望的位置，如同其他掩模一样，其图像必须重叠在一起。因此，放置误差对套刻的精度预算有很大贡献。放置误差通常由掩模制造机器引起，主要是由于难以控制刻写光束的位置。此外，由干涉仪控制的将掩模移动到每个刻写区域的工作台会引入残余误差，尽管干涉仪的控制应该具有纳米级精度。

6.3.3.3 掩模透射率和热膨胀

空白掩模的透射率应在 90%以上。从掩模热效应的角度来看，需要更高的透射率。达到材料透射极限后，提高透射率的唯一办法就是减小掩模厚度。在微光刻技术的早期，掩模厚度约为 90mil❶（2.3mm）。将其增加到 1/4 英寸（6.35mm），可减少步进重复曝光机中的掩模下垂情况。几十年来，该厚度一直保持在 1/4 英寸。

掩模加热会导致热膨胀。在热膨胀系数为 0.5ppm/℃ 的情况下，将掩模衬底的温度提高 1℃ 会使 150mm 的方形掩模每侧膨胀 75nm。这可以通过微调曝光机的放大率来轻松加以纠正，尤其是在投影式曝光机中。在无透镜系统中，例如那些使用接近式曝光的系统，掩模热膨胀可能对套刻不利，因为在不同工艺阶段，晶圆会表现出细微的放大率变化。在 X 射线接近式曝光机中，必须对掩模进行热控制以管理随机放大误差。通过根据预期的放大率变化来准备掩模，以管理系统性误差。电子束接近式曝光系统[19] 的解决方案是最独特的。调整光束的倾斜角度，以补偿任何可预测的套刻误差，包括放大率的变化，其优点是仅覆盖视场内的一小块区域。

6.3.3.4 掩模反射率

铬作为掩模吸收体的主要问题之一是它在面向成像透镜的一侧具有高反射率。这种反射会降低图像对比度，如图 6.15 所示。点 a 和 b 是掩模上一个开口的边缘。吸收体可以在 a 和 b 之外的区域找到。我们将假设这些点在光刻胶表面上的共轭点 a' 和 b' 处完美成像。在理想情况下，假设晶圆上没有其他薄膜层，晶圆本身作为点 a' 和 b' 的反射平面。点 b' 现在镜像到点 b''，b'' 在 b''' 处具有一个共轭点。通过 b'' 和 b''' 的光线照射到掩模上铬的部分。这种照明被反射到

❶ $1\text{mil}=25.4\times10^{-6}\text{m}=25.4\mu\text{m}$。

本该是黑暗区域的光刻胶上。杂散反射是在图像边缘附近引起的，该边缘最容易受到杂散光引起的图像恶化的影响。因此，图像对比度降低。图 6.15（a）描绘了通过简单透镜的光线追踪，图 6.15（b）描绘了通过双远心透镜系统的光线追踪。在这两种情况下，图像对比度都会受到掩模反射率的影响。更多关于远心透镜系统的讨论可以在 6.4.1.5 节中找到。

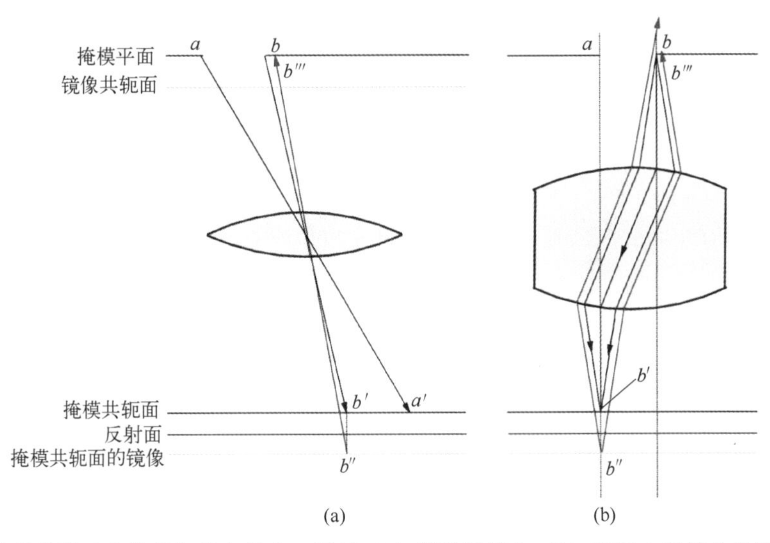

图 6.15 由反射掩模吸收体引起的杂散光，通过（a）简单透镜和（b）双远心系统的光线追踪来描绘。

图 6.16 显示了掩模吸收体反射率为 66%、33%和 10%的曝光剂量范围内的线宽与离焦的关系图。10%的结果清晰地证实了更好的线宽控制和曝光公差。希望将吸收体反射率降低到 10%或更低。

6.3.3.5 掩模平整度

掩模的平整度必须是整个成像系统 DOF 预算中的一小部分。对于缩小系统，平整度要求要宽松得多，因为掩模侧的 DOF 公差是 M^2，M 是缩小倍率。例如，对于 500nm 的掩模平整度，4×缩小系统的晶圆侧聚焦误差是 32nm。除了确保空白掩模的两个表面被很好地抛光并且彼此平行之外，空白掩模必须具有足够的强度来支撑自身而不会下垂，否则可能会引起 DOF 误差。

6.3.3.6 物理尺寸

一个标准的掩模尺寸为 6 英寸×6 英寸×0.25 英寸。如 6.3.3.5 节所述，厚度的选择是为了使影响 DOF 预算的下垂最小化。横向尺寸的选择是为适应 IC 行业的视场尺寸要求，以及考虑可曝光区域之外的四个侧面。这些侧面最好是不透明的，以准确框定的可曝光区域，尽管曝光机上在四个侧面提供了动态可调的刀片以达到粗

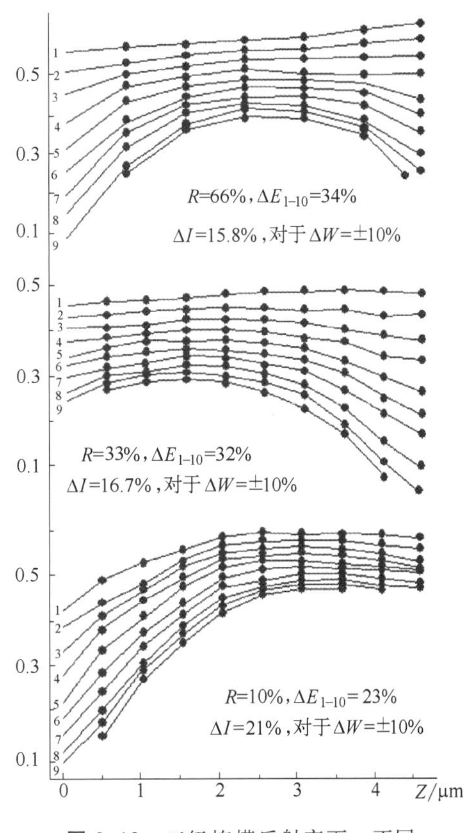

图 6.16 三级掩模反射率下，不同曝光时的线宽与离焦的关系。

略框定的目的。随着步进扫描系统的出现和增加视场大小的压力越来越大，已考虑使用9英寸×9英寸的衬底。9英寸的扫描范围一度被保留在ASML扫描光刻机上，以备将来之需。但是，转变到9英寸×9英寸的衬底不是一件简单的事情。所有的掩模制造设备，包括掩模刻写机、轨道系统（track）、刻蚀机以及检测和维修工具，都必须更换。另外，要在使用9英寸×9英寸还是6英寸×9英寸的规格上达成一致也不容易。为了更容易处理，掩模制造商更喜欢正方形衬底；但是扫描光刻机制造商更喜欢矩形衬底，以便最小化掩模扫描运动台的尺寸和重量。

6.3.3.7 缺陷级别

如6.3.2节所述，显然，掩模上不允许有可印刷的缺陷。缺陷级别通常由最大允许缺陷尺寸指定，该尺寸是其与掩模上图案化特征的接近程度的函数。程序化缺陷掩模（PDM）由尺寸和到图案化特征的距离不同的人工缺陷组成，通常用于凭经验确定缺陷可印性以符合规范。仿真有助于深入了解PDM的设计。由于真正的缺陷通常形状不规则，因此必须使用所谓的空间像监控系统（aerial image monitoring system，AIMS®）进一步验证其可印性，该系统由一个小视场成像透镜和一个光化波长的照明器组成，以模拟相同的$\lambda/NA/\sigma$条件。与扫描曝光机或步进曝光机相比，这样的光学系统更容易构建，其NA只需为曝光系统的$1/M$。因此，0.18NA适用于4×缩小系统的0.72NA。最终的鉴定包括在生产曝光系统中曝光掩模，并使用晶圆检测工具检测曝光的晶圆。

6.3.4 相移掩模

包含具有或不具有能量吸收区域的相移区域的掩模就是相移掩模（phase-shifting mask，PSM）。如6.3节一开始所定义一样，它可以是BPM、BCM或MCM。这里讨论PSM的类型及其配置。成像性能及其比较已在5.5.6.9节中简要给出。PSM的应用和其他成像性能细节将在第7章中给出，其中也将讨论它们的制造、检查和维修。一篇早期的综述文章发表于1990年，当时许多不同类型的PSM刚开始出现[20]。

6.3.4.1 工作原理

相移掩模利用相干或部分相干成像系统中的干涉效应来降低给定物体的空间频率，增强其边缘对比度，或同时实现两者，从而实现更高分辨率、更大曝光裕度，以及更大焦深的组合。如图6.17所示，通过在掩模上添加额外的透射材料图案层来实现相移。当光通过衬底和额外层传播时，其波长由于衬底的折射率和额外层的折射率而比空气中的波长减小。比较通过额外材料和没有额外材料的光路，存在$(n-1)a$的差异，其中n是额外层的折射率，a是其厚度。相位差θ为

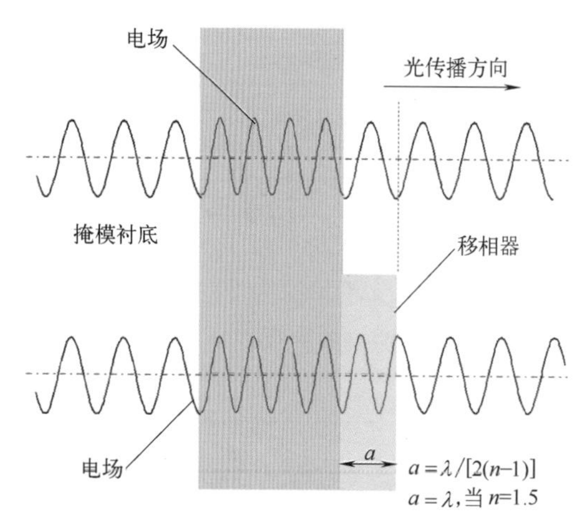

图6.17 相移原理。

$$\theta=a(n-1)\frac{2\pi}{\lambda} \tag{6.3}$$

通常情况下，π相移是所期望的，不仅因为可以获得振幅的最大差异（即从1到−1），还因为这是正弦波的一部分，其中振幅差受小相位变化的影响最小。换句话说，$\partial\cos\theta/\partial\theta$在$\theta=\pi$处有最小值。设$\theta=\pi$，由

式（6.3）可得

$$a=\frac{\lambda}{2(n-1)} \tag{6.4}$$

这是引起 π 相移所需的厚度。因为常用的移相器二氧化硅的折射率约为1.5，所以 a 现在约等于光化波长。需注意：①相移可以是 π 的任意奇数倍，即 $(2m+1)\pi$，其中 $m=0, 1, 2, \cdots$；②相移是相对的，意味着相移掩模中的高折射率材料或低折射率空气路径均可以被视为移相器。为了简化讨论，额外层通常被称为移相器，除非另有明确定义。

6.3.4.2 不平整的BIM不是PSM

PSM技术的初学者经常会问，为什么平整度变化大于或接近 $\lambda/2$ 的BIM不是PSM。只有当照明基本上相干时，相移才是有效的。$\sigma>0.5$ 时，就开始无效。相移有效的区域大约是照明的相干长度，通常最多几微米，而BIM上的平整度变化是渐进的。0.5～2μm的厚度变化遍及尺寸为200mm数量级的掩模的整个区域。PSM如何改善光学图像将在6.3.4.3节针对每种类型的PSM进行解释。

6.3.4.3 PSM类型及其改善成像的机理

与6.3节开头使用的通用名称不同，PSM一般按其移相器的位置或类型来命名。PSM的主要类型如下。

交替型相移掩模（alternating phase-shifting mask，AltPSM）——这种BCM体系的特点是在紧密排列的阵列中每隔一个透明元件都会进行相移[21]。AltPSM的方法如图6.18(b)所示，并与图6.18(a)中的BIM进行比较。前者的电场振幅在掩模上的移相区域现在是−1。这种负振幅有效地降低了电场的空间频率，使它较少受到透镜传递函数的抑制，并在晶圆平面上形成对比度更高的振幅图像。当这个电场被光刻胶记录时，只能记录与电场振幅的平方成比例的强度。因此，降低的空间频率被加倍降回最初的频率，但是图像将会产生更高的对比度。除了降低空间频率外，电场振幅必须从0到−1这一事实确保了晶圆上的零强度；因此，它有助于提高边缘对比度。因此，AltPSM体系受益于空间频率的降低以及

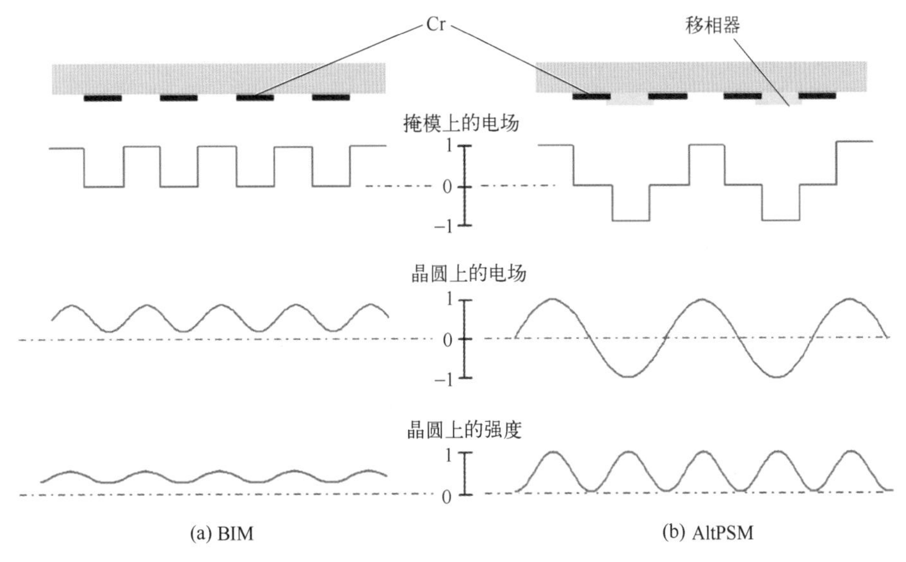

图6.18 (a) BIM与(b) AltPSM原理之比较。

边缘对比度的增强。图 6.17 将照明视为完全相干的，但是，在真实的曝光系统中，光照的 σ 值并不是 0，而是 0.3～0.4。

如果失去了相干性，AltPSM 就变成了 BIM。图 6.19 表明，在非相干照明下，电场在相位上随机波动，并且图（b）所示的空间倍频效应是不可能的。将这些相加为一个强度，该强度只会产生与图（a）相同的强度图像。

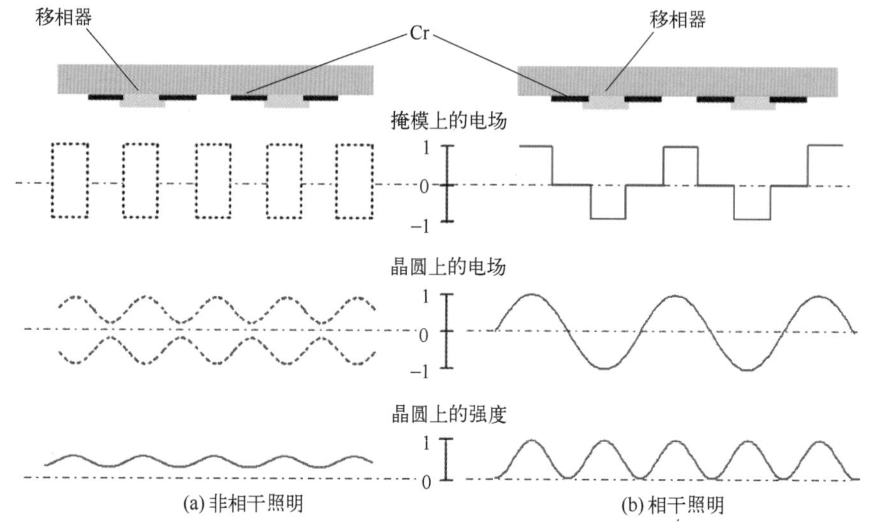

图 6.19 AltPSM 上（a）非相干照明和（b）相干照明的比较。

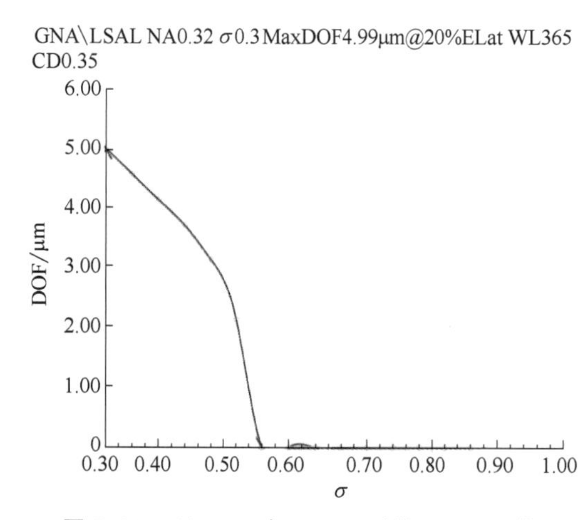

图 6.20 AltPSM 在 365nm 时的 0.35μm 线空对的 DOF 与 σ 的函数。

图 6.20 显示了在 $\lambda=365$nm 时 0.35μm 线空对的 DOF 随 σ 的变化情况。在 $\sigma=0.5$ 时，焦深从 $\sigma=0.3$ 时的值下降 60%。在 $\sigma=0.55$ 及以上时，在给定的 ±10% 的 CD 公差和 20% 的曝光裕度下，图像不支持任何焦深。

亚分辨率辅助相移掩模（subresolution-assisted phase-shifting mask，SA PSM）——AltPSM 通过展示相移的潜力为相移技术打开了大门。但是，必须具有紧密排列的图案才有效。实际电路版图中，在许多情况下，关键尺寸与任何相邻图案足够远，以提供相移。为了给孤立开口（例如接触孔和线开口）提供相移，另一种形式的 BCM 在孤立开口附近使用亚分辨率移相器[22]，如图 6.21（a）所示。这些移相器的尺寸低于光学成像系统的分辨率极限，因此不会打印亚分辨率移相器。其唯一功能是增强我们所感兴趣的图案边缘对比度。

边缘相移掩模（rim phase-shifting mask，Rim PSM）——SA PSM 和 AltPSM 仍然受限于不能为不透明图案提供相移的限制；Rim PSM[23] 是另一种形式的 BCM［如图 6.22（a）所示］，克服了这种问题，可应用于任意掩模版图。这里，相移仅发生在掩模图案的边缘。

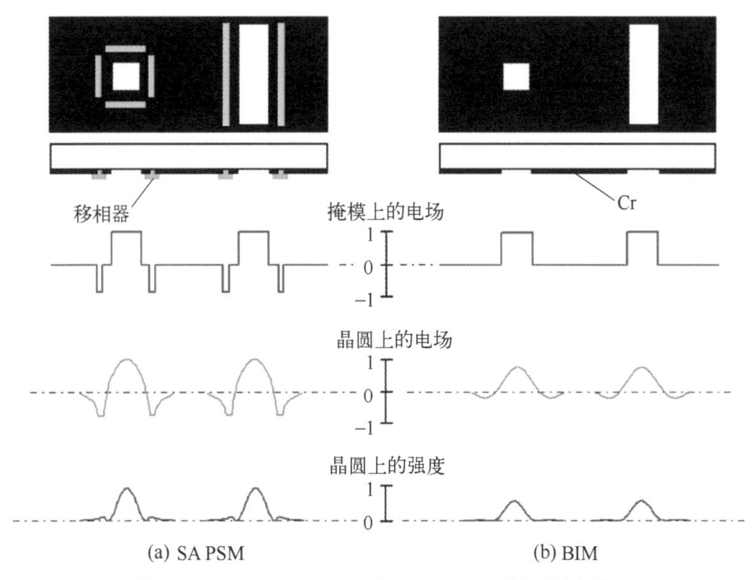

图 6.21　(a) SA PSM 和 (b) BIM 的机制比较。

图案的中心被吸收体阻挡，以防止大面积的负振幅在其本该是黑暗的地方产生明亮的区域。同样，由于光刻胶只能检测与电场振幅的平方成正比的强度，因此明亮区域是由负或正的电场振幅产生的。请注意，边缘对比度增强现在是这些移相器唯一的图像改进功能。

衰减型相移掩模（attenuated phase-shifting mask，AttPSM）——AttPSM[24-26] 是适用于任意掩模版图的一种 BCM，就像 Rim PSM 一样。它可以在透射或反射掩模上实现。掩模的暗区可以相移到 π，但振幅会有所衰减，以防止在这些区域产生过多的光，如图 6.22 (b) 所示。负振幅提供图像边缘对比度所需的改进，并且衰减以防止负振幅变得太大并随后曝光光刻胶。通常，在掩模的边界处需要包括常规吸收体，以阻挡曝光场边界处的光，并提供规则的掩模对准标记。因此，AttPSM 通常需要采用多级复合掩模（multilevel complex mask，MCM）的形式。

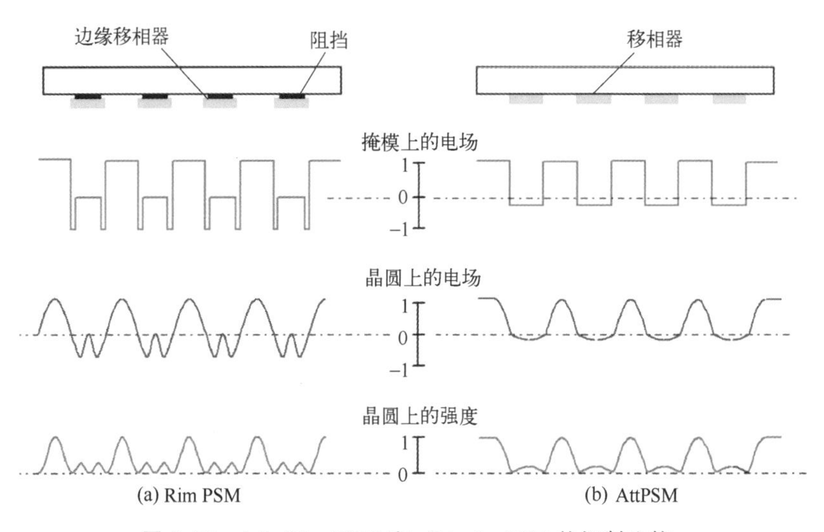

图 6.22　(a) Rim PSM 和 (b) AttPSM 的机制比较。

相移边缘（phase-shifting edge，PS 边缘）——相移边缘[27] 只是相移区域和非相移区域之间的边界，它通常是一个 BPM。如图 6.23（a）所示，沿边界产生了高对比度暗线图像。

覆盖的相移边缘（covered phase-shifting edge，CPS 边缘）——这类似于相移边缘，但边缘不再只是边界[28]，而是被吸收体覆盖，如图 6.23（b）所示。覆盖的相移边缘可视为 AltPSM 中每个开口的一半。

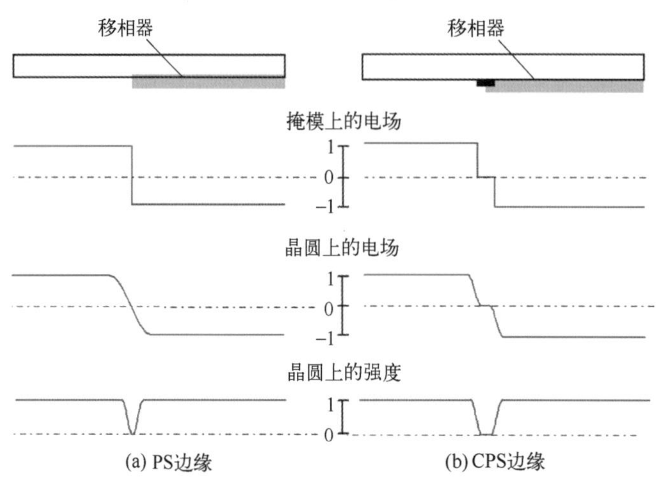

图 6.23 （a）PS 边缘和（b）CPS 边缘的机制比较。

6.3.4.4 PSM 配置

从基本的 PSM 类型开始，可以构建许多不同的配置，如下所示。

相移边缘配置——极性相反的两个相移边缘可以合并，形成一条无衰减（Utt）相移（PS）线。当边缘彼此靠近时，形成不透明图像，如图 6.24（b）所示。如图 6.24（a）所示，具有大边缘间隔的 Utt PS 线可以周期性地组合，以使空间频率加倍。如图 6.25 所示，

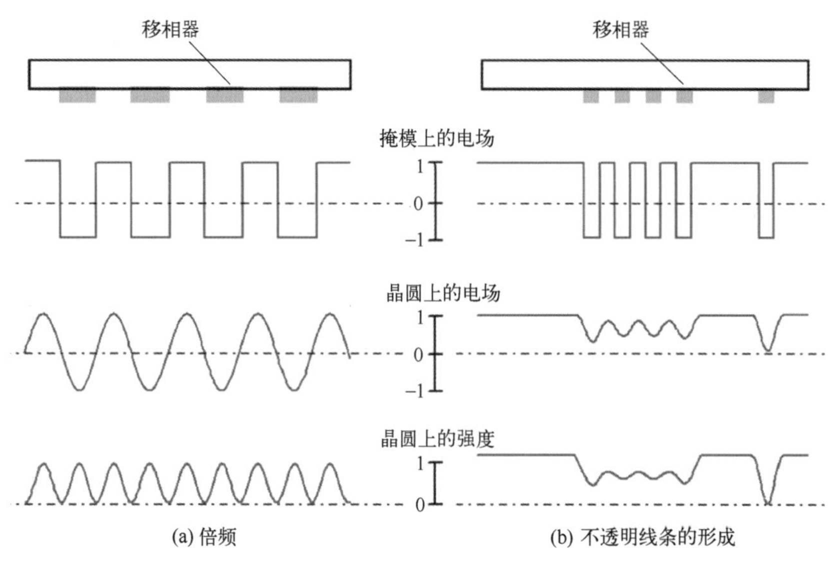

图 6.24 使用（a）倍频和（b）不透明线条形成的相移边缘配置。

这些线可以被正交地双重曝光以产生孤立的不透明图像[27]。使用正胶，得到的图像是一个基座；而使用负胶，它是一个孔。注意，光刻胶中的图像旋转 45°。这是由于 45°和 135°方向上的等强度线，是 PS 边缘强度分布的正交叠加的结果，如图 6.25 所示。

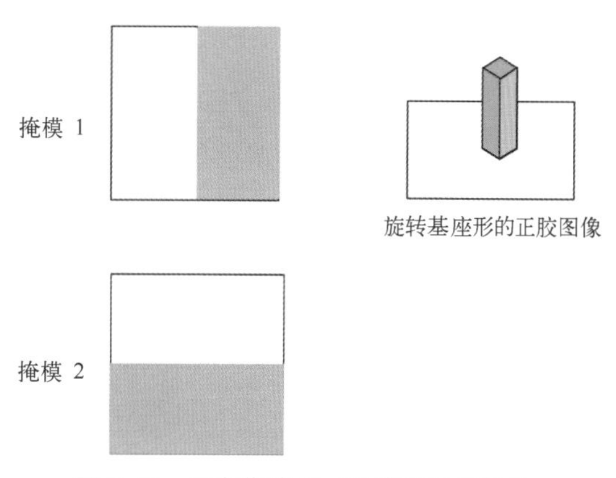

图 6.25　正交位移 UttPS 线的双重曝光。

AltPSM 和 Rim PSM 的组合——Alt PSM 是一种强相移方案，仅适用于密集模式，而 Rim PSM 是一种弱相移方案，适用于间隔较大的模式。可以将它们组合在同一版图上，以利用它们的互补特性[29,30]。图 6.26 显示了组合版图及其制造步骤。采用三级曝光刻写掩模。部分曝光的区域定义了移相器区域。未曝光区域定义了要用铬覆盖的区域。曝光的区域变成透明的、未偏移的区域。

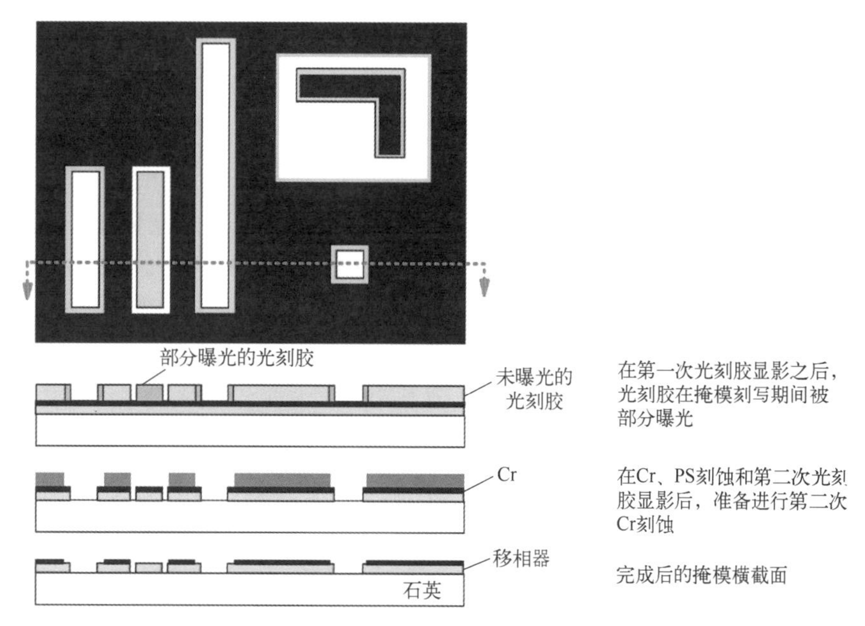

图 6.26　AltPSM 和 Rim PSM 的组合以及掩模制造顺序。

CPS 边缘和 BIM 的组合——金属氧化物半导体（MOS）器件的栅极长度非常关键，而栅极其他地方的尺寸则更为宽松。因此，CPS 边缘可以通过双重曝光与 BIM 结合，以精确控制栅极长度[31]。如图 6.27 所示，掩模 1 是由栅极层的完整版图组成的 BIM，除了栅极长度为故意加长，以使 BIM 可以支持整个版图。曝光掩模 1 后，掩模 2（包含关键栅极处的 CPS 边缘）在掩模 1 定义的扩大栅极区域上曝光。这种具有更高对比度的较窄图案设置了显影光刻胶图像中的栅极长度，并改善了线宽控制。这种组合使拥有该专利的公司声名鹊起。除了双重曝光会导致生产力损失的明显障碍外，还必须设置 CPS 边缘之间的最小距离，这限制了单元尺寸的减小。CPS 掩模的较高成本和较长周期也限制了这种技术的制造应用。

上述示例并未穷尽可能的配置。一些组合提高了成像性能，而有些却恰恰相反。如 5.5.6 节所述，定量评估成像性能很重要。

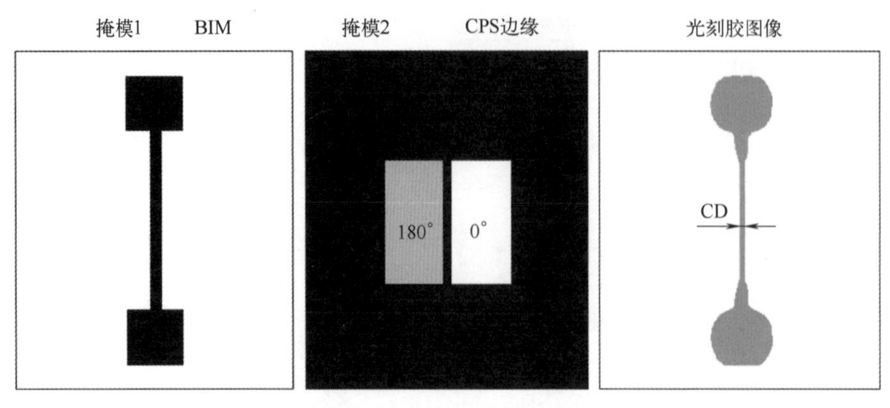

图 6.27 CPS 边缘和 BIM 的组合。

6.4 成像透镜

成像透镜的作用是以给定的缩小倍率在晶圆上再现掩模图案。该透镜是整个成像系统的关键部分，其功率和质量直接影响成像系统的分辨率。

6.4.1 典型透镜参数

6.4.1.1 数值孔径

透镜的功率由其数值孔径（NA）表示，NA 被定义为透镜孔径从掩模上承受的半角的正弦值乘以 n，n 是成像透镜和晶圆之间介质的折射率。这种关系在图 4.2 和图 4.3 中进行了描述，并由式（4.2）定义。在 1× 系统中，掩模侧（NA_M）和晶圆侧（NA_W）的 NA 相同。如图 6.28 所示，使用缩小系统时，掩模侧的 NA 会因缩小系数而变小。缩至 1/4 后，物侧 NA 是像侧 NA 的 25%。尽管掩模图案为其图像的 4 倍，但掩模侧成像透镜所承受的立体角仅为晶圆侧的 25%。请注意，光学微光刻中的 NA 通常是指晶圆侧的 NA，因为它是用于预测晶圆分辨率的。

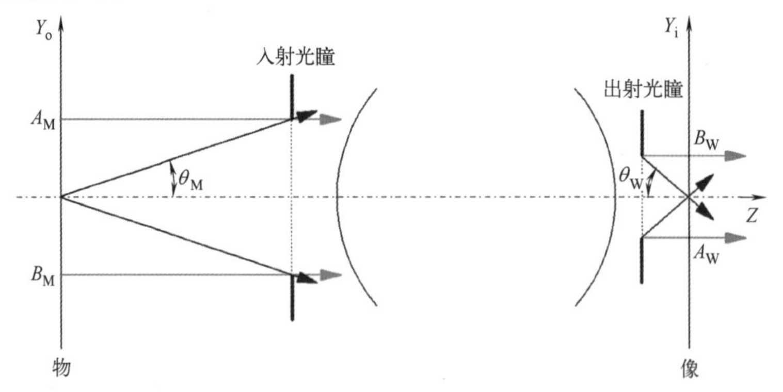

图 6.28 掩模侧和晶圆侧的 NA（对于 m× 缩小，$NA_W = mNA_M$）。

NA 决定了成像光的角度范围。较大的 NA 可捕获更宽的角度光谱以进行成像；因此，它解决了一个较小的特征。通过第 5 章介绍的分辨率比例方程，给定成像透镜的分辨率与 NA 相关。根据式（5.1），NA 不能随意增加。首先，随着 NA 的增加，保持透镜无像差变得越来越困难。在元件和组件中，需要更高精度的大量透镜元件，将使成像透镜非常昂贵。

据估计，设计和制造透镜的难度与 NA 的 5 次方成正比[32]。其次，较大的 NA 可能会导致无法接受的 DOF，如焦深的比例方程［式（5.4）］所预测的。高 NA 时焦深的不足和低 NA 时分辨率的损失表明，存在一个最佳的数值孔径，这将在第 7 章中讨论。

6.4.1.2　视场大小

透镜的视场大小直接影响一次曝光步骤中可以曝光多少芯片，这已在第 3 章中讨论。从光学的角度来看，虽然透镜的像场是圆形的，但微光刻透镜通常以某些矩形或可以使用的最大正方形来指定。出于经济性的考虑，在晶圆上用矩形场填充比充分利用圆形场更重要。未使用的区域被掩模平面上的可移动刀片挡住。可以在掩模中制造更精确的框架。

就像设计和制造具有大 NA 透镜的困难一样，制造具有大视场尺寸的衍射限制透镜也非常困难。据估计，该难度与视场大小的 3 次方成正比[32]。增加视场大小会大大恶化透镜的畸变。像散和彗差等其他像差也取决于视场大小。

6.4.1.3　缩小倍率

如表 3.1 至表 3.3 所示，透镜的缩小倍率 m 对 CD 控制和套刻精度有影响。它在掩模侧将 DOF 增至 m^2 倍，将 NA 减至 $1/m$。制作缩小透镜比制作 1× 透镜更难，因为没有纵向对称性可以利用。缩小倍率长期保持在 5，这是掩模制作难度、场大小和掩模尺寸之间的良好折中。对于步进扫描掩模对准器，m 取为 4 以适应增加的视场大小。进一步减小 m 会对 CD 控制和套刻精度产生严重影响。因此，发展趋势是使用更大的空白掩模而不是进一步降低 m。当然，也有使用 $m<4$ 的大视场低分辨率掩模对准器。

6.4.1.4　工作距离

工作距离是第一透镜表面和晶圆之间的最近距离，通常在 5～10mm 之间。该距离必须小以保持较大的 NA，但需要一个合理的距离以提供无损伤和无缺陷的快速步进。对于浸没式成像，工作距离通常下降到 3mm 以下，使得浸没液的热控制和不均匀性不会显著导致成像误差。

6.4.1.5　远心系统

当像场中任意一点的成像光束的主光线垂直于像平面即晶圆平面时，系统在像侧为远心。远心使像点的横向位置对离焦不敏感，从而减少了套刻误差。现代步进曝光机在掩模侧和晶圆侧均采用远心系统，以确保减小率的稳定性[33]。图 6.29 描绘了两种类型的远心系统。

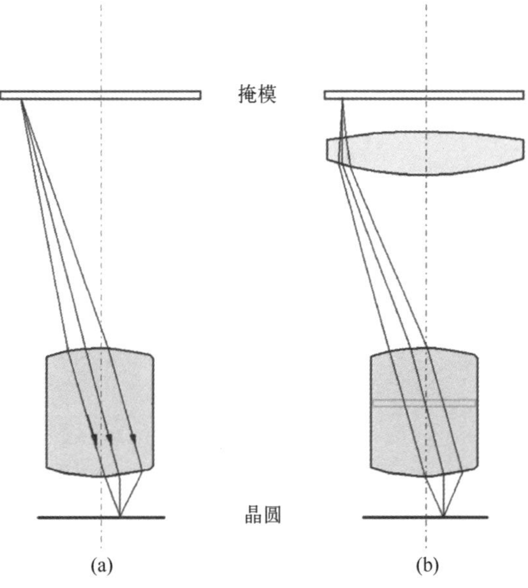

图 6.29　(a) 远心和 (b) 双远心成像系统。

6.4.2　透镜配置

基于透镜元件的类型，基本上有三种类型的成像透镜。即：折射系统（屈光系统），完全由折射元件组成；反射系统，只包含反射元件；折反射系统，混合了折射和反射元件。

6.4.2.1　折射系统

大多数微光刻透镜是折射的。图 6.30 为一个示例，这里给出了一个由 20 个熔融石英元件组成的 248nm 0.8NA 的 4×缩小折射透镜组[34]。折射系统的优点是它们保持从掩模到晶圆的单一光轴。这使得元件的组装和对准更容易。然而，因为折射元件本身是色散的，即折射角取决于波长，所以需要更多的元件和混合具有相互补偿色散特性的透镜材料来抑制色差。随着色差带来的难度增加，曝光光线的可用带宽变窄。对于 i 线步进光刻机，带宽为 6nm，而 g 线步进光刻机的带宽为 10nm。在 248nm 或更短的波长，实践经验是严格使用单一类型的材料，同时将负担完全放在非常窄的带宽上。幸运的是，有了准分子激光器，带宽可以大大减小，而不会引起能量的大量损失。在这种情况下，带宽要求在 0.1～10pm 之间，这取决于使用的是折射还是折反射系统、透射材料的数量以及中心波长。

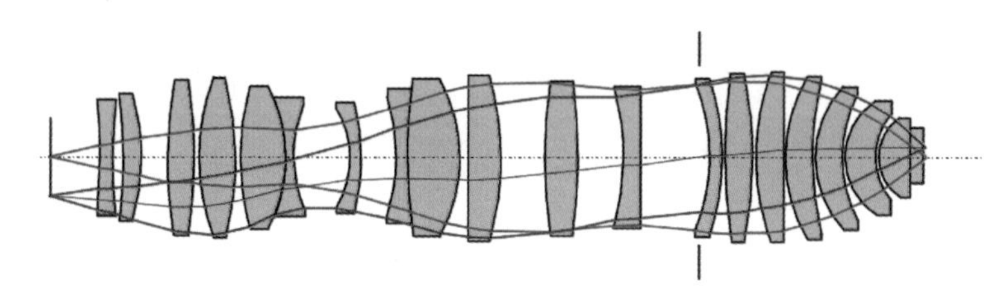

图 6.30 一个 248nm 0.8NA 的 4×缩小折射透镜系统（转载自参考文献 [34]）。

6.4.2.2 反射系统

图 3.4 至图 3.6 是广为引用的反射成像系统示例。两个同心镜将出现在环的一个区域中的掩模图案复制到同一环的另一部分上。因此，如果掩模被具有圆形狭缝的板阻挡，该圆形狭缝是环的一部分，并且对晶圆进行同样的操作，则可以以相同的速度扫描掩模和晶圆，以再现整个掩模的图像。安装在单块玻璃上的三个平面镜用于弯曲光，使得掩模和晶圆彼此相对，并且可以在相同的方向上移动，而不是在同一平面上并且需要在相反的方向上扫描。两个同心镜的配置是唯一已经成功用于制造的全反射成像方案。作为一个全反射系统，如果不考虑镜面涂层的效率，它的带宽可以是无限的。该系统已经在从近紫外到极紫外的波长下用于演示成像和显影探索性的光刻胶体系。因此，反射系统的优点是没有色差并且光学元件数量少。

反射系统（除了具有两个同心镜的系统）的缺点是很难将所有光学元件保持在一条直线上。像差的校正也很困难，因为它几乎总是需要引入光学元件，这导致光轴数量的增加。表面和装配公差必须至少是折射系统的两倍，因为任何不规则性都会影响每个元件上的入射和反射光束。

6.4.2.3 折反射系统

在折反射系统中既有折射元件又有反射元件。通常，球面镜或非球面镜完成大部分成像。插入折射元件用于精细校正。可以用平面反射元件来弯曲光线，以便更好地布置掩模、晶圆或其他光学元件。图 3.12 举例说明了这一点，该图显示了 Ultratech 掩模对准器中使用的 1×折反射透镜。有一个主镜和一个折射消色差镜。一个折叠棱镜将光从掩模重新导向消色差镜和主镜。另一个折叠棱镜将主镜的反射光通过消色差镜传到晶圆。因为入射光束和出射光束不能共用同一光轴，所以只能用一个半圆形的视场，如图 6.31 所示。

图 3.17 显示了带有分束器的折反射透镜系统。它类似于 SVGL 步进扫描掩模对准器中使用的系统。同样，有一面反射镜负责还原成像。分束器使入射和出射到反射镜的光束互不妨碍，这样整个圆形区域都是可用的。该系统中还有折射元件来校正像差。

当将分束器引入透镜系统时，需要考虑几个问题。首先，传统的分束器将光分成两路，因此，它将每个光束的强度减半。其中一束光不仅被浪费，而且如果处理不当，还会导致杂散光。当有用光束在曝光晶圆之前返回到分束器时，它再次被分成两部分。总的来说，只有 25% 的照明被使用，并且该系统容易受到杂散光的影响。为了克服这个问题，使用了偏振分束器[35]，其工作原理如图 6.32 所示。s 偏振模式的光入射到立方体的分束平面上。分束平面由多个层堆叠构成，以形成反射和折射界面。该叠层被设计成满足 45°入射角光束的布鲁斯特条件，使得反射光束处于 s 偏振模式，折射光束处于 p 偏振模式。因为入射光束是 s 偏振的，所以它被完全反射到四分之一波片。光束在离开四分之一波片后变成圆偏振。它被反射镜反射并再次进入四分之一波片。重新进入分束器的光束现在处于 p 偏振模式；它在布鲁斯特界面的反射为零，并且在立方体另一侧的折射为 100%。

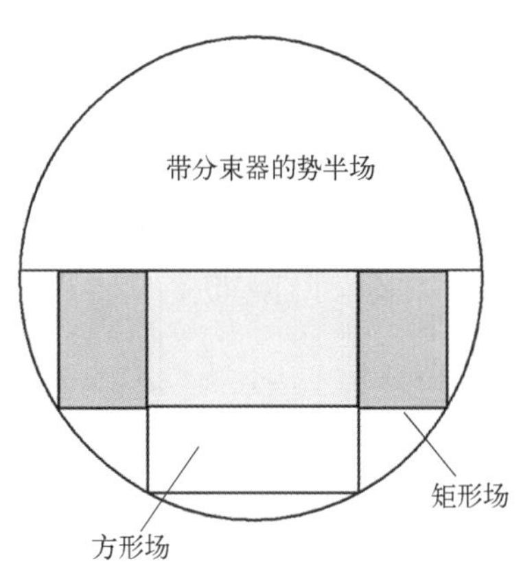

图 6.31 在图 3.12 中的半圆形透镜场和透镜系统的曝光场。利用分束器可以得到整个圆形场。

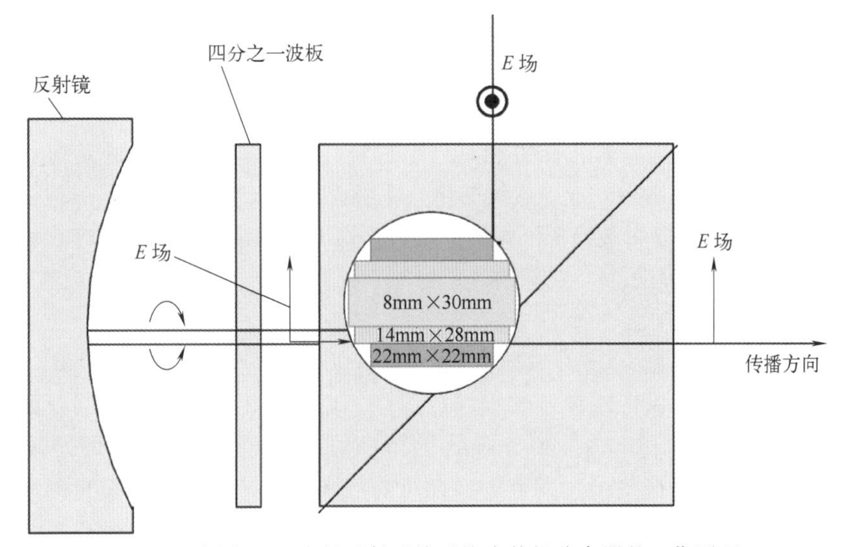

图 6.32 在图 3.17 中折反射透镜系统中偏振分束器的工作原理。

使用分束器时的第二个考虑是，它必须是非常厚和非常大的光学元件，以具有大的场尺寸。这种元件的均匀性和耐久性要求不容易满足。

6.4.3 透镜像差

透镜像差是由会聚到像点的球面波前的偏差引起的，如 4.1.4 节所述和图 4.8 所示。球面波前的偏差是由以下原因引起的：

① 透镜设计残留；

② 成像透镜中光学元件的表面结构不完善；

③ 光学元件在组装期间或之后的位置误差。

球面波前的偏差可以用泽尼克多项式或赛德尔系数量化。由于柱面对称，光学微光刻中的透镜像差几乎总是用泽尼克多项式来表示，如 4.1.4.2 节所述。请注意，应包括 $\sin(m\phi)$ 相关项，因为上述原因②和③会导致不对称。原因③可能是由于透镜发热或透镜环境的温度或湿度变化而在现场发生的。对透镜的机械冲击也会影响透镜像差。一般来说，球面像差会放大像点，就好像像点离焦了一样。彗差引起两个相邻图像的位移。像散导致不同取向的特征之间的CD变化。球差在整个透镜场中是均匀的。彗差和像散是场相关的。畸变不影响分辨率，但它会改变图像的位置，并且对场的位置很敏感。这些特点有助于区分透镜引起的失真和掩模引起的失真。

6.4.4 透镜加工

随着现代电子计算能力的提高和透镜设计软件的出现，如今的透镜设计已经不像制造高度复杂的透镜那样难以应对。在制造过程中，每个折射面必须抛光到10～20mλ误差。对镜面要求的精度加倍，因为光通过缺陷两次。

当这些元件被组装时，它们的中心必须精确到几分之一微米以内。单个元件的表面误差用波前干涉仪检测，并在组装前校正。用几个元件装配的子系统也用波前干涉仪检查。装配误差将使用干涉仪结果和计算机进行评估。如有必要，将对组件进行返工。由于这种试错法的不确定性，许多透镜制造商开发了专有的高精度组装技术，可以产生即时反馈以避免返工。即便如此，制造高NA成像透镜也是一个费力的过程，需要较高的技术水平。

当对高密度半导体芯片的需求超过供应时，半导体工厂的生产能力通常受到掩模对准器的生产的限制。反过来，掩模对准器受到透镜供应商生产能力的限制。透镜供应商可能依赖于高质量透镜材料的可用性。二氧化硅曾经是门控材料。后来，透镜的制造受到CaF_2的控制，这是减少吸收损失和消除193nm成像透镜的色差所必需的。CaF_2也是157nm透镜的唯一折射材料。尽管设备和材料供应商做出了巨大的开发努力，但在数量和质量上生产这种材料以满足157nm成像的更严格要求的限制，是阻碍157nm光刻技术进一步发展的关键因素之一。

6.4.5 透镜维护

小心组装透镜并不能保证透镜不会损坏或退化。用户应该注意许多问题，如下所述。

防止机械冲击（prevention of mechanical shocks）——必须避免任何可能改变透镜装配精度的机械冲击或振动。这些干扰发生的最大可能性来自将带有透镜的曝光机从工厂运输到半导体制造工厂。一旦到了那里，定位及重新定位曝光机或更换透镜也会有问题。大量冲击传感器放置在曝光机中，以记录运输过程中引起的任何冲击。

防止环境变化（prevention of environmental changes）——众所周知，透镜环境中微小的温度和气压变化都会改变透镜元件的折射率[36]。如果透镜安装材料没有经过精心设计，这些变化也会影响装配精度。因此，现代步进曝光机或扫描曝光机中的成像透镜被封闭在环境控制室中，对温度调节优于0.1℃。透镜本身被保持在指定的压力和湿度下。至关重要的是，掩模对准器的电源持续开启，以便这些控制装置不间断地工作。否则，需要很长时间来重新稳定或恢复系统。

表面污染（surface contamination）——落在任何透镜表面的灰尘颗粒会成为散射中心，在图像中产生杂散光和眩光，从而降低图像对比度，进而降低线宽控制。因此，透镜是在无尘环境下组装的。在现场，透镜不应有受到任何微粒污染的可能性。当光刻胶放气时，一层聚合物材料会积聚在透镜的前表面上，这也必须避免。

辐射损伤（radiation damage）——透镜元件所用的胶水、透镜表面的抗反射涂层以及透镜材料本身都会随着曝光剂量的累积而退化。极高峰值的曝光脉冲会加速退化。众所周知，透镜需要在透镜工厂翻新，或者甚至在一年或两年后更换。然而，除了避免不必要的曝光和将高峰值脉冲意外引入光学系统，掩模对准器的用户没有太多措施来防止这种情况。

6.5 光刻胶

光刻胶是一种光敏聚合物，它通过光诱导的化学反应产生溶解速率，作为曝光水平的函数。曝光和未曝光区域的溶解速率差异导致光刻胶在显影时被选择性地去除。当晶圆受到刻蚀时，覆盖有光刻胶的区域受到保护，而没有光刻胶的区域被刻蚀。

光刻胶可以多种方式用于半导体加工，如图 6.33 所示。它可以用作刻蚀的保护掩模，在这种情况下，暴露于刻蚀剂的区域被各向同性或各向异性去除。它也可以用作剥离掩模，在这种情况下，在光刻胶中产生底切轮廓，从而使各向异性沉积在晶圆上的材料在光刻胶边缘分离，从而当材料被剥离时与光刻胶一起去除。光刻胶也可以用作离子阻止掩模，以选择性地将离子注入半导体。

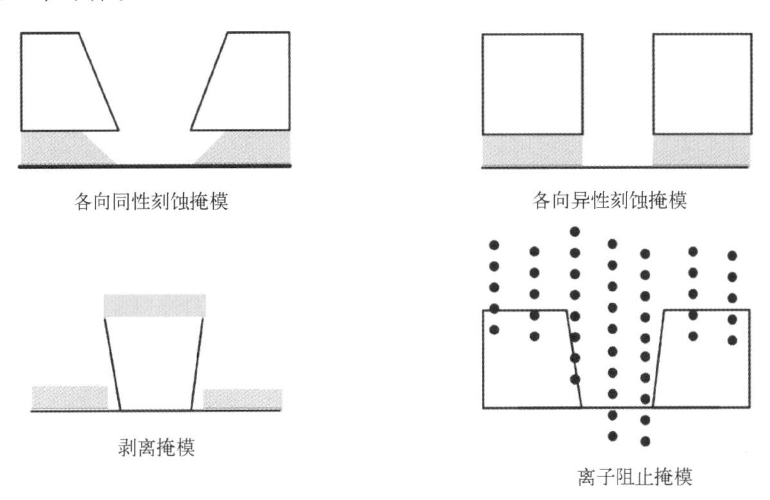

图 6.33　光刻胶的各种应用。

6.5.1 分类

光刻胶可以按多种方式进行分类，即按极性、按工作原理和按成像配置进行分类，如图 6.34 所示。

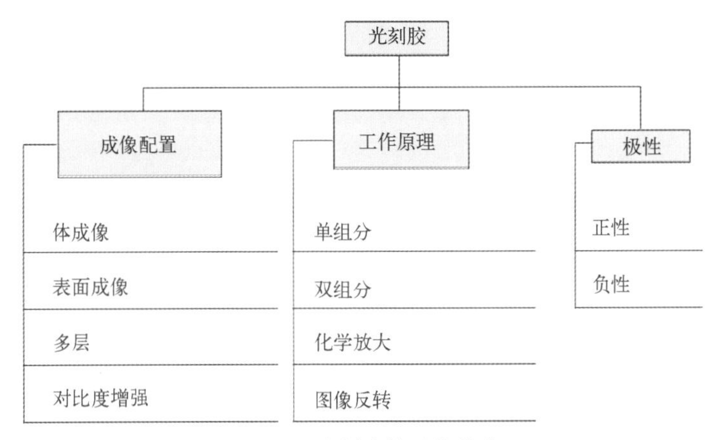

图 6.34　光刻胶体系的分类。

6.5.1.1 极性

从极性上分，光刻胶有正胶和负胶。正胶在曝光区域比未曝光区域更易溶解，负胶反之，如图 6.35 所示。该图中光刻胶和潜像轮廓之间的区别将在 6.5.2 节中进行解释。如下所述，在许多方面是需要正胶的。

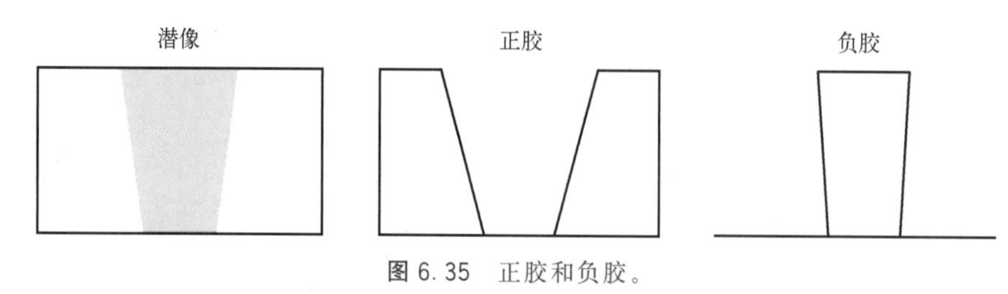

图 6.35 正胶和负胶。

光学成像——来自孤立开口（线或孔）的衍射光总是显示出比孤立的不透明特征（例如孤立的不透明线或岛）更好的离焦特性。在图 6.36 中可以看到相同大小的孔和不透明岛之间的空间像差异。请注意，这些图像是使用轴向照明评估的。在其他成像条件下，结论可能会有所不同。

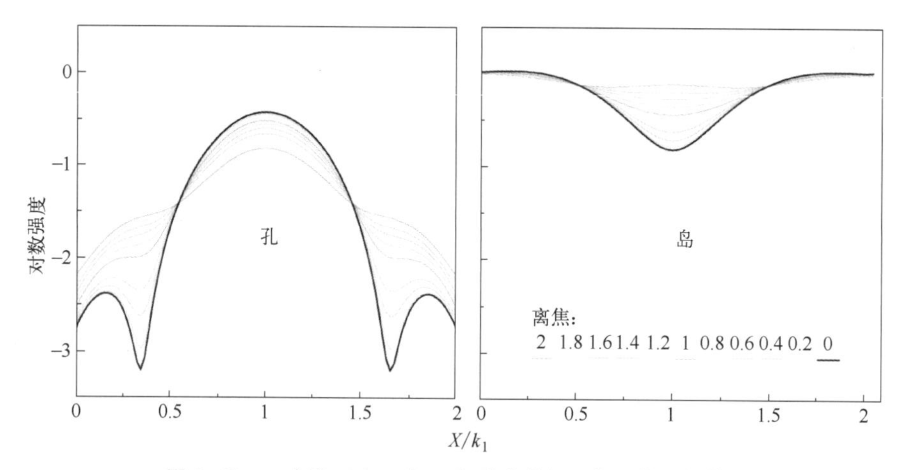

图 6.36 一个孔（左）和一个不透明岛（右）的空间像。

防止鬼线——如图 6.37 所示，在距焦点足够远的地方，空间像退化为鬼影区域，产生不在掩模上的额外线条。当光刻胶的上表面高于鬼影区域时，未曝光的正胶防止曝光的鬼影图像显影。注意：如果光刻胶的上表面与鬼影相交，这种保护就会丧失（例如聚焦不正确的情况）。

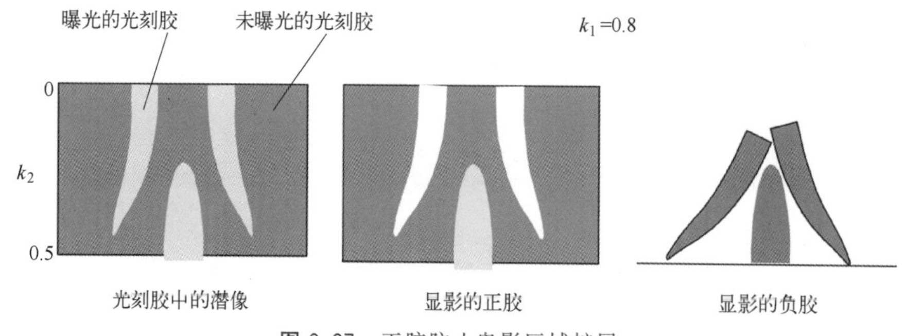

图 6.37 正胶防止鬼影区域扩展。

无收缩——早期的负胶在显影后表现出显著的收缩。不仅光刻胶厚度减小，图像起皱，而且应力也会使光刻胶线弯曲，使其远离标称位置。现代负胶可能没有收缩问题。然而，负胶的对比度通常低于正胶的对比度。此外，负胶往往需要溶剂显影剂，而不是水性显影剂。后者在工厂里更容易被接受。

在某些情况下，负胶比正胶更理想。例如，当需要曝光高分辨率的孤立光刻胶线时，负胶支持更大的DOF，因为如上所述，孤立线开口的空间像比孤立不透明空图形的空间像好得多。

6.5.1.2　工作原理

单组分正胶体系——单组分正胶体系的工作原理是基于分子量变化引起的溶解速率差异。高能辐射链将较大的聚合物分子分裂成较小的分子，如图6.38所示。正如Moreau[37]所报道的，这种变化可能有几个数量级，他还提供了溶解速率和分子量变化之间存在的以下关系：

$$\frac{R}{R_0}=\left(\frac{M_0}{M}\right)^{-a} \tag{6.5}$$

其中，R 是曝光的光刻胶的溶解速率，R_0 是未曝光的光刻胶的溶解速率，M_0 是初始分子量，M 是导致 R 的分子量，a 是显影剂的动力学溶解度参数。

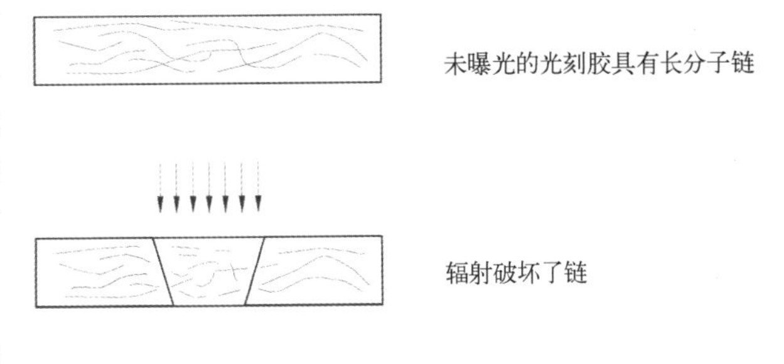
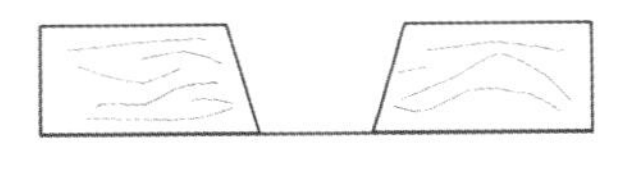

图6.38　单组分正胶的断链。

聚甲基丙烯酸甲酯（PMMA）是单组分正胶的一个很好的例子，它对深紫外、极紫外、电子束和离子束辐射敏感。不利的是，其灵敏度和抗干刻蚀性相对低。

单组分负胶体系——单组分负胶体系的工作原理是聚合物链在辐射下交联，如图6.39所示。交联的链变得更难溶解，从而使光刻胶表现为负胶。Moreau[38]表明负胶对比度 γ 与其在单组分或多组分体系中的多分散性之间的关系为

$$\gamma=\left(\frac{2}{E_g}\right)\exp(-B^2) \tag{6.6}$$

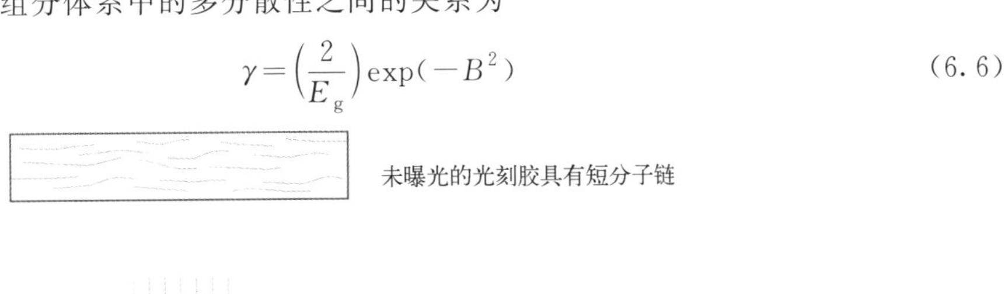
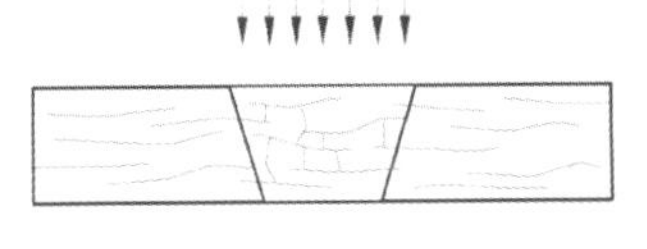
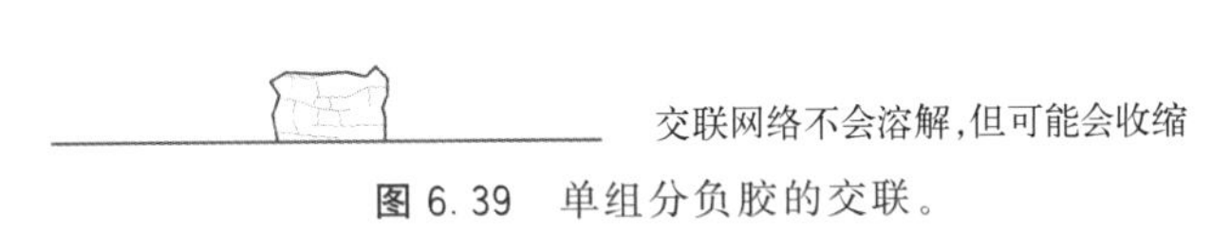

图6.39　单组分负胶的交联。

与

$$B \equiv \frac{M_w}{M_n} \tag{6.7}$$

其中，E_g 是凝胶点剂量[39]，M_w 是重均分子量（weight-average molecular weight），M_n 是数均分子量（number-average molecular weight）。

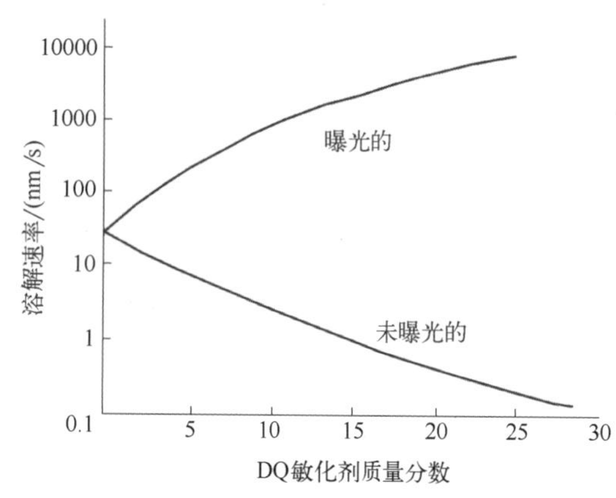

图 6.40 敏化剂浓度对 DQN 光刻胶的影响。经许可转载自文献［41］©（1980）IEEE。

双组分正胶体系——双组分正胶体系由基础聚合物和敏化剂组成。流行的重氮醌敏化酚醛树脂（diazoquinone-sensitized novolak，DQN）[40] 光刻胶具有高度可溶于碱性显影剂的基础聚合物。敏化剂抑制溶解多达两个数量级，如图 6.40 所示。曝光后，敏化剂变成溶解促进剂，可以进一步将溶解速率提高两个数量级，如图中所示。DQN 光刻胶中各组分的功能如图 6.41 所示。重氮醌敏化剂在光化光和光刻胶层中存在水的情况下，产生碱溶性茚羧酸和氮气。茚羧酸负责增加曝光区域的溶解速率。DQN 光刻胶的成像如图 6.42 所示。

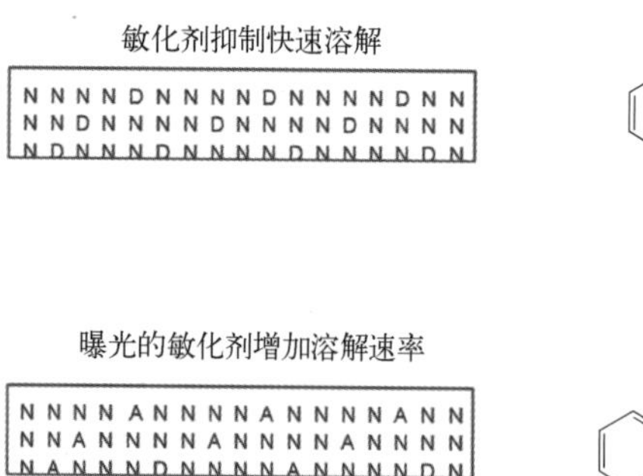

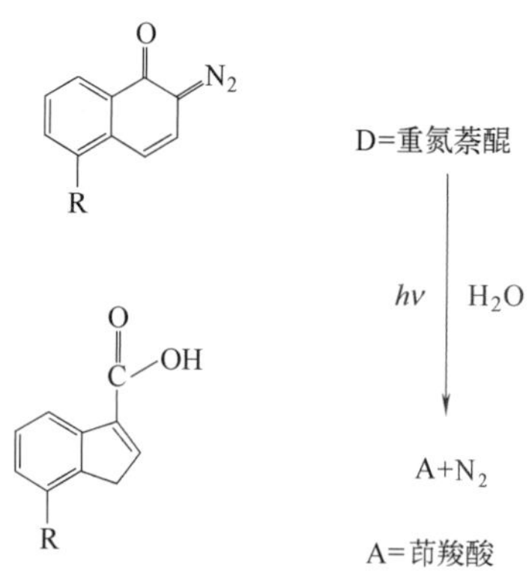

图 6.41 DQN 光刻胶中各组分的功能。

双组分负胶体系——双组分负胶以柯达（Kodak）开发的产品为代表，如 KTFR、KMER 和 KPR。工作原理如图 6.43 所示。KTFR 的基体树脂是环化聚顺式异戊二烯，是一种环化橡胶。敏化剂是叠氮化物，例如双芳基叠氮化物。在光化辐射下，叠氮化物释放出氮，形成一种极具反应性的中间体，可能是一种氮宾，最终使树脂交联。（有兴趣进一步研究的读者可以参考 Thompson 等人[43] 和 Moreau[44] 的文献。图 6.43 是根据参考文献［43］中的化学式合成的。）这种类型的光刻胶至少比 DQN 光刻胶敏感一个数量级。附着力

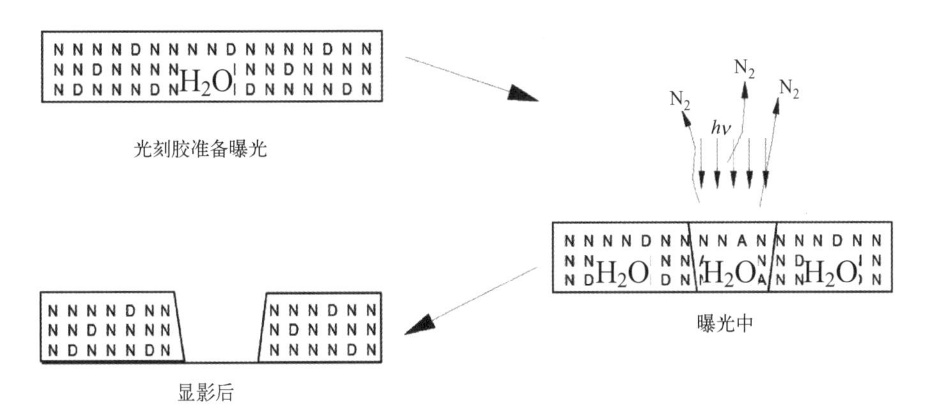

图 6.42　DQN 正胶的成像。

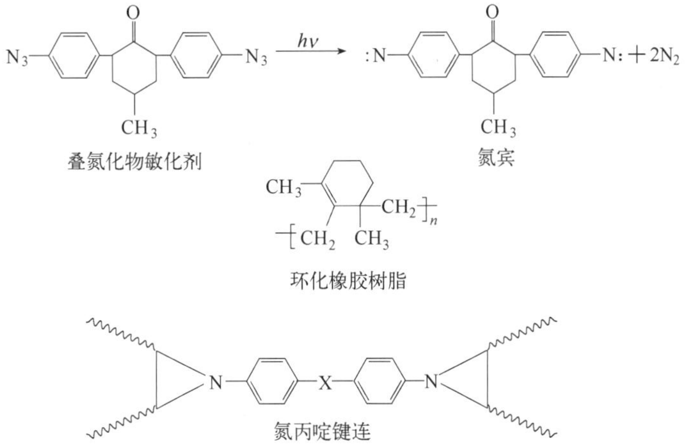

叠氮化物敏化剂　　氮宾

环化橡胶树脂

氮丙啶键连

图 6.43　双组分负胶的交联（改编自参考文献［42］）。

强，交联产品非常耐用。但是，它不适用于高分辨率成像，因为光刻胶在显影时会膨胀，然后会收缩。光刻胶图像不仅高度降低，而且起皱。在最坏的情况下，由于承受巨大的应力，光刻胶线可能呈锯齿形。这种类型的光刻胶非常适合需要高灵敏度和良好附着力的低分辨率情况应用。

化学放大体系——化学放大光刻胶（chemically amplified resist，CAR）体系是获得更高灵敏度和更高晶圆产率的终极方案。原则上，它需要光引发才能产生少至单个质子，而单个质子可以反复用于产生由新质子组成的产物。质子充当催化剂，促进化学反应，但它本身不会被消耗。因此，灵敏度可以比非放大体系高几个数量级。据估计，一个酸分子可以分解大约 1000 个碳酸盐单元[45,46]。幸运的是，该反应以某种方式被抑制，以防止未暴露区域被彻底转化。

叔丁氧羰基（*t*-BOC）深紫外光刻胶体系[47] 在这里作为化学放大的例子给出。这种光刻胶体系取得了令人印象深刻的成功，以至于它很快被用于生产 1Mbit 的 DRAM（动态随机存储器）[48]，这是 1× 全晶圆场扫描光刻机的最先进应用（见 3.2 节所述）。这些扫描光刻机的 NA 保持在大约 0.18，这对于使用近紫外光的 1μm 分辨率是不够的。全反射体系的超宽带能力可无缝适应深紫外曝光。CAR 体系提供了极高的深紫外灵敏度，具有实现全视场光学系统加工产率的潜力。

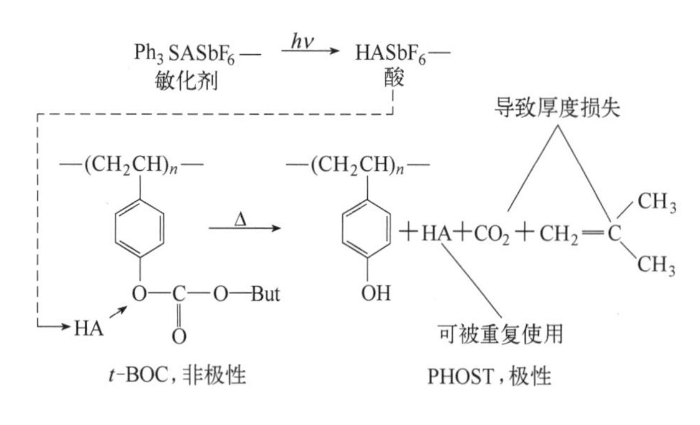

图 6.44　*t*-BOC 化学放大光刻胶的光化学反应（C. G. Willson 提供）。

如图 6.44 所示，光化辐射从鎓盐敏化剂中产生质子。这些质子与碱性树脂发生反应，使其从叔丁氧基羰基（*t*-BOC）、聚丁氧羰基苯乙烯（PBOCST）转变为聚羟基苯乙烯（PHOST）和两种挥发性化合物，即二氧化碳和异丁烯。在温度高于 180℃的曝光后烘焙工艺中，这种转化最为明显。反应后质子仍然存在。因此，它可以催化其他未反应的 *t*-BOC 分子，原则上可以广泛使用。PHOST 是极性的，而 *t*-BOC 是非极性的。极性溶剂可去除 PHOST（曝光部分），形成正胶体系。非极性溶剂通过去除相反部分来形成负胶。图 6.45 显示了 *t*-BOC 从曝光到显影的成像。

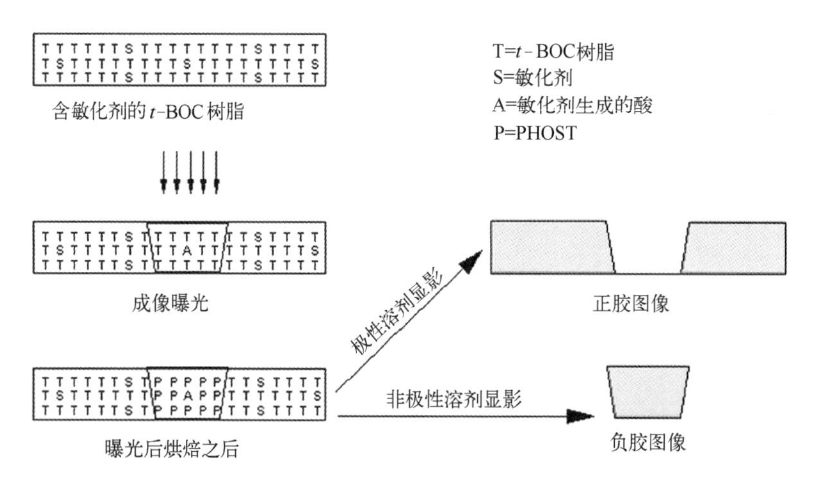

图 6.45　*t*-BOC 化学放大光刻胶的成像。

CAR 体系成像的一个重要方面是酸（质子）在曝光后烘焙（PEB）期间倍增时的扩散。质子的扩散和猝灭会影响 CAR 的灵敏度。更多的扩散会增加放大率，从而提高 CAR 的灵敏度。CD 会受到质子扩散引起的光刻胶模糊的影响。光刻胶图像中的线边缘粗糙度（line-edge roughness，LER）也受扩散影响。更多的扩散往往会增加 LER。

原则上，化学放大过程一直持续到光刻胶完全充满质子。因此，PEB 必须在质子倍增的饱和降低光刻胶图像对比度之前停止。加入猝灭剂来控制放大过程，这通常发生在 PEB 期间，因此扩散和猝灭相互竞争。

CAR 光刻胶的一个显著特征是它们对气载分子碱敏感，例如氨或 N-甲基吡咯烷酮（NMP），它们通常以十亿分之一（ppb）的量级存在于半导体工厂中。作为气载分子碱浓度的一个例子，NH_3 的浓度为 0.64ppb，NMP 的浓度为 0.08ppb[49]。预计在受控环境中有如此低的浓度水平。

已经有报道，涉及气载分子碱劣化的几种现象：①由于酸催化剂的中和，光刻胶灵敏度降低，使得曝光时间难以控制；②光刻胶-空气界面最容易降低灵敏度，导致正 CAR 的 T

形顶部（T-top）轮廓[50,51]，如图 6.46 所示。图 6.46（a）是图（c）的对照光刻胶图像，其中光刻胶暴露于在未报告浓度的聚氨酯瓷釉蒸气（urethane enamel vapor）中 15min[50]。图 6.46（b）是图（d）的对照光刻胶图像，其中光刻胶处于 10ppb 的 NMP 中 15min[51]。图（d）中的 T 形顶部比图（b）中的更严重，表明中和发生在更靠近光刻胶-空气界面处。

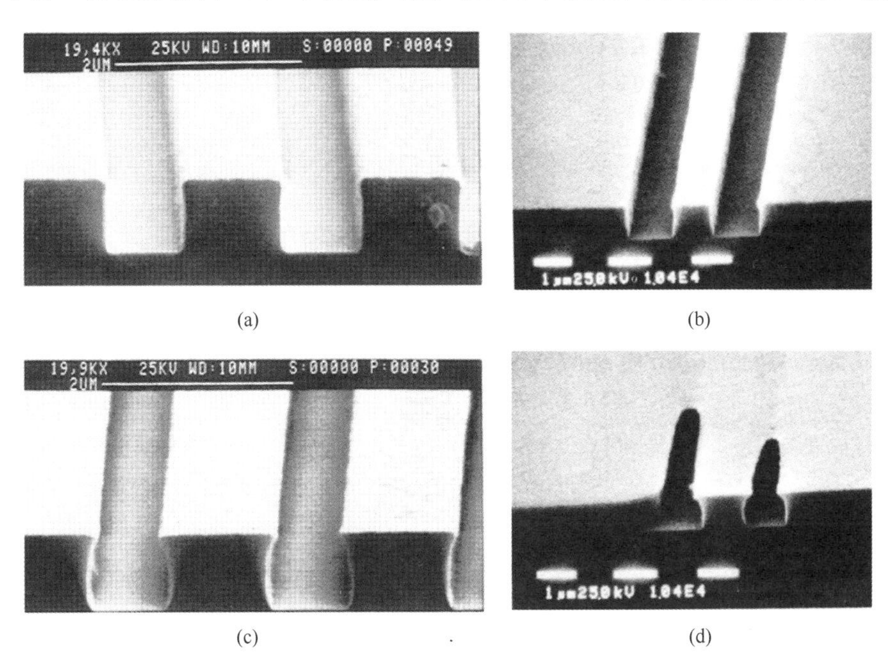

图 6.46　受污染 CAR 的 T 形顶部轮廓。(a) 在聚氨酯瓷釉中 15min 后，图（c）的对照。(b) 曝光前在 10ppb NMP 中 15min 后，图（d）的对照（左列图来自参考文献［50］，右列图来自参考文献［51］）。

这些影响是气载分子碱类型、浓度以及涂胶后烘焙和曝光后烘焙之间的时间的函数。因此，除非光刻胶环境严格受控，否则光刻胶灵敏度的变化是不可预测的。参考文献［50］描述了在制造 1Mbit DRAM 的过程中，如何在涂层和烘焙晶圆等待曝光的关键制造区域使用活性炭过滤的空气来控制光刻胶环境。最近，对于较小的几何形状，从曝光到曝光后烘焙的工艺发生环境也必须是过滤空气。光刻胶潜像只有在 PEB 之后才稳定。

图像反转体系——DQN[52] 光刻胶可以反转为负胶，而不会出现通常与传统双组分光刻胶相关的问题，例如溶胀、收缩、耐干刻蚀性低和需要溶剂显影剂。每当需要负胶时，例如在 6.5.1.1 节中讨论的情况下，图像反转体系对于高分辨率成像来说是理想的。

图像反转的工作原理如图 6.47 所示。就像在 DQN 光刻胶的正性成像中一样，酚醛树脂变成茚羧酸。然而，由于光刻胶中的预混碱，茚羧酸在 PEB 过程中变成了茚。茚不溶于 DQN 光刻胶的碱性显影剂。只需对整个晶圆进行全面曝光，即可将未曝光的光刻胶转化为茚羧酸，使其可溶于碱性显影剂。光刻胶溶解特性现在反转为负性。反转 DQN 光刻胶的成像如图 6.48 所示。

6.5.1.3　成像配置

光刻胶体系可以根据在光刻胶中形成图像的方式，按照以下成像方法进行分类。

体成像（bulk imaging）——最常见的成像类型。光刻胶通过其整个厚度进行曝光和显影。曝光过程有助于显影光刻胶轮廓，成像系统的焦深（DOF）必须支持光刻胶的厚度以及 DOF 预算中的其他组件，例如透镜场曲、晶圆平整度、水平度、晶圆形貌和聚焦误差。

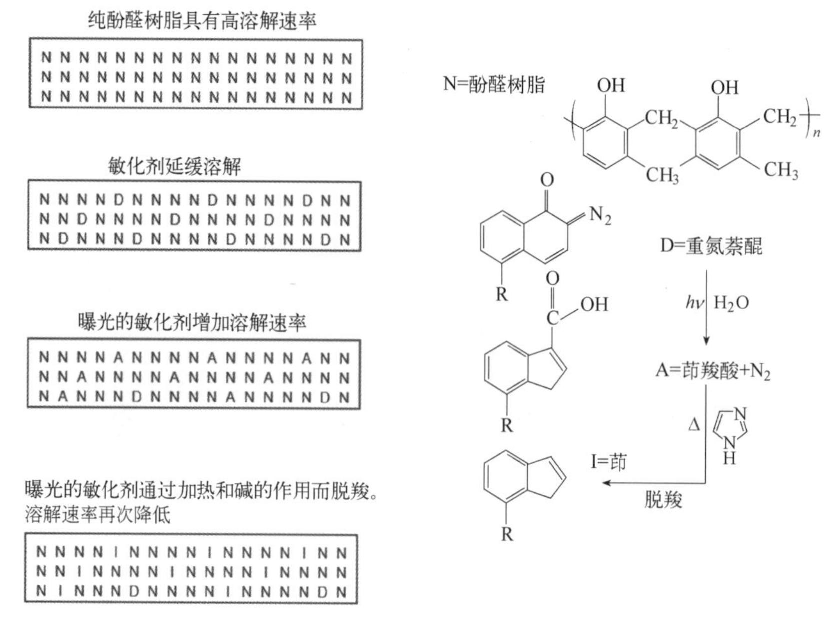

图 6.47 DQN 光刻胶图像反转中各组分的作用。

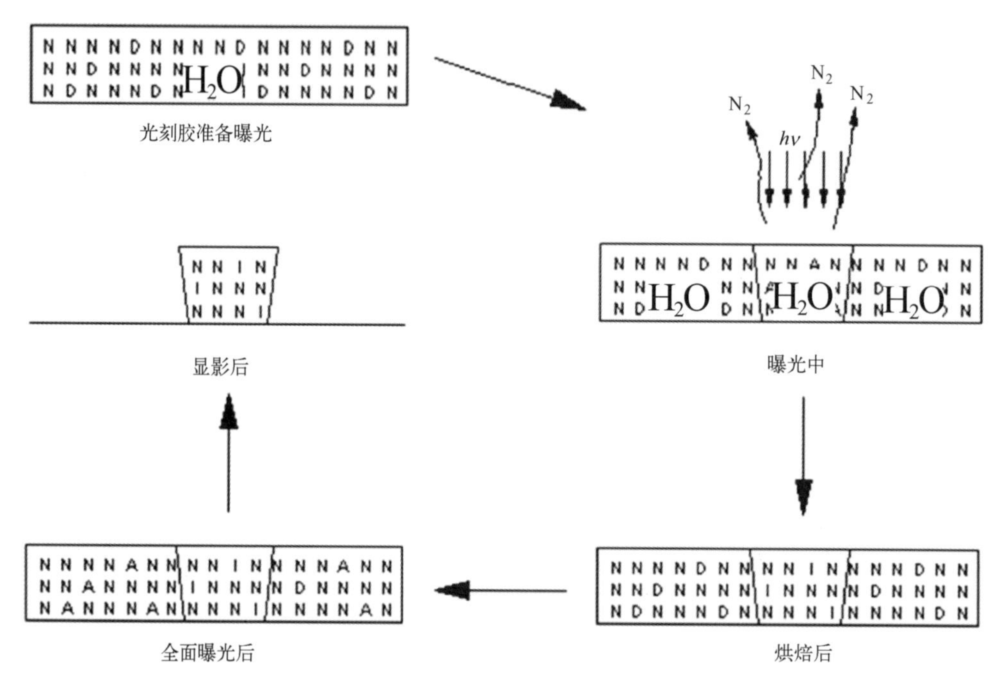

图 6.48 反转 DQN 光刻胶的成像。

光刻胶对 DOF 的影响将在第 7 章详细讨论。

上表面成像（top-surface imaging，TSI）——只有光刻胶的上表面被曝光和显影，这有助于更好地平坦化，并占用更少的 DOF 预算。图像通过另一种图案转移技术转移到光刻胶层的主体上，以产生具有垂直轮廓的厚光刻胶图像，因此所得光刻胶图像适用于图 6.33 中示例的后续半导体过程工艺，无论哪里都需要厚且高深宽比的光刻胶图像。使用 TSI 体系的一个重要动机是可以隔离晶圆上形貌的能力，以防止其在光刻胶中产生大的曝光变化。

图 6.49 为 TSI 光刻胶体系[53,54] 示例。由于采用单层高吸收性光刻胶，光线仅穿透光刻胶层的顶部。这样，就不会产生反射光，从而将潜像与晶圆形貌隔离开来。然后对光刻胶进行甲硅烷基化工艺，选择性地将硅结合到光刻胶的曝光部分中。随后的氧气反应离子刻蚀（RIE）工艺仅去除未甲硅烷基化部分中的光刻胶。因为最终的光刻胶图像在未曝光区域中没有光刻胶，所以这是一个负性 TSI 体系。正性 TSI 体系也是可能的。产生正性 TSI 体系的更直接的方法是交联潜像，就像在图像反转过程中一样，然后进行甲硅烷基化过程，如图 6.50 所示。

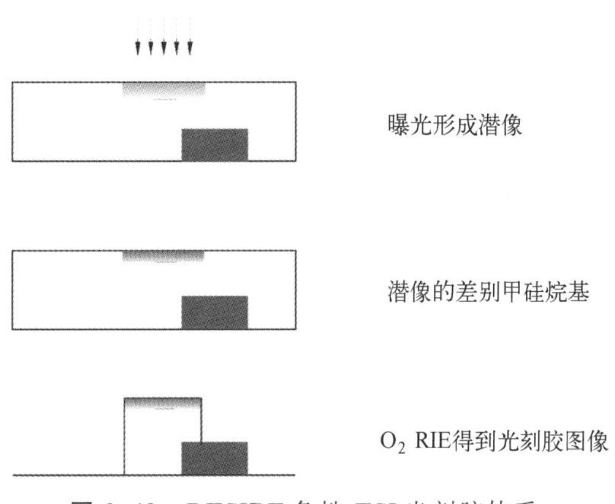

图 6.49　DESIRE 负性 TSI 光刻胶体系。

多层（multilayer）体系——与 TSI 体系类似，使用多层体系的一个重要动机是它们隔离晶圆上的形貌，以防止在光刻胶中产生过大的曝光变化。

可以有两层或三层材料。顶层是感光层。在三层体系中，在顶层描绘出图像后，图像被转移到中间层，中间层用作描绘底层的掩模。两层体系使用顶层作为感光层，同时作为底层的掩模层。在多层体系中，顶部成像层很薄，因此易于成像并且不会占用 DOF 预算的很大比例。底层足够厚，以便使晶圆在形貌上平坦化，同时继续用于图 6.33 中示例的后续半导体过程工艺。对于扩展多层光刻胶体系的覆盖范围，请参阅参考文献 [55]。

图 6.51 显示了一个三层 RIE 转移光刻胶体系[56]。底层是经过减敏及平坦化的硬烘光刻胶。中间层是抗 O_2 RIE 的薄无机层。顶层是适合曝光波长的光刻胶。在正常曝光之后，当描绘顶部成像层的显影过程完成时，光刻胶图像通过刻蚀转移到中间层。之后，通过 O_2 RIE 步骤完成了光刻胶体系的图像描绘。

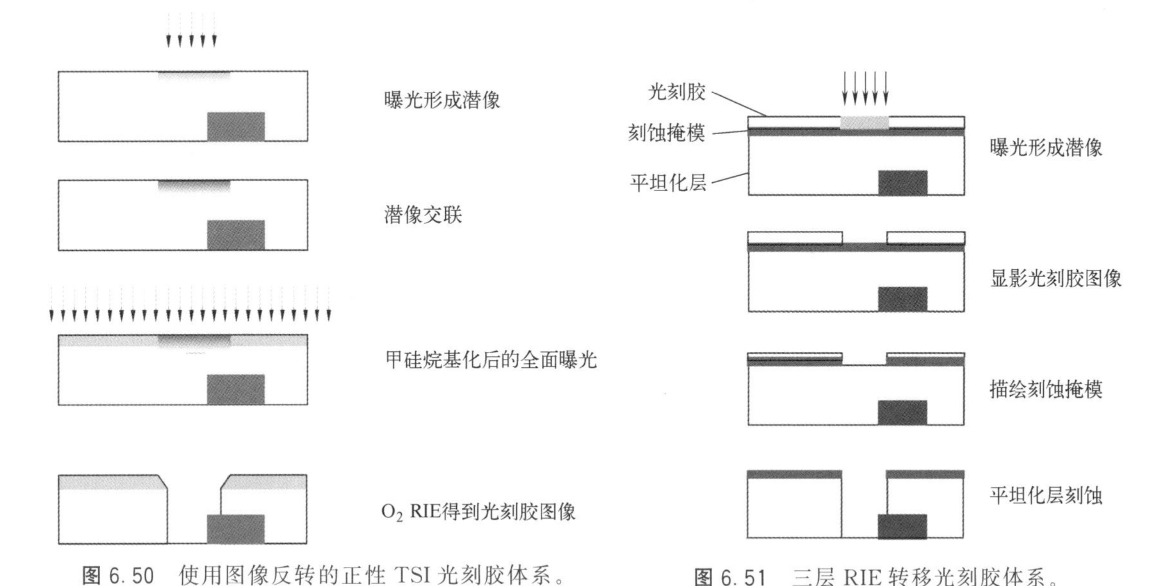

图 6.50　使用图像反转的正性 TSI 光刻胶体系。

图 6.51　三层 RIE 转移光刻胶体系。

图 6.52 显示了一个两层 RIE 转移光刻胶体系[57,58]。顶部成像层包含无机材料，例如

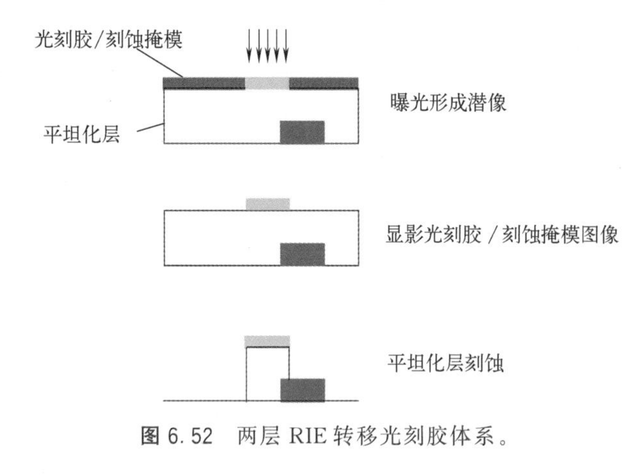

图 6.52 两层 RIE 转移光刻胶体系。

Si 或 Ge_xSe_{1-x} 是良好的 O_2 刻蚀掩模。在对顶层用光进行描绘后，图像便通过 O_2 RIE 转移到底层。

注意：O_2 RIE 用作表示高选择性聚合物刻蚀的通用术语。通常会添加微量的其他气体以帮助改进该工艺，例如，添加非常少量的含氟气体以清除可能的无机残留物，这会降低聚合物和无机表面之间的刻蚀选择性。

转移过程不必是 RIE。当要转移的特征尺寸大于 0.5μm 时，由划定的顶层或中间层掩蔽的深紫外全面曝光会在底部平坦化层中产生良好控制的邻近曝光图像。当然，底层必须是深紫外光刻胶。比深紫外波长短的波长可用于获得更高的分辨率或更高的深宽比。可以使用式（5.3）和式（5.4）定义该体系的分辨率极限，进行预测最小特征尺寸和深宽比。

图 6.53 给出了一个三层光转移光刻胶体系的示意图。由于可以使用更简单的两层光转移体系，三层光转移体系并不流行[59,60]，如图 6.54 所示。AZ1350 光刻胶用作近紫外或中紫外曝光的顶部成像层。这种光刻胶在深紫外中具有高吸收性，使其成为良好的深紫外掩模[17]。PMMA 是一种众所周知的深紫外[61,62] 和电子束[63] 光刻胶，用于底层。顶层充当附着在晶圆上的适形接触掩模，这解释了为什么它在参考文献［59］和［60］中被称为便携适形掩模（portable conformable mask，PCM）。

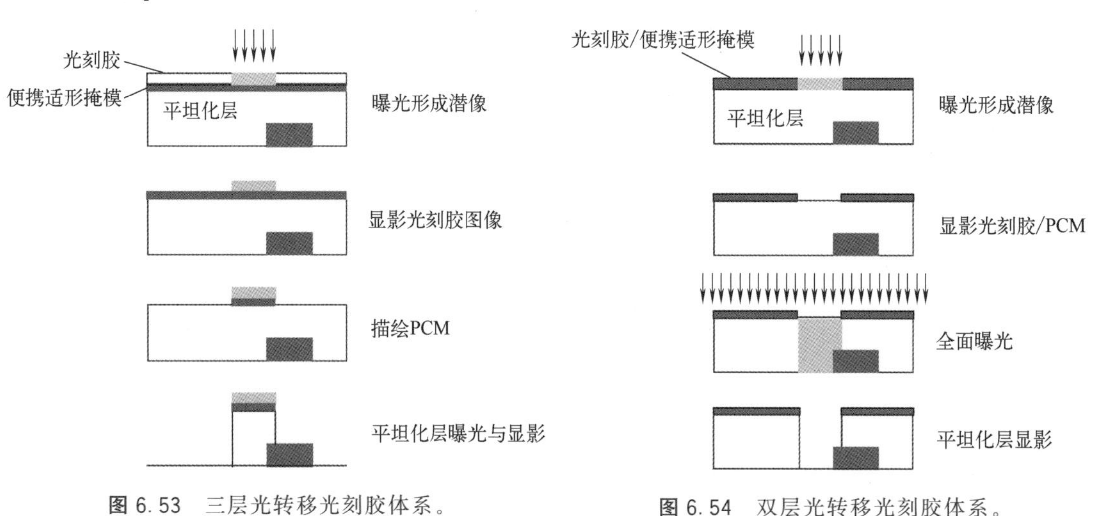

图 6.53 三层光转移光刻胶体系。

图 6.54 双层光转移光刻胶体系。

只要全面曝光的波长支持特征尺寸和深宽比，光转移体系是首选，因为工艺简单且缺陷水平低。对于远低于 0.5μm 的特征，就必须使用 RIE 图像转移体系。TSI 和多层 RIE 转移体系之间的选择取决于工艺控制和成本。用于整体成像光刻胶体系的抗反射涂层不断取得进步。在特征尺寸达到一位数或较低的两位数纳米量级之前，不必迫切需要使用 TSI 或多层体系。

对比度增强（contrast enhancement）——对比度增强是一种双层光转移体系，使用近紫外对顶层和底层进行曝光[64]。顶层具有高吸收性，在曝光时会被漂白，因此它也可用作原位便携适形掩模。因此，对比度增强是一次曝光体系。它也在单一步骤中显影，因为顶层容易溶解在底层的含水显影剂中，该显影剂是常规的酚醛树脂光刻胶。一旦图案的任何部分被漂白，对比度增强允许光穿透以进行更多的漂白。这种非线性过程增强了光刻胶体系的有效对比度。不幸的是，它也倾向于支持较早褪色的较大特征，从而增强邻近效应。图 6.55 显示了对比度增强体系的工作原理和邻近效应增强。

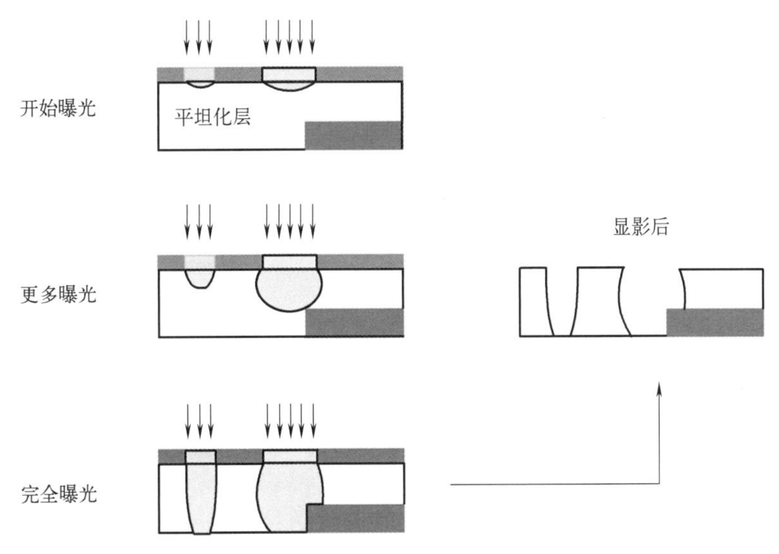

图 6.55　对比度增强光刻胶的工作原理和邻近效应增强。

6.5.2 光与光刻胶的相互作用

6.5.2.1 波长压缩

如图 6.17 所示，当光进入更高折射率的介质时，波长被折射率压缩，即

$$\lambda_2=\left(\frac{n_1}{n_2}\right)\lambda_1 \tag{6.8}$$

$$D_2=\left(\frac{n_1}{n_2}\right)D_1 \tag{6.9}$$

这是一个理想的效果，因为现在光刻胶膜的光学厚度 D_2 更小了，如式（6.9）所示，允许光刻胶厚度占据焦深预算的较小比例。

6.5.2.2 光吸收

光刻胶必须吸收一定量的光，以获得引发化学变化的能量。如果吸收太多，曝光光线不能穿透光刻胶膜，并且难以用光刻胶显影剂清除不需要部分的正胶。同时也难以交联负胶的底部，导致特征脱落，破坏光刻胶图像并成为缺陷源。甚至在特征脱落发生之前，光刻胶轮廓就会严重受损。第 7 章将给出定量优化。这里用图形显示光刻胶吸收的效果。

6.5.2.3 光刻胶漂白或染色

在曝光期间，光刻胶可能会变得更具吸收性或吸收性降低。前者是染色现象，后者是漂白现象。漂白是优选的，因为它有助于增加光刻胶图像的对比度。然而，可使用的光刻胶体系中的染色或漂白量很小，除非专门为其进行设计，例如对比度增强光刻胶体系。

6.5.2.4 光刻胶放气

某些光刻胶在曝光期间会产生气态物质。例如，DQN 在曝光过程中抗释放氮气，如图 6.41 所示。原则上，放气会干扰对成像至关重要的光刻胶表面附近的折射率均匀性。然而，未见报道有任何不良影响，这意味着放气量对于成像来说可以忽略不计。从长远来看，如果释放的材料积聚在透镜表面，则必须清洁该表面。至于对成像的影响，通常这种堆积材料的规范比光刻胶中的气泡更严格。如果透镜前部元件和光刻胶表面之间的介质是液体，例如在浸没式曝光系统中，当 DOF 增强时，对介质同质性的干扰将更加严重，必须加以考虑。这将在第 8 章中讨论。

6.5.2.5 多次反射

当光入射到界面时，除非两种介质的折射率完全匹配，否则它会发生折射和反射。因此，光在光刻胶-空气和光刻胶-晶圆界面处经历多次反射和折射，如图 6.56 所示。实际上，在晶圆和光刻胶之间有一层薄膜。每个界面都会产生反射和折射，使得体系以图形来说明会非常复杂。该图中仅显示了两个界面，光会来回反射，直到强度太低而无须关注。

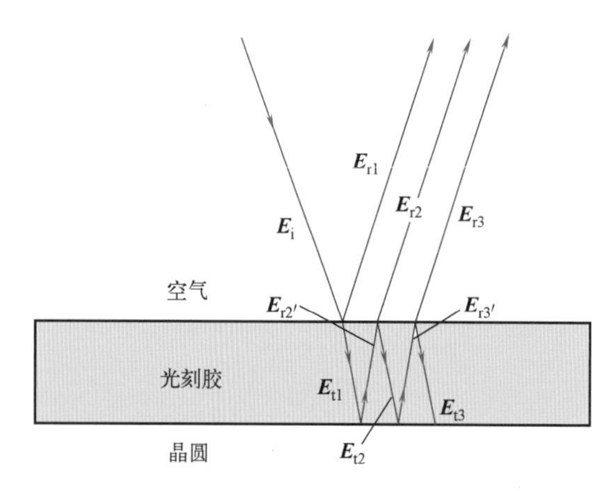

图 6.56 光在光刻胶中的多次反射（r）和折射（t）。$\boldsymbol{E}_i$ 是入射电场；$\boldsymbol{E}_r$ 是反射场；$\boldsymbol{E}_t$ 是空气-光刻胶界面处的透射场；$\boldsymbol{E}_{r1}$ 是空气-光刻胶界面的第一个反射场；$\boldsymbol{E}_{r2'}$ 是来自晶圆-光刻胶界面的反射场；$\boldsymbol{E}_{r2}$ 是 $\boldsymbol{E}_{r2'}$ 到空气中的延续；依此类推。

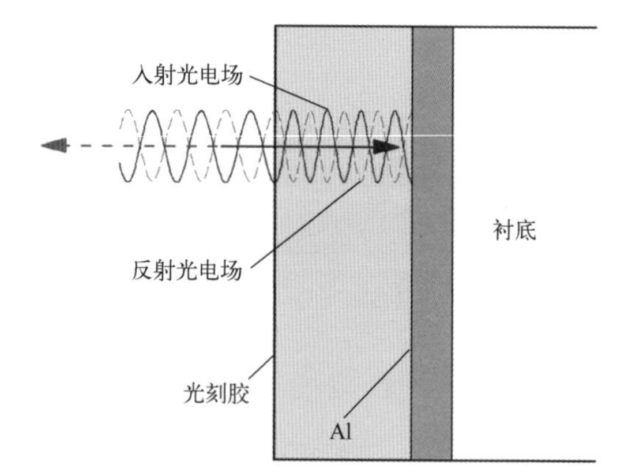

图 6.57 光刻胶中金属层上的驻波不会在金属表面产生曝光。

驻波——由于这些光束的干涉，产生了驻波，如图 6.57 所示。让我们假设入射光的电场 $\boldsymbol{E}_i$ 是垂直于光刻胶-晶圆界面的平面波。在这种情况下

$$\boldsymbol{E}_i = e^{inkz} \tag{6.10}$$

其中，n 是光刻胶的折射率；$k \equiv 2\pi/\lambda$，其中 λ 是真空中的波长；z 是入射光传播的纵向距离。$z=0$ 指的是光刻胶-晶圆界面。反射光束的电场 $\boldsymbol{E}_r$ 由下式表示

$$\boldsymbol{E}_r = R e^{-inkz} \tag{6.11}$$

其中，R 是光刻胶-晶圆界面的复反射系数。当两个光束都存在时，光刻胶中的总电场 $\boldsymbol{E}$ 为

$$\boldsymbol{E} = \boldsymbol{E}_i + \boldsymbol{E}_r = (1-R)e^{inkz} + 2R\cos(nkz) \tag{6.12}$$

$\boldsymbol{E}$ 中有两个分量：第一个分量，由第一项表示，是一个传播波，就像 $\boldsymbol{E}_i$ 或 $\boldsymbol{E}_r$ 一样；由第二项代表的第二个分量是驻波。当我们将通常被忽略的时间函数 $e^{-i\omega t}$ 恢复为波动方程中的指数项时［式（6.10）～式（6.12）］，传播波和驻波之间的区别就更清楚了。驻波没有 $e^{-i\omega t}$

分量；因此，它不会向任何方向传播，而是保持静止。光刻胶曝光剂量与强度 I 成比例

$$I=|\boldsymbol{E}|^2=(1+R^2)e^{inkz}+2R\cos(2nkz) \tag{6.13}$$

因此，显影的光刻胶图像中驻波的周期 p 为

$$p=\frac{\lambda}{2n} \tag{6.14}$$

当光刻胶的底面不反射光时，如在完全匹配的衬底的情况下，$R=0$ 以及 $\boldsymbol{E}$ 和 I 均匀分布。光刻胶图像处于其最佳可能的轮廓。当 R 接近 -1 时，就像铝上的光刻胶一样，铝是一种良导体，具有高反射性，I 在 4 和 0 这两个极端之间变化。在光刻胶-晶圆界面，$z=0$，$\boldsymbol{E}$ 和 I 都变为零。因此，无论入射光束有多强，只要反射光束来自高导电性和高反射性的表面，入射场和反射场就会相互抵消，导致界面处的曝光不足。

对于正胶，驻波的波节阻止光刻胶的进一步显影。在理想情况下，在光刻胶-晶圆界面上的光刻胶残留物必须灰化掉。在灰化出现之前，更高浓度的显影剂用于增加未曝光的光刻胶的溶解速率。代价是光刻胶显影对比度的降低。

被强驻波曝光的负胶在界面处失去黏附力，因为界面处的光刻胶没有被曝光并且保持高度可溶。没有黏附促进方案可以解决这个问题，除非光刻胶被曝光并因此在界面处交联。

当驻波不足以严重到产生上述问题时，它们似乎仅仅是表面上不希望的。这适用于各向同性和各向异性刻蚀、剥离及离子注入，如图 6.58 所示，其中驻波画在光刻胶剖面的一侧以作比较。在各向同性刻蚀中，线宽控制的最关键位置是在光刻胶和待刻蚀层的界面处。这里的光刻胶边缘位置严格取决于这两种介质的折射率，而与是否有齿形轮廓无关。对于具有高刻蚀选择性的各向异性刻蚀，论点类似于各向同性刻蚀的论点。如图所示，当选择性不是很高并且光刻胶在刻蚀过程中被消耗时，驻波的效果类似于从底部驻波的一个极端和顶部驻波的另一个极端画出的直的但是更倾斜的轮廓。对于离子注入应用，论点是相似的。对剥离应用，很明显，驻波的齿形在线宽控制中不起任何作用。

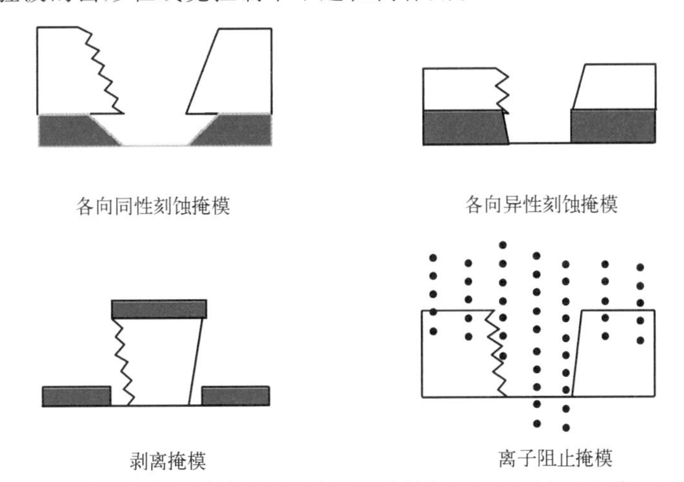

图 6.58　驻波在光刻胶应用中的作用。驻波仅显示在光刻胶轮廓的左侧。

控制驻波的方法包括使用 PEB、低对比度显影剂、抗反射涂层、表面成像和多层光刻胶体系。Walker 首次报道了使用 PEB 消除驻波[65]。在 100℃ 温度下，使用 10min PEB 消除 DQN 光刻胶中的驻波，如图 6.59 所示。工作原理是潜像中的大的纵向折射率梯度在 PEB 温度下通过扩散达到平衡。然而，扩散也是横向发生的。去除纵向方向上的大梯度也导致潜像在横向方向上的梯度减小。因此，如图所示，光刻胶轮廓稍微过切。较小的图像梯

度也导致较小的曝光裕度。幸运的是，纵向驻波引起的梯度比横向图像边缘的梯度大得多。否则，对于 PEB 可能会进行过多的权衡。扩散在减小光刻胶-晶圆界面的纵向梯度方面效果较差，因为扩散的方向现在被限制在光刻胶侧。

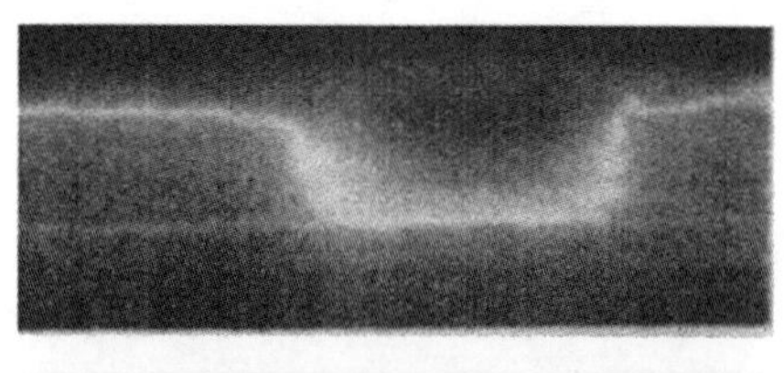

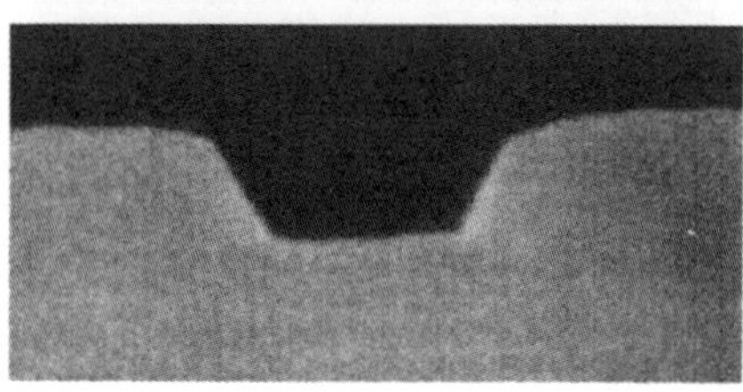

图 6.59 PEB 驻波消除法。经许可转载自文献［65］© (1975) IEEE。

除了出于美观的原因，使用低对比度光刻胶显影剂可以减少趋肤效应（这会减缓或阻止显影到光刻胶的主体中）并减少来自衬底反射的黏附力损失。高对比度显影剂不会溶解未曝光的正胶；因此，它使趋肤效应明显。当显影剂可以去除未曝光的正胶时，显影对比度下降，但是表皮可以更容易地被去除。这又是一个权衡，PEB 的情况就是如此。

消除驻波的最佳方法是消除衬底反射，这将在 6.5.4 节中讨论。其他方法包括表面成像和使用 6.5.1.3 节中讨论的多层光刻胶体系。

杂散光（stray light）——来自光刻胶和下层薄膜的多次反射会在成像系统中产生杂散光，就像 6.3.3.4 节中讨论的掩模铬区域的反射一样。参考前面的图 6.15，很容易看到，不在掩模共轭面内的薄膜界面将光反射到铬区域被反射回来，从而降低了图像对比度。这种类型的杂散光最好通过降低掩模反射率来处理。如 6.5.4 节所述，当通过控制曝光公差来实现时，优化光刻胶和薄膜厚度以最小化全反射是最好的。

来自形貌的曝光不均匀性——除了驻波之外，光刻胶中的多次反射也会导致作为光刻胶厚度函数的曝光变化。图 6.60 显示了取自多晶硅/二氧化硅薄膜叠层的光刻胶-空气界面的

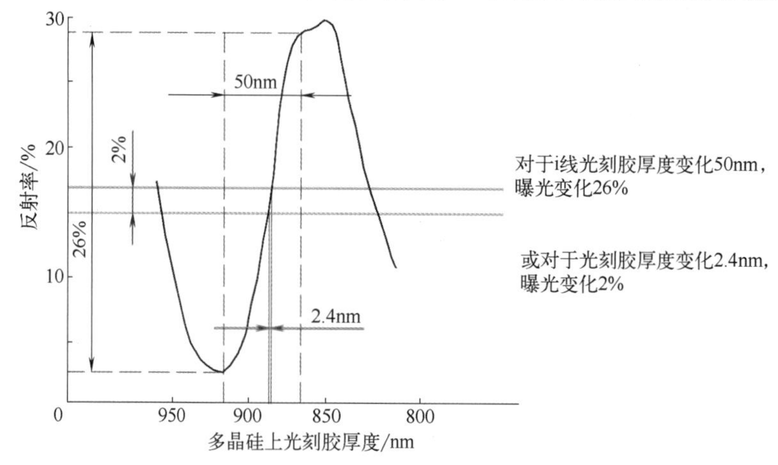

图 6.60 反射率与光刻胶厚度的关系，对由晶圆上的形貌引起的光刻胶厚度变化非常敏感。

反射率。在大约50nm的厚度内，反射率可以改变26%。因此，光刻胶曝光也改变该量，因为光刻胶曝光的光是剩余的入射光（减去从空气-光刻胶界面反射的光）和离开光刻胶进入薄膜叠层和衬底的光。

通常，光刻胶涂层的厚度可以控制在几纳米以内，这不成问题。曝光不均匀的主要原因是形貌上光刻胶厚度的变化，如图6.61所示。

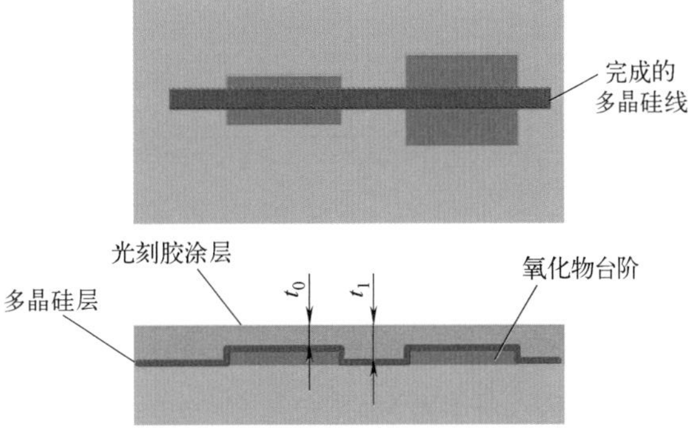

图6.61 形貌上的光刻胶厚度变化。

26%的曝光偏差要求成像系统能够支持优于29%的曝光裕度。额外的余量用于考虑照明的不均匀曝光以及控制曝光快门的不准确性。如后续示例所示，曝光裕度需要控制在15%以内，但最好小于10%。这需要密切注意由光刻胶和薄膜叠层产生的反射变化。这个主题非常重要，将在6.5.4节中讨论。

6.5.3 显影的光刻胶图像

图6.62显示了由于光刻胶对光的吸收，朝向光刻胶底部的空间像变窄。这促进了显影的光刻胶图像中的过度切割轮廓。对于正胶，过切甚至更明显，因为当显影剂开始渗透光刻胶时，显影区域中光刻胶图像的侧面暴露于显影剂。上侧经受显影剂溶解的时间比下侧长。对于负胶，显影效应补偿了光刻胶图像轮廓中的吸收效应。

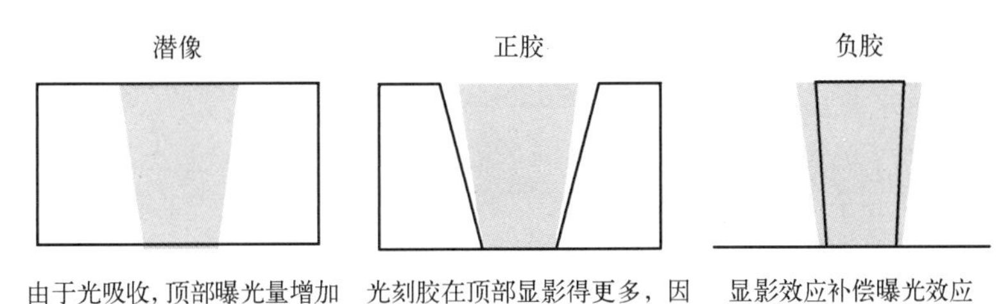

图6.62 正胶和负胶图像的轮廓。

6.5.3.1 简单空间像的显影

图6.63给出了在200nm厚的负胶中，100nm宽和200nm厚的曝光光刻胶图像的详细显影步骤。为了简化演示过程，空间像不会被光刻胶吸收。因此，其宽度沿着200nm的光刻胶厚度是恒定的。未曝光区域的溶解速率为10nm/s，曝光区域的溶解速率为1nm/s。图中显示了$t=0$、10、20、40、60s的情况。最初，给定曝光的光刻胶图像是100nm宽和200nm厚。

在10s后，未曝光的背景光刻胶被显影剂均匀去除并减薄至100nm。曝光区域的顶部降低了10nm，而曝光区域的侧面在顶部的每一侧都变窄了10nm，但在未曝光的光刻胶的显影前部尚未去除。

在20s时，未曝光区域完全清除。显影图像的宽度在顶部为60nm，在底部为100nm。曝光区域的厚度现在为180nm。

在40s时，曝光区域在顶部和侧面溶解，导致顶部宽度为20nm，底部宽度为60nm。光

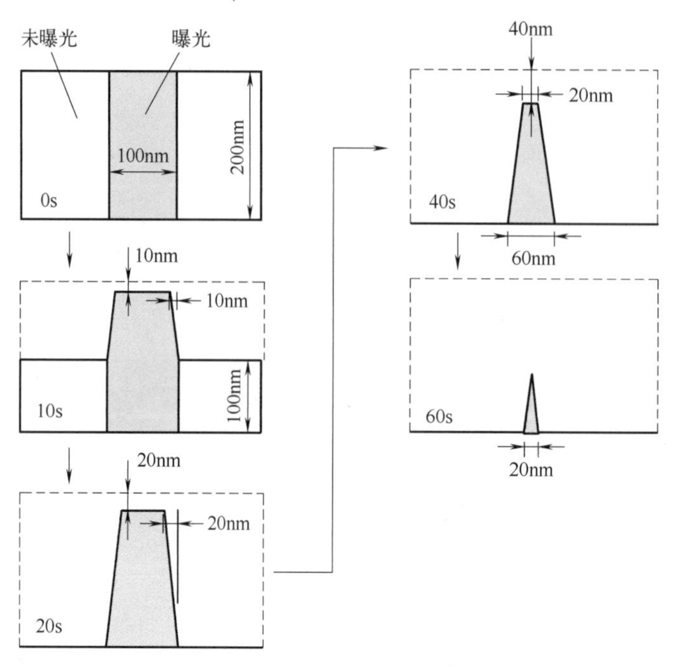

图 6.63　100nm 宽、200nm 深的曝光图像的负显影。

刻胶厚度现在为 60nm。

在 60s 时，剩余的光刻胶是底部 20nm 宽的楔形。它的高度略小于 80nm，因为在顶部和两侧同时去除了光刻胶。

图 6.64 中的情况与图 6.63 中的情况类似，只是光刻胶在其 200nm 厚度的最后 20nm 处没有曝光：

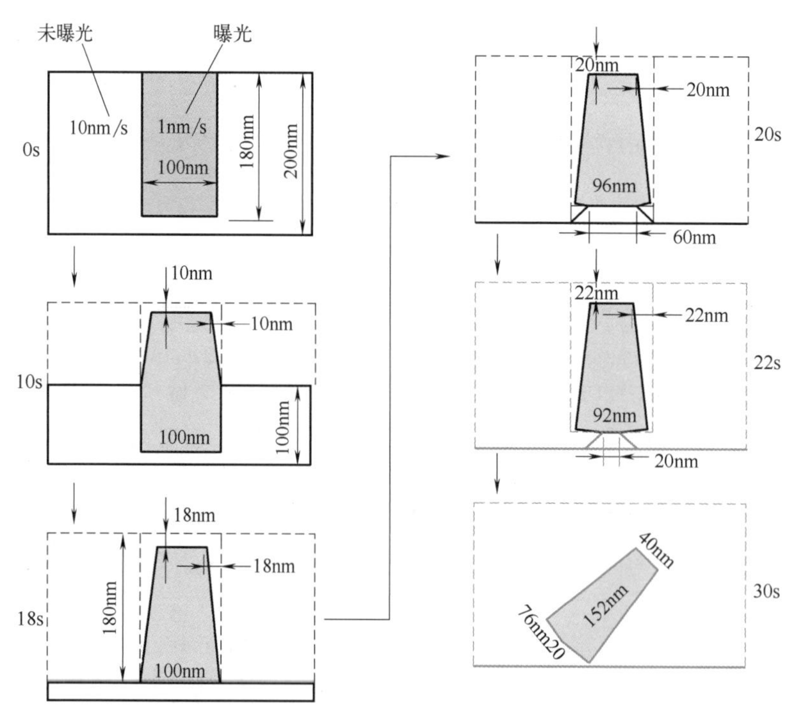

图 6.64　在 200nm 厚的负胶中显影 100nm 宽、180nm 深的曝光图像。

- 在 $t=0$、10、18s 时，显影情况如上一个案例所述。
- 在 $t=20$s 时，支持交联结构的未曝光光刻胶被显影剂以未曝光显影速率去除，导致该载体变薄。
- 在 $t=22$s 时，支撑物被严重腐蚀。
- 在 $t=30$s 时，交联结构开始失去支撑并与基材分离。它可以被任何流动的液体或空气带走，停留在非预期区域，成为缺陷。

6.5.3.2　衍射空间像的显影

实际上，空间像并没有那么简单。图 6.65 显示了在三个离焦位置 $\sigma=0.5$ 照明的 $k_1=0.64$ 的线开口的折射和显影图像，就好像具有涂层光刻胶的晶圆位于这些位置中的每一个位置一样。焦平面被标记，并且处于 $k_2=1.8$ 附近。光刻胶厚度为 1，单位为 k_2。衍射图像最初是在空气中模拟的。当该图像传播到光刻胶中时，它会继续在具有 n_r 和 α 的新介质中传播，其中 n_r 是光刻胶的复折射率 n_c 的实部，虚部 n_i 为

$$n_i \equiv \frac{\lambda}{2\pi}\alpha \tag{6.15}$$

这个图像是严格折射的，其中反射被忽略。该折射图像被转换成速率图像，并通过模拟进行显影。显影轮廓是渐进显影时期的显影表面。除了用图 6.65 作为参考条件外，这里还可以做一个重要的观察。尽管晶圆被放置成对称地偏离最佳焦点，但是在两个离焦位置处的显影图像是非常不同的，因为在显影剂的起始表面处的折射图像是不同的。在负离焦区域中，折射图像开始为传播成单峰聚焦图像的双峰退化图像，而在正离焦区域中，折射图像开始为单峰并退化成两个峰。这说明了当引入光刻胶时焦点的移动。离焦的负区域中的 DOF 损失由正区域中的增益弥补。因此，DOF 的最终结果不受影响。显影的图像在最后两个晶圆位置变平，因为显影剂已经到达晶圆表面。在第一个位置，光刻胶没有完全显影，即使所有三种情况使用相同的显影时间。

引入一个小的吸收，其结果如图 6.66 所示。在负离焦区域，光刻胶显影得更少，因为

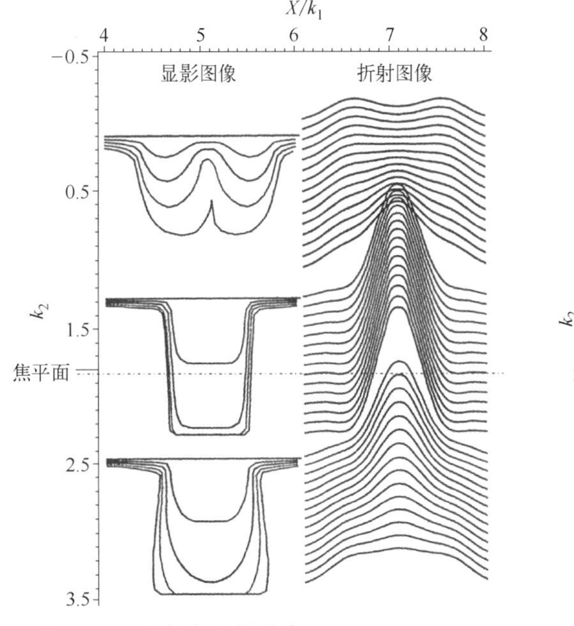

图 6.65　折射和显影图像：$n=1.5$，$\alpha=0$。

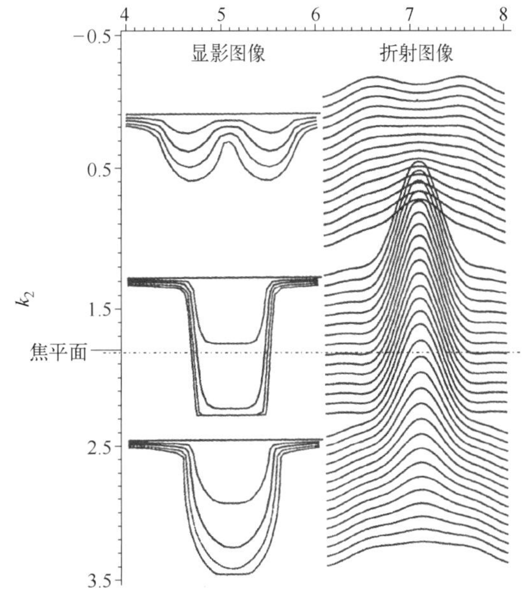

图 6.66　折射和显影图像：$n=1.5$，$\alpha=0.178\mu m^{-1}$。

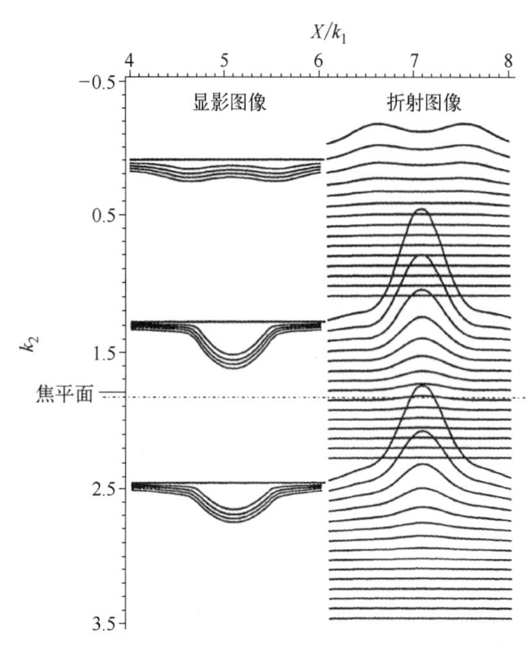

图 6.67 折射和显影图像：$n=1.5$，$\alpha=3\mu m^{-1}$。

到达底部的光更少。如图 6.62 所示，在聚焦区，光刻胶轮廓稍微过切。在正离焦区域，光刻胶图像已经反转了它的正偏置。这意味着，利用稍小的吸收系数，可以使光刻胶图像与聚焦图像相同。因此，存在一个最佳吸收量。

当吸收系数增加到 $3\mu m^{-1}$ 时，显影后的图像在所有三个离焦位置都没有清除光刻胶底部，如图 6.67 所示。然而，这也意味着来自晶圆衬底的反射被完全消除。尽管该光刻胶不适合于体成像，但它对于表面成像是理想的。

6.5.4 抗反射涂层（B. J. Lin，S. S. Yu）

正如 6.5.2 节所指出的，控制来自光刻胶-晶圆界面的反射非常重要。有很多方法可以做到这一点。6.5.1 节中的 TSI 或多层光刻胶体系在光学上很简单，但需要更多的加工步骤，而且它们还没有准备好进行大批量生产。因此，需要将具有薄膜厚度的单层光刻胶体系的使用范围，扩展到不违反半导体器件要求的情况。还引入了减少反射的额外聚合物涂层。因此，有顶部抗反射涂层（TARC）和底部抗反射涂层（BARC）。前者应用于光刻胶层的顶部，而后者应用于光刻胶-晶圆界面。BARC 可以是聚合物膜或无机层。

我们用一个简单的案例来分析理解 ARC，以图 6.68 所示的情况为例，光刻胶直接涂在晶圆上。入射光束的电场 $\boldsymbol{E}_{\mathrm{i}}$ 在空气-光刻胶界面处反射和透射，产生 $\boldsymbol{E}_{\mathrm{rAR1}}$ 和 $\boldsymbol{E}_{\mathrm{tAR1}}$。$\boldsymbol{E}_{\mathrm{tAR1}}$ 在光刻胶-晶圆界面上反射，成为 $\boldsymbol{E}_{\mathrm{tRW1}}$，然后在光刻胶-空气界面反射和透射，产生 $\boldsymbol{E}_{\mathrm{rAR1}}$ 和 $\boldsymbol{E}_{\mathrm{tAR1}}$。因此，总反射电场 $\boldsymbol{E}_{\mathrm{r}}$ 为

$$\boldsymbol{E}_{\mathrm{r}}=\boldsymbol{E}_{\mathrm{rAR1}}+\boldsymbol{E}_{\mathrm{tRA1}}+\boldsymbol{E}_{\mathrm{tRA2}}+\cdots \quad (6.16)$$

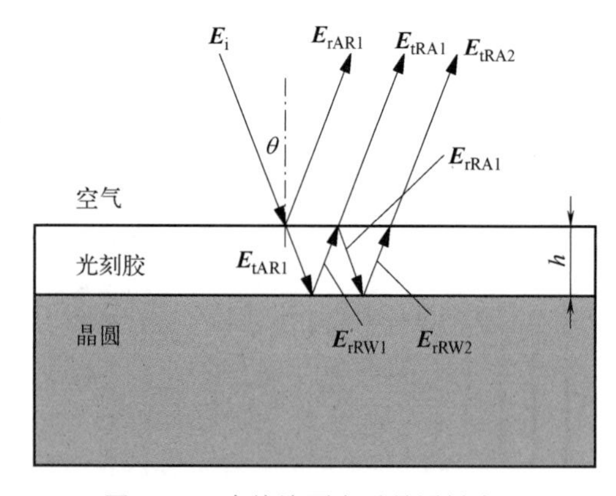

图 6.68 直接涂覆在平晶圆衬底上的单层光刻胶中的多次反射。

我们现在将每个表面的反射和透射系数表示为 r_{AR}、t_{AR}、r_{RW}、r_{RA} 和 t_{RA}，其中 r_{AR} 是从空气进入的空气-光刻胶界面处的反射系数，t_{AR} 是从空气到光刻胶在空气-光刻胶界面处的透射系数，r_{RW} 是从光刻胶进入的光刻胶-晶圆界面处的反射系数等。因此，

$$\frac{\boldsymbol{E}_{\mathrm{r}}}{\boldsymbol{E}_{\mathrm{i}}}=r_{\mathrm{AR}}+t_{\mathrm{AR}}r_{\mathrm{RW}}t_{\mathrm{RA}}\eta \mathrm{e}^{\mathrm{i}\delta}+t_{\mathrm{AR}}r_{\mathrm{RW}}r_{\mathrm{RA}}r_{\mathrm{RW}}t_{\mathrm{RA}}\eta^{2}\mathrm{e}^{\mathrm{i}2\delta}+\cdots \quad (6.17)$$

其中

$$\delta=\frac{4\pi}{\lambda}nh\cos\theta_{\mathrm{R}}$$

是从空气-光刻胶界面到光刻胶-晶圆界面并返回的每个循环周期引入的相位，n 是光刻胶折射率的实部，h 是光刻胶厚度，λ 是波长，θ_R 是折射光束与反射面法线的夹角。$\eta = e^{-2h/\cos\theta_R}$ 是每个行程循环引起的衰减，α 是光刻胶的吸收系数。对式（6.17）中的无穷级数求和，并且认识到 $r_{AR} = -r_{RA}$，$t_{AR} = t_{RA}[n_A\cos\theta_i/(n_R\cos\theta_R)]$，得到

$$\frac{\boldsymbol{E}_r}{\boldsymbol{E}_i} = \frac{r_{AR} + \left(\dfrac{n_R\cos\theta_R}{n_A\cos\theta_i} t_{AR}^2 + r_{AR}^2\right) r_{RW}\eta e^{i\delta}}{1 + r_{AR} r_{RW} \eta e^{i\delta}} \tag{6.18}$$

和

$$\frac{\boldsymbol{E}_r}{\boldsymbol{E}_i} = r_{AR} + \frac{t_{AR} r_{RW} t_{RA} \eta e^{i\delta}}{1 - r_{RA} r_{RW} \eta e^{i\delta}} \tag{6.19}$$

如果存在 BARC 或 TARC，无论是单层还是多层，上述公式在当前形式下仍然有效。我们只需要正确解释 r_{AR}、t_{AR}、r_{RW}、r_{RA} 和 t_{RA}。也就是说，例如，t_{RA} 是光刻胶顶部的电场与空气底部的电场之比，即使 TARC 夹在其间。然而，在这种情况下要找到它们的数值，需要跟踪所有相关界面的反射和透射，随着层数的增加，这变得非常繁琐。

下面，我们将采用不同的方法[69,70]。通过采用矩阵公式（该公式是通过考虑每层内的总场推导出来的），自动考虑了每个界面处的多次反射效应，从而大大简化了问题。在矩阵公式中，有两个矩阵控制着薄膜叠层内的波传播。一个是边界矩阵 $\boldsymbol{D}_{1,2}$，它与层 1 和层 2 之间的界面两侧的电场幅度相关：

$$\begin{bmatrix} E_1^+(d_1) \\ E_1^-(d_1) \end{bmatrix} = \boldsymbol{D}_{1,2} \begin{bmatrix} E_2^+(0) \\ E_2^-(0) \end{bmatrix} \tag{6.20}$$

其中

$$\boldsymbol{D}_{1,2} = \frac{1}{t_{1,2}} \begin{bmatrix} 1 & r_{1,2} \\ r_{1,2} & 1 \end{bmatrix} \tag{6.21}$$

其中，E_j^+ 是沿 $+z$ 方向传播的电磁波的场振幅，而 E_j^- 是沿 z 方向传播的电磁波的场振幅。请注意，我们使用了 $+z$ 方向垂直并指向薄膜叠层的坐标系。j 层的 z 坐标为 z_j，范围从层顶部的 0 到层底部的 d_j。图 6.69 显示了层的命名和 z 轴的方向。层 0 表示光刻胶层。负指数表示光刻胶上方的层，正指数表示其下方的层。第一层表示为数 $-m$，最后一层表示为数 n。层 $-m$ 以上的区域用 a 表示，n 层以下的区域用 b 表示。

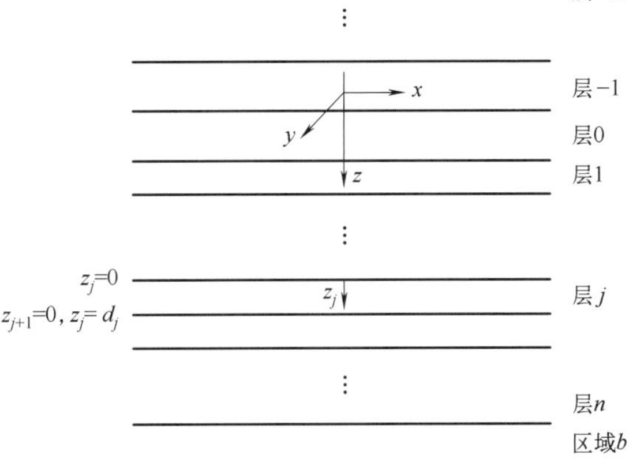

图 6.69　薄膜叠层的坐标系。

层内的自由传播，比如第 2 层，由另一个矩阵 $\boldsymbol{P}_2$ 控制，称为传播矩阵：

$$\begin{bmatrix} E_2^+(0) \\ E_2^-(0) \end{bmatrix} = \boldsymbol{P}_2 \begin{bmatrix} E_2^+(d_2) \\ E_2^-(d_2) \end{bmatrix} \tag{6.22}$$

其中

$$\boldsymbol{P}_2 = \begin{bmatrix} e^{-i\delta_2} & 0 \\ 0 & e^{i\delta_2} \end{bmatrix} \tag{6.23}$$

如 6.5.4.1 节和 6.5.4.2 节所示，边界矩阵和传播矩阵的参数，即 $r_{1,2}$ 和 $t_{1,2}$，

是相关层波矢量的函数：

$$\delta_2 \equiv \frac{2\pi}{\lambda_2} d_2 = k_2 d_2 \tag{6.24}$$

其中，λ_2 是第 2 层中的波长，k_2 是相应的波数。

使用式（6.20）和式（6.22）中提供的两个矩阵，我们现在准备好从薄膜叠层中推导出反射率。首先，考虑从层 a 到层 b 的波传播，有

$$\begin{bmatrix} E_a^+ \\ E_a^- \end{bmatrix} = \boldsymbol{M} \begin{bmatrix} E_b^+ \\ 0 \end{bmatrix} \tag{6.25}$$

其中，$E_a^{\pm}$ 是区域 a 和层 $-m$ 边界处的电场，E_b^+ 是层 n 和区域 b 边界处的电场，$\boldsymbol{M}$ 是所有动态矩阵和传播矩阵的矩阵乘积，这些矩阵控制通过 a 和 b 之间所有层的波传播：

$$\boldsymbol{M} = D_{a,-m} P_{-m} D_{-m,-(m-1)} \cdots D_{-1,0} P_0 D_{0,1} \cdots D_{n-1,n} P_n D_{n,b} = \begin{bmatrix} M_{11} & M_{12} \\ M_{21} & M_{22} \end{bmatrix} \tag{6.26}$$

请注意，在区域 b 中，如果波从区域 a 沿 $-z$ 方向入射，则没有波在 $-z$ 方向上传播。

为了符号方便，将 $[D_{a,-m} \cdots D_{-1,0}]$ 重写为 $\boldsymbol{M}_{\text{res top}}^{-1}$，这里有

$$\boldsymbol{M}_{\text{res top}} = \begin{bmatrix} A_{11} & A_{12} \\ A_{21} & A_{22} \end{bmatrix} \tag{6.27}$$

并将 $[D_{0,1} \cdots D_{n,b}]$ 重写为 $\boldsymbol{M}_{\text{res bot}}$，则有

$$\boldsymbol{M}_{\text{res bot}} = \begin{bmatrix} B_{11} & B_{12} \\ B_{21} & B_{22} \end{bmatrix} \tag{6.28}$$

其中，“res top”代表 resist top（光刻胶顶部），“res bot”代表 resist bottom（光刻胶底部）。

考虑从光刻胶顶部到区域 a 沿 $-z$ 方向传播的波：

$$\begin{bmatrix} E_0^+(0) \\ E_0^-(0) \end{bmatrix} = \begin{bmatrix} A_{11} & A_{12} \\ A_{21} & A_{22} \end{bmatrix} \begin{bmatrix} 0 \\ E_a^- \end{bmatrix} \tag{6.29}$$

导出

$$r_{\text{res top}} \equiv \frac{E_0^+(0)}{E_0^-(0)} = \frac{A_{12}}{A_{22}} \tag{6.30}$$

对于沿 z 方向传播的波，光刻胶底部的场与区域 b 中的场相关，如下所示：

$$\begin{bmatrix} E_0^+(d_0) \\ E_0^-(d_0) \end{bmatrix} = \begin{bmatrix} B_{11} & B_{12} \\ B_{21} & B_{22} \end{bmatrix} \begin{bmatrix} E_b^+ \\ 0 \end{bmatrix} \tag{6.31}$$

因此有

$$r_{\text{res bot}} \equiv \frac{E_0^-(d_0)}{E_0^+(d_0)} = \frac{B_{21}}{B_{11}} \tag{6.32}$$

来自光刻胶内部的光刻胶顶部 $r_{\text{res top}}$ 和光刻胶底部 $r_{\text{res bot}}$ 的反射率是与摆动效应直接相关的两个重要量，因此在光刻的关键尺寸控制中起着重要作用。

整个薄膜叠层上表面对来自空气的入射波的反射率为

$$r \equiv \frac{E_a^-}{E_a^+} = \frac{M_{21}}{M_{11}} \tag{6.33}$$

由式（6.25），

$$\boldsymbol{M}_{\text{res top}} \begin{bmatrix} E_a^+ \\ E_a^- \end{bmatrix} = \boldsymbol{P}_0 \boldsymbol{M}_{\text{res bot}} \begin{bmatrix} E_b^+ \\ 0 \end{bmatrix} \tag{6.34}$$

且有

$$\begin{bmatrix} A_{11} & A_{12} \\ A_{21} & A_{22} \end{bmatrix} \begin{bmatrix} E_a^+ \\ E_a^- \end{bmatrix} = \begin{bmatrix} e^{-i\delta_0} & 0 \\ 0 & e^{i\delta_0} \end{bmatrix} \begin{bmatrix} B_{11} & B_{12} \\ B_{21} & B_{22} \end{bmatrix} \begin{bmatrix} E_b^+ \\ 0 \end{bmatrix} \tag{6.35}$$

使用式（6.30）、式（6.32）、式（6.33）和式（6.35），有

$$r = \frac{-A_{21} + A_{11} e^{i2\delta_0} r_{\text{res bot}}}{A_{22} - A_{12} e^{i2\delta_0} r_{\text{res bot}}} \tag{6.36}$$

因此，薄膜叠层的反射率用 $M_{\text{res top}}$ 的矩阵元素和光刻胶底部的内部反射率来表示。

为了计算薄膜叠层每一层内 TE 波的电场 $E_j^{\pm}(z_j)$，从下式开始：

$$\begin{bmatrix} E_a^+ \\ E_a^- \end{bmatrix} = \begin{bmatrix} 1 \\ r \end{bmatrix}$$

然后通过使用边界矩阵和传播矩阵将其传播到薄膜叠层的任何位置。首先，将推导出$E_0^{\pm}(z_0)$，这是光刻胶内部 TE 波的电场。这个公式用于获得坡印亭矢量（Poynting vector）的解析表达式。为了推导 $E_0^{\pm}(z_0)$，我们从推导 $E_0^{\pm}(0)$ 开始。

将光刻胶顶部的电场与区域 a 中的电场相关联：

$$\begin{bmatrix} A_{11} & A_{12} \\ A_{21} & A_{22} \end{bmatrix} \begin{bmatrix} E_a^+ \\ E_a^- \end{bmatrix} = \begin{bmatrix} E_0^+(0) \\ E_0^-(0) \end{bmatrix} \tag{6.37}$$

由式（6.30）、式（6.36）和式（6.37），

$$E_0^+(0) = \frac{|\boldsymbol{M}_{\text{res top}}|/A_{22}}{1 - r_{\text{res top}} e^{i2\delta_0} r_{\text{res bot}}} E_a^+ \tag{6.38}$$

对于 $E_0^-(0)$，从光刻胶顶部的电场和区域 b 中的电场之间的关系开始：

$$\begin{bmatrix} E_0^+(0) \\ E_0^-(0) \end{bmatrix} = \begin{bmatrix} e^{-i\delta_0} & 0 \\ 0 & e^{-i\delta_0} \end{bmatrix} \begin{bmatrix} B_{11} & B_{12} \\ B_{21} & B_{22} \end{bmatrix} \begin{bmatrix} E_b^+ \\ 0 \end{bmatrix} \tag{6.39}$$

由 $E_0^+(0) = e^{-i\delta_0} B_{11} E_b^+$ 和 $E_0^-(0) = e^{i\delta_0} B_{21} E_b^+$，可以导出

$$E_0^-(0) = r_{\text{res bot}} e^{i2\delta_0} E_0^+(0) \tag{6.40}$$

最终，

$$E_0^+(z_0) = e^{i\zeta_0} E_0^+(0) \tag{6.41}$$

和

$$E_0^-(z_0) = e^{-i\zeta_0} E_0^-(0) = e^{-i\zeta_0} r_{\text{res bot}} e^{i2\delta_0} E_0^+(0) \tag{6.42}$$

其中，$\zeta_0 = k_0 z_0$，现在我们获得了 $E_0^{\pm}(z_0)$ 的解析表达式。

为了评估坡印亭矢量，光刻胶内部的总电场为

$$\boldsymbol{E}_0 = \boldsymbol{E}_0^+ + \boldsymbol{E}_0^- \tag{6.43}$$

相应的总磁场强度为

$$\boldsymbol{H}_0 = \frac{\boldsymbol{k}_0^+ \times \boldsymbol{E}_0^+ + \boldsymbol{k}_0^- \times \boldsymbol{E}_0^-}{\omega\mu_0} \tag{6.44}$$

其中，$\omega \equiv 2\pi f$，f 是传播波的频率，μ_0 是光刻胶的磁导率。光刻胶内部的坡印亭矢量是 $\boldsymbol{I}_0 = \boldsymbol{E}_0 \times \boldsymbol{H}_0$。由于所涉及的电场和磁场是时间谐波，因此只考虑 z 方向上的时间平均坡印

亭矢量：

$$\langle I_{0z}(z_0)\rangle=\langle \boldsymbol{I}_0(z_0)\cdot\hat{\boldsymbol{Z}}\rangle$$
$$=\frac{1}{2\omega\mu_{\mathrm{v}}}\{[|E_0^+(z_0)|^2-|E_0^-(z_0)|^2]k_0^R-2\mathrm{Im}[E_0^+(z_0)E_0^{-*}(z_0)]k_0^I\} \tag{6.45}$$

这里我们用 μ_{v} 代替 μ_0，即真空中的磁导率。注意 k_0 是复数。

现在，要推导出摆动曲线的解析表达式。通过代入之前在式（6.44）中获得 $E_0^{\pm}(z_0)$，得到

$$\langle I_{0z}(z_0)\rangle=[(\mathrm{e}^{-2k_0^Iz_0}+\mathrm{e}^{2k_0^Iz_0}|r_{\mathrm{res\ bot}}|^2\mathrm{e}^{-4k_0^Id_0})k_0^R-$$
$$2|r_{\mathrm{res\ bot}}|\mathrm{e}^{-2k_0^Id_0}\sin(2k_0^Rz_0-2k_0^Rd_0-\gamma_{\mathrm{res\ bot}})k_0^I]\times \tag{6.46}$$
$$\left|\frac{|\boldsymbol{M}_{\mathrm{res\ bot}}|/A_{22}}{1-r_{\mathrm{res\ top}}\mathrm{e}^{\mathrm{i}2\delta_0}r_{\mathrm{res\ bot}}}\right|^2\langle I_{az}^+\rangle$$

这里我们使用了入射波的坡印亭矢量，

$$\langle I_{az}^+\rangle=\frac{1}{2}\mathrm{Re}[\boldsymbol{E}_a^+\times\boldsymbol{H}_a^{+*}]\cdot\hat{z}=\frac{1}{2\omega\mu_{\mathrm{v}}}|E_a^+|^2k_{az}^+ \tag{6.47}$$

为了计算光刻胶内部吸收的能量，使用坡印亭定理，该定理指出，每单位时间每单位体积吸收的能量 ρ 等于该点坡印亭矢量的负散度：

$$\rho\equiv-\nabla\cdot\langle\boldsymbol{I}_0\rangle=\frac{1}{k_a}[(2k_0^I\mathrm{e}^{-2k_0^Iz_0}-2k_0^I\mathrm{e}^{2k_0^Iz_0}|r_{\mathrm{res\ bot}}|^2\mathrm{e}^{-4k_0^Id_0})k_0^R+$$
$$4k_0^R|r_{\mathrm{res\ bot}}|\mathrm{e}^{-2k_0^Id_0}\cos(2k_0^Rz_0-2k_0^Rd_0-\gamma_{\mathrm{res\ bot}})k_0^I]\times \tag{6.48}$$
$$\left|\frac{|\boldsymbol{M}_{\mathrm{res\ top}}|/A_{22}}{1-r_{\mathrm{res\ top}}\mathrm{e}^{\mathrm{i}2\delta_0}r_{\mathrm{res\ bot}}}\right|^2\langle I_{az}^+\rangle$$

其中，我们只关心坡印亭矢量沿 z 方向的变化。由于它对 z_0 的依赖性，上式中的项 $4k_0^R|r_{\mathrm{res\ bot}}|\mathrm{e}^{-2k_0^Id_0}\cos(2k_0^Rz_0-2k_0^Rd_0-\gamma_{\mathrm{res\ bot}})k_0^I$ 表示光刻胶内部的驻波。发现驻波的周期为 $p=\pi/k_0^R=\lambda_0/2$。假设驻波项可以在 PEB 后由于光酸的扩散而下降，并且 $|r_{\mathrm{res\ bot}}|^2\mathrm{e}^{-4k_0^Id_0}$ 以及 $|r_{\mathrm{res\ top}}||r_{\mathrm{res\ bot}}|$ 与 1 相比非常小，可以得到

$$\rho\approx\frac{1}{k_a}2k_0^Ik_0^R\mathrm{e}^{-2k_0^Iz_0}\left|\frac{|\boldsymbol{M}_{\mathrm{res\ top}}|}{A_{22}}\right|^2\times$$
$$[1+2|r_{\mathrm{res\ top}}|\mathrm{e}^{-2k_0^Id_0}|r_{\mathrm{res\ bot}}|\cos(\gamma_{\mathrm{res\ top}}+2k_0^Rd_0+\gamma_{\mathrm{res\ bot}})]\langle I_{az}^+\rangle \tag{6.49}$$

考虑光刻胶底部的 ρ，也即 $z_0=d_0$，由式（6.49），有

$$\rho=C\mathrm{e}^{-\alpha d_0}[1+2|r_r|\mathrm{e}^{-\alpha d_0}\cos(\zeta d_0+\gamma_r)]\langle I_{az}^{+I}\rangle \tag{6.50}$$

其中

$$C\equiv\frac{1}{k_a}\varsigma k_0^I\left|\frac{|\boldsymbol{M}_{\mathrm{res\ top}}|}{A_{22}}\right|^2$$

且

$$\alpha\equiv2k_0^I,|r_r|\equiv|r_{\mathrm{res\ top}}||r_{\mathrm{res\ bot}}|,\gamma_r\equiv\gamma_{\mathrm{res\ top}}+\gamma_{\mathrm{res\ bot}}$$

如果光刻胶工作在其线性响应区域，则光刻胶 CD 的变化为 $\Delta w \propto \rho$。积分后，可以得到广义的摆动曲线，即光刻胶 CD 作为光刻胶厚度的显式函数［薄膜叠层的光学参数隐含在 r_{res}（或 $r_{\text{res top}}$ 和 $r_{\text{res bot}}$）中］。

下面，推导边界矩阵和传播矩阵的元素。我们将首先求解薄膜叠层每一层内部的波矢量。参考图 6.66，z 轴垂直于薄膜叠层，xy 平面与薄膜叠层表面重合。由于只考虑电场和磁场的平面波解，对每一层 j，假设 $\boldsymbol{E}_j^{\pm}=\boldsymbol{E}_{j0}^{\pm}\mathrm{e}^{\mathrm{i}\boldsymbol{k}_j^{\pm}\cdot\boldsymbol{r}-\mathrm{i}\omega t}$ 及 $\boldsymbol{H}_j^{\pm}=\boldsymbol{H}_{j0}^{\pm}\mathrm{e}^{\mathrm{i}\boldsymbol{k}_j^{\pm}\cdot\boldsymbol{r}-\mathrm{i}\omega t}$，其中 $\boldsymbol{E}_j^{+}$（$\boldsymbol{H}_j^{+}$）传播到薄膜叠层中，$\boldsymbol{E}_j^{-}$（$\boldsymbol{H}_j^{-}$）从薄膜叠层向外传播。如果 $\boldsymbol{r}$ 位于界面上，为了满足两层之间的界面上的边界条件，例如区域 a 和层 1，所有波在界面上的函数依赖性应该是相同的，即 $\boldsymbol{k}_a^{+}\cdot\boldsymbol{r}=\boldsymbol{k}_a^{-}\cdot\boldsymbol{r}=\boldsymbol{k}_1^{+}\cdot\boldsymbol{r}=\boldsymbol{k}_1^{-}\cdot\boldsymbol{r}$。选择 $\boldsymbol{r}=\hat{\boldsymbol{x}}$，有

$$\boldsymbol{k}_a^{+}\cdot\hat{\boldsymbol{x}}=\boldsymbol{k}_a^{-}\cdot\hat{\boldsymbol{x}}=\boldsymbol{k}_1^{+}\cdot\hat{\boldsymbol{x}}=\boldsymbol{k}_1^{-}\cdot\hat{\boldsymbol{x}} \tag{6.51}$$

类似地，选择 $\boldsymbol{r}=\hat{\boldsymbol{y}}$ 的结果是

$$\boldsymbol{k}_a^{+}\cdot\hat{\boldsymbol{y}}=\boldsymbol{k}_a^{-}\cdot\hat{\boldsymbol{y}}=\boldsymbol{k}_1^{+}\cdot\hat{\boldsymbol{y}}=\boldsymbol{k}_1^{-}\cdot\hat{\boldsymbol{y}} \tag{6.52}$$

让 $\boldsymbol{k}_a^{+}$ 位于 zx 平面上，使其成为入射面；$\boldsymbol{k}_a^{+}\cdot\hat{\boldsymbol{y}}=0$。式（6.51）和式（6.52）可以从区域 a 和层 1 之间到层 n 和区域 b 之间反复应用。对于每个层 j，我们有 $\boldsymbol{k}_j^{\pm}\cdot\hat{\boldsymbol{x}}=\boldsymbol{k}_a^{+}\cdot\hat{\boldsymbol{x}}$ 和 $\boldsymbol{k}_j^{\pm}\cdot\hat{\boldsymbol{y}}=0$。

在每个层 j 内，电场强度 $\boldsymbol{E}_j^{\pm}$（或磁场强度 $\boldsymbol{H}_j^{\pm}$）满足均质波方程：

$$\nabla^2\boldsymbol{E}_j^{\pm}-\mu_j\varepsilon_j\frac{\partial^2\boldsymbol{E}_j^{\pm}}{\partial t^2}=0 \tag{6.53}$$

将平面波的解代入上述方程，有

$$\boldsymbol{k}_j^{\pm}\cdot\boldsymbol{k}_j^{\pm}=\mu_j\varepsilon_j\omega^2 \tag{6.54}$$

层 j 的介电常数为 $\varepsilon_j=\varepsilon_{\text{v}}N_j^2$，其中 $N_j\equiv n_j+\mathrm{i}\kappa_j$ 为层 j 的复数折射率。假设 $\mu_j=\mu_{\text{v}}$（即非磁性的），对于每个层 j，得到 $\mu_j\varepsilon_j\omega^2=(2\pi/\lambda_{\text{v}})^2N_j^2$，其中 ε_{v} 为真空中的介电常数，μ_{v} 为真空中的磁导率，λ_{v} 为真空中的波长。从式（6.54）来看，$\boldsymbol{k}_j^{\pm}$ 也是复数。将 $\boldsymbol{k}_j^{\pm}$ 分成实部和虚部后，有 $\boldsymbol{k}_j^{\pm}\equiv\boldsymbol{k}_j^{\pm R}+\mathrm{i}\boldsymbol{k}_j^{\pm I}$。

下面将介绍如何求解每个层 j 内的 $\boldsymbol{k}_j^{\pm}$。这在一般情况下是不可能的。然而，这里只考虑层 a 的材料是不吸收的特殊情况。在这种情况下，如果层 a 的入射角为 θ_a，则 $\boldsymbol{k}_j^{+}\cdot\hat{\boldsymbol{x}}=(2\pi/\lambda_{\text{v}})n_a\sin\theta_a$。回顾 $\boldsymbol{k}_j^{+}\cdot\hat{\boldsymbol{y}}=0$，可以假设 $\boldsymbol{k}_j^{+}=(2\pi/\lambda_{\text{v}})n_a\sin\theta_a\hat{\boldsymbol{x}}+(k_{jz}^{+R}+\mathrm{i}k_{jz}^{+I})\hat{\boldsymbol{z}}$。通过使用式（6.54），有 $\boldsymbol{k}_j^{+}\cdot\boldsymbol{k}_j^{+}=(2\pi/\lambda_{\text{v}})^2n_a^2\sin^2\theta_a+(k_{jz}^{+R}+\mathrm{i}k_{jz}^{+I})^2$，由此，$k_{jz}^{+}\equiv k_{jz}^{+R}+\mathrm{i}k_{jz}^{+I}$ 可以求解，即 $k_{jz}^{+}=(2\pi/\lambda_{\text{v}})\sqrt{N_j^2-n_a^2\sin^2\theta_a}$。实际上，任何复数都有两个平方根。对于 k_{jz}^{+}，选择了 $\mathrm{Re}[k_{jz}^{+}]>0$，表明它传播到薄膜叠层中。方程调节项 k_{jz}^{-} 完全相同，所以 k_{jz}^{-} 必须对应于另一个平方根。综上所述，有

$$k_{jz}^{\pm}=\pm(2\pi/\lambda_{\text{v}})\sqrt{N_j^2-n_a^2\sin^2\theta_a} \tag{6.55}$$

接下来需要推导出边界矩阵和传播矩阵。对于所考虑的系统，众所周知，TE 波和 TM 波是两个线性独立的特征函数，可以用来展开系统的最一般解。

6.5.4.1　TE 波

首先，考虑电场垂直于入射面的 TE 波。考虑例如第 1 层和第 2 层之间的界面。因为电场的切向分量是连续的，有

$$E_1^+ + E_1^- = E_2^+ + E_2^- \tag{6.56}$$

因为磁场的切向分量是连续的，有 $\hat{x} \cdot \boldsymbol{H}_1^+ + \hat{x} \cdot \boldsymbol{H}_1^- = \hat{x} \cdot \boldsymbol{H}_2^+ + \hat{x} \cdot \boldsymbol{H}_2^-$。由 $\boldsymbol{H}_j^\pm = \boldsymbol{k}_j^\pm \times \boldsymbol{E}_j^\pm$，可得

$$k_{1z}^+ E_1^+ + k_{1z}^- E_1^- = k_{2z}^+ E_2^+ + k_{2z}^- E_2^- \tag{6.57}$$

当 $E_2^- = 0$ 时，可以定义 $E_1^- / E_1^+ = r_{1,2}$ 和 $E_2^- / E_1^+ = t_{1,2}$。因此，式（6.56）和式（6.57）可以被改写为

$$1 + r_{1,2} = t_{1,2} \tag{6.58}$$

$$k_{1z}^+ - k_{1z}^+ r_{1,2} = k_{2z}^+ t_{1,2} \tag{6.59}$$

其中，使用了 $k_{1z}^- = -k_{1z}^+$ 和 $k_{2z}^- = -k_{2z}^+$。

通过求解式（6.57）和式（6.58）得到

$$r_{1,2} = \frac{k_{1z}^+ - k_{2z}^+}{k_{1z}^+ + k_{2z}^+} \tag{6.60}$$

$$t_{1,2} = \frac{2k_{1z}^+}{k_{1z}^+ + k_{2z}^+} \tag{6.61}$$

其中，k_{1z}^+ 和 k_{2z}^+ 可由式（6.55）得到。一般来说，存在内向和外向传播的波，也就是说，$E_2^- \neq 0$。然而，也可以用 $r_{1,2}$ 和 $t_{1,2}$ 重写式（6.55）和式（6.56）。在矩阵形式中，有

$$\begin{bmatrix} 1 & 1 \\ k_{1z}^+ & k_{1z}^- \end{bmatrix} \begin{bmatrix} E_1^+ \\ E_1^- \end{bmatrix} = \begin{bmatrix} 1 & 1 \\ k_{2z}^+ & k_{2z}^- \end{bmatrix} \begin{bmatrix} E_2^+ \\ E_2^- \end{bmatrix} \tag{6.62}$$

简化并代入式（6.59）和式（6.60），最后得到

$$\begin{bmatrix} E_1^+ \\ E_1^- \end{bmatrix} = \frac{1}{t_{1,2}} \begin{bmatrix} 1 & r_{1,2} \\ r_{1,2} & 1 \end{bmatrix} \begin{bmatrix} E_2^+ \\ E_2^- \end{bmatrix} \tag{6.63}$$

6.5.4.2 TM 波

对于 TM 波，通过遵循完全相同的程序，得到

$$\begin{bmatrix} H_1^+ \\ H_1^- \end{bmatrix} = \frac{1}{t_{1,2}} \begin{bmatrix} 1 & r_{1,2} \\ r_{1,2} & 1 \end{bmatrix} \begin{bmatrix} H_2^+ \\ H_2^- \end{bmatrix} \tag{6.64}$$

其中

$$r_{1,2} = \frac{(k_{1z}^+/\varepsilon_1) - (k_{2z}^+/\varepsilon_2)}{(k_{1z}^+/\varepsilon_1) + (k_{2z}^+/\varepsilon_2)} \tag{6.65}$$

和

$$t_{1,2} = \frac{2(k_{1z}^+/\varepsilon_1)}{(k_{1z}^+/\varepsilon_1) + (k_{2z}^+/\varepsilon_2)} \tag{6.66}$$

传播矩阵只考虑平面波在其传播过程中的相位变化。因此，它对 TE 波和 TM 波的形式是相同的。这表明式（6.23）中，$\delta_2 = k_{2z}^+ d_2$。

6.6 晶圆

从光刻工艺师的角度来看，晶圆是用来支撑感光介质即光刻胶的。这种支撑有几个要求。第一，它必须在透镜曝光区域内足够平坦，以使其不会占用 DOF 预算的很大一部分。第二，晶圆的表面应该是光滑的。表面粗糙不仅会通过产生局部图像强度变化和增加杂散光

水平来影响图像质量，而且还会降低对准标记的信噪比。第三，支撑物不应该对光的反射有很大贡献。幸运的是，随着抗反射涂层的出现，晶圆反射率的影响是可控的。

晶圆平整度是在晶圆被卡住时测量的。因此，不可否认，晶圆卡盘对晶圆平整度有影响。这将在6.8节中讨论。随着晶圆直径的增加，晶圆的厚度和刚度也会增加，使卡盘更难压平晶圆。晶圆本身必须越来越平坦，即使它是自由放置的。

原则上说，顶层和底层晶圆表面之间的任何平行偏差都可以通过倾斜晶圆卡盘来补偿。然而，一个好的做法是使表面尽可能地平行，这样晶圆卡盘的倾斜范围就可以用来微调晶圆前表面的平整度，使其处于透镜视场之内，而不是消耗在纠正不良的平行度上。

由于粗糙度对于晶圆的背面来说不是一个光学问题，大多数早期的晶圆都没有在背面进行抛光。然而，在亚半微米体系中，晶圆的两面都被抛光以优化正面的平整度。

为了记录晶圆的方向，使其晶轴能够正确地对准，以正确地构建器件，并在旋转中粗略地对准晶圆，要在晶圆上制作一个定位缺口或一个定位边，如图6.70所示。晶圆定位缺口在晶圆上占用的面积很小。然而，它的突兀性往往会引起晶圆的意外断裂。晶圆定位边更安全，但要消耗更多的晶圆面积，而且晶圆的定位精度稍差。为了满足更大晶圆的更高角度精度要求，必须增加定位边的长度，消耗更多的晶圆面积。随着晶圆厚度的增加（跟随晶圆直径的增加），晶圆断裂的问题就会减少，因此，定位缺口越来越受欢迎。

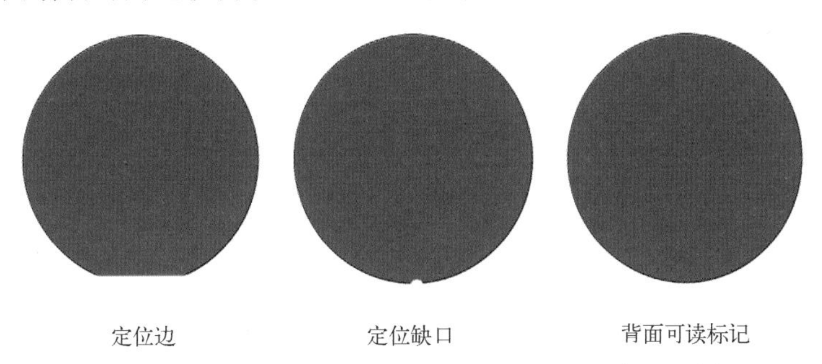

图6.70　晶圆的方向图案：定位边、定位缺口和背面可读标记。

现代技术使标记晶圆的晶体方向成为可能，而无须在晶圆的侧面进行任何切割[66]。这一发展带来了应用450mm晶圆的机会。然而，半导体的大规模生产并不需要450mm晶圆。

6.7 晶圆台

晶圆台的功能是牢牢夹持晶圆，同时将其在三个维度上定位，并在三个旋转轴上确定方向。当每个曝光区进入透镜下时，晶圆台必须能够使晶圆的前表面变平和定向。x 和 y 运动使晶圆通过每个场位置，并使当前的掩模层与先前描绘的掩模层对准（平移）。晶圆台将晶圆倾斜，使透镜范围内最大的平面区域垂直于成像透镜的光轴。它还可以横向旋转，以实现晶圆的旋转对准。z 方向的运动是为了聚焦。总共有六个自由度。

晶圆通过真空被固定在晶圆台上的卡盘上。卡盘的接触面必须是平坦的，以使晶圆的底面平坦。该面积也必须最小化，因此，意外附着在晶圆底部的颗粒不会在晶圆的前表面引起平整度损失。图6.71显示了两种低接触面积的晶圆真空销钉卡盘。图（a）通过销钉抽真空，而图（b）的销钉只用来支撑晶圆。虽然图（a）的真空更难实现，但它不会使晶圆变形。图6.72显示，只有当晶圆背面的污染在销钉附近时，正面的晶圆平整度才会受到影响。

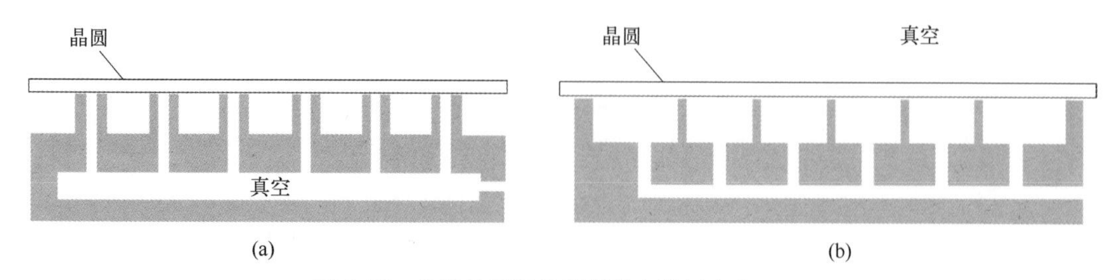

图 6.71 低接触面积的晶圆真空销钉卡盘。

销钉的前表面必须非常平坦，以确保晶圆底部的平坦化。然而，为了确保晶圆的前表面是平坦的，而不管其底部的平整度如何，可以使销钉的高度可调[67]。有多种方法使销钉可调，将销钉安装在压电基座上是其中一种情况，如图 6.73 所示。在卡盘夹住之后，当卡盘处于测量位置时，晶圆的前表面被压平为一个平面物体，如使用干涉测量法的光学平面。然后，晶圆可以被步进并扫描成像。

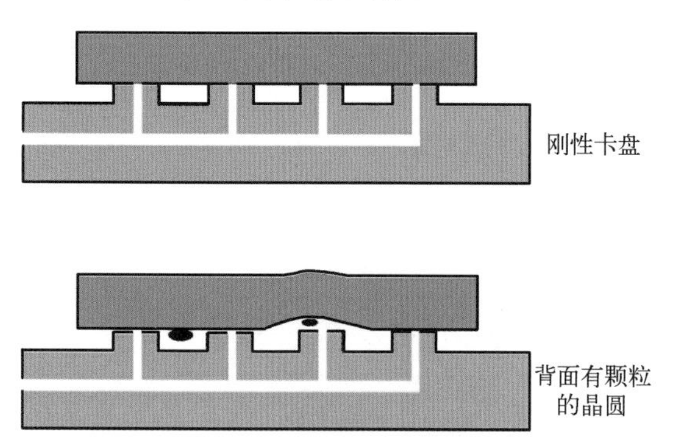

图 6.72 用低接触面积的卡盘减少大部分晶圆背面的污染。

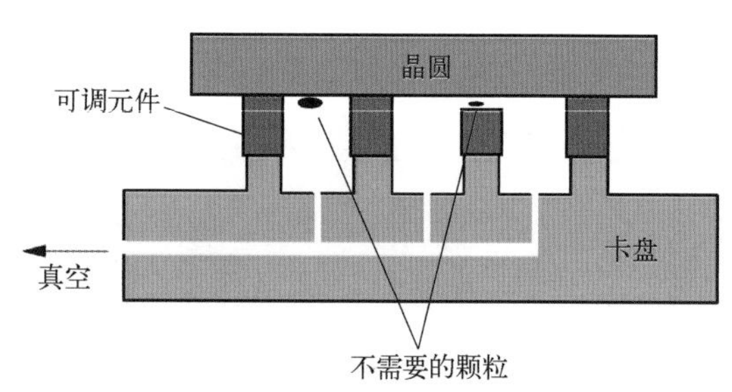

图 6.73 高度可调的销钉卡盘。

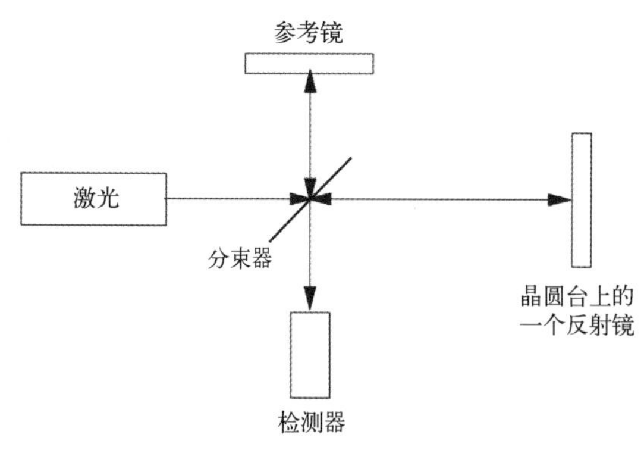

图 6.74 用于监测晶圆卡盘两侧位置变化的激光干涉仪。

反射镜安装在晶圆台的两侧，监测其平移和旋转，以控制六个自由度。这些侧面的位置变化是用干涉仪测量的。图 6.74 显示了典型的干涉仪原理图。来自激光器的高相干光被分束器分成两束。一束被固定的参考镜反射；另一束被晶圆台上的反射镜反射。这两束光在分束器处重新结合。其干涉被检测器收集。随着晶圆台的移动，检测到的强度从暗到亮发生变化，反之亦然，这是两个反射镜相对位置的函数。通过精确读取强度，移动反射镜的位置可以被评估到优于 $\lambda/64$。

6.8 对准系统

对准系统检测描绘的掩模层的位置，然后将晶圆台引导到所需的位置，以便使曝光的图像与描绘的图像正确对准。一般来说，不是定位描绘的图像，而是定位埋在该层中的对准标记。为此提供了特殊的对准观测光学器件。一旦确定了描绘的对准标记的位置，晶圆台的横向平移和旋转设置就会从这些标记中得出，并参考当前掩模层的位置。在对当前遮蔽层进行曝光之前，对晶圆台进行相应的设置。

定位对准标记所需的精度被恰当地称为对准精度（alignment accuracy）。另一个会令人误解的、类似但非常不同的术语是套刻精度（overlay accuracy），它包括来自所有套刻误差源的贡献，如掩模放置误差、透镜变形、晶圆变形和曝光机的工具间匹配误差，以及对准误差。

套刻误差是用一组叠加监测标记来测量的，这些标记在前一个掩模层的计量图案上打印计量图案。来自两个套刻掩模图案的叠加图案被一起测量。有两种类型的套刻计量图案：框套框（box-in-box，BiB）和基于衍射的套刻（diffraction-based overlay，DBO）图案，如图 6.75 所示。长期以来，BiB 一直是套刻监测的主力军。DBO 由于其潜在的更高精度，已经开始被采用。

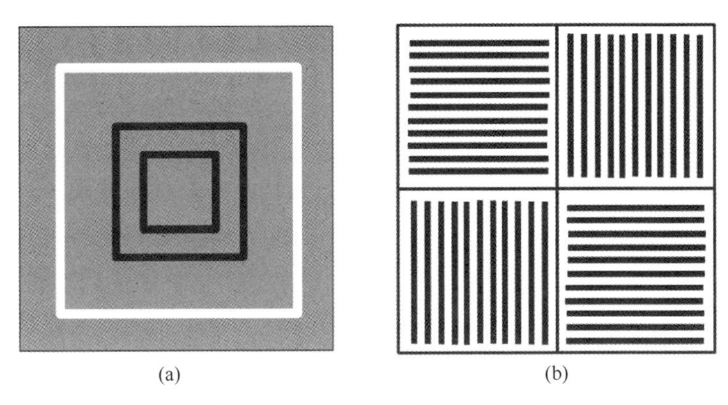

图 6.75　套刻计量图案：(a) BiB；(b) DBO。

6.8.1 离轴对准和通过透镜对准

离轴对准法是一种间接方法，该方法将对准观察光学器件定位在成像透镜的光路之外，以便在当前掩模层的光路之外的位置观察描绘的掩模层对准标记，如图 6.76 所示。从观察位置的对准标记到其所需曝光位置的距离，被称为基线距离。在计算所需的横向位置和晶圆台的旋转时，必须包括这个距离。

通过透镜对准法是一种直接方法，它将对准观测光学器件纳入成像透镜的光路中，直接记录描绘的掩模层和当前掩模层的差异，如图 6.77 所示。

直觉上，通过透镜对准法比离轴对准法要好，因为不需要考虑基线距离。在现实中，必须考虑以下几点：

① 观察波长很难确定。通过光化观察，对准光可以曝光光刻胶，导致对准标记附近的光刻胶不可预测的清除。此外，曝光的光刻胶的潜像是鬼像，会扰乱检测系统，尤其是对于敏感的检测方案，例如暗场对准检测。当使用非曝光波长时，必须校正色差，但这并不总是容易做到的。

② 对准观察的 NA 不能超过成像透镜的 NA，因此限制了对准光学器件的分辨能力。

③ 除非成像透镜是为多色照明设计的，如在全反射和折反射系统中，否则引入多色对

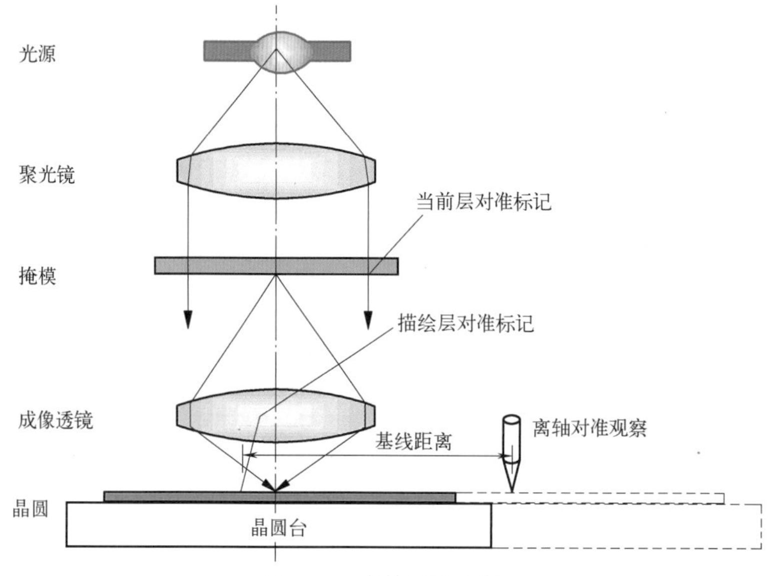

图 6.76　离轴对准观察。

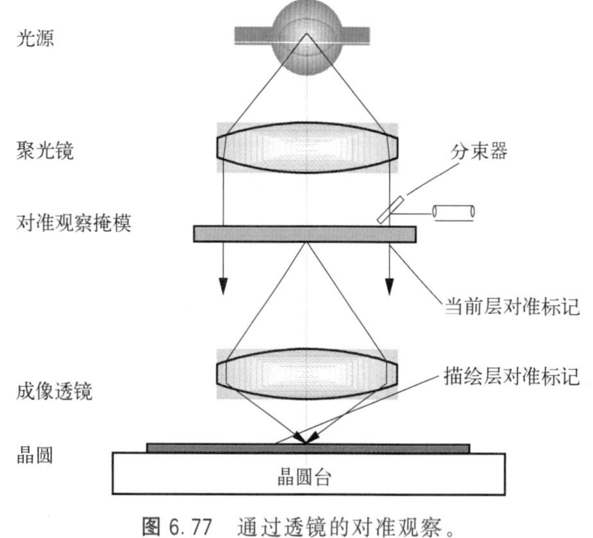

图 6.77　通过透镜的对准观察。

准观察是很重要的。对于单色观察，多次反射会在对准观察中产生问题，就像将掩模成像到晶圆上一样。

④ 侵入成像光学器件使得对准观察光学器件比离轴观察更加复杂。此外，侵入可能会引入成像像差。

对于离轴对准，唯一的问题是基线误差，该误差与晶圆台的监控程度密切相关。使用干涉仪，可以在 x、y、z 三个方向轴和三个角度轴上以纳米精度进行跟踪晶圆台。因此，高 NA 多色非光化光学器件、明场成像、暗场成像或相位检测可用于离轴对准——以最适合检测晶圆上的对准标记的为准。

6.8.2　逐场、全局和增强全局对准

逐场对准意味着每个场在曝光前立即对准。对于全局对准，整个晶圆被对准一次以进行全局平移和旋转，然后曝光场被步进，而无须进一步检查对准标记。增强全局对准类似于全局对准，除了更仔细地检查对准标记，以确定步进晶圆的位置。

直接观察有助于逐场对准，但并不特别要求逐场对准。在一些步进光刻机和扫描光刻机上已经实现了使用直接观察的全局对准。对于逐场对准，因为每个曝光场是为每个描绘的场定制的，所以人们倾向于认为这种对准方法是最精确的，其缺乏普及是由于晶圆产率的损失。实际上，逐场对准精度限于对准标记检测，但是通过增加用于全局对准的场数量，可以使全局对准精度比对准标记检测极限高得多。例如，不管对准检测方案如何，使对准标记检测的 3σ 对准精度为 10nm，晶圆台定位精度为 2nm。此外，让 13 个视场对准以进行全局对

准。基于检测对准标记的能力，晶圆上 3σ 内的逐场对准精度为 10nm。对于全局对准，对准精度通过对准场数量的平方根来提高。因此，3σ 中的累积对准精度是 $10/\sqrt{13}=2.77$nm。在二次合并 2nm 的晶圆定位精度后，最终的对准精度为 3.4nm。

对于逐场对准，保持相同的对准精度，改善对准的唯一方法是重复检测相同的对准标记 n 次，以产生$\sqrt{n}$倍的改善。产率的损失甚至会高于每个场仅读取一个对准标记的情况。幸运的是，增强全局对准提供了比对大量对准标记的优势，而没有严重的损失。

6.8.3 明场和暗场对准

明场和暗场对准指的是从对准标记图像观察到的空间频率范围。使用明场照明时，所有空间频率（从 0 级到对准成像光学系统 NA 内的最高频率）都会被使用，而暗场照明会将 0 级光束发送出去，只能观察到其他级次。图 6.78 和图 6.79 分别说明了明场和暗场成像的原理。

由于去除了 0 级光束，暗场成像显著增加了对准观察的信噪比。它不太容易受到多重干扰的影响，尽管不是完全没有干扰。

但是，当在粒状基材上对准时，晶界往往会与对准标记一起出现，使对准系统变得混乱。如果光刻胶在对准过程中曝光，潜像可能成为新检测到的图像，这进一步扰乱了对准系统。

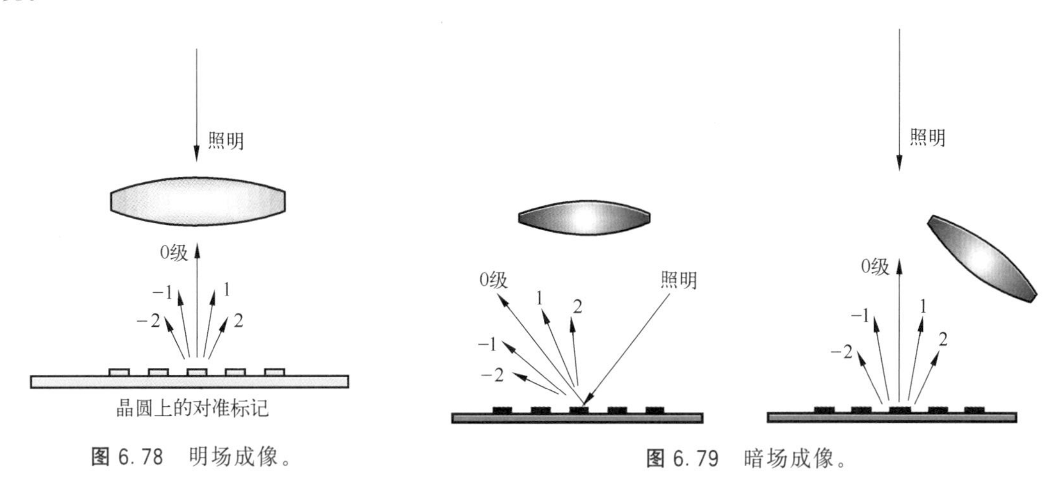

图 6.78　明场成像。

图 6.79　暗场成像。

6.9 小结

本章介绍了光学成像系统中的组件。掌握了这些知识，就可以进入下一章。在第 7 章中我们将介绍优化这些组件的方法，并讨论与之相关的工艺。

参考文献

1. K. Jain, C. G. Willson, and B. J. Lin, "Ultrafast deep-UV lithography with excimer lasers," *IEEE Electron Dev. Lett.* **EDL-3** (3), pp. 53-55 (1982).
2. K. Jain, C. G. Willson, and B. J. Lin "Ultrafast high resolution contact lithography using excimer lasers,"

Proc. SPIE **334**, pp. 259-262 (1982) [doi: 10.1117/12.933585].

3. K. Jain and R. T. Kerth, "Excimer laser projection lithography," *Appl. Optic.* **23** (5), pp. 648-650 (1984).
4. V. Pol, J. H. Bennewitz, G. C. Escher, M. Feldman, V. A. Firtion, T. E. Jewell, B. E. Wilcomb, and J. T. Clemens, "Excimer laser-based lithography: a deep ultraviolet wafer stepper," *Proc. SPIE* **633**, p. 6 (1986) [doi: 10.1117/12.963697].
5. P. Das and U. Sengupta, "Krypton Fluoride Excimer Laser for Advanced Microlithography," Chapter 4 in *Microlithography—Science and Technology*, J. R. Sheats and B. W. Smith, Eds., Marcel Dekker, Inc. (1998).
6. Information on dispersion was provided by H. Feldmann at Carl Zeiss SMT AG.
7. I. H. Malitson, "Interspecimen comparison of the refractive index of fused silica," *JOSA* **55** (10), pp. 1205-1209 (1965).
8. R. Gupta, J. H. Burnett, U. Griesmann, and M. Walhout, "Absolute refractive indices and thermal coefficients of fused silica and calcium fluoride near 193 nm," *Appl. Optic.* **37** (25), pp. 5964-5968 (1998).
9. M. Daimon and A. Masumura, "High-accuracy measurements of the refractive index and its temperature coefficient of calcium fluoride in a wide wavelength range from 138 to 2326 nm," *Appl. Optic.* **41** (25), pp. 5275-5281 (2002).
10. J. H. Burnett, R. Gupta, and U. Griesmann, "Absolute refractive indices and thermal coefficients of CaF_2, SrF_2, BaF_2, and LiF near 157 nm," *Appl. Optic.* **41** (13), pp. 2508-2513 (2002).
11. Page 297 of Ref. 5.
12. R. Patzel, J. Kleinschmidt, U. Rebhan, J. Franklin, and H. Endert, "KrF excimer laser with repetition rates of 1 kHz for DUV lithography," *Proc. SPIE* **2440**, p. 101 (1995) [doi: 10.1117/12.209305].
13. M. Born and M. Wolf, *Principles of Optics*, 6th *Edition*, Cambridge University Press, p. 524 (1980).
14. M. Mulder, A. Engelen, O. Noordman, R. Kazinczi, G. Streukter, B. van Drieenhuizen, S. Hus, K. Gronlund, M. Degünther, D. Jürgens, J. Eisenmenger, M. Patra, and A. Major, "Performance of a programmable illuminator for generation of freeform sources on high NA immersion systems," *Proc. SPIE* **7520**, 75200Y (2009) [doi: 10.1117/12.837035].
15. B. J. Lin, "Optical projection printing threshold leveling arrangement," U. S. Patent 4,456,371 (1984).
16. C. A. Spence, "Method of optical lithography using phase shift masking," U. S. Patent 5, 573, 890 (1996).
17. B. J. Lin, "AZ1350J as a deep-UV mask material," *J. Electrochem. Soc.* **127**, pp. 202-205 (1980).
18. R. Hershel, "Pellicle protection of integrated circuit (IC) masks," *Proc. SPIE* **0275**, pp. 23-28 (1981) [doi: 10.1117/12.931869].
19. P. Nehmiz, W. Zapka, U. Behringer, M. Kallmeyer, and H. Bohlen, "Electron beam proximity printing: complementary-mask and level-tolevel overlay with high accuracy," *J. Vac. Sci. Tech. B* **3**, pp. 136-143 (1985).
20. B. J. Lin, "Phase shifting and other challenges in optical mask technology," *Proc. SPIE* **1496**, pp. 54-79 (1990) [doi: 10.1117/12.29751].
21. M. D. Levenson, N. S. Viswanathan, and R. A. Simpson, "Improving resolution in photolithography with a phase-shifting mask," *IEEE Trans. Electron Devices* **ED-29** (12), pp. 1828-1836 (1982).
22. T. Terasawa, N. Hasegawa, T. Kurosaki, and T. Tanaka, "0.3-micron optical lithography using a phase-shifting mask," *Proc. SPIE* **1088**, p. 25 (1989) [doi: 10.1117/12.953131].
23. A. Nitayama, T. Sato, K. Hashimoto, F. Shigemitsu, and M. Nakase, "New phase shifting mask with

self-aligned phase shifters for quarter micron photolithography," ***IEDM Technical Digest***, p. 57 (1989).
24. H. I. Smith, E. H. Anderson, and M. L. Shattenburg, "Lithography mask with a π-phase shifting attenuator," U. S. Patent 4,890,309 (1989).
25. B. J. Lin, "The attenuated phase-shifting mask," *Solid State Technology*, p. 43, Jan (1992).
26. B. J. Lin, "The optimum numerical aperture for attenuated phase-shifting masks," *Microelectronic Engineering* **17** (1-4), p. 7985 (1992).
27. H. Jinbo and Y. Yamashita, "0. 2μm or less I-line lithography by phaseshifting-mask technology," *IEDM Technical Digest*, p. 825 (1990).
28. H. Jinbo and Y. Yamashita, "Improvement of phase-shifter edge line mask method," *Jpn. J. Appl. Phys*. **30**, p. 2998 (1991).
29. B. J. Lin, "Alternating rim phase shifting mask," U. S. Patent 5,403,682.
30. G. T. Dao, E. T. Gaw, N. N. Tam, and R. A. Rodriquez, "Method of fabrication of inverted phase-shifting reticle," U. S. Patent 5, 300, 379.
31. Y. T. Wang and Y. Pati, "Phase shifting circuit manufacture method and apparatus," U. S. Patents 5,858,580 (1999) and 6,228,539 B1 (2001).
32. J. S. Wilczynski, private communication.
33. A. Suzuki, "Double telecentric wafer stepper using laser scanning method," *Proc. SPIE* **538**, p. 2 (1985) [doi: 10. 1117/12. 947740].
34. W. Ulrich and R. Hudyma, "Development of dioptric projection lenses for deep-ultraviolet lithography at Carl Zeiss," *J. Micro/Nanolith., MEMS, and MOEMS* **3** (1), p. 87 (2004) [doi: 10. 1117/1. 1637592].
35. J. A. McClay, R. A. Wilklow, and M. Gregoire, "Polarization beamsplitter for photolithography," U. S. Patent 6,680,794 (2004).
36. F. Sporon-Fiedler and J. Williams, "Atmospheric pressure induced reduction errors in reduction stepper lenses," *Proc. SPIE* **538**, p. 86 (1985) [doi: 10. 1117/12. 947751].
37. W. M. Moreau, *Semiconductor Lithography: Principles, Practices, and Materials*, Plenum Press, Eq. 2-6-1 (1988).
38. Equation 4-1-9 of Ref. 37.
39. A. Reiser and E. Pitts, "Characteristic curve of crosslinking photoresists," *J. Photogr., Sci. and Eng*. **20** (5), p. 225-229 (1976).
40. O. Süss, "Über die Natur der Belichtungsprodukte von Diazoverbindungen: Übergänge von aromatischen 6-Ringen in 5-Ringe," *Justis Liebigs Annalen der Chemie* **556**, p. 65, (1944).
41. D. Meyerhofer, "Photosolubility of diazoquinone resists," *IEEE Trans. Electron. Dev*. **27** (5), pp. 921-926 (1980).
42. L. F. Thompson, C. G. Willson, and M. J. Bowden, *Introduction to Microlithography*, 2nd *Edition*, American Chemical Society, Section 3. 3. 2 (1994).
43. Reference 42, pp. 160-164.
44. Reference 37, Chapter 4.
45. W. D. Hinsberg, S. A. MacDonald, N. J. Clecak, C. D. Snyder, and H. Ito, "Influence of polymer properties on airborne chemical contamination of chemically amplified resists," *Proc. SPIE* **1925**, (1993) [doi: 10. 1117/12. 154774].
46. D. R. McKean, U. Schaedeli, and S. A. MacDonald, "Acid photogeneration from sulfonium salts in solid polymer matrices," *J. Polymer Science: Part A: Polymer Chemistry* **27**, 3927-3935 (1989).
47. Reference 42, pp. 212-232.

48. J. G. Maltabes, S. J. Holmes, J. R. Morrow, R. L. Barr, M. C. Hakey, G. Reynolds, W. R. Brunsvold, C. G. Willson, N. J. Clecak, S. A. MacDonald, and H. Ito, "1X deep-UV lithography with chemical amplification for 1-micron DRAM production," *Proc. SPIE* **1262** (1990) [doi: 10.1117/12.20090].
49. U. Okoroanyanwu, *Chemistry and Lithography*, SPIE Press and J. Wiley & Sons, Chapter 7, p. 361 (2010) [doi: 10.1117/3.821384].
50. S. A. MacDonald, N. J. Clecak, H. R. Wendt, C. G. Willson, C. D. Snyder, C. J. Knors, N. B. Deyoe, J. G. Maltabes, J. R. Morrow, A. E. McGuire, and S. J. Holmes, "Airborne chemical contamination of a chemically amplified resist," *Proc. SPIE* **1466**, pp. 2-12 (1991) [doi: 10.1117/12.46354].
51. P. Rai-Choudhury, Ed., *Handbook of Microlithography, Micromachining, and Microfabrication I: Microlithography*, SPIE Press, Fig. 4.6 (1997) [doi: 10.1117/3.2265070].
52. H. Moritz, "Optical single layer lift-off process," *IEEE Trans. Elecron Devices* **ED-32** (3), pp. 672-676 (1985).
53. F. Coopmans and B. Roland, "DESIRE: a novel dry developed resists system," *Proc. SPIE* **631**, p. 34 (1986) [doi: 10.1117/12.963623].
54. F. Coopmans and B. Roland, "Enhanced performance of optical lithography using the DESIRE system," *Proc. SPIE* **633**, p. 262 (1986) [doi: 10.1117/12.963730].
55. L. F. Thompson, C. G. Willson, and M. J. Bowden, *Introduction to Microlithography*, ACS Professional Reference Book, Oxford Univ. Press, New York, Chapter 4 (1983).
56. J. M. Moran and D. Maydan, "High resolution, steep profile resist patterns," *J. Vac. Sci. Technol.* **16**, p. 1620 (1979).
57. M. Hatzakis, J. Paraszczak, and J. Shaw, "Double layer resist systems for high resolution lithography," *Proc. Int. Conf. Microlith. Microcircuit Eng.* **81**, p. 386 (1981).
58. K. L. Tai, W. R. Sinclair, R. G. Vadimsky, J. M. Moran, and M. J. Rand, "Bilevel high resolution photolithographyic technique for use with wafers with stepped and/or reflecting surfaces," *J. Vac. Sci. Technol.* **16**, p. 1977 (1979).
59. B. J. Lin, "Portable conformable mask: A hybrid near-ultraviolet and deep ultra-violet patterning technique," *Proc. SPIE* **174**, pp. 114-121 (1979) [doi: 10.1117/12.957186].
60. B. J. Lin, V. W. Chao, K. E. Petrillo, and B. J. L. Yang, "A molded deep-UV portable conformable masking system," *Polymer Eng. & Sci.* **26** (6), pp. 1112-1115 (1986).
61. W. Moreau and P. Schmidt, "Photoresist for high resolution proximity printing," *Electrochem. Soc. Ext. Abstr.* **138**, p. 459 (1970).
62. B. J. Lin, "Deep-UV lithography," *J. Vac. Sci. Technol.* **12**, pp. 1317-1320 (1975).
63. I. Haller, M. Hatzakis, and R. Srinivasan, "High-resolution positive resists for electron-beam exposure," *IBM J. Res. Develop.* **12** (3), pp. 251-256 (1968).
64. P. R. West and B. F. Griffing, "Contrast enhancement: a route to submicron optical lithography," *Proc. SPIE* **394**, p. 16 (1983) [doi: 10.1117/12.935119].
65. E. Walker, "Reduction of photoresist standing-wave effects by postexposure bake," *IEEE Trans.* **ED-22** (7), pp. 464-466 (1975).
66. H. Oishi and K. Osakawa, "Production of notchless wafer," U. S. Patent 59,932,925 (1999).
67. B. J. Lin, T. S. Gau, and J. H. Chen, "Level adjustment systems and adjustable pin chuck thereof," U. S. Patent 7,659,964 (2010).
68. U. K. Sengupta, "Krypton fluoride excimer laser for advanced microlithography," *Opt. Eng.* **32** (10), 2410-2420 (1993) [doi: 10.1117/12.145969].
69. S.-S. Yu, B. J. Lin, A. Yen, C.-M. Ke, J. Huang, B.-C. Ho, C.-K. Chen, T.-S. Gau, H.-C. Hsieh,

and Y. -C. Ku, "Thin-film optimization strategy in high numerical aperture optical lithography, part 1: principles," *J. Micro/Nanolith., MEMS, and MOEMS* **4** (4), 043003 (2005) [doi: 10.1117/1.2137967].

70. S. S. Yu, B. J. Lin, and A. Yen, "Thin-film optimization strategy in high numerical aperture optical lithography, part 2: applications to ArF," *J. Micro/Nanolith., MEMS, and MOEMS* **4** (4), 043004 (2005) [doi: 10.1117/1.2137987].

第7章 工艺与优化

前几章我们已经介绍了关于成像和工具的基本原理，本章将给出与这些原理相关的加工工艺及其优化方法。首先是曝光机的优化，然后是光刻胶工艺、k_1 降低方案，最后是控制关键尺寸（CD）均匀性和套刻精度。

7.1 曝光机的优化

曝光机的优化涉及其数值孔径（NA）、照明设置、曝光/焦点、焦深（DOF）预算和焦点监测的优化，以及在视场大小和曝光路线中的产率优化。

7.1.1 NA 的优化

大多数现代曝光机和步进光刻机都允许用户调整成像透镜的 NA，因为当分辨率扩展到低 k_1 范围时，NA 不能在工厂中被预设。最佳 NA[1,2] 不是光刻机上可用设置范围内的最高值，而是关于特征尺寸和形状组合、照明等的函数。重要的是将 NA 设置为最佳值，以充分利用成像系统的能力。

由式（5.3），即分辨率比例方程，sinθ 必须足够大，以维持给定特征的分辨率。但是，式（5.4）表明，大的 θ 会减小 DOF。因此，在最后一个透镜表面和光刻胶之间无浸没液的干式曝光系统中，其成像透镜的 NA 为一个中间值，而此时 DOF 具有最大值。图 7.1 显示

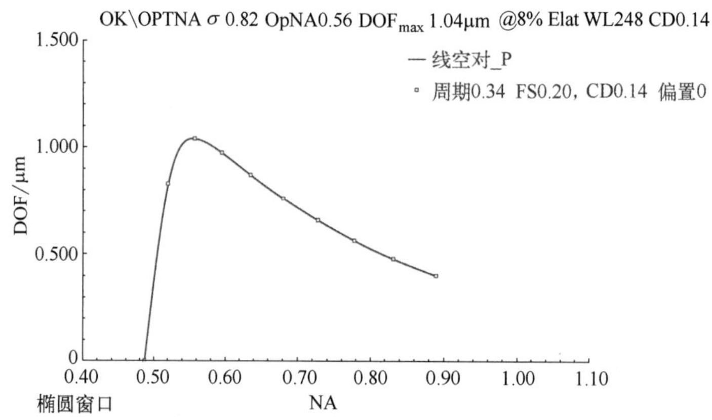

图 7.1 针对焦深优化的 NA，采用 0.14μm 光刻胶线：0.20μm 空图形，λ=248nm，σ=0.82，EL=8%，CD_{tol}=±15nm。

了当$\sigma=0.82$时，由0.20μm空图形分隔的0.20μm光刻胶线的DOF与NA的函数关系。基于±15nm处8%的曝光裕度（EL）和CD边界，使用第5章中介绍的曝光-离焦（E-D）森林方法评估DOF。当NA=0.557时，DOF迅速从0上升到1.04μm，然后随着NA的增加而逐渐下降。图7.2描述了在估算的NA值下的E-D树情况。在NA=0.455及以下时，分辨率太低，无法支持任何E-D树。在NA=0.487处可以构建E-D树，但是没有足够的分支间隔来支持参数为8%EL的E-D窗口。在这种情况下，E-D树变得更宽，随着分支曲率的增加而变化。这种权衡在开始时有利于DOF，导致最大DOF为1.04μm。然后，它开始以DOF为代价有利于EL，从而导致DOF在NA较高时逐渐减小。

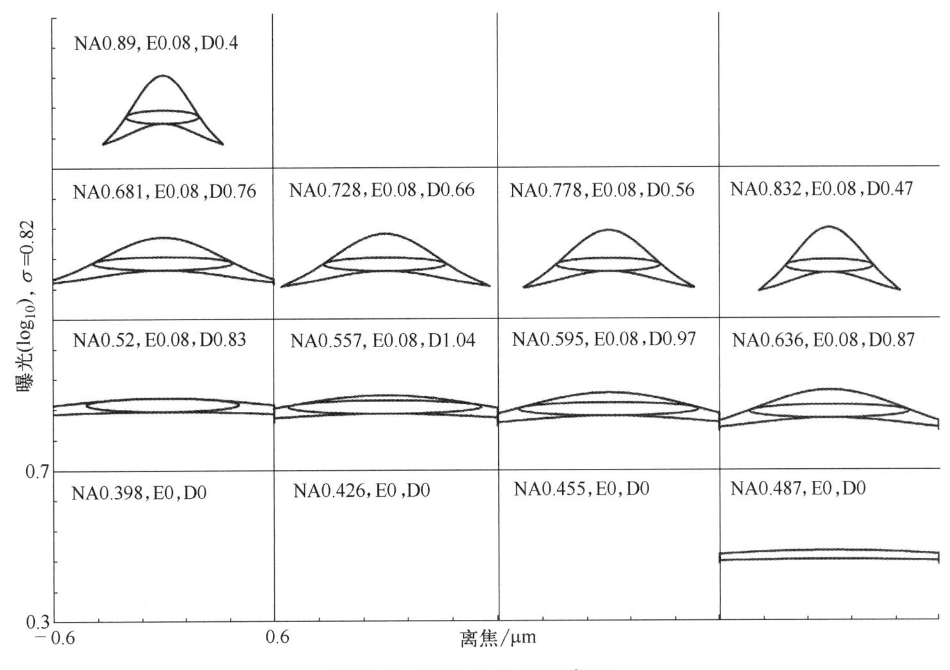

图7.2 图7.1的E-D窗口。

除了DOF之外，还可以使用其他标准来优化NA。如图7.3所示，使用与图7.1和图7.2相同的特征和照明条件，除了E-D窗口的DOF保持在0.5μm之外，对于EL可以有不同的最佳NA。最大DOF的最佳NA是0.557，而最大EL的最佳NA是0.681。当NA较

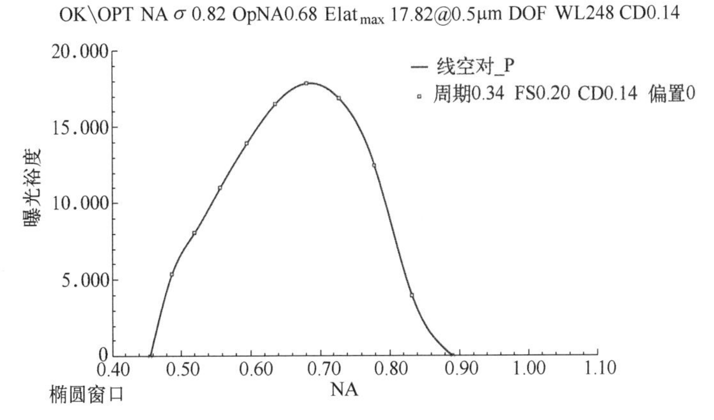

图7.3 针对EL优化的NA，采用0.14μm光刻胶线：0.20μm空图形，$\lambda=248$nm，$\sigma=0.82$，DOF=0.5μm，$CD_{tol}=15$nm。

低时，图像的对比度较低，这导致了较小的 EL。当 NA 变大时，焦平面内的 EL 增加，但 E-D 树的曲率和它们在离焦方向上的收缩使得在给定的 DOF 下难以维持大的 EL，如图 7.4 所示。在 NA=0.89 时，发生了如此多的收缩，以至于没有 DOF=0.5μm 的 E-D 窗口可以适配 E-D 树。

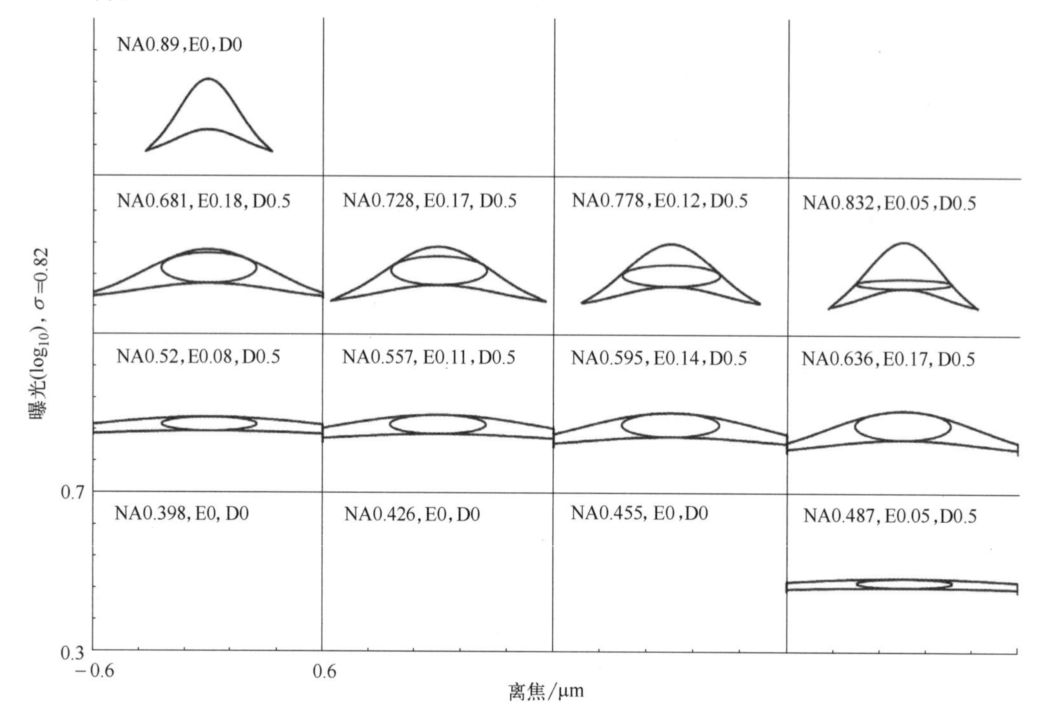

图 7.4 图 7.3 的 E-D 窗口。

如图 7.5 和图 7.6 所示，可以对 E-D 面积的 NA 进行优化。现在，NA 被优化为 0.636，这恰好在优化 DOF 的 NA 和优化 EL 的 NA 之间。这个论点是类似的。在低 NA 时，低的图像对比度会导致狭窄的 E-D 面积。在高 NA 时，图像对比度在焦点上很高，但很快会消失。

在 DOF、EL 和 E-D 面积中，哪些应该被优化？首先应该优化光刻胶工艺中所能承受的 EL 处的焦深，例如使用抗反射涂层或多层光刻胶体系。通常，在给定曝光场的形貌范围

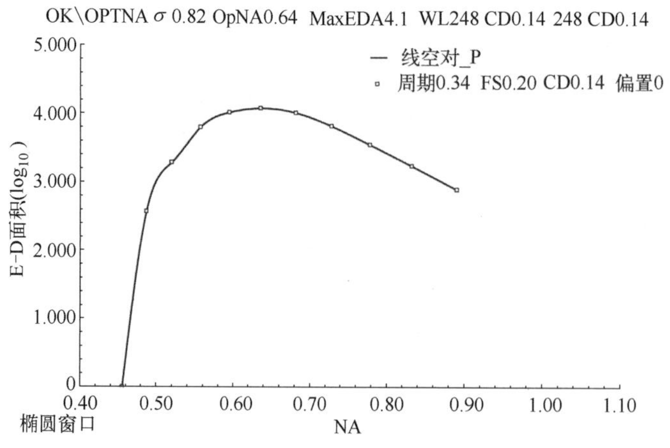

图 7.5 针对 E-D 面积优化的 NA，具有 0.14μm 光刻胶线：0.20μm 空图形，$\lambda=248\text{nm}$，$\sigma=0.82$，DOF=0.5μm，$CD_{tol}=\pm15\text{nm}$。

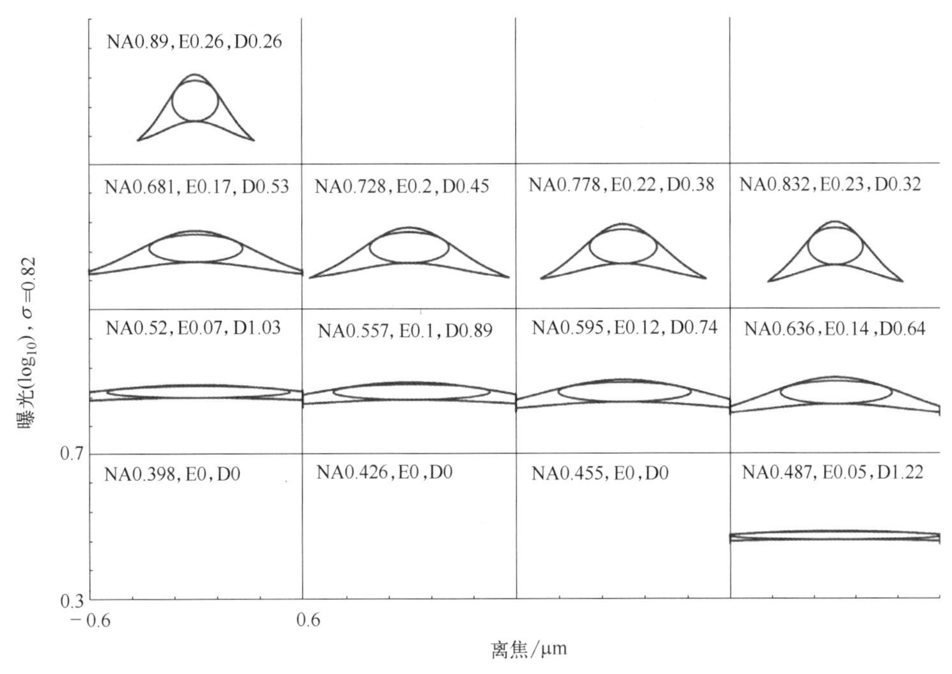

图 7.6　图 7.5 的 E-D 窗口。

内，取从光刻胶摆动曲线中得到的曝光范围的百分比，并将其与照明不均匀性的百分比以及剂量控制不准确性的百分比相结合，以评估 EL。通常情况下，8%是可以接受的。如果在最佳 NA 下的焦深不符合这一要求，该成像系统就不能处理给定的任务。如果只有一个或两个 NA 设置下的焦深略微超过要求，则应使用这些 NA 设置。如果在 NA 可调节范围内的许多 NA 设置下，焦深超过了要求，那么应尝试对 EL 进行优化，因为较大的 EL 有助于控制 CD。如果有许多 NA 设置超过了 DOF 和 EL 的要求，那么产生最大的 E-D 面积的 NA 应该是最容易满足的，因为从统计学上来说，这个最精巧的工艺窗口是最容易满足的；因此，可以达到更高的光刻-成像良率。

7.1.2　照明的优化

曝光机上的照明设置对图像性能起着重要作用，它与成像透镜上的 NA 设置同样重要。首先，必须确定照明的类型，即圆形、环形或多极照明。一旦决定，必须优化设置，例如圆形照明（disk illumination，DKI）的 σ 设置，环形照明的 σ_{in} 和 σ_{out}，以及多极照明的极点大小、形状和位置。使用衍射光学元件（DOE）或 FlexRay® 的新型照明系统可以实现超越上述简单设置的照明优化的全部潜力。此外，可以通过照明优化迭代优化掩模图案，以实现光源掩模优化（source mask optimization，SMO），这将在 7.3.4 节“光学邻近效应校正”中讨论。在本节中，我们将把讨论限制在简单的照明设置上，如圆形、环形或多极照明。

使用 DKI，焦深、EL 和 E-D 面积明显地作为 σ 的函数而变化。然而，最佳的 σ 不能容易地像使用分辨率和焦深比例方程来可视化最佳的 NA 那样来可视化。对于离轴照明（OAI），如环形和多极照明，最佳照明角度的存在与这些系统的工作原理直接相关，如 7.3.2 节所述。

图 7.7 显示了作为圆形照明 σ 设置的函数的 DOF 变化。DOF 确实取决于 σ，在这种情

况下，所有选择的特征都倾向于较大的 σ，密度较大的特征在 0.8 的范围内在 σ 处优化。普通 E-D 窗口的最佳 σ 甚至更明显，集中在 0.82 左右。

图 7.8 与图 7.7 相似，只是使用了 $\sigma_{in}=0.67\sigma_{out}$ 的环形照明。对于 1∶1.5、1∶2 和 1∶3 线的焦深峰值甚至比 DKI 的情况更明显，并且更大。不幸的是，普通窗口的焦深小于前一种情况。它可以通过光学邻近效应校正（optical proximity correction，OPC）来改善，但是在两种情况下都受到具有更大空图形的特征的限制。

7.1.1 节给出了进一步提高焦深的方法。如图 7.9 所示，在优化照明后，可以在该照明

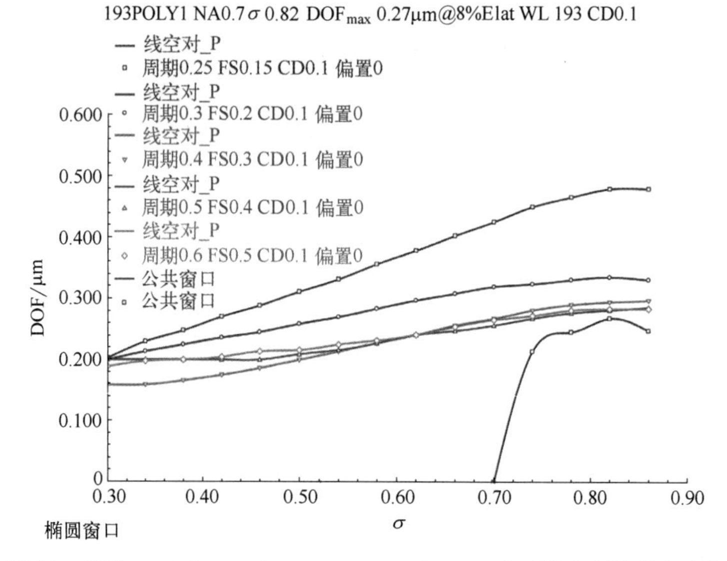

图 7.7 在 DKI 下，对于 1∶1.5、1∶2、1∶3、1∶4 和 1∶5 的正性光刻胶线空比及其公共窗口，DOF 与 σ 的函数。光刻胶线宽为 100nm，$\lambda=193$nm，NA=0.7，EL=8%。

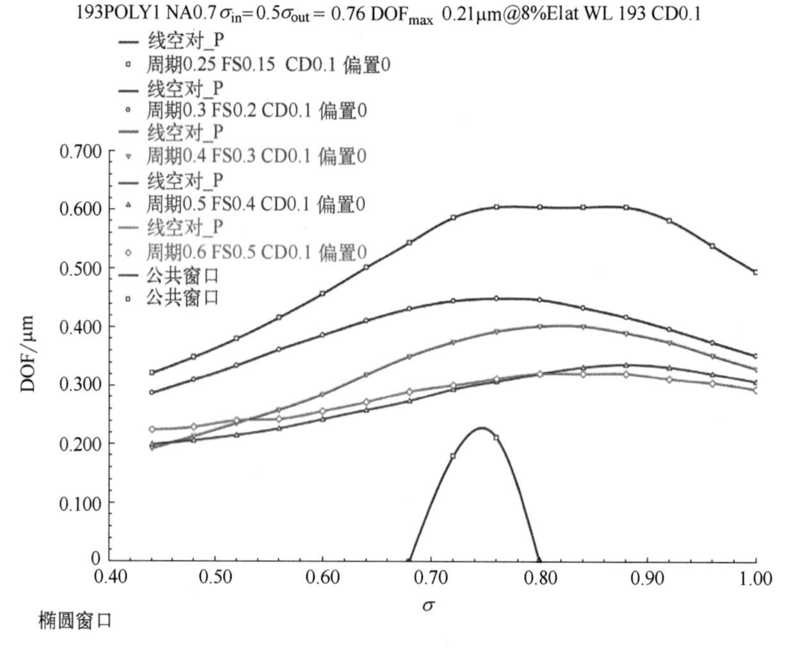

图 7.8 与图 7.7 相同，除了使用 $\sigma_{in}=0.67\sigma_{out}$ 的环形照明。

设置下优化 NA。在这种情况下，随着 NA 由 0.7 变为 0.74 的轻微提升，焦深从 0.21μm 提高到 0.22μm。原则上，可以交替重复 NA 和 σ 优化过程，直到达到最终最优。在图 7.6 和图 7.7 所示的例子中，收敛很快。图 7.10 显示了在图 7.1 所示研究的条件下，焦深与 NA 和 σ 的函数关系。

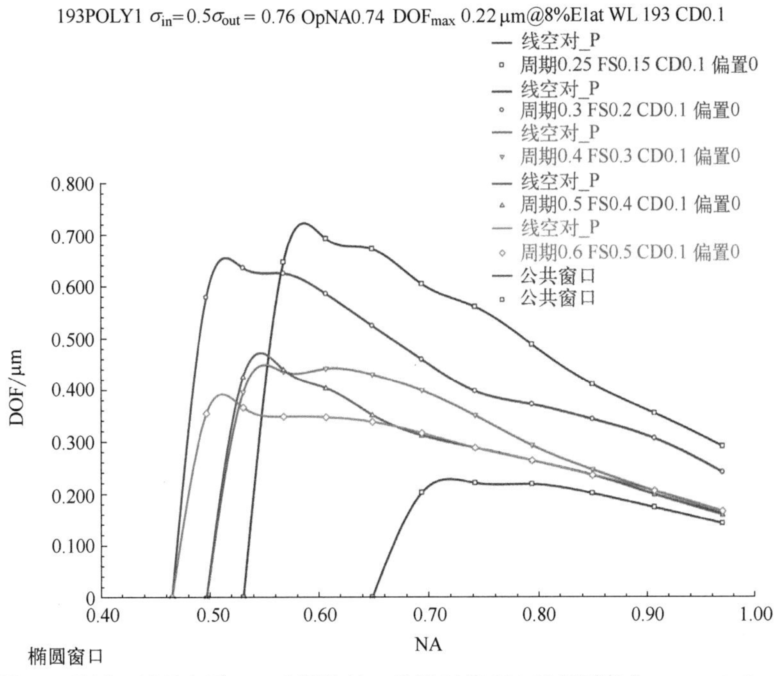

图 7.9 与图 7.8 相同，只是在图 7.8 中评估的 σ 设置下将 NA 进行了优化，$\sigma_{in}=0.5$、$\sigma_{out}=0.76$。

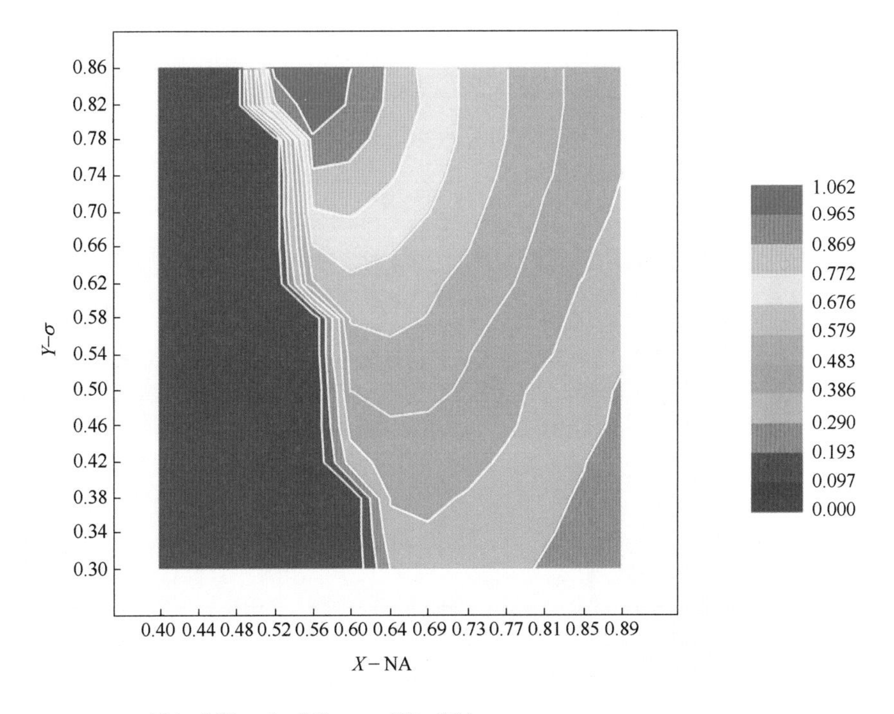

图 7.10 DOF 与图 7.1 中特征的 NA 和 σ 的函数。

7.1.3 曝光和焦点

曝光剂量和焦点是两个最重要的视场可调参数。这些参数必须仔细、正确地设置。5.3.2 节和 5.3.3 节介绍了在 E-D 窗口中一起定义 EL 和 DOF 的必要性，因为这两个量是相互依赖的。曝光和焦点中心是 E-D 窗口的中心。然而，在加工环境中应该使用哪个 E-D 窗口：主要代表性特征的 E-D 窗口？所有或其中一些相关特征的公共 E-D 窗口？或放置在每个掩模组中的一个或一组测试特征的 E-D 窗口？

首先，让我们检查一下通常的做法和 E-D 窗口方法之间的区别。凭直觉，人们可以从曝光看起来相当不错的典型特征中找到最佳焦点。在产品晶圆上，设置曝光和焦点中心更加复杂，因为需要考虑邻近环境。图 7.11 显示了 140nm 不透明线的 E-D 树和窗口，具有 120、160、200、300、400nm 的透明空图形，用 193nm 的光来描绘，使用 NA＝0.6 和 σ_{in}＝0.3、σ_{out}＝0.6 的环形照明。EL 设置为 5％，CD 公差为±9nm。每个特征组合的曝光和焦点中心与普通 E-D 树的曝光和焦点中心明显不同，其数值列于表 7.1。在这种情况下，E-D 窗口的曝光中心在普通窗口的 0.01mJ/cm^2 之内，并且焦点中心高度只有 2nm。可以不监测所有的特征，而是监测 140nm∶400nm 的线空对，并相应地调整中心。该线空比是 5 个特征组合的门控特征，因此，其 E-D 行为接近于普通窗口的行为。

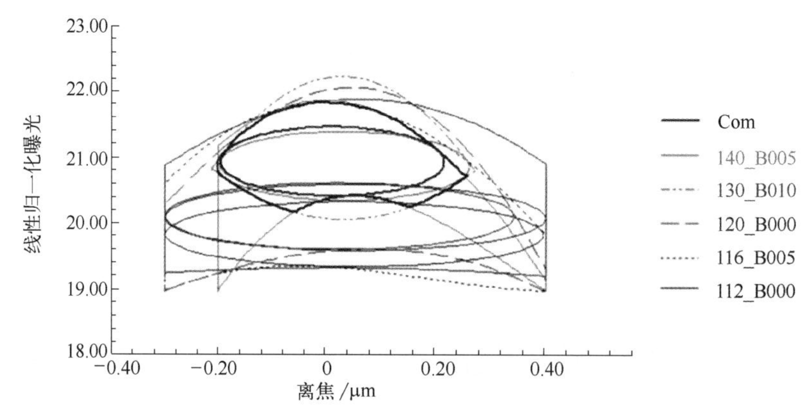

图 7.11 当 λ＝193nm，NA＝0.6，σ＝0.6/0.3 时，140nm 不透明线的 E-D 树和窗口，具有 120、160、200、300、400nm 透明空图形。EL＝5％，ΔCD＝±9nm。

表 7.1 图 7.11 中五个特征组合的曝光中心、焦点中心和 DOF。

特征	曝光中心/(mJ/cm^2)	焦点中心/nm	DOF/nm
公共窗口	20.94	11	413
140nm	20.09	50	704
140nm∶160nm	19.83	48	699
140nm∶200nm	20.1	21	646
140nm∶300nm	20.87	31	465
140nm∶400nm	20.94	9	418

7.1.4 焦深预算

焦深预算（DOF budget）可以从两个方面考虑：所提供的焦深预算和所消耗的焦深预算。所提供的预算由成像参数决定，如波长、带宽、NA、照明、特征形状、特征尺寸、特征组合、CD公差、掩模上的相位和强度、多重反射和EL，如第5章所述。焦深预算被成像系统链中各部件的缺陷所消耗，如掩模不平整、掩模倾斜、掩模形貌、掩模夹持误差、邻近效应、透镜像差、透镜发热、照明不均匀、光刻胶厚度、厚度不均匀（在晶圆上的TARC、光刻胶、BARC和薄膜叠层）、拓扑形貌、晶圆不平整、晶圆倾斜、晶圆夹持误差以及焦点误差。

所提供的焦深预算最好在至少两种成像介质中分配，即从透镜到光刻胶的耦合介质和光刻胶介质。这对浸没式光刻技术特别重要，因为耦合介质的折射率超过1。第8章中将给出详细处理方法。$DOF_{diffrac}$（在8.4.3节中定义）提供了DOF预算，而$DOF_{required}$（在8.4.4节中定义）消耗掉DOF预算。我们现在讨论构成$DOF_{required}$的不完善之处。

7.1.4.1 $DOF_{required}$的组成部分

掩模的贡献——掩模的贡献包括其平整度、粗糙度，吸收体或移相器的拓扑形貌，由于不平行度造成的掩模倾斜，卡盘夹持，以及扫描的不完善。在晶圆侧的DOF预算中，所有垂直方向上的缺陷都减少至$1/M^2$。鉴于扫描曝光机的$M=4$，1/16的缩小系数在现代光刻技术中并不那么有效。例如，32nm逻辑节点的多晶硅层有45nm的半周期，可用的DOF（即光刻胶厚度所消耗的$DOF_{diffrac}$）只有100nm。目前市面上最好的掩模平整度是500nm。铬吸收体的厚度是200nm，而在193nm波长的石英中的移相器也在200nm的数量级。晶圆上等效的垂直方向变化目前是在57nm的数量级上——超过了可用DOF预算的一半。

后续的掩模加工会影响空白掩模（mask blank，别名也叫做掩模基板、掩模毛坯等，以下统一译为空白掩模）的平整度。例如，在划定吸收体后，掩模上的应力会发生变化。空白掩模的平整度也会受到掩模上安装的保护膜的影响。幸运的是，扫描曝光机的静态成像区域是26mm×8mm，而不是像步进曝光机那样，在圆形透镜视场内的矩形区域。在扫描过程中，可以通过动态调整掩模的倾斜度来主动补偿掩模的不完美之处。通常可以有25%左右的改善。

透镜效应——消耗DOF预算的透镜效应一般被归类为像面偏差（image plane deviation，IPD）。基本上，IPD包含泽尼克Z_4项在不同场位置的变化。场曲、像散和彗差都会导致DOF预算的消耗。这些影响中的一些可以人为地避免。例如，像散引起的DOF损失可以通过只在一个方向上分配关键尺寸来缓解。众所周知，一些半导体制造商在一个维度上对准其关键栅极。当然，减少像散的影响只是对准栅极的原因之一。此外，当曝光机满负荷运行时，发热的透镜引起的畸变与透镜在测试环境中的评估结果不同，对DOF的影响可以大到30nm。

照明不均匀性对DOF预算有直接影响，这在E-D树上是很明显的。需要一个更大的EL来适应照明不均匀性，以平衡DOF。当照明波长漂移时，波长的变化会导致焦点漂移，DOF也会受到影响。

厚度——光刻胶的厚度消耗了DOF预算的主要部分。再以32nm节点为例，所需的光刻胶厚度为100nm左右。它在干式曝光系统中消耗了100nm/1.75的DOF预算，其中1.75是光刻胶的折射率。在水浸没式系统中，光刻胶要消耗100nm×1.44/1.75的DOF预算，其中1.44是193nm波长的浸没液的折射率。[关于乘以耦合介质折射率的理由，请参考式(8.12)]。

薄膜的不均匀性在物理上和光学上消耗了DOF预算。晶圆上的TARC、光刻胶、BARC和薄膜叠层的不均匀性使成像层的垂直位置产生错位。在光学上，这些厚度不均匀性扰乱了界面上的多次反射，造成曝光不均匀，并导致消耗 DOF 预算。如 6.5.2.5 节所述，变化的形貌会影响曝光和焦点的均匀性。原则上，化学机械抛光（CMP）应该能使形貌上变平。然而，在 90nm 节点上，CMP 的残余形貌可以达到 50～100nm 的数量级。

晶圆不平整、晶圆倾斜和晶圆夹持误差显然会消耗 DOF 预算。对于 100nm 以下的光刻技术，主要使用双面抛光晶圆，因为对背面进行抛光可以提高其平整度，这样当晶圆被夹持住时，正面的扭曲就会减少。据 Choi 报道[3]，使用双面抛光晶圆可以减少 30% 的焦点变化。

与掩模的平整度类似，晶圆在经过反复的图案设计和薄膜沉积后，特别是在热循环引起的薄膜应力下，其原始平整度会变差。CMP 有助于但不能完全消除晶圆平整度的恶化。幸运的是，晶圆平整度缺陷的主动补偿可以在扫描曝光机上进行，就像补偿掩模平整度缺陷一样。因此，国际半导体产业协会（SEMI）提出了局部平整度质量要求（site-flatness quality requirement，SFQR）来表征晶圆平整度。SFQR 被定义为基于局部和前表面参考的，在局部内使用最小二乘参考平面并报告局部的平整度范围。局部尺寸大小应选择为曝光狭缝的大小，即 26mm×8mm。

事实上，在进行扫描曝光时，曝光狭缝/狭槽在一个区域内连续移动，并动态地调平。正如 ASML 所指出的[4]，为了使曝光狭缝/狭槽与调平后的残余焦点误差有更紧密的联系，使用移动平均数（moving average，MA）更为合适，它被定义为一个场中曝光点 P 的所有点残余离焦的平均值：

$$\langle \Delta z_s(x_s) \rangle = h_s^{-1} \int_0^{h_s} \Delta z_s(x_s, y_s) \mathrm{d}y_s \tag{7.1}$$

其中，Δz_s 是当 P 被曝光狭缝的 $P_s(x_s, y_s)$ 曝光时，调平后的残余离焦；h_s 是狭缝/狭槽的高度。调平是为了考虑到曝光狭缝区域内的局部形貌而进行的优化。

DOF 消耗的另一个重要组成部分是焦点误差。焦点误差是由焦点传感器与曝光机上的掩模、透镜和晶圆的垂直定位所造成的误差。一旦确定了最佳焦点，焦点传感器和定位装置必须始终如一地将每次曝光保持在这个最佳焦点上。如果不能做到这一点，就会产生焦点误差。

对焦点的传感可以通过几种方式来完成，即使用光学传感、空气量规传感和电容量规传感，分别如图 7.12、图 7.13 和图 7.14 所示。这些传感方法各有优劣。光学传感使用倾斜入射在晶圆表面的光束，该光束在另一端被检测到。晶圆的垂直位置或倾斜的任何变化都会改变检测到的光束的位置。空气量规是一个放置在靠近晶圆表面的小管子。从管子中流出的

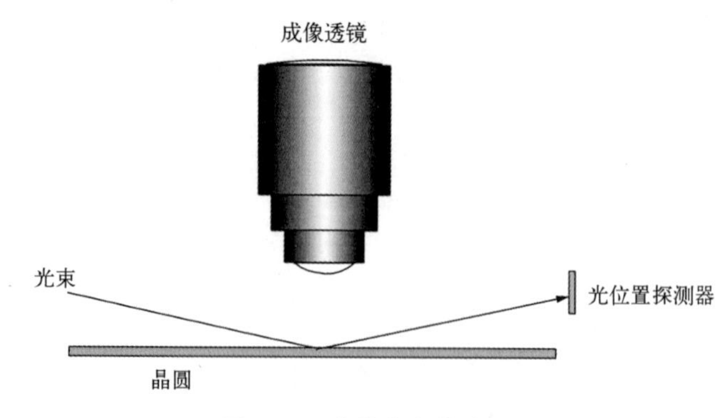

图 7.12 光学焦点传感。

压缩空气会随着晶圆表面的接近程度而改变压力。通过监测压力的变化，可以检测到晶圆的垂直位置。电容量规将一个小的电容探针放在晶圆表面附近，电容的变化是晶圆的垂直位置的函数。后者显然受到晶圆上的薄膜和特征的电性能的影响。对于空气量规来说，冲出的空气对晶圆有热效应，也是一个污染源。光学传感可能会受到晶圆上薄膜的光学特性的影响。掠入射倾向于最小化这种影响。因此，所有的扫描曝光机供应商都采用了光学传感技术。在光学曝光机供应商发生动荡之前，这些公司包括 GCA、PerkinElmer（后来成为 SVGA）、Ultratech、Optimetrix、Censor 和 Electromask。所有这三种类型的传感器都已被不同供应商采用。目前，由于严格的焦点控制要求，空气量规被用来补充光学焦点传感。

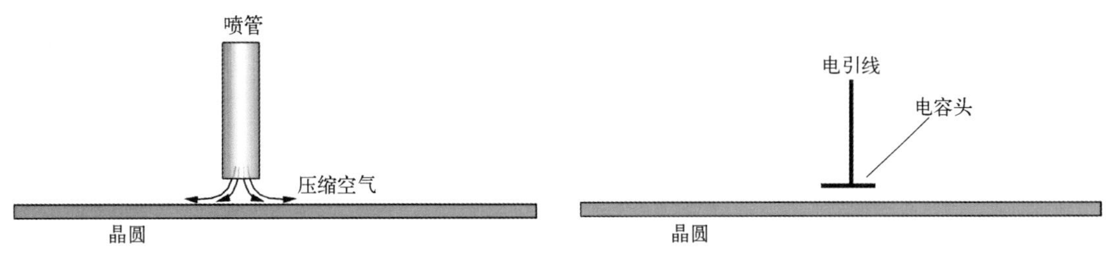

图 7.13　使用空气量规进行焦点传感。　　图 7.14　使用电容量规的焦点传感。

公共 E-D 窗口——必须确保所有决定所提供的 DOF 预算的参数都用于设置最佳焦点。这些参数是波长、带宽、NA、σ、特征形状、特征尺寸、特征组合、CD 公差、掩模上的相位和强度、邻近效应校正、多重反射和 EL，如 7.1.4 节所列。如果使用 Bossung[5] 曲线，只能在一个关键特征上评估最佳焦点，这往往是不够的。图 7.15 显示了 0.5μm 线空图形和 0.5μm 孤立线开口的 E-D 树，在 $\lambda=365$nm、NA=0.48、$\sigma=0.5$ 下的成像。前一个特征的 DOF 中心在−231nm，后一个特征的 DOF 中心在 308nm。取这两个特征的公共 E-D 窗口，DOF 中心在 154nm 处。这两个特征是完全不同的。频繁监测关键特征可能是乏味和无益的。对于日常的焦点监测，人们应该确定某些测试图形，以精确地表明关键特征的最佳焦点是否得到满足。例如，线端缩短（line-end shortening，LES）对离焦非常敏感，所以它可以作为监测焦点的良好测试图形。

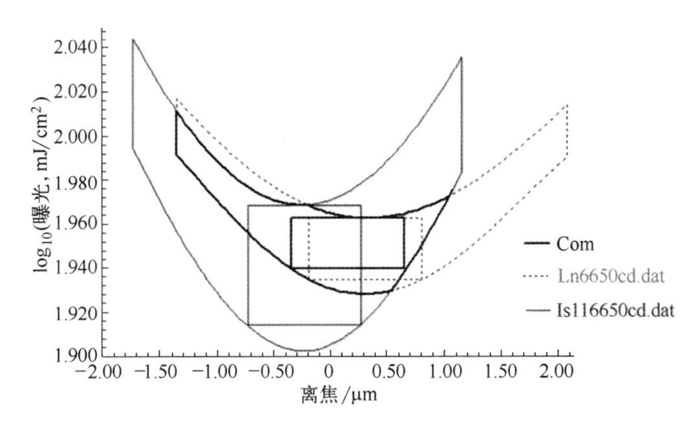

图 7.15　确定两个 0.66k_1 特征的最佳焦点，L∶S=1∶1，孤立线开口，在 $\lambda=365$nm 处成像，NA=0.48。线空图形的 DOF 中心为−231nm，孤立线开口的 DOF 中心为 308nm，公共 E-D 窗口为 154nm。

7.1.4.2　焦点监测

焦点监测建立在焦点传感的基础上。监测晶圆图像，以确保最佳焦点设置的准确性。首先必须定义最佳焦点，然后必须确定评估它的方法。

Ausschnitt[6] 试图通过基于模型的方法来促进焦点监测，首先校准 CD 与曝光剂量和 CD 与焦点的关系，然后通过测量的 CD 找到相应的焦点。通过使用线端缩短（LES）作为 CD（ΔW）的变化，可以使聚焦灵敏度更高。通过掩模特征的适当布置，这种 LES 可以通过套刻计量工具来测量。该方法已实现商业化[7]。

由于 CD 取决于曝光剂量 E 和焦距 F，因此 E 和 F 应同时求解。因此，我们需要测量至少两种图案的 CD。在 Ausschnitt 的原始方法中，W（E 和 F 的函数）被假定为如下形式：

$$W[k]=a_0[k]+a_1[k]E+(a_2[k]+a_3[k]E)F^2 \tag{7.2}$$

其中，k 用于表示图案类型，$a_0[k]$、$a_1[k]$、$a_2[k]$、$a_3[k]$ 由一系列 Bossung 曲线表征。然后，如果测量两种图案的 CD，可以通过消去 F 容易地求解 E，如下所示：

$$\frac{W[1]-a_0[1]-a_1[1]E}{a_2[1]-a_3[1]E}=\frac{W[2]-a_0[2]-a_1[2]E}{a_2[2]-a_3[2]E} \tag{7.3}$$

一旦得到 E，也随之得到 F。然而，由于 CD 对离焦的响应主要是二次的，所以离焦的符号不能明确地确定。添加额外的标记来解决离焦标记问题。除了符号问题之外，不同图案的焦点可能不相同。式（7.2）应修改如下，式（7.1）相应调整。

$$W[k]=a_0[k]+a_1[k]E+(a_2[k]+a_3[k]E)(F-F_0[k])^2 \tag{7.4}$$

如果两个所选图案的焦点中心相同，则 E 和 F 可以通过式（7.2）和式（7.3）求解；如果不同，E 和 F 仍然可以求解，因为我们知道两个所选择图案的焦点中心。然而，解析解的表达式要复杂得多。这种方法仅用于焦点监测，而不用于精确确定一组图案的焦点中心。

使用相移掩模（PSM）的监测方案不存在符号问题[8]。在其正常实施中，如 AltPSM（交替型相移掩模），靠近暗线的两个移相器的相位差为 π，以最大化 DOF。然而，如果相位差不正好是 π，那么当存在离焦时，暗线的图像将横向移位。这一思想的巧妙实现是相移焦点监测器（phase-shift focus monitor，PSFM），如图 7.16 所示。将相位差设置为 $\pi/2$ 可使检测灵敏度 $\Delta x/\Delta z$ 最大化。通过在框套框（BiB）套刻标记的条纹旁边放置移相器，可以将离焦的 Δz 转换成套刻误差的 Δx（或 Δy）。

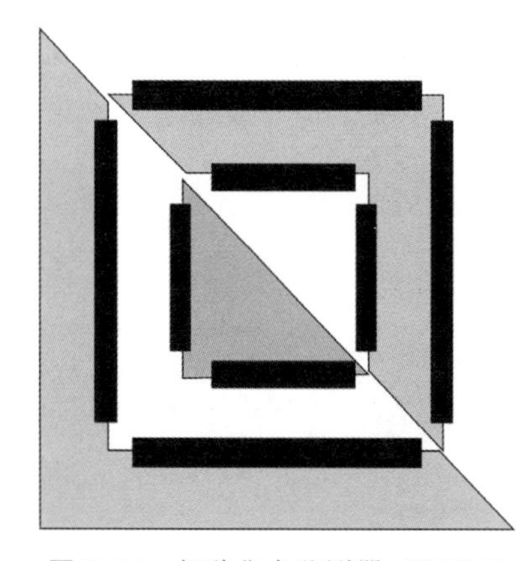

图 7.16 相移焦点监测器（PSFM）图案（转载自参考文献［8］）。

通过使用相位光栅可以进一步提高灵敏度[9]。相应的实现被称为相位光栅焦点监测器（phase-grating focus monitor，PGFM），如图 7.17 所示。据研究报道，对于 ArF 扫描光刻机来讲，PGFM 的灵敏度为 3.03^{-1}，在相同的处理条件下优于 PSFM 的灵敏度（7.14^{-1}）1

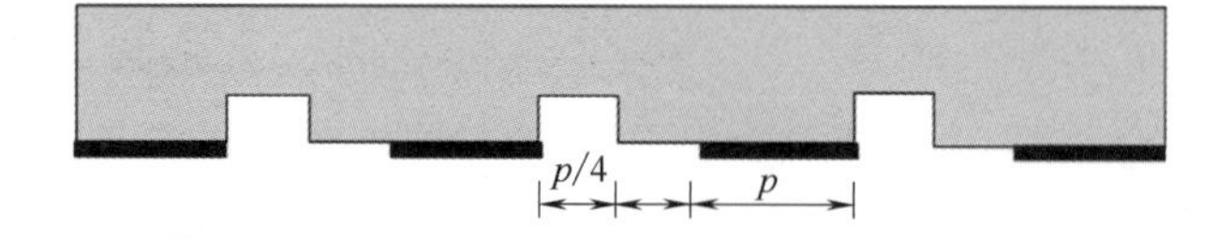

图 7.17 相位光栅焦点监测器（PGFM）图案（转载自参考文献［9］）。

倍[10]。由于处理 PGFM 的理论问题相对比较容易，我们通过 PGFM 来说明用 PSFM 进行焦点监测的基本原理。

假设入射光是对应于 $\sigma=0$ 的圆形照明的平面波，通过掩模强度和相位分布的傅里叶变换来计算各个衍射级的振幅 $A(f)$ [即，从 $x=0$ 到 $x=p/4$，有 $M(x)=1$，然后从 $x=p/4$ 到 $x=p/2$ 则有 $M(x)=\mathrm{e}^{\mathrm{i}\xi}$；对于周期的剩余部分，$M(x)=0$]：

$$\begin{aligned}A(f)&=\int_{-\infty}^{\infty}M(x)\mathrm{e}^{-\mathrm{i}2\pi fx}\mathrm{d}x\\&=\sum_{n=-\infty}^{\infty}\int_{np}^{np+\frac{p}{4}}\mathrm{e}^{-\mathrm{i}2\pi fx}\mathrm{d}x+\sum_{n=-\infty}^{\infty}\int_{np+\frac{p}{4}}^{np+\frac{p}{2}}\mathrm{e}^{\mathrm{i}\xi}\mathrm{e}^{-\mathrm{i}2\pi fx}\mathrm{d}x\\&=(1+\mathrm{e}^{\mathrm{i}\xi}\mathrm{e}^{-\mathrm{i}2\pi f\frac{p}{4}})\int_{0}^{\frac{p}{4}}\mathrm{e}^{-\mathrm{i}2\pi fx}\mathrm{d}x\sum_{n=-\infty}^{\infty}(\mathrm{e}^{-\mathrm{i}2\pi fp})^{n}\\&=\sum_{m=-\infty}^{\infty}(1+\mathrm{e}^{\mathrm{i}\xi}\mathrm{e}^{-\mathrm{i}\pi\frac{m}{2}})\frac{p}{4}\mathrm{e}^{-\mathrm{i}\pi\frac{m}{4}}\mathrm{sinc}\left(\frac{m}{4}\right)\frac{1}{p}\delta\left(f-\frac{m}{p}\right)\end{aligned}\tag{7.5}$$

其中，$\mathrm{sinc}(z)=\dfrac{\sin(\pi z)}{\pi z}$，且 $\sum_{n=-\infty}^{\infty}(\mathrm{e}^{\mathrm{i}2\pi f})^{n}=\sum_{m=-\infty}^{\infty}\delta(f-m)$。

只有当 $f=m/p$ 时，$A(f)$ 是非零的，其中 m 为整数。这表明存在离散的衍射级次。式（7.5）中的因子（$1+\mathrm{e}^{\mathrm{i}\xi}\mathrm{e}^{-\mathrm{i}\pi m/2}$）可以有多种使用方法。当 $\xi=-\pi$ 时，如在 PSFM 的情况下，对于 $m=0$、1、-1 时，系数分别为 0、$1+i$、$1-i$，假设只有三个最低的衍射级次被透镜光阑收集。当使用 PGFM 时，$\xi=-\pi/2$，对于相同的各自的 m 值，系数变为 $1-i$、0、2。

晶圆的图像也是一个光栅。由于 PGFM 图像是由 0 级和 -1 级而不是 $+1$ 级和 -1 级形成的，所以图像沿着光轴斜向传播。光栅图像的强度分布由以下公式给出：

$$I=|A_0|^2+|A_{-1}|^2+2\mathrm{Re}[A_0A_{-1}^{*}\mathrm{e}^{\mathrm{i}(Gx+\Delta qz)}]\tag{7.6}$$

其中

$$I=|\boldsymbol{E}_0+\boldsymbol{E}_{-1}|^2$$
$$\boldsymbol{E}_0=A_0\mathrm{e}^{\mathrm{i}\boldsymbol{k}_0\cdot\boldsymbol{r}}\hat{\boldsymbol{y}}$$
$$\boldsymbol{E}_{-1}=A_{-1}\mathrm{e}^{\mathrm{i}\boldsymbol{k}_{-1}\cdot\boldsymbol{r}}\hat{\boldsymbol{y}}$$
$$\boldsymbol{k}_0=k\hat{\boldsymbol{z}},k=2\pi/\lambda$$
$$\boldsymbol{k}_{-1}=\boldsymbol{k}_0-\boldsymbol{G}-\Delta\boldsymbol{q}$$
$$\boldsymbol{G}=G\hat{\boldsymbol{x}}$$
$$G=2\pi/p$$
$$\Delta\boldsymbol{q}=\Delta q\hat{\boldsymbol{z}}$$
$$\Delta q=k-\sqrt{k^2-G^2}$$

A_0 和 A_{-1} 分别表示对应于 $f=0$ 和 $f=-1/p$ 的衍射级次的振幅和相位。矢量 $\boldsymbol{E}_0$、$\boldsymbol{E}_{-1}$、$\boldsymbol{G}$、$\boldsymbol{q}$ 在图 7.18 中被描述。

令 A_0 的相位为 ϕ_0，即 $A_0=|A_0|\mathrm{e}^{\mathrm{i}\phi_0}$。通过使 $Gx+\Delta qz+\phi_0-\phi_{-1}$ 为一个常数，PGFM 的灵敏度 $\Delta x/\Delta z$ 则为 $\Delta q/G$。请注意，$G/k=\sin\theta$，其中 θ 是 0 级和 -1 级光束之间的角度。因此，PSGM 的灵敏度是 $\tan(\theta/2)$。当 θ 等于成像透镜的孔径角时，理论上可以实现最大的灵敏度。

除了使用 PSFM 或 PGFM 外，还提出了单光束离轴照明（single-beam off-axis illumi-

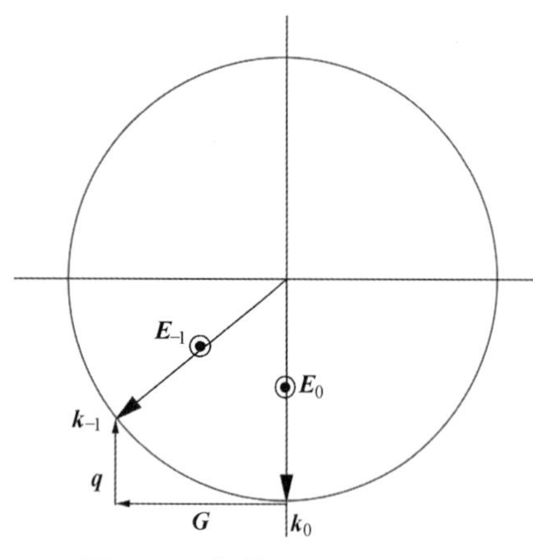

图 7.18 矢量 $\boldsymbol{E}_0$、$\boldsymbol{E}_{-1}$、$\boldsymbol{G}$、$\boldsymbol{q}$。

nation，SB-OAI），以实现最高程度的图像倾斜度[11]。SB-OAI 可以通过在双面铬掩模的上侧开口来实现，同时在同一掩模的下侧有传统的套刻标记，其中心位于开口边缘的正下方。因此，如图 7.19 所示，套刻标记只看到所采用照明的一半。请注意，不需要 PSM。还要注意的是，该标记适用于 ArF、KrF、i 线以及微光刻技术中使用的任何其他波长，因为套刻标记比波长大得多。此外，由于该方法不受透镜像差的影响，焦点的反应几乎是线性的。透镜像差的影响可以嵌入校准曲线中，因为只利用了投影透镜的一小部分。

PFSM、PGFM 和 SB-OAI 要求特定的照明，前两者要求小 σ 的圆形照明，而后者要求 OAI。这些方法不能用于具有各种光照条件的生产掩模。光学 CD（OCD）测量法［通常被称为散射测量 CD（SCD）法］不仅可以测量横向尺寸，还可以测量光栅图像的侧壁角（side-wall angle，SWA）轮廓，SWA 随着最佳焦点附近的离焦而单调地变化。因此，只要掩模上有足够的空间来容纳 OCD 测试图案，实现原位、BIM、高度精确、无极性、一次性焦点监测的计量方法是有希望的。

目前，最好的焦点监测方法是使用部分对长度敏感的图案来确定式（7.4）中的 F 值。该监测方案允许我们监测实际版图中关键图案组合的最佳焦点、λ、带宽、NA、σ 和 OPC 设置，这些设置在生产晶圆上用生产掩模成像。

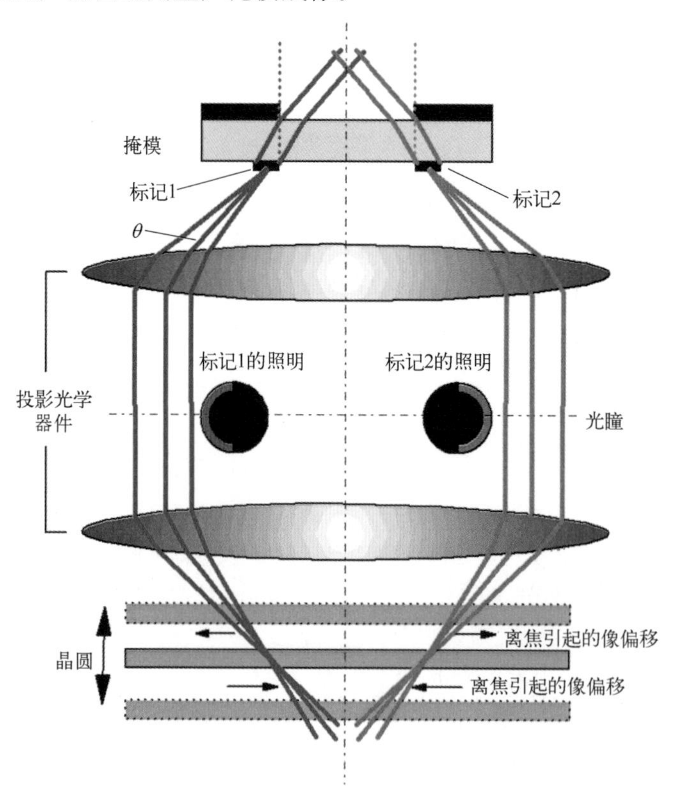

图 7.19 用于单光束成像的双面镀铬掩模上的标记（转载自参考文献［11］）。

7.1.5 曝光机的产率管理

曝光机的产率对制造的经济性有直接影响。每次曝光的成本，或拥有成本（CoO），通常是由曝光机的成本除以曝光机在折旧期内的可用小时数和每小时的晶圆产率计算出来的：

$$\mathrm{CoO}=\frac{P}{NUAW} \tag{7.7}$$

其中，P 是曝光机的资本成本，N 是折旧期内的小时数，U 是利用率，A 是可用性，W 是每小时的晶圆产率。

晶圆产率的主要因素是曝光时间。对于步进曝光机来说，这是掩模版❶和晶圆静止的时间，并且快门是打开的。对于扫描曝光机，严格来说，曝光时间就是掩模版和晶圆同步扫描的时间，即快门打开的时间。然而，在快门打开之前，工作台需要时间加速到全扫描速度，然后减速以准备晶圆台的步进。为了便于计算，掩模版和晶圆台移动的时间被归类为曝光扫描时间。当晶圆步进到新的扫描位置时，中间掩模版保持静止的时间被归类为步进时间。

图 7.20 显示了 20 世纪 80 年代早期步进曝光机的晶圆台位置、速度和加速度。请注意，对于现代的步进曝光机来说，工作台的速度可以高出两个数量级，而加速度则在 $\mathrm{m/s^2}$ 的范围内。对于早期的步进曝光机，晶圆台从静态位置加速，达到一个恒定的速度，然后减速到零。对于现代的步进曝光机来说，加速度并不保持恒定，加加速度（jerk）在数百 $\mathrm{m/s^3}$ 的数量级上。对于扫描曝光机的操作来说，除了在掩模台的 $m\times$速度放大之外，掩模版和晶圆都执行类似的运动，其中 m 是成像透镜的缩小倍率。为了优化扫描曝光机的曝光时间，速度 v 必须高。速度与扫描槽的宽度和照明强度成反比。另外，加速度 a 必须非常高，这样加速和减速的时间只占一小部分。对于步进曝光机来说，更重要的是尽可能快地将晶圆台移动到其曝光位置。必须用工作台加速度和速度的最佳组合使总的运动时间最小化。

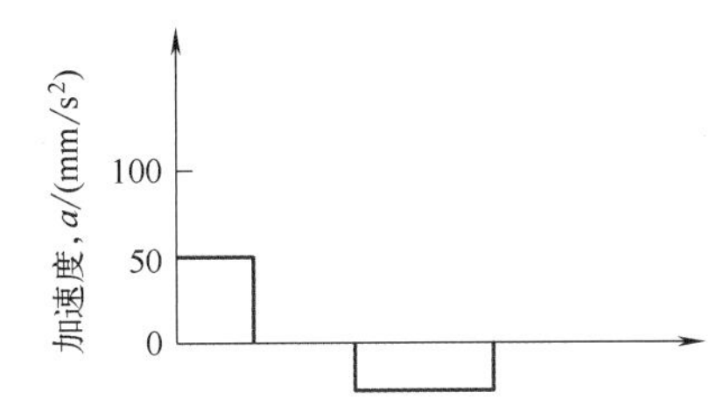

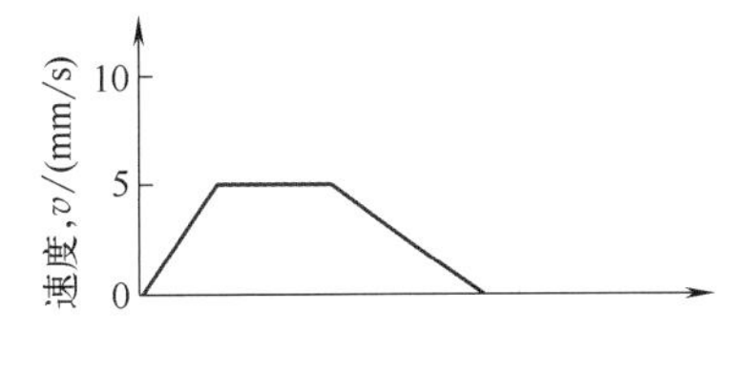

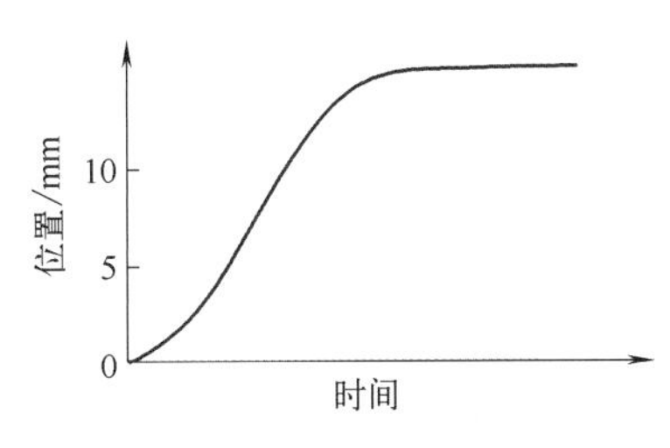

图 7.20 早期晶圆台的加速度、速度和位置。

图 7.21 显示了 DUV 步进曝光机晶圆台的位置、速度和加速度。其工作台的最大速度为 $v=0.32\mathrm{m/s}$，最大加速度为 $a=4\mathrm{m/s^2}$，加加速度 $h=200\mathrm{m/s^3}$。图中给出了工作台行进的三个步进距离（11.4、18.3、31.2mm）的曲线。用于这些计算的公式如下。

当 $0\leqslant t\leqslant t_1$ 时，

$$a=ht, a_1=ht_1$$

$$v=\int_0^t a\,\mathrm{d}t=\frac{1}{2}ht^2, v_1=\frac{1}{2}ht_1^2$$

---

❶ Reticle（掩模版、光罩）一词常用于曝光机中的掩模（mask）。Mask 是一个更通用的术语。这两个单词被许多人交替使用。

$$s=\int_0^t v\mathrm{d}t=\int_0^t \frac{1}{2}ht^2\mathrm{d}t=\frac{1}{6}ht^3, s_1=\frac{1}{6}ht_1^3 \tag{7.8}$$

当 $t_1<t\leqslant t_2$ 时，

$$a=ht_1=a_1=a_2$$

$$v=v_1+ht_1(t-t_1), v_2=v_1+ht_1(t_2-t_1)$$

$$s=s_1+v_1(t-t_1)+\frac{1}{2}ht_1(t-t_1)^2, s_2=s_1+v_1(t_2-t_1)+\frac{1}{2}ht_1(t_2-t_1)^2 \tag{7.9}$$

当 $t_2<t\leqslant t_3$ 时，

$$a=ht_1-h(t-t_2), a_3=ht_1-h(t_3-t_2)$$

$$v=v_2+ht_1(t-t_2)-\frac{1}{2}h(t-t_2)^2, v_3=v_2+ht_1(t_3-t_2)-\frac{1}{2}h(t_3-t_2)^2$$

$$s=s_2+v_2(t-t_2)+\frac{1}{2}ht_1(t-t_2)^2-\frac{1}{6}h(t-t_2)^3$$

$$s_3=s_2+v_2(t_3-t_2)+\frac{1}{2}ht_1(t_3-t_2)^2-\frac{1}{6}h(t_3-t_2)^3 \tag{7.10}$$

当 $t_3<t\leqslant t_4$ 时，

$$a=0, a_4=0$$

$$v=v_3, v_4=v_3$$

$$s=s_3+v_3(t-t_3), s_4=s_3+v_3(t_4-t_3) \tag{7.11}$$

当 $t_4<t\leqslant t_5$ 时，

$$a=-h(t-t_4), a_5=-h(t_5-t_4)$$

$$v=v_4-\frac{1}{2}h(t-t_4)^2, v_5=v_4-\frac{1}{2}h(t_5-t_4)^2$$

$$s=s_4+v_4(t-t_4)-\frac{1}{6}h(t-t_4)^3, s_5=s_4+v_4(t_5-t_4)-\frac{1}{6}h(t_5-t_4)^3 \tag{7.12}$$

当 $t_5<t\leqslant t_6$ 时，

$$a=-h(t_5-t_4)=a_5=a_6$$

$$v=v_5+a_5(t-t_5), v_6=v_5+a_5(t_6-t_5)$$

$$s=s_5+v_5(t-t_5)+\frac{1}{2}a_5(t-t_5)^2, s_6=s_5+v_5(t_6-t_5)+\frac{1}{2}a_5(t_6-t_5)^2 \tag{7.13}$$

当 $t_6<t\leqslant t_7$ 时，

$$a=a_6+h(t-t_6), a_7=a_6+h(t_7-t_6)$$

$$v=v_6+a_6(t-t_6)+\frac{1}{2}h(t-t_6)^2, v_7=v_6+a_6(t_7-t_6)+\frac{1}{2}h(t_7-t_6)^2$$

$$s=s_6+v_6(t-t_6)+\frac{1}{2}a_6(t-t_6)^2+\frac{1}{6}h(t-t_6)^3$$

$$s_7=s_6+v_6(t_7-t_6)+\frac{1}{2}a_6(t_7-t_6)^2+\frac{1}{6}h(t_7-t_6)^3 \tag{7.14}$$

其中，t_1、t_2、t_3 等，标记了 a 变化的时间点。不同步长下的步进时间分别由式（7.8）～式（7.14）计算，如图 7.22 所示。

图 7.21 中 31.2mm 的步进距离是达到最大速度的最小距离。必须留出时间将工作台减

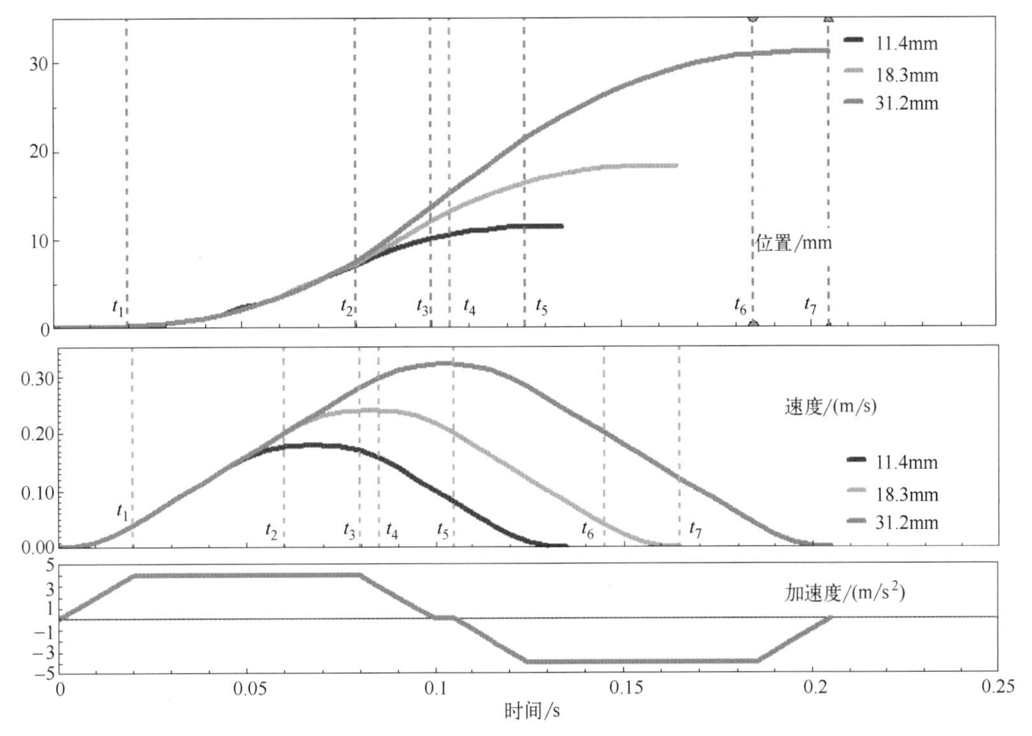

图 7.21　现代晶圆台的位置、速度和加速度。

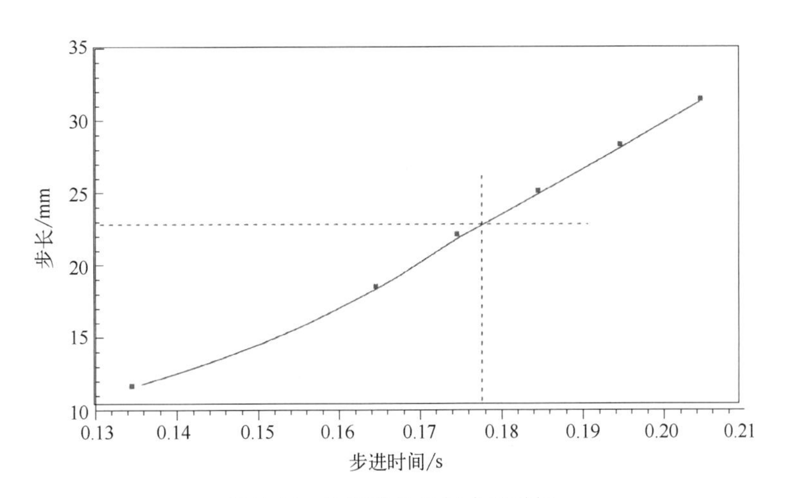

图 7.22　计算的步长与步进时间。

至零速度才能进行曝光。这个步进距离实际上已经超过了 $22mm^2$ 的成像透镜视场大小。对于 18.3mm 的步进距离，在载物台必须减速之前，只以 0.24m/s 的速度通过。对于 11.4mm 的距离，这个时间甚至更短，为 0.18m/s。这意味着更大的步长使得总的晶圆步进时间更短。3 个步进距离的平均速度分别为 0.152、0.111、0.0846m/s。因此，为了高产率，每个曝光步骤中覆盖的面积应该尽可能大。图 7.23 显示了用 $11.4\times18.3mm^2$ 的面积和 $22.8\times18.3mm^2$ 的面积曝光的晶圆。前一个面积需要 122 个 11.4mm 的步进距离和 9 个 18.3mm 的步进距离。该晶圆需要的总步进时间为 17.955s。对于双倍面积的场，总的步进时间仅为 12.165s。

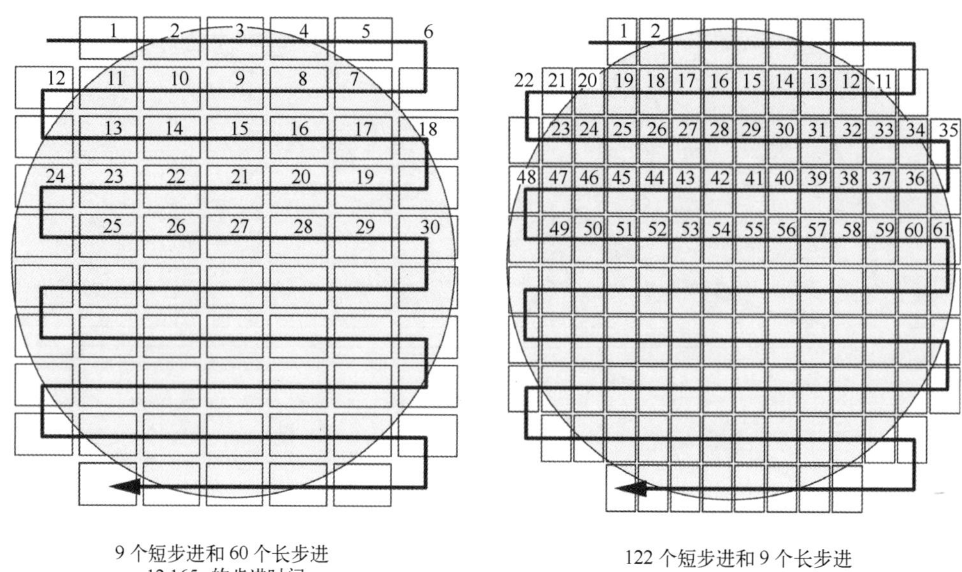

图 7.23　来自不同场尺寸的曝光步骤。

接下来，为了提高产率，让我们看看矩形曝光场的正确方向。虽然通过较短边的平均速度低于通过较长边的平均速度，但总的步进时间取决于长短步进的分布。图 7.24 显示了同一个晶圆版图在两个不同路线顺序下的曝光情况。图（a）中的曝光路线包括 13 个短步进和 116 个长步进，而图（b）中的曝光路线包括 122 个短步进和 9 个长步进。图（a）中的总步进时间为 21.03s，图（b）中为 17.955s。

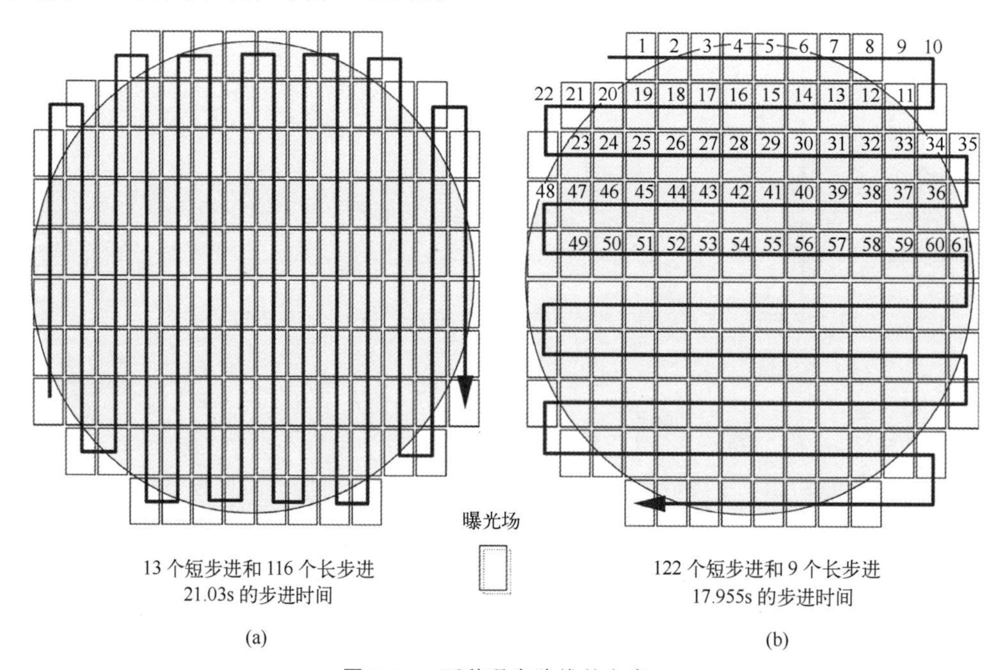

图 7.24　两种曝光路线的方案。

掩模场利用率（mask field utilization，MFU）在晶圆产率中起着非常重要的作用。现代扫描曝光机的曝光场是 26mm×33mm。如果掩模上的管芯（die）不能填充整个曝光场，则必须采取更多的步骤来曝光整个晶圆；否则，产率会受到影响。当管芯尺寸非常不利于填充曝光场时，产率只能是最有利情况的40%左右。

图7.25 (a)[12] 显示了特定扫描曝光机操作的晶圆台和掩模台的速度和加速度。引入加加速度来加快加速，以便最小化加速和减速时间。图7.25 (b) 显示了每次曝光后晶圆台方向的变化。它还显示出了在扫描曝光之后，当晶圆台和掩模台仍在 y 方向减速时，晶圆在 x 方向步进。这样，晶圆步进时间被包含在扫描时间中。

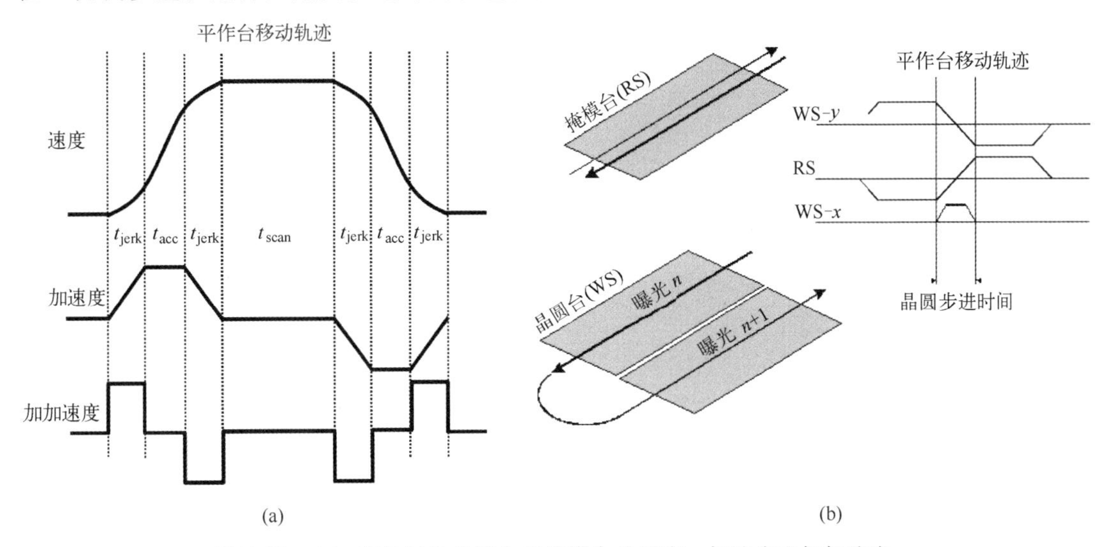

图7.25 (a) 步进扫描晶圆台和掩模台的速度、加速度和加加速度；(b) 每次曝光后晶圆台的方向发生变化，晶圆在 x 方向步进（经ASML许可转载）。

因为透镜是曝光机中非常昂贵的部件，当晶圆台移开进行对准和晶圆平整度测量时，让透镜闲置是浪费的。为了解决这个问题，商家已经制造了具有两个晶圆台的曝光机。一个晶圆台在透镜下移动以进行曝光，而另一个晶圆台在透镜外的计量区域内移动以测量对准标记的位置和晶圆表面的形貌。这种双晶圆台系统的关键挑战是保持两个晶圆台在激光干涉仪的监测下不中断[13,14]。图7.26显示了这种双晶圆台系统的工作原理。晶圆1在进行表征时，晶圆2进行曝光。曝光后，两个晶圆台都朝着表征区域的顶部边缘移动，使得晶圆台2可以沿着装载/卸载方向移出，用于晶圆卸载。晶圆台1现在移动到曝光位置。当步进曝光时，晶圆台2装载有晶圆并进入表征区域，开始形貌和对准的测量。一旦晶圆被表征，激光束监测就不会中断。至少一个垂直光束和两个

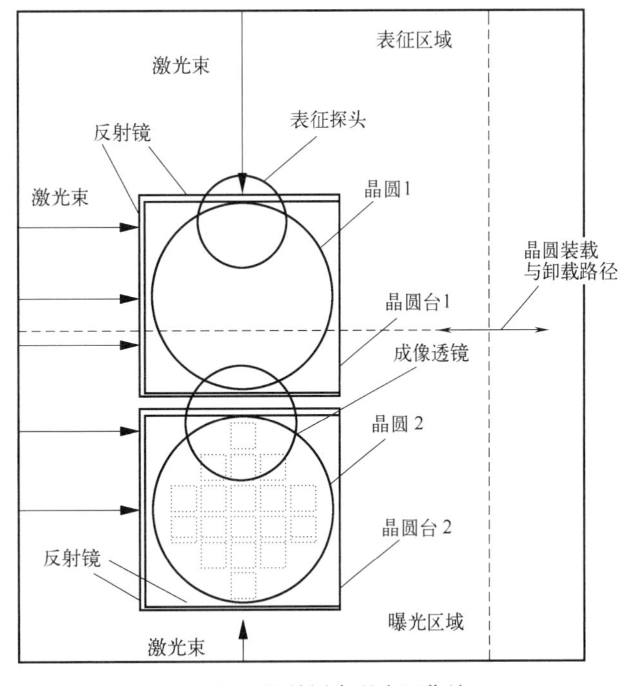

图7.26　双晶圆台曝光工作站。

水平光束轮流监测晶圆台的位置，直到晶圆台移动出来用于卸载。

ASML 在其 12 英寸扫描光刻机系列中实现了双晶圆台的概念，其商业名称是 TWINSCAN。现在可以很容易地找到许多来自 ASML 的关于 TWINSCAN 的商业出版物和会议论文集。

7.2 光刻胶工艺

光刻胶工艺的优化包括光刻胶涂覆、各类光刻胶烘焙和光刻胶显影。

7.2.1 光刻胶涂覆

涂覆光刻胶最流行的方法是通过旋转涂覆。在涂上增黏剂后，晶圆在真空中保持在旋转卡盘上。当晶圆静止或缓慢旋转时，将光刻胶施加到晶圆上。在晶圆上形成足够大的水坑后，卡盘开始加速到每分钟几百到几千转的恒定旋转速度。光刻胶厚度和均匀性稳定后，旋转停止。然后，晶圆被送去进行预烘焙。通常在晶圆仍在旋转时进行边缘珠（edge bead）去除步骤。更多关于边缘珠的讨论在 7.2.1.4 节。

良好的光刻胶涂层具有以下性质：高厚度精度和均匀性、良好的表面平面性、对衬底的强黏附性和低缺陷水平。

7.2.1.1 缺陷

实现低缺陷水平的第一步是彻底清洁衬底表面。最好是保护表面免受污染，而不是在涂覆过程之前对其进行清洁。如果表面上有不润湿的颗粒，它会在光刻胶中引起针孔。如果使用旋涂工艺，被涂覆的颗粒通常显示出朝向晶圆周围的干涉彗尾。由于来自不均匀光刻胶表面的多次反射，这会干扰到局部曝光。颗粒本身引入了不同于衬底的反射率。如果颗粒在光刻胶显影和剥离后残留，它会阻碍随后的刻蚀。

7.2.1.2 光刻胶黏附性

光刻胶聚合物通常不能很好地黏附到硅基衬底和半导体工业中使用的许多其他类型的固体膜上。虽然黏附理论超出了本书的范围，但我们将通过考虑表面张力来阐明这一点。光刻胶和衬底的表面张力不能相差 $20\mathrm{dyn/cm^2}$❶（或更大），以使光刻胶可以充分润湿晶圆[15]。良好的润湿对于良好的黏附力是必要的，但不是绝对的。我们还可以推断，亲水（水润湿）材料可以很好地黏附到其他亲水表面，但不能黏附到疏水（水排斥）表面，反之亦然。Langmuir-Blodget 技术[16,17] 的观察结果支持了这一点，在该技术中，涂层是通过从悬浮在槽中的单层膜中拉出衬底的侧面而形成的。通过反复将衬底从槽中拉出和浸入槽中，单层背对背和面对面地将自身包裹起来，形成相当厚的涂层。单层的一面是疏水的，而另一面是亲水的，这表明相同类型的表面更有可能相互黏附。

在涂覆光刻胶之前，晶圆表面必须用增黏剂处理。六甲基二硅氮烷（HMDS）是一种流行的黏合促进剂。它最有效地应用于使用惰性载气的加热真空室中。在液相中应用 HMDS 也已经被实践，但是不如气相应用有效，主要是因为在气相中更容易提高反应温度。

7.2.1.3 光刻胶厚度

旋涂光刻胶厚度（thk）与聚合物浓度 C、分子量 M 和旋涂速度 ω 的关系如下[18]：

---

❶ $1\mathrm{dyn/cm^2}=0.1\mathrm{Pa}$。

$$\text{thk} \propto \frac{C^{\beta}M^{\gamma}}{\omega^{\alpha}} \tag{7.15}$$

其中，β 和 γ 通常接近 2，α 接近 0.5。因此，光刻胶浓度通常用于粗调光刻胶厚度，而旋转速度用于精调。

7.2.1.4　光刻胶均匀性

光刻胶涂覆工艺通常被认为是平面化的而不是保形的，这只适用于晶圆上的小特征。如果有大的特征，这些特征上的光刻胶与晶圆背景上的光刻胶具有相同的厚度，如图 7.27 所示。设平面晶圆上的光刻胶厚度为 a；然后，在晶圆的大平面区域上保持厚度 a。对于高特征密度，情况类似。从形貌的顶部开始保持厚度 a。不幸的是，在形貌底部的光刻胶厚度现在是 $a+b$，其中 b 是晶圆形貌的高度。在中等特征密度下，光刻胶是部分平面化的，而其在形貌顶部的厚度小于 a。对于完全孤立的小特征，其顶部的光刻胶厚度可能仅略大于 $a-b$。

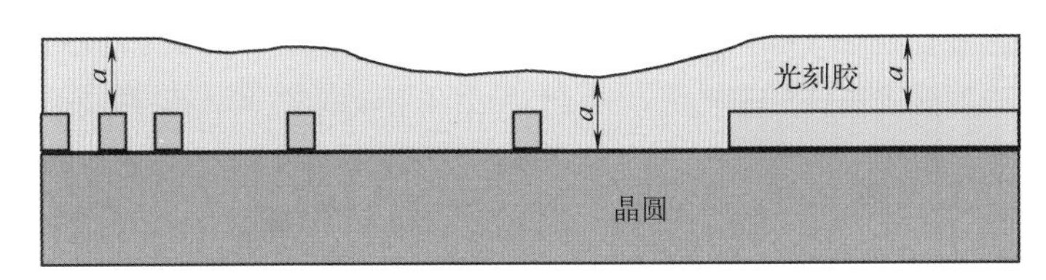

图 7.27　晶圆形貌上的光刻胶平坦化。

晶圆上形貌的存在使膜的平面性进一步复杂化，因为径向光刻胶堆积在凸起上。这些堆积最显著的影响是对准标记检测误差。

光刻胶在晶圆边缘大量堆积。这种堆积的边缘一般称为边缘珠（edge bead），其厚度可以是晶圆主要区域厚度的许多倍。边缘珠的宽度通常为几毫米。边缘珠在许多方面都是不可取的。①额外的光刻胶倾向于进入边缘附近的晶圆下面，使得难以均匀地接触以获得均匀的晶圆夹紧或热传递；另外，额外的厚度不能支持在晶圆边缘的良好成像。②边缘珠延长了光刻胶的干燥和剥离时间。③它往往会接触到晶圆载体或机器人晶圆抓取器的侧壁；一些光刻胶可能会松脱，并成为缺陷源。④对于全晶圆接触式光刻，由于边缘珠比光刻胶厚得多，它会阻碍掩模进行均匀的全晶圆接触。边缘珠可以在现代涂胶机中被去除。在晶圆旋转的过程中，在晶圆的边缘施加少量溶剂刀刃射流，可去除晶圆边缘的光刻胶。

光刻胶薄膜中的条纹的示例如不规则的径向线条，通过检查光刻胶表面的反射，很容易看到。条纹通常是由于使用了错误的溶剂或不当的气流管理而导致溶剂快速流失，这两种情况都会以许多其他方式影响薄膜的均匀性。

7.2.1.5　节省光刻胶材料

光刻胶涂覆是一种非常浪费的工艺。旋转前，在晶圆上形成的糊状物通常约为晶圆直径的一半，其厚度约为 1mm 的量级。大部分材料因离心力而废弃。仅留下一层大约 100nm～1μm 的涂层用于成像。对于成像亚 0.1μm 分辨率的图案，光刻胶厚度可以是 100nm 或更小。例如，在 200mm 直径的晶圆中，施加到晶圆上的材料约为 8mL，所用的最终材料约为 2μL。只用了约 1/250 的材料。已经采用了许多技术来将最初施加的材料减小到仅几毫升。然而，这仍然涉及两个数量级的浪费。如果旋转前的施加区域进一步减小，则很难完全覆盖整个晶圆。减小所施加的厚度会导致不均匀的旋转材料厚度，因为在旋转发生之前，光刻胶倾向于在顶部形成高浓度层，或者甚至是表皮。

节省光刻胶材料有许多原因。除了初始费用之外，还有与材料的运输和储存以及多余材料的处理相关的费用。仅环境的额外负担就证明了采用更有效技术来涂覆光刻胶的合理性。

已经尝试了许多方法来给晶圆提供均布的薄涂层。Ausschnitt 和 Hutchital[19] 使用气相沉积技术在晶圆上沉积一层均匀的光刻胶材料。然而，同时控制厚度和均匀性并不容易。喷涂可以在表面沉积一个薄层聚合物材料，就像喷漆一样。然而，均匀性完全不足以满足半导体制造规范。喷涂后进行旋转会遇到溶剂蒸发的问题，这比搅拌旋转法要严重得多。

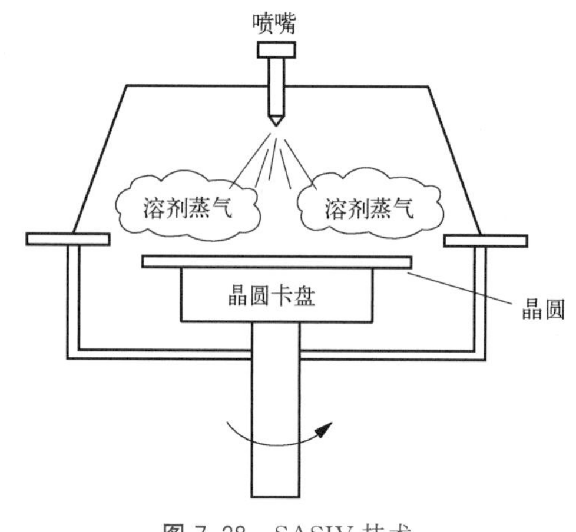

图 7.28 SASIV 技术。

一种蒸气喷涂旋转（spray-and-spin-in-vapor，SASIV）技术[20,21] 克服了上述问题。当光刻胶被喷射到晶圆上以达到略大于目标尺寸的厚度时，晶圆被保持在富含溶剂的环境中。当仍在蒸气中时，多余的材料被甩出，并且当晶圆静止时，在形貌上的光刻胶平坦化之后，多余的材料被去除。相比传统方法，可将成本降低至 1/50 或更低，并且可以提高均匀性，尤其是对于堆积在凸出形貌上的光刻胶。图 7.28 展示了 SASIV 概念，它已被实验证实，如图 7.29 所示。使用简单的实验室设备，已实现了 20 倍的光刻胶节省效果[22]，如图 7.30 所示。

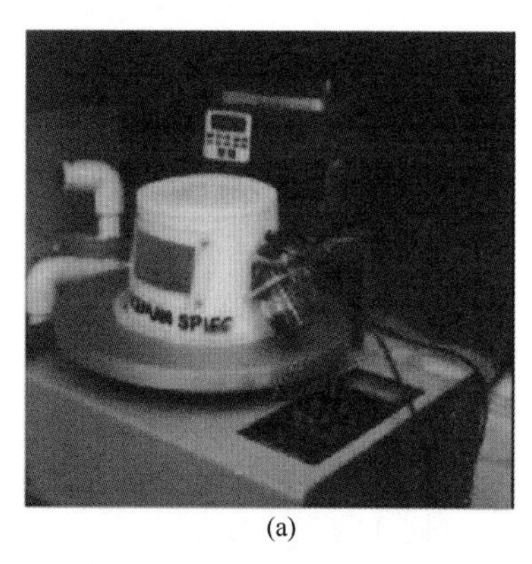

(a)

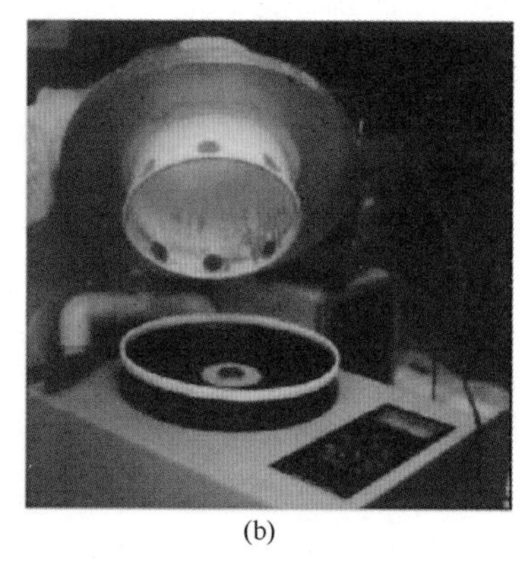

(b)

图 7.29 SASIV 实验装置。(a) 关闭蒸气室以引入蒸气和光刻胶。(b) 打开蒸气室以装载/卸载晶圆。

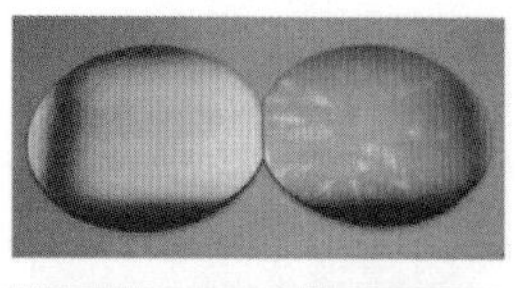

左：对照晶圆，1150nm 光刻胶，5 点处 113nm 变化

右：低蒸气压，无延迟，1020nm 厚度，113nm 变化

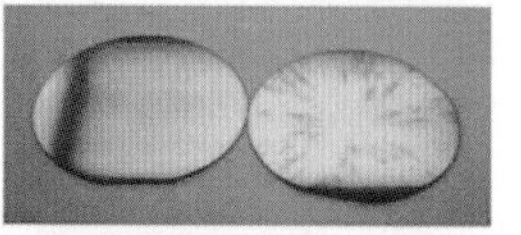

左：对照晶圆，1150nm 光刻胶，5 点处 113nm 变化

右：低蒸气压，有延迟，951nm 厚度，59nm 变化

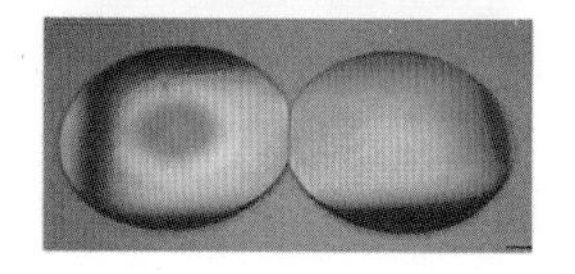

左：低蒸气压，966nm 厚度，延迟不足，320nm 变化

右：高蒸气压，1054nm 厚度，延迟充分，35nm 变化

图 7.30 有/无蒸气、有/无延迟的晶圆上的光刻胶厚度均匀性。未使用 SASIV 的 3 英寸晶圆，需要 1mL 的光刻胶；使用 SASIV 使用了 0.05mL 光刻胶。

SASIV 的基本流程如下：

① 引入溶剂蒸气，使晶圆环境饱和。

② 在富含蒸气的环境中将光刻胶喷涂到晶圆上，厚度略大于旋转材料的厚度。

③ 等待 30s，直到光刻胶中的应力（由喷涂引起）释放。

④ 旋转光刻胶层（在蒸气中），达到所需的厚度。

⑤ 将晶圆在蒸气中保持静止，以允许旋转光刻胶整平晶圆形貌边缘附近堆积的光刻胶。

⑥ 去除蒸气。

⑦ 像通常一样烘焙晶圆。

通过使用接近式喷洒蒸气技术（proximity-dispense-in-vapor，PROXIV）技术[23]，可以消除应力释放的延迟，从而提高晶圆产率。当晶圆卡盘缓慢旋转时，在轻微的液压作用下，当晶圆流过小喷嘴时，它会轻轻地在晶圆上扩散，而不是喷涂光刻胶。保持溶剂蒸气环境以防止薄光刻胶层变干，直到其被旋涂达到期望的厚度。

7.2.2 光刻胶烘焙

烘焙在光刻胶加工中具有许多作用。预涂烘焙通过去除晶圆表面吸收的水分来提高附着力。曝光前烘焙［也被称为涂胶后烘焙（post-apply bake，PAB）］在涂胶后去除光刻胶溶剂，并对光敏度进行微调。在显影前的曝光后烘焙（post-exposure bake，PEB）期间，光活性化合物的扩散有助于消除光刻胶中的驻波，尽管这样做也会稀释横向图像的对比度。在化学放大光刻胶体系中，PEB 激活了催化剂反应，使光刻胶在曝光后的区域上发生转换。显影后的烘焙使光刻胶变硬，以提高其附着力，为接下来的衬底描绘工艺做准备。图 7.31 显示了温度对典型 DQN 光刻胶的影响。

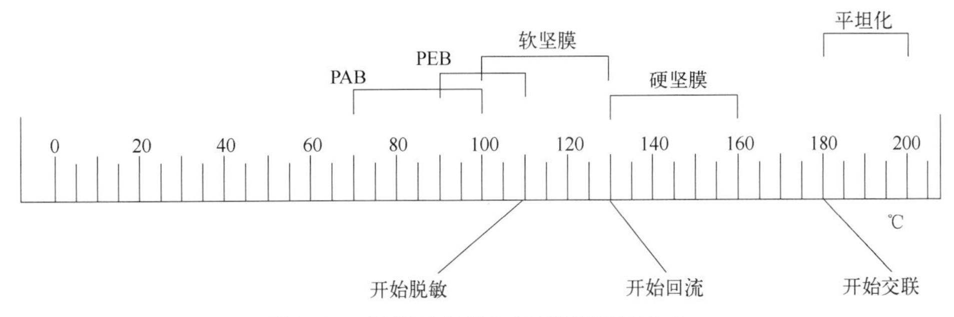

图 7.31 温度对典型 DQN 光刻胶的影响。

7.2.2.1 预涂烘焙

预涂烘焙不应单独进行。就在二氧化硅膜从烘箱（或来自蒸发器、溅射机等的金属膜）中生长之后，最理想的是在晶圆暴露于任何水蒸气之前，用增黏剂给晶圆涂底漆。这不仅确保了不吸收水分，而且减少了一个加工步骤。

7.2.2.2 涂胶后烘焙（曝光前烘焙）

涂胶后烘焙（post-apply bake，PAB）最重要的功能是在旋转涂覆后去除光刻胶溶剂。烘焙温度必须足够高，以便在合理的短时间内除去溶剂。然而，高温会使光活性化合物失活并降低光刻胶的灵敏度。光刻胶的显影对比度也受到影响。图 7.32 显示了剩余光刻胶厚度与 PAB 温度和时间的函数关系[24]。当使用更高的 PAB 温度或更长的 PAB 时间时，相同曝光剂量下的光刻胶显影速率会降低。然而，显影对比度随着 PAB 温度的升高而提高。

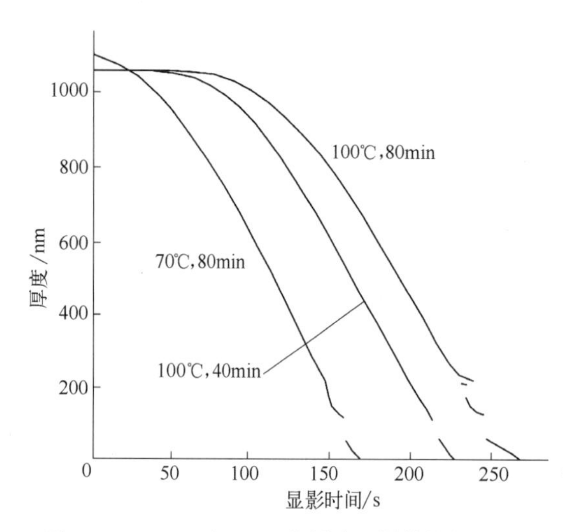

图 7.32 PAB对DQN光刻胶显影特性的影响。经许可转载自参考文献［24］；© (1977) International Business Machines Corporation。

7.2.2.3 曝光后烘焙

最初，曝光后烘焙（post-exposure bake，PEB）用于去除光刻胶潜像中的驻波，如图6.59所示。当特征尺寸与波长相比较大时，移除驻波大多情况是表面性的。由多次反射引起的曝光裕度要求的增加不能用驻波来消除。当特征尺寸相对于波长减小时，即k_1也变小，PEB变得关键。当光活性化合物在纵向和横向扩散时，它降低了横向图像对比度。随着化学放大光刻胶的出现，正如在6.5.1.2节中图6.45和图6.46所解释的，PEB已成为一种必需。幸运的是，与DQN光刻胶相比，大多数化学放大光刻胶具有较高的γ值，如图4.43所示，以弥补横向对比度的损失。

PEB通常是要控制的最关键的工艺参数。图7.33显示了50个E-D树（只有30个被标记），它们是在五种不同的工艺公差下，由五种不同类型的边构成的。这五条边是ee″、aa″、bb″、cc″和dd″，取自一个BigMaC测试掩模[25]，如图4.26所示。BigMaC掩模的详细描述在4.1.7节中已经给出。E-D树的处理条件集中在：

- 光刻胶厚度910nm；
- PAB 90℃；
- PEB 100℃；
- PEB时间100s；
- 显影时间60s。

使用这五个中心参考条件构建五个E-D树。使用光刻胶厚度910mm构建另外五个E-D树，但是其他处理条件保持不变。类似地，分别为PAB 92℃、PEB 102℃、PEB时间102s和显影时间62s构建了另外5个E-D树，最终得到50个E-D树。这些树的公共E-D窗口是特征组合和工艺公差的实际可用E-D面积。限制公共E-D树的两个关键条件是：①作为顶部分支的边缘ee″的PEB 102℃；②作为底部分支的边缘dd″的900nm光刻胶厚度。PEB界限比厚度的界限更明显。

为了放宽PEB界限，可以对PEB公差提出更严格的条件。例如，不是±1℃的公差，而是将公差减小到±0.5℃或更小。然而，随意控制烘焙温度和均匀性可能是困难的。如果PEB公差需要保持在±1℃，那么可以对边缘ee″的位置进行调整，以便为更大的窗口向上移动边界E-D树，如图7.33和图7.34所示。换句话说，光学邻近效应校正用于补偿PEB引起的误差。Gau等人[26] 将这一概念用于不同的目的——他们使用PEB来减少光学邻近效应。

7.2.2.4 硬烘

在光刻胶显影之后使用硬烘焙来为随后的图像转移过程准备晶圆。为了提高光刻胶的附着性并将其硬化（因此业界有时也称坚膜——译注）。烘焙温度很重要。当烘焙温度超过PEB温度时，光刻胶开始脱敏。温度的进一步升高使得光刻胶回流。更高的温度会交联一

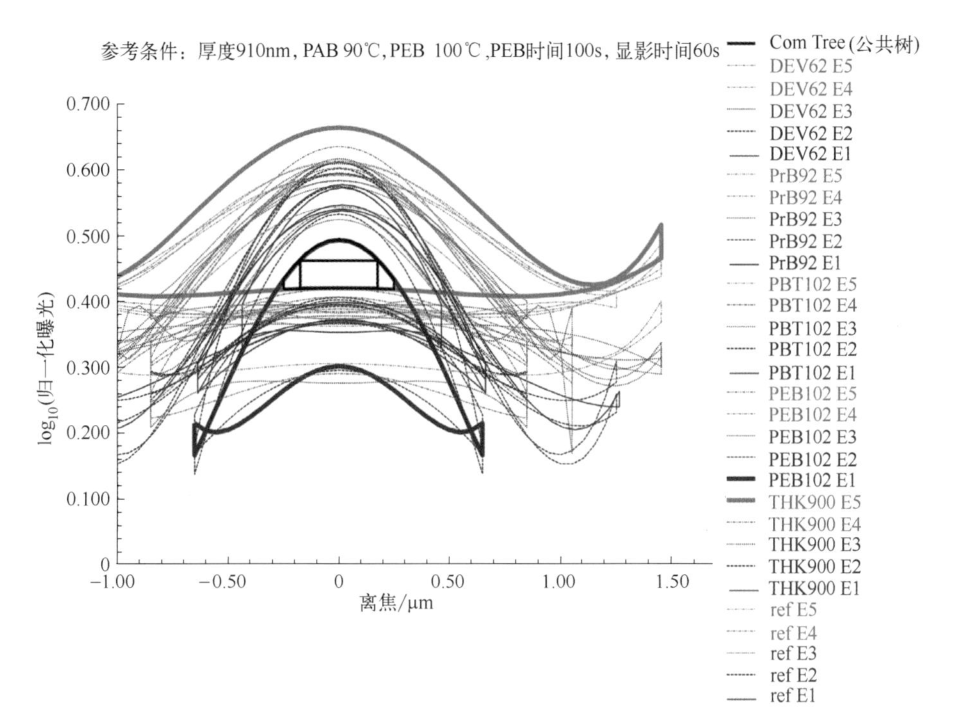

图 7.33　不同加工条件的 E-D 树。PEB102 边缘 1（E1）为上限；THK900 边缘 5（E5）为下限。公共 E-D 窗口是 10% EL，0.35μm DOF。

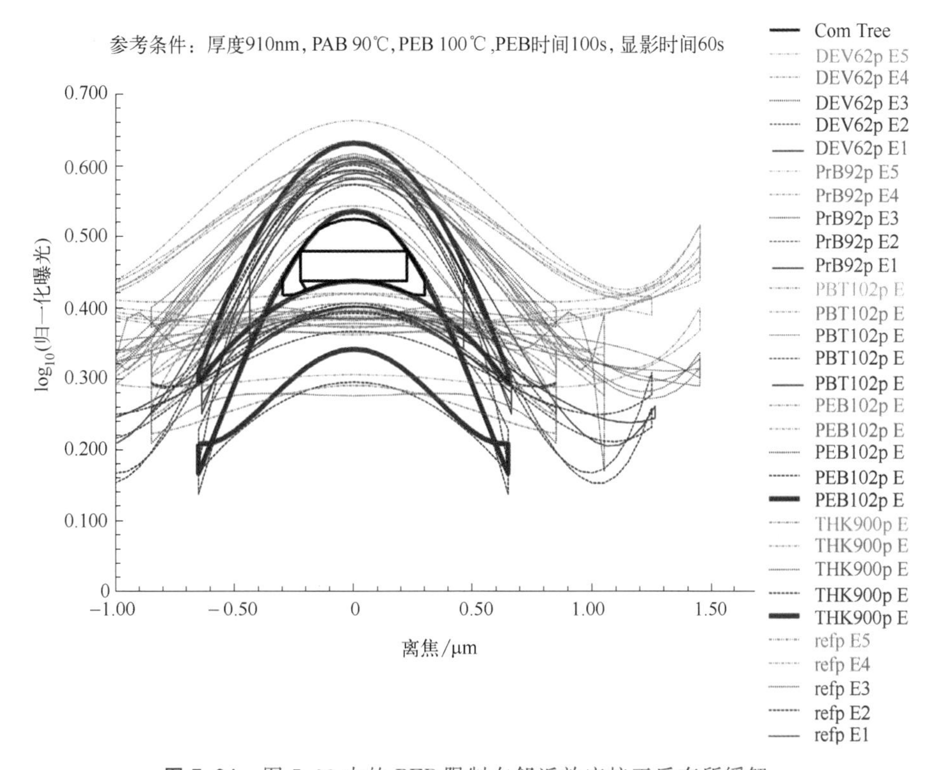

图 7.34　图 7.33 中的 PEB 限制在邻近效应校正后有所缓解。边缘 1 移动了 15nm。公共 E-D 窗口是 10% EL，0.45μm DOF。

些光刻胶，例如含有酚醛树脂的光刻胶，使其具有化学惰性。

如果要保留光刻胶轮廓，硬烘焙通常在回流温度以下进行。当需要更高的温度时，必须包括硬化步骤。典型的硬化步骤包括深紫外光照射[27] 或非侵蚀性等离子体处理[28]。这些步骤对小的特征有效，因为这两种处理都会硬化光刻胶图像的表皮。当要硬化宽的光刻胶线或大面积的光刻胶时，必须延长处理时间，以确保完全穿透光刻胶的整个厚度。这对于厚度大于 2μm 的光刻胶来说可能是不切实际的，尤其是对于制造磁盘存储器的磁性读写头这样的应用来说。

解决方案是模塑硬化技术[29,30]，它可以整体完全硬化光刻胶。硬化的光刻胶可以在氮气环境中在超过 500℃ 的温度下完成碳化，而不会扭曲光刻胶图像轮廓。对于模塑硬化过程，如图 7.35 所示。在 DQN 光刻胶图像被正常显影之后，PMMA 被旋涂以完全覆盖光刻胶图像。使用比光刻胶图像更大的厚度。该 PMMA 层可固定 DQN 图像，以均匀分布烘焙引起的应力。待 DQN 光刻胶在 200℃ 以上完全硬化后，可以用溶剂去除 PMMA 层。硬化后的 DQN 光刻胶可用于任何后续工艺，包括在氮气环境中进一步烘焙至温度超过 500℃。硬化后的 AZ® 光刻胶图像如图 7.36 所示。

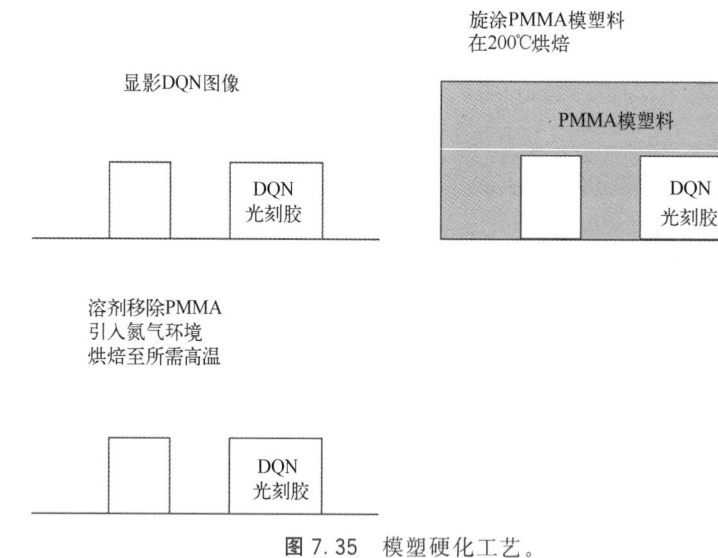

图 7.35 模塑硬化工艺。

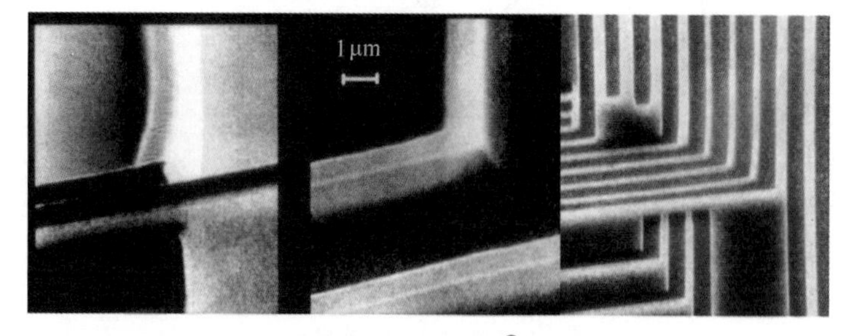

图 7.36 模塑硬化后的 AZ® 光刻胶图像。

7.2.3 光刻胶显影

光刻胶显影是光刻胶成像过程中最关键的步骤之一。如果没有正确地执行该步骤，为获得空间像和潜像而付出的努力就白费了。显影过程由光刻胶溶解速率控制，光刻胶溶解速率是光刻胶灵敏度、吸收系数、曝光和烘焙条件的函数。典型的速率-曝光曲线见图 7.37。该曲线通常由一个低对比度区域和一个高对比度区域组成。在极高的曝光条件下，光活性化合物的完全耗尽使溶解速率变平。

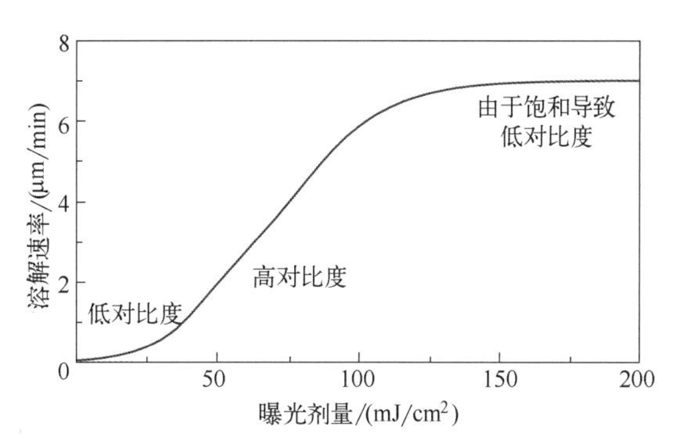

图 7.37　典型的 DQN 光刻胶的体溶解速率与曝光率的关系。

显影剂根据局部溶解速率去除显影剂-光刻胶界面处的光刻胶。下一瞬间，显影剂面对一个新的界面，并根据溶解速率继续局部去除光刻胶。这发生在三维，其过程与扩散过程非常相似，只是这种类似扩散的过程在每一个无穷小的时间增量上都有一个新的表面要扩散。显影过程也类似于湿法刻蚀过程，只是后者通常是各向同性的，并且不受溶解速率的三维分布的引导。在图 6.63 和图 6.64 中，通过严格应用溶解速率对新表面的规则，说明了这种显影现象。为了更好地模拟真实的图像，需要考虑以下两种现象。①除了溶解速率的考虑之外，显影剂润湿光刻胶表面的能力在小开口内可能降低，正如在部分显影的接触孔或小的线开口中一样。②取决于要去除的曝光区域是否大，显影剂可能局部耗尽。这是一种类似于刻蚀邻近效应的显影邻近效应。

• 浸没式显影（immersion developing）——晶圆完全浸没在显影剂中。这通常是用整批晶圆来完成的。显影剂环境是静态的。在某些情况下，显影剂在显影剂槽中循环以更新。然而，循环不能克服显影剂不润湿的问题。在显影剂中加入表面活性剂以降低表面张力是可取的。

浸没式显影工艺曾经是制造中的主要工艺。由于轨道加工系统的出现，浸没式显影正在让位于另外两种更适合晶圆加工轨道设备的工艺。

• 水坑（旋覆浸没）式显影（puddle developing）——显影剂水坑是在显影站的轨道上的晶圆上产生的。显影站就像一个使用晶圆卡盘的涂胶站，它能以每分钟数千转的速度旋转。喷嘴向晶圆输送的不是光刻胶，而是显影剂。在达到显影终点后，显影剂被旋转甩出，以中等速度用去离子水喷淋清洗晶圆。以高速完全旋干晶圆，完成这一工艺。

水坑式显影是浸没式显影适应轨道设备的一种形式。因此，显影剂不润湿和显影邻近效应仍然存在。浸没式显影和水坑式显影的区别在于：①在水坑式显影中，每个晶圆必须单独处理，增加了每批晶圆的总处理时间；②水坑式显影浪费显影剂，因为显影水坑被旋转剥离并不被再利用；③在浸没式显影的情况下，通过循环不能克服显影邻近效应。

• 喷雾式显影（spray developing）——晶圆在晶圆轨道上的显影站中显影，就像在水坑式显影中一样。然而，当卡盘高速旋转时，显影剂被有力地喷射到晶圆上，从而更新自身。如果喷雾具有足够的能量，表面张力可以降低，允许显影剂更好地润湿光刻胶。因此，喷雾式显影具备高质量显影的要素。喷雾式显影的缺点是过量使用显影剂，这导致了成本和化学处理问题。

由于这三种显影方法有不同的权衡，没有明确的选择。每种方法都必须通过优化性能与经济性的平衡来采用。对好的表面活性剂的需求是显而易见的。除了与显影剂和光刻胶的化学相容性外，对表面活性剂的一个重要要求是它能被完全去除，不留下任何影响成品电子器件性能的痕迹残留物。Marriott[31] 以曝光与显影时间的关系报告了光刻胶的对比度，如图 7.38 所示。可以看出，喷雾式显影有最高的显影对比度，其次是水坑式显影。

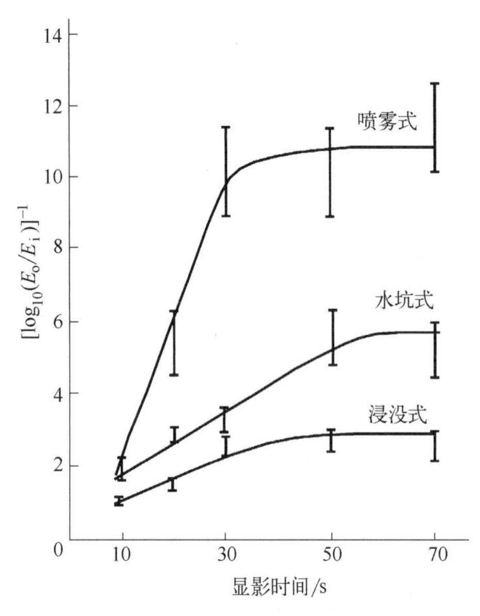

图 7.38 显影方法对光刻胶对比度的影响（转载自参考文献［31］）。

7.2.4 光刻胶图像的高宽比

在光刻胶显影后，即在干燥过程中，液体从光刻胶图像中去除。当液体离开光刻胶图像时，毛细管力会将相邻的特征拉在一起[32]。如果光刻胶与衬底的黏附力不足，光刻胶就会脱落。或者，如果光刻胶没有足够的刚性，它会分别由于弹性变形和非弹性变形而弯曲或倒塌，如图 7.39 所示。

注意，只有孤立线对或一组外侧线才会倒塌。因为毛细管力对内侧线的拉力在线的两边是平衡的，所以那里的力是抵消的。图 7.39 的右侧显示了光刻胶线阵列内的一些特殊光刻胶变形。导致光刻胶倒塌的压力由下式描述[33]。该压力 p 影响到面积 hl，其中 h 是光刻胶的高度，l 是其长度。

$$p=\frac{2\sigma\cos\theta}{d} \tag{7.16}$$

其中，σ 是冲洗液的表面张力，θ 是冲洗液的接触角，d 是两条光刻胶线之间的距离，如图 7.40 所示。光刻胶侧壁上的压力随着冲洗液的表面张力和冲洗液与光刻胶的侧壁角而增加。前者与液体本身有关；后者与液体的亲水性有关。当两条光刻胶线相互靠近时，d 很小，而 p 变大。

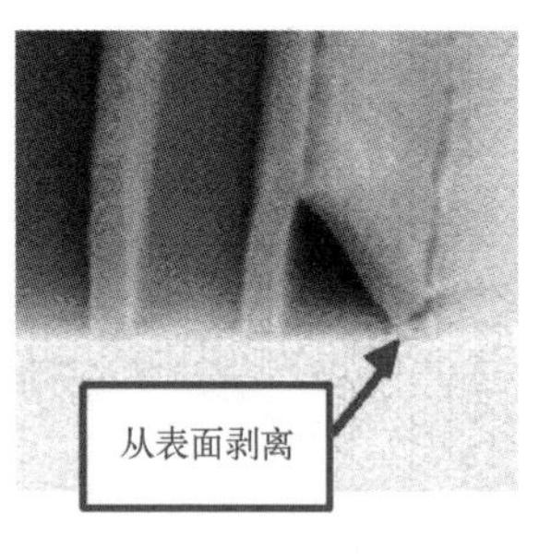

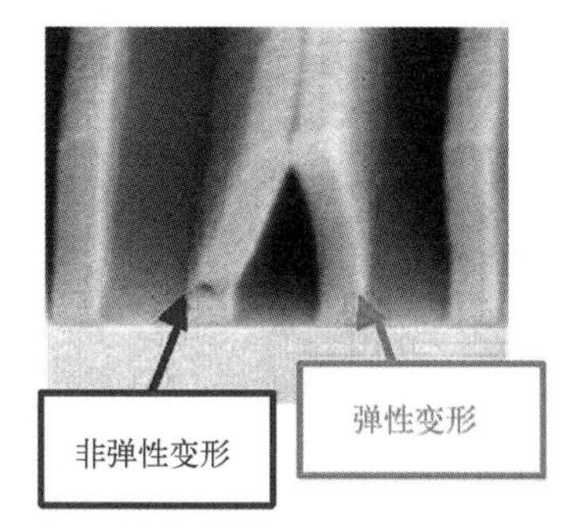

图 7.39 液体移除过程中光刻胶倒塌导致的表面剥离以及非弹性变形和弹性变形。经许可转载自参考文献［32］；© (1992) 日本物理学会和日本应用物理学会。

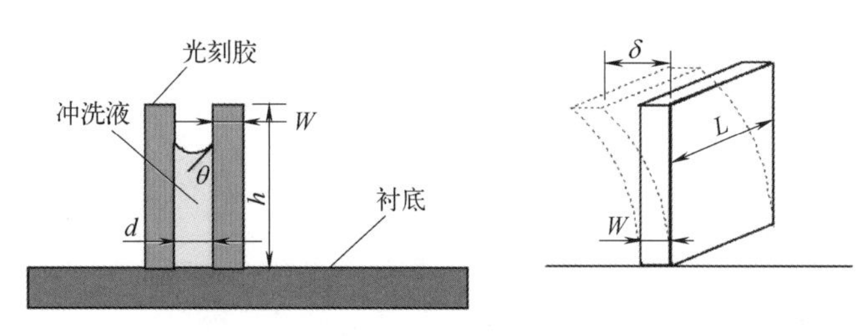

图 7.40 冲洗液的接触角和曲率半径。经许可改编自参考文献［33］；© (1992) 日本物理学会和日本应用物理学会。

光刻胶的位移 δ 通过参考文献［33］中的式（4）～式（7）结合给出：

$$\delta=\frac{3\sigma\cos\theta}{Ed}\left(\frac{h}{w}\right)^{3}h \tag{7.17}$$

其中，E 是杨氏模量。当 δ 超过一个极限时，光刻胶就会剥落、断裂或弯曲，足以接触到邻近的线。在任何情况下，它都会倒塌。由式（7.17），倒塌的开始与表面张力和接触角的余弦成正比，并与杨氏模量 E 成反比，也与光刻胶高宽比的三次方成正比，并通过对光刻胶高度绝对值的额外依赖性来修正。

光刻胶图像有超过 3∶1 的高宽比而不倒塌是非常不寻常的。该比率已被用作经验法则，以确定光刻胶厚度关于最小特征尺寸的函数。因此，光刻胶的厚度随着每个技术节点的特征尺寸的减小而减小。刻蚀技术也必须进行发展以处理更小的光刻胶厚度。

7.2.5　环境污染

化学放大光刻胶（CAR）对环境中的含碱蒸气极其敏感。这是因为在 PEB 过程中，只需要很少的质子来引发化学放大。如果在曝光后和 PEB 前，环境中有痕量的含碱蒸气，例如胺（amine），任何质子的湮灭都会被放大。能够影响化学放大过程的量大约是十亿分之几。因此，在化学放大光刻胶加工区，必须通过活性炭过滤器对胺进行充分过滤，这需要大量的空间和成本。在化学放大光刻胶发展的早期，光刻胶曝光-显影特性是不稳定的，在根本原因确定之前，化学放大光刻胶根本不值得制造[34]。

7.3　k_1 降低

由 5.1 节给出的比例方程可知，提高分辨率和焦深的方法是清晰的。对于分辨率，方法是增加 NA 并降低 λ 和 k_1。式（8.3）和式（8.7）将进一步指出透镜和光刻胶之间的耦合介质的折射率增加。从数学上来说，这种折射率的增加可以嵌入到 NA 和 λ 的变化中。对于 DOF，比例方程提醒我们注意 NA 和 λ 变化时分辨率和 DOF 之间的权衡。k_1 的降低是独一无二的，因为它可以同时提高分辨率和 DOF。因为成像工具和成像介质不需要改变，k_1 降低是潜在的经济解决方案。k_1 降低的代价是掩模误差增强因子（mask error-enhancement factor，MEEF）的增加。因此，k_1 是一个制造场所的加工能力及其削减成本潜力的指标。然而，衡量制造能力的真正标准是“k_1/成本”。使用 k_1/成本，人们不必盲目追求所有制造公司中最低的 k_1。MEEF 和良率也在考虑之列。k_1 降低通常被称为分辨率增强技术（resolution-enhancement technique，RET）。然而，k_1 降低的范围比分辨率增强要广得多。

在以下小节中，我们将介绍几种降低 k_1 的技术，即相移掩模、离轴照明、散射条和光学邻近效应校正（optical proximity correction，OPC）。在开始应用这些 k_1 降低技术之前，可以先采取几种方法。在实施 k_1 降低技术之前，必须使用 7.1.1 节和 7.1.2 节中所述的 NA 和照明优化来实现给定成像系统的 k_1 潜力。然而，这通常与 k_1 降低技术之一的 OPC 结合使用。

减少掩模和晶圆上的反射可恢复成像系统中损失的对比度，从而有助于降低 k_1[35]。减少成像系统中的振动也可恢复损失的分辨率[36]。这些降低方法将在后续章节中介绍。

7.3.1　相移掩模

6.3.4 节给出了许多类型 PSM 及其组合的工作原理。在这里，介绍 PSM 的性能和优化，涵盖了在制造方面有潜力的交替型相移掩模、衰减型相移掩模和无铬相移掩模。

7.3.1.1 交替型相移掩模

交替型相移掩模（AltPSM）开启了PSM的发展。AltPSM作为一种强大的PSM，有能力使晶圆上的可曝光空间频率提高一倍，并显著改善图像对比度，因此使得其备受关注，并成为许多研究的主题。（其配置和工作原理在6.3.4.3节中给出。）然而，它也是在实践中最难使用和最昂贵的PSM。图7.41显示了AltPSM的理想模式，即在相干范围内等距排列的线，以及同样均匀排列的孔。这些结构借助于直接的相位分配，不会产生相移冲突。

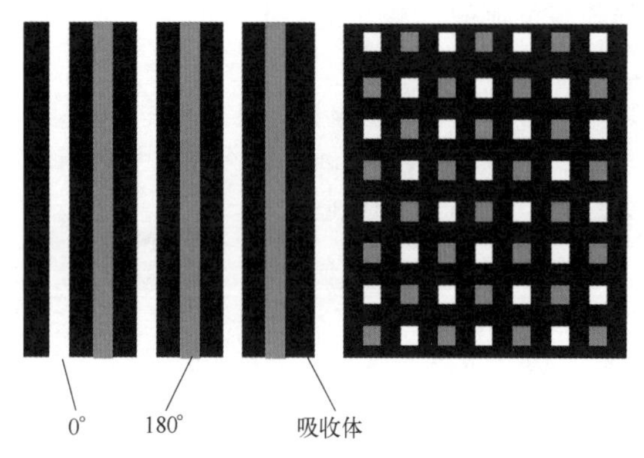

图7.41 AltPSM的理想模式。

与使用AltPSM相关的困难和相位冲突如图7.42所示。图7.42（a）中的砖形版图曾经在DRAM中很流行，但在沿着每排砖块放置的砖块末端之间存在相位冲突。如果一行中砖块的相位是交替的，则行之间存在冲突。解决这些冲突的一种方法是分配120°的相移而不是180°的相移；然而，这降低了图像对比度。掩模的制作也变得更加困难，因为对120°左右的相位变化的成像灵敏度高于180°左右的相位变化。图7.42（b）和（c）中的“π”和断开的“π”在水平线上有冲突。即使在图7.42（d）所示的行为良好的线空图案中，如果使用一个正性即光场（light-field，LF）掩模，在不经意间产生的相移边缘也会描绘出多余的暗线。图7.42（e）中的不均匀叉形结构有一个孤立的开口，除了“π”结构中的冲突外，还受到缺乏相移支持的影响。

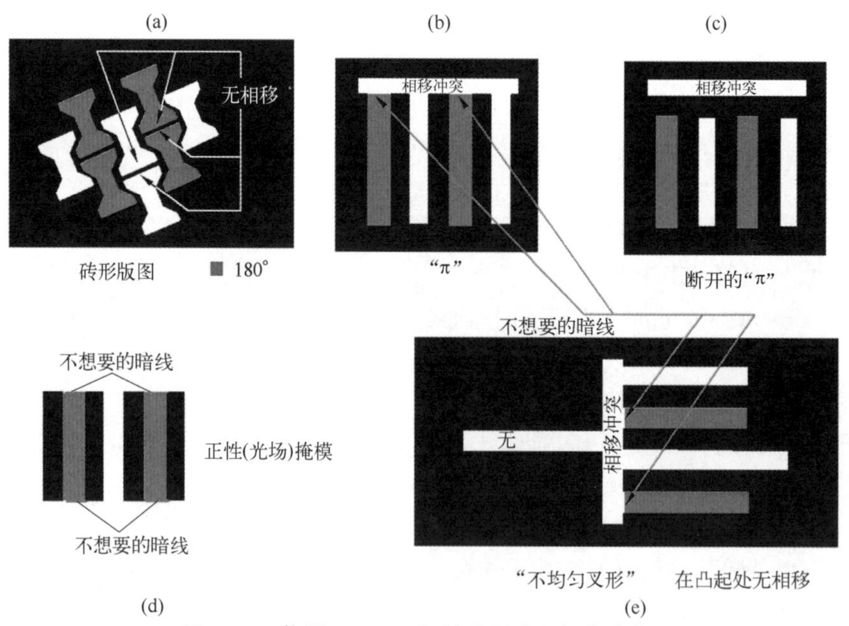

图7.42 使用AltPSM相关的困难和相位冲突。

可以理解的是，相移冲突在任意的二维图案中是不可避免的，因为只有一个参数来处理两个自由度。图7.43展示了集成电路金属层中的相移冲突。在最左边，线开口保持无冲突，

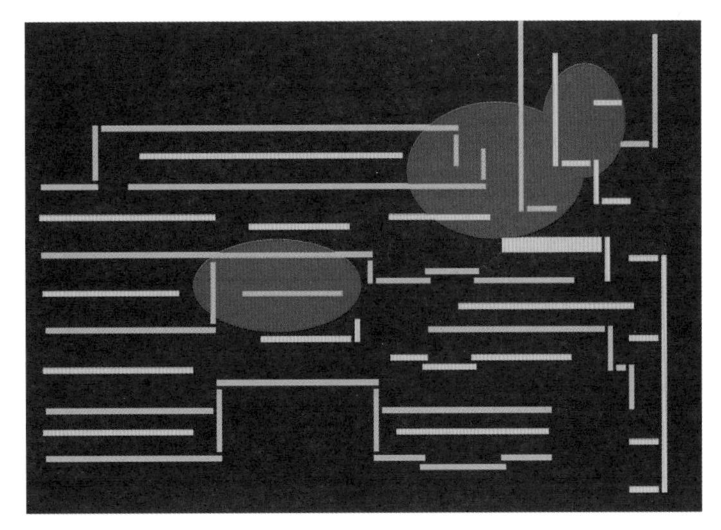

图 7.43 金属层中的暗场交替相移冲突。

但是当它们退化成更复杂的二维图案时，冲突就出现了。

暗场掩模，即其中金属线是透明的掩模，由正胶中的开口组成。通过电镀来描绘金属线。也可以使用诸如刻蚀的减成工艺来描绘金属线，使得光场掩模可以与正胶一起使用。这样，相移冲突可以用两次曝光来消除，如图 7.44 所示。其中一次曝光使用了所示的版图和相移方案，相移发生在每条不透明线上。相移之间的边界产生的边缘可以用另一个掩模来修剪。这个过程如图 7.45 所示。两个掩模的版图在图 7.46 中叠加，以显示两个版图边缘的相对位置。在某些情况下，有意地放置修剪图案以修剪掉一些线边缘。在其他情况下，它们被有意地放置在稍微远离金属线图案的位置，从相移边缘图像中留下金属线的须状物。这些放置是在已考虑两次曝光之间的套刻误差的情况下完成的。

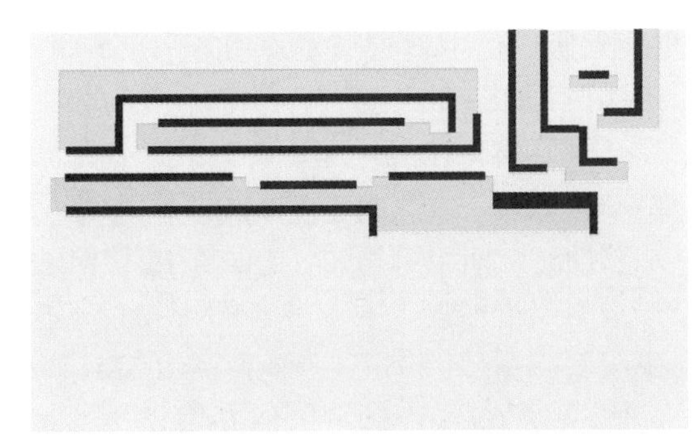

图 7.44 由图 7.43 上半部分得到的明场 AltPSM。

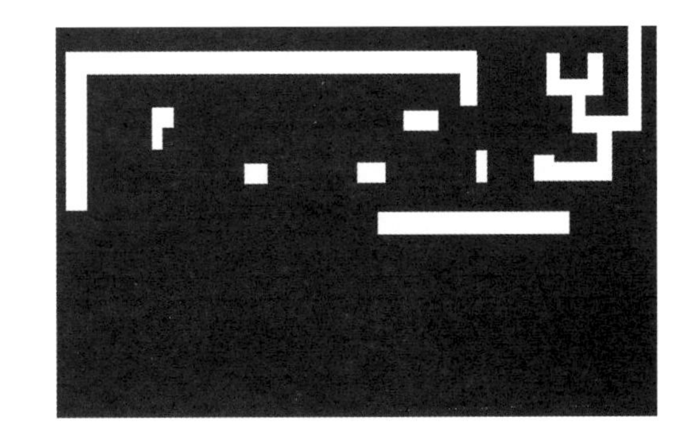

图 7.45 修剪掩模补充图 7.44 中的掩模，去除不需要的相移边缘。

一些公司在制造逻辑门时采用了双重曝光方案[37]。这种方案在 BIM 中定义了多层图案，但可将栅极放大，例如图 7.47 中的掩模 1。掩模 1 叠加了掩模 2，这是一个覆盖边缘(CE) 相移修剪掩模，看起来像图 7.44。栅极的长度现在由修剪掩模确定，由于 PSM 产生的高图像对比度，栅极长度可以短得更多，这导致栅极更窄，CD 均匀性更好。根据 6.3.4.3 节，相移的类型被归类为覆盖边缘相移。AltPSM 的影响只有在相移边缘过于接近

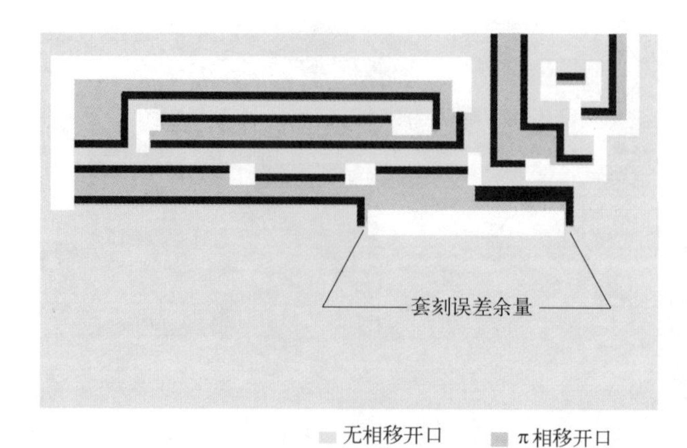

图 7.46 图 7.44 和图 7.45 中的两个掩模版图叠加。

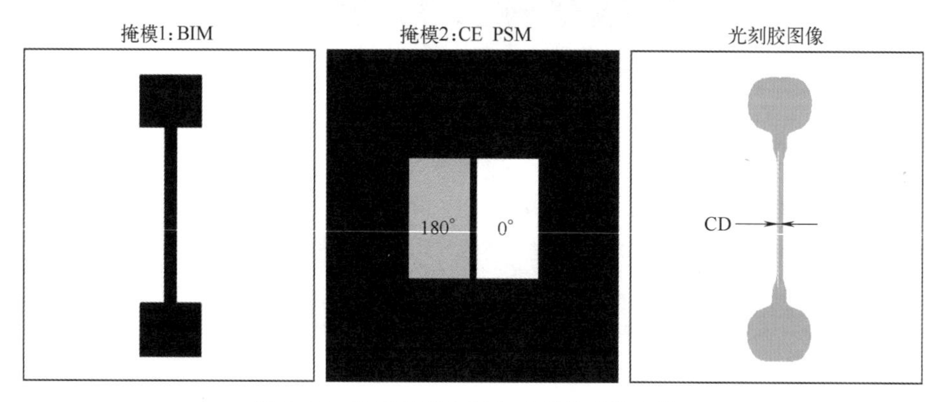

图 7.47 对栅极双重曝光的覆盖相移边缘。

时才会被感觉到。

暗场 AltPSM 的成像性能由图 7.48 中的 DOF-NA 曲线表示。相关参数如下：具有 1∶1、1∶1.5 和 1∶2 的开口∶空图形的交替型相移光栅，$\sigma=0.3$ 的圆形照明，CD 公差=±10%，EL=8%。

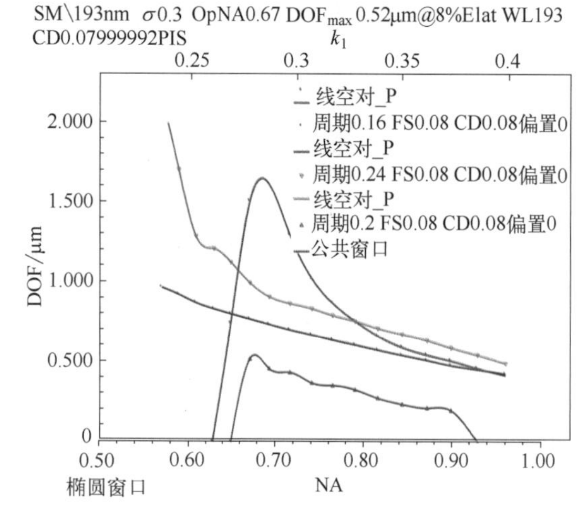

图 7.48 对于 AltPSM，$\lambda=193$nm，CD=80nm，1∶1、1∶1.5 和 1∶2 的线开口∶不透明空图形的 DOF 与 NA 的关系。

除了相移冲突，这种类型的暗场版图给 AltPSM 带来了另一个问题。相移和未相移的开口间距不均匀，造成了比 BIM 更严重的邻近问题。在下述各图中描述了这个问题。在 $\lambda=365$nm 处使用 AltPSM，取 0.35mm 的等线空对；其 DOF 作为 NA 的函数，如图 7.49 中所展示。这是基于 20%的 EL 和±10%的 CD 公差。除了当 NA 大于 0.65 外，其 DOF 是非常大的。通过简单地引入另一组线空对（1∶2 的线开口∶不透明空图形），其 DOF 降到 1μm 以下，如图 7.50 所示。这两个特征都支持大的 DOF，除非它们必须一起成像而不单独调整曝光偏置，如图 7.51 所示。

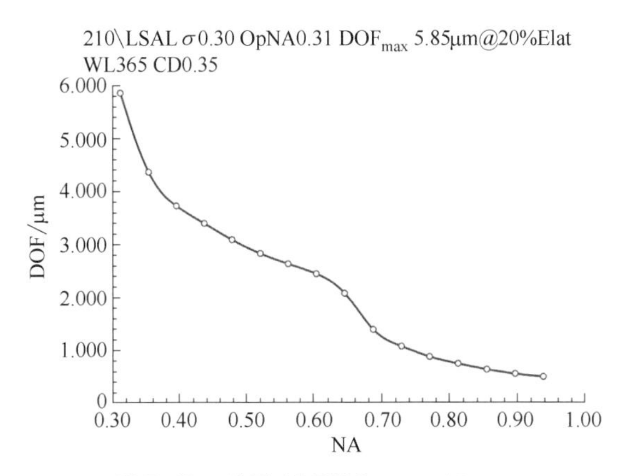

图 7.49 对于 AltPSM，$\lambda=365$nm，CD=0.35μm，线空对的 DOF 与 NA 的关系。

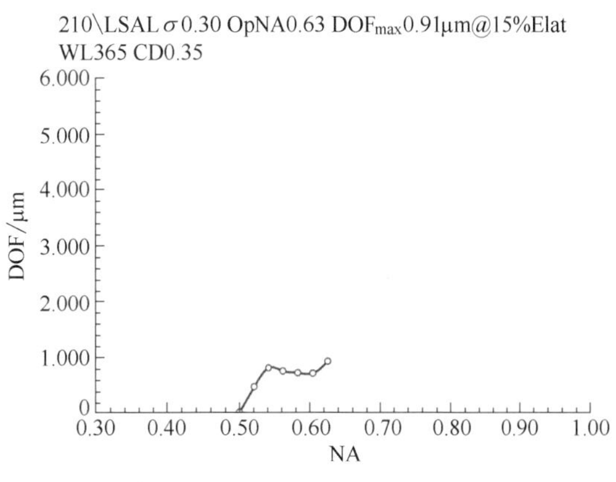

图 7.50 对于 AltPSM，$\lambda=365$nm，CD=0.35μm，1∶1 和 1∶2 的线空对的 DOF 与 NA 的关系。

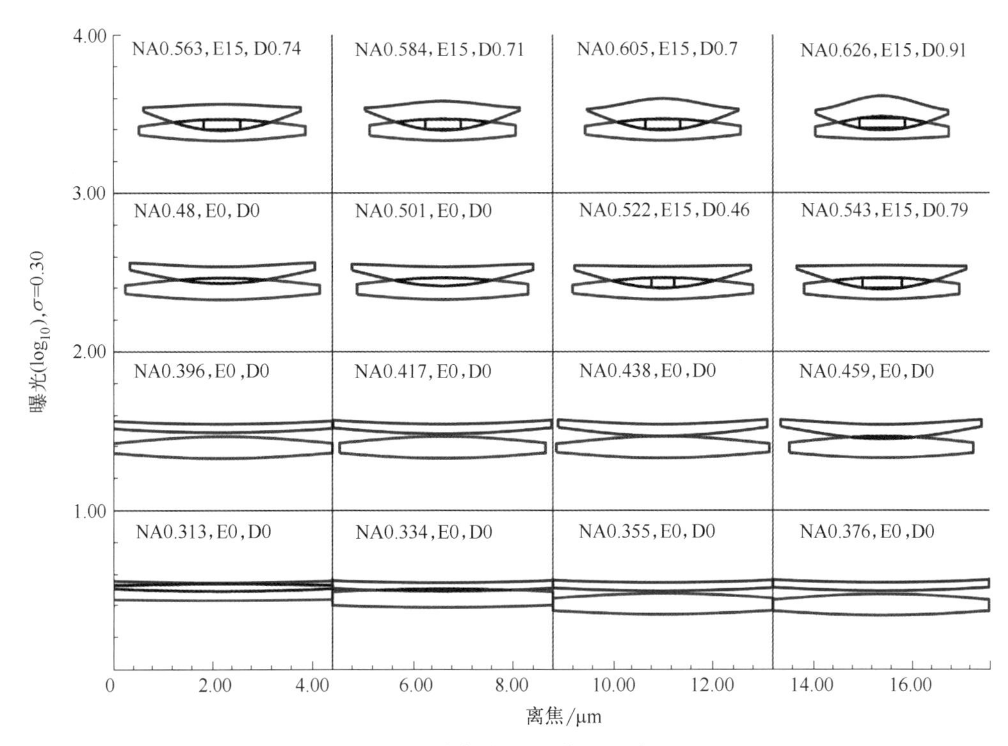

图 7.51 对应图 7.50 的 E-D 窗口。

没有理由不能通过使用偏置使掩模特征比晶圆上的目标 CD 更大或更小。图 7.52 显示了与图 7.50 相同的一组特征，只是 1∶2 的特征现在被偏置了 80nm，也就是说，使线的开口大了 80nm。图 7.53 显示，1∶2 特征的 E-D 窗口向 1∶1 特征的 E-D 窗口下移，使公共窗口变大。这是一种初步的光学邻近校正形式。

光学邻近效应并不是唯一能影响 AltPSM 成像性能的效应，PSM 的制造公差也有很大影响。图 7.54 显示了来自 BIM 和 AltPSM 的 $k_1=0.46$ 的线空对的 E-D 窗口。较大的 E-D 窗口属于 AltPSM。后者确实比前者表现得更好。然而，当 $\Delta_{phase}=180^{\circ}\pm10^{\circ}$ 和 $\Delta_{transmission}=95\%\pm5\%$ 的制造公差时，四个不完美 E-D 树叠加在完美 E-D 树上的公共 E-D 窗口比完美 E-D 树本身小得多，如图 7.55 所示。对于 BIM 的假设是完美的透射和相位一致性。使用任

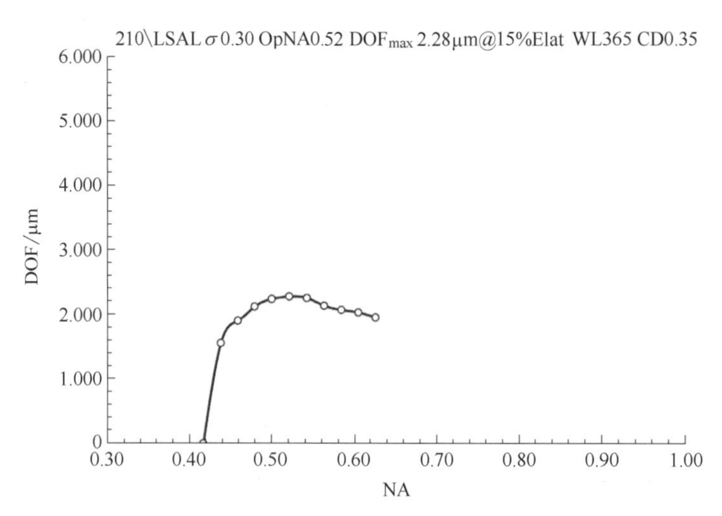

图 7.52　0.35μm 的 1∶1 和 1∶2 的线空对，在 365nm、AltPSM、对 1∶2 偏置 80nm 的情况下，DOF 与 NA 的关系。

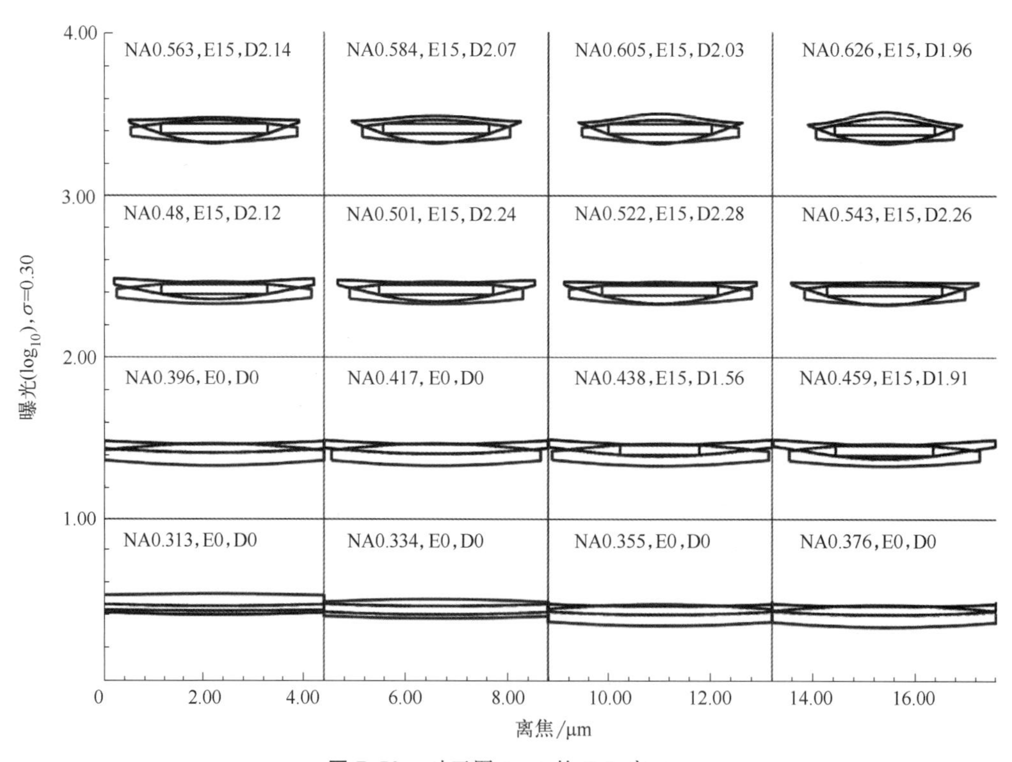

图 7.53　对于图 7.52 的 E-D 窗口。

何一种掩模，横向图形化误差都被假定为相同的。

7.3.1.2　衰减型相移掩模

衰减型相移掩模（AttPSM）是最广泛用于制造的 PSM，其配置和工作原理在 6.3.4.3 节给出。AttPSM 的流行主要是由于其简单的工艺和对任意掩模图案的兼容性。商用空白掩模采用 MoSi 吸收体，提供所需的 6%的透射率和 π 相移。因此，相移图案的描绘就像 BIM 的描绘一样，即曝光、显影和刻蚀。然而，最好用铬来覆盖图案区以外的区域，这样曝光机的掩模版信息就在铬上而不是在相移材料上。因此，商业空白掩模在 MoSi 层之上有一个铬层。

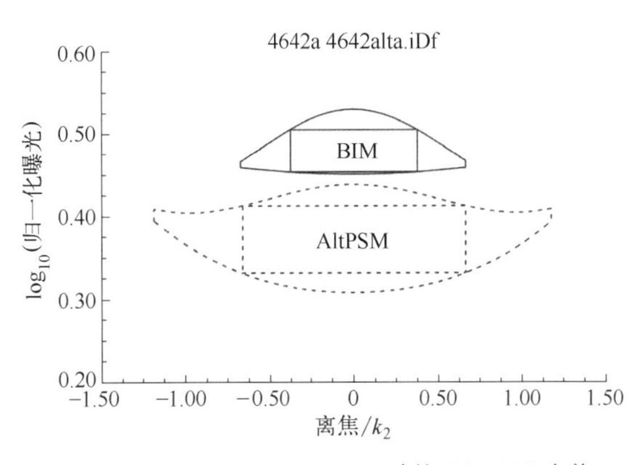

图 7.54　$k_1=0.46$、$\sigma=0.42$ 时的 AltPSM 改善。

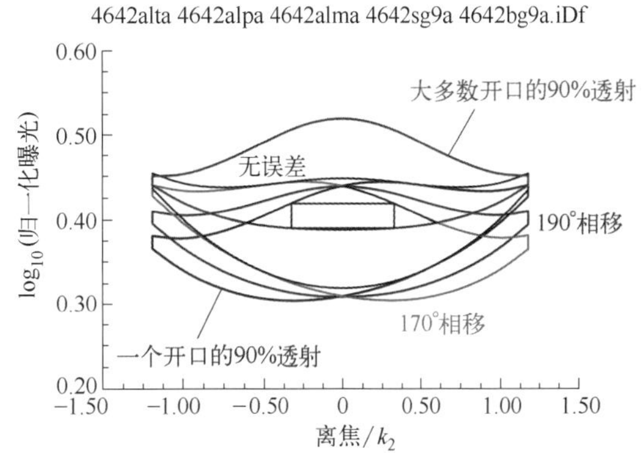

图 7.55　带相位和透射误差的 AltPSM，性能比 BIM 差。

不用说，就像 BIM 的情况一样，光刻胶层在空白掩模工厂里预先涂在铬层上。这种复合空白掩模的加工仍然很简单。铬图像可以作为硬掩模来描绘 MoSi 图像，然后进行第二次图案化曝光，以去除相移区的铬。由于铬层的连续性被掩模图案打破，电子可以被捕获在隔离的导电区域，从而产生充电效应。因此，第二次曝光使用的是光学掩模写入器而不是电子束。

6%的透射率是在 AttPSM 发展的早期阶段定义的[38]。透射率太低使相移效应可以忽略不计，太高则会增加杂散光。更糟糕的是，过多的透射也会在光学图像的旁瓣产生鬼线。

与有可能将分辨率提高一倍的 AltPSM 不同，AttPSM 是一种弱的分辨率增强技术(RET)；它只是增强了边缘对比度。幸运的是，它可以应用于任何的任意版图，这与 AltPSM 因相位冲突而受到的限制形成了对比。在 20 世纪 90 年代初，当人们还在探索如何克服 AltPSM 的限制时，发明了边缘 PSM[39]。这项发明立即恢复了人们对相移掩模技术的兴趣。从那时起，光刻界就致力于开发边缘 PSM——直到重新发现了用于 X 射线光刻的 AttPSM[40,41]。

图 7.56 是基于 E-D 方法对 AttPSM 和边缘 PSM 的成像性能进行的分析，使用的孤立线开口宽度通常在 0.3 和 0.7 之间。用 FDOF 代表 DOF 的品质因数（figure of merit）。由式（5.2）有

$$k_2=\mathrm{DOF}\,\frac{\mathrm{NA}^2}{n\lambda_0} \tag{7.18}$$

其中，n 是成像介质的折射率，λ_0 是真空中的成像波长。这里 k_2 被视为无量纲归一化的焦深。另外，由式（5.1）有

$$k_1=\mathrm{MFS}\,\frac{\mathrm{NA}}{\lambda_0} \tag{7.19}$$

其中，k_1 被视为无量纲、归一化的最小特征尺寸（minimum feature size，MFS）：

$$\mathrm{FDOF}\equiv\frac{k_2}{k_1^2}=\mathrm{DOF}\,\frac{\lambda_0}{n\,\mathrm{MFS}^2} \tag{7.20}$$

FDOF 是相关于真空中成像波长的 MFS 的归一化 DOF。

图 7.56 表明，AttPSM 以较小的掩模偏置获得了较大的 DOF，并且在这个较宽的 k_1 范围内需要较少的曝光。三组 DOF 曲线——单层光刻胶（single-layer resist，SLR）、SLR+ARC 和多层光刻胶（MLR）——分别代表 30%、20%和 10%的 EL。这些 EL 用于构建 E-D 树和窗口，以进行比较。边缘 PSM 主要特征不仅具有 $0.18k_1$ 的偏差，而 AttPSM

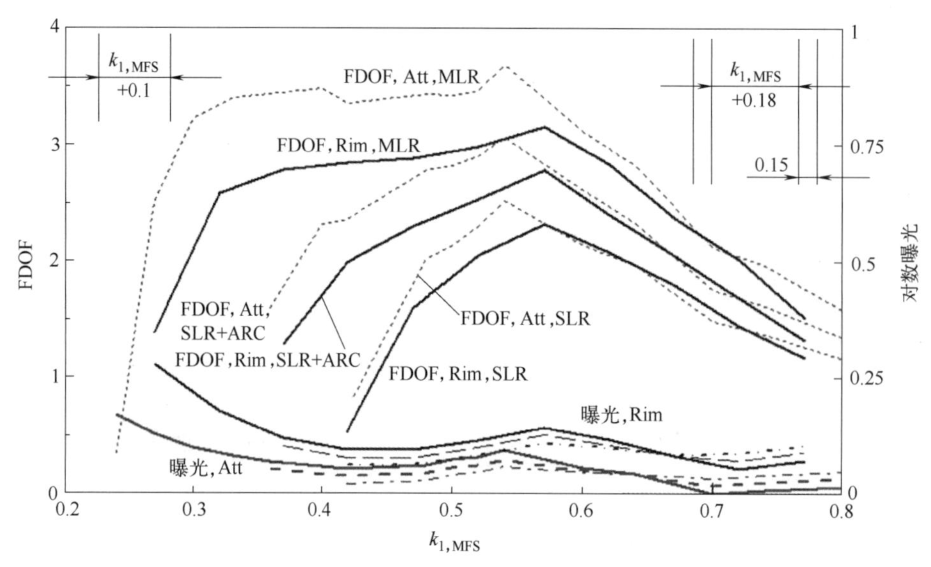

图 7.56　AttPSM 和 RimPSM 对线开口的成像性能分析：AttPSM 偏置－0.1，RimPSM 偏置－0.18。

的偏差为 $0.1k_1$，而且对于 $0.15k_1$ 的边缘宽度，它还需要额外的掩模区域，从而严重影响封装密度。AttPSM 还具有工艺简单和工艺可控的内在优势。

图 7.57 显示了仅使用 10% EL 时，这两种 PSM 的接触孔成像性能。AttPSM 在 DOF、图像强度和封装密度方面再次表现出色。毫不奇怪，AttPSM 广泛用于接触孔。

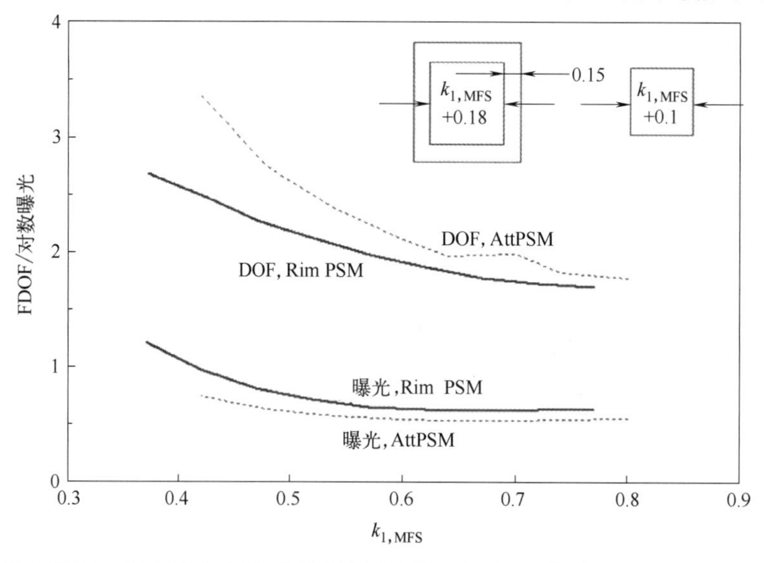

图 7.57　AttPSM 和 Rim PSM 对接触孔的成像性能分析：AttPSM 偏置－0.1，Rim PSM 偏置－0.18。

图 7.58 显示了 AttPSM 比 BIM 提高 8%时的接触孔 DOF。这些孔的尺寸为 0.35μm，波长为 365nm。使用 $\sigma=0.42$ 的同轴照明。在所评估的 NA 值范围内，改进约为 20%。－50nm 的偏置在 AttPSM 和 BIM 二者中都可实现更大的焦深。此时 EL 设置为 20%。

当 EL 变为 10%时，DOF 随着 BIM 和 AttPSM 而提高。在 NA＝0.34 时，相当于 $k_1=0.355$，如图 7.59 所示，AttPSM 在焦深上的改进是显著的。然而，这种提高焦深的潜力很少被利用，原因有二。①使用如此低的 k_1 显著增加了 MEEF，使得关键尺寸控制变得困难。②光刻胶体系没有足够的对比度来实现空间像。

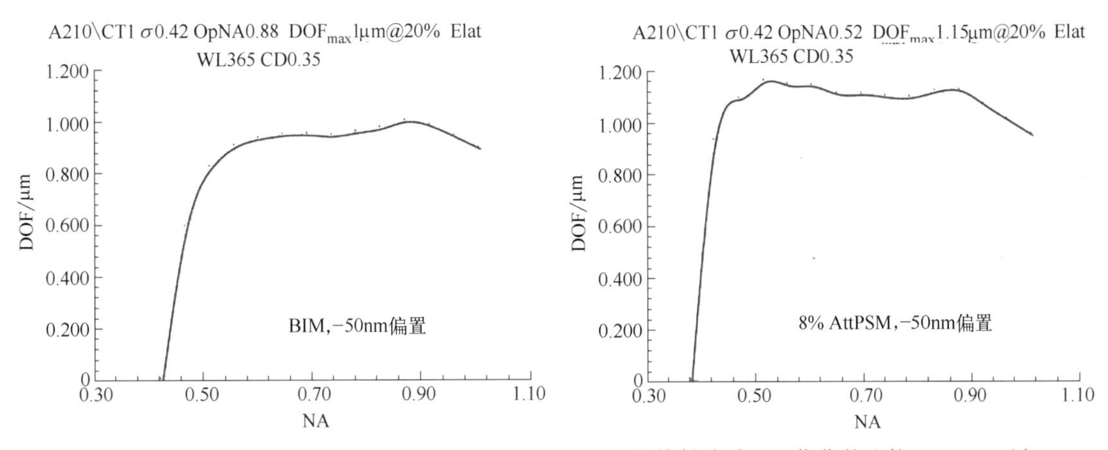

图 7.58　0.35μm 的 BIM PSM（左）和 AttPSM（右）的接触孔随 NA 优化的比较，EL=20%。

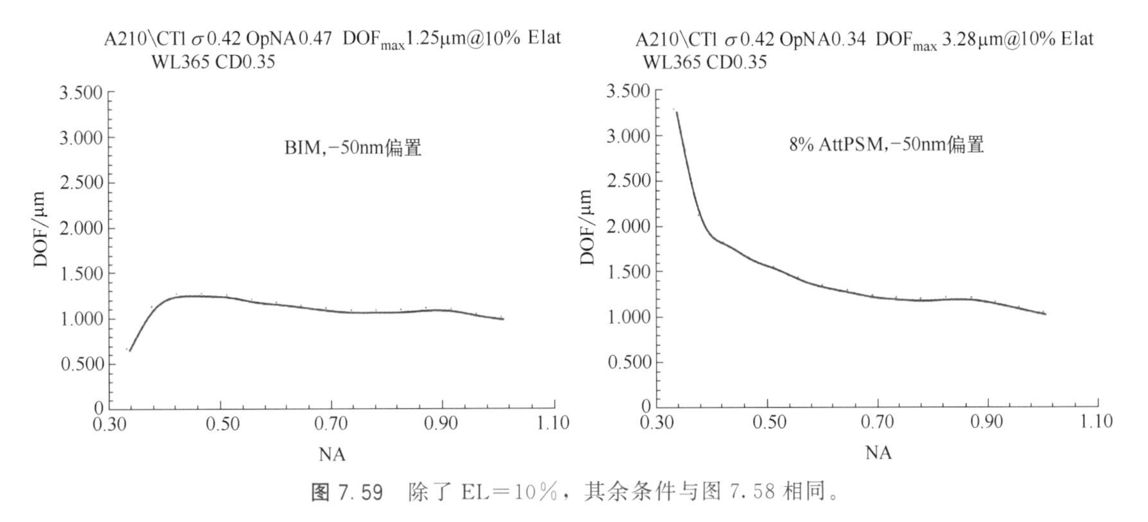

图 7.59　除了 EL=10%，其余条件与图 7.58 相同。

光刻胶对比现象在图 7.60 中进行了展示，它通过使用集总参数将空间像结果转化为光刻胶像的结果。为此，光刻胶选择的参数为 $\alpha=1.12\mu m^{-1}$，$\gamma=5$，光刻胶厚度=770nm，这些都是比较典型的取值。DOF 的异常增加随着光刻胶图像而消失。

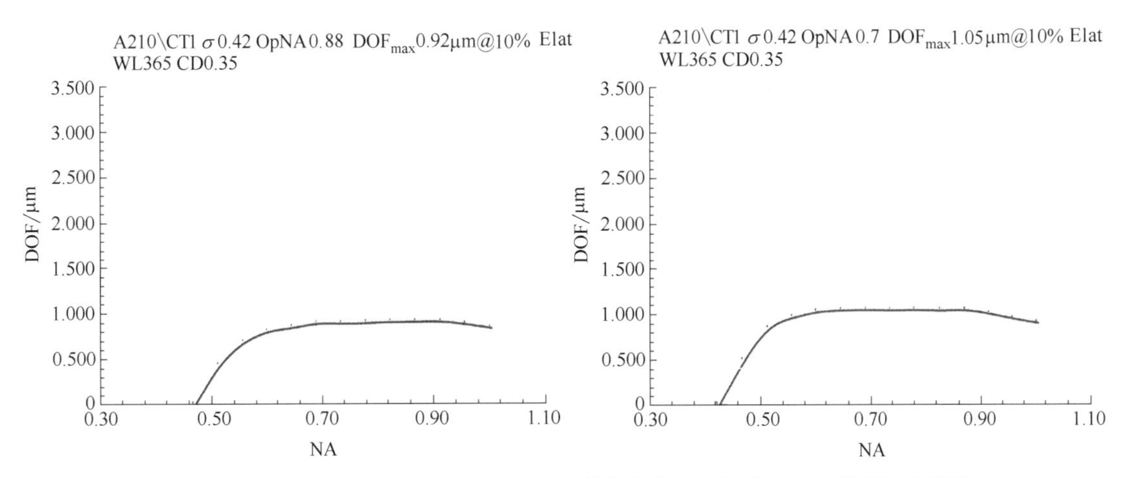

图 7.60　与图 7.59 相同，除了使用集总参数模拟光刻胶图像，而不是使用空间像；光刻胶厚度=0.77μm，$\alpha=1.12$，$\gamma=5$。

如图 7.61（a）所示，把 α 改为 2 似乎没有帮助。然而，当将 γ 设为 25 时，这在商用光刻胶体系中很少实现，DOF 的显著增加又恢复了，如图 7.61（b）所示。

AttPSM 通常与接触孔的低 σ 轴上照明一起使用。对于线空图形，AttPSM 与离轴照明结合使用，以增强密集线的焦深，并使用亚分辨率辅助功能来改善孤立线，可以取得最好的工作效果。这种使用离轴照明和 AttPSM 的线空图形的应用在第 7～9 章中大量出现。

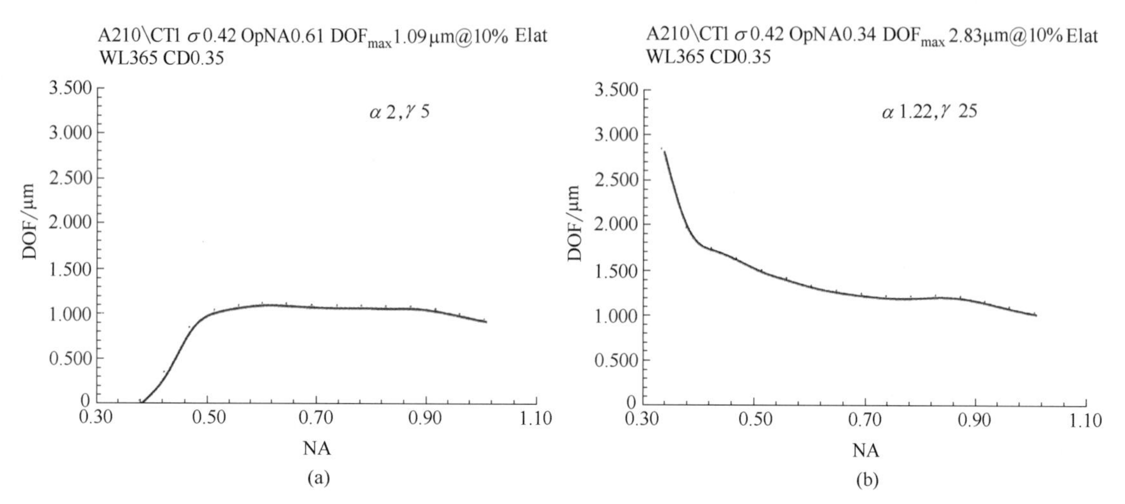

图 7.61 图 7.59 的 AttPSM 部分，其中：(a) α 更改为 2；(b) γ 更改为 25。

7.3.2 离轴照明

离轴照明（OAI）[42,43] 在 20 世纪 90 年代初被提出，以补充或取代相移掩模技术。OAI 的优点是成本较低，但也有其局限性。以下各小节解释 OAI 的工作原理，对该技术进行分析，并模拟其成像性能。

7.3.2.1 概念说明

OAI 采用转移给定物体的衍射角的方法来提高分辨率和 DOF。它可以用一个简单的光栅物体来很好地说明。该光栅是周期性的，包含离散的空间频率分量，即 0 级、±1 级、±2 级……当最小可分辨的周期性被关注时，只有 1 级的频率被保留下来，这样成像透镜的分辨率潜力就可以得到充分的利用。这种情况在图 7.62（a）中得到展示，其中显示的为 DKI。空间频谱由垂直方向的 0 级光束和±1 级光束组成。基频的图像是由这三个光束形成的。图 7.62（a）描述了一个正常入射的轴上照明，被称为三光束成像（three-beam imaging）。1 级光束的角度是光栅的周期性（周期）的函数。较小的周期产生较高的空间频率，因此±1 级光束的衍射角较大。当特征尺寸太小，即空间频率太高时，衍射光束的角度变得大于成像透镜的接收角，±1 级光束被拒绝，只有 0 级光束通过。图像成为一个无结构的均匀光束。

BIM 上的电场在掩模的透明和不透明部分分别被简单地视为 1 和 0。如果考虑到精确的电磁衍射时，实际的电场显然要复杂得多[44]。图 4.13 显示了文献［44］中的一些发现，并在图 4.14 中进行了实验验证。这里，来自掩模的二元图像的简单假设足以解释 OAI 的工作原理。掩模平面上的强度与简化电场的平方成比例，也是 1 和 0，与电场完全一致。

在图 7.62（a）中，像面的强度是均匀的，就像没有物存在一样，因为±1 级光束不被透镜接受。只有没有信息内容的0级光束才会通过透镜。由于被拒绝的光束的能量没有被恢复，所以图像的强度会降低。

图7.62（b）显示了单一准直照明光束斜入射在掩模上的情况，即离轴的。图7.62（a）中所示的三个光束现在按照明的入射角倾斜。当调整角度以使0级和1级光束中的一束相对于光轴对称时，两个光束之间的最大角展度是可能的，这两个光束都不会被透镜的接收角切断；因此，可以获得最高的分辨率。这就是所谓的双光束成像。注意，另一个1级光束被截止，导致较低的曝光强度。

在图7.62（c）中，使用了两个对称倾斜的光束。当照明角度对给定的周期性物体进行优化时，左光束的0级与右光束的1级重合，而右光束的0级与左光束的−1级重合。该图像由单频分量组成，具有很好的重现性。

当空间频率较低的物体，如图7.62（d）所示，被图7.62（c）中的同一组光束照射时，空间频率矢量不再重合，产生额外的空间频率。与轴上照明相比，这些频率会产生更差的成像特性。图7.62（e）显示，X方向倾斜的光束无助于解决Y方向的空间频率。

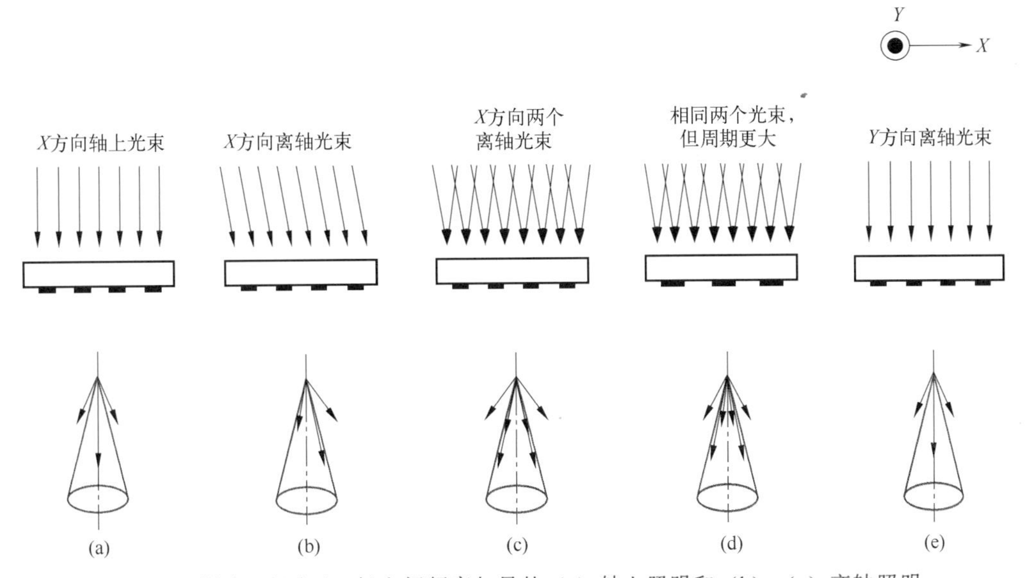

图7.62 影响0级和±1级空间频率矢量的（a）轴上照明和（b）～（e）离轴照明。

7.3.2.2 三光束和双光束图像分析❶

7.3.2.2.1 三光束图像的分析

图7.63是针对图7.62但不含图（e）的细节渲染图。这里指定了各种角度的符号，以进行图像分析。这些分析形式揭示了OAI的许多特殊性质。m级衍射角θ_m遵循光栅衍射方程[62]：

$$n_{\text{tran}}\sin\theta_m = n_{\text{inc}}\sin\theta_{\text{inc}} + m\lambda_0/P \tag{7.21}$$

其中，n_{tran}是传输介质的折射率，n_{inc}是入射介质的折射率。

首先，让我们考察轴上照明的情况，如图7.63（a）所示。0级和±1级光束如图7.64和式（7.22）～式（7.24）所示：

$$E_0(x,z) = A_0 e^{ikz} \tag{7.22}$$

❶ S. Y. Chou为本节提供了延伸的见解。

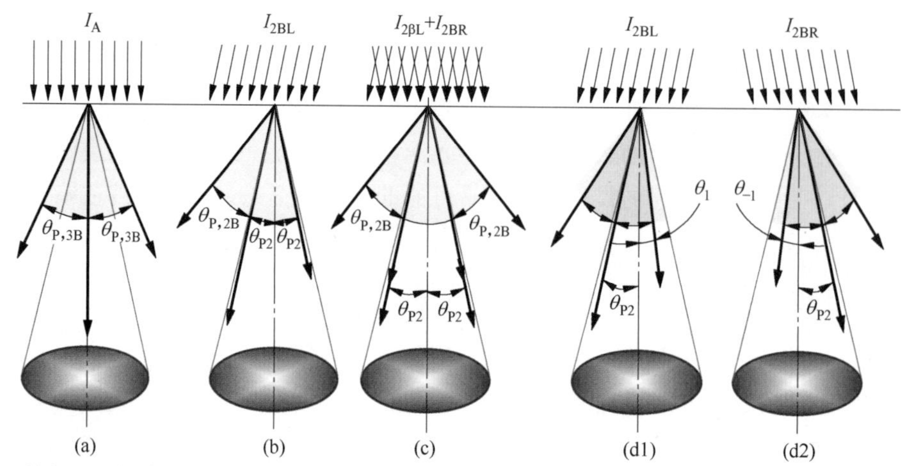

图 7.63 对图 7.62 的详细展示，不含图（e）。这些角是根据 7.3.2.2 节中的讨论来命名的。I_A 是轴上照明；I_{2BL} 是指向左侧的照明，I_{2BR} 是指向右侧的照明。$\theta_{P,3B}$ 和 $\theta_{P,2B}$ 是由光栅衍射方程决定的，是不同的。

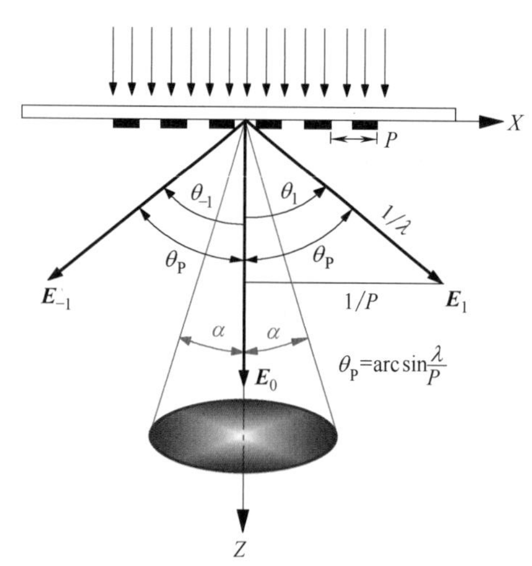

图 7.64 从使 $\theta_1=-\theta_{-1}=\theta_P$ 的光栅衍射的三束光束。α 是成像透镜的孔径角。

$$E_1(x,z)=A_1 e^{ik(x\sin\theta_1+z\cos\theta_1)} \tag{7.23}$$

$$E_{-1}(x,z)=A_{-1} e^{ik(x\sin\theta_{-1}+z\cos\theta_{-1})} \tag{7.24}$$

本章只考虑在折射率接近 1 的空气中成像：$n_{tran}=n_{inc}=1$。对于 0 级光束（$m=0$），$\sin\theta_0=\sin\theta_{inc}$。对于 1 级光束（$m=\pm1$），$\sin\theta_{\pm1}=\sin\theta_{inc}$。对于三光束成像，$\theta_{inc}=0$，$\sin\theta_1=\lambda/P$，$\sin\theta_{-1}=-\lambda/P$。

1 级光束的衍射角为 θ_P，它严格地是入射波长 λ 和光栅周期 P 的函数，根据下式：

$$\theta_1=-\theta_{-1}=\theta_P\equiv\arcsin\frac{\lambda}{P} \tag{7.25}$$

设置 $A_1=A_{-1}$ 后，三光束系统的衍射场 E_{3B} 和合成强度 I_{3B} 如下：

$$\begin{aligned}E_{3B}&=E_0+E_1+E_{-1}\\&=A_0e^{ikz}+A_1e^{ik(x\sin\theta_1+z\cos\theta_1)}+A_1e^{ik(x\sin\theta_{-1}+z\cos\theta_{-1})}\\&=A_0e^{ikz}+A_1e^{ikz\cos\theta_P}(e^{i2\pi x/P}+e^{-i2\pi x/P})\\&=A_0e^{ikz}+2A_1e^{ikz\cos\theta_P}\cos(2\pi fx)\end{aligned} \tag{7.26}$$

其中，$f=1/P$ 是像的空间频率；且

$$\begin{aligned}I_{3B}&=E_{3B}^*E_{3B}\\&=[A_0e^{-ikz}+2A_1e^{-ikz\cos\theta_P}\cos(2\pi fx)][A_0e^{ikz}+2A_1e^{ikz\cos\theta_P}\cos(2\pi fx)]\\&=A_0^2+4A_1^2\cos^2(2\pi fx)+2A_0A_1\cos(2\pi fx)[e^{-ikz(1-\cos\theta_P)}+e^{ikz(1-\cos\theta_P)}]\\&=A_0^2+4A_1^2\cos^2(2\pi fx)+4A_0A_1\cos(2\pi fx)\cos[kz(1-\cos\theta_P)]\\&=A_0^2+2A_1^2+2A_1^2\cos(4\pi fx)+4A_0A_1\cos(2\pi fx)\cos[kz(1-\cos\theta_P)]\end{aligned} \tag{7.27}$$

像的基本空间频率为

$$f_{1,3B}=\frac{1}{P} \tag{7.28}$$

二次谐波的频率是

$$f_{2,3B}=\frac{2}{P} \tag{7.29}$$

对应于基频和二次谐波频率的周期分别是

$$P_{1,3B}=\lambda/\sin\theta_P \tag{7.30}$$

和

$$P_{2,3B}=\lambda/(2\sin\theta_P) \tag{7.31}$$

要估算 DOF，取 $|kz(1-\cos\theta_P)|<\pi/2$ 为焦深的上界；则有

$$kz(1-\cos\theta_P)<\pi/2$$

$$\text{DOF}_{\text{upper bound}}<\frac{\pi}{2k(1-\cos\theta_P)}=\frac{\lambda}{4(1-\cos\theta_P)} \tag{7.32}$$

7.3.2.2.2　**双离轴照明光束**

我们现在考虑两束离轴照明光束。当入射光束倾斜角为 θ 时，则

$$\theta_0=\theta \tag{7.33}$$

根据光栅衍射方程有：

$$\sin\theta_1=\sin\theta+\lambda/P \tag{7.34}$$

$$\sin\theta_{-1}=\sin\theta-\lambda/P \tag{7.35}$$

$$E_0(x,z)=A_0\mathrm{e}^{ik(x\sin\theta_0+z\cos\theta_0)} \tag{7.36}$$

$$E_1(x,z)=A_1\mathrm{e}^{ik(x\sin\theta_1+z\cos\theta_1)} \tag{7.37}$$

$$E_{-1}(x,z)=A_{-1}\mathrm{e}^{ik(x\sin\theta_{-1}+z\cos\theta_{-1})} \tag{7.38}$$

如图 7.65 所示。

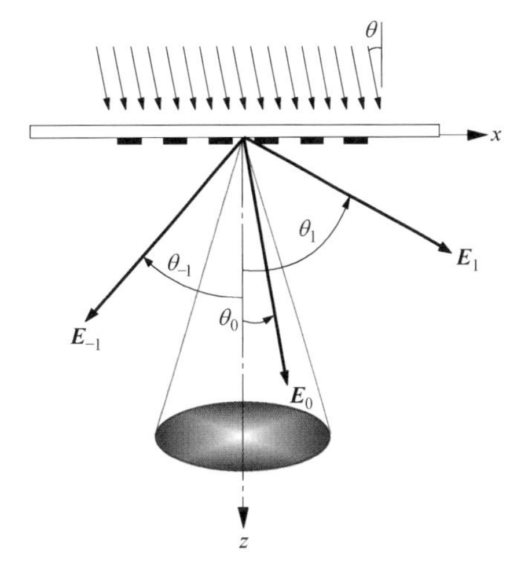

图 7.65　双光束成像时将光束倾斜 θ_0。

设 I_{2BR} 为 E_0 和 E_{-1} 的组合通过成像透镜的强度。θ_0 现在指向右边：

$$\begin{aligned}I_{2BR}(x,z)&=[E_0(x,z)+E_{-1}(x,z)]^*[E_0(x,z)+E_{-1}(x,z)]\\&=A_0^2+A_{-1}^2+A_0A_{-1}(\mathrm{e}^{-ikx\sin\theta_0-ikz\cos\theta_0}\mathrm{e}^{ikx\sin\theta_{-1}+ikz\cos\theta_{-1}}+\mathrm{e}^{ikx\sin\theta_0+ikz\cos\theta_0}\mathrm{e}^{-ikx\sin\theta_{-1}-ikz\cos\theta_{-1}})\\&=A_0^2+A_{-1}^2+A_0A_{-1}[\mathrm{e}^{-ikx(\sin\theta_0-\sin\theta_{-1})-ikz(\cos\theta_0-\cos\theta_{-1})}+\mathrm{e}^{ikx(\sin\theta_0-\sin\theta_{-1})+ikz(\cos\theta_0-\cos\theta_{-1})}]\\&=A_0^2+A_{-1}^2+2A_0A_{-1}\cos[kx(\sin\theta_0-\sin\theta_{-1})+kz(\cos\theta_0-\cos\theta_{-1})]\end{aligned} \tag{7.39}$$

类似地，设 I_{2BL} 为 E_0 和 E_1 的组合通过成像透镜的强度。θ_0 现在指向左边：

$$\begin{aligned}I_{2BL}(x,z)&=[E_0(x,z)+E_1(x,z)]^*[E_0(x,z)+E_1(x,z)]\\&=A_0^2+A_1^2+A_0A_1(\mathrm{e}^{-ikx\sin\theta_0-ikz\cos\theta_0}\mathrm{e}^{ikx\sin\theta_1+ikz\cos\theta_1}+\mathrm{e}^{ikx\sin\theta_0+ikz\cos\theta_0}\mathrm{e}^{-ikx\sin\theta_1-ikz\cos\theta_1})\\&=A_0^2+A_1^2+A_0A_1(\mathrm{e}^{-ikx\sin\theta_0+ikx\sin\theta_1-ikz\cos\theta_0+ikz\cos\theta_1}+\mathrm{e}^{ikx\sin\theta_0-ikx\sin\theta_1+ikz\cos\theta_0-ikz\cos\theta_1})\\&=A_0^2+A_1^2+2A_0A_1\cos[kx(\sin\theta_0-\sin\theta_1)+kz(\cos\theta_0-\cos\theta_1)]\end{aligned} \tag{7.40}$$

7.3.2.2.3 双对称光束

当光束逆时针旋转，使 θ_0 和 θ_1 相对于光轴对称时，有

$$\theta_0=\arcsin\frac{\lambda}{2P}\quad 和 \quad \theta_{-1}=-\arcsin\frac{\lambda}{2P}$$

$$\cos\theta_0-\cos\theta_{-1}=0$$

$$\sin\theta_0-\sin\theta_{-1}=\frac{\lambda}{P}$$

和

$$I_{2BR}(x,z)=A_0^2+A_{-1}^2+2A_0A_{-1}\cos\left(\frac{2\pi}{P}x\right) \tag{7.41}$$

这种情况如图 7.63（b）所示。该双光束图像的空间频率是

$$f_{2B}=\frac{1}{P} \tag{7.42}$$

并且周期为

$$P_{2B}=P \tag{7.43}$$

该 DOF 是无限而且是远心的，因为 I_{2BR} 与 z 无关，如图 7.66 所示。

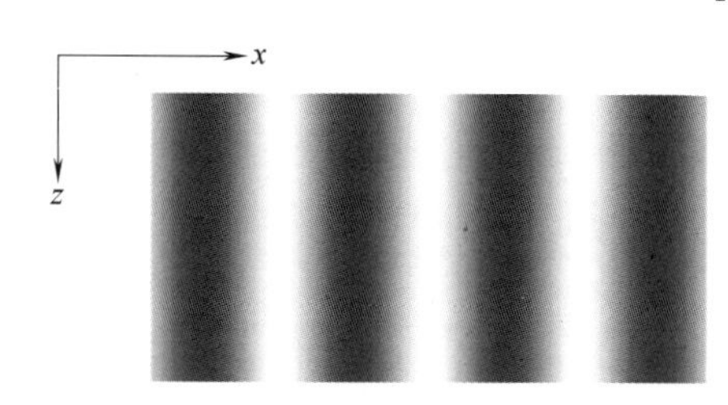

图 7.66 具有无限焦深的远心图像。这两个光束相对于光轴对称（图片由 S. Y. Chou 提供）。

类似地，当光束顺时针旋转到对称时，有

$$\theta=-\arcsin\lambda/P$$

$$\theta_0=-\arcsin\frac{\lambda}{2P}\quad 和 \quad \theta_1=\arcsin\frac{\lambda}{2P}$$

$$I_{2BL}(x,z)=A_0^2+A_{-1}^2+2A_0A_{-1}\cos\left(\frac{2\pi}{P}x\right) \tag{7.44}$$

空间频率也是 $1/P$。I_{2BL} 与 z 无关，并且 DOF 也是无限的，如图 7.66 所示。

为了使两个光束以角度 $\theta_0=\arcsin[\lambda/(2P)]$ 和 $\theta_{-1}=-\arcsin[\lambda/(2P)]$ 通过成像透镜，透镜需要一个 $2\arcsin[\lambda/(2P)]$ 的接收角，即具有 $\lambda/(2P)$ 的数值孔径。然而，在三光束的情况下，成像透镜的接收角为 $2\arcsin(\lambda/P)$，即数值孔径为前者的两倍，为 λ/P。因此，对于双光束成像的情况下，一个给定的成像透镜可以分辨两倍于三光束成像的空间频率。双光束成像的分辨率也是加倍的。7.3.2.2.6 节中的数值示例说明了这一点。

7.3.2.2.4 由于非优化周期产生的双不对称光束

对于具有混合空间频率的掩模，例如在许多生产中的 IC 设计上，离轴角总是针对最高的空间频率进行优化。因此，照明被设置在该角度。对于周期大于最佳周期的情况，两束光相对于成像透镜的光轴是不对称的，如图 7.63（d1）和（d2）所示，其中分别描述了向左和向右的照明条件。让我们逐一分析这两种情况。

在 I_{2BR} 的情况下，按照图 7.63（d1）的情况，由式（7.39），有

$$I_{2BR}(x,z)=A_0^2+A_{-1}^2+2A_0A_{-1}\cos[kx(\sin\theta_0-\sin\theta_{-1})+kz(\cos\theta_0-\cos\theta_{-1})]$$

令式（7.25）中的 θ 保持在 $\theta=\arcsin[\lambda/(2P)]$；现在光栅的周期更大，即 $P_1>P_2$。

$$\theta_0=\arcsin[\lambda/(2P)] \tag{7.45}$$

式（7.35）中的 θ_{-1} 变为

$$\sin\theta_{-1}=\sin\theta_0-\lambda/P_1 \tag{7.46}$$

将式（7.45）和式（7.46）代入式（7.39），则有

$$\begin{aligned} I_{2BR}(x,z)&=A_0^2+A_{-1}^2+2A_0A_{-1}\cos[kx(\sin\theta_0-\sin\theta_{-1})+kz(\cos_0-\cos_{-1})] \\ &=A_0^2+A_{-1}^2+2A_0A_{-1}\cos[kx\lambda/P_1+kz(\cos\theta_0-\cos\theta_{-1})] \\ &=A_0^2+A_{-1}^2+2A_0A_{-1}\cos\left\{2\pi\left[f_1x+\frac{z}{\lambda}(\cos\theta_0-\cos\theta_{-1})\right]\right\} \\ &=A_0^2+A_{-1}^2+2A_0A_{-1}\cos\left\{2\pi\left[f_1x+\frac{z}{\lambda}\sqrt{1-\left(\frac{\lambda}{2P}\right)^2}-\sqrt{1-\left(\frac{\lambda}{2P}-\frac{\lambda}{P_1}\right)^2}\right]\right\} \end{aligned} \tag{7.47}$$

从图 7.63（d1）所示的情况来看，$\cos\theta_0-\cos\theta_{-1}<0$，也就是说，这个图像随着 z 的增加从左到右行进。行进的角度是 P_1 的函数。当 $P_1=P$ 时，图像是远心的。

接下来，为了评估 I_{2BL}，我们令 $\theta=-\arcsin[\lambda/(2P)]$，那么 $\theta_0=-\arcsin[\lambda/(2P)]$，$\sin\theta_1=\sin\theta_0+\lambda/P_1$，且

$$\begin{aligned} I_{2BL}(x,z)&=A_0^2+A_{-1}^2+2A_0A_1\cos[kx(\sin\theta_0-\sin\theta_1)+kz(\cos\theta_0-\cos\theta_1)] \\ &=A_0^2+A_{-1}^2+2A_0A_1\cos[kx\lambda/P_1+kz(\cos\theta_0-\cos\theta_1)] \\ &=A_0^2+A_{-1}^2+2A_0A_1\cos\left\{2\pi\left[-f_1x+\frac{z}{\lambda}(\cos\theta_0-\cos\theta_1)\right]\right\} \\ &=A_0^2+A_{-1}^2+2A_0A_1\cos\left\{2\pi\left[-f_1x+\frac{z}{\lambda}\sqrt{1-\left(\frac{\lambda}{2P}\right)^2}-\sqrt{1-\left(-\frac{\lambda}{2P}+\frac{\lambda}{P_1}\right)^2}\right]\right\} \end{aligned} \tag{7.48}$$

从图 7.63（d1）的情况来看，$\cos\theta_0-\cos\theta_{-1}<0$，也就是说，随着 z 的增加，这个图像从右到左行进。

在只有 I_{2BR} 或 I_{2BL} 的情况下，两个图像均不再是远心的了。由于 kz 的符号不同，两个图像以相反的方向移动。图 7.67 中描述了 I_{2BL} 的这种情况。

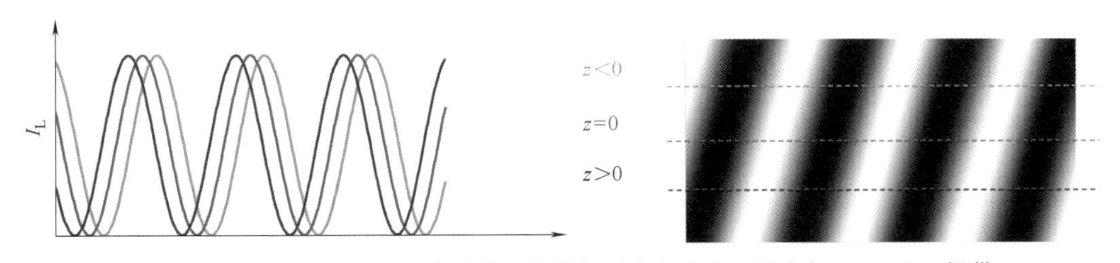

图 7.67 当照明为 I_L 时，图像随着 z 的增加而向左移动（图片由 S. Y. Chou 提供）。

7.3.2.2.5 组合双不对称光束

这种图像偏移对套刻精度控制来说是不可接受的。因此，通过将 I_R 和 I_L 非相干地组合起来，使得照明变得对称：

$$\begin{aligned} I_{2BA}&=I_{2BR}+I_{2BL} \\ &=2A_0^2+2A_1^2+2A_0A_1\cos\left\{2\pi\left[f_1x+(z/\lambda)\left(\sqrt{1-\left(\frac{\lambda}{2P}\right)^2}-\sqrt{1-\left(\frac{\lambda}{2P}-\frac{\lambda}{P_1}\right)^2}\right)\right]\right\}+ \\ &\quad 2A_0A_1\cos\left\{2\pi\left[-f_1x+(z/\lambda)\left(\sqrt{1-\left(\frac{\lambda}{2P}\right)^2}-\sqrt{1-\left(-\frac{\lambda}{2P}+\frac{\lambda}{P_1}\right)^2}\right)\right]\right\} \end{aligned}$$

$$
\begin{aligned}
&=2A_0^2+2A_1^2+2A_0A_1\cos[2\pi(f_1x+Cz)]+2A_0A_1\cos[2\pi(-f_1x+Cz)]\\
&=2A_0^2+2A_1^2+2A_0A_1[\cos(2\pi f_1x)\cos(2\pi Cz)-\sin(2\pi f_1x)\sin(2\pi Cz)+\\
&\quad\cos(-2\pi f_1x)\cos(2\pi Cz)-\sin(-2\pi f_1x)\sin(2\pi Cz)]\\
&=2A_0^2+2A_1^2+4A_0A_1\cos(2\pi f_1x)\cos(2\pi Cz)
\end{aligned}
\tag{7.49}
$$

这时不再有来自 z 的相位修正，而是有强度修正。强度是远心的，但图像强度是沿 z 轴变化的。因此，空间频率 f_{2BA} 是不变的，但 DOF 是有限的，如图 7.68 所示。

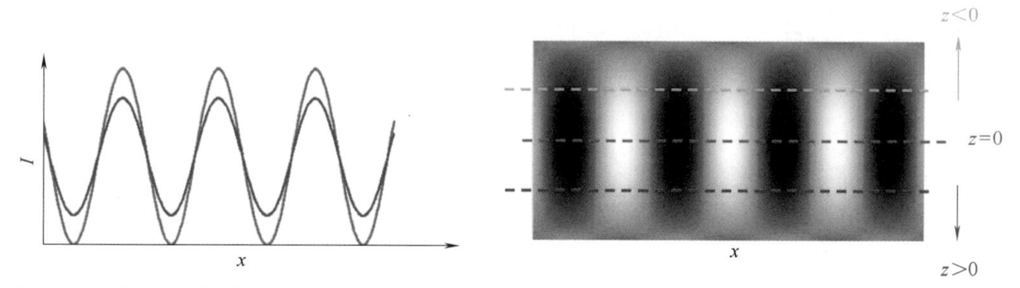

图 7.68 非相干地结合 I_{2BR} 和 I_{2BL}，产生了具有有限 DOF 的远心图像（图片由 S. Y. Chou 提供）。

DOF_{2B} 与 DOF_{3B} 相比有何不同？DOF_{2B} 满足如下范围限制：

$$|2\pi Cz|<\pi/2 \quad \Rightarrow \quad DOF_{2BA}<\left|\frac{1}{4C}\right| \tag{7.50}$$

使用式（7.32），有

$$\frac{DOF_{2BA}}{DOF_{3B}}=\frac{1-\cos\theta_P}{|\cos(0.5\theta_P)(1-\cos\Delta\theta_P)-\sin(0.5\theta_P)\sin\Delta\theta_P|} \tag{7.51}$$

同样，当 $\Delta\theta_P=0.5\theta_P$ 时考虑最差的情况，

$$DOF_{ratio}=\frac{DOF_{2BA}}{DOF_{3B}}=\frac{1-\sqrt{1-(\lambda/P)^2}}{2\left|\sqrt{1-(\lambda/P)^2}-\sqrt{1-\lambda/(2P)-(\lambda/P_1)^2}\right|} \tag{7.52}$$

当 $P=\lambda$ 时，即栅极的分辨率被推到了极限：

$$DOF_{ratio}=\frac{1/2}{\left|\sqrt{\frac{3}{4}}-\sqrt{1-(1/2-\lambda/P_1)^2}\right|} \tag{7.53}$$

当 $P_1=P$ 时，$DOF_{ratio}=\infty$。这是预料之中的，因为两束光变得对称了。当 $P=\infty$时，DOF_{ratio} 也变成了∞。

作为 P_1 的函数的 DOF_{ratio} 绘制在了图 7.69 中。在 $P_1/P=2$ 时有一个最小值 3.73。这表明双光束系统的 DOF 至少是三光束系统 DOF 的 3.73 倍。当 P_1 在 P 的 1.1 倍以内时，焦深的提高可以超过 10 倍。

7.3.2.2.6 1×系统和缩小系统中 OAI 数值示例

光刻工艺中，商业成像透镜的最大 $\sin\theta$ 是 0.93，本节用其进行 OAI 的数值演示。图 7.70 显示了一个 1×系统，其中两束光的角度分布是 arcsin0.93；即 $\sin\theta_{P2}=\lambda/P_2=0.93$。这个角度符合成像透镜的接收角 α。$P=0.93(\lambda/2)$。照明的入射角为 $\arcsin\theta_{P2}=68.43°$。

在 4×缩小系统中，掩模侧的 NA 是 0.93/4=0.23。$\boldsymbol{E}_{-1M}$ 和 $\boldsymbol{E}_{1M}$ 光束的+1 级和−1 级衍射角的正弦值分别为−0.23 和 0.23。相应的成像光束由三光束系统中的 0.93NA 成像透镜接收。可分辨的周期为 1.08λ，如图 7.71 所示。该分辨率与三光束成像中 1×系统的分辨率相同。

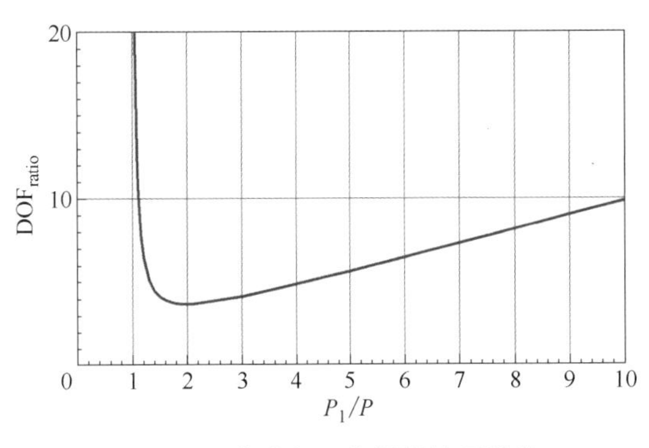

图 7.69 作为归一化周期的函数的双光束焦深与三光束焦深之比。

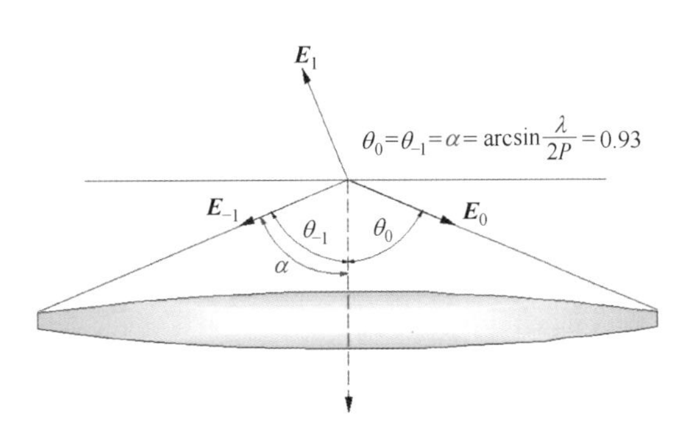

图 7.70 NA=0.93，1×双光束成像系统中的衍射角

转到双光束系统，我们可以降低 P_{M}，使 $\boldsymbol{E}_{0\mathrm{M}}$ 和 $\boldsymbol{E}_{1\mathrm{M}}$ 光束的正弦值为 ±0.93/2。现在分辨率加倍到 $P_{\mathrm{W}}=0.54\lambda$，如图 7.72 所示。

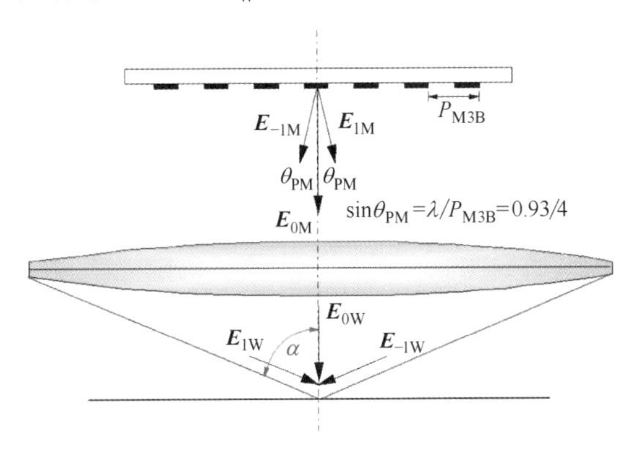

图 7.71 $\mathrm{NA_W}=0.93$、$\mathrm{NA_M}=0.93/4$ 的 4×系统中的三光束成像，可分辨 $P_{\mathrm{W}}=\lambda/0.93=1.08\lambda$。

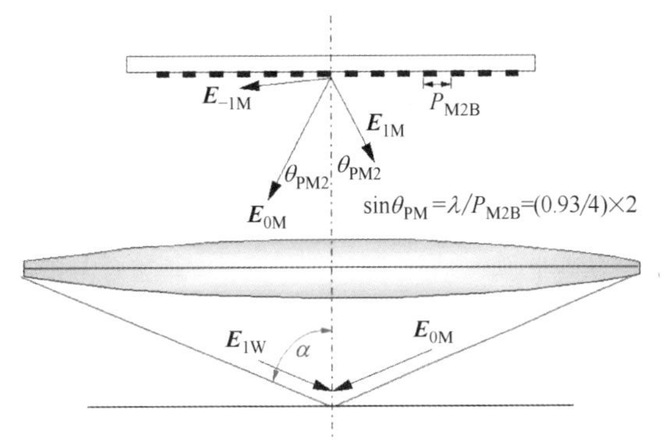

图 7.72 在与图 7.71 相同的系统中，双光束成像可分辨 $P_{\mathrm{M2B}}=2\lambda/0.93=2.15\lambda$；$P_{\mathrm{W}}=0.54\lambda$。

7.3.2.3 二维几何上的三维照明

当存在二维几何图形时，OAI 光束沿着一个圆锥形表面照射成像透镜孔径中的一个环形区域，如图 7.73（a）所示。当只有垂直线和水平线时，最佳 OAI 采取的形式是在 ±45° 线与环形的交汇处有四个小的、被照亮的区域，如图 7.73（b）所示。这样，每个光束相对掩模上的 X 向或 Y 向线都是离轴的。如图 7.73（c）所示，在掩模上有 45°线时，两个对角线光束对中只有一个是离轴的，即 aa′或 bb′。离轴光束产生的成像性能增益被其他轴上光束稀释了。此外，具有相同周期但不同方向的掩模图案的成像性能增益是不一致的，因为两极之间的对角线距离比竖直或垂直距离大。图 7.73（a）中环形 OAI 的情况是离轴和轴上光束的连续组合，加上改变优化极距的影响。因此，这种配置的成像性能是在轴上照明和对角四极 OAI 之间的折中。到目前为止的讨论都是定性的，必须对部分相干光的实际成像性能进行模拟和仔细比较。

图 7.74 中显示了圆形照明（DKI）、环形照明、各种四极照明以及圆形-OAI 组合。DKI 是在轴上的，特点是孔径比 $\sigma\equiv\mathrm{NA}_{\mathrm{condenser}}/\mathrm{NA}_{\mathrm{imaging\ lens}}$。在透镜光瞳处，$\sigma=1$。对于环形 OAI，环的特征由 σ_{in} 和 σ_{out} 确定。对于四极照明，仍然沿用 σ_{in} 和 σ_{out} 的术语。两极的直径可以很容易地从两个 σ 值中得出。角展度 ϕ 用于描述扇形四极照明的大小。这种类型

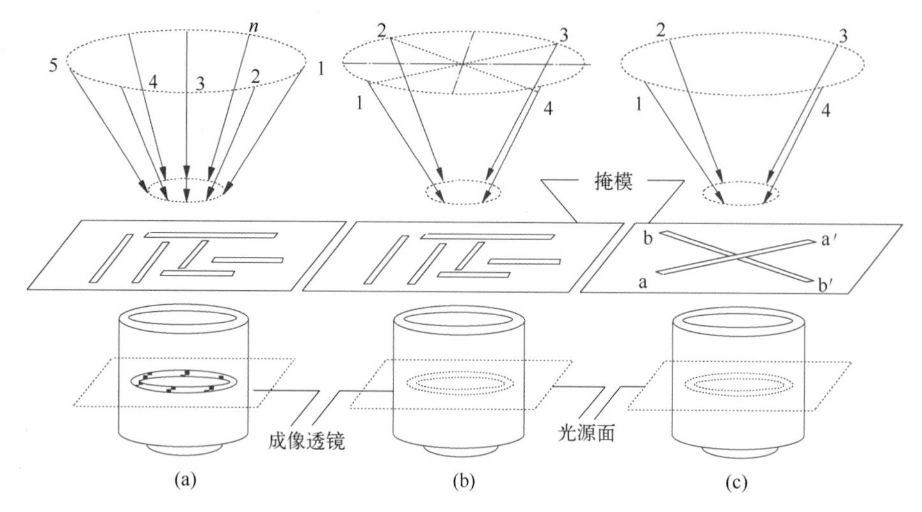

图 7.73 照明和图案方向。（a）环形照明，每条线的方向都看到离轴和轴上的混合照明。（b）四极照明，其中所有光束相对于所有垂直线和水平线都是离轴的。（c）四极照明，光束 2 和光束 3 相对于 aa′偏离轴线，但相对于 bb′在轴上。

的四极照明经常是为了方便使用，因为它可以很容易地从基本环形照明中形成。靶心照明结合了中心圆形照明和四极照明，它对孤立特征和密集特征的成像性能进行了协调，以达到理想的平衡。C-Quad 照明只是根据十字方向来布置四极子。偶极照明的特征是 C-Quad 照明中的水平或垂直方向的极点，图中没有显示。

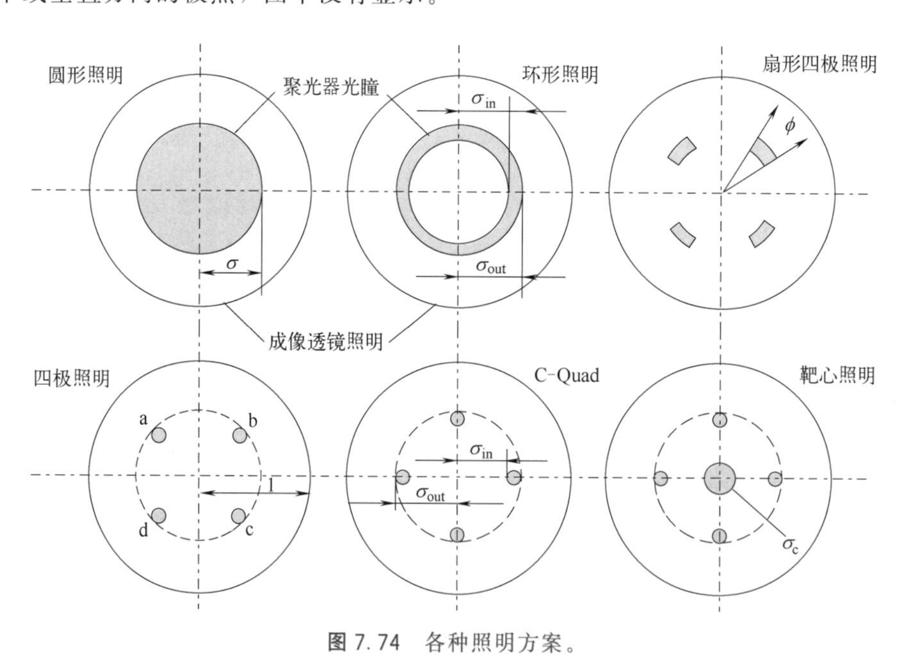

图 7.74 各种照明方案。

四极照明和 C-Quad 照明的成像性能有什么区别？在四极照明设置中，以一个垂直的线状物体为例，极点 a 和 b 是离轴的，极点 c 和 d 也是离轴的。对于水平线物，极点 a 和 d 以及 b 和 c 也离轴。因此，没有轴上的极点来稀释图像的对比度。然而，从两极中心到 x 轴或 y 轴的水平和垂直距离只有 $\sigma/\sqrt{2}$，而 σ 是两极中心到透镜光瞳中心的距离。在 C-Quad 照明下，尽管垂直的一对极点的对比度被稀释，但极点到轴的水平和垂直距离都是 σ 的全长。这两种类型的四极照明之间的权衡是在分辨率和对比度之间进行的。

偶极照明可以产生高分辨率和高对比度，而不会有任何折中。然而，如果使用二维图案，它必须被分成两个掩模，垂直方向的图案由水平方向的偶极子曝光，水平方向的图案由垂直方向的偶极子在第二次曝光中曝光。这种照明设置被称为双偶极照明[45]。图7.75说明了L形图案的分离，其中图（a）和图（b）是两个分离的图案。图7.75（c）是目标图案，而图7.75（d）是结合图（a）和图（b）的曝光后结果的图案。如果图案对准得不完美，拐角会有轻微的问题。幸运的是，对于关键尺寸，拐角的面积已经知道是受到限制的。双偶极照明的一个缺点是，两次曝光会降低产率，从而增加成本。

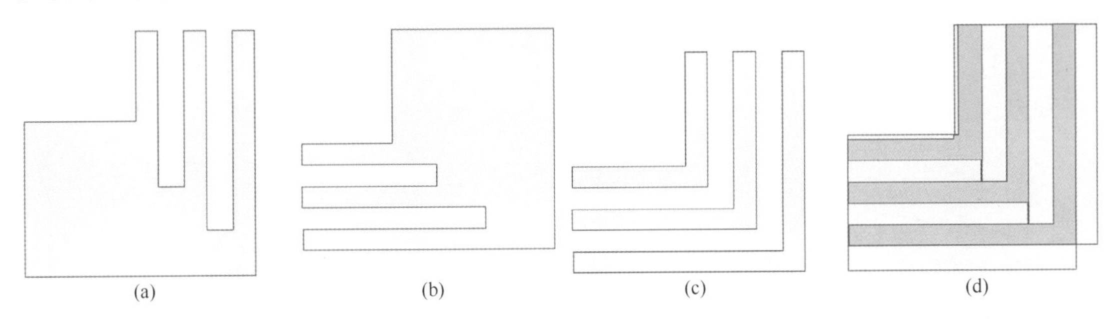

图7.75 双偶极照明的L形图案的分离：(a)(b) 分离图案；(c) 目标图案；(d) 通过叠加 (a) 和 (b) 曝光制作的图案。

7.3.2.4 仿真结果

本小节给出了仿真得到的OAI系统成像性能。图7.76显示了使用具有 $0.47k_1$ 半周期的线空对作为物体的恒定强度等值线。在物理上，使用NA=0.54，248nm波长。图中为两种照明方式获得的图像：$\sigma=0.8$ 的圆形照明和 $\sigma_{min}=0.4$、$\sigma_{max}=0.8$ 的环形照明。在零离

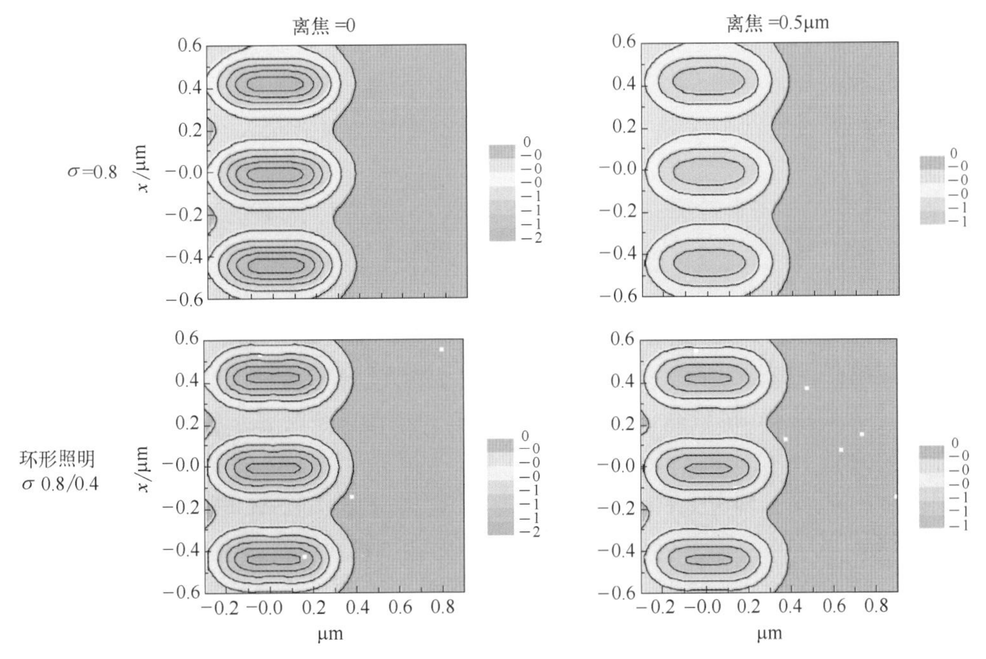

图7.76 圆形照明（第一行）和环形照明（第二行）的恒定强度等值线轮廓，用于周期为 $0.47k_1$ 的线空对。物理参数为 $\lambda=248$nm，NA=0.54。

焦时，如等值线密度所示，图像对比度更高。在 0.5μm 的离焦时，由 OAI 产生的改进甚至更大。

图 7.77 中定量地显示了 DOF 的改进，仍然是比较圆形照明和环形照明。包括环形照明的三个 $\sigma_{in}:\sigma_{out}$ 比率，即 1∶3、1∶1 和 2∶3。对于圆形照明，σ 缓慢且不明显地接近最佳值 0.8 左右。在三种环形照明中，$\sigma_{in}:\sigma_{out}=2:3$ 的最窄环形照明在峰值的绝对 DOF 上产生了最明显的改善。DOF 的变化作为 σ_{out} 的函数也是比较显著的。此外，最佳的 σ_{out} 随着环宽的缩小而降低。在 $\sigma_{in}:\sigma_{out}=1:3$ 时，DOF 与 σ_{out} 的关系接近 DKI 的情况。更好成像性能的代价是更高的相干性。在用变焦透镜实现 OAI 之前，即当 OAI 是由光瞳平面上的遮挡光圈实现的时候，曝光能量的损失也是一个权衡因素。

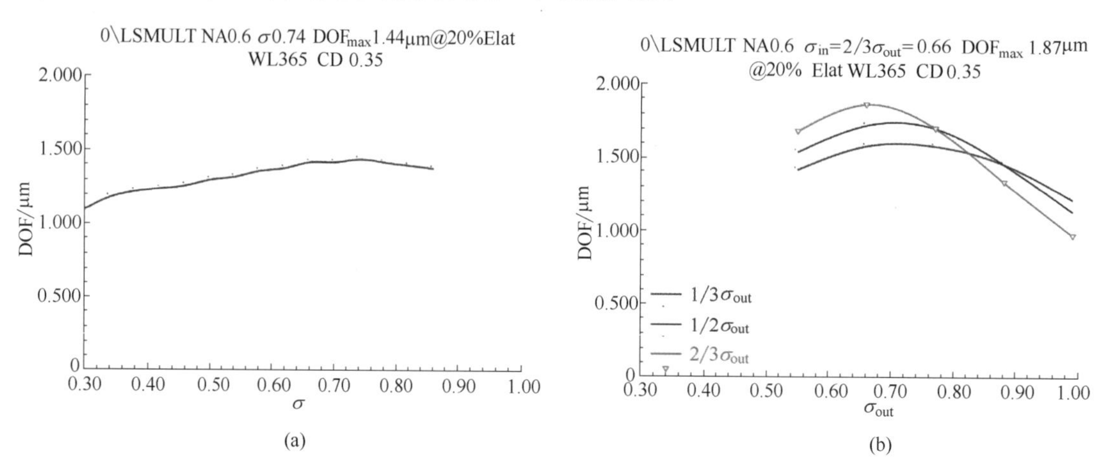

图 7.77 DOF 与 σ、σ_{out} 的关系。(a) 圆形照明，(b) 环形照明，针对 0.35μm、1∶1 的线空对，$\lambda=365$nm，EL=20%，$\sigma_{in}:\sigma_{out}=1:3$，1∶1，2∶3。

从 7.3.2.1 节中我们知道，对于一个给定的照明角度，只有一个周期是优化的。在图 7.78 中包括了额外的非优化周期，以证明同时描绘多个周期的情况。对于 1∶1.5 的线空对，在 $\sigma_{out}=0.84$ 时可以实现 950nm 的 DOF。然而，由于具有较大开口的特征，DOF 被限制在 470nm。当所有特征一起考虑时，公共的 DOF 只有 260nm。图 7.79 显示了用于产生图 7.78 的 E-D 窗口。各个特征的窗口确实非常大。只有公共窗口受到影响。

在特征形状方面，图 7.80 显示了线空对、线开口、不透明空图形、孔和基座的 E-D 树，在图 (a) 中使用圆形照明，在图 (b) 中使用四极照明。使用圆形照明的线空对有一个极其狭窄和浅的 E-D 树。改用 AltPSM 有助于扩大 E-D 树，但不能像四极照明那样扩大它们。在圆形照明下，即使 E-D 树非常狭窄，那些一维特征的 E-D 树也是相互接近的。在四极照明下，其距离更远，也就是说，邻近效应更强。在四极照明下，所有的特征都倾向于变直，允许更大的 DOF。

使用同样的五个特征，但在 $0.48k_1$ 时，比较了 BIM、AttPSM 和两个四极照明的效果，如图 7.81 所示。AttPSM 使开口的 E-D 树更宽、更直，也使不透明空图形和基座的 E-D 树更宽，但倾斜度更大。$\sigma_{in}=0.44$、$\sigma_{out}=0.52$ 的四极照明除了在线空对上有轻微的改善外，相比 BIM 或 AttPSM 的圆形照明并没有改善 E-D 树。分布更广的四极照明为线空对生成一个非常大的 DOF，但以牺牲其他特征的图像性能为代价。在这种设置中，带有圆形照明的 AttPSM 是首选。

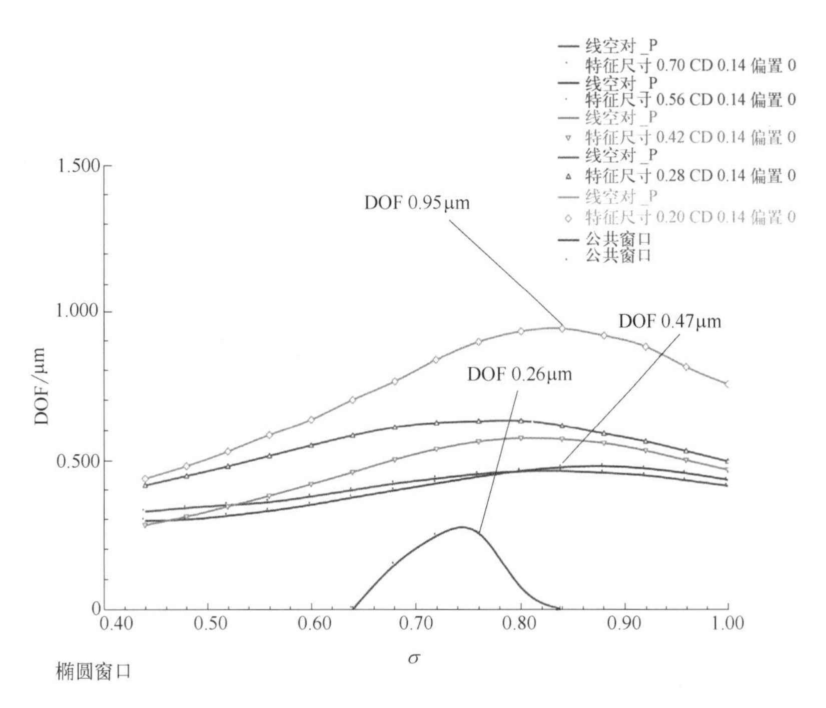

图 7.78　DOF 与 σ_{out} 的关系，针对环形照明下 1∶1.5、1∶2、1∶3、1∶4 和 1∶5 的线空对。λ=248nm，NA=0.65，EL=8%，6% AttPSM，σ_{in}=0.5，σ_{out}=0.76。

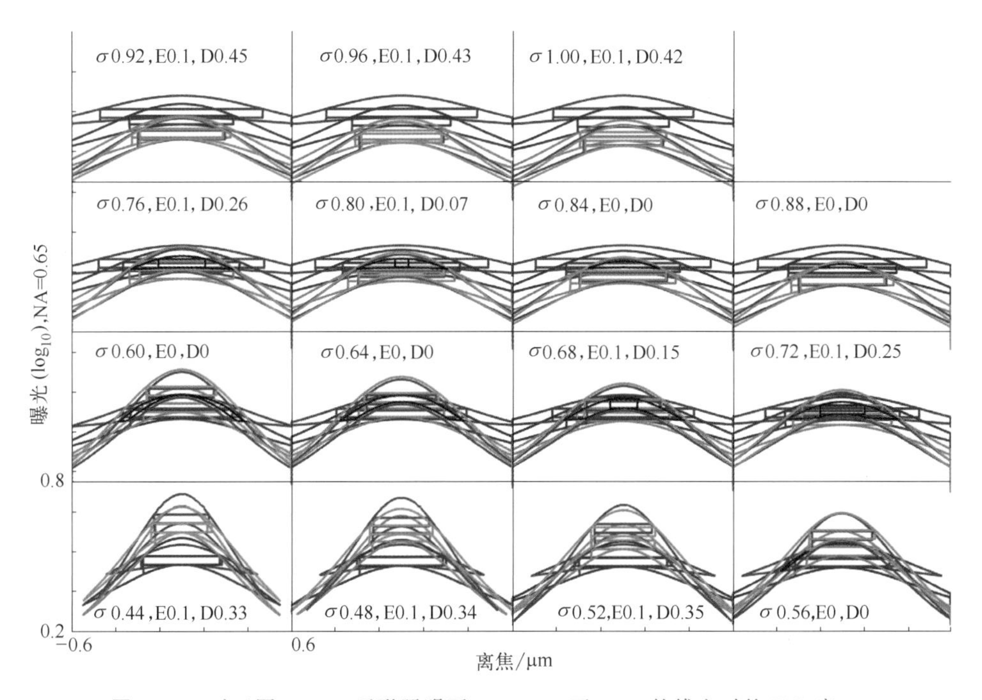

图 7.79　对于图 7.78，环形照明下，1∶1.5 至 1∶5 的线空对的 E-D 窗口。

图 7.82 显示了在（a）k_1=0.48 和（b）k_1=0.36 时，不同四极照明的 E-D 树与线空对（L/S）。在图（a）中，四极子在 0.72Q0.76 时得到了优化。较大或较小的 σ 值不能实现等焦。对于图（b），由于 k_1 较低，即使是 0.92Q0.96 也不能使图像达到等焦。

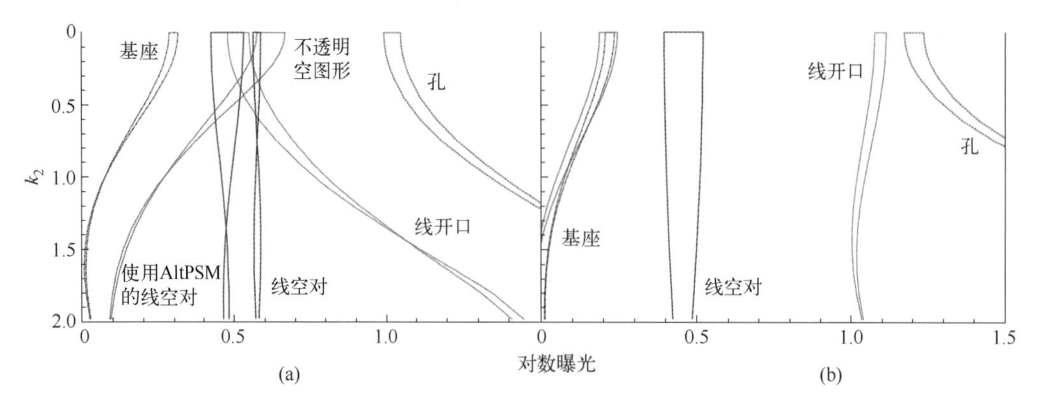

图 7.80 五个 0.36λ/NA 代表性特征的 E-D 树，使用：(a) σ=0.5 的圆形照明；(b) 四极照明，包括在 450 条线横截面处的 4 个 σ=0.04 的方形，以及 σ=0.94 的环形。

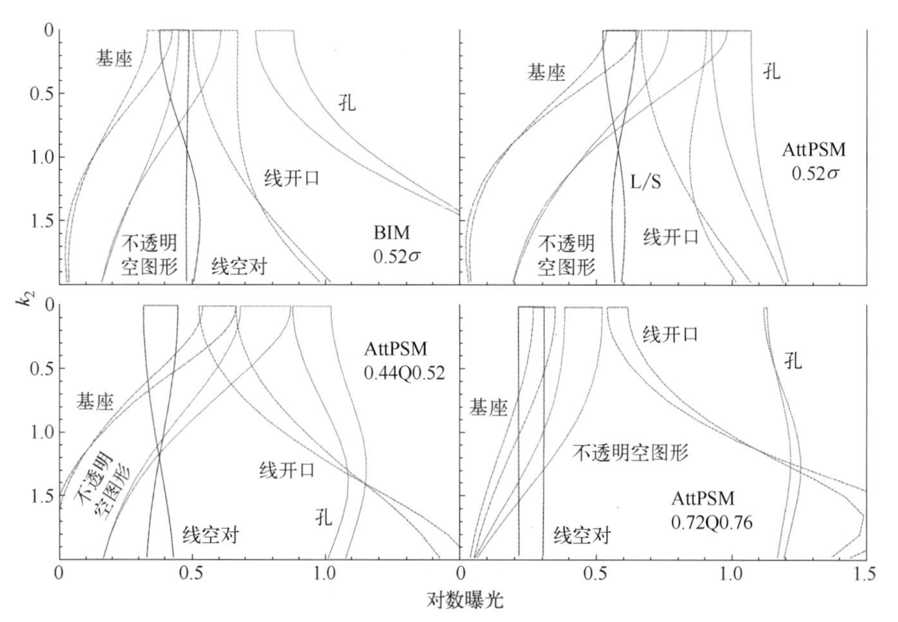

图 7.81 在 $0.48k_1$ 时，五个特征的 E-D 树，针对 BIM 和 6% AttPSM 的圆形照明和四极照明。

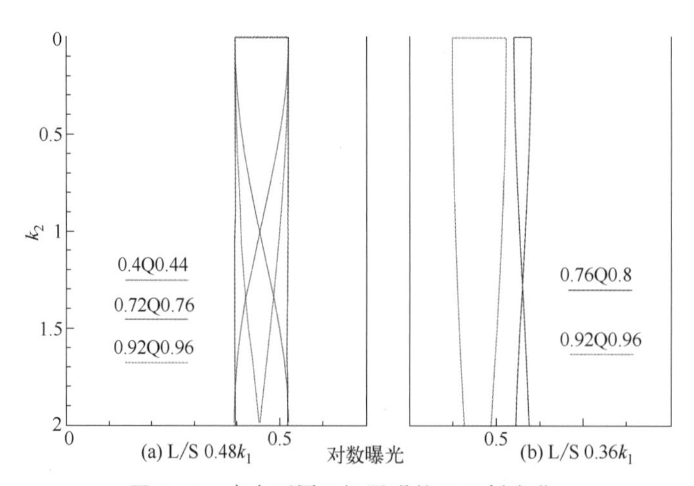

图 7.82 来自不同四极照明的 E-D 树变化。

这里用图 4.26 所示的 BigMaC 掩模来展示 OAI 和 PSM 的效果。对于图 7.83 所示的环形照明，在任何一个 σ 值下，DOF 都比 BIM 好。拐角和线端的图案保真度融合了任意 σ 值下 BIM 的有利方面。

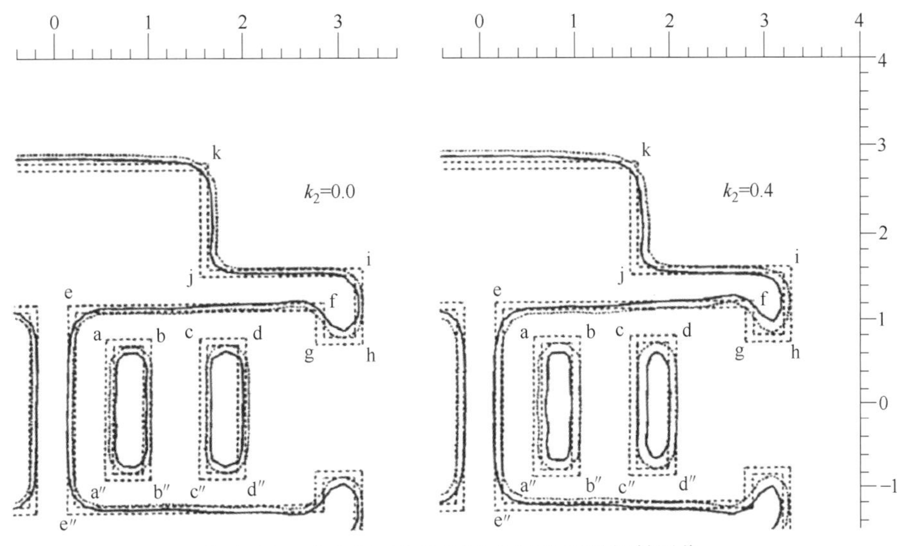

图 7.83　来自 BigMaC BIM 的环形照明衍射图像。

图 7.84 的 SEM 图像中的波纹结构说明了四极照明的一个严重问题。波纹的典型特征是在线端和拐角扩大，然后向线的中心由宽到窄摆动。最右边的 SEM 显微照片显示了光刻胶图像和模拟图像的叠加，以验证模拟的保真度。那里的波纹很可能是由从相反两极开始的两个衍射光束的光干涉引起的。不像典型的线边缘的变化，OPC 对波纹的作用不大；即使对波纹进行了优化，OPC 也不能完全消除波纹。

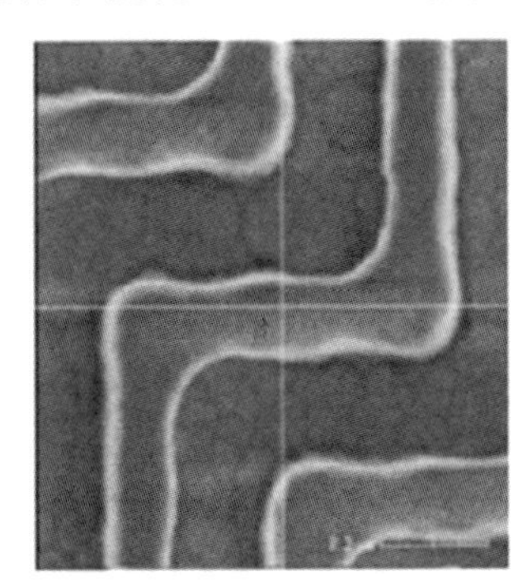
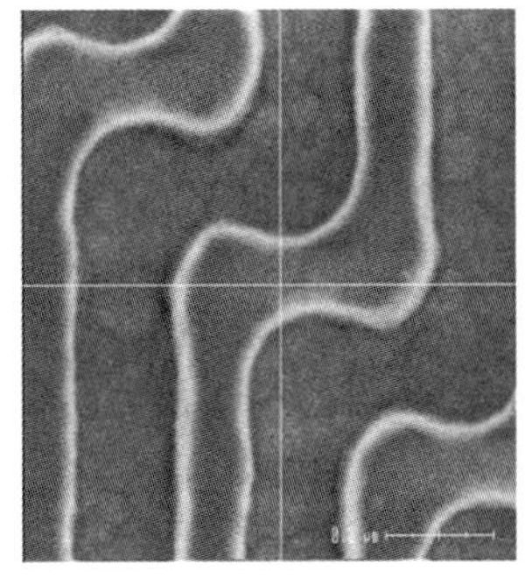
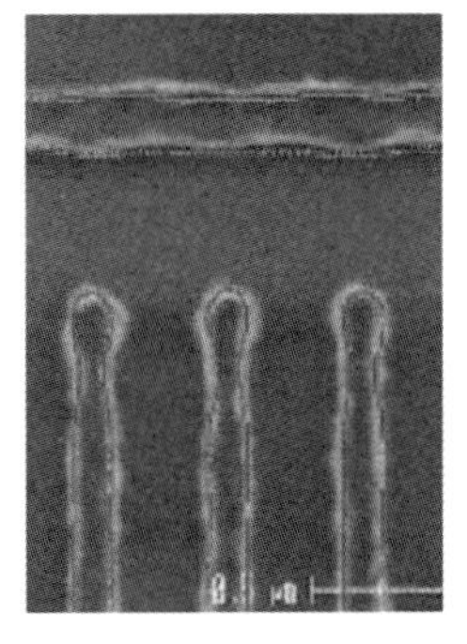

图 7.84　在未优化的 OPC 条件下，光刻胶图像中的波纹（图片由 R. G. Liu 提供）。

如图 7.85 所示，波纹很早就从使用 BigMaC 掩模的模拟中被预测出来了。沿着边缘 k′、k、j、i、h、g、f、e 和 e″以及与其对称的对应物（例如，k′是垂直中心线左边的 k 的镜像），波纹很严重。外部线开口 cdc″d″也受到波纹的影响。这些波纹与图 4.27（a）中边缘 ee″的波纹不同。后者只局限于 e 和 e″之间的部分。

图 7.86 中来自 AltPSM 的图像没有波纹缺陷。图 7.86 中显示的唯一缺陷是由于缺乏相移邻近体而导致外部开口 cdc″d″的缩短。

7.3.2.5　OAI 和 AltPSM 的比较

OAI 和 AltPSM 有许多相似的功能特点，即都能将成像透镜的分辨率提高一倍，都有

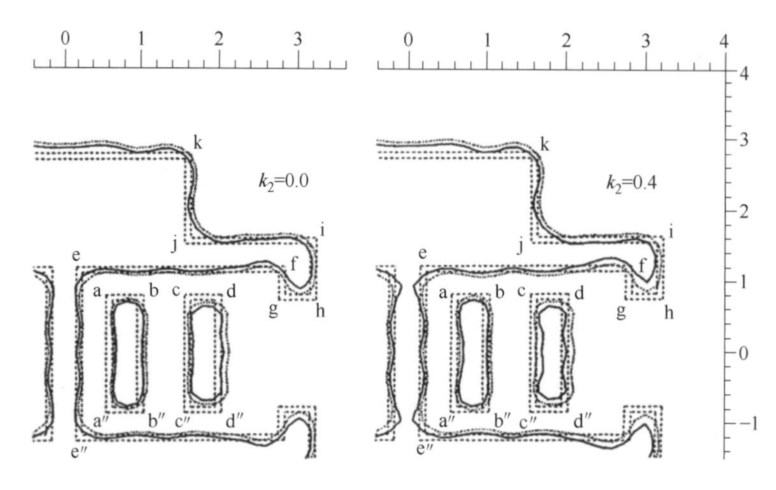

图 7.85 来自 BigMaC BIM 的四极照明衍射图像。

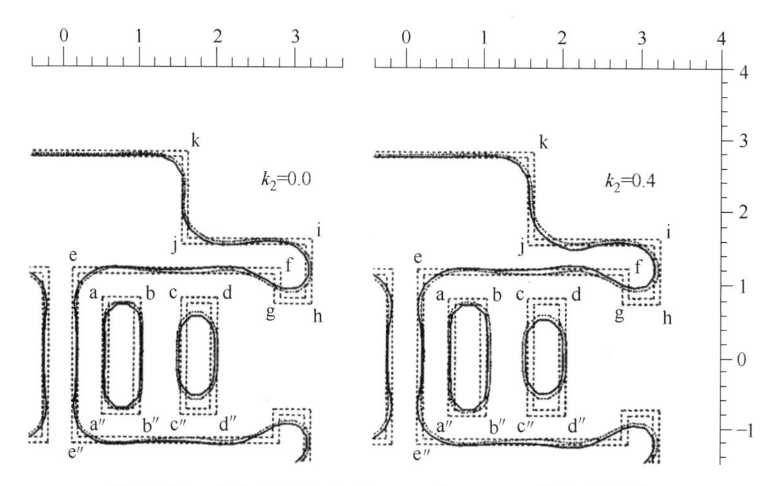

图 7.86 来自 BigMaC AltPSM 在 $\sigma=0.4$ 的衍射图像。

良好的等焦能力，而且都不影响孤立特征。但也有一些差异需要探讨。

使用具有 $k_1=0.4$ 的线空对的光栅，来展示 OAI 和 AltPSM 的 DOF 改进。这里，k_1 被用作与物理尺寸 W 相关的归一化横向尺寸，即 $k_1=W\times(\mathrm{NA})/\lambda$。同样地，$k_2$ 被用作与物理尺寸 Z 相关的归一化纵向尺寸，即 $k_2=Z\times(\mathrm{NA})^2/\lambda$。图 7.87（a）显示了 BIM 的 0.4σ 轴上照明的对数强度分布和 E-D 树，$k_2=0$，0.2，0.4，0.8，1.2，1.6，2，2.4，2.8。在如此低的 k_1 下，可以看到图像的低对比度以及强度分布的浅对数斜率。E-D 分支的间隔太近，甚至不能支持 10%的 EL。如图 7.87（b）所示，交替地对掩模进行相位移动会产生一个 $0.8k_2$ 的 DOF，用于 26%的 EL。通过使用优化的四极 OAI 可以获得更高的 2.6 的 k_2。从图 7.87（c）中强度分布中相同的对数斜率和边缘位置以及几乎水平的 E-D 分支可以看出，已经形成一个等焦的情况。

除了成像性能外，AltPSM 遇到的最重要的困难是与任意二维图案的相移冲突，就像在 7.3.3.1 节中讨论过的。为避免相移冲突而转向光场掩模，就必须用切割掩模进行二次曝光以去除这些线条。因此，存在着套刻精度、掩模变化、产率和成本等问题。

当 OAI 的一次性成本摊到所有 AltPSM 的成本上时，OAI 的使用成本要比 AltPSM 低。

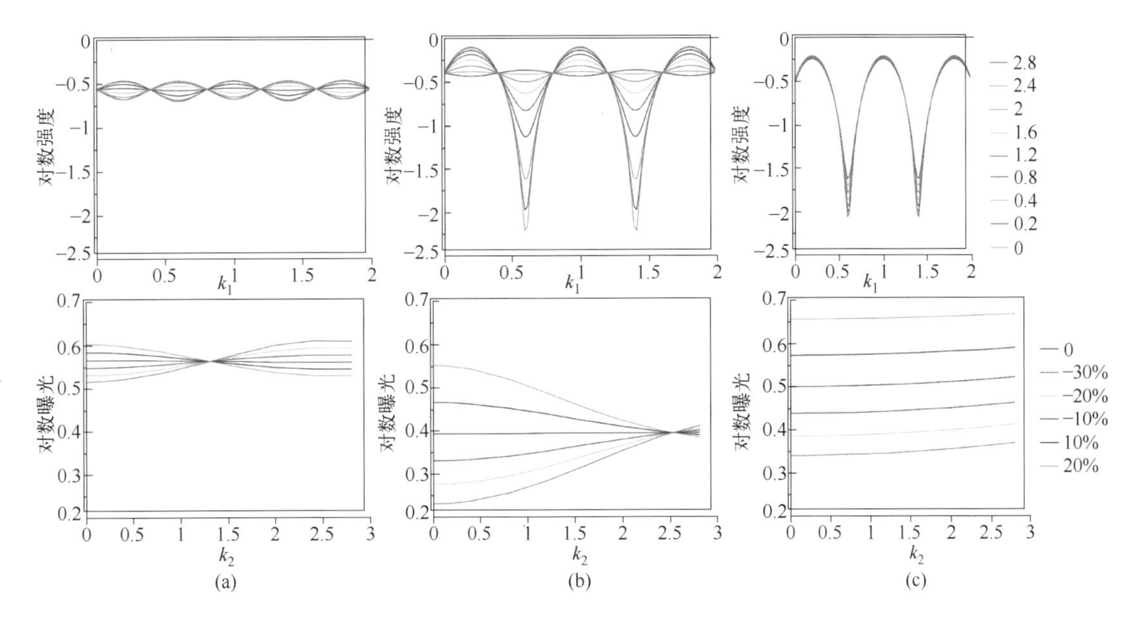

图 7.87　(a) BIM (0.4σ) 圆形照明；(b) AltPSM (0.4σ) 圆形照明；(c) 0.4k_1 的线空对的 BIM OAI，在 45°线的横截面上使用半径 0.02 的四极子，以及 σ=0.98 的圆形。

然而，OAI 的一个固有问题是，高分辨率特征的一些照明能量被透镜 NA 的有限接收角所阻挡。这不仅导致了较长的曝光时间，而且还导致了夸张的邻近效应。表 7.2 中总结了三种 RET 技术的权衡。

表 7.2　环形照明、四极照明和 AltPSM 的比较。

	环形照明	四极照明	AltPSM
最小特征尺寸	0.4k_1	0.3k_1	0.3k_1
需要 OPC	是	是	是
适用图案	任意方向高密度线空对	X 和 Y 方向高密度线空对	任意方向高密度线空对
与低密度图案的结合	使用散射条	使用散射条	结合 AttPSM
成本	曝光机的一次性成本	曝光机的一次性成本	每个掩模的额外成本

7.3.2.6　OAI 和 AltPSM 的结合

在此重述 AltPSM 的工作原理 [见图 7.88 (a)]，以说明为什么 AltPSM 和 OAI 不能结合。对于 AltPSM 来说，掩模上的每个其他开口的相位都被转移了 180°。电场的表现就像其空间频率被降低到原始空间频率的一半，没有 0 级成分。在通过透镜后（透镜会切断原始频率，但不会切断减少的频率），频率在光刻胶图像中被加倍，光刻胶图像只对与电场振幅的平方成比例的强度做出反应。OAI 不能与 AltPSM 结合，以达到更高的分辨率，如图 7.88 (b) 所示。在 AltPSM 或 OAI 可达到的最高分辨率下，离轴光束将两个相移光束中的一个转出接收角，而剩余光束的空间频率很低，无法重建物体的原始频率。

从分析上看，BIM 上的电场被分成两部分，未相移部分 $E_u(x)$ 和相移位部分 $E_s(x)$。后者相移了 π：

$$E_u(x)=\begin{cases}1, & 2np-\dfrac{w}{2}\leqslant x\leqslant 2np+\dfrac{w}{2}, n=0,\pm1,\pm2,\cdots \\ 0, & 其他\end{cases} \tag{7.54}$$

$$E_s(x)=\begin{cases}-1, & 2np-\dfrac{3}{2}w\leqslant x\leqslant 2np+\dfrac{3}{2}w, n=0,\pm1,\pm2,\cdots \\ 0, & \text{其他}\end{cases} \tag{7.55}$$

$$E_0(x)=E_u(x)+E_s(x) \tag{7.56}$$

在 $E_s(x)$ 中引入一个 x 的平移，$E_0(x)$ 归一化为 w 的傅里叶变换：

$$E_0(\xi)=\frac{\sin(\pi\xi w)}{\pi\xi w}(1-e^{i2\pi p\xi})\sum_{n=-\infty}^{\infty}\delta\left(\xi-\frac{n}{2p}\right) \tag{7.57}$$

请注意，δ 函数现在以 $n/2p$ 为中心，而不是像 BIM 那样以 n/p 为中心。也就是说，空间频率现在减少了一半。而且，$E_0(\xi)=0$，因此没有 0 级成分。当透镜 NA 将 n 限制在 ±1 时，图像电场就变成了

$$E_i(x)=\frac{8}{\pi}\left(\sin\frac{\pi}{4}\right)(e^{ifx/2}+e^{-ifx/2}) \tag{7.58}$$

只有两个光束相对于 z 轴对称地显示。对 AltPSM 施加 OAI 会导致

$$E_i(x)=(e^{ikx\sin\varphi}+e^{-ikx\sin\varphi})\left[\frac{2}{\pi}(e^{ifx/2}+e^{-ifx/2})\right] \tag{7.59}$$

其中没有 0 级光束被倾斜。OAI 要么将两束光保持在透镜接收角内，要么将一束光移出接收角。因此，它要么不改变分辨率，要么降低它。分辨率不能进一步翻倍。图 7.88 描述了这种情况。

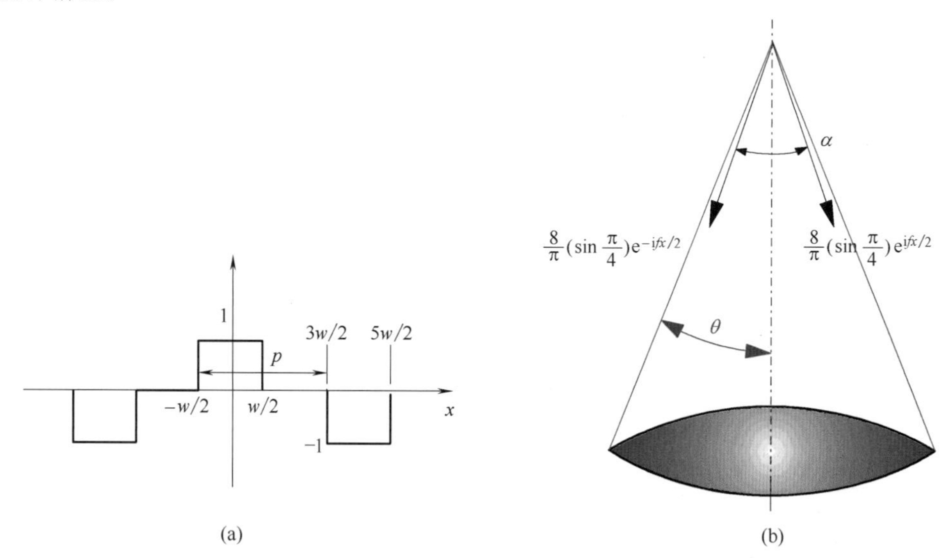

图 7.88 通过 AltPSM 的轴上照明的电场和空间频率。OAI 不能使两个成像光束倾斜以获得任何分辨率增益。(a) 穿过 AltPSM 后的电场。(b) 通过 AltPSM 的电场的两个空间频率矢量。如果使用 OAI，其中一个矢量将在成像透镜的接收角之外，图像将只是一个均匀的传播波，不能再现光栅物体。

7.3.3 散射条

图 7.89 显示，期望用虚设图案（dummy pattern）来打包版图，以减少周期的发散。打包材料不应该被印出。亚分辨率的辅助特征可以达到这个目的。这些一般被称为散射条（scattering bar，SB）或亚分辨率散射条（subresolution scattering bar，SSB）。在中等尺寸周期和大周期中，有空间可以插入虚设特征。图 7.90 显示了在空间允许的情况下，在特征

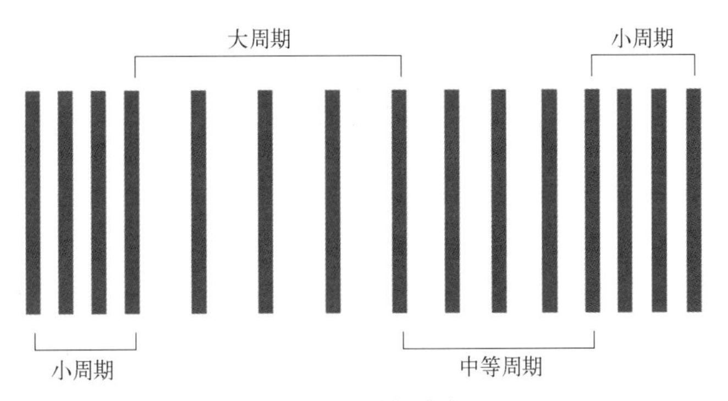

图 7.89 周期分布。

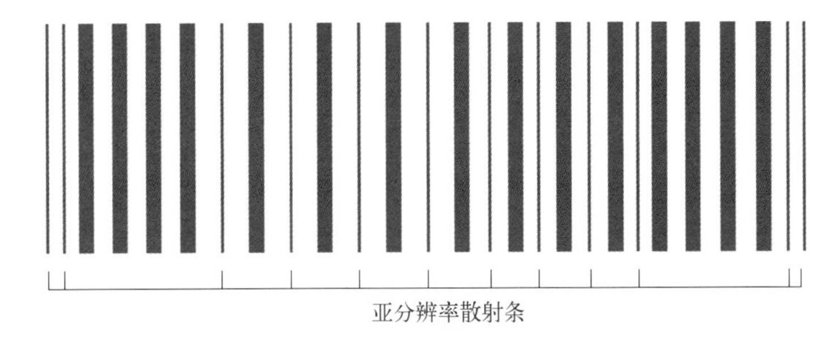

图 7.90 添加 SSB 以减少周期分散度。

之间插入的 SSB。

7.3.3.1 散射条对成像的改善

SSB 的宽度及其与主要特征的距离可以进行微调以优化成像性能。宽度越大，提供更强的周期填充，但必须针对 SSB 的印刷和足够的空间来插入散射条进行优化。图 7.91 显示了在四极照明下被两个散射条包围的主特征的强度分布。强度分布的旁瓣必须保持在一个允许的限度内，以防止其被印刷。使用 SSB 的成像改进可以用 E-D 窗口来描述，如同一个图 7.91 所示。当没有 SB 时，EL=7%时的 DOF 是 0.6μm。有了典型宽度 W 和间距 S 的 SSB，其 DOF 扩展到 0.9μm。进一步定制 W 和 S（见图 7.91，右上），使 DOF 达到 1.26μm。

7.3.3.2 受限周期

OAI 的角度通常设置在最小周期附近，以获得那里的 DOF。当周期增加到一个不可接受的程度时，DOF 会逐渐减少。只要特征之间的空间允许，就插入 SSB。通常情况下，从 SSB 到 SSB 要增强的特征边缘有一个理想的距离。这就是一个边缘 SB（ESB）。然而，这个距离是相当大的，而且 DOF 已经下降到超出不可接受的范围，且周期小得多。中心 SB（central SB，CSB）被放置在两个紧密特征的中心，不管该位置是否为最佳，只要它不产生无法分辨的周期或成为曝光图像的一部分。可能仍存在一小段周期范围，特征之间的空间非常小，甚至也不能使用 CSB。这就是在电路设计中应该避免的受限周期。图 7.92 显示了一个 AttPSM 使用四种不同的四极照明设置所得到的一系列周期的 DOF。CSB 和 ESB 的区域被标记出来。所期望的 0.4μm 的 DOF 线被画出。在 0.4～0.48μm 之间的周期范围内，DOF 低于 0.4μm。这是 AttPSM 在 0.55Q0.87 和 SSB 在 248nm 波长、0.7 NA 和 8% EL 时的受限周期范围。其他四极照明设置是较好的。请注意，DOF 对 σ_{min} 的变化不太敏感，较大的 σ_{max} 的唯一好处是在非常小的周期上有较大的 DOF。

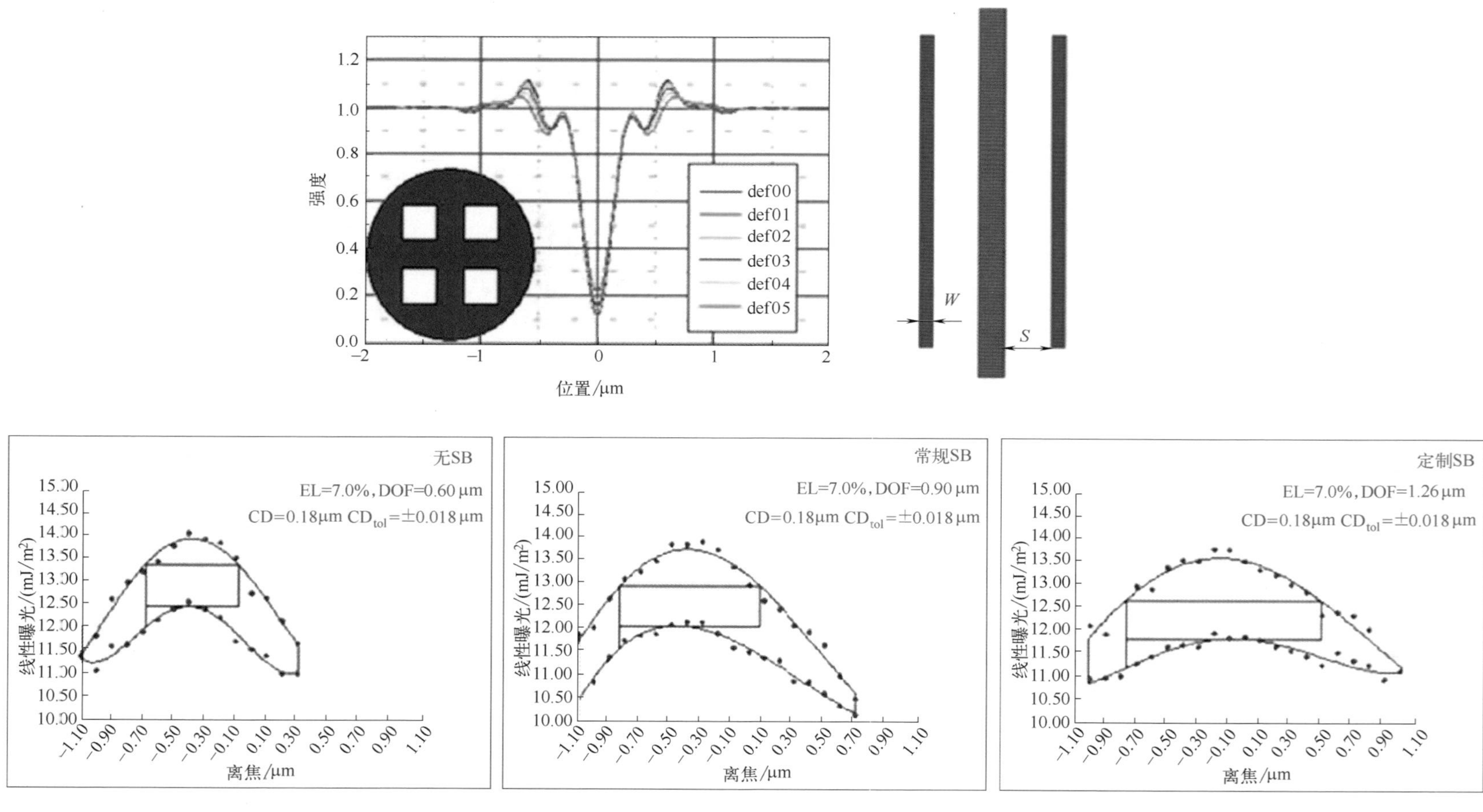

图 7.91 （左上）一个主要特征及右上所示的两个 SSB 的强度分布；在左上图的左下角可以看到四极的示意。（左下）没有 SSB 时的 E-D 树和窗口。（中下）与左下图相同，但有常规 SSB。（右下）与左下相同，不同是使用了定制 SSB（图片由 R. G. Liu 提供）。

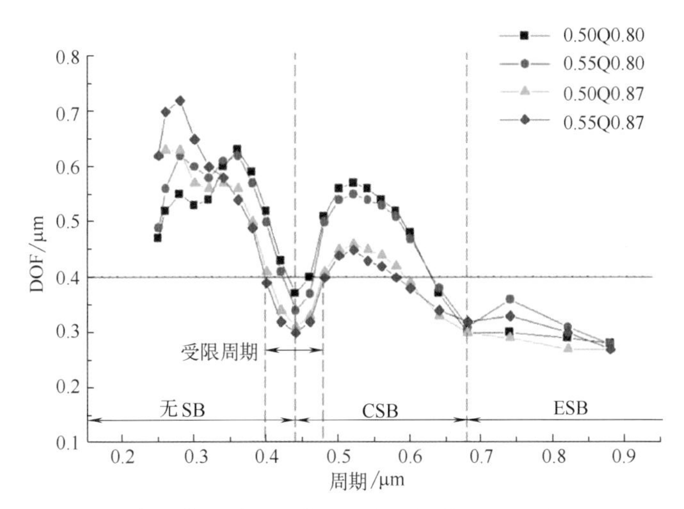

图 7.92　DOF 与周期的关系，使用四个不同的四极照明设置和 AttPSM 上的 SSB；λ=248nm，NA=0.7，EL=8%（图片由 R. G. Liu 提供）。

7.3.3.3　二维特征

在二维特征上添加 SSB，既不像在一维特征上添加 SSB 那样简单直接，也不像在一维特征上添加 SSB 那样有效。图 7.93 显示了两个多边形栅极的设计，对于接触孔有一个放大的部分。原始设计在边缘处被扰动了，针对光学邻近效应，它已被校正（见 7.1.1 节）。散射条被放置在图案边缘附近，但不能绕过特征而不被破坏，以防止在 SSB 拐角上出现鬼像。

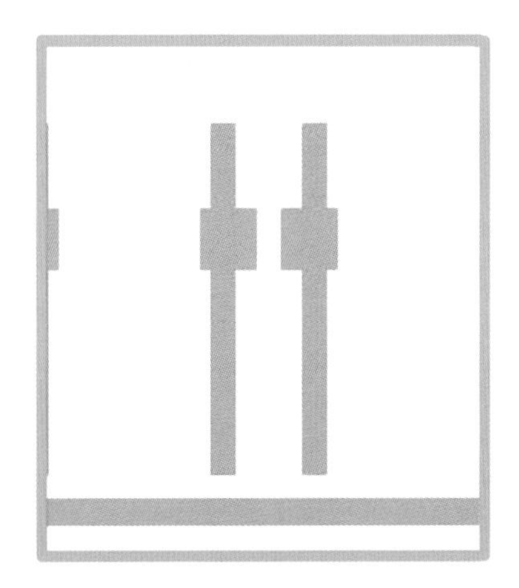

图 7.93　带有光学邻近效应校正的散射条（图片由 R. G. Liu 提供）。

7.3.3.4　掩模制作的问题

断裂的 SSB 在掩模制作过程中会带来光刻胶脱落的风险。短的 SSB 很容易脱落。当 SB 太窄时，光刻胶的脱落也会发生。因此，必须仔细优化 SSB 的宽度。大的宽度会导致印透全部光刻胶，而小的宽度会促使 SSB 光刻胶在掩模制作过程中脱落。

SSB 的小尺寸也给掩模检查带来了问题。散射条不应被掩模检查工具误认为是缺陷。可印刷的缺陷的尺寸通常低于如 SSB 的尺寸。因此，图 7.93 所示的短散射条可能会被误认为是缺陷。

7.3.3.5 全尺寸散射条

根据定义，全尺寸散射条（full-size SB，FSB）具有与主要特征相同的尺寸。因此，FSB是可印刷的，必须用一个额外的修剪掩模来去除。这是否值得付出额外的代价？图7.94（a）与图7.92相同，展示了四极照明和SSB。图7.94（b）显示了一个类似的DOF与周期的关系图，成像条件相同，除了使用了FSB而不是SSB。在“无SB区域”没有变化，这在预期之内。在可以插入SB的区域，FSB的性能明显优于SSB。然而，它对第一组受限周期没有帮助。图7.94（c）和图7.94（d）分别显示了周期为260、450、700nm的E-D树、公共E-D树以及SSB和FSB的相应E-D窗口。特征尺寸为113nm，$CD_{tol}=\pm 9nm$，$\lambda=248nm$，NA=0.7，EL=8%。周期为260、450nm的E-D树和相应的窗口是相同的，因为没有使用SB。在$P=700nm$时，FSB的E-D窗口比SSB的大。对于FSB，480nm相比390nm，由此产生的公共DOF也较大。使用FSB的额外成本是否值得，这取决于支持掩模平整度、掩模形貌、透镜场曲、焦点公差、晶圆水平度、晶圆平整度、光刻胶厚度、晶圆形貌等所需的DOF，是否可以用390nm的DOF来满足。

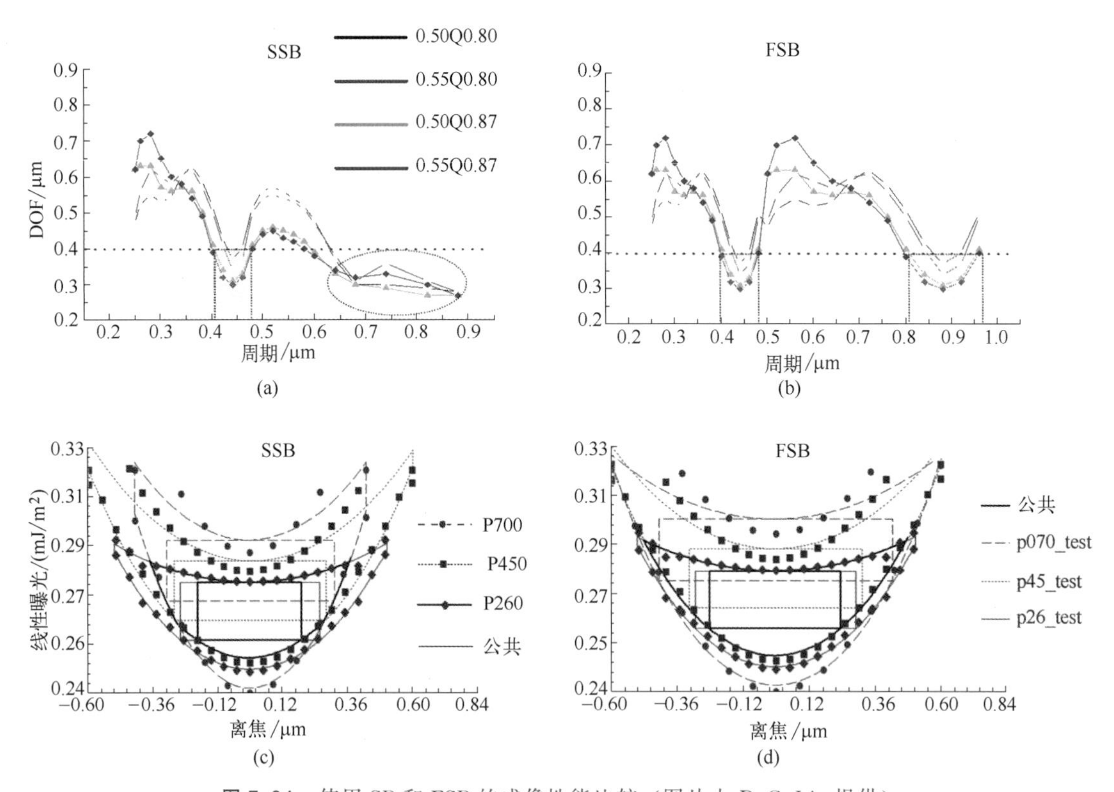

图7.94 使用SB和FSB的成像性能比较（图片由R. G. Liu提供）。

7.3.3.6 空心亚分辨率散射条和亚分辨率辅助PSM

当SSB是空心的时候，SSB看起来与亚分辨率辅助PSM非常相似；也就是说，空心SSB（HSSB）可以辅助透明特征成像，如孔和线开口。图7.95显示了这两种类型的特征。它们之间唯一的区别是在SA-PSM的情况下有相移。这两种特征有相同的空间限制，即对于辅助特征，必须有足够的空间。SA-PSM比HSSB更有助于孤立特征。对于适合CSB的空间，SA-PSM更容易被印透。OAI与SSB的结合已经被充分研究，而OAI与SA-PSM的结合需要更多的研究。

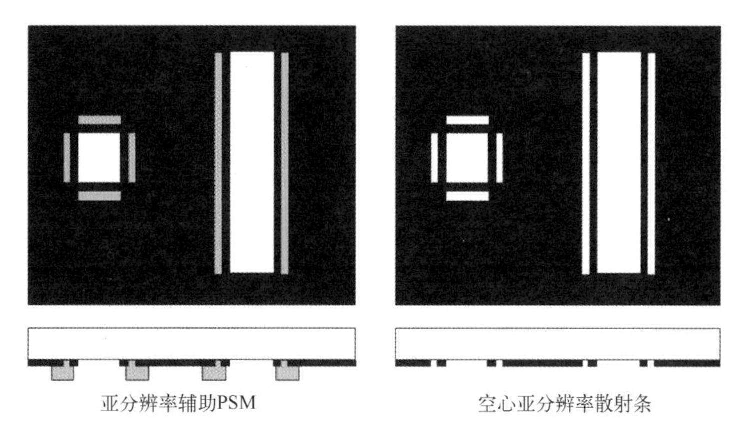

图 7.95 （左）亚分辨率辅助 PSM 和（右）空心亚分辨率散射条。

7.3.4 光学邻近效应校正

当 k_1 较大时，所有类型的特征都可以通过一个大的公共 E-D 窗口一起成像。当 k_1 降低时，公共窗口变得越来越小，甚至到不存在的程度。请注意，光学邻近效应校正（OPC）不是真正的 k_1 降低技术，因为它不像 PSM 或 OAI 那样增加图像斜率或增加空间频率。像使用 SSB 或 FSB 一样，OPC 是一种低 k_1 的使能技术。在 k_1 降低技术处理了图像斜率和/或空间频率后，可能仍然没有公共 E-D 窗口。OPC 有助于产生公共窗口，即使它没有放大单独的 E-D 窗口。

有许多方法可以将单独的 E-D 树结合在一起，以改善公共 E-D 窗口——通过改变各单个特征的曝光水平，通过改变特征的大小或图案边缘的位置，或通过扭曲图案边缘。最初，人们试图避免改变掩模图案。刻写掩模已经花了很长时间，让图案变得更加复杂是明显不切实际的。图案形状开始被分类。早期，只在孔的接触层使用孔就足够了；然后，选择进一步缩小到单一尺寸的接触孔。接下来，接触孔的密度范围受到了限制。对于非接触层，只允许使用线和空，然后只允许使用关键线开口或关键不透明的空，然后只允许使用单一尺寸的 CD；最后，周期的范围受到限制。然而，尽管有上述讨论，线端缩短是最成问题的问题。解决办法是在掩模上延长线端，然后用锤头放大线端（见 7.3.4.2 节）。很快，就实现了复杂的形状校正。我们将首先介绍邻近效应的成因，然后介绍其校正方法，从过去跨越到未来。

7.3.4.1 邻近效应

当光学成像的特征尺寸和图案密度接近 $k_1<0.6$，或者光刻胶显影、刻蚀或化学机械抛光的特征尺寸和图案密度接近亚微米级时，开始出现邻近效应。光学邻近效应（OPE）主要是由衍射引起的，衍射引起强度分布的有限扩散，这种扩散会显著影响邻近物的强度分布，如图 7.96 所示。在离焦为 0 和 200nm 的情况下，使用 $\lambda=193$nm、NA$=0.75$ 和 $\sigma=0.8$ 的圆形照明，模拟了 100nm 空的五个 100nm 线开口和 500nm 空的一个 100nm 线开口的衍射强度分布，这对应于 $k_1=0.39$。因为等线空对的距离很近，所以强度水平被提高。当曝光阈值选择 0.3 时，等线空对的图像线宽在设计限制之内，但空大的线的图像线宽较小，特别是在离焦时。通过将强度阈值降低到 0.24 来增加曝光量，使空大的线的离焦图像与聚焦的等线空对的宽度相同，但离焦的线空对变得更宽。

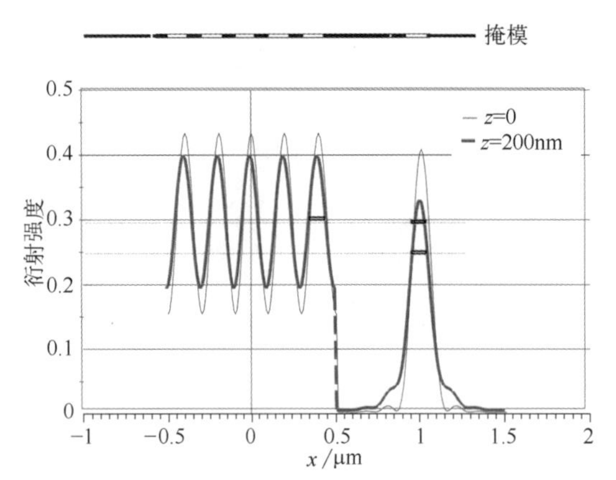

图 7.96 在 λ=193nm、NA=0.75、σ=0.8 的情况下，用 100nm 的开口证明了衍射引起的邻近效应。

邻近效应不仅是一种光学效应，电子束在光刻胶中产生有限的扩散，由于前向和后向散射，可以大于光束的分辨率，导致在前向和后向的高斯分布。因此，邻近的部分会受到影响。在显影和干式/湿式刻蚀中，密集排列的开口比稀疏排列的开口更慢地消耗光刻胶的显影剂或刻蚀剂。图 7.97 显示了三种水平的刻蚀剂消耗，导致了三种水平的刻蚀速率。刻蚀剂消耗得越早，刻蚀速率就越低。

在化学机械抛光（chemical mechanical polish，CMP）过程中也会发生微负载。在这里，除了化学消耗之外，由于图案密度不同而产生的压力差也是导致 CMP 邻近效应的原因。

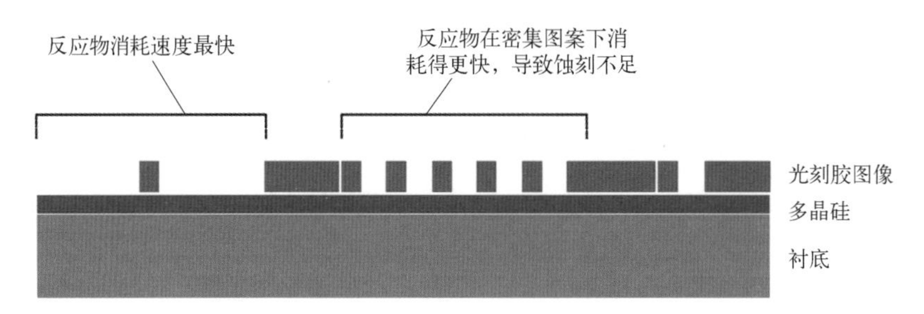

图 7.97 刻蚀过程中由于微负载造成的邻近效应。

除了一维 OPE 之外，还有二维 OPE，如图 7.98 所示，如圆角和线端缩短。这些二维

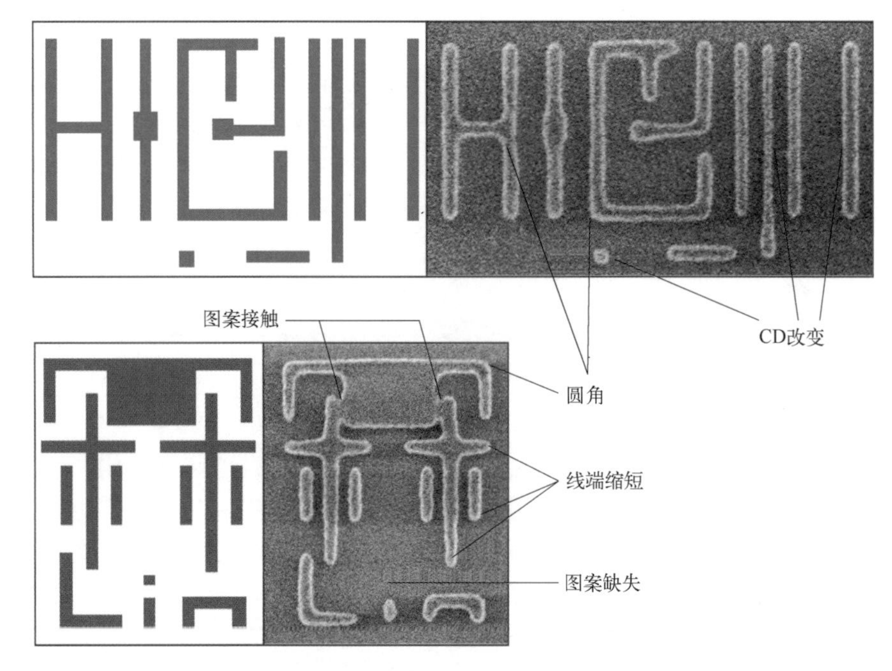

图 7.98 2D 和其他邻近效应（图片由 R. G. Liu 提供）。

OPE也是由曝光机的有限光瞳尺寸造成的。尽管如果不允许增加成像透镜的NA，圆角是无法用OPC来补救的，但OPC是出于光刻的原因而不是图案的保真度（例如，制作足够的多晶端盖以避免漏电，或用图像区域提供接触，或用通孔以减少接触电阻）。图7.98还显示了其他不同于一维或二维的OPE。这些是局部CD变化，当这种变化达到极限时，就变成缺失的图案。图案互相接触也是CD变化的衍生模式。事实上，OPC的思想是对抗来自OPE的局部CD变化，使得图案边缘或区域满足电路要求。顺便提一下，图7.98底部的图案是笔者从事OPC的同事选择研究的，因为该图案中有与笔者中英文姓氏相似的图案。

7.3.4.2 边缘校正

调整图像边缘位置最直接的方法是修改掩模图案边缘。图7.99显示了如何修改掩模图案边缘以使晶圆图像的边缘尽可能接近所需的位置。线的末端用所谓的锤头放大，来保持线宽和线长。内角被雕刻进去，而外角则被加强。面向线端的线边稍稍远离线端。岛屿被放大，以弥补图像尺寸的减少；尽管损失被避免了，但在晶圆图像中岛屿的尺寸仍然要小得多。

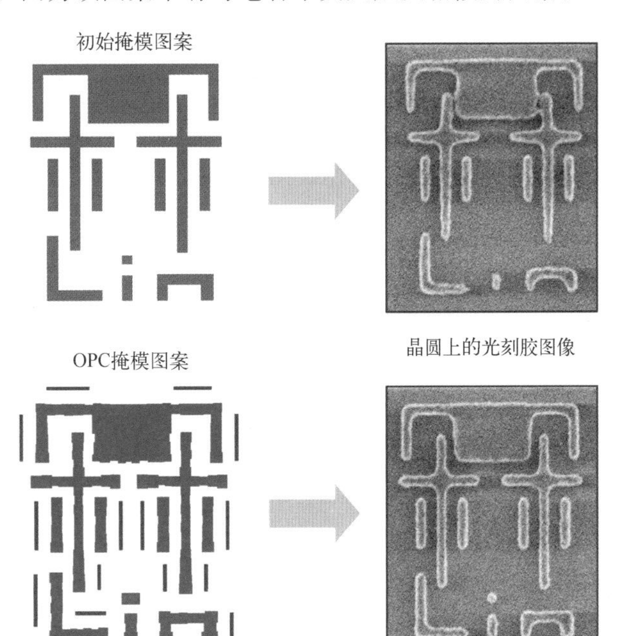

图7.99 通过边缘偏置的OPC（图片由R. G. Liu提供）。

边缘校正的基础在于重新定位掩模图案的边缘，使图像边缘落在所需的位置上。图7.100显示了如何确定移动图案边缘的方向。

所需的确切移动量与边缘误差的大小有关——但并不相等。有三种方法来分配掩模图案边缘的变化：基于规则、基于模型和手动微调。后者只适用于高度重复的单元，如用于存储电路的制造。

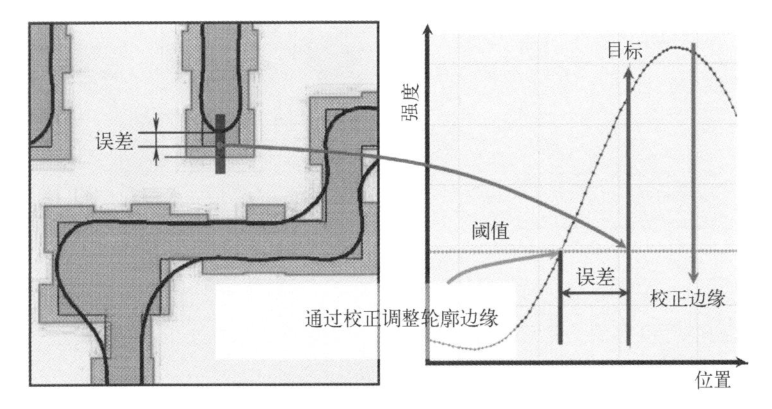

图7.100 通过移动边缘以满足阈值进行校正（图片由R. G. Liu提供）。

7.3.4.3 基于规则的OPC的边缘校正

基于规则的OPC遵循实验确定的OPC规则。这种规则包括一维图案的偏置表，以及二维图案的衬线或锤头规则。在CAD工具的设计规则检查（DRC）的帮助下，可以自动执行

OPC。为了提高校正效率，OPC 规则的建立只考虑图案本身或其中最近的相邻图案。因此，OPC 只适用于校正松散分布的专用集成电路（ASIC）或具有固定环境的图案，如存储单元。图 7.101 显示了一个 OPC 偏置表，它根据特征的宽度和空及其与相邻特征的距离来指示特征的变化。品红色表示对特征的增加，浅绿色表示减去。

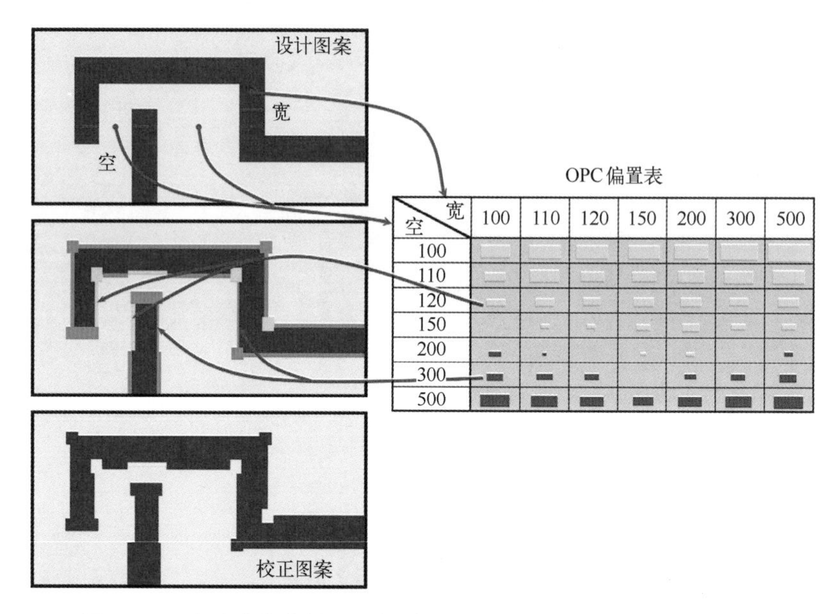

图 7.101　来自查询表的基于规则的 OPC（图片由 R. G. Liu 提供）。

OPC 规则可以相当复杂。以锤头规则为例。图 7.102 说明了一个简单的规则，即当一个线端和另一个特征之间的空大于 0.20mm 时，应该增加一个所示尺寸的锤头。但是，添加的锤头不允许凸出到 0.20mm 的区域。因此，在图的最右边部分包含了部分锤头。

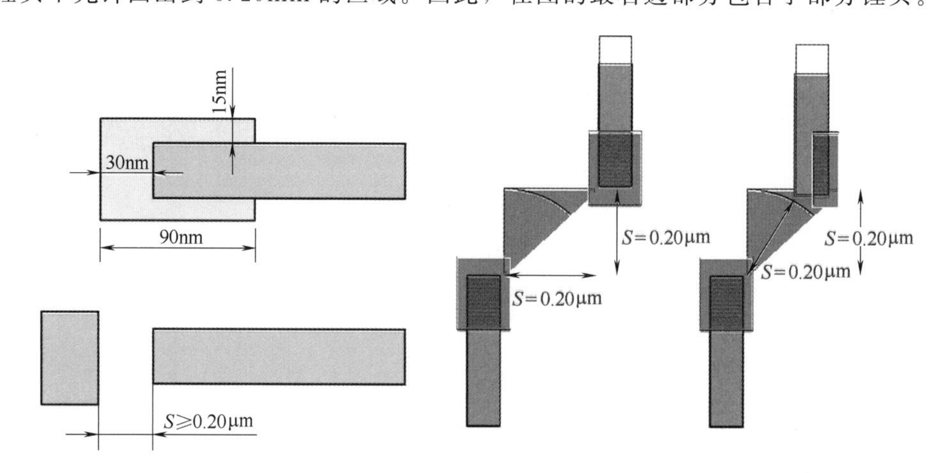

图 7.102　作为基于规则的 OPC 的锤头规则示例（图片由 R. G. Liu 提供）。

7.3.4.4　基于模型的 OPC 的边缘校正

通过类似于式（4.53）的方程式，基于模型的 OPC 使用一个模型来预测来自掩模图案的晶圆图像。该模型是一个连接掩模平面处强度和晶圆平面处强度的传递函数：

$$I_i(x_i, y_i) = \int_{-\infty}^{\infty}\int_{-\infty}^{\infty} I_o(x_o, y_o) H(x_i, x_o, y_i, y_o) \mathrm{d}x_o \mathrm{d}y_o \tag{7.60}$$

实际上，I_i 也可以由式（4.48）或式（4.54）决定，这取决于照明的相干程度。然而，函数的连接不仅仅是一个光学连接。传递函数包括任何可能影响最终间像的效果。在形成光学空间像之后，进行光刻胶曝光、烘焙和显影，随后进行刻蚀。式（7.60）中的传递函数必须包括所有这些影响。从理论上讲，每个现象的控制方程都必须用于以下步骤：

① 通过空间像阶段传输 I_o；

② 通过光刻胶中的多次反射和吸收的传播；

③ 通过曝光在光刻胶中生成酸；

④ 如果光刻胶是 CAR，通过 PEB 放大酸；

⑤ 在 PEB 期间扩散酸；

⑥ 描述产生显影后图像（ADI）所需的光刻胶的时间显影行为；

⑦ 说明将光刻胶图像转移到刻蚀后图像（AEI）所需的刻蚀行为。

在空间像生成阶段，控制方程可以是式（4.48）、式（4.53）或式（4.54）。所有其他控制方程都被假定为式（4.53）的形式。在实际中，由于计算时间和缺乏对物理现象的精确分析性的描述，使用这么多步骤的计算是不现实的。人们会使用实验结果来建立一个经验模型，通过式（7.60）将掩模图像转移到晶圆图像中。这就是基于模型的 OPC 的出发点。

该模型是通过对实验数据进行核函数（kernel）拟合而产生的。如图 7.103 所示，测量在图案边缘具有相关点的代表性图案。这些数据被用来评估 OPE 的核函数。

由于缺乏理论上的闭合式表达，一组具有可调系数的特征函数被用来表示传递函数 H。这些特征函数被称为核函数，因为它们被用作式（7.60）中 H 的组成部分。图 7.104 显示了一个典型的核函数和其他三个核函数的示例。这些核函数的系数是通过将核函数与实验数据拟合来估计的。在使用许多高阶核函数的情况下，必须取成百上千个数据点。因此，模型拟合是一个耗时的过程，需要非常仔细和准确的计量。

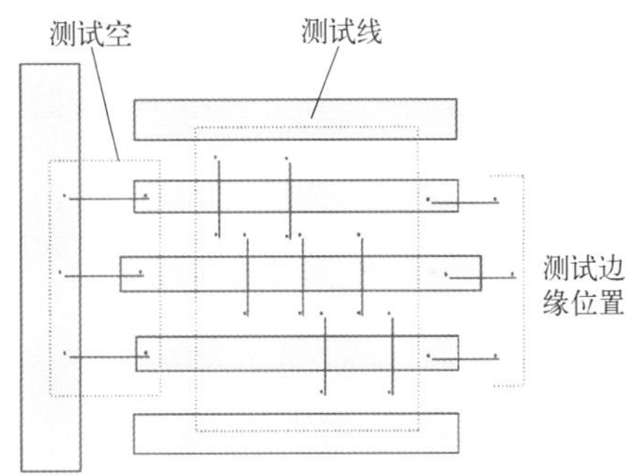

图 7.103 OPC 测试点位。从晶圆图像测得的值用于评估核函数（图片由 R. G. Liu 提供）。

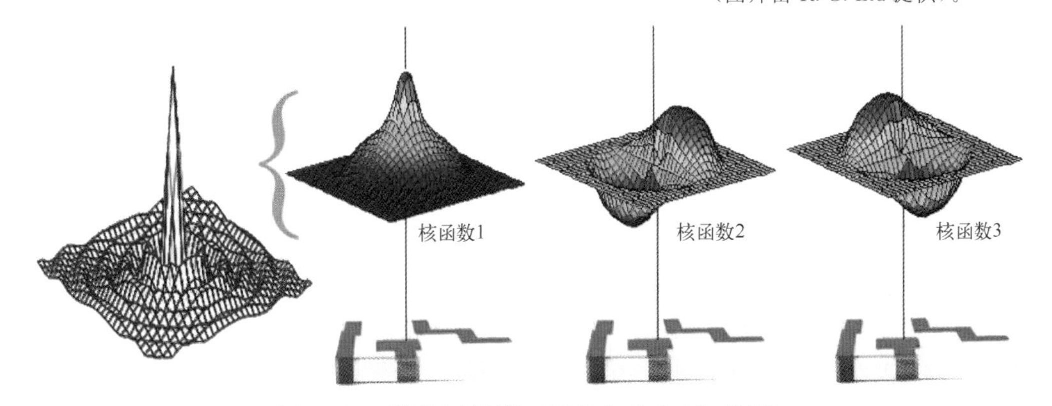

图 7.104 模型和核函数（图片由 R. G. Liu 提供）。

模型的准确性是通过光刻胶图像和模型生成图像之间的匹配度来判断的。图 7.105 显示了由给定模型生成的图像边缘轮廓，叠加在光刻胶图像上，证实了模型的准确性和用于拍摄

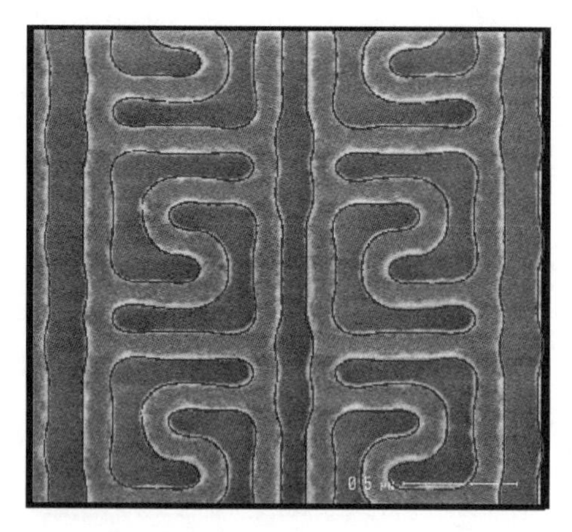

图 7.105　模型生成的边缘轮廓，叠加在光刻胶图像上（图片由 R. G. Liu 提供）。

光刻胶图像的 SEM 工具的保真度。等值线图往往很耗时间。确定拟合精度的其他方法包括绘制 CD 和边缘强度与一维图案周期的函数，以及绘制线端位置与间隔的函数。

一旦建立了模型，就可以计算来自掩模的第一遍晶圆图像，并与目标图像进行比较，目标图像通常是选定目标点的图像边缘位置。如图 7.106 所示，对掩模图案进行调整以减少差异，计算并再次比较，直到差异可以接受。整个过程从来自设计者的版图开始：$I_o^0(x_o)$。该版图被用于两个操作。首先，由给定的版图生成的目标点分布 $I_T(x_i)$。目标点是沿着版图上的图案边缘的点，这些点将与晶圆图像 $I_i^0(x_i)$ 中的对应点进行比较，晶圆图像是通过传递函数 $H(x_o,x_i)$ 将式（7.60）应用于 $I_o^0(x_o)$ 产生的；这是对 $I_o^0(x_o)$ 的第二次操作。首次修正后的版图 $I_o^1(x_o)$ 是基于来自比较的差异，并且经过传递函数来生成 $I_i^1(x_i)$，用于在第二轮中与 $I_T(x_i)$ 进行比较。如果比较显示出可接受的差异，则新的版图 $I_o^1(x_o)$ 被接受为用于掩模制作的光学邻近效应校正版图。如果直到 $n=N$ 时差异才可接受，那么 $I_o^N(x_o)$ 就是被接受的光学邻近效应校正版图。

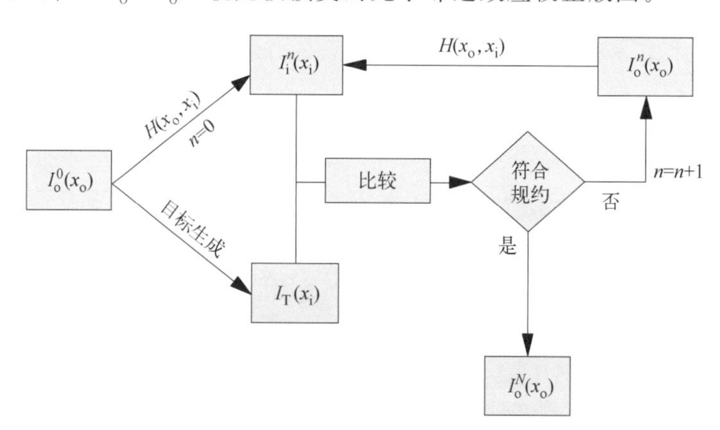

图 7.106　基于模型的 OPC 流程的框图（图片由 R. G. Liu 提供）。

目标点是基于模型的 OPC 的一个重要部分。图 7.107 显示了一个图案是如何在其边缘被剖开的。每个剖面上都有一个目标点。请注意，剖面和目标点不需要等距。边缘部分可能会移入或移出，这取决于衍射晶圆图像和目标图像的位置差异。在此图中，第一个剖面中的目标点 1 被移出。根据模型，校正矢量所表示的移动量是边缘位置差异的函数。

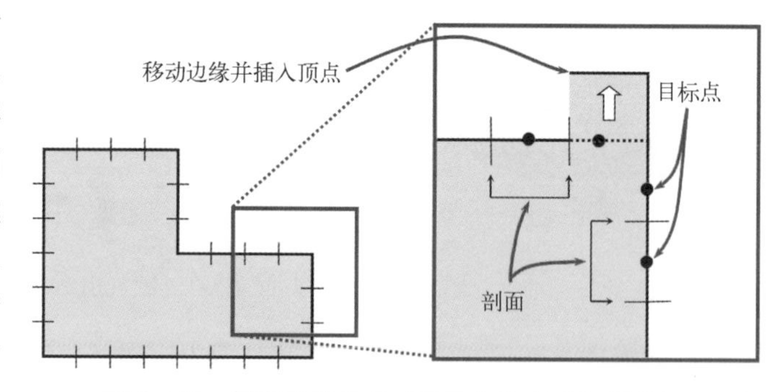

图 7.107　剖面和目标点（图片由 R. G. Liu 提供）。

图7.108显示了图7.107中的图案，用于整个图案的校正矢量，以及由此产生的光学邻近效应校正版图。剖面和目标点的位置是非常重要的。不正确的位置会导致缓慢的收敛迭代。如果迭代收敛，OPC的改进可能只在目标点符合规约，但在目标点之间不符合。太多的剖面会延长循环时间。即使有最佳位置的目标点，复杂的版图往往也需要数百个中央处理器（CPU）运行数天。

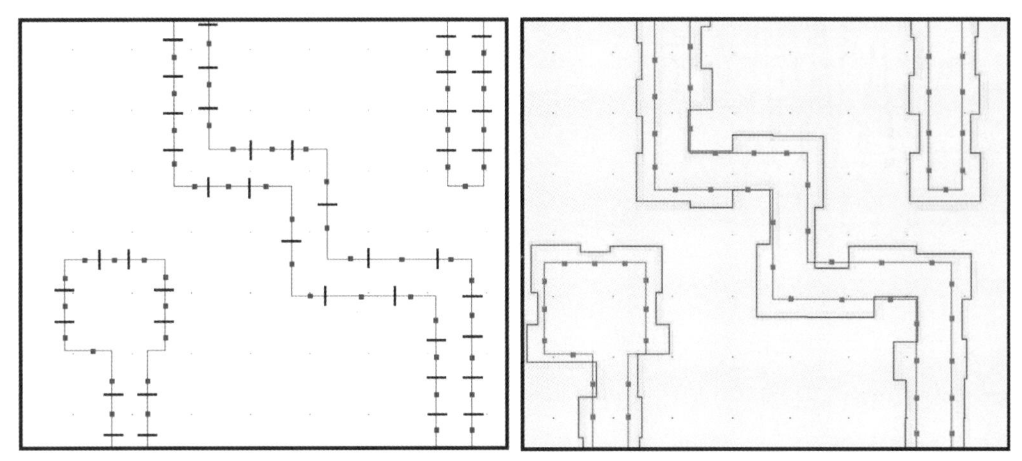

图7.108 用于整个图案的校正矢量（图片由R. G. Liu提供）。

在保持校正精度的同时减少OPC时间是非常苛刻的。每推进一个节点，图案密度就会增加1倍。如果不提高计算效率，OPC时间也会增加1倍。减少OPC时间的一个方法是利用原设计中的层次结构，如图7.109所示。另一个方法是在版图中寻找相同的图案，对所有其他的图案进行校正。不幸的是，设计中的层次结构是为了提高设计的效率，而不是为了OPC。一个可用于OPC的层次结构必须包括OPE范围内的相同图案的邻域。层次结构也必须对所有代表性的校正完全相同。最后，为OPC处理层次结构的算法尚不成熟，层次结构的OPC仍然不是非常可靠的。

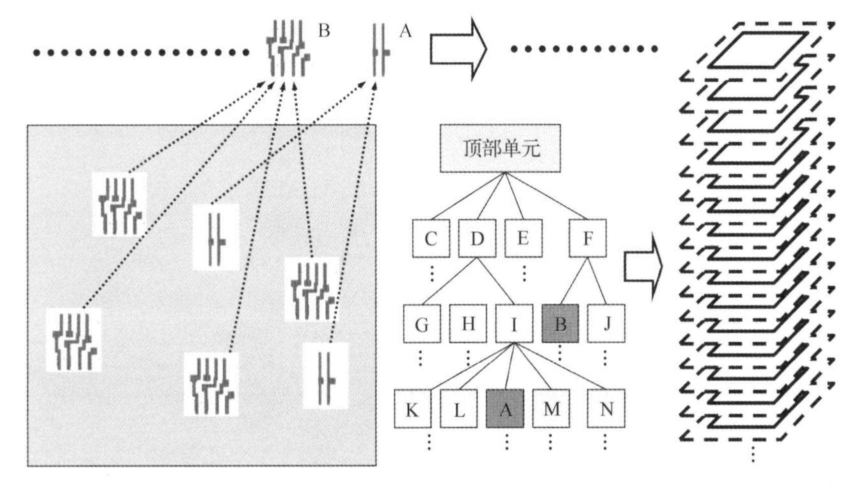

图7.109 使用层次结构，一步轻松纠正所有版图的相同图案（图片由R. G. Liu提供）。

7.3.4.5 局部剂量OPC

目前为止，已经介绍了边缘校正。然而，这并不是唯一的校正方法。还可以通过局部剂量OPC（local-dosage OPC，LD-OPC）来校正邻近效应，就像在直写电子束的情况下，束流或停留时间可以逐点设置。对于光学投影，局部剂量的变化被嵌入到掩模中。图 7.110 显示了取自图 7.96 的密集和孤立开口的组合。使用一个在密集区有 12.9%吸收率的灰度掩模，将密集线开口的强度分布降低 0.056。在图 7.96 中，从阈值 0.3 到新阈值 0.244 处，图像中的开口在尺寸上彼此更接近。这种技术被称为阈值均衡[46]。

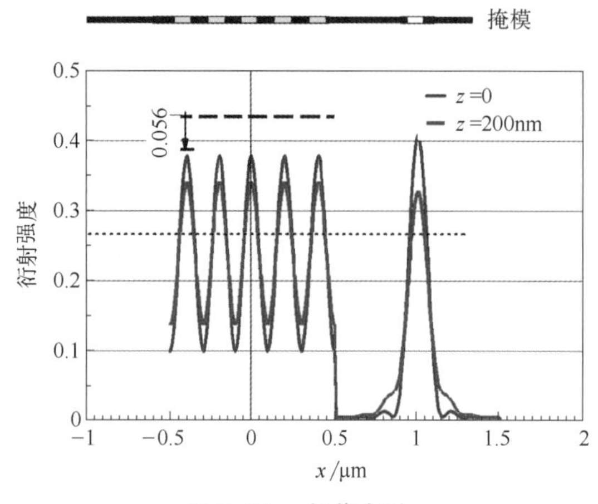

图 7.110　阈值水平。

一个更为精确的 LD-OPC 方法显示在图 7.111 中。亚分辨率的半色调特征被适当地分布在掩模上，以加强外角和减薄内角。线端和接触孔被加强了。所有的校正都在原始开口的范围内进行。这样，特征就不会像边缘校正 OPC 那样相互碰撞。该分布是根据参考文献［47］中给出的算法自动生成的。图 7.112 显示了半色调校正后的掩模的曝光显影结果。$k_1=0.58$ 的光学邻近

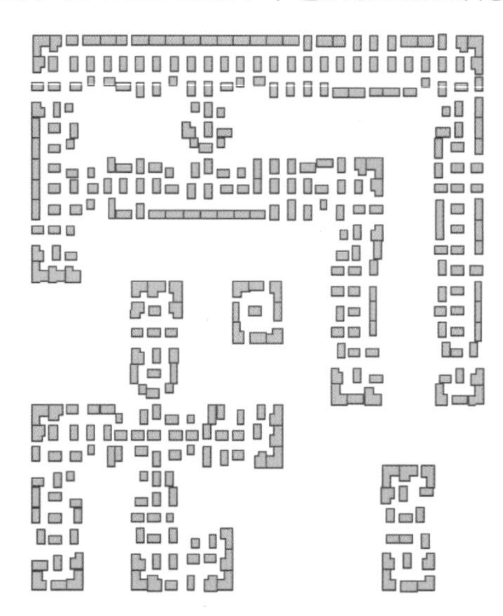

半色调掩模设计

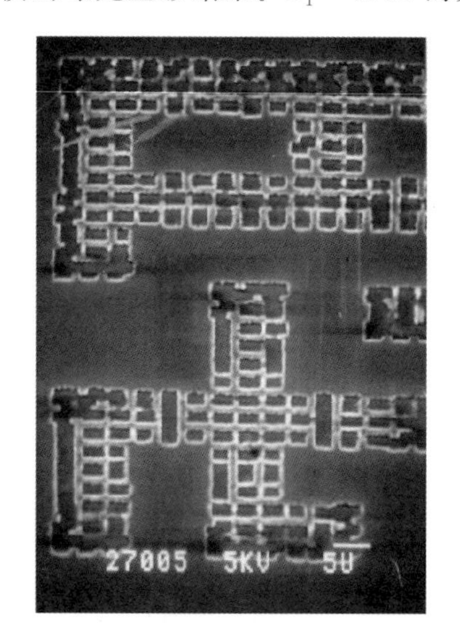

制造的半色调掩模

图 7.111　用于局部剂量校正的半色调掩模。

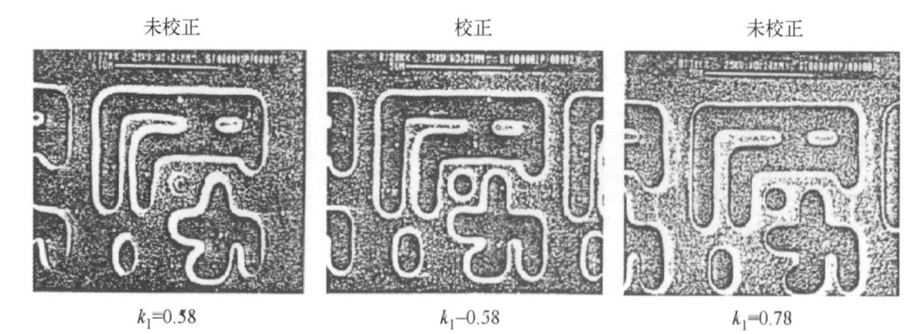

图 7.112　半色调 LD-OPC 结果。

效应校正图像比 $k_1=0.78$ 的未校正图像要好。

令人惊讶的是，即使在相对高 k_1 的成像条件下，也需要进行 OPC。在理想条件下，$k_1=0.58$ 时不需要太多的校正。然而，在早期的光学光刻技术中，透镜像差和杂散光相对较高。它们往往会降低光学图像的对比度，导致等同于低 k_1 的图像。LD-OPC 可恢复损失的分辨率，产生更好的图像。同样，在 13.5nm 的 EUV 波长下，严格的表面精度和平滑度要求导致了严重的杂散光和困难的像差校正。EUV 图像中的等效 k_1 被恶化了，可以使用一些修复。

7.3.4.6 全深度 OPC

大多数 OPC 方法优化焦平面的晶圆图像（FP-OPC），并从离焦图像中获得一些改进。为了从 OPC 中获得最大的成效，应该考虑整个要成像的离焦范围。为了说明这一点，图 7.113 显示了三种不同光刻胶厚度的 E-D 树，即 750、820 和 960nm。该特征是在 NA=0.55、λ=248nm、环形照明 $\sigma_{in}:\sigma_{out}=0.4:0.8$ 时描绘的 250nm 光刻胶线。E-D 树是在 $CD_{tol}=\pm10\%$ 和 EL=4%的情况下评估的。公共 E-D 窗口显然不与单独 E-D 树的中心对齐。这意味着焦点中心对于每个光刻胶厚度是不同的。由于晶圆上的地形貌，同时产生这些光刻胶厚度。全深度 OPC（full-depth OPC，FD-OPC）是通过调整掩模上的特征的偏置来进行的，以使 E-D 窗口居中，同时保持相同的 250nm 的 CD。现在的 DOF 是 1.04μm 而不是 0.4μm。

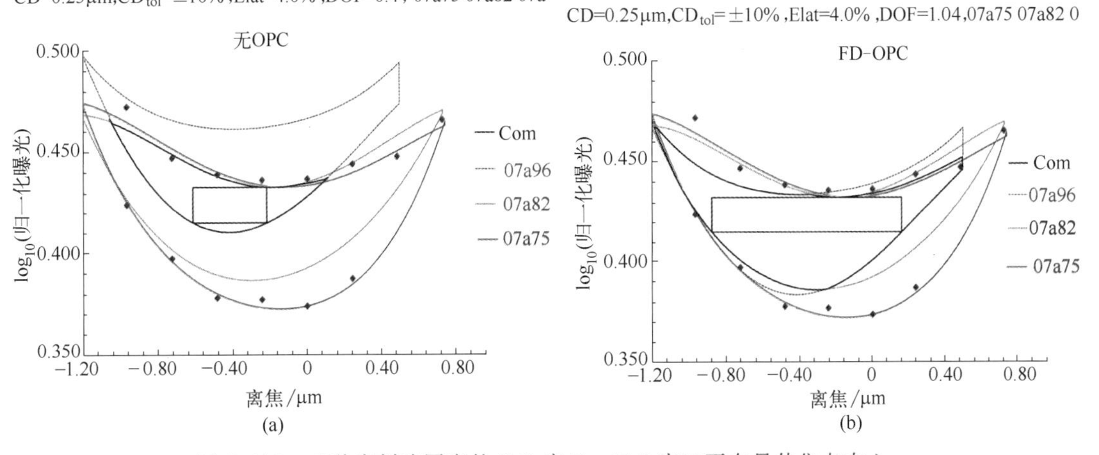

图 7.113 三种光刻胶厚度的 E-D 窗口。E-D 窗口不在最佳焦点中心。

图 7.114 显示了另一个需要 FD-OPC 的例子。等线空对和一个孤立线开口，二者是在 $k_1=0.66$ 时一起成像。使用 $\sigma=0.5$ 的圆形照明，λ=365nm，NA=0.48，CD=0.5μm±10%，EL=5.3%。如图所示，这些树的焦点中心在 154、−231、308nm 处。

执行 FD-OPC 比 FP-OPC 和 LD-OPC 更耗时。不是在焦平面上生成晶圆图像，而是必须根据需要获取尽可能多的像平面，并评估每个像和目标像之间的差异。掩模图案边缘的调整现在是基于最小化所有这些像平面之间的差异。

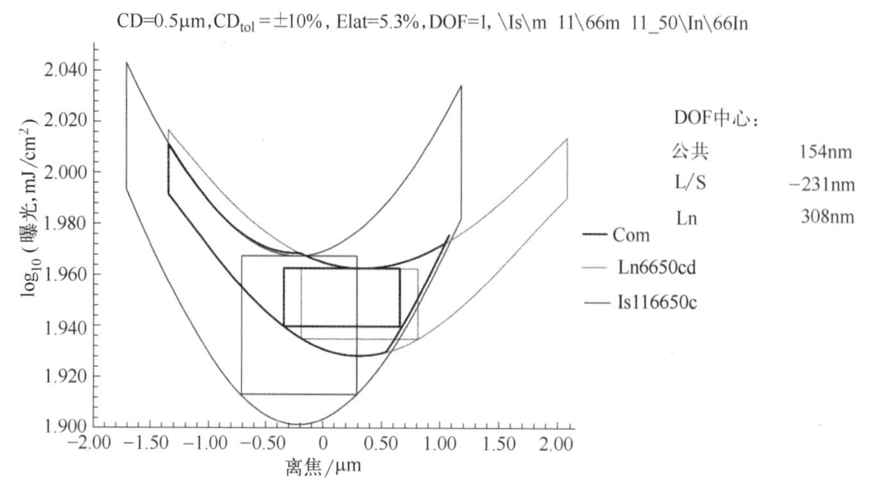

图 7.114 两个 0.66k_1 特征的 E-D 窗口：等线空对和一条孤立线。其焦点中心的间隔大到 539nm。

7.3.4.7 校正刻蚀后图像

电路的性能是基于从光刻胶图像转移的图像，该图像通常是刻蚀的图像。因此，OPC 应该基于刻蚀后图像（AEI）。然而，将基于模型的 OPC 扩展到 AEI 并不容易，原因如下。①邻近效应的微负载类型的范围远大于光学核函数；对于后者，几微米就足以包含在式(7.60) 的 2D 积分中，而前者需要至少大一个振幅数量级的范围，从而给 OPC 的时间周期和成本带来巨大负担。②在制造技术的开发阶段，光刻和刻蚀过程通常经历独立的迭代；如果 OPE 模型同时包括光刻和刻蚀，则需要频繁地重新建立模型，从而在时间和资源上造成沉重负担。

将 OPC 扩展到 AEI 的最流行的做法是为基于模型的 OPC 建立 ADI 模型，并建立从光刻胶图像到刻蚀图像的校正表，根据计算的 ADI，进行基于规则的校正。

7.3.4.8 热点检查

在 OPC 之后，但是在发送用于掩模制作的数据之前，最好是执行热点检查，以微调校正的掩模图案。原因是 OPC 规约是基于所有目标点与目标图像偏差的总和。这解决了单个图像边缘的保真度，但没有解决相邻边缘之间的距离。可能会有两条边靠得太近的情况。即使 OPC 之前的设计规则解决了设计上的特征尺寸和边缘之间的距离，OPC 也改变了它们。必须检查光学邻近效应校正图像。图 7.115 显示了离焦和曝光边界处的热点形成。在第二行中，用热点检查识别的热点已被标记在光学邻近效应校正图像和光刻胶图像上。

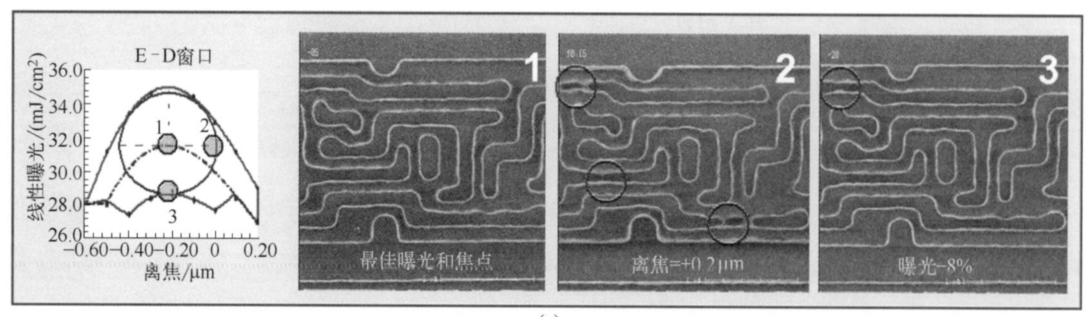

(a)

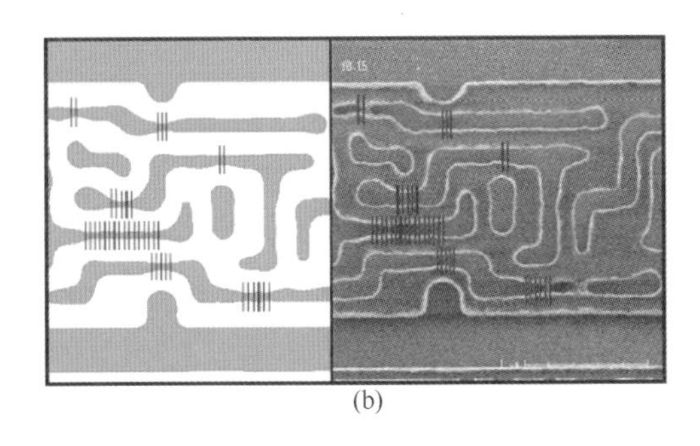

(b)

图 7.115 (a) 一系列光刻胶图像，表明离焦和曝光边界附近的热点。
(b) 左侧标记为检测到的热点，右侧标记为光刻胶图像上的相应位置（图片由 R. G. Liu 提供）。

7.4 偏振照明

随着集成电路的特征尺寸缩小到亚波长范围，照明的偏振变得非常重要。错误的偏振会损失很多分辨率。因此，偏振可以被认为是另一种 k_1 恢复技术。从本书的逻辑上来看，偏振照明本该在这里介绍。然而，该主题在第一版的浸没式光刻一章中有广泛的探讨。为了不彻底打乱本书原来的章节结构，该讨论及其更新仍保留在第 8 章中。

7.5 多重图案化

通过 7.3 节中讨论的 RET 和 7.3.2.2.6 节中对 RET 的举例说明，光学光刻技术可分辨的最小周期为 $\lambda/2$。我们也可以通过下式得到分辨率能力：

$$\theta = \arcsin \frac{\lambda}{2P} \tag{7.61}$$

其中，P 是光栅的周期。

在 28nm 节点工艺投入使用时，光学光刻使用 NA=1.32、λ=193nm，并对光源掩模进行了精心优化，将 k_1 推进至 0.28，这非常接近 0.25 的理论极限。进一步缩小的唯一方法是使用多次曝光来分离周期。不幸的是，光刻胶会记忆之前的曝光，即使曝光是分开的，也不能防止图像干涉。我们必须借助多重图案化，即对每次曝光进行图案化，一直到刻蚀、剥离光刻胶，并涂上一层新的光刻胶以接受下一次曝光。在 EUV 光刻技术准备好投入使用之前，多重图案化技术（multiple patterning technique，MPT）被用于半导体制造中的许多节点。

7.5.1 多重图案化技术原理

图 7.116 说明了使用 MPT 分离周期的思想。新一代掩模被分成两层或更多层——需要多少层图案就有多少层。这些掩模中的每一个都将具有现有技术节点可接受的最小周期。这些步骤如下：①曝光第一个掩模；②光刻胶显影；③将图案刻蚀到晶圆上；④剥离光刻胶；⑤涂覆新的光刻胶层，以描绘下一个掩模图案。在第一次图案化期间，特征尺寸将缩小到适合新一代的尺寸。

为什么不在所有曝光完成后简单地多次曝光掩模和刻蚀？这将节省大量刻蚀和光刻胶成

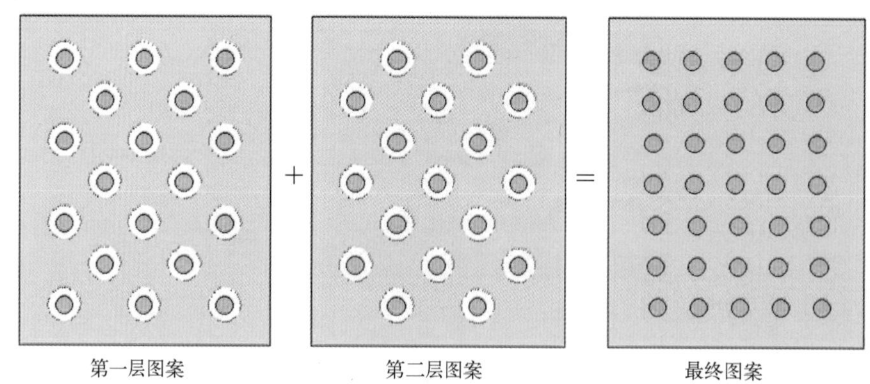

图 7.116 通过组合具有收缩特征的图案，来使周期加倍的周期分离技术。

本，因为残留曝光的光刻胶记忆会累积而破坏图像，即使简单地分离曝光可以消除光学干涉效应。让我们首先研究一下光学干涉效应。图 7.117 显示了以 $x=0$ 为中心，作为 x 的正弦函数的电场分布 $E_1(x)$。这是线开口衍射的一个很好的表示。在第一个电场旁边绘制了另一个以 $x=0.75$ 为中心的电场。这两个电场中心之间的距离是 S。在相干照明的情况下，两个电场正好叠加并绘制为 E_1+E_2。合成电场在中心只有轻微的下降，这表明图像对比度有巨大的损失。这两条线几乎无法分辨。事实上，如图 7.118 所示，当两个电场接近 $S=0.67\lambda$ 时，就不再有任何下降，并且这两条线也不能被分辨。还绘制了强度分布 $(E_1+E_2)^2$（见图 7.119），因为光刻胶只对光强度有反应，而对电场没有反应，光刻胶图像是由强度分布决定的。

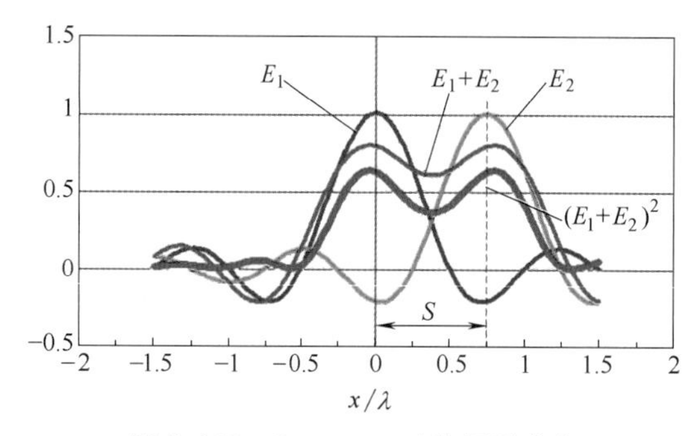

图 7.117 $S=0.75\lambda$ 时的相干求和

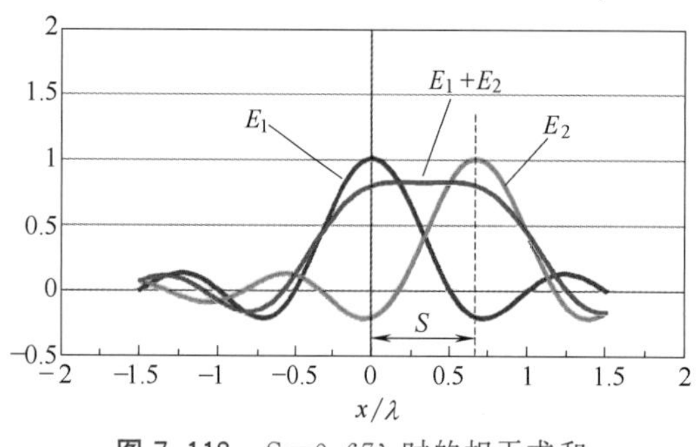

图 7.118 $S=0.67\lambda$ 时的相干求和

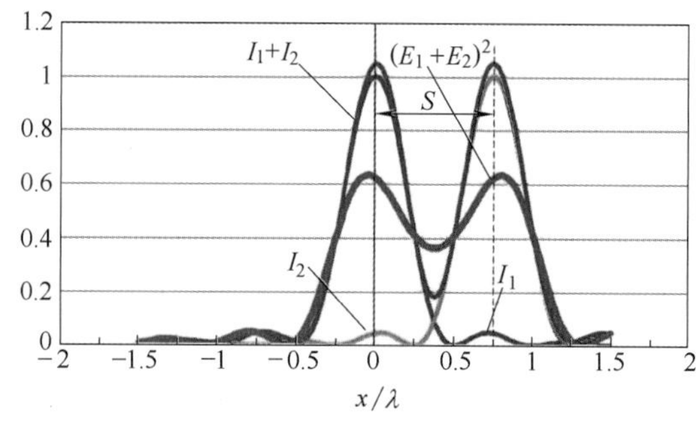

图 7.119 $S=0.75\lambda$ 时的非相干求和

可以通过将曝光分成两次曝光来提高分辨率。图 7.119 显示了非相干叠加的两个特征的图像强度，这就是多次曝光的情况。两条曲线的叠加强度比相干情况下的小得多，作为对比显示在图中。分辨率继续提高，直到 $S=0.5\lambda$，如图 7.120 所示。

在 $S=0.42\lambda$ 时，这两条线变得完全不可分辨，如图 7.121 所示。请注意，分辨率的损失仍然与图案 1 的记忆曝光有关，这降低了图案 2 曝光时的对比度。

当 $S=0.25\lambda$ 时，它位于原点和 sinc^2 曲线的第一个零点之间的中点。如图 7.122 所示，叠加强度在两条单独的 sinc^2 曲线的中间有一个尖锐的峰值。

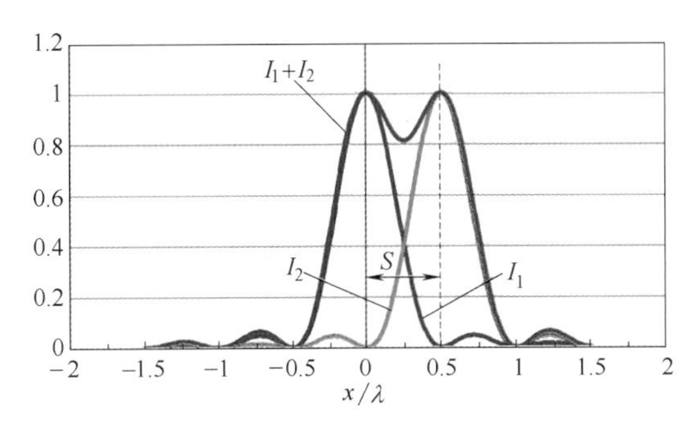

图 7.120 $S=0.5\lambda$ 时的非相干求和

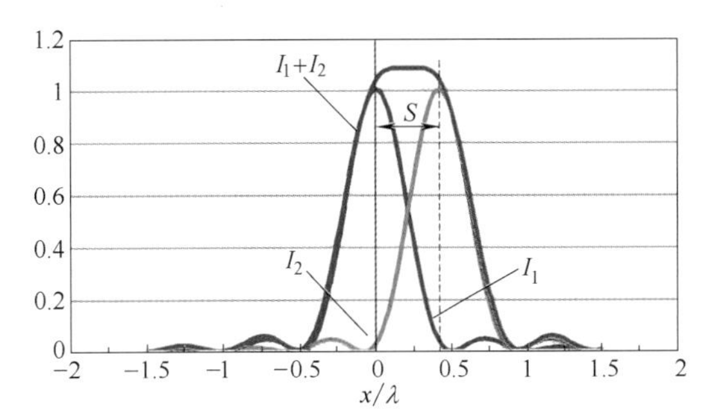

图 7.121 $S=0.42\lambda$ 时的非相干求和

为了完全消除光刻胶的记忆，第一层光刻胶在用于图案曝光、显影和作为刻蚀掩模后被剥离，不再有任何光刻胶来记忆第一层图案。第二层光刻胶被施加到晶圆上，并被绘制了独立于先前的图案。其顺序如图7.123～图7.125所示。

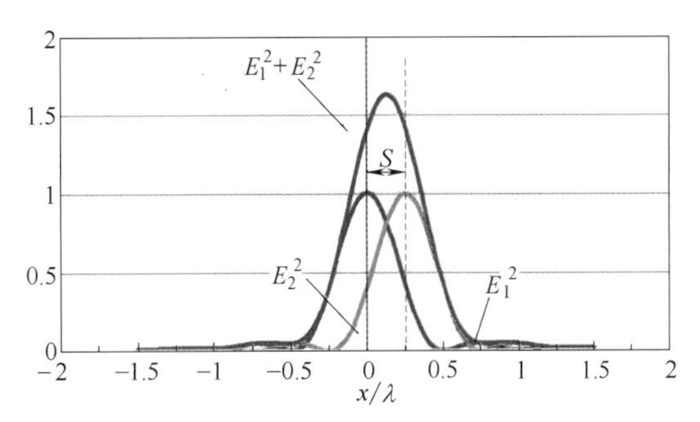

图 7.122 $S=0.25\lambda$ 时的非相干求和

看起来，当右侧图像的中心向左侧图像的中心移动 0.5λ 时，两条线仍然会合并，这不一定是双重图案设计的分辨率极限。图7.126显示，如果有适当的刻蚀偏置、晶圆

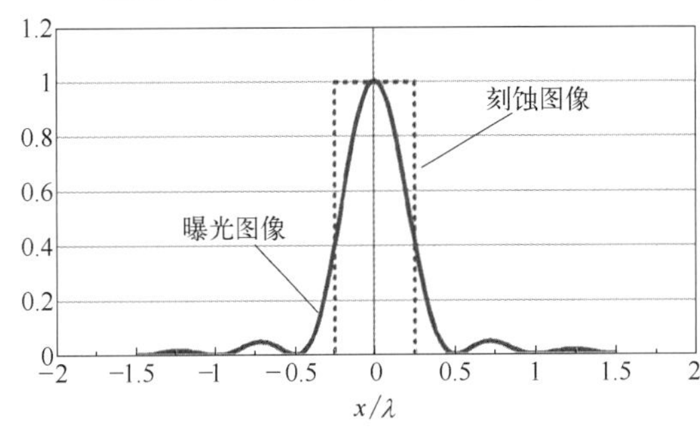

图 7.123 双重图案化步骤1。用第一层掩模曝光光刻胶并显影，刻蚀晶圆。

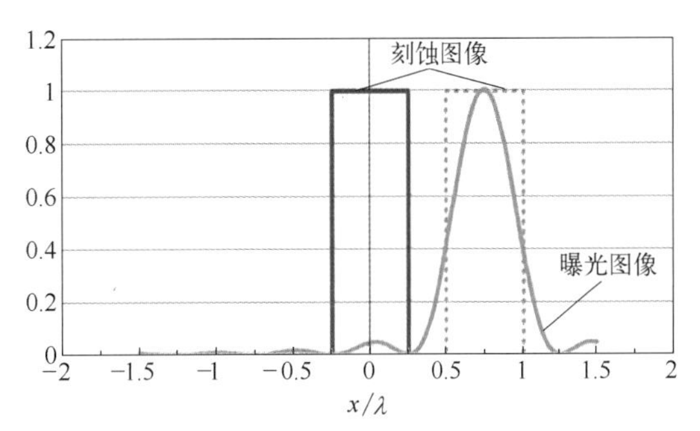

图 7.124 双重图案化步骤2。剥离第一层光刻胶，然后涂覆第二层光刻胶并描绘图案。

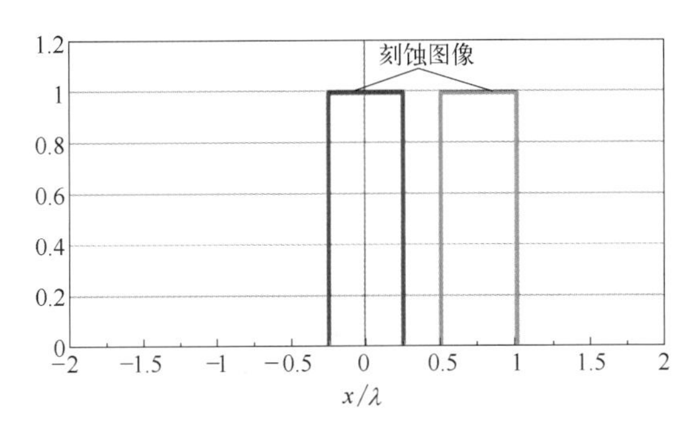

图 7.125 双重图案化步骤3。显影第二层光刻胶，刻蚀晶圆，并剥离光刻胶。

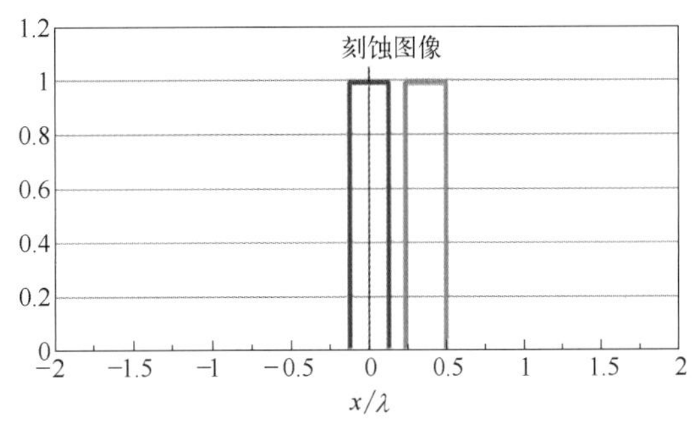

图 7.126 双重图案化RET。双重图案化技术（DPT）可以通过增加刻蚀偏置来进一步提高分辨率。为了能支持更好的分辨率，必须有更好的套刻精度和晶圆台精度。

台的良好位置控制以及两次曝光的准确叠加，这两条线可以更接近。

7.5.2 MPT 工艺[48, 49]

为了全面描述 MPT 工艺，人们常常用数字来命名光刻步骤和刻蚀步骤。因此，MPT 工艺可以是 2L2E、3L2E、3L3E，代表着二次光刻二次刻蚀（two litho two etch）、三次光刻二次刻蚀、三次光刻三次刻蚀，等等。也有使用 2P2E、3P2E、3P3L 等工艺的，其中“2P”指双重图案。

MPT 可用于分离周期，但这不是它的唯一作用，它还经常用于图案修剪，还可进一步用于间隔物技术（spacer technique），这种技术也能减少周期。图 7.127 展示了一个 3L3E 工艺执行周期分离和线端切割的过程。该版图由三条间距很近的线组成。其间距不能用一次曝光来实现，所以三条线中的两条在掩模 1 上。另外两条线在掩模 2 上。在最终图案中，T 形结构的水平端离 L 形结构的垂直粗线太近了。即使 T 形结构和 L 形结构被分成两个掩模，仍然需要第三个掩模来修剪它们，以在它们之间产生一个可接受的间距。

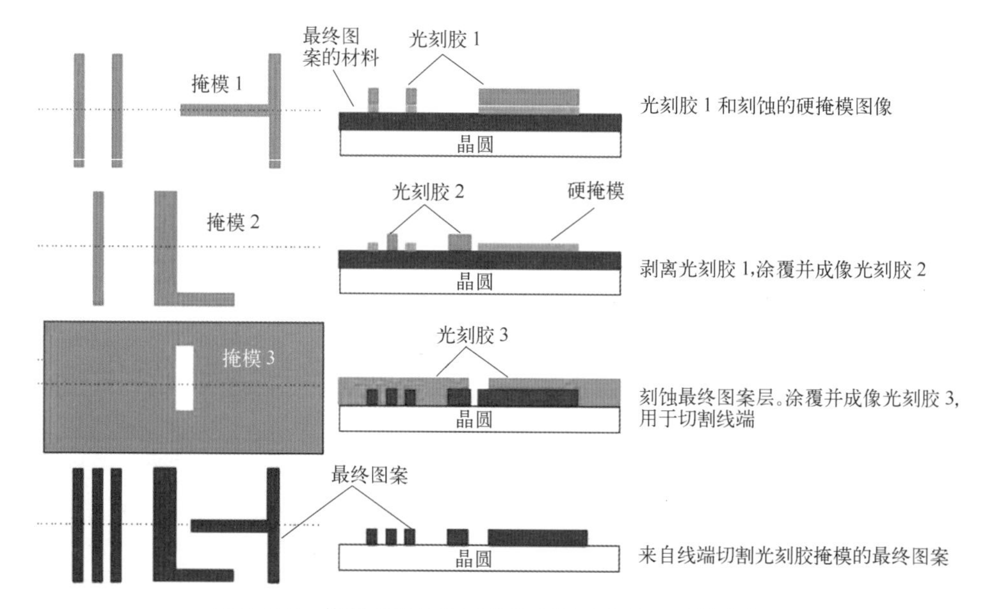

图 7.127 使用周期分离和线端切割工艺的三重图案化。

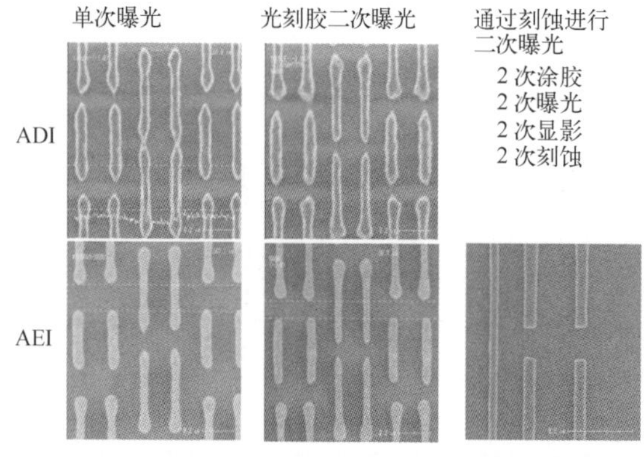

图 7.128 使用单次曝光、二次曝光和双重图案化的线端图像对比（图片由 K. S. Chen 提供）。

线条修剪的效果可以在图 7.128 中看到。通过一次曝光（1L1E），几个光刻胶线的末端在显影后图像（ADI）中被连接起来，尽管显影后图像（AEI）是分开的。使用二次曝光来切割这些线（2L1E），ADI 被很好地分开，但形状并不令人满意。采用切割刻蚀线的方法（2L2E），线的末端没有变圆和收缩，而且线是直的。

图 7.129 显示了使用间隔物技术来定义亚分辨率周期和特征的三重图案化工

艺，该技术通常被称为自对准双重图案化（SADP），其中使用了与图7.127中相同的版图。对于具有无法分辨周期的三条线，首先制作两个具有可以接受的间隔的条状物。这些条状物作为间隔物主体。将符合要求的间隔物材料的沉积在主体上。随后的各向异性刻蚀将覆盖的间隔物材料从主体上去除，但留下侧壁材料作为刻蚀掩模。侧壁不可避免地是环形的。当电路设计不需要环路时，不需要的侧壁必须被去除。因此，第二个掩模是一个修剪掩模，用于去除不需要的侧壁。第三个掩模在L形结构处增加厚的竖直线，因为所有侧壁均为相同的宽度。任何具有不同宽度的线都必须用一个额外的掩模来制作。

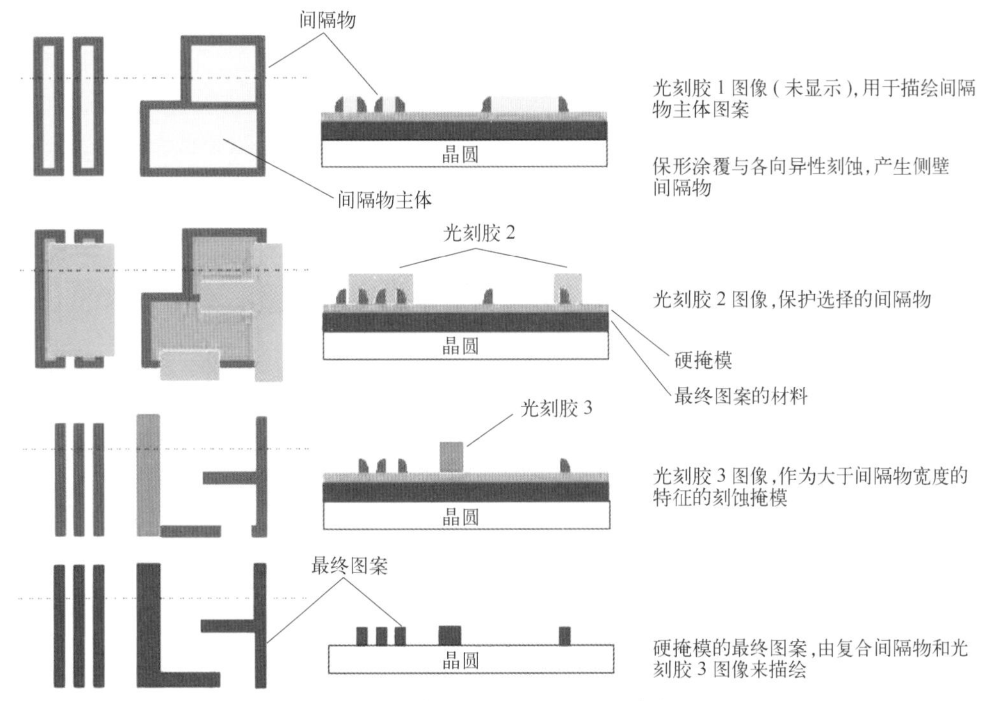

图7.129 使用间隔物的三重图案化。

间隔物MPT可以将精细特征放置在同一掩模中，消除掩模之间的套刻误差。然而，间隔物修剪可能会留下一些不完美的线端。侧壁沉积工艺通常更昂贵。就曝光生产率而言，间隔物MPT和周期分离MPT通常使用相似数量的掩模层。

在周期分离MPT中，涂覆用于第二次图案化的底部抗反射涂层（BARC）的困难会导致刻蚀掩模的不同高度。来自两个掩模的图案之间的放置误差会导致特征之间的错误间隔。如图7.130所示，使用负掩模使BARC2的处理更容易，但是CD会受到两个掩模之间套刻不正确的影响。

刻蚀是昂贵的，但有创造性的方法来节省一个刻蚀步骤。例如，图7.131显示光刻胶1可以交联，使其对进一步曝光不敏感。使用模塑硬化的交联工艺示例见7.2.2.4节。

7.5.3 MPT版图[48, 50]

下面给出一些分离周期掩模的布图方法示例。图7.132显示了针对密集打包的水平线而分离的掩模A和B，掩模C用于切割密集水平线。

如图7.133所示，可以用虚设的辅助特征来优化分离掩模，其中OPC应用于特征周围的轮廓和空心散射条，“空心”表示暗场掩模中的开口。轮廓特征也是开口。

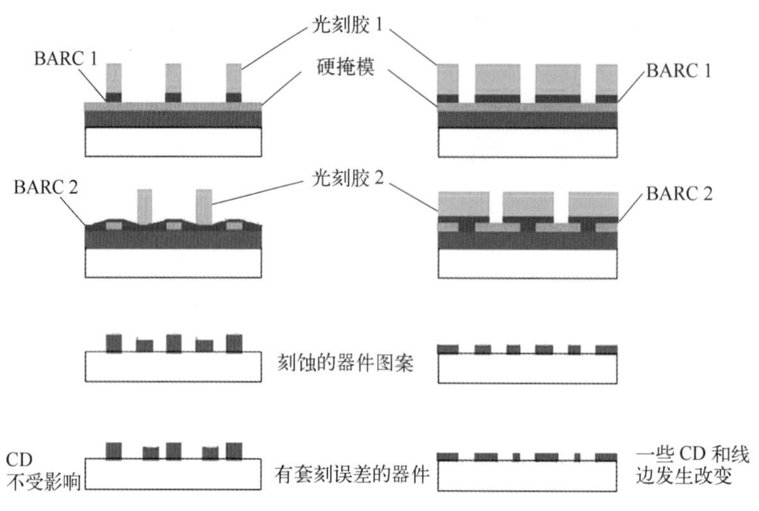

图 7.130　周期分离 DPT 的实际考虑。

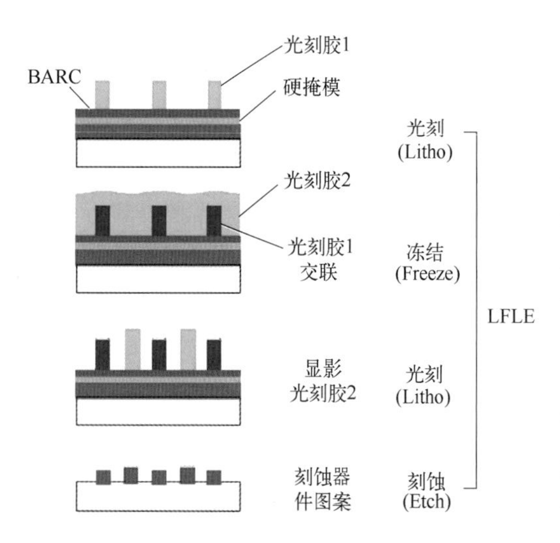

图 7.131　通过交联光刻胶 1，然后在其上涂覆光刻胶 2，消除了一次线条刻蚀。

7.5.4　双重图案化技术的 G 规则

并非所有的版图都可以分成两个掩模。出于成本相关的原因，应使用最少数量的掩模。在电路图案布图期间提醒设计者掩模数量是有利的，而不是在设计完成时。为此，发明了 G 规则（“G” 在汉语中发音同 “奇”，奇数的意思）。该规则规定，连接电路元件之间被禁止的距离的任何回路，应该包含偶数个元件，以允许将其分离成两个掩模。图 7.134 所示为一个连成回路的电路版图。P_3 远离其相邻元件，并且未连接到回路中。P_7 仅连接到 P_2。该版图可以分离为两个掩模之一。回路 P_2-P_4-P_5-P_6 有偶数个元件，可以分成两个掩模。回路 P_1-P_2-P_4 违反了 G 规则，因为没有办法把该组分成两个掩模。

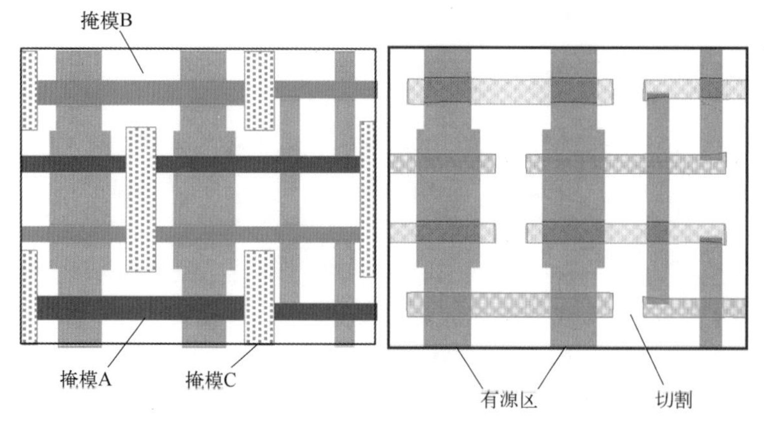

图 7.132　用三个掩模分离周期与切割线端（图片由 C. K. Chen 提供）。

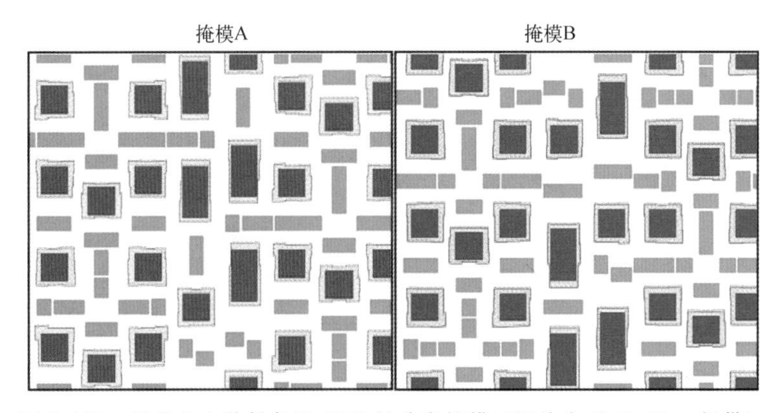

图 7.133 具有空心散射条和 OPC 的分离掩模（图片由 C. K. Chen 提供）。

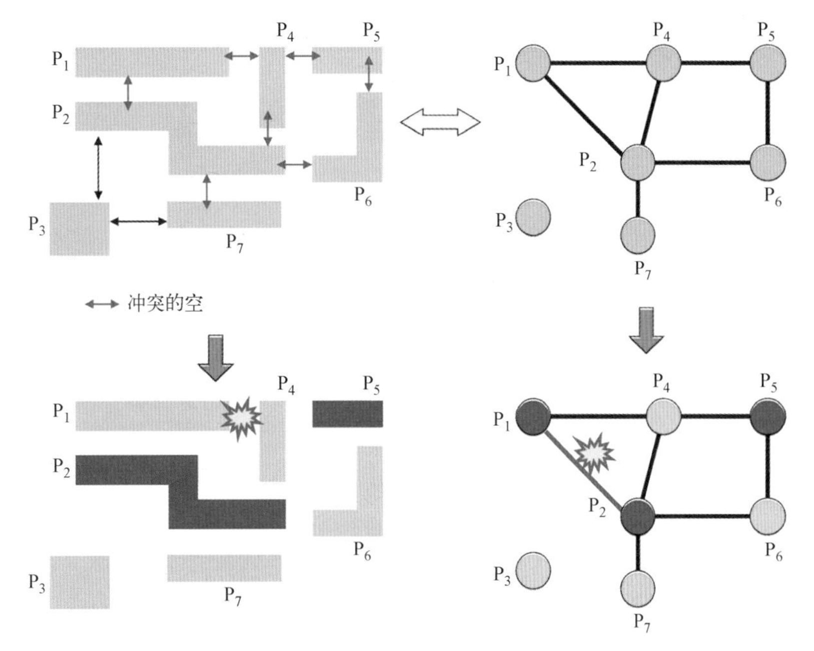

图 7.134 违反 G 规则的演示（图片由 C. K. Chen 提供）。

7.5.5 打包-解包技术

打包-解包技术（pack-unpack technique）[51,52] 可以是 MPT 或多重曝光技术。它使用第二层光刻胶曝光来处理交叉干扰问题。这种双重曝光技术去除了不太有利的周期。对于接触孔，无论使用 AltPSM 或 OAI，不太有利的周期是大到成为孤立孔的周期。这些周期的 DOF 很小。因此，首先曝光用于填充所需孔留下间隙的填充孔的掩模，接着对包含解包特征的第二层掩模进行曝光，以填充不需要的孔或重新打开所需要的孔。图 7.135（a）显示了打包的掩模、解包的掩模和最终图像。第一次曝光的光刻胶图像被第二层光刻胶覆盖，如图 7.135（b）所示。这种双重曝光技术不仅产生更大的 DOF，而且第二次曝光的对准比许多其他双重曝光技术更不重要，因为它的功能只是去除不想要的孔。图 7.135（c）显示了使用第二层光刻胶的双曝光系统的最终光刻胶 SEM 图像，第二层光刻胶可以覆盖在第一层光刻胶图像上而不会损坏它。参考文献中［51］报道的乙醇基光刻胶体系不影响第一层光刻胶图像，其成像良好，如在两个放大倍数下的 SEM 图像中所见。

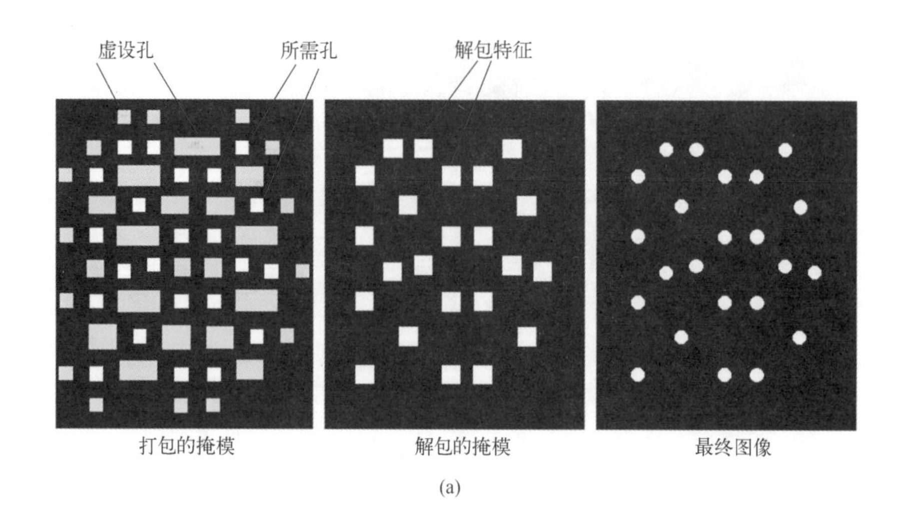

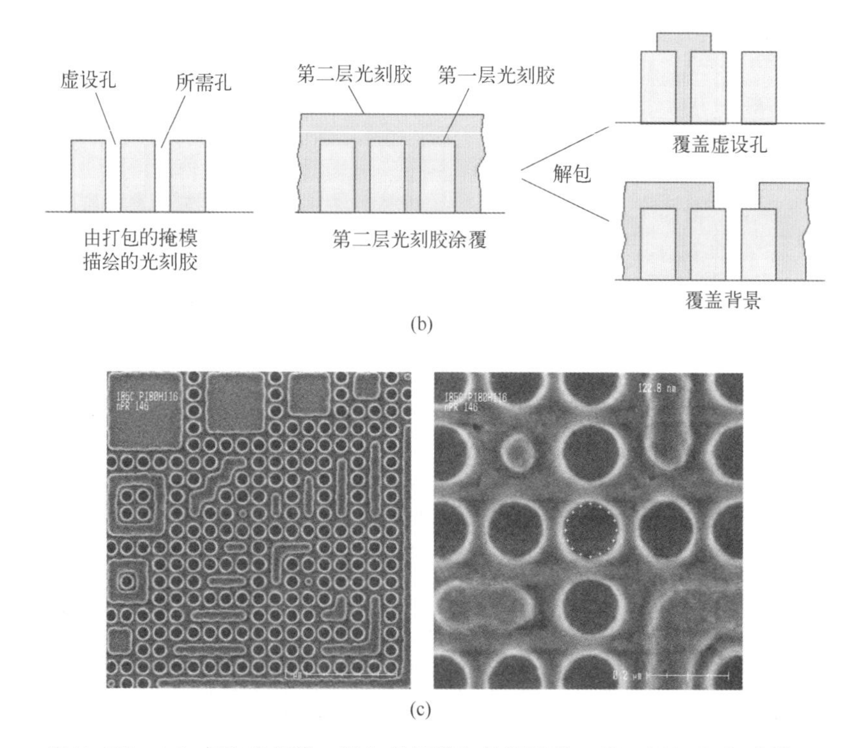

图 7.135 (a) 打包的掩模、解包的掩模和最终图像；(b) 打包-解包过程；(c) 使用两种互补光刻胶体系的所需孔和解包孔（转载自参考文献 [51]）。

7.5.6 分辨率倍增理论说明

分辨率倍增有许多阶段。第一阶段涉及 OAI。图 7.136 (a) 显示了产生 0 级、±1 级和许多更高级光束的轴上衍射。当透镜光瞳足够大时，这些空间频率被成像透镜捕获。图 7.136 (b) 表明，当透镜的光瞳只有图 (a) 中的一半时，1 级光束不能被捕获，因此物体不能被分辨。图 7.136 (c) 表明照明可以对双光束成像进行倾斜调节，详细解释见 7.3.2

节。随着半导体尺度的不断推进，即使分辨率倍增也无法满足需求。双光束成像所需的两个光束仍然不能被成像透镜捕获，如图 7.136（d）所示。周期分离使两束光的空间频率保持在成像透镜的捕获范围内，如图 7.136（e）所示。分辨率倍增是通过将可分辨的图案进行两次图案化来实现的，在它们之间具有位移。代价是更多的处理步骤和更高的成本。当然，在能保持套刻精度的情况下，MPT 可以进一步扩展 DPT，见 7.5.7 节。

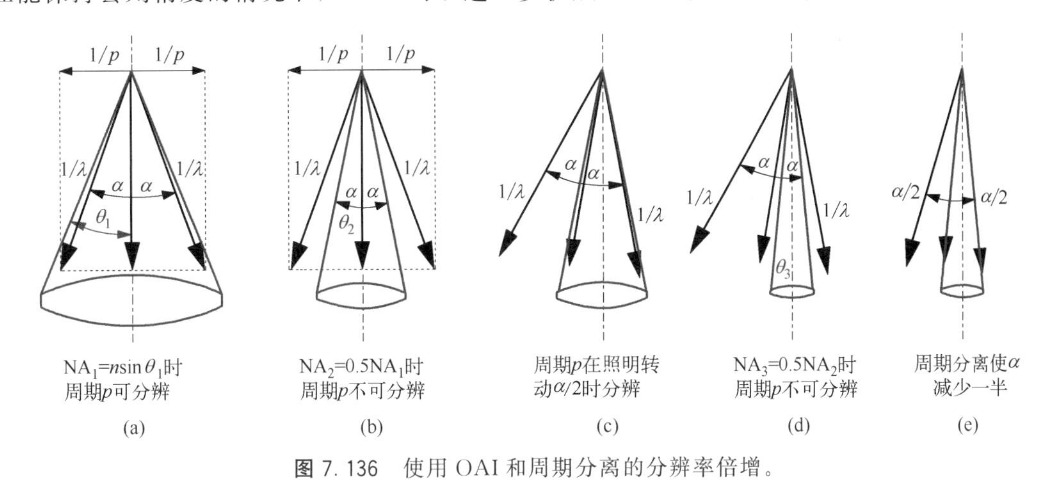

图 7.136　使用 OAI 和周期分离的分辨率倍增。

7.5.7 MPT 的套刻考虑 [49, 50]

通过双重图案化技术，可实现的最低 k_1 值可以减少一半，如果再进行一次周期分离，又可减少一半。这总共是四个技术节点，好得难以置信。MPT 有两个令人沮丧的方面。首先，每改善一倍，光刻和刻蚀成本就增加一倍。此外，所有的分离层都必须相互对准。每增加一个分离层，套刻的精度就会变差。当几个分离层相互对准时，会出现 2 阶和更高阶的对准不精确情况。图 7.137 显示了一个 2P2E 层与一个 3P3E 层的对准，3P3E 层与第一个 2P2E 层对准。套刻精度被假定为 CD 的 1.5%——这是一个非常紧密的套刻。A2、B3、B1 和 B2 都可以直接与 A1 对准，所以它们的对准精度为 1.5%。在这种情况下，B3、B1 和 B2 通过 A1 可以与 A2 对准，对准精度是 $1.5\%\times\sqrt{2}=2.1\%$。C1 和 C2 直接与 B1 对准，所以它们的相互对准是 2 阶不准确量；它们与 B3 的对准是 3 阶不准确量。

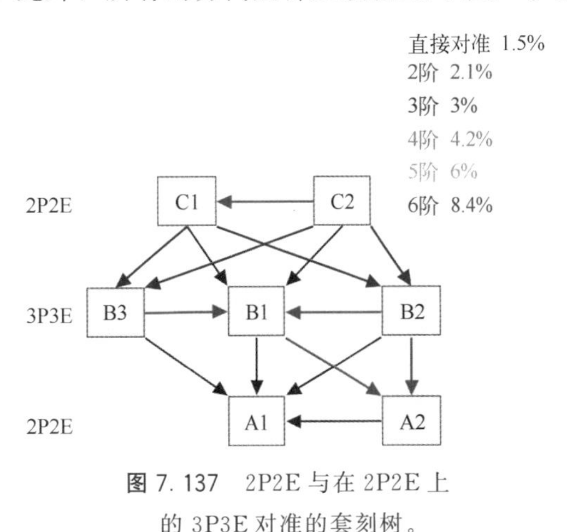

图 7.137　2P2E 与在 2P2E 上的 3P3E 对准的套刻树。

图 7.138 显示，当 1P1E 层与 2P2E 层中的 C1 对准时，它与 C2 的对准是 3 阶误差，因为 C2 与 C1 的对准是 2 阶误差。请注意，如果套刻的对准树没有被正确管理，对准的实际情况可能会差到 6 阶，如图 7.139 所示。

7.5.8 克服双重成像的产率损失

所有的双重成像技术都有可能从曝光机中损失至少 40% 的产率，如果曝光机专门为双

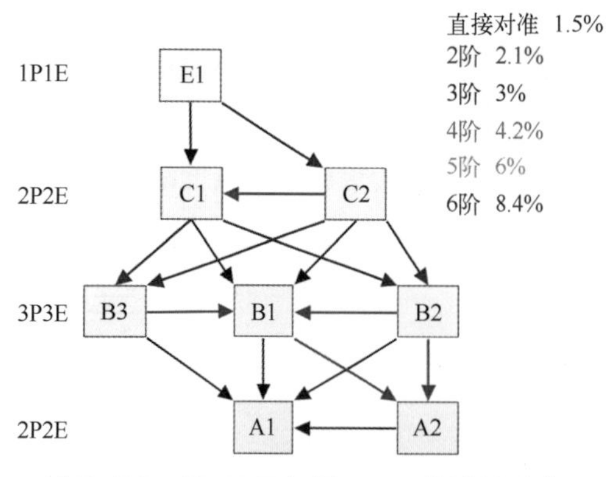

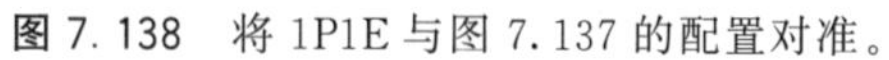
图 7.138 将 1P1E 与图 7.137 的配置对准。

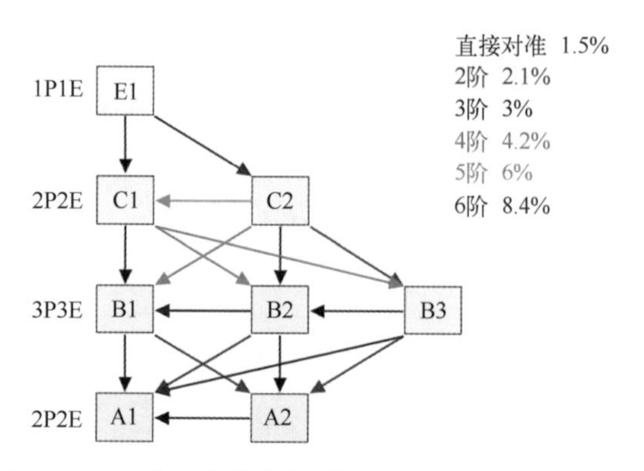

图 7.139 由未优化的套刻树引入的 6 阶套刻误差。

重曝光进行了优化，则可能低于 40%。这不会发生，除非另一个有竞争力的光刻系统在成像和成本上能胜出。此外，两次曝光之间的套刻误差会消耗套刻误差预算。已经有人提出了克服这些问题的建议。为了减少套刻误差，更换掩模时晶圆可以保持在晶圆台上。由于掩模处有 4× 的放大率，掩模的对准比晶圆的对准更准确。然而，更换掩模是很耗时的，所以更换一次掩模可以在不影响对准精度的情况下曝光两个晶圆。这种方法被称为“ABBA”，意思是将掩模 A 复制到晶圆 1，将掩模 B 复制到晶圆 2 和 3，以此类推。用 AAAA…BBBB 的曝光方案可以获得曝光机的最高生产率；但是，这种方案也有最大的套刻误差。

为了将 ABBA 方案的掩模对准时间减少，我们可以设置一个长的掩模台，能够同时容纳两个掩模，并且允许扫描的距离略大于两个掩模的长度[53]。两个掩模在公共平台上进行相互预对准。因此，晶圆只需要对准其中一个掩模一次。在曝光 A 和 B 之间，掩模台只是从一个预定的位置移到另一个位置。掩模不需要卸载和加载。掩模台的加载/卸载位置应该在平台的中间，这样每个掩模可以完成一个来回的扫描周期，而不会产生额外的移动时间，如图 7.140 所示。

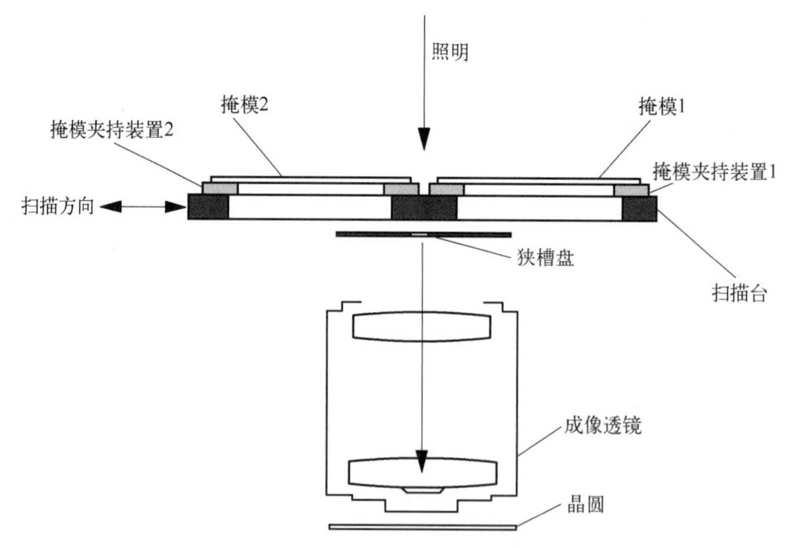

图 7.140 使用双掩模扫描台的扫描曝光机，节省了双重曝光的成本。

为了完全消除双重成像的产率损失和套刻误差成分，对长掩模台上的两个掩模使用了两个照明器。如图 7.141 所示，一个具有略大于扫描狭槽宽度的小横截面的长分束器将来自两

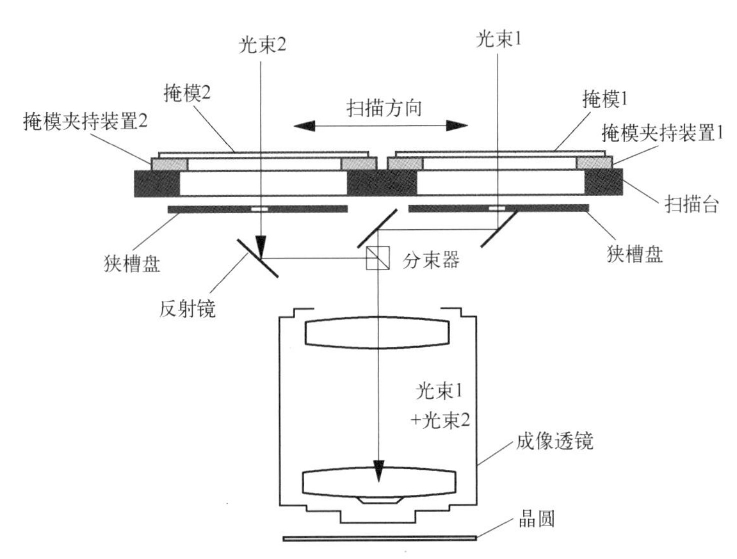

图 7.141 使用两个照明器、两个掩模、一个长的分束器和一个成像透镜的扫描曝光机。

个掩模的两束光合并到成像透镜中[54]。这样，只有照明器的数量和光源的功率需要增加一倍。成本的增加远远低于使用两台扫描曝光机来维持这种单次曝光的产率。

这种技术适用于所有的双重成像方案，除了双重图案化。如前所述，由于残余光刻胶曝光的积累，光刻胶的对比度必须高于用于单次曝光的对比度。如果这种高对比度被开发出来，双重掩模技术可以使双重图案化的成本与单次图案化的成本相同，其影响将是巨大的。

7.6 CD 均匀性（作者：S. S. Yu）

为了在一个曝光场中容纳更多的器件，特征尺寸和特征之间的间距应该尽可能小。然而，由于在一个曝光场中有如此多的特征，而一个晶圆中又有如此多的曝光场，CD 均匀性（CD uniformity，CDU）应该足够高，以确保合理的器件良率。一般来说，当 CD 变小时，CDU 会变差。工艺调整的目的是在小特征尺寸和 CDU 之间找到一个折中的操作点，以确保使用目前的半导体制造技术获得经济上最佳的器件密度与器件良率。

CDU 是衡量半导体制造厂加工能力的一个良好指标。它由两个因素决定：加工窗口和工艺波动。加工窗口越大，CD 对工艺波动越不敏感。为了扩大加工窗口，应该采用降低 k_1 的技术（分辨率增强技术），如 OAI 或 PSM，以及低 k_1 使能技术，如 OPC 或 MPT。为了减少工艺波动，我们需要解决来自掩模、曝光机和工艺的不完善之处。

接下来，我们将进行分析，以确定 CD 不均匀性（CDNU）的影响因素及其相对重要性，以便我们能够找到改善 CDU 的有效方法。

7.6.1 CD 不均匀性分析

掩模、曝光机和工艺中的所有缺陷都会导致 CDNU。除了与光刻技术有关的缺陷，前面的加工步骤，如化学气相沉积（CVD）和化学机械抛光（CMP），以及后续加工步骤，如刻蚀，都会影响 CDNU。

7.6.1.1 CDU 影响因素的线性模型

在进行 CDU 分析之前，我们将介绍一个 CDU 影响因素的线性模型，根据一般的观察，可以将 CDU 分解成各影响因素。从这些成分中，可以找到 CDNU 可能的影响因素。

假设 CDNU 只有两个影响因素，在一个特定的 CD 分布中，对于表示为 W 的每个 CD，我们有：

$$W=\overline{\overline{M_A}}\ \overline{\overline{M_B}}W^0 \tag{7.62}$$

其中，$\overline{\overline{M_A}}$ 和$\overline{\overline{M_B}}$ 是两个运算符，代表 CDNU 的两个独立影响因素，而 W^0 是当$\overline{\overline{M_A}}$ 和$\overline{\overline{M_B}}$ 不存在时的 CD。

对于有用的光刻工艺，$\overline{\overline{M_A}}$ 和$\overline{\overline{M_B}}$ 只是稍微偏离了完美的 CD，即$\overline{\overline{M_A}}\approx\overline{\overline{I}}+\overline{\overline{\Delta M_A}}$，$\overline{\overline{M_B}}\approx\overline{\overline{I}}+\overline{\overline{\Delta M_B}}$，等等，其中$\overline{\overline{I}}$ 是恒等算子。将这些不完美的 CD 关系代入式（7.62），只保留 $\overline{\overline{\Delta M_A}}$ 和 $\overline{\overline{\Delta M_B}}$ 的一阶项，有

$$\Delta W=\overline{\overline{\Delta M_A}}W^0+\overline{\overline{\Delta M_B}}W^0 \tag{7.63}$$

其中，$\Delta W=W-W^0$。在半导体制造中，总的 CD 容许误差是 CD 目标值的 10%左右。因此，我们可以说对 CDNU 的每个影响因素只相当于总 CD 容许误差的一小部分（比如 5%）。忽略高阶项后，在式（7.63）中的误差最多只有 0.25%，对于 90nm 节点来说只有大约 0.25nm。

7.6.1.2 几何分解

因为在当前的半导体制造中，电路图案首先被描绘在掩模上，然后在晶圆上被逐场曝光，所以在晶圆上的任何位置的 CD 应该表现出如同晶圆的空间特征一样的场空间特征——即分别所谓的场内特征和场间特征。在下文中，下标 B 将用于表示场间量，而下标 A 表示场内量。

提取 CD 误差分布的场内特征，即晶圆上的 CDNU，可以通过选择一组系数 c_i 来完成，使得下式最小化：

$$\sum_k\left[\Delta W(\boldsymbol{r}_k)-\sum_i c_i P_{i,A}(\boldsymbol{r}_{k,A})\right]^2$$

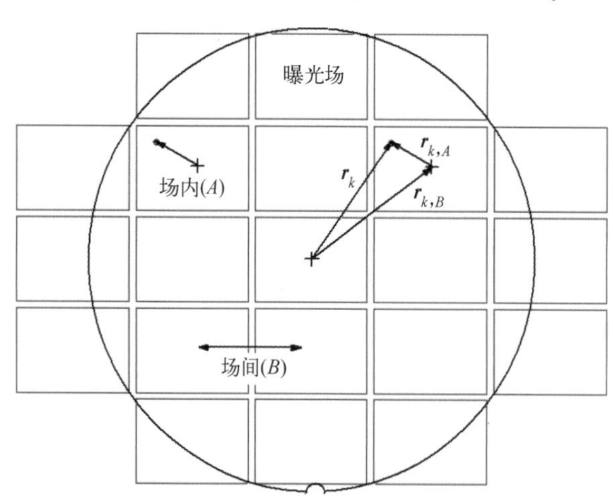

图 7.142 场内矢量、场间矢量和场矢量。

其中，$\Delta W(\boldsymbol{r}_k)=W(\boldsymbol{r}_k)-W^0(\boldsymbol{r}_k)$，$W^0(\boldsymbol{r}_k)$ 为 $\boldsymbol{r}_k$ 处的 CD 目标值。在上式中，位置矢量 $\boldsymbol{r}_k$ 被分解为场间分量和场内分量，即 $\boldsymbol{r}_k=\boldsymbol{r}_{k,B}+\boldsymbol{r}_{k,A}$，其中 $\boldsymbol{r}_{k,B}$ 是指从晶圆中心到 $\boldsymbol{r}_k$ 所在场中心的矢量。对 k 的求和是在晶圆上每个测量 CD 的位置进行的。图 7.142 描述了场间矢量、场内矢量和场矢量。对 i 的求和是通过场内基函数 $P_{i,A}$ 进行的。由于场的形状是矩形的，对于 $P_{i,A}=P_{(\alpha,\beta),A}$，勒让德（Legendre）多项式 $L_\alpha(x_{k,A})L_\beta(y_{k,A})$ 是一个好选择，其中 $\boldsymbol{r}_{k,A}=x_{k,A}\hat{\boldsymbol{x}}+y_{k,A}\hat{\boldsymbol{y}}$。采用的场内基函数的数量将取决于一个场内的采样点数量。

一旦找到 c_i 的值，就可以得到 CD 分布的场内特征为

$$\Delta W_A(\boldsymbol{r}_{k,A})=\sum_i c_i P_{i,A(\boldsymbol{r}_{k,A})} \tag{7.64}$$

场间特征很容易得到，这样对于每个 $\boldsymbol{r}_k$ 有

$$\Delta W'_B(\boldsymbol{r}_k)=\Delta W(\boldsymbol{r}_k)-\sum_i c_i P_{i,A}(\boldsymbol{r}_{k,A}) \tag{7.65}$$

实际上，我们只对 CD 误差分布中缓慢变化的部分感兴趣。快速变化的部分通常由边缘粗糙度造成，这是一个不可能补偿的随机误差。因此，我们也用场间基函数来扩展场间特征，就像对场内特征所做的那样：

$$\Delta W'_B(\boldsymbol{r}_k)=\Delta W_B(\boldsymbol{r}_k)+\Delta W''_r(\boldsymbol{r}_k) \tag{7.66}$$

其中

$$\Delta W_B(\boldsymbol{r}_k)=\sum_j c_j P_{j,B}(\boldsymbol{r}_k) \tag{7.67}$$

其中，对 j 的求和是在场间基函数 $P_{j,B}$ 上进行的，$\Delta W''_r$ 是展开后的残差。由于晶圆是圆形的，对 $P_{j,B}$ 来说，泽尼克多项式是一个好的选择。注意，对于所有可能的 $\boldsymbol{r}_k$ 值，c_j 值的集合是相同的。

上述论点假定每个场的场内特征是相同的。实际情况并非如此，这是因为透镜发热、透镜传输滞后、传感器的瞬时效应、向上扫描和向下扫描的焦点差异等原因。我们通过对每个场内的 $\Delta W''_r$ 进行平均来提取这样一个场间 CD 误差变化 ΔW_F。然后我们得到 $\Delta W''_r(\boldsymbol{r}_k)=\Delta W_F(\boldsymbol{r}_{k,B})+\Delta W_r(\boldsymbol{r}_k)$，其中 ΔW_r 是 CDNU 完全几何分解后的残差。

事实上，来自扫描光刻机和轨道的场间特征不能被明确地分解。我们之所以将 ΔW_F 与 $\Delta W''_r$ 而不是 $\Delta W'_B$ 相提并论，是基于经验，即来自扫描光刻机的场间影响要比来自轨道的影响小得多。

综上所述，CD 误差分布中每个单独的 CD 误差的分解是根据下式实现的：

$$\Delta W(\boldsymbol{r}_k)=\Delta W_A(\boldsymbol{r}_{k,A})+\Delta W_B(\boldsymbol{r}_k)+\Delta W_F(\boldsymbol{r}_{k,B})+\Delta W_r(\boldsymbol{r}_k) \tag{7.68}$$

上述分解对步进光刻机来说是足够的。对于扫描光刻机来说，我们一般会从场内 CD 误差特征中进一步提取以下内容：狭缝/狭槽（x）方向和扫描（y）方向的 CD 误差特征［分别表示为 $\Delta W_{A,\mathrm{slit}}(x_{k,A})$ 和 $\Delta W_{A,\mathrm{scan}}(y_{k,A})$］。对于每个 x 值和每个 y 值，为了得到这些方向上的 CD 误差特征，要找到所有可能的 y 和 x 位置上的平均 CD 误差。图 7.143 显示了 CD 误差分布 ΔW 分解为 ΔW_A、ΔW_B、ΔW_F 和 ΔW_r，分别如图（a）、（b）、（c）、（d）和（e）所示。在这里，对于每个晶圆上的所有 67 个场，每个场上的 $49(x)\times13(y)$ 的阵列中的特定掩模特征的 CD 均要被测量。场内基函数的数量为 49×13，即 Legendre 多项式 $L_\alpha(x_{k,A})L_\beta(y_{k,A})$ 的集合，其中（α,β）为（0,0），（0,1），…，（48,12）。采用的场间基函数的数量为 36，即泽尼克多项式 $Z_j(\boldsymbol{r}_k)$ 的集合，j 为 1 至 36。将场间基函数的数量从 36 个增加到 100 个，场间特征 ΔW_B 的变化不大；例如，ΔW_B 的 3σ 值仅变化 0.01nm。请注意，所有的 CD 误差特征都是以镶嵌的区块形式进行绘制的，每个区块的颜色由其局部 CD 误差值决定。没有对数据或数字进行插值或平滑处理。图 7.144 展示了图 7.143 中场内 CD 误差特征分别在狭缝/扫描方向上的 CD 误差特征。

不应该在 $\boldsymbol{r}\neq\boldsymbol{r}_k$ 处评估场内特征 ΔW_A 或场间 CD 特征，因为在提取这些特征时采用了很高程度的多项式，所以可能会产生伪振荡。

尽管场间基函数与场内基函数不是正交的，但通过遵循上述程序首先提取场内分量，可以毫不含糊地进行 CDU 几何分解，也不需要迭代。

我们寻找场内特征的方法是通过投影图像，这与 Wong 等人[55,56] 提出的方法不同，他们将每个场内位置的 CD 误差平均到所有场间位置，如果每个场内点的场间特征的平均值可

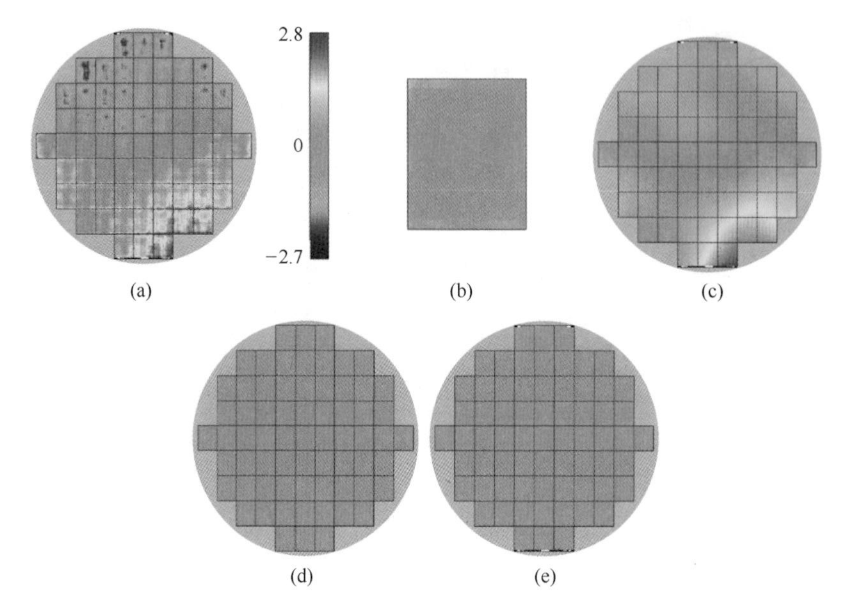

图 7.143 晶圆上 CD 误差分布的几何分解示例。图（a）、（b）、（c）、（d）和（e）分别为 ΔW、ΔW_A、ΔW_B、ΔW_F 和 ΔW_r（转载自参考文献［59］）。

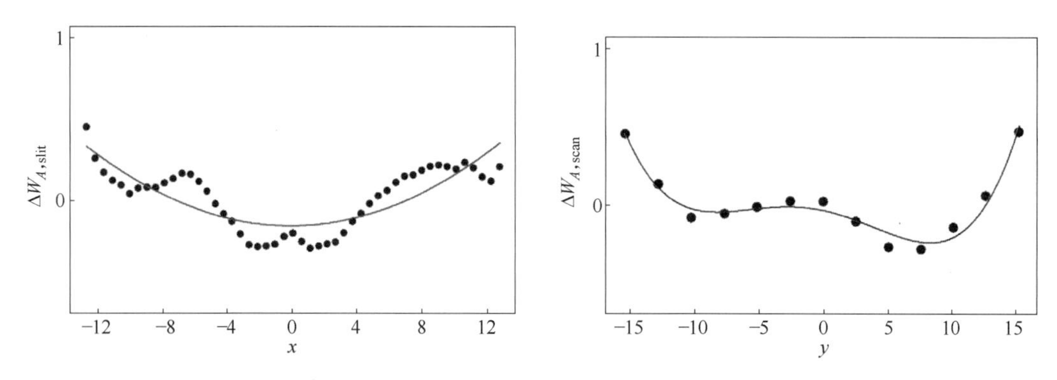

图 7.144 左图为图 7.143 在狭缝/狭槽（x）方向的 CD 误差特征，右图为其在扫描（y）方向的场内 CD 误差特征（转载自参考文献［61］）。

以忽略不计，就是一个很好的近似值。

Vanoppen 等人[57] 使用了类似的方法来分析采用电测量的 CD 误差分布。然而，他们对场间和场内的基函数都采用了多项式。

CD 误差分布的几何分解不仅提供了关于 CDNU 影响因素的线索，而且还提供了通过主动 CD 误差补偿改善 CDU 所必需的信息，这将在 7.6.2 节中详细介绍。

7.6.1.3 物理分解

CD 误差分布的几何分解可以识别具有不同空间特征的单个 CDNU 影响因素。然而，有许多 CDNU 影响因素，它们都会导致 CD 误差分布的场内或场间特征。为了区分它们，需要进行独立的测试。在物理模型的帮助下，CDNU 可以被进一步分解。这就是物理分解。

一般来说，掩模的不完善导致了场内特征，而轨道的不完善导致了场间特征，扫描光刻机的不完善对这两种特征都有影响。

场内特征的影响因素有掩模上的 CD 误差以及照明不完善、透镜像差、耀斑变化和扫描光刻机的狭缝/狭槽不均匀。场间特征的影响因素是热板上的温度变化、涂层的不均匀性、场间的曝光变化、场间的扫描速度变化以及场与场之间的焦点变化。为了将掩模的影响与扫描光刻机的影响分开，需要：①进行独立的掩模 CD 测量；②在采用的工艺条件下找到掩模误差增强因子（MEEF）。那么，掩模对场内特征的影响是 $\Delta W_B^{\mathrm{mask}}=\mathrm{MEEF}\times\Delta W^{\mathrm{mask}}/M$，其中，$\Delta W^{\mathrm{mask}}$ 是掩模 CD 误差，M 是曝光机的缩小倍率。

对于其他的影响因素，例如透镜像差，我们需要在光刻图像模拟器中建立更多精确设计的模型。这将在其他部分进行描述。

场间特征的影响因素有来自晶圆衬底的厚度不均匀性（包括 TARC、光刻胶和 BARC）、用于涂胶后烘焙和曝光后烘焙的加热板的温度不均匀性、显影过程不均匀性、抛光和刻蚀过程不均匀性。

根据线性模型，可将场内特征和场间特征的所有成分都简单地加在一起。

7.6.1.4　CDU 总结

关于如何对 CDU 的不同影响因素进行求和，使用算术求和，还是均方根求和，总是有争论。一般的规则是，如果误差是系统性的，就用算术求和；如果误差是随机的，就应该用均方根求和来评估标准差。

然而，存在许多影响因素。每个影响因素都有其函数依赖性。例如，一维邻近误差取决于图案的几何形状或图案的周期；掩模相关的影响取决于场内位置；轨道相关的因素取决于场间位置；畸变相关的因素取决于图案位置和场内位置。如果所有这些影响因素的特征是固定的，那么来自所有这些影响因素的 CDNU 当然应该被归类为系统性的。

如果直接将这些影响因素相加，得出的 CDU 将过于悲观。该 CDU 表明，一个具有最大偏置误差和最高像差灵敏度的图案——处于透镜像差最大的场内位置和 PEB 温度最高的场间位置——与处于具有平均透镜像差和平均 PEB 温度的场间和场内位置的具有中等偏置误差和平均像差灵敏度的图案同样可能发生。这并不符合生产制造中的真实情况。

对于那些要直接求和的 CD 误差，其影响因素（至少）应该具有相同的函数依赖性，也就是说，应具有相同的自变量。因此，更合理的做法是对具有不同函数依赖性的影响因素进行统计求和，即通过均方根求和，即使这些影响因素在其他意义上是系统性的。

接下来，我们讨论如何结合不同种类图案的 CDNU。请注意，具有相同特征但处于不同场内/场间位置的图案被归为同类图案。在下文中，我们将推导出一些公式，这些公式在通过结合不同影响因素的 CD 误差计算总 CD 误差的 3σ 时非常有用。

首先，考虑最简单的两组 CD 数据的情况。对于第一组和第二组，个体 CD 表示为 $W_{1,i}$ 和 $W_{2,i}$，CD 的总数表示为 n_1 和 n_2，平均 CD 表示为 M_1 和 M_2。当它们被视为一组时，单个 CD 表示为 W_i，CD 总数表示为 n，平均 CD 表示为 M，W_i 的标准偏差 σ 可按如下方法求得。

$$
\begin{aligned}
n\sigma^2 &= \sum_{i=1}^{n}(W_i-M)^2 \\
&= \sum_{i=1}^{n}[(W_{1,i}-M_1)+(M_1-M)]^2+\sum_{i=1}^{n}[(W_{2,i}-M_2)+(M_2-M)]^2 \\
&= n_1\sigma_1^2+n_1(M_1-M)^2+n_2\sigma_2^2+n_2(M_2-M)^2
\end{aligned}
\tag{7.69}
$$

即

$$\sigma^2=\frac{n_1\sigma_1^2+n_2\sigma_2^2}{n}+\frac{n_1(M_1-M)^2+n_2(M_2-M)^2}{n} \tag{7.70}$$

对于 K 组数据，上式可以扩展为

$$\sigma^2=\frac{1}{n}\sum_{k=1}^{n}n_k\sigma_k^2+\frac{1}{n}\sum_{k=1}^{n}n_k(M_k-M)^2 \tag{7.71}$$

如果每组的 CD 样本数量相同，可以得到

$$\sigma^2=\frac{1}{K}\sum_{k=1}^{K}\sigma_k^2+\frac{1}{K}\sum_{k=1}^{K}(M_k-M)^2 \tag{7.72}$$

即

$$\sigma^2=\overline{\overline{M}}[\sigma_k^2]+\overline{\overline{\sigma^2}}[M_k] \tag{7.73}$$

其中，运算符 $\overline{\overline{M}}$和 $\overline{\overline{\sigma^2}}$ 分别表示一个数集的平均值和 σ 的平方，即

$$(3\sigma)^2=\overline{\overline{M}}[(3\sigma_k)^2]+\overline{\overline{(3\sigma)^2}}[M_k] \tag{7.74}$$

换句话说，总的 3σ 平方等于 3σ 平方的平均值加上平均值的 3σ 平方。请注意，上式是精确的，因为它是在没有任何近似的情况下得出的。

在式（7.74）中，第二项也有影响，不能被忽视。当我们找到一维的、通过所有周期的图案的 CDNU 的 3σ 时，可以看到一个很好的例子。有了式（7.74），一维 OPC 误差对总 CDNU 的影响可以很容易计算出来。

在半导体代工厂中，当我们谈论 CDNU 时，通常不是指单个图案的 CDNU，而是指一个产品的总 CDNU，它包括来自场内、晶圆内、晶圆与晶圆之间以及该产品所有图案的批次之间的 CD 误差变化。当式（7.74）被递归应用时，产品的总 CDNU（以 3σ 为单位）可以很容易地找到。

7.6.2 CDU 的改进

CDU 的改进非常重要，因为它直接关系到良率的提高，特别是对于低 k_1 的光学光刻技术。现有几种方法可以改善 CDU。一种是使用 RET 来增加工艺窗口；另一种是改善工艺设备的成像性能，如 Track（轨道设备，涂胶显影机、匀胶显影机等——译注）和光刻机。

在这里，我们将介绍另一种方法，即主动补偿的方法，利用了光刻机上的曝光剂量或 Track 上的热板温度的高度可控性。主动补偿的成本效益高，实施速度快，对现有的光刻曝光工艺影响小。

7.6.2.1 光刻机主动补偿

现代扫描光刻机提供了许多方法来操纵场间层级和场内层级的曝光。对于场间层级，每个场的曝光可以被分配来补偿系统的场间 CDNU。这可以通过许多方式实现。我们可以在每个场的基础上调整扫描速度、扫描狭槽宽度、激光脉冲速率或照明系统中的光衰减器。对于场内层级，扫描狭槽沿其长度的宽度和扫描速度可以在每个扫描场内动态调整。原则上，来自掩模、Track、刻蚀机等的综合 CD 特征都可以被校正。

7.6.2.2 Track 主动补偿

Track 主动补偿的例子是 CD 优化器，用于校正由光刻胶的曝光后烘焙（PEB）引起的场间 CDNU。

为了实现PEB的目的，市场上有一种多区热板，称为冷却精密热板（chilling precision hot plate，CPHP）。使用CPHP，每个加热区的温度可以独立设置，在调整热板的温度分布时有一定的灵活性。

然而，对于市面上的化学放大光刻胶，特别是那些用于ArF曝光的光刻胶，PEB的灵敏度可高达10nm/℃。这意味着温度均匀性应优于0.2℃，以使场间CDU小于2nm。调整温度分布以达到这种均匀性是一项困难的任务。主要问题是，热环境必须与实际生产的晶圆保持一致。

即使我们可以通过使用市面上的无线传感器晶圆，在正确的热环境中测量PEB期间的整个温度历史，但仍然不知道如何优化温度分布，因为CD和温度历史之间的联系仍未被准确揭示。在上升阶段或稳定状态下匹配不同加热区的温度时，可以看到无法优化温度分布的例子。

因此，这里提出了一个CD优化器，直接使用光刻胶作为温度传感器，可响应在光刻胶工艺后的最终CD中显示的温度。为了证明我们的方法是可行的，我们首先在不同的温度下用CPHP对PEB组的晶圆进行曝光和加工。结果表明，在足够大的温度范围内，每个晶圆的平均CD与PEB温度呈线性变化。图7.145展示了一个晶圆上的线性。接下来，我们通过以下方法找到每个加热区的响应：①测量在基线设置下用CPHP进行PEB后的晶圆基线CD分布W^0；②对于每个加热区i，在其温度偏离基线设置ΔT_i的情况下，测量晶圆的扰动CD分布W_i。

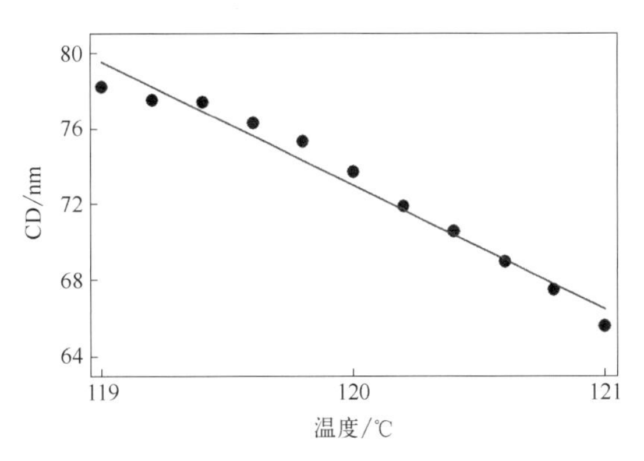

图7.145 晶圆上的平均CD与该晶圆的PEB工艺中CPHP的温度设置的关系。

在评估了每个加热区的响应后，我们可以从扰动的CD分布中减去基线CD分布，得到基函数$P_i = W_i - W^0$。对每个加热区i重复这一程序，分别得到基函数。图7.146显示了为ACT12®（涂胶显影机）设计的七区CPHP的基函数。

CDNU显然是$\Delta W = W^0 - W^t$，其中W^t是CD目标分布。为了确定每个加热区的温度

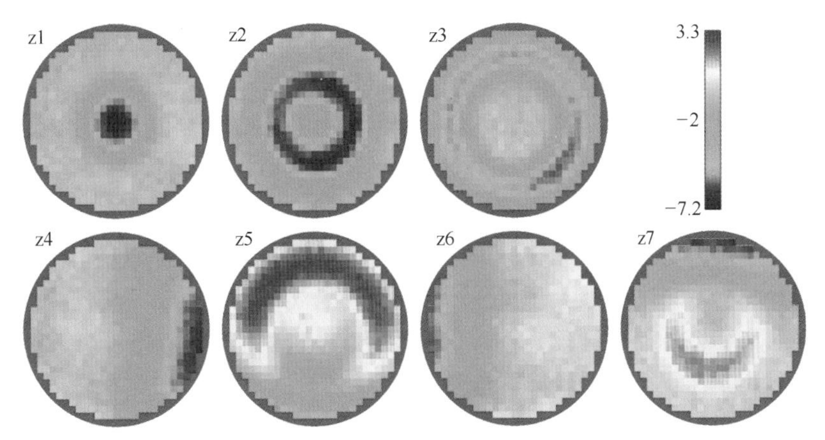

图7.146 七区热板的基函数，通过为每个加热区选择$\Delta T_i = 0.8$℃获得。

应该调节多少以校正CDNU，我们用基函数来扩展CDNU，即

$$\Delta W = \sum_i c_i P_i \tag{7.75}$$

其中，c_i 是展开系数。如果通过 $-c_i \Delta T_i$ 调节每个加热区 i 的温度，则在给定的自由度下，即在给定的CPHP加热区数量下，得到的CD分布应该是最优的。校正后的预测CD分布为

$$W^c = W^0 - \sum_i c_i P_i \tag{7.76}$$

请注意，W^0、W_i、P_i、W^t 和 W^c 都是标量场，也就是说，晶圆上的每个指定位置都有一个相应的CD。

前面两幅图和后面一幅图都是用实验结果来说明CD优化方法的。图7.145显示了晶圆上的平均CD与该晶圆的PEB所使用的CPHP的温度设置的函数。实验是通过将温度从119℃增加到121℃，步长0.2℃。如果忽略前两个数据点，CPHP有可能实现优于0.1℃的温度可控性。这些点的异常行为可能是由于在达到热平衡之前获取的数据造成的。图7.146显示了一个七区热板的基函数，这些函数是对每个加热区设置 $\Delta T_i = 0.8$℃而得到的。图7.147显示了用CD优化器实现的CDU改进。原始CD图显示图（a）中，而校正后的预测CD图显示在图（b）中。实际校正的CD图显示在图（c）中。校正后，场间CD分布的平均值仍然保持不变，而 3σ 在图（b）中从4.64nm提高到1.86nm，在图（c）中提高到1.96nm。

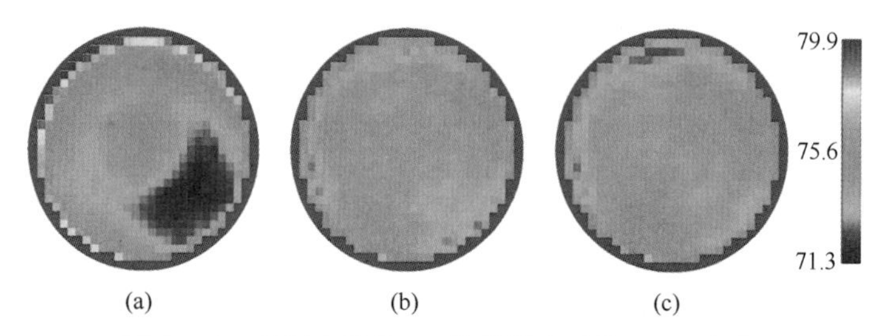

图7.147 采用建议的CD优化器实现的CDU改进。

7.7 对准和套刻

半导体制造是一个多层工艺，各层必须相互对准。如6.9节所述，有对准精度和套刻精度。高对准精度是一个必要条件，而集成电路（IC）中的高套刻精度则是IC高良率和高性能的终极要求。

7.7.1 对准和套刻标记

原始对准标记是一个十字，如图7.148（a）所示。在直接对准的情况下，对准检测器上的标记通常是一个空心的十字，这样实心线就不会重叠，以便更好地观察。最初，通过显微镜物镜进行视觉对准。当应用干涉仪晶圆台后，参考步进器上固定目标的全局对准成为首选，无需直接对准。匹配晶圆和掩模的对准标记不再是必要的。如图7.148（b）所示，现代的对准标记采用了在四个象限中的四个光栅，两个垂直，两个水平。没有理由说相同方向的光栅不能有不同的周期。在检测器一侧，可以使用类似的排列，如图7.148（c）所示。现在可以通过晶圆和检测器的联合衍射信号的强度来自动检测对准情况。为了节省宝贵的晶

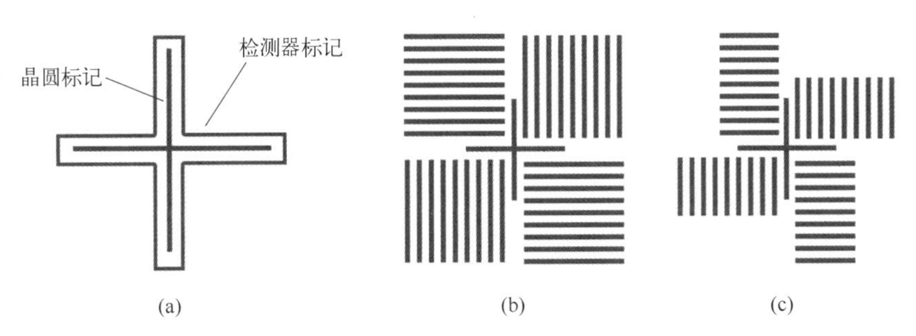

图 7.148　光栅对准标记：(a) 晶圆标记和检测器标记；(b) 晶圆上的标记；(c) 检测器上可能的标记。

圆面积，对准标记被放置在晶圆划片线上，即切割芯片的地方。

对准标记只需要印刷在当前的掩模层上；而套刻标记必须印刷在当前层和前一层上，以便可以测量这两层的套刻。图 7.149 中所示的框套框[59]（BiB）标记及其变体——条中条（bar-in-bar）标记，已经使用了很长时间。使用 BiB 进行套刻测量非常直观。第一个掩模和第二个掩模上的方框之间的水平和垂直距离表示套刻精度。

在套刻精度为个位数纳米的时代，BiB 标记开始接近其极限。因此，引入了基于衍射的套刻（DBO）标记（如图 7.150）[60，61]。晶圆上的 DBO 标记看起来像图 7.148（b）中的光栅对准标记。对于套刻测量，与对准标记的情况不同，必须提供另一个标记，如图 7.149（a）所示。这个额外的标记与第一个掩模上的标记类似，只是每个象限的光栅被稍微移动，每个光栅在图 7.150（b）所示的一个方向移动。通过测量这两个标记重叠处衍射光的不对称性，并将其代入预先推导的公式，来评估套刻误差。

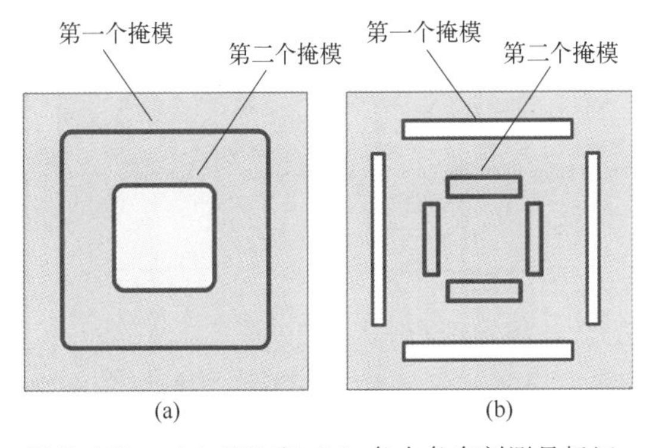

图 7.149　(a) BiB 和 (b) 条中条套刻测量标记。

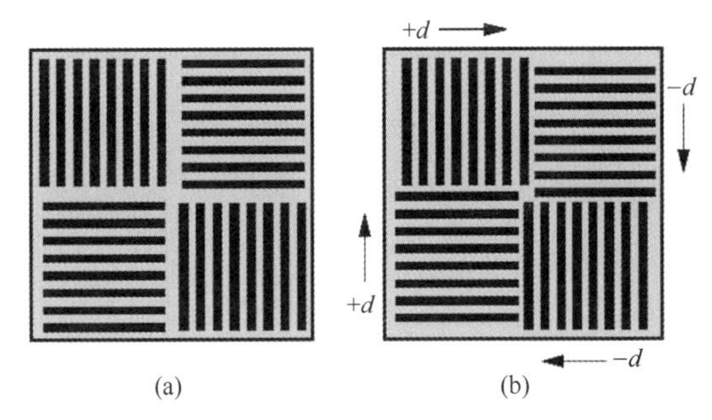

图 7.150　在 (a) 第一个掩模和 (b) 第二个掩模上的 DBO 套刻测量标记。

7.7.2　使用测量数据进行对准

当晶圆接收来自掩模的图像时没有正确定位，就会出现套刻不准确的情况。由于晶圆的错位、热效应、卡盘的不完善、不需要的微粒、工艺引起的应力以及许多其他原因，可能会出现平移、旋转、低阶和高阶放大。我们需要识别错误的位置并进行相应的校正。

把晶圆装上晶圆卡盘后，要测量一些对准标记的位置，以确定晶圆的位置、放大率和旋转。目前，只需假设晶圆错位（$\Delta X, \Delta Y$）与晶圆（X, Y）的一阶关系，并假设一个全晶圆场系统，如在接近式曝光中。控制方程为：

$$\Delta X = T_X + XM_X - YR_X \tag{7.77}$$

$$\Delta Y = T_Y + YM_Y - XR_Y \tag{7.78}$$

其中，T_X 和 T_Y 分别为在 X 和 Y 向的校正位置的平移，M_X 和 M_Y 分别为晶圆在 X 和 Y 向的放大率，R_X 和 R_Y 分别为 X 和 Y 向的旋转。有六个未知量需要评估。ΔX 和 ΔY 可以在三个位置测量，将其代入上述两个方程，得到以下矩阵：

$$\begin{bmatrix}\Delta X_1\\ \Delta X_2\\ \Delta X_3\end{bmatrix}=\begin{bmatrix}1 & X_1 & -Y_1\\ 1 & X_2 & -Y_2\\ 1 & X_3 & -Y_3\end{bmatrix}\begin{bmatrix}T_X\\ M_X\\ R_X\end{bmatrix}\begin{bmatrix}\Delta Y_1\\ \Delta Y_2\\ \Delta Y_3\end{bmatrix}=\begin{bmatrix}1 & X_1 & Y_1\\ 1 & X_2 & Y_2\\ 1 & X_3 & Y_3\end{bmatrix}\begin{bmatrix}T_Y\\ M_Y\\ R_Y\end{bmatrix} \tag{7.79}$$

实际中，测量误差发生在（ΔX_i，ΔY_i）。通过测量更多的点位，可以实现更高的精度。设有 n 个点位，那么将有 $2n$ 个方程，来解决仅 6 个变量。使用最小均方法构建 6 个方程来解决 6 个变量。这就利用了额外的测量点位来平均化测量误差。设 R 为（ΔX_i，ΔY_i）的总误差数：

$$R^2=\sum_{i=1}^{n}\left[(\Delta X_i - T_X - X_iM_X + Y_iR_X)^2 + (\Delta Y_i - T_Y - X_iM_Y + Y_iR_Y)^2\right] \tag{7.80}$$

$$\frac{\partial R^2}{\partial T_X} = -2\sum_{i=1}^{n}(\Delta X_i - T_X - X_iM_X + Y_iR_X) = 0 \tag{7.81}$$

相似地，令$\frac{\partial R^2}{\partial T_Y}=0$，$\frac{\partial R^2}{\partial M_X}=0$，$\frac{\partial R^2}{\partial M_Y}=0$，$\frac{\partial R^2}{\partial R_X}=0$，$\frac{\partial R^2}{\partial R_Y}=0$。

现在有 6 个方程，用 $2n$ 个数据点来解决 6 个变量。

$$\begin{bmatrix}\sum_{i=1}^{n}\Delta X_i\\ \sum_{i=1}^{n}X_i\Delta X_i\\ \sum_{i=1}^{n}Y_i\Delta X_i\end{bmatrix}=\begin{bmatrix}n & \sum_{i=1}^{n}X_i & -\sum_{i=1}^{n}Y_i\\ \sum_{i=1}^{n}X_i & \sum_{i=1}^{n}X_i^2 & -\sum_{i=1}^{n}X_iY_i\\ \sum_{i=1}^{n}Y_i & \sum_{i=1}^{n}X_iY_i & -\sum_{i=1}^{n}Y_i^2\end{bmatrix}\begin{bmatrix}T_X\\ M_X\\ R_X\end{bmatrix}$$

$$\begin{bmatrix}\sum_{i=1}^{n}\Delta Y_i\\ \sum_{i=1}^{n}Y_i\Delta Y_i\\ \sum_{i=1}^{n}X_i\Delta Y_i\end{bmatrix}=\begin{bmatrix}n & \sum_{i=1}^{n}Y_i & \sum_{i=1}^{n}X_i\\ \sum_{i=1}^{n}Y_i & \sum_{i=1}^{n}Y_i^2 & \sum_{i=1}^{n}X_iY_i\\ \sum_{i=1}^{n}X_i & \sum_{i=1}^{n}X_iY_i & \sum_{i=1}^{n}Y_i^2\end{bmatrix}\begin{bmatrix}T_Y\\ M_Y\\ R_Y\end{bmatrix} \tag{7.82}$$

T_X、T_Y、M_X、M_Y、R_X 和 R_Y 的值可以用来调整曝光期间晶圆的步长。最好是调整晶圆，直到 R_X 和 R_Y 可以忽略不计。否则，当晶圆被步进曝光时，旋转误差将在每个场重复出现。

7.7.3 评估场间和场内套刻误差成分

在步进重复或步进扫描系统中，存在场间和场内套刻误差。场间套刻误差用 T_X、T_Y、M_X、M_Y、R_X 和 R_Y 表示，而场内套刻误差用 t_x、t_y、m_x、m_y、r_x 和 r_y 表示。场间和场内区域如图 7.151 所示。指的关于晶圆坐标（X,Y）的场是场间，而关于掩模坐标（x,y）的场是场内。

场间和场内坐标由下面给出的式（7.83）关联。其推导过程如下。假设 $F_x+s\equiv G$，$F_y+s\equiv H$，我们发现掩模场的最左边缘在 X_L，掩模场的底边缘在 Y_B，并且

$$\text{Integer}\left[\frac{X-X_L}{G}\right]\equiv m,\text{Integer}\left[\frac{Y-Y_B}{H}\right]\equiv n \tag{7.83}$$

其中

$$x = X-(0.5+m)G, y = Y-(0.5+n)H$$

图7.152用于帮助推导下一组方程，即式（7.84）。在这里，一个包含两个管芯D1和D2的掩模被逐步覆盖到晶圆上的21个曝光场。划片线显示在掩模和晶圆上，为了说明问题，它们的宽度被夸大了。图中也显示了掩模和晶圆上的坐标。

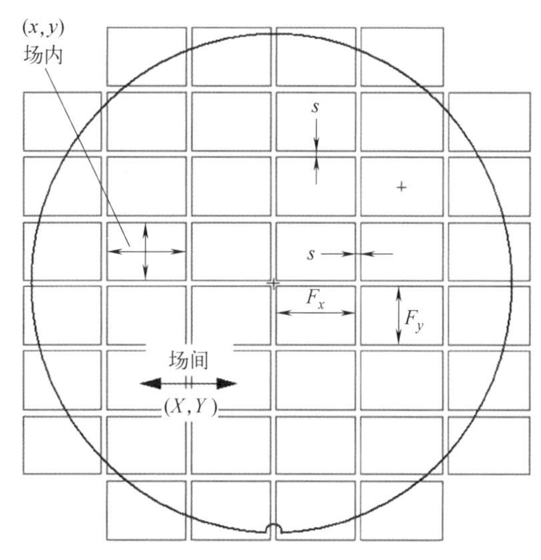

图7.151　场间和场内坐标。

在对准曝光后，总的套刻误差可能仍然包含一些残留的晶圆级对准误差以及场内误差。最好将这些变量放在一起评估。无论套刻误差是基于场间坐标还是场内坐标，最终都会导致晶圆坐标的误差，而晶圆坐标是IC元件套刻的唯一坐标系。因此

$$\begin{aligned} \Delta X &= T_X + XM_X - YR_x \\ \Delta Y &= T_Y + YM_Y + XR_Y \\ \Delta x &= t_x + xm_x - yr_x \\ \Delta y &= t_y + ym_y + xr_y \end{aligned} \tag{7.84}$$

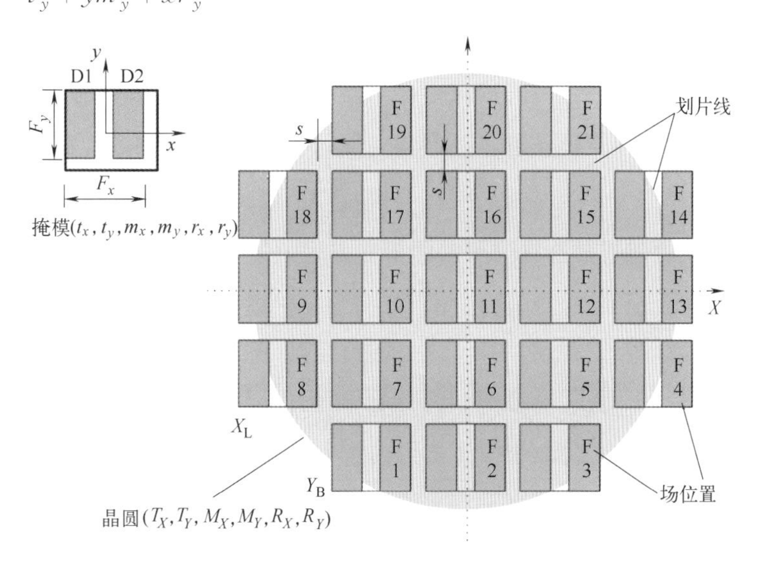

图7.152　场间和场内坐标。

曝光后，T_X、T_Y、M_X、M_Y、R_X和R_Y会有所不同，因为其中的大部分在对准后和开始曝光前被缩小了。到最后，(x,y)坐标必须转换为(X,Y)坐标，因为套刻的测量坐标只有后者。因此，从(X,Y)到(x,y)的转换为

$$\begin{aligned} \Delta X &= T_X + XM_X - YR_x + t_x + xm_x - yr_x \\ \Delta Y &= T_Y + YM_Y + XR_Y + t_y + ym_y + xr_y \end{aligned} \tag{7.85}$$

应用与全晶圆场系统相同的最小均方技术，T_X、T_Y、M_X、M_Y、R_X、R_Y、t_x、t_y、m_x、m_y、r_x和r_y可以被评估。首先给出确定性的方程：

$$\begin{bmatrix}\Delta X_1\\\Delta X_2\\\Delta X_3\\\Delta X_4\\\Delta X_5\\\Delta X_6\end{bmatrix}=\begin{bmatrix}1 & X_1 & -Y_1 & 1 & x_1 & -y_1\\1 & X_2 & -Y_2 & 1 & x_2 & -y_2\\1 & X_3 & -Y_3 & 1 & x_3 & -y_3\\1 & X_4 & -Y_4 & 1 & x_4 & -y_4\\1 & X_5 & -Y_5 & 1 & x_5 & -y_5\\1 & X_6 & -Y_6 & 1 & x_6 & -y_6\end{bmatrix}\begin{bmatrix}T_X\\M_X\\R_X\\t_x\\m_x\\r_x\end{bmatrix}$$

$$\begin{bmatrix}\Delta Y_1\\\Delta Y_2\\\Delta Y_3\\\Delta Y_4\\\Delta Y_5\\\Delta Y_6\end{bmatrix}=\begin{bmatrix}1 & Y_1 & X_1 & 1 & y_1 & x_1\\1 & Y_2 & X_2 & 1 & y_2 & x_2\\1 & Y_3 & X_3 & 1 & y_3 & x_3\\1 & Y_4 & X_4 & 1 & y_4 & x_4\\1 & Y_5 & X_5 & 1 & y_5 & x_5\\1 & Y_6 & X_6 & 1 & y_6 & x_6\end{bmatrix}\begin{bmatrix}T_X\\M_X\\R_X\\t_x\\m_x\\r_x\end{bmatrix} \tag{7.86}$$

套刻误差的最小均方评价方程与式（7.80）的论证相同：

$$R^2=\sum_{i=1}^{n}[(\Delta X_i-T_X-X_iM_X+Y_iR_X-t_x-x_im_x+y_ir_x)^2+(\Delta Y_i-T_Y-X_iM_Y+Y_iR_Y-t_y-x_im_y+y_ir_y)^2] \tag{7.87}$$

这里明确显示了六个标准之一的部分导数，作为所有六个标准的推导示例：

$$\frac{\partial R^2}{\partial m_x}=-2\sum_{i=1}^{n}(\Delta X_i-T_X-X_iM_X+Y_iR_X-t_x-x_im_x+y_ir_x)x_i=0$$

$$\sum_{i=1}^{n}x_i\Delta X_i=T_X\sum_{i=1}^{n}x_i+M_X\sum_{i=1}^{n}x_iX_i-R_X\sum_{i=1}^{n}x_iY_i+t_x\sum_{i=1}^{n}x_i+m_x\sum_{i=1}^{n}x_i^2-r_x\sum_{i=1}^{n}x_iy_i \tag{7.88}$$

使用最小均方技术评估套刻误差成分所需的最终方程的矩阵形式是

$$\begin{bmatrix}\sum_{i=1}^{n}\Delta X_i\\\sum_{i=1}^{n}X_i\Delta X_i\\\sum_{i=1}^{n}Y_i\Delta X_i\\\sum_{i=1}^{n}\Delta X_i\\\sum_{i=1}^{n}x_i\Delta X_i\\\sum_{i=1}^{n}y_i\Delta X_i\end{bmatrix}=\begin{bmatrix}n & \sum_{i=1}^{n}X_i & -\sum_{i=1}^{n}Y_i & n & \sum_{i=1}^{n}x_i & -\sum_{i=1}^{n}y_i\\\sum_{i=1}^{n}X_i & \sum_{i=1}^{n}X_i^2 & -\sum_{i=1}^{n}X_iY_i & \sum_{i=1}^{n}X_i & \sum_{i=1}^{n}X_ix_i & -\sum_{i=1}^{n}X_iy_i\\\sum_{i=1}^{n}Y_i & \sum_{i=1}^{n}X_iY_i & -\sum_{i=1}^{n}Y_i^2 & \sum_{i=1}^{n}Y_i & \sum_{i=1}^{n}x_iY_i & -\sum_{i=1}^{n}Y_iy_i\\n & \sum_{i=1}^{n}X_i & -\sum_{i=1}^{n}Y_i & n & \sum_{i=1}^{n}x_i & -\sum_{i=1}^{n}y_i\\\sum_{i=1}^{n}x_i & \sum_{i=1}^{n}X_ix_i & -\sum_{i=1}^{n}x_iY_i & \sum_{i=1}^{n}x_i & \sum_{i=1}^{n}x_i^2 & -\sum_{i=1}^{n}x_iy_i\\\sum_{i=1}^{n}y_i & \sum_{i=1}^{n}X_iy_i & -\sum_{i=1}^{n}Y_iy_i & \sum_{i=1}^{n}y_i & \sum_{i=1}^{n}x_iy_i & -\sum_{i=1}^{n}y_i^2\end{bmatrix}\begin{bmatrix}T_X\\M_X\\R_X\\t_x\\m_x\\r_x\end{bmatrix}$$

$$\begin{bmatrix}\sum_{i=1}^{n}\Delta Y_i\\\sum_{i=1}^{n}Y_i\Delta Y_i\\\sum_{i=1}^{n}X_i\Delta Y_i\\\sum_{i=1}^{n}\Delta Y_i\\\sum_{i=1}^{n}y_i\Delta Y_i\\\sum_{i=1}^{n}x_i\Delta Y_i\end{bmatrix}=\begin{bmatrix}n & \sum_{i=1}^{n}Y_i & \sum_{i=1}^{n}X_i & n & \sum_{i=1}^{n}y_i & \sum_{i=1}^{n}x_i\\\sum_{i=1}^{n}Y_i & \sum_{i=1}^{n}Y_i^2 & \sum_{i=1}^{n}X_iY_i & \sum_{i=1}^{n}Y_i & \sum_{i=1}^{n}Y_iy_i & \sum_{i=1}^{n}Y_ix_i\\\sum_{i=1}^{n}X_i & \sum_{i=1}^{n}X_iY_i & \sum_{i=1}^{n}X_i^2 & \sum_{i=1}^{n}X_i & \sum_{i=1}^{n}X_iy_i & \sum_{i=1}^{n}X_ix_i\\n & \sum_{i=1}^{n}Y_i & \sum_{i=1}^{n}X_i & n & \sum_{i=1}^{n}y_i & \sum_{i=1}^{n}x_i\\\sum_{i=1}^{n}y_i & \sum_{i=1}^{n}Y_iy_i & \sum_{i=1}^{n}X_iy_i & \sum_{i=1}^{n}y_i & \sum_{i=1}^{n}y_i^2 & \sum_{i=1}^{n}x_iy_i\\\sum_{i=1}^{n}x_i & \sum_{i=1}^{n}Y_ix_i & \sum_{i=1}^{n}X_ix_i & \sum_{i=1}^{n}x_i & \sum_{i=1}^{n}x_iy_i & \sum_{i=1}^{n}x_i^2\end{bmatrix}\begin{bmatrix}T_Y\\M_Y\\R_Y\\t_y\\m_y\\r_y\end{bmatrix} \tag{7.89}$$

我们刚刚演示了低阶套刻校正参数的评估。在现实中，还有一些高阶误差需要评估和校正。图 7.153 显示了在 9 个晶圆中使用 12 个高阶项对套刻精度的改进。校正信息可用于反馈和晶圆返工，以提高套刻精度。这些信息也可以用于反馈，以便对后续批次的晶圆进行更好的套刻。

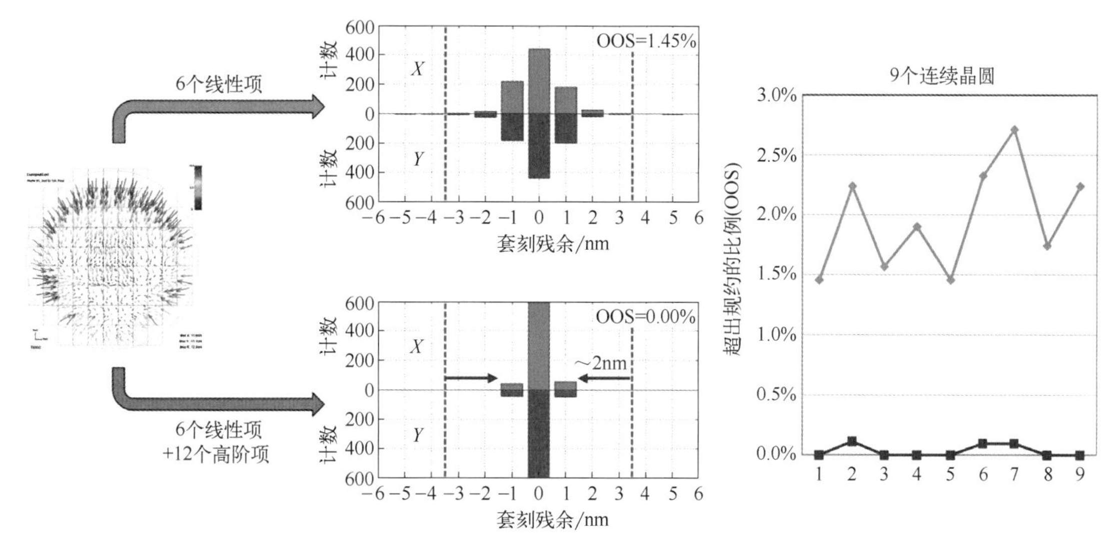

图 7.153 有无高阶校正的套刻精度比较（图片由 S. Y. Lin 提供）。

参考文献

1. B. J. Lin, "Optimum numerical aperture for optical projection microlithography," *Proc. SPIE* **1463**, p. 42 (1991) [doi: 10.1117/12.44773].
2. B. J. Lin, "The optimum numerical aperture for attenuated phase-shifting masks," *Microelectronic Engineering* **17**, p. 79 (1992).
3. S. W. Choi, S. J. Lee, J. H. Shin, S.-G. Woo, H. K. Cho, and J.-T. Moon, "Influence of material on process focus budget and process window of 80 nm DRAM devices," *Proc. SPIE* **5752**, p. 570 (2005) [doi: 10.1117/12.600166].
4. Private communications with an ASML field engineer.
5. J. W. Bossung, "Projection printing characterization," *Proc. SPIE* **100**, p. 80 (1977) [doi: 10.1117/12.955357].
6. C. P. Ausschnitt, "Distinguishing dose from defocus for in-line lithography control," *Proc. SPIE* **3677**, p. 140 (1999) [doi: 10.1117/12.350800].
7. Commercialized by KLA.
8. T. A. Brunner, A. L. Martin, R. M. Martino, C. P. Ausschnitt, T. H. Newman, and M. S. Hibbs, "Quantitative stepper metrology using the focus monitor test mask," *Proc. SPIE* **2197**, p. 541 (1994) [doi: 10.1117/12.174449].
9. H. Nomura, "New phase-shift gratings for measuring aberrations," *Proc. SPIE* **4346**, p. 25 (2001) [doi: 100.1117/12.435738].
10. Y. Shiode, H. Morohoshi, A. Takagi, K. Fujimaru, K. Mizumoto, and Y. Takahashi, "A novel focus monitoring method using double side chrome mask," *Proc. SPIE* **5754**, p. 303 (2005) [doi: 10.1117/12.600170].

11. S. Nakao, J. Sakai, S. Maejima, A. Ueno, A. Nakae, S. Yanashita, K. Itano, A. Tokui Kozawa, and K. Tsujita, "Simple and highly sensitive focus monitoring utilizing an aperture on backside of photomask," *Proc. SPIE* **5040**, p. 582 (2003) [doi: 10.1117/12.485324].
12. ASML scanner manual (2004).
13. R. A. McEachem, M. S. Lucas, and C. R. Simpson, "Lithography system using dual substrate stages" U. S. Patent 5,677,758 (1997).
14. B. J. Lin, "Step and repeat apparatus having enhanced accuracy and increased throughput," U. S. Patent 5,715,064 (1998).
15. W. M. Moreau, *Semiconductor Lithography Principles, Practices, and Materials*, Plenum Press, Section 13-2-2, p. 654 (1998).
16. A. Barraud, "Supermolecular engineering by the Langmuir-Blodgett method," *Thin Solid Films* **175** (Aug.), 73-80 (1989).
17. Reference 15, Section 6-6-1, p. 304.
18. L. F. Thompson, C. G. Willson, and M. J. Bowden, *Introduction to Microlithography*, *ACS Professional Reference Book*, *American ChemicalSociety*, Chapter 4, p. 311 (1994).
19. C. P. Ausschnitt and D. A. Huchital, "Coating apparatus," U. S. Patent 4,290,384 (1981).
20. B. J. Lin, "In situ resist control during spray and spin in vapor," U. S. Patent 5,366,757 (1992).
21. T. J. Cardinali and B. J. Lin, "Material-saving resist spinner and process," U. S. Patent 5, 378, 511 (1994).
22. T. J. Cardinali, M. S. thesis, Rochester Institute of Technology (1990).
23. T. J. Cardinali and B. J. Lin, "Material-saving resist spinner and process," U. S. Patent 5, 449, 405 (1993).
24. F. H. Dill and J. M. Shaw, "Thermal effects on the photoresist AZ1350J," *IBM J. Res. Dev.* **21**, p. 210 (1977).
25. B. J. Lin, "Off-axis illumination—working principles and comparison with alternating phase-shifting masks," *Proc. SPIE* **1927**, p. 94 (1993) [doi: 10.1117/12.150417].
26. T.-S. Gau, C.-M. Wang, and C.-M. Dai, "Strategy for manipulating the optical proximity effect by postexposure bake processing," *Proc. SPIE* **3334**, p. 885 (1998) [doi: 10.1117/12.310823].
27. J. C. Matthews, M. G. Ury, A. D. Birch, and M. A. Lashman, "Microlithography techniques using a microwave powered deep UV source," *Proc. SPIE* **394**, p. 172 (1983) [doi: 10.1117/12.935136].
28. W. H.-L. Ma, "Plasma resist image stabilization (PRIST)," *1980 Proc. IEEE International Electron Devices Meeting*, p. 574, 8-10 Dec., Washington, D. C. (1980).
29. F. S. Lai, B. J. Lin, and Y. Vladimirsky, "Resist hardening using a conformable mold," *J. Vac. Sci. Technol. B* **4** (1), p. 426 (1986).
30. B. J. Lin, "Applications of the mold-controlled profile (MCP) technique for resist processing," *Proc. SPIE* **771**, p. 180 (1987) [doi: 10.1117/12.940324].
31. V. Marriott, "High resolution positive resist developers: A technique for functional evaluation and process optimization," *Proc. SPIE* **394**, p. 144 (1983) [doi: 10.1117/12.935132].
32. K. Deguchi, K. Miyoshi, T. Ishii, and T. Matsuda, "Patterning characteristics of a chemically amplified negative resist in synchrotron radiation lithography," *Jpn. J. Appl. Phys.* **31**, pp. 2954-2958 (1992).
33. T. Tanaka, M. Morigami, and N. Atoda, "Mechanism of resist pattern collapse during development process," *Jpn. J. Appl. Phys.* **32**, pp. 6059-6064 (1993).
34. S. A. MacDonald, W. D. Hinsberg, H. R. Wendt, C. G. Willson, and C. D. Snyder, "Airborne contamination of a chemically amplified resist. 1. Identification of problem," *Chem. Mater.* **5**, p. 348 (1993).
35. B. J. Lin, "Where is the lost resolution?" *Proc. SPIE* **633**, p. 44 (1986) [doi: 10.117/12.963701].

36. B. J. Lin, "Vibration tolerance in optical imaging," *Optical Engineering* **32** (3), p. 527 (1993) [doi: 10.1117/12.61215].
37. Y.-T. Wang and Y. C. Pati, "Phase shifting circuit manufacture method and apparatus," U. S. Patent, 5,858,580 (1999).
38. B. J. Lin, "The optimum numerical aperture for attenuated phase-shifting masks," *Microelectronic Engineering* **17** (1-4), 79-86 (1992).
39. A. Nitayama, T. Sato, K. Hasimoto, F. Shigemitsu, and M. Nakase, "New phase shifting mask with self-aligned phase shifters for quarter micron photolithography," *IEDM Technical Digest*, p. 57 (1989).
40. H. I. Smith, E. H. Anderson, and M. L. Shattenburg, "Lithography mask with a π-phase shifting attenuator," U. S. Patent 4,890,309 (1989).
41. B. J. Lin, "The attenuated phase-shifting mask," *Solid State Technology*, p. 43 (Jan. 1992).
42. N. Shiraishi, S. Hirukawa, Y. Takeuchi, and N. Magome, "New imaging technique for 64M-DRAM," *Proc. SPIE* **1674**, p. 741 (1992) [doi: 10.1117/12.130365].
43. M. Noguchi, M. Muraki, Y. Iwasaki, and A. Suzuki, "Subhalf-micron lithography system with phase-shifting effect," *Proc. SPIE* **1674**, p. 92 (1992) [doi: 10.1117/12.130312].
44. B. J. Lin, "Electromagnetic near-field diffraction of a medium slit," *J. Opt. Soc. Am.* **62**, pp. 977-981 (1972).
45. S. D. F. Hsu, N. Corcoran, and J. F. Chen, "Orientation dependent shielding for use with dipole illumination techniques," U. S. Patent 7,246,342 (2007).
46. B. J. Lin, "Optical projection printing threshold leveling arrangement," U. S. Patent 4,456,371 (1982).
47. B. J. Lin, A. M. Pelella, and A. E. Rosenbluth, "Lithographic process having improved image quality," U. S. Patent 4,902,899 (1990).
48. B. J. Lin, "Limits of optical lithography and status of EUV," *IEDM Short Course* (2009).
49. B. J. Lin, "Optical lithography with and without NGL for single-digit-nanometer nodes," *Proc. SPIE* **9426**, 942601 (2015) [doi: 10.1117/12.2087008].
50. B. J. Lin, "Making lithography work for the 7-nm node and beyond," *Microelectronic Engineering* **143**, pp. 91-101 (2015).
51. D. C. Owe-Yang, S. S. Yu, H. Chen, C. Y. Chang, B. C. Ho, C. H. Lin, and B. J. Lin, "Double exposure for the contact layer of the 65-nm node," *Proc. SPIE* **5753**, pp. 171-180, (2005) [doi: 10.1117/12.599651].
52. B. J. Lin, S. S. Yu, and B. C. Ho, "Improvement of hole printing by packing and unpacking (PAU) using alternating phase-shifting masks," U. S. Patent 666,4011 (2003).
53. B. J. Lin, "Multiple-mask step-and-scan aligner," U. S. Patent 6,777,143 (2005).
54. B. J. Lin, "Mask superposition for multiple exposures," U. S. Patent 7,394,080 (2008).
55. A. K. Wong, A. F. Molless, T. A. Brunner, E. Coker, R. H. Fair, G. L. Mack, and S. M. Mansfield, "Linewidth variation characterization by spatial decomposition," *J. Micro/Nanolith. MEMS, and MOEMS* **1** (2), p. 106 (2002) [doi: 10.1117/1.1488159].
56. A. K. Wong, A. F. Molless, T. A. Brunner, E. Coker, R. H. Fair, G. L. Mack, and S. M. Mansfield, "Characterization of linewidth variation," *Proc. SPIE* **4000**, p. 184 (2000) [doi: 10.1117/12.388994].
57. P. Vanoppen, O. Noordman, J. Baselmans, and J. B. P. van Schoot, "Analysis of full-wafer/full-batch CD uniformity using electrical linewidth measurements," *Proc. SPIE* **4404**, p. 33 (2001) [doi: 10.1117/12.425226].
58. S. Wittekoek, J. van der Werf, and R. A. George, "Phase gratings as waferstepper alignment marks for all process layers," *Proc. SPIE* **538**, pp. 24-31 (1985) [doi: 10.1117/12.947743].

59. N. T. Sullivan, "Semiconductor pattern overlay," *Proc. SPIE* **10274**, *Handbook of Critical Dimension Metrology and Process Control: A Critical Review*, 102740C (1994) [doi: 10.1117/12.187454].
60. P. Leray, S. Cheng, D. Kandel, M. Adel, A. Marchelli, I. Vakshtein, M. Vasconi, and B. Salski, "Diffraction based overlay metrology: accuracy and performance on front end stack," *Proc. SPIE* **6922**, 69220O (2008) [doi: 10.1117/12.772516].
61. F. Dettoni, R. Bouyssou, C. Dezauzier, J. Depre, S. Meyer, and C. Prentice, "Enhanced 28nm FD-SOI diffraction-based overlay metrology based on holistic metrology qualification," *Proc. SPIE* **10145**, 101452B (2017) [doi: 10.1117/12.2258206].
62. E. Hecht, *Optics*, *5th Edition*, Pearson Education, pp. 498-499 (2017).

第 8 章 浸没式光刻

8.1 引言

浸没式光刻技术是一匹黑马。国际半导体技术路线图（ITRS）——所有设备和材料供应商采用的文件——与半导体制造公司一起将光化波长从 436nm 降低到 365nm、248nm、193nm、157nm，然后是 13.4nm。436nm 和 365nm 波长是由汞弧灯产生的两条主要谱线；248nm、193nm 和 157nm 波长分别由 XeCl、KrF 和 F_2 准分子激光器产生；随后是 13.4nm 的 EUV 光，最初由 Xe 等离子体产生，然后改用 Sn 等离子体进行增强。

多年来，ITRS 一直受到持续关注。就在 2000 年之前，193nm 光刻技术预计在 0.93NA 的成像光学系统中达到其极限，该光学系统可以处理 65nm 节点并延伸到 55nm 半节点。然而，按照路线图，业界早在 2000 年就开始研发 157nm 光刻技术。

不幸的是，如此短波长只有 CaF_2 适用于透镜材料。这种材料已经应用于 193nm 中，但是对于 157nm 的规格更加严格。为了给成像透镜生长出大的、完美的 CaF_2 晶体，业界进行了大量的投资，但是这些尝试没有成功。失败的主要原因是生长大的晶体需要 90 天的周转时间。多达 600 个晶体生长炉被用来开发 CaF_2 的生产工艺，仍无济于事。

开发 157nm 的光刻胶也面临着严峻的挑战。直到全世界终止研发 157nm 技术，仍没有得到令人满意的光刻胶。首先，缺少保护膜材料，没有合适的膜材料可用；唯一的选择是使用石英或 CaF_2 作为厚的保护膜。其次，在不影响成像系统光学性能的情况下，安装和拆卸保护膜也是一个难题。最后，氧气会吸收 157nm 的光，因此光路必须在氮气中，这使得系统操作起来不方便，而且很危险。尽管氮气是无毒的，但它不易检测。如果泄漏产生了以氮气为主的气体环境，就会导致窒息。因此，用氮气冲洗系统可能会威胁到人的生命。

EUV 光刻是 157nm 光刻的后继者，在 2000 年时还相当不成熟。再经过 20 年的时间，EUV 光刻才能获得大批量制造的机会，这一点在下一章可以看到。

浸没式光刻的概念在 1987 年首次发表[1]，作为笔者提出的路线图中的最后一步。15 年后的 2002 年，笔者指出了水浸没的 193nm 光刻的优势[2]，相比 157nm 光刻和 EUV 光刻，浸没式光刻提供了一个具有吸引力的选择。例如，在成像镜头的最后一片透镜之前和浸没液之后的光路仍然是 193nm 的波长，157nm 波长的所有困难都可以被绕过。更好的是，水浸没介质中，134nm 波长的耦合空间频率比干式 193nm 系统高 44%，比干式 157nm 系统要好 19%。当然，浸没式光刻技术有其自身的挑战。然而，用水浸没的方式更容易应对这些挑战，这一点将在后续说明。

由于 157nm 光刻和 EUV 光刻的巨大障碍，浸没式光刻已经成为折射/折反射光学光刻增量扩展的最终技术。浸没式光刻已将半导体制造从 45nm 节点带入 40nm、32nm、28nm 和 7nm 节点。Owa 和 Nagasaka[3] 提供了一篇关于浸没式光刻的历史、现状和未来前景的综述文章。

自本书第一版出版以来，尽管 EUV 光刻在过去十年中已取得了长足的进步，但其在制造领域的经济型主力地位仍有待被承认。

8.2 浸没式光刻概述

浸没式光刻的基本思想是填充成像透镜的最后一个元件和晶圆上光刻胶表面之间的空气空间，如图 8.1 所示。随着更高折射率的介质填充空气空间，更高空间频率的光可以与光刻胶耦合，从而提高分辨率。液体耦合也使两个受影响界面处的反射损失最小化。分辨率提高的经典解释是 $NA \equiv n\sin\theta$ 随耦合介质中折射率 n 的变化而增大。但是我们如何想象这一点呢？根据以下公式，液体中的波长被真空中的波长减小：

$$\lambda = \lambda_0 / n \tag{8.1}$$

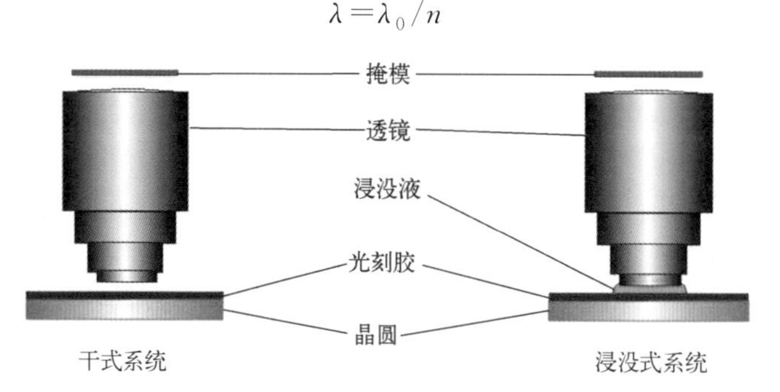

图 8.1 干式系统与浸没式系统的比较示意图。

由式（5.3）（在此重复一次），投影成像系统的分辨率[4] 为：

$$W = k_1 \frac{\lambda}{\sin\theta} \tag{8.2}$$

其中，W 是分辨率，表示为周期性物体的半周期或孤立特征的尺寸；λ 是相关介质中的波长；θ 是孔径角，即光学系统允许的最大空间频率的光线所保持的角度。当 λ 减小时，W 也减小。将分辨率的这种解释转化为经典解释，得到下式，其中 λ_0 是真空中光化光的波长：

$$W = k_1 \frac{\lambda_0}{n\sin\theta} = k_1 \frac{\lambda_0}{NA} \tag{8.3}$$

基本上，NA 在沿光路的任何地方都充当着低通空间频率滤波器的阈值。因此，当光学系统的选通部分中的 NA 增加时，光学系统其他部分的 NA 也增加，直到特定部分中的 NA 成为选通。例如，当 NA 由耦合介质选通时，即使透镜或光刻胶可以支持更大的 NA，分辨率也仍由该耦合介质决定。当耦合介质从空气换成液体时，更高的空间频率从透镜耦合到光刻胶，以提高分辨率。注意，光刻胶中的波长也因其折射率而减小，这在微光刻成像系统中通常是最高的，从而确保它不是选通因素。

由折射率变化引起的介质中波长的减少，表现为介质中光速的变化。光波的频率不变，如众所周知的光子能量方程所示❶：

$$E=h\nu \tag{8.4}$$

其中，E 是光子的能量，h 是普朗克常数，ν 是光波的频率。在任何透明介质中，光波的能量以及材料间相互作用的特性都不会改变。掩模、透镜和光刻胶材料被与光源发射的光频相同的光频照射。这些材料的光学特性不会改变，直到真空波长改变，这意味着光能改变，从而光频改变。因为当真空波长改变时，材料的光学特性会改变，所以可能需要开发在新频率下工作的新材料。

浸没式系统优于具有更短真空波长的系统，因为使用前者不需要考虑开发新的掩模、透镜和光刻胶材料，也不需要净化或排空周围气体环境。与相同波长的干式系统相比，浸没式系统的优势是对光学系统性能要求较低，而且使用的是相同的 NA。这在 8.4 节和 8.5 节中将有更详细的解释。

因此，有可能使用 193nm 真空波长和基础设施，将现有的 λ 和 NA 组合向后扩展两到三个节点，例如从 65nm 到 45nm、32nm 和 28nm，以满足技术和经济两方面的要求。然而，有许多可预见的挑战，包括制备具有所需光学、力学和化学性质的液体，设计和构建浸没式光刻系统，修改用于浸没式系统的光刻胶等。即使在考虑材料和系统要求之前，浸没式光刻系统也与传统的干法光刻系统非常不同，这是由于光刻胶中的高折射率耦合介质和极高的空间频率。后者使光学成像对成像光的偏振非常敏感，如 8.5 节所述。

浸没式显微技术是众所周知的，并且其商业化已有几十年。虽然耦合介质的波长减小原理及其功能类似浸没式光刻中的原理和功能，但是前者要容易得多。一旦找到一种惰性、透明、高折射率的液体，并制造出浸没式投影物镜，问题也就解决了。对于浸没式光刻来说，满足前两个要求要困难得多。液体必须具有均匀且一致的折射率，并且晶圆必须在液体中高速移动以进行步进扫描曝光，而步进扫描曝光已经取代步进重复曝光而成为特征尺寸减小趋势的先导。制造浸没式成像透镜也不是小事。即使成像侧的 $\sin\theta$ 不变，掩模侧的 $\sin\theta$ 也增加 $n-1$ 倍，即掩模侧的 NA 增加。对于 $\sin\theta=0.9\sim0.95$，必须用折反射系统代替常规的折射系统。除了这两个经典需求之外，还必须满足许多其他挑战。

从 20 世纪 80 年代开始，就有关于浸没式光刻的提议和演示。1989 年，Kawata 等人[5] 在商业光学显微镜上展示了使用 453nm 波长、高折射率油、NA=1.4 的光学光刻技术；他们能制造的最小平滑光刻胶线是 230nm 的孤立线。在 1999 年，Hoffnagle 等人[6] 使用折射率匹配液体环辛烷，延伸了干涉光刻的极限，环辛烷在 257nm 波长下具有 1.51 的折射率；该研究表明，为 248nm 设计的商用化学放大光刻胶可以在浸没模式下工作。自 2001 年以来，Switkes 和 Rothschild[7,8] 一直在报告他们针对 157nm 和 193nm 光束的浸没液体的发现进展。1987 年，除了讨论这种系统的优点和问题之外，Lin[1] 还提出通过轴上狭槽扫描来扩展光刻视场尺寸，以及用浸没液体来扩展 DOF。前一个概念指向现代步进扫描光刻机，后者则可以通过几个额外的节点来扩展扫描光刻机。

有一些出版文献，主要涉及高数值孔径（high-NA）成像中的偏振效应，有助于理解浸没式光刻技术，尤其是当该技术不是用于简单地扩展 DOF，而是在高 NA 模式下增加分辨率时。Flagello 和 Rosenbluth[9] 以及后续 Flagello、Milster 和 Rosenbluth[10] 论述了矢量衍射理论和高数值孔径成像。Brunner 等人[11] 对偏振效应和超高数值孔径（hyper-NA）光

---

❶ 可参阅任何一本现代物理学的教科书。

刻技术提供了有价值的见解。Lin[4] 定义了用于高 NA 光刻技术的非近轴比例系数 k_3，并扩展了比例方程以包括浸没式光刻应用。8.3 节的大部分内容摘自他 2004 年的工作[12]。

8.3 分辨率和焦深

浸没式光刻系统的分辨率和焦深要求与干式光刻系统相比有不同的考虑。由于透镜和晶圆之间的高折射率耦合介质，介质中的波长减小了成像光的入射角和出射角。更高的空间频率被接受和传播。分辨率和/或焦深得到改善。

8.3.1 波长缩短和空间频率

波长作为传播介质折射率的函数而变化，如式（8.1）所示。在干式系统中，波长在每一片透镜元件、光刻胶和晶圆上的底层薄膜内变化。在浸没式光刻系统中，在成像透镜的最末端元件和光刻胶之间的耦合介质中发生额外的波长变化，如图 8.2 所示。根据斯涅耳定律（折射定律），当入射光束与光轴成一定角度时，波长减小会引起光束角度的变化：

$$n_1 \sin\theta_1 = n_2 \sin\theta_2 \tag{8.5}$$

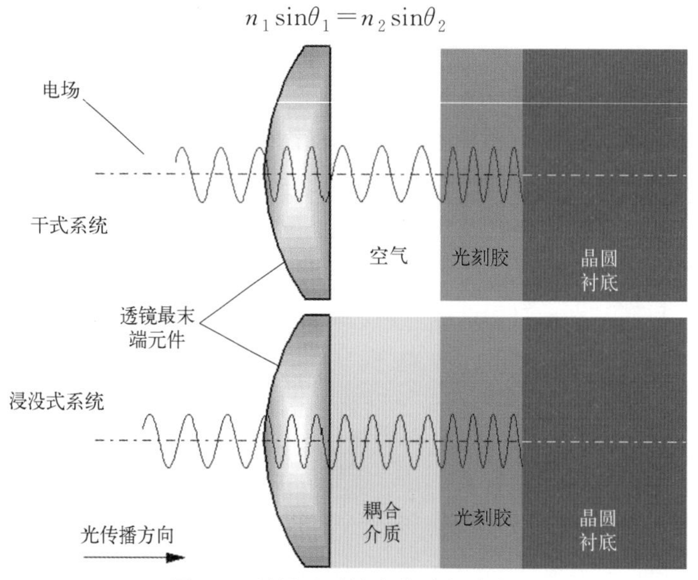

图 8.2 浸没式系统中的波长减小。

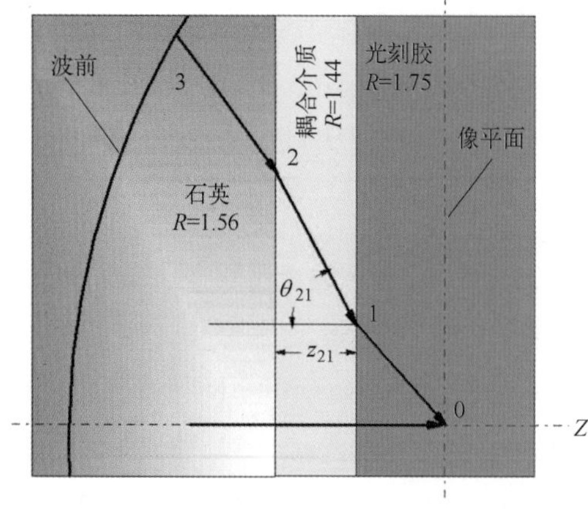

图 8.3 光线的角度根据斯涅耳定律变化。

图 8.3 说明了透镜元件、耦合介质和光刻胶中入射角的变化。更高分辨率的更大空间频率支持更大的 θ。我们在此强调，在记录介质中的数值孔径（NA）是很重要的。耦合介质起到将较低折射率的介质不能维持的大角度耦合到记录介质中的作用。例如，在真空中 NA=1，即 $\theta_2=\pi/2$，光刻胶的折射率 $n_1=1.75$，令 1 表示透镜介质，2 表示耦合介质，3 表示光刻胶。在式（8.5）设定 $\theta_3=35°$。有足够的空间来增加 θ_3，但是 θ_2 已经饱和到 90°。然而，当 $n_2=1.44$ 时，θ_3 增加到 55°。

光刻胶中现在的 NA 是 1.44，而不仅仅是 1。具有更高折射率的耦合介质可以进一步增加 NA。

8.3.2 分辨率比例方程和焦深比例方程

式（8.2）给出了分辨率比例方程，焦深的比例方程在式（5.4）中给出（此处重复如下）：

$$\mathrm{DOF}=k_3\frac{\lambda}{\sin^2(\theta/2)} \tag{8.6}$$

其中，k_3 是高 NA 成像焦深的比例系数，其他两个参数由式（8.2）定义。以 NA 来表达式（8.6）就不那么直接了。呈现 DOF 比例方程的几种方式中之一如下：

$$\mathrm{DOF}=k_3\frac{n\lambda_0}{\mathrm{NHA}^2}=\frac{\lambda_0}{n(1-\cos\theta)}=\frac{\lambda_0}{n\left(1-\sqrt{1-\frac{\mathrm{NA}^2}{n^2}}\right)} \tag{8.7}$$

其中，NHA 是数值半孔径 $n\sin(\theta/2)$。第一个等号后的表达式取自参考文献 [3]，后两个表达式来自参考文献 [8]。前者使用与其近轴对应部分最相似的形式，并且更容易记忆。最后一种形式用不变量 NA 表示。注意，NHA 不是一个不变量。

8.3.3 使用浸没式系统改善分辨率和焦深

浸没式系统的一个应用是，对于一个分辨率足够但 DOF 不足的系统，可提高其 DOF。在这种情况下，光刻胶中的成像角度无需增加，镜头角度也是如此。耦合介质中的角度减小，使得聚焦对晶圆的任何物理纵向位移不太敏感。图 8.4 为一个使用 $\sin\theta_{\mathrm{resist}}=0.51$ 的示例，透镜材料、水和光刻胶的折射率分别为 1.56、1.44 和 1.75。斯涅耳定律的简单计算设定 $\sin\theta_{\mathrm{quartz}}=0.57$，$\sin\theta_{\mathrm{air}}=0.89$，$\sin\theta_{\mathrm{water}}=0.62$。如果图像被记录在耦合介质中，式（8.6）描述了焦深 77% 的增益。请记住，方程中的 λ 在浸没液中是减小的；由于高数值孔径焦深比例方程中 $\theta/2$ 的杠杆作用，它比仅仅乘以折射率获得的焦深大得多。由于图像没有记录在耦合介质中，焦深应该用可用焦深 $\mathrm{DOF}_{\mathrm{avail}}$ 来表示，这将在 8.4 节中介绍。然而，在这种方案中，焦深的增加是可观的。注意，如果使用近轴焦深比例方程，焦深的增益仅取决于折射率，具体的分析推导如下所示：

$$\frac{\mathrm{DOF}_{\mathrm{water}}}{\mathrm{DOF}_{\mathrm{air}}}=\frac{\lambda_{\mathrm{water}}}{\sin^2\theta_{\mathrm{water}}}\times\frac{\sin^2\theta_{\mathrm{air}}}{\lambda_{\mathrm{air}}}=\frac{n_{\mathrm{water}}}{n_{\mathrm{air}}} \tag{8.8}$$

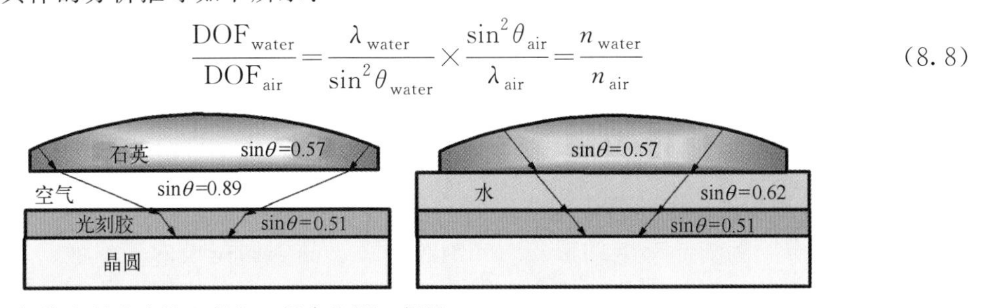

图 8.4　保持光刻胶中的入射角以提高焦深，假设：$n_{\mathrm{quartz}}=1.56$，$n_{\mathrm{water}}=1.44$，$n_{\mathrm{resist}}=1.75$。

浸没式系统还可以改善分辨率，可超过使用相同光频的干式曝光系统所能提供的。图 8.5 给出了一个浸没式曝光系统，该系统使用图 8.4 中给出的折射率分布来保持耦合介质中的物理角度。根据式（8.2）和式（8.6），如果图像被记录在液体中，分辨率将提高 44%，而焦深将减小 44%。类似于对图 8.4 的陈述，由于图像没有被记录在耦合介质中，焦深应

该用 DOF_{avail} 表示（参考 8.4 节）。由于存在偏振相关的杂散光，浸没式系统的实际成像性能略差于使用等效降低真空波长的系统，这将在 8.5 节中进行讨论。

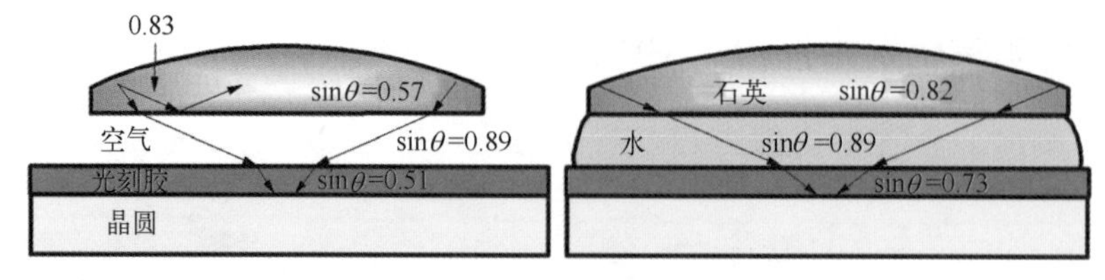

图 8.5 保持耦合介质中的物理角度以提高分辨率，假设：$n_{quartz}=1.56$，$n_{water}=1.44$，$n_{resist}=1.75$。

8.3.4 浸没式系统中的 NA

由于掩模和晶圆两侧的介质不同，情况较复杂。透镜设计者通过根据图像缩小倍率 M 来表达复合透镜两侧的 NA，使其易于管理：

$$NA=M\times NA_o \tag{8.9}$$

和

$$\sin\theta_{water}=M(n_o/n_i)\sin\theta_o \tag{8.10}$$

因此，$\sin\theta_i$ 与 $\sin\theta_o$ 通过缩小倍率和折射率相关联。图 8.6 为一个 2× 缩小双远心浸没式光刻系统。因为它是浸没式系统，所以 $n_o>n_i$。

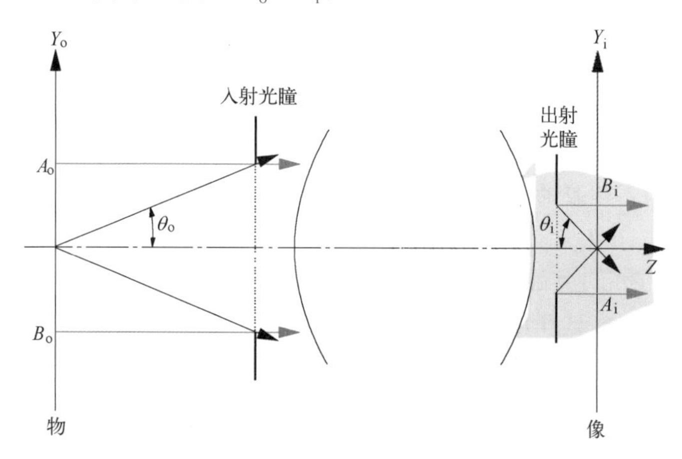

图 8.6 2× 缩小双远心浸没式光刻系统，显示出掩模侧和晶圆侧数值孔径。缩小倍率和 NA 比率是相同的。

8.4 多层介质的焦深 [13]

DOF 通常是从许多不同的角度获得的。存在由衍射决定的 DOF，其支持 DOF 指标预算中的所有成分，例如晶圆上的形貌、光刻胶厚度、晶圆和掩模的平坦度、倾斜、聚焦误差、图像平面偏差、薄膜不均匀性和扫描缺陷。所需 DOF 是预算组成部分的函数。可用 DOF 是去除光刻胶厚度后的衍射 DOF；这是在确定光刻胶厚度要求之后，对于给定技术节点，光刻机设计者和工艺工程师可用的 DOF。

8.4.1 多层介质中的透射和反射

我们要分析的情况如图 8.7 所示，其中展示了投影透镜中的最后一个透镜元件；耦合介质可以是气体、液体、固体，或者只是真空。该图还显示了接触耦合介质和晶圆衬底的电阻。我们习惯于只检查空气中的衍射图像。浸没式系统提醒我们需要考虑光刻胶中的衍射图像以及透镜和光刻胶之间的耦合介质。

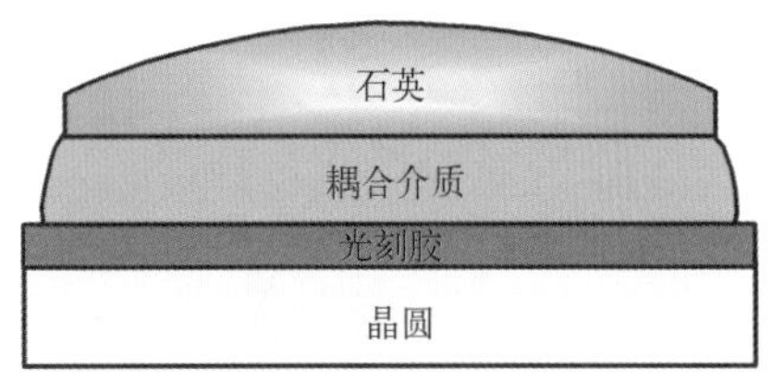

图 8.7　透镜、耦合介质、光刻胶层和晶圆。

让我们先来看看耦合介质，其折射率接近 1。像空间分为两种类型。图 8.8 显示了完全在空气中以及完全在厚光刻胶体系中的仿真衍射图像。这里，使用 $\sigma=0.8$ 的轴向照明，通过 NA＝0.9、$\lambda=193$nm 的成像透镜对相隔 200nm 的 100nm 线开口进行投影。该光学系统被假定为衍射受限的，所以空气中的波前是球面的。如果我们保持如图所示空气中的球面，一旦引入厚的光刻胶层，球面像差就会自动引入[14]。然而，在仿真模拟中，我们假设透镜对光刻胶引起的球差进行了校正。这相当于在光刻胶中使用一个球面波前。衍射图像在 x-z 空间中显示为恒定强度的等值线，其中 x 代表横向，z 是纵向。图 8.8 显示，在空气中（左图）和在厚光刻胶中（右图）的衍射图像具有相同的横向分辨率，因为光刻胶的 NA 保持不变。然而，由于光刻胶中的 θ 较小，使得光刻胶中的 DOF 得到了改善。

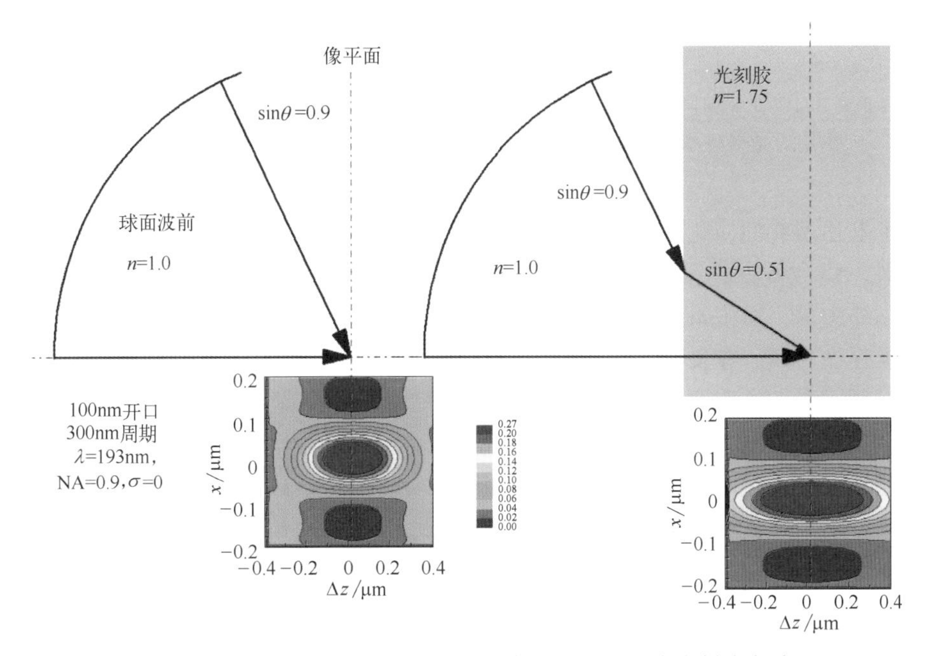

图 8.8　焦点附近的仿真衍射图像，其中：（左）没有光刻胶介质；（右）有光刻胶介质。光刻胶厚度为 800nm。

当对晶圆上的光刻胶进行曝光时，光刻胶的厚度必须保持在利用 NA、照明条件、特征尺寸、特征形状和特征组合从衍射考虑得出的 DOF 的一部分之内。扣除光刻胶厚度后，剩余的 DOF 需要用于处理聚焦误差、倾斜、晶圆和掩模不平整、场曲、扫描引起的误差等。

图 8.9 显示了光刻胶厚度为 200nm 时的情况。这里，衍射图像有两部分，一部分由耦合介质中的波长决定，另一部分由光刻胶中的波长决定。当入射波穿过耦合介质时，它与图 8.8 所示的均匀介质中的波相同，直到它到达光刻胶表面。然后，它分裂成两个波：透射波和反射波。后者是根据耦合介质的折射率调整后的透射波的镜像。前者可以被认为是图 8.8

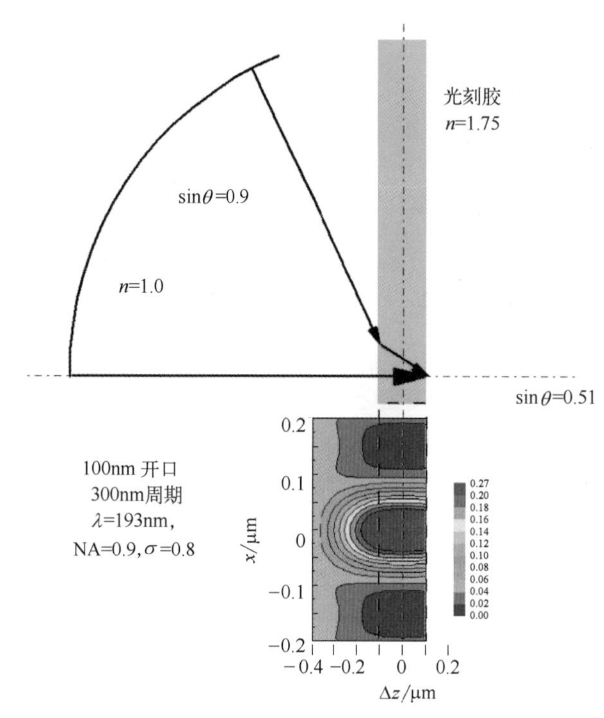

图 8.9　与图 8.8 相同的衍射图像，除了使用的光刻胶厚度为 200nm。

所示光刻胶中衍射波的一部分，取 200nm 深度内的，因为我们假设光刻胶上方和下方有完美的抗反射涂层，以及无吸收的耦合介质和光刻胶。因此，在图 8.9 中绘制了穿过界面处的强度没有变化的透射光。

光刻胶-晶圆界面和光刻胶-耦合介质界面之间的多次反射对于 DOF 非常重要。当这些反射出现时，人们不应该忽视它们。幸运的是，为了控制描绘的图像尺寸，即控制关键尺寸(CD)，常常将反射降低到最小。图 8.10 显示了在氧化层上不同 k 值的 SiON 底部抗反射涂层上，CD 作为光刻胶厚度的函数。当 $k=0.65$ 时，CD 的变化小于 1.5%。与这种 CD 变化相对应的反射率波动约为 1%，这通常是在生产现场可以实现的。因此，我们可以假设在两个界面都有非常好的抗反射性能。图 8.9 是在这些假设下绘制的。有了上述所有的简化，可以剪切图 8.8 中 $z=-400$nm 和 -100nm 之间的空气中的强度等值线图，并将其粘贴到 $z=-100$nm 和 100nm 之间的厚光刻胶部分的另一个切口上，以构建图 8.9 中的衍射图案，来展示两种介质中的衍射强度分布。在此案例中，我们编写了一个计算机程序，用于在复合介质中衍射和粘贴。严格来说，只能对两种介质中的一种进行球差校正。对于我们说明两种介质中的衍射图像的目的，忽略球差是可以接受的。

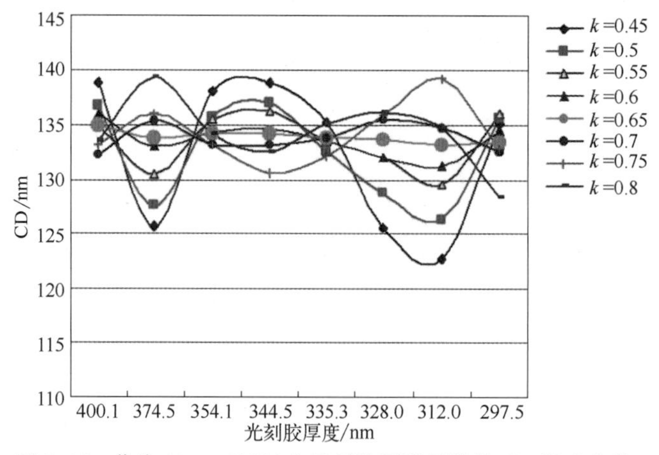

图 8.10　作为 26nm SiON 上光刻胶厚度函数的 CD 摆动曲线。

8.4.2　晶圆离焦运动的影响

因为光刻胶的厚度不会改变，当晶圆在纵向移动时，光刻胶表面会一起移动。因此，晶圆纵向移动的灵敏度主要由耦合介质的折射率而不是光刻胶的折射率所决定。这一点在图 8.11 和图 8.12 中通过使用图 8.8 中的成像例子进行了演示。用于光刻胶和耦合介质的折射率分别为 1.75 和 1.44。前者显示了当空气-光刻胶界面以 100nm 的步长从 −200nm 移动到 200nm 时，空气和光刻胶中恒定强度的等值线图。$\Delta z=0$ 为焦平面，即当空气-光刻胶界面在 −100nm 时，光刻胶层完全处于中心位置。100nm 步长的移动距离指的是在光刻胶成像空间中的移动。对于关心控制透镜和晶圆之间距离的外部观察者来说，应该针对折射率的差异（即 100nm/1.75）来调整步长，从而得到 57nm 的步长。类似地，在浸没式光刻的情

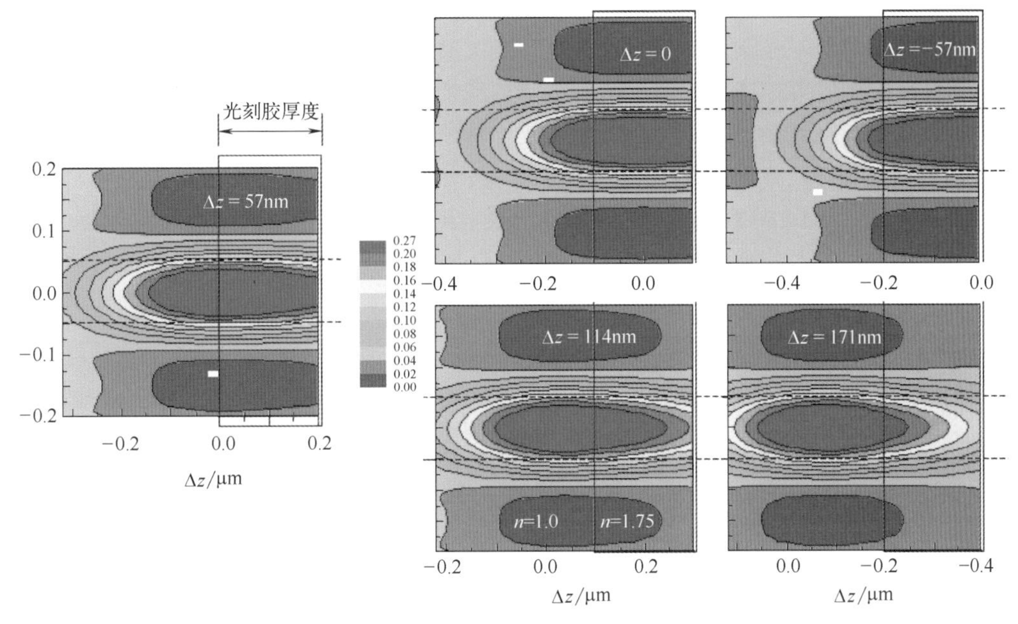

图 8.11　不同 Δz 设置下，空气中的光刻胶层。

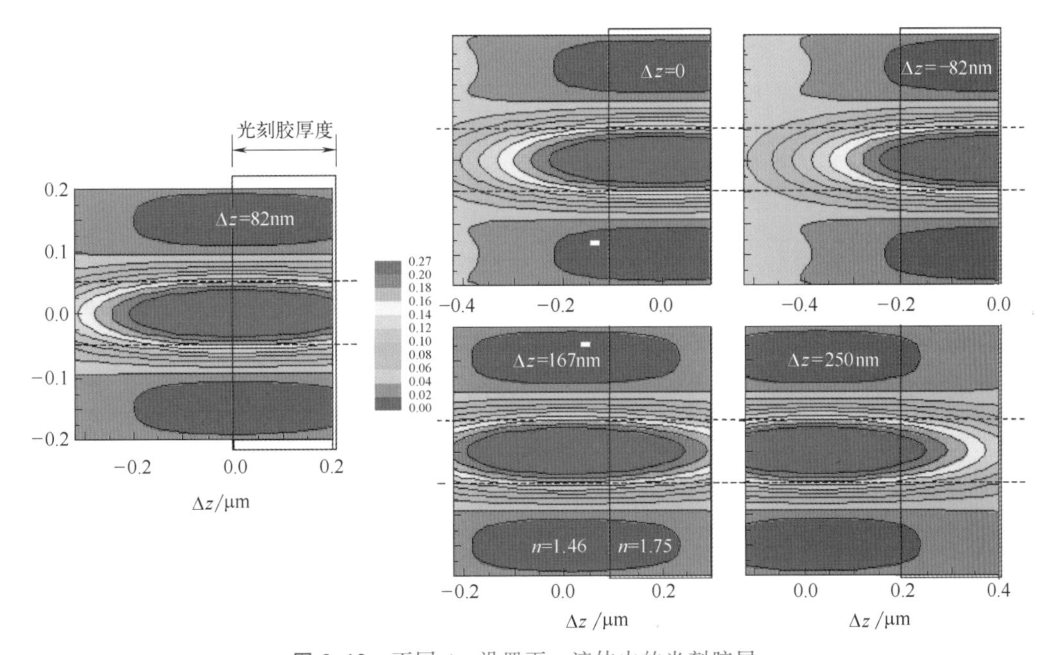

图 8.12　不同 Δz 设置下，液体中的光刻胶层。

况下，光刻胶中的 100nm 步长变成 100nm×1.44/1.75＝82nm，用于控制透镜和晶圆之间的距离。在理解式（8.12）后，使用折射率来调整离焦步骤将会变得清晰，见 8.4.4 节。使用模拟仿真时，我们需要小心仿真器给出的 DOF。如果该 DOF 在光刻胶空间中给定，则应进行上述调整。如果在空气中给出，在干式介质中的步长不需要校正；然而，液体耦合介质中的步长应该乘以液体的折射率。

当光刻胶中存在低光吸收和高显影对比度时，恒定强度的等值线图是不同曝光剂量下光刻胶轮廓的良好指标。从图 8.11 可以看出，当光刻胶的轮廓以焦平面为中心时，它是对称的。当晶圆远离透镜时，光刻胶顶部的曝光量较多，底部的曝光量较少，而当晶圆靠近透镜时，情况则相反。由于光刻胶的折射率较高，光刻胶轮廓中的跨度确实在 Z 向上被拉长了。然而，耦合介质中的等值线决定了光刻胶中等值线的起始点。前者对于控制透镜和晶圆之间的距离至关重要。图 8.12 显示了与图 8.11 相同的趋势。这里唯一的区别是，耦合介质现在具有折射率 $n_{CM}=1.44$，因此在 z 向上延长了等值线，对透镜和晶圆之间的距离产生了更多的公差。请注意，在 $\Delta z=-82$nm 的浸没情况下，等值线仍然比没有浸没的 $\Delta z=-57$nm 时略好。在其他的 Δz 设置下，这个趋势甚至更加明显。这意味着浸没式光刻比单纯的 $n_{CM}=1$ 能容忍透镜和晶圆之间更大的纵向物理移动。

8.4.3 衍射焦深

单一介质中的分辨率和衍射焦深 $DOF_{diffrac}$ 分别由式（8.2）和式（8.6）表示。在光刻胶中，λ 和 $\sin\theta$ 的降低相互补偿，以保持分辨率不变。$\sin^2(\theta/2)$ 的影响比波长减小的影响更强，导致更大的 $DOF_{diffrac}$。转换为对 NA 的依赖性，式（8.2）和式（8.6）分别变为式（8.3）和式（8.7）。式（8.6）和式（8.7）描述了当整个衍射 DOF 包含在一个单一介质中时的图 8.11 的情况。它们和式（8.3）的不同在于独立于介质。有了这些方程，斯涅耳定律使得 NA 在光学成像系统中的任何介质中都是不变的，所以 W 保持不变。正如 $DOF_{diffrac}$ 不是一个不变量一样，NHA 也不是。

确定式（8.6）和式（8.7）中的正确 k_3 非常重要。人们将感兴趣的适当照明的特征用于仿真或将图像投影通过透镜和耦合介质到达光刻胶表面，然后评估使 CD 保持在所有特征的规范内的离焦范围，并利用耦合介质的折射率调整该范围。由此设定这些等式中使用的 k_3 值。我们应该记住，在高数值孔径下，光的偏振会降低比例方程的有效性，如 8.5 节所述。

在晶圆曝光印刷期间，衍射 DOF 必须支持成像系统所需的 DOF。该要求包括聚焦误差、曝光场内的晶圆和掩模平面度、晶圆相对于光轴的倾斜、扫描缺陷、像平面偏离光学系统、衬底上的形貌、薄膜不均匀性和光刻胶厚度。因此，对于掩模上给定的一组图案，其衍射 DOF 必须至少与所需 DOF（$DOF_{required}$）一样大。这两种类型的 DOF 应用于式（8.11）的左侧和右侧。在某种意义上，衍射 DOF 就像一个 DOF 储藏库，供所需 DOF 使用。因此，一个可用的成像系统要求：

$$DOF_{diffrac} \geq DOF_{required} \tag{8.11}$$

为了确定 $DOF_{diffrac}$，可在预先确定的成像条件下，如 λ、NA、照明设置和透镜像差，取所有有代表性的特征类型和尺寸，在给定的曝光剂量和离焦范围内评估 CD。每个特征类型和尺寸的 E-D 树是由 CD 数据评估的。来自公共 E-D 树的公共 E-D 窗口被用来设置给定曝光裕度（EL）的 DOF。将 DOF、λ 和 θ 代入式（8.6）或式（8.7），得到 k_3。

前面的程序考虑了在真空中评估 DOF 的问题，并且在各种出版物中都有记载[15-17]。由于空气的折射率只比真空的折射率略高，所以不会有太大的误差。在一个折射率远高于真空的耦合介质中，$DOF_{diffrac}$ 会增加 n_{CM}。同样地，在厚度大于 $DOF_{diffrac}$ 的厚光刻胶介质中，DOF 被 n_{resist} 增加，如图 8.11 所示。

只要不考虑偏振效应，衍射 DOF 就会服从高 NA 比例定律[4]。偏振效应将在 8.5 节中处理。

8.4.4 所需焦深

为了确定所需焦深 $DOF_{required}$，所有的贡献成分被线性地或二次地结合起来，这取决于某个特定的成分是系统性的还是统计性的[1,18-20]。下面的方程是我们目前对 $DOF_{required}$ 的理解。虽然波长在覆盖晶圆衬底和晶圆形貌的光刻胶介质中减少，从而增加了可接受的衍射图像的焦距范围，但许多其他贡献的成分是基于光刻胶表面在耦合介质中的移动。如图 8.12 所示，来自这些其他成分的对 DOF 的贡献，应使用耦合介质的折射率：

$$\frac{1}{n_{CM}}DOF_{required}=\frac{1}{n_{resist}}(THK_{resist}+Z_{topo}+\Delta Z_{IPD})+\left[\frac{1}{n_{resist}^{2}}(\Delta Z_{resist}^{2}+\Delta Z_{topo}^{2}+\Delta Z_{FU}^{2})+\frac{1}{n_{air}^{2}}\left(\Delta Z_{focus}^{2}+\Delta Z_{SI}^{2}+\frac{\Delta Z_{MF}^{2}+\Delta Z_{tilts\ at\ mask}^{2}}{M^{2}}\right)+\frac{1}{n_{CM}^{2}}(\Delta Z_{tilts\ at\ wafer}^{2}+\Delta Z_{WF}^{2})\right]^{\frac{1}{2}} \tag{8.12}$$

其中，IPD 表示像平面偏差，FU 表示薄膜均匀性，CM 表示耦合介质，SI 表示扫描缺陷，WF 表示晶圆平整度，MF 表示掩模平整度，M 是掩模缩小倍率。除了光刻胶厚度 THK_{resist} 之外，所有起贡献作用的成分在每个曝光场内或曝光场间都是随机的。通过将形貌和薄膜均匀性与 n_{resist} 相关联，我们假设光刻胶在形貌和衬底薄膜上是完全平坦的。我们还假设像平面偏差完全包含在光刻胶厚度中。ΔZ_{tilts} 包含晶圆侧和掩模侧的倾斜。掩模侧的倾斜必须由 M^2 来划分。薄膜均匀性是指衬底薄膜的局部变化。这些薄膜首先被光刻胶平坦化，因此，它们的 DOF 贡献由光刻胶折射率决定。晶圆平整度在更大的横向范围内展开；因此，光刻胶顺应晶圆的平整度。因此，其 DOF 贡献由耦合介质的折射率决定。

干式成像系统和浸没式系统的区别在于 n_{CM}。由于浸没式系统的 n_{CM} 更大，因此增加了 DOF 要求。因此，当真空波长与浸没波长相同时，干式系统需要较少的 DOF。然而，在相同的光频率下，浸没波长更短，导致更大的 $DOF_{diffrac}$。这大大补偿了所需 DOF 更高的损失。

8.4.5 可用焦深

器件制造的可用焦深 DOF_{avail} 等于 $DOF_{diffrac}$ 减去光刻胶厚度的贡献。它提供了容纳其他离焦成分的“空间”。在过于简化的观点中，DOF_{avail} 是通过曝光离焦矩阵，在期望的光刻胶厚度下，在光刻胶图像中测量的 DOF。必须仔细地进行测量，以消除任何测量误差和来自晶圆不平度、倾斜误差等的任何贡献。理论上，DOF_{avail} 可以用下式给出：

$$DOF_{avail}=k_{3}\frac{\lambda_{CM}}{\sin^{2}(\theta/2)}-\frac{n_{CM}}{n_{resist}}\times THK_{resist} \tag{8.13}$$

和

$$\frac{1}{n_{\text{CM}}}\times \text{DOF}_{\text{avail}}=\frac{1}{n_{\text{resist}}}(Z_{\text{topo}}+\Delta Z_{\text{IPD}})+\left[\frac{1}{n_{\text{resist}}^{2}}(\Delta Z_{\text{resist}}^{2}+\Delta Z_{\text{topo}}^{2}+\Delta Z_{\text{FU}}^{2})+\frac{1}{n_{\text{air}}^{2}}\left(\Delta Z_{\text{focus}}^{2}+\Delta Z_{\text{SI}}^{2}+\frac{\Delta Z_{\text{MF}}^{2}+\Delta Z_{\text{tilts at mask}}^{2}}{M^{2}}\right)+\frac{1}{n_{\text{CM}}^{2}}(\Delta Z_{\text{tilts at wafer}}^{2}+\Delta Z_{\text{WF}}^{2})\right]^{\frac{1}{2}} \tag{8.14}$$

浸没式系统的 $\text{DOF}_{\text{avail}}$ 比干式系统的 $\text{DOF}_{\text{avail}}$ 大一个系数，该系数大于折射率。让我们继续以图 8.11 和图 8.12 为例。对于光刻胶厚度为 200nm，$n_{\text{resist}}=1.75$，$n_{\text{CM}}=1.44$，表 8.1 中列出了 $\text{DOF}_{\text{diffrac}}$ 和 $\text{DOF}_{\text{avail}}$。

表 8.1 干式系统和浸没式系统的 $\text{DOF}_{\text{diffrac}}$ 和 $\text{DOF}_{\text{avail}}$。

λ/nm	$\sin\theta$	k_1	k_3	$\text{DOF}_{\text{diffrac}}$	$\text{DOF}_{\text{avail}}$
193	0.9	0.466	0.35	240	126
134	0.625	0.466	0.367	451	289

根据式（8.3），$\text{DOF}_{\text{diffrac}}$ 在 n_{CM} 和 n_{resist} 等于 1 的条件下被评估，并根据式（8.14）获得 $\text{DOF}_{\text{avail}}$。这种特殊的浸没式系统的 $\text{DOF}_{\text{avail}}$ 几乎是干式系统的三倍。浸没式系统稍高的 k_3 值是由于较少的偏振相关杂散光，这将在 8.5 节中详细讨论。

这里，实验证实了 DOF 的提高。图 8.13 显示了对于 90nm 的 SRAM 电路，暴露在有源层上刻蚀的多晶硅图像的 DOF。对于干式和浸没式成像系统，由 ±10% CD（关键尺寸）确定的 DOF 分别为 350nm 和 700nm。显影后的图像具有 314nm 和 622nm 的 DOF。

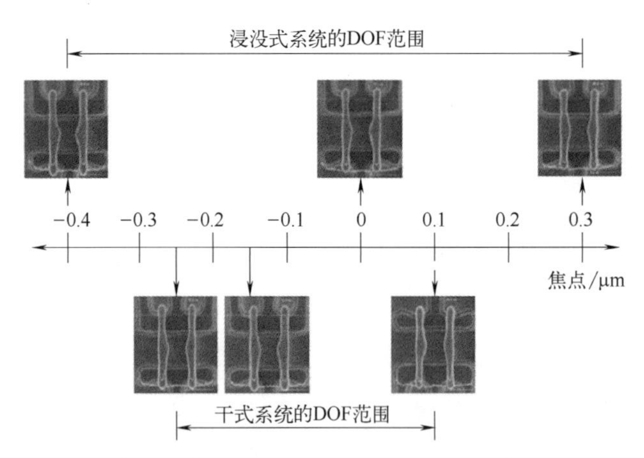

图 8.13 有源层上多晶硅图像的 DOF（转载自参考文献 [48]）。

图 8.14 显示了用 E-D 窗口确定的 130nm 接触孔的焦深，使用 $\sigma=0.60$、0.75NA 的轴向照明和 6% 的 AttPSM，绘制了 260nm、400nm 和 430nm 周期的单独和公共 E-D 窗口。每个单独窗口的 DOF 改善为 30%～50%，而公共窗口的 DOF 改善为 51%。

8.4.6 耦合介质的首选折射率

耦合介质的最佳折射率是多少？从折射率匹配以减少反射的观点来看，n_{CM} 应该与液体接触的光刻胶或透镜材料的折射率相同，或者应该是两种接触材料的折射率之间的最佳值。

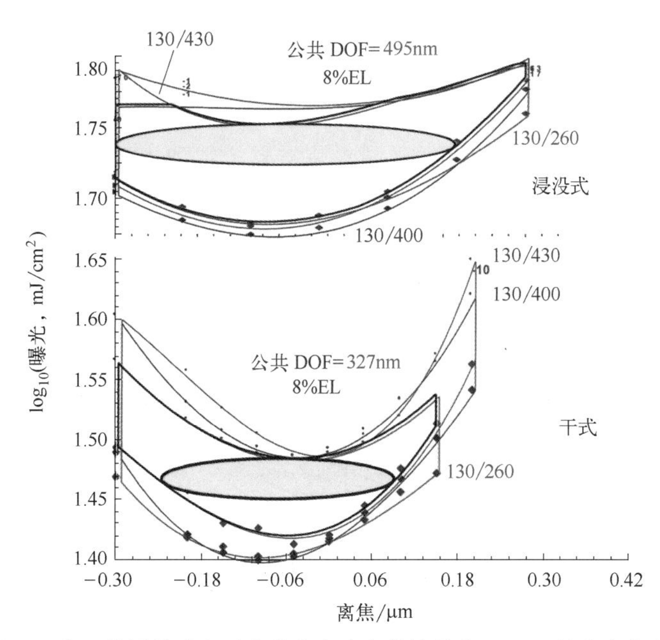

图 8.14　通过 E-D 窗口从浸没式和干式曝光中确定的接触孔 DOF（转载自参考文献［48］）。

然而，随着抗反射涂层取得突破性进展，使用耦合介质减少反射并不那么重要。应该使折射率尽可能高，以增加焦深。如果这种介质可用，应该毫不犹豫地使用比光刻胶更高的折射率。当然，全内反射将阻止高空间频率进入光刻胶，但是 DOF 仍然作为其高折射率的函数而增加。无论如何，没有耦合介质，被抑制的频率是不可用的。因此，耦合介质的折射率应该尽可能高。

8.4.7　分辨率和衍射焦深之间的权衡

在浸没式系统中，分辨率和 $DOF_{diffrac}$ 之间的权衡类似于波长缩短的系统。式（8.2）和式（8.3）可用于展示这种权衡，其中暂时忽略偏振相关的杂散光。在该权衡中有两个极端：最大分辨率和最大 $DOF_{diffrac}$。为了最大化分辨率，角度 θ 保持在干法光刻所能达到的最高值。例如，在存在高折射率介质的情况下，$\sin\theta$ 保持在 0.9。这样，分辨率改善为 $1/n_{CM}$，而 $DOF_{diffrac}$ 则以相同的系数降低。这种情况相当于简单地减小真空波长。$DOF_{diffrac}$ 降低与分辨率提高呈线性关系，而不是二次关系，就像 NA 增加一样。另一个极端情况——最大 $DOF_{diffrac}$，是通过减小 θ 保持分辨率不变来实现的，即 $\sin\theta=\sin\theta_0/n_{CM}$。$DOF_{diffrac}$ 现在通过下式得到提升：

$$DOF_{diffrac}=k_3\frac{\lambda}{\sin^2(\theta/2)}=k_3\frac{\lambda_0}{n}\times\frac{1}{\sin^2\left[\frac{1}{2}\arcsin\left(\frac{1}{n}\sin\theta_0\right)\right]} \tag{8.15}$$

图 8.15 展示了这种权衡。这里，在 $DOF_{diffrac}$ 与分辨率空间中，按照 $k_3=0.315$ 和 $k_3=0.315$，以对数尺度对式（8.2）和式（8.3）进行绘制。λ 和 $\sin\theta$ 现在是决定分辨率和可达到的 $DOF_{diffrac}$ 的参数。这组比例因子使用 E-D 森林方法、6% AttPSM、8% EL 和 10%CD 公差进行评估。使用了三个周期的公共 E-D 窗口，对应于 1∶1.5、1∶2 和 1∶3 的线空比。在该图中，绘制了三条对应于 193nm、157nm 和 134nm 的 $DOF_{diffrac}$ 曲线，表明 193nm 浸没式曝光系统性能确实优于 157nm 的干式曝光系统一代以上。在 193nm 和 0.7NA

下，分辨率为 87nm，$DOF_{diffrac}$ 为 300nm。在 193nm 和 134nm 曲线之间的阴影区域中显示了使用水浸没的可行的改善范围。保持分辨率，使用 $\sin\theta=0.48$，将 $DOF_{diffrac}$ 提高到 480nm。通过将液体浸没的 $\sin\theta$ 移动达到 0.59 来保持 300nm 的 $DOF_{diffrac}$，得到 70nm 的分辨率。使用相同的 $\sin\theta$ 为 0.7，但是通过浸没将波长增加到 134nm，获得 59nm 的分辨率，同时将 $DOF_{diffrac}$ 减小到 206nm。

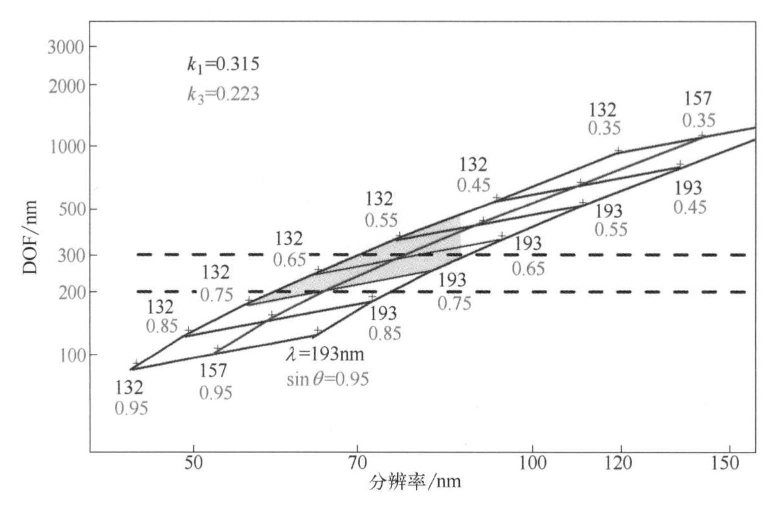

图 8.15　使用环形照明和 AttPSM 时，分辨率和 $DOF_{diffrac}$ 之间的权衡。

8.5　光学成像中的偏振

光作为一种电磁（EM）波，具有矢量的电场和磁场特性；因此，它有偏振性。这些场的方向，即偏振性，影响到介质界面的透射和反射特性。此外，成像过程本身也与偏振有关。在错误的偏振下，高空间频率的对比度会降低。在低 NA 时，偏振效应并不明显，因此迄今为止一直被忽视。现在，当 NA 为 0.6 或更高时，特别是当它通过浸没后急剧增加时，偏振效应就不能再被忽视了。

在过去二十年里，矢量照明和矢量成像开始得到了光刻技术专家的关注。Flagello 和 Rosenbluth[9] 对于空间像和光刻胶中的高 NA 情况，探讨了基于矢量衍射理论的光刻公差。Brunner 等人[11] 阐述了 TM 成像和高角度的薄膜反射。这些学者们还作了各种实验演示。Smith 和 Cashmore[21] 展示了在光刻胶中依赖于偏振的成像，并探讨了光刻胶参数的影响。

本节分析了两个突出的偏振效应：①当空间频率重新组合形成图像时，TM 偏振的对比度损失；②由光刻胶表面的镜面反射引起的杂散光。这两种效应都可以用杂散光来定量说明。这种与偏振有关的杂散光（PDS）[22] 与光学成像系统中通常存在于光学图像强度分布中的系统杂散光（SSL）相结合，以生成 E-D 树和窗口，以评估一组给定物体的 DOF 和 EL。然后，我们比较了线空对、接触孔、圆形照明、环形照明以及物体中包含的 1 级以上的空间频率的 PDS 导致的 DOF 损失。还对 193nm 的浸没式系统和干式曝光系统，以及 157nm 的干式系统和 193nm 的浸没式系统进行了比较。

8.5.1　不同偏振的成像

成像过程可以被看作是空间频率的传输和滤波。当光离开掩模时，它将掩模中包含的所有空间频率带向成像透镜，透镜承担着在像面上重新组合这些空间频率以再现掩模图案的作用。由于有限的 NA，透镜表现得就像一个低通滤波器，切断超过 NA 限制的较高空间频率，并传输较低的频率进行重组。图 8.16 给出了入射的零频率照明光束通过掩模上的一个大开口和一个小开口衍射产生的空间频率的角分布。透镜光瞳切断了 $\pm\theta$ 范围以外的任何空间频率。大开口衍射出的角谱较小，比小开口的再现效果好。

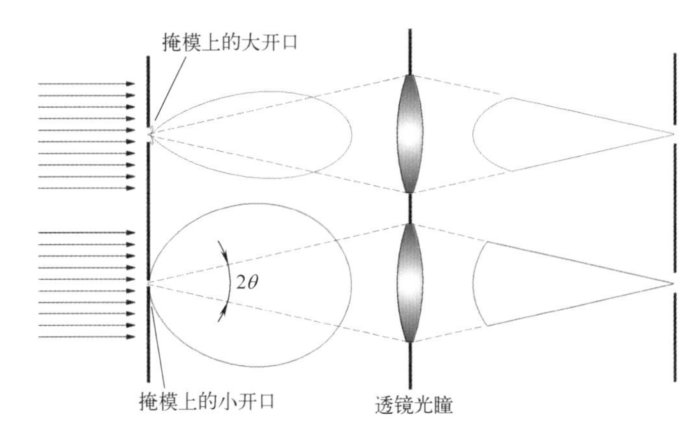

图 8.16 大开口和小开口的衍射。透镜切断了较高的空间频率成分，导致分辨率损失。衍射图案被归一化为沿光轴的相同强度。

8.5.1.1 光刻胶中空间频率矢量的重组

重组过程与偏振相关。让我们研究一个单周期，组合了横向电场（TE）模中的两个空间频率矢量 $\boldsymbol{S}_1$ 和 $\boldsymbol{S}_{-1}$，相对于透镜的光轴形成入射角 $\pm\alpha$，如图 8.17 所示。在同一图中显示出了 0 级光束 $\boldsymbol{S}_0$ 以供参考，尽管其不用于双光束成像。矢量代表正负空间频率的传播方向。在 TE 模中，即当 EM 波的电场垂直于入射平面时，干涉是直接的。设每个电场矢量分别为 $\boldsymbol{E}_1$ 和 $\boldsymbol{E}_{-1}$：

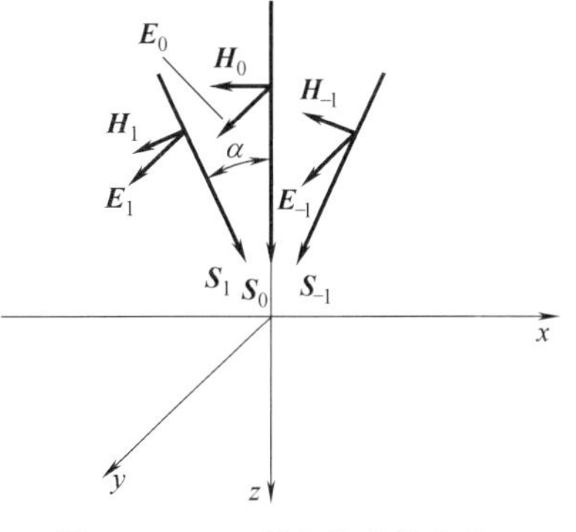

图 8.17 TE 模中的成像光束。

$$\boldsymbol{E}_1=\hat{y}A_1\mathrm{e}^{\mathrm{i}k(-x\sin\alpha+\cos\alpha)} \tag{8.16}$$

$$\boldsymbol{E}_{-1}=\hat{y}A_{-1}\mathrm{e}^{\mathrm{i}k(x\sin\alpha+\cos\alpha)} \tag{8.17}$$

其中，$k=2\pi/\lambda$。重组的强度 I 为

$$I=[\boldsymbol{E}_1+\boldsymbol{E}_{-1}]*[\boldsymbol{E}_1+\boldsymbol{E}_{-1}]=A_1^2+A_{-1}^2+2A_1A_{-1}\cos(2kx\sin\alpha) \tag{8.18}$$

假设 $\alpha>0$，当 $2kx\sin\alpha=0$ 时，I 最大，当 $2kx\sin\alpha=\pi$ 时，I 最小：

$$\mathrm{Contrast}_{\mathrm{TE,2beams}}=\frac{I_{\max}-I_{\min}}{I_{\max}+I_{\min}}=\frac{2A_1A_{-1}}{A_1^2+A_{-1}^2},\alpha>0 \tag{8.19}$$

通常，$A_1=A_{-1}$，Contrast（对比度）$=1$。注意当 $a=0$ 时，

$$I_{\max}=I_{\min}=A_1^2+A_{-1}^2 \tag{8.20}$$

也即

$$\mathrm{Contrast}=0,\alpha=0 \tag{8.21}$$

因此，当相对于光轴呈有限角度的两个光束关于该轴对称并形成图像时，该图像周期为 $\lambda/(2\sin\alpha)$，对比度为 1，而与轴向位置无关，即 DOF 是无限的。通过交替型相移掩模

(AltPSM) 或离轴照明 (OAI)，举例说明了双光束的情况。注意，我们已经使用了两个相干光束来展示 TE 模中的成像。当我们使用部分相干照明通过透镜成像时，对比度小于 1，并且 DOF 是有限的。在离轴照明的情况下，两个干涉光束中的一个实际上是由离轴光倾斜的原始 0 级光束，一个 1 级光束被抛出孔径角 θ 的覆盖范围之外。因此，A_1 和 A_{-1} 通常彼此不相同。此外，当倾斜角没有使两个光束关于光轴对称时，会产生许多不想要的干涉项[23]。当然，人们希望优化倾斜角，但是在电路版图的所有周期中，只能优化一个周期。

在许多情况下，0 级光束包括在成像中，例如，当照明是轴向的或者当不使用 Alt PSM 时。让我们考虑 TE 模下三光束成像的情况：

$$E_0 = \hat{y} A_0 \mathrm{e}^{\mathrm{i}kz} \tag{8.22}$$

E_1 和 E_{-1} 分别在式 (8.16) 和式 (8.17) 中给定。重组强度为

$$I = [\boldsymbol{E}_0 + \boldsymbol{E}_1 + \boldsymbol{E}_{-1}] * [\boldsymbol{E}_0 + \boldsymbol{E}_1 + \boldsymbol{E}_{-1}] \tag{8.23}$$

在三光束情况下，$A_1 = A_{-1}$ 的可能性很高。假设这种条件成立导致

$$I = A_0^2 + 2A_1^2 + 2A_1^2 \cos(2kx\sin\alpha) + 4A_0 A_1 \cos(kx\sin\alpha)\cos[kz(\cos\alpha - 1)] \tag{8.24}$$

其中，第三项表示由于 A_1 和 A_{-1} 的干扰而产生的双频分量，第四项包含由物的周期决定的基频。对于光刻成像中的关键尺寸，双频分量通常被透镜孔径角 θ 滤除。假设 $\alpha > 0$，当 $kx\sin\alpha = 0$ 时，I 最大；当 $kx\sin\alpha = \pi$ 时，I 最小：

$$\mathrm{Contrast}_{\mathrm{TE,3beams}} = \frac{4r\cos[kz(\cos\alpha - 1)]}{1 + 4r^2}, \quad \alpha > 0 \tag{8.25}$$

其中

$$r \equiv \frac{A_1}{A_0}$$

注意，即使是相干光，在三光束的情况下，图像对比度也与 z 有关。此外，由于电场矢量是如同标量一样组合的，所以只要成像涉及单一介质，TE 的情况就等同于通过标量预测的图像形成。

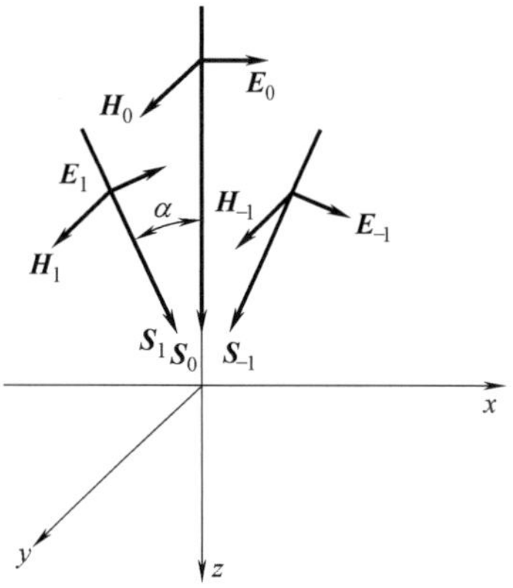

图 8.18　TE 模中的成像光束。

如图 8.18 所示，当成像光束的磁场矢量垂直于入射平面时，这在横向磁场 (TM) 模中更为复杂。让我们首先考虑双光束的情况。由于电场不再垂直于入射平面，而是位于 x-z 平面内，因此将其分解为 x 和 z 分量进行计算：

$$\boldsymbol{E}_x = \boldsymbol{E}_{1x} + \boldsymbol{E}_{-1x} = (E_{1x} + E_{-1x})\hat{x} \tag{8.26a}$$

$$\boldsymbol{E}_z = \boldsymbol{E}_{1z} + \boldsymbol{E}_{-1z} = (E_{1z} + E_{-1z})\hat{z} \tag{8.26b}$$

$$E_{1x} = |\hat{E}_1 \cdot \hat{x}| A_1 \mathrm{e}^{\mathrm{i}k(-x\sin\alpha + z\cos\alpha)} = A_1 \cos\alpha\, \mathrm{e}^{\mathrm{i}k(-x\sin\alpha + z\cos\alpha)} \tag{8.27}$$

类似地，

$$E_{-1x} = |\hat{E}_{-1} \cdot \hat{x}| A_{-1} \mathrm{e}^{\mathrm{i}k(x\sin\alpha + z\cos\alpha)} = A_{-1} \cos\alpha\, \mathrm{e}^{\mathrm{i}k(x\sin\alpha + z\cos\alpha)} \tag{8.28}$$

$$E_{1z} = |\overleftarrow{E}_1 \cdot \hat{z}| A_1 \mathrm{e}^{\mathrm{i}k(-x\sin\alpha + z\cos\alpha)} = A_1 \cos\alpha\, \mathrm{e}^{\mathrm{i}k(-x\sin\alpha + z\cos\alpha)} \tag{8.29}$$

$$E_{-1z} = |\overleftarrow{E}_{-1} \cdot \hat{z}| A_{-1} \mathrm{e}^{\mathrm{i}k(x\sin\alpha + z\cos\alpha)} = A_{-1} \sin\alpha\, \mathrm{e}^{\mathrm{i}k(x\sin\alpha + z\cos\alpha)} \tag{8.30}$$

重组强度为

$$\begin{aligned} I &= \boldsymbol{E}_x * \boldsymbol{E}_x + \boldsymbol{E}_z * \boldsymbol{E}_z = [\boldsymbol{E}_{1x} + \boldsymbol{E}_{-1x}] * [\boldsymbol{E}_{1x} + \boldsymbol{E}_{-1x}] + [\boldsymbol{E}_{1z} + \boldsymbol{E}_{-1z}] * [\boldsymbol{E}_{1z} + \boldsymbol{E}_{-1z}] \\ &= A_1^2 + A_{-1}^2 + 2A_1 A_{-1} \cos(2kx\sin\alpha)\cos(2\alpha) \end{aligned} \tag{8.31}$$

将 $2kx\sin\alpha=0$ 和 $2kx\sin\alpha=\pi$ 代入 I_{max} 和 I_{min}，有

$$\text{Contrast}_{\text{TM,2beams}} = \frac{2A_1 A_{-1}\cos(2\alpha)}{A_1^2 + A_{-1}^2}, \alpha > 0 \tag{8.32}$$

由式（8.19）和式（8.32），与 TE 模或标量情况相比，TM 模对比度的降低系数为 cos（2α），即

$$\frac{\text{Contrast}_{\text{TM,2beams}}}{\text{Contrast}_{\text{TE,2beams}}} = \cos(2\alpha) \tag{8.33}$$

对于 TM 模下的三光束情况，我们采取与式（8.27）至式（8.30）中相同的 E_1 和 E_{-1}，并增加 0 级分量 E_0：

$$E_0 = \hat{x} A_0 e^{ikz} \tag{8.34}$$

对于 $A_1 = 4A_{-1}$，有

$$\begin{aligned} I &= \boldsymbol{E}_x * \boldsymbol{E}_x + \boldsymbol{E}_z * \boldsymbol{E}_z \\ &= [\boldsymbol{E}_{0x} + \boldsymbol{E}_{1x} + \boldsymbol{E}_{-1x}] * [\boldsymbol{E}_{0x} + \boldsymbol{E}_{1x} + \boldsymbol{E}_{-1x}] + [\boldsymbol{E}_{1z} + \boldsymbol{E}_{-1z}] * [\boldsymbol{E}_{1z} + \boldsymbol{E}_{-1z}] \\ &= A_0^2 + 2A_1^2 + 2A_1^2\cos(2kx\sin\alpha)\cos(2\alpha) + 4A_0 A_1 \cos(kx\sin\alpha)\cos[kz(\cos\alpha - 1)]\cos\alpha \end{aligned} \tag{8.35}$$

假设 $4\alpha > 0$，当 $kx\sin\alpha = 0$ 时，I 为最大，当 $kx\sin\alpha = \pi$ 时，I 为最小。

$$\text{Contrast}_{\text{TM,3beams}} = \frac{4r\cos[kz(\cos\alpha - 1)]\cos\alpha}{1 + 2r^2[1 + \cos(2\alpha)]}, \quad \alpha > 0 \tag{8.36}$$

对比式（8.25）和式（8.36）来推导对比度方程，不如在 TE 情况下推导式（8.33）来得直接。严格地说，在 TM 情况下的对比度是

$$\frac{\text{Contrast}_{\text{TM,3beams}}}{\text{Contrast}_{\text{TE,3beams}}} = \frac{1 + 4r^2}{1 + 2r^2[1 + \cos(2\alpha)]}\cos\alpha \tag{8.37}$$

对小角度 α，有

$$\frac{\text{Contrast}_{\text{TM,3beams}}}{\text{Contrast}_{\text{TE,3beams}}} = \cos\alpha \tag{8.38}$$

至此，TM 情况下的对比度比 TE 或标量情况下的对比度低，这是由于在一个小角度 α 处的 $\cos\alpha$ 造成的。对于大 α，TM 情况下的对比度比式（8.38）预测的略大。用非偏振光或圆形偏振光，

$$I = \frac{I_{\text{TE}} + I_{\text{TM}}}{2} \tag{8.39}$$

$$\text{Contrast}_{\text{unpo,2beams}} = \frac{A_1 A_{-1}[\cos(2\alpha) + 1]}{2(A_1^2 + A_{-1}^2)} \tag{8.40}$$

而且，仅对于小角度 α 有

$$\text{Contrast}_{\text{unpo,3beams}} = \frac{2r\cos[kz(\cos\alpha - 1)](\cos\alpha + 1)}{1 + 4r^2} \tag{8.41}$$

因此，与标量结果相比，三光束组合的对比度相差$(\cos\alpha+1)/2$，而两光束组合的对比度相差$[\cos(2\alpha)+1]/2$。这意味着，在最大可能的α（即$\pi/2$）时，前者的对比度降至0.5，后者降至0。幸运的是，组合成像发生在光刻胶层内部，其折射率大于耦合介质的折射率。根据斯涅耳定律，角度α在光刻胶中减小，并且可以远远小于π。例如，当光从空气直接入射到光刻胶上时，$\sin\alpha_{\mathrm{resist}}=\frac{1}{n_{\mathrm{resist}}}\sin\alpha_{\mathrm{air}}$。在浸没的情况下，$\sin\alpha_{\mathrm{resist}}=\frac{n_{\mathrm{fluid}}}{n_{\mathrm{resist}}}\sin\alpha_{\mathrm{fluid}}$。对于对比度没有贡献的光是有害的。

即使我们是由相干光导出的$\cos(2\alpha)$和$\cos\alpha$相关性，该关系同样也适用于部分相干光和非相干光。这些照明条件可以用透镜光瞳中相干点光源的衍射强度叠加来进行模拟[24,25]。

8.5.1.2 光刻胶表面的偏振折射和反射

光刻胶表面的引入使情况变得复杂。8.4节给出了这个额外表面对标量衍射和焦深预算两方面的影响。这里，我们研究了成像光的损失与光束偏振的关系。图8.3中，偏振光从介质2到介质3的反射和折射的菲涅耳公式[26]为

$$R_{\mathrm{TE}}=\frac{n_2\cos\theta_2-n_3\cos\theta_3}{n_2\cos\theta_2+n_3\cos\theta_3}B_{\mathrm{TE}} \tag{8.42}$$

$$T_{\mathrm{TE}}=1-R_{\mathrm{TE}} \tag{8.43}$$

$$R_{\mathrm{TM}}=\frac{n_3\cos\theta_2-n_2\cos\theta_3}{n_3\cos\theta_2+n_2\cos\theta_3}B_{\mathrm{TM}} \tag{8.44}$$

$$T_{\mathrm{TM}}=1-R_{\mathrm{TM}} \tag{8.45}$$

以及

$$n_2\sin\alpha_2=n_3\sin\alpha_3 \tag{8.46}$$

其中，T和R是介质2和3之间界面的透射率和反射率，B_{TE}和B_{TM}是介质2和介质3之间界面上入射光束的振幅。参考图8.3的介质名称，介质1是透镜材料，介质2是耦合介质，介质3是光刻胶。

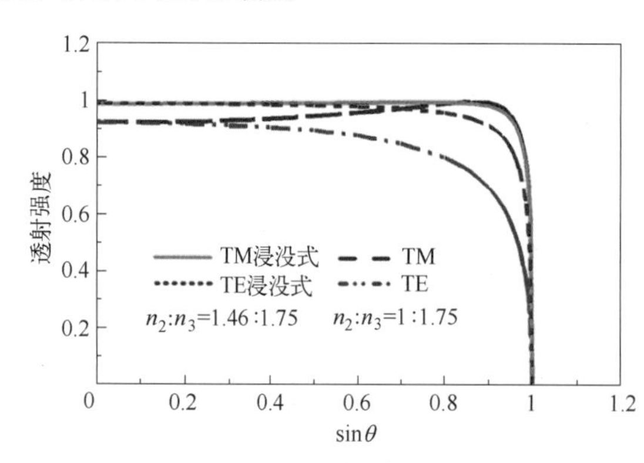

图8.19 界面上的偏振相关透射。$n_2:n_3=1:1.75$用于干式情况，1.44∶1.75用于浸没式情况。

现在，我们在图8.19中绘制了TE模和TM模下，通过$n_2=1$和$n_3=1.75$之间的界面，光从耦合介质到光刻胶的透射率。从$\sin\theta=0.3$开始，偏振的差异是可察觉的。然而，在$\sin\theta=0.6$时，它开始产生影响。曝光能量的损失不如反射光变成杂散光重要。在$\sin\theta=0.8$时，总的非偏振光透射率约为90%，反射率为10%。如果反射光在晶圆上完全转换成杂散光，10%的反射是显著的，而曝光损失仅影响产率。由式（8.44），当$n_3\cos\alpha_2-n_2\cos\alpha_3=0$时，$R_{\mathrm{TM}}=0$。这个特定的角度就是布儒斯特（Brewster）角[27]。布儒斯特角对光学成像的影响不如TE模中透射光的损失重要。根据8.5.1.1节，TE是空间频率重建方面首选的偏振。不幸的是，在高NA下，这种优选成分比TM成分减少得更多。

这个问题可以通过顶部抗反射涂层（TARC）来缓解，即在光刻胶表面应用抗反射涂层

(ARC)。TARC 将更多的光耦合到光刻胶中，从而减少了可能导致杂散光的反射光。在浸没式光刻的情况下，浸没液体和光刻胶之间的折射率之差低于空气和光刻胶之间的折射率之差——浸没液充当内置的 TARC。液体折射率为 1.44 时，非偏振透射光超过 98%，在 $\sin\theta=0.8$ 时仅剩下不到 2% 被反射。即使在不利的 TE 偏振模下，透射和反射分别为 96.2% 和 3.8%。图 8.19 将这种情况与在空气中使用晶圆的常规做法进行了比较。图 8.20 比较了浸没式情况和使用 TARC 的情况。这里，折射率被认为是使光刻胶与空气匹配的最佳值，即 $\sqrt{1.75}=1.32$。浸没式系统显示出比 TARC 更好的反射/透射特性。曲线之间的差别比图 8.19 的情况更微妙，所以我们放大了图 8.20 中的透射率标度。

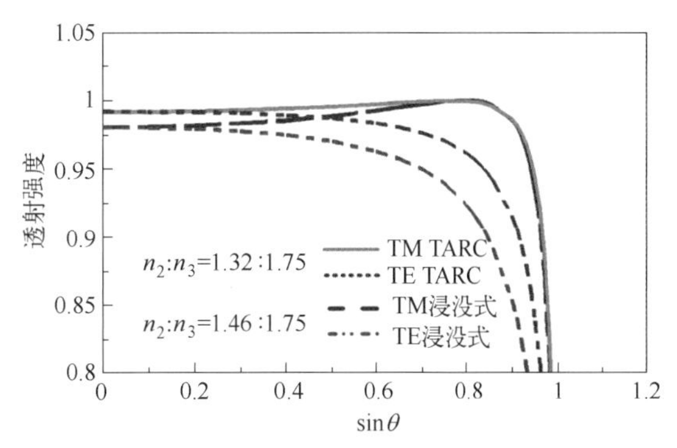

图 8.20 界面上的偏振相关透射。$n_2:n_3=1.44:1.75$ 和 $1.32:1.75$。前者是浸没式光刻的情况，而后者是用 TARC 匹配空气的最佳折射率。请注意，与图 8.19 相比，透射率标度有所扩大。

8.5.1.3 偏振照明的不同效应

除了光刻胶中空间频率复合的偏振依赖性之外，掩模中的图案取向在晶圆上的最终图像形成中也起着重要作用。图 8.21 显示了来自掩模中 3λ 狭缝的衍射波[28]。同时使用了 TE 和 TM 照明。注意，这里的 TE 被定义为平行于狭缝边缘的电场矢量；类似地，TM 意味着磁场矢量平行于狭缝的边缘。这些类型的照明如图 8.21 所示，其中图 (a) 和图 (b) 与图 4.13 的相应部分相同。它们被复制到这里，以帮助说明与偏振相关的讨论。

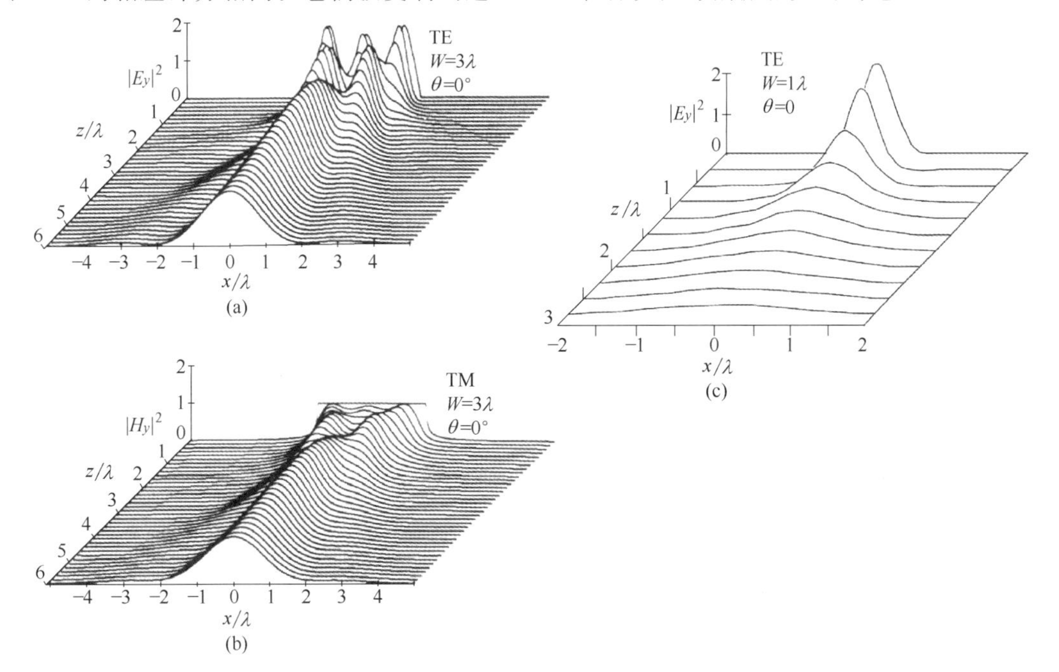

图 8.21 三种情况下的偏振相关衍射：(a) 3λ 狭缝上的 TE 照明；(b) 同一狭缝上的 TM 照明；(c) 1λ 狭缝上的 TE 照明（转载自参考文献 [28]）。

图 8.21（a）中的 TE 衍射波满足边界条件，即导电屏（掩模的铬部分）中的电场为 0。电场在掩模平面中具有这样一个结构，该结构中有三个峰，相隔大约一个波长。掩模平面中的峰值强度为单位电场的入射强度的约 2 倍。在离掩模约 3 个波长处有一个明显的焦点。

图 8.21（b）中的 TM 衍射波也满足边界条件，即狭缝中的磁场强度与入射磁场的强度相同。衍射磁场展示出一个稍微远离掩模平面的弱三峰结构。三个峰值变成两个，最后变成一个，就像 TE 照明的情况一样。

当狭缝宽度变为 1λ 时，如图 8.21（c）所示，TE 狭缝中的峰值甚至更高。当狭缝宽度约为 0.7λ 时，峰值最明显。当狭缝小于 1λ 时，较少的光透过 TE 狭缝，但 TM 狭缝不是这种情况。狭缝不同的边界条件解释了这种差异。事实上，亚波长透射光栅可以用作 TM 滤波器来抑制 TE 光。因此，当狭缝比 1λ 宽时，TE 狭缝透射且聚焦更多的光，反之，它们抑制更多的光。

在图 8.22 所示的三种类型偏振照明条件中，在 NA 低于 0.6 的成像工具中发现了(A)列中描述的类型，其中电场矢量是随机取向的。在高 NA 下，具有垂直于光刻胶表面的电场分量的光承受偏振相关杂散光（polarization-dependent stray light，PDS）。8.5.2 节分析了这些影响。掩模上的特征被限制在掩模平面中的垂直或水平方向。

在图 8.22(B)列中，成像光组合起来产生较少的 PDS，其中电场矢量总是垂直于光刻胶表面。然而，电场矢量可以相对于掩模上特征的方向随机取向。

为了充分利用偏振照明，我们使用图 8.22(C)列中的场景，其中电场矢量方向平行于掩模图形的边缘。因此，偏振的优化是另一种分辨率增强技术（RET）。偏振优化要求将任意图案分成两个垂直方向，并在两次独立曝光中使用两个偶极照明。这是对图 8.22(C)列中照明类型的补充。唯一的折中是曝光机的产率，因此也是生产效率。众所周知，在一个方向上对准栅极有助于控制栅极 CD 的均匀性。这种技术也能使栅极对准图 8.22(C)列中的电场方向。

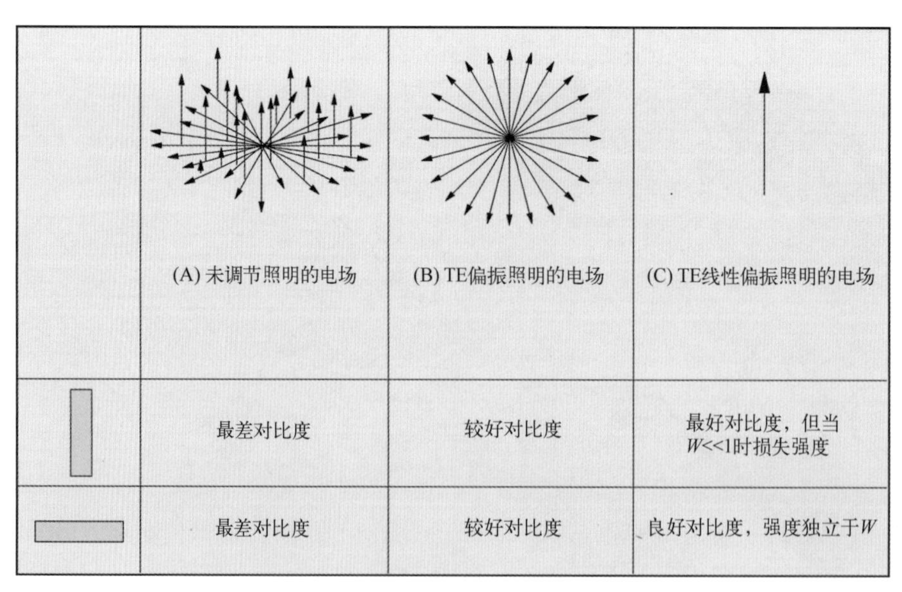

图 8.22　偏振照明对矩形特征的影响。

图 8.23 展示了产生图 8.22(B)列中照明的一个方法。（为方便起见，图 8.22 中的照明在这里称为 A 型、B 型和 C 型照明。）光可以在透镜光瞳中被操纵成方位角，以消除 TM 分

量，同时保持切向电场矢量的方向对称性。B 型照明的取向效果类似于环形照明。两者对于掩模上图案的方向都是无差别的，但是分辨率增强效果不如它们在 C 型照明中的有差别的对应物那样强。注意，在光源和光刻胶之间的每个光学表面处的透射和反射对光化光的偏振状态有影响。并不是直截了当地产生诸如 B 型或 C 型照明中的纯偏振态。然而，残留不需要的偏振是可以容忍的。

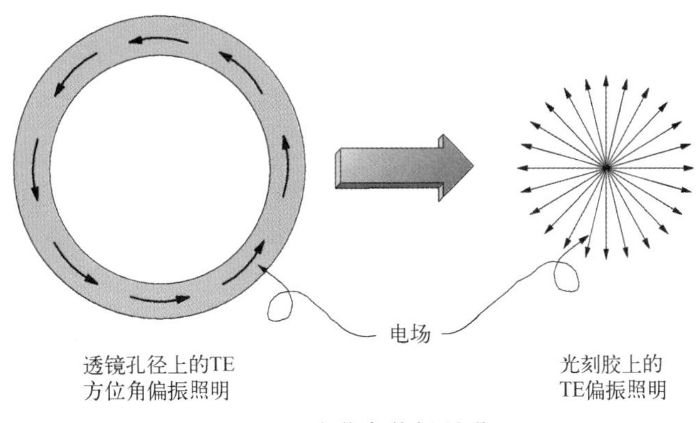

图 8.23　方位角偏振照明。

8.5.2　杂散光

8.5.1 节介绍了杂散光的主要方程，并且已经解释了与其相关的物理学原理，因此我们现在开始考虑三种类型的杂散光：系统杂散光（system stray light，SSL）、重组偏振相关杂散光（recombined polarization-dependent stray light，PDS_{recom}）（即来自光刻胶中空间频率重组的 PDS）以及 $PDS_{reflect}$（即来自光刻胶和晶圆薄膜叠层上其他表面反射的 PDS）。

图 8.24 展示了一个照射掩模图案的轴向光束，产生了不同衍射级的空间频率，显示了 0 级、1 级和 2 级光束。该角谱严格来讲是掩模图案和照明光束的函数，目前为止是不依赖于成像透镜的。在此图中，2 级光束被透镜过滤，只有 0 级和 ±1 级光束入射到光刻胶表面上。根据斯涅耳定律，透射光经历折射。电场矢量重组产生的强度使光刻胶曝光。如图中所示，镜面反射发生在光刻胶表面。尽管没有画出，镜面反射也发生在晶圆薄膜叠层的所有反射表面上。最有可能的是，在光刻胶下面有底部抗反射涂层（BARC）。因此，两个最重要的反射是来自光刻胶表面和 BARC 的反射。

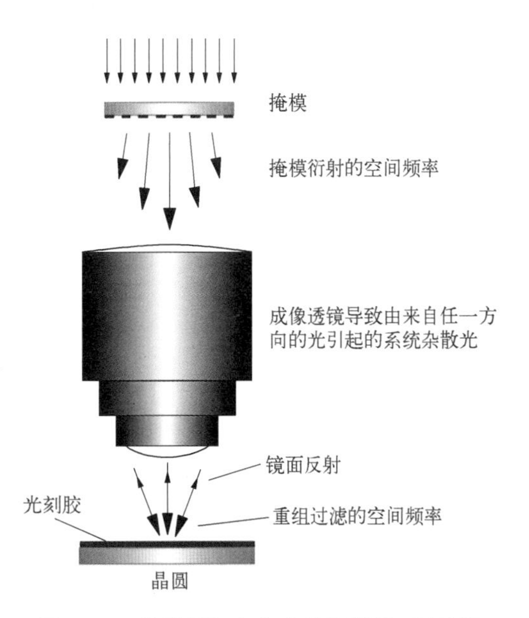

图 8.24　投影系统中的光束示意图，展示了照明、衍射、通过透镜成像、空间频率过滤、反射和光刻胶曝光。

8.5.2.1　系统杂散光

未在像中重新组合的透射光成为杂散光。不管成像光是否偏振，透镜本身都会诱发系统杂散光（SSL）。基本上，当光束照射到透镜表面时，每个透镜表面都会通过来自透镜抗反射涂层（ARC）的残余反射、表面粗糙度、表面瑕疵、透镜表面上的颗粒等，对杂散光产生贡献。该光束可以是向前移动的正常成像光，也可以是从晶圆表面向相反方向移动的反射光。严格地说，SSL 是其位置的复杂函数，由透镜配置决定，包括表面曲率、折射率、ARC 特性、表面粗糙度、透镜元件的位置、孔的位置、侧壁和斜面的反射率、表面污染物的分布等。为了简化问题，SSL 由入射光的均匀性百分比来近似，其水平由掩模中透明区域与不透明区域的比率来确定。

当来自晶圆表面的反射光照射到透镜表面时，也会产生 SSL，离开透镜后，被掩模吸收体反射。关于这种反射的更多信息将在 8.5.2.3 节中介绍。

8.5.2.2 来自光刻胶内部空间频率矢量重组的杂散光

正常的透镜成像过程会降低包含较高空间频率的像的对比度。这在掩模衍射光穿过透镜时发生。这种衍射对比度损失是用现有的投影成像模拟来处理的。在透镜之后，当空间频率在光刻胶中重组时，重组过程中对比度的额外降低完全表现为杂散光——这就是 PDS_{recom}。如图 8.25 所示，I_{min} 是光刻胶中的背景光，构成杂散光。它相对于光总体的一部分被归一化为 $0.5(I_{max}+I_{min})$。因此，

$$PDS_{recom}=\frac{2I_{min}}{I_{max}+I_{min}}=1-Contrast_{recom} \tag{8.47}$$

线性偏振光相对于 TE 模的电矢量形成任意角度 ϕ 的对比度，是 ϕ 和 TE 模及 TM 模的额外重组对比度的函数：

$$Contrast_{recom}(\phi)=\sin^2\phi\times Contrast_{TMrecom}+\cos^2\phi\times Contrast_{TErecom} \tag{8.48}$$

$Contrast_{TErecom}=1$，$Contrast_{TMrecom}=\cos\alpha_u$，其中，对于双束光干涉 $\alpha_u=2\alpha$，对于三束光干涉 $\alpha_u=\alpha$。角度 ϕ 如图 8.26 中描述。式（8.47）现在则变为

$$PDS_{recom}=(1-\cos\alpha_u)\sin^2\phi \tag{8.49}$$

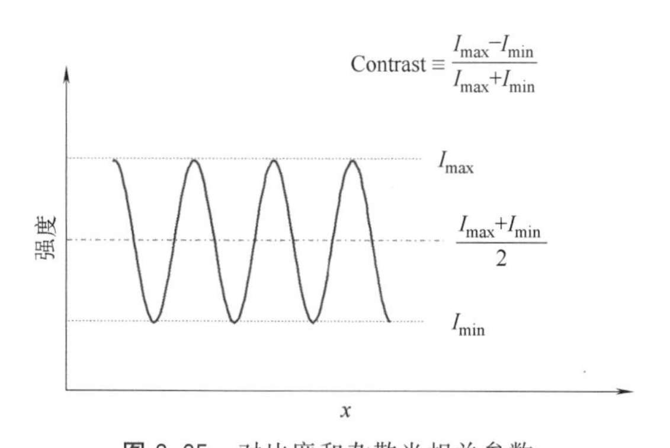

图 8.25 对比度和杂散光相关参数。

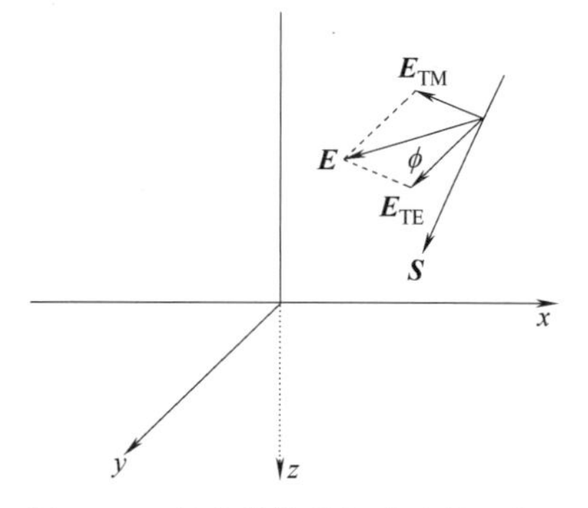

图 8.26 任意线性偏振光束的电场，与 TE 模下的电场方向成角度 ϕ。

高达 NA=0.6 的最常见照明可以被视为具有来自 TE 模和 TM 模的相等贡献。也就是说，

$$Contrast_{CPrecom}=0.5(\cos\alpha_u+1) \tag{8.50}$$

其中 CP 代表圆形偏振。该式可用于圆形偏振、$\phi=\pi/4$ 的线性偏振或完全随机偏振。

注意，用于计算杂散光的对比度严格来说是由两个相干成像光束的干涉产生的对比度，这两个光束的入射角由掩模中图案的空间频率决定，即 $\sin\alpha=\lambda/p$，这里 p 是线空对的周期。式（8.40）和式（8.41）是通过该角度应用的。不应将成像透镜的孔径角 θ 与 α 混淆。$\sin\theta$ 设置了不被透镜孔径阻挡的 α 的上限。当 $\sin\theta<\sin\alpha$ 时，只有 0 级光束通过透镜；没有

形成像。当 $\sin\theta \geqslant \sin(n\alpha)$ 时，空间频率 λ/p，$2\lambda/p$，…，$n\lambda/p$，在像平面重新组合以形成透镜像。在光刻技术中，由于经济原因，成像透镜被扩展到其全部分辨率潜力。因此，大多数成像只涉及1级空间频率。有时，一些较大的周期会融入电路设计中，导致2级空间频率。在推动超分辨率的极端情况下，当 $n\lambda/p>1$ 时，这些频率变成倏逝波（evanescent waves），其处理超出了本书的范围。

当使用双光束分辨率增强技术（RET）系统时，$\alpha=\arcsin[\lambda/(2p)]$，而不是 $\arcsin(\lambda/p)$，如图8.27所示。在离轴照明的情况下，以照明光束之一为例，光束通过角度 $\arcsin[\lambda/(2p)]$ 调节倾斜度；因此，1级、0级和−1级光束现在分别相对于透镜光轴的角度为 $-\arcsin[\lambda/(2p)]$、$\arcsin[\lambda/(2p)]$ 和 $\arcsin[3\lambda/(2p)]$。用于计算对比度的角度 α 现在是 $\arcsin[\lambda/(2p)]$，而不是轴向照明BIM中的 $\arcsin(\lambda/p)$，这相当于将空间频率减少一半。对于AltPSM，由于每隔一个物的相移，0级光束变为零，两个衍射光束相对于光轴的角为 $\pm\arcsin[\lambda/(2p)]$，空间频率也减少一半。

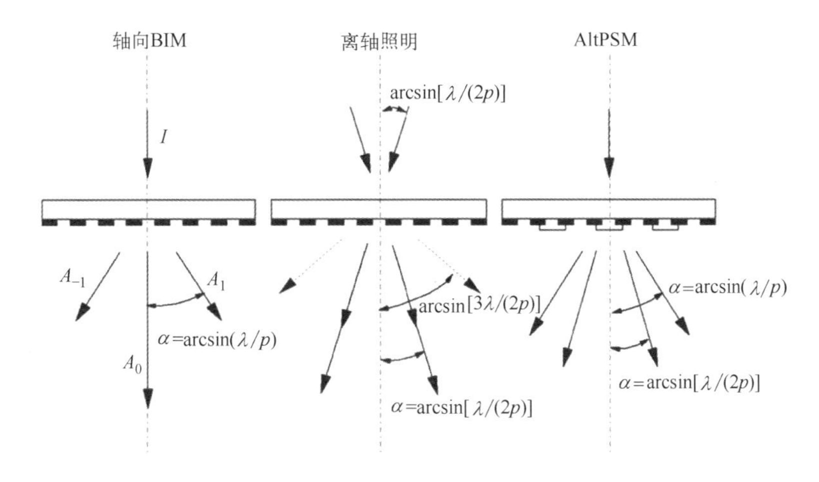

图8.27 轴向照明BIM、离轴照明和AltPSM中的角度 α。

高次谐波由 $\arcsin[\lambda/(2p)]$ 分离。自然地，双光束和三光束情况下的对比度是根据式(8.33)和式(8.38)分别计算的。

对于相同的物，PDS_{recom} 的大小相似，与所描述的RET无关，因为在轴向照明的BIM情况下，$\cos\alpha=\cos[\arcsin(\lambda/p)]$；而在其他两种情况下，$\cos 2\alpha=\cos[2\arcsin(\lambda/(2p))]$。对于小角度 α，它们的大小几乎相同，只有当 $\arcsin[\alpha/(2p)]\geqslant\pi/16$ 时，才变得明显不同，如图8.28所示。因为在两种情况下 α 的范围都在0和 $\pi/2$ 之间，所以它们之间的主要区别在于三光束的情况下对比度不会变为负值。降低空间频率来分辨不可分辨的物的折中方案是TE模下的负对比度。负对比度意味着图像反转。它并不像通常推测的那样从 $\alpha/p=1$ 开始，而是从 $\arcsin[\alpha/(2p)]$ 开始。因此，双光束干涉比三光束干涉具有更好的对比度，甚至超出了后者的分辨率极限。

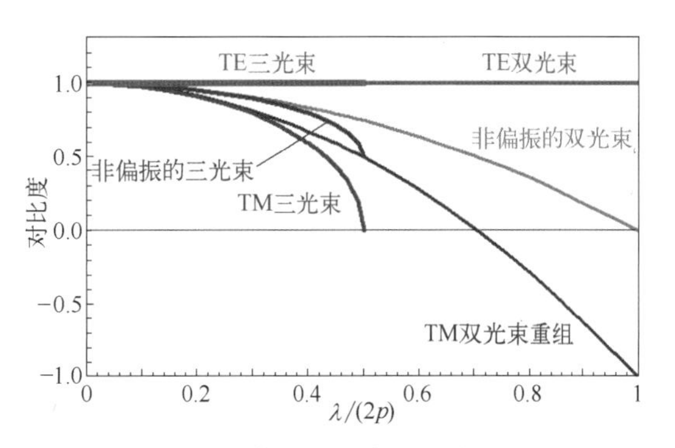

图8.28 使用双光束和三光束照明单个物的对比度。

8.5.2.3 来自光刻胶表面反射的杂散光

只有部分来自光刻胶表面的镜面反射光（如 8.5.1.2 节所述）对 $PDS_{reflect}$ 有贡献。光从光刻胶表面反射后，作为光刻胶表面形成的像的共轭，被追踪回掩模。参考 6.3.3.4 节和图 6.16，偏离掩模平面共轭的浸没式光刻会产生降低光刻胶像对比度的杂散光。吸收体的反射率在 10%和 20%之间。鉴于上述论点，优选使用低反射率掩模吸收体，除非来自晶圆的所有反射都被抑制了。

对于由 30 多个元件组成的实际成像透镜，即大约 70 个玻璃-空气界面，即使每个透镜表面最好的抗反射涂层（ARC）也只能增加总有效反射的几个百分点。即使在完美的共轭反射关系下，反射光仍然会产生杂散光，这是因为在每个透镜表面上不完美的 ARC 和残留的表面粗糙度。

8.5.2.4 将偏振效应纳入到 E-D 窗口中

本小节使用第 5 章中给出的矩形 E-D 窗口方法来研究偏振对成像的影响。矩形比其他形状的 E-D 树更精确地相交，特别是在小孔径角 θ 的情况下，该树的分支有一个小的曲率，并在离焦方向上延伸。在 8.5 节的其余部分，使用椭圆窗口的工作 DOF 预计会比使用矩形窗口的工作 DOF 大（30～150nm）。

使用本小节中的公式对 Signamizer 软件[29] 进行修改以生成结果。为了将 SSL 纳入 E-D 窗口的评估中，基于光学参数，如 λ、NA、照明设置和透镜像差，在空间像上叠加一个给定的恒定强度水平。例如，5%～10%的恒定强度被添加到所关注的空间像的归一化强度分布中。这个 SSL 水平通常出现在扫描光刻机中的现代衍射限制成像透镜中。尽管它是透镜 ARC、表面粗糙度、光学配置、挡板等的一个复杂的空间函数，但 SSL 水平通常被视为 1 级杂散光效应估计的常数。

PDS 明显取决于入射角，尽管我们仍然将其均匀地分布在光刻胶中。根据本节给出的公式，PDS 水平被作为入射角的函数进行计算。对于来自空间频率矢量重组的 PDS，其对 α 的依赖性可以由式（8.19）、式（8.25）、式（8.32）和式（8.36），结合式（8.47）进行确定。

通过将式（8.44）和式（8.45）中给出的反射率乘以吸收体反射率和透镜杂散光，来处理光刻胶表面反射的 PDS，其中，透镜杂散光是由不完美的透镜 ARC、表面粗糙度、光学配置、挡板等引起的。这里，入射光束不是来自掩模上的照明，而是来自光刻胶表面的反射。因此，在 TM 情况下：

$$PDS_{reflect}=\frac{R_{TM}{}^2}{B_{TM}{}^2}(\rho R_{MA\ TM}+SSL) \tag{8.51}$$

其中，ρ 是一个调节因子，它考虑了 8.5.2.3 节中讨论的杂散光的部分影响。根据经验，将调节因子 ρ 设置为 0.5。一个严格的设置需要对来自晶圆上的多层堆叠的反射和来自掩模吸收体的后续反射的模拟。对于 TE 模下由于反射引起的 PDS，只需用式（8.51）中相应的 B、R 和 R_{MA} 来代替 R_{TM} 和 B_{TM}。R_{MA} 对应于来自掩模吸收体的反射，它也是偏振相关的。

因此，由常规模拟程序计算的强度分布 $I(x,z)$ 的总修正关系如下：

$$I_{modified}(x,y)=[I(x,z)+I_{avg}(PDS_{recom}+PDS_{reflect})+PD\times SSL]C \tag{8.52}$$

其中，I_{avg} 是 $I(x,z)$ 每个 z 平面上对 x 的积分；PD 是图案密度；C 是调节常数，在引入杂散光前后，保持掩模上积分的总强度不变。通过这种方式，不同图案的曝光水平相互对齐，以评估公共 E-D 窗口。由于反射造成的透射光损失也通过 C 合并：

$$C=\frac{I_{\text{avg}}}{I_{\text{avg}}(1+\text{PDS}_{\text{in resist}}+\text{PDS}_{\text{reflection}})+\text{PD}\times\text{SSL}} \tag{8.53}$$

两个 PDS 都乘以 I_{avg}，因为入射到光刻胶上并透射到光刻胶中的光已经通过成像透镜并从那里衍射。SSL 乘以 PD，因为它是由掩模衍射但尚未穿过透镜的光引起的。掩模衍射光穿过透镜的这一行为引发了 SSL。

8.5.2.5　使用 PDS 的模拟结果

在 BIM 上的具有线空比（L∶S）为 1∶1、1∶2 和 1∶3 的线空对，被用来展示用 PDS 进行模拟。图 8.29 显示了在 8% 的 EL、$\sigma=0.82$、对 193nm 的轴向圆形照明时，这些特征的 DOF。其中包括了来自光学系统的 10% 的杂散光。这里假设光刻胶层的折射率为 1.75，浸没流体的折射率为 1.46。

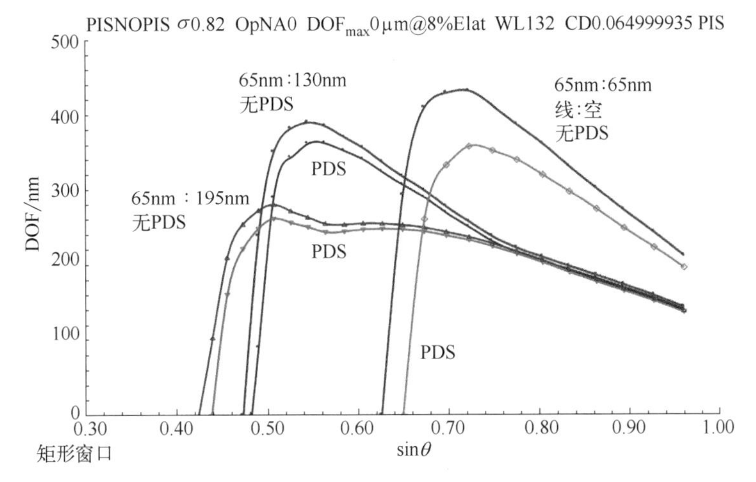

图 8.29　DOF 作为 $\sin\theta$ 的函数，比较了有无 PDS 在浸没水中 193nm 的情况，使用了 BIM，65nm 线，线空比为 1∶1、1∶2、1∶3，$\sigma=0.82$，EL=8%，$n_{\text{water}}=1.44$，$n_{\text{resist}}=1.75$，$\text{CD}_{\text{tolerance}}=\pm10\%$，SSL=10%。

让我们首先在一个特征类型中比较有 PDS 和无 PDS 的效果。以 1∶1 的线空对为例。在一个非常小的孔径角度 θ 下，由于缺乏分辨率，没有 DOF。随着分辨率在更大的孔径角度上提高，无 PDS 的曲线在达到峰值之前显示出 DOF 的增加。对于有 PDS，DOF 从较大的 θ 开始，因为 DOF 只有在光学像的对比度克服了杂散光之后才变得可用。请注意，PDS 随着 θ 的增加而保持恒定，因为它是 α 的函数，而 α 是由掩模图案的空间频率分量决定的，这一点见 8.5.2.4 节中讨论。在较大的 θ 下，对比度增加而 PDS 保持不变，解释了在较大的孔径角度下有 PDS 和无 PDS 之间的较小差异。在这三个特征中，1∶3 的线空对有 PDS 和无 PDS 之间差异最小，因为这一组有最大的周期，而较大周期的对比度更高。在这种特殊情况下，1∶3、1∶2 和 1∶1 特征的重组 PDS 值分别为 4.71%、8.74% 和 23.43%；这些特征的反射 PDS 值为 0.13%、0.17% 和 14.5%；而这些特征在光刻胶表面的反射率值为 0.88%、1.13% 和 100%。在最后一种情况下，极高的反射率是由耦合介质中大的入射角引起的。130nm 的周期在折射率为 1.75 的光刻胶中产生 $\sin\alpha_u=0.85$；然而，在反射光束中，$\lambda_{\text{CM}}/p>1$。光被完全反射。表 8.2 中总结了 PDS 和反射率的值。

表 8.2 根据图 8.29 和图 8.30 中的情况，耦合介质-光刻胶界面的 SSL、重组 PDS、反射 PDS 和反射率值。最后 3 列的第二个数值包括一次和二次谐波。

系统	L∶S	PDS	PD×SSL	PDS_{recom}	PDS_{reflec}	反射率
193nm 浸没式	1∶3	无	7.50%	—	—	—
		有	7.50%	4.70%	0.13%	0.88%
	1∶2	无	6.67%	—	—	—
		有	6.60%	8.74%	0.17%	1.13%
	1∶1	无	5.00%	—	—	—
		有	5.00%	23.43%	14.51%	100%
134nm 干式或 193nm 浸没式	1∶5	无	8.30%	—	—	—
134nm 干式	1∶5	有	8.30%	0.94%,3.86%	1.12%,2.06%	7.46%,15.8%
193nm 浸没式	1∶5	有	8.30%	2.03%	0.12%	0.83%

PDS 只在每一级空间频率之间相对于 θ 保持恒定；即当 $n\lambda/p \leqslant \sin\theta < (n+1)\lambda/p$。以图 8.30 中的 1∶5 线空对为例。在 390nm 的周期和 134nm 的虚构干式波长下，1 级空间频率为 $\sin\alpha=\lambda/p=0.338$。它通过一个 $\sin\theta \geqslant 0.338$ 的透镜。只要 $\sin\theta \geqslant 0.676$，2 级空间频率也被接纳，对杂散光贡献更大。这里，DOF 曲线显示，由于重组 PDS 从 0.94%增加到 3.86%，$\sin\theta=0.68$ 时，DOF 从 253nm 下降到 246nm。从光刻胶表面反射的 PDS 也从 1.12%增加到 2.06%。请注意，由二次谐波引起的变化纯粹是由于额外 1 级光的杂散光增加。式（8.38）中的 $\cos\alpha$ 关系不再精确，但我们在这次模拟中没有使用更好的公式。一个更好的公式应该仅稍微提高模拟的准确性。

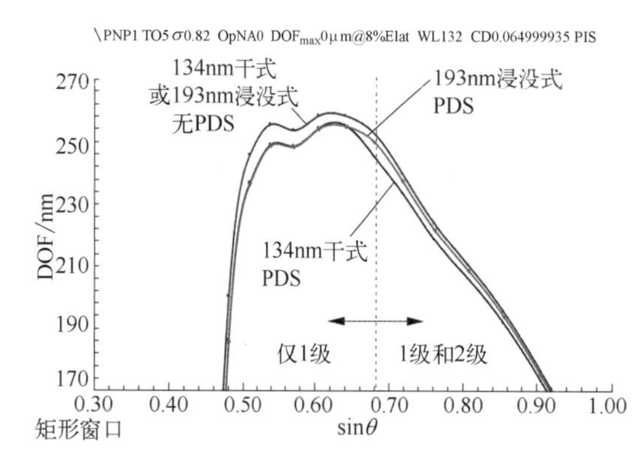

图 8.30 与图 8.29 相同，除了物由 65nm 的线以 1∶5 的线空比组成。注意包含 2 级衍射光束。比较了 13nm 干式系统（无 PDS）和 193nm 浸没式系统（有 PDS）的假想情况。

图 8.30 包含一条来自 193nm 水浸系统的额外曲线。没有 2 级光束，因为在 $m\times$掩模一侧，波长仍然是 193nm。因此，$\sin\theta=0.497/m$，因数 m 是成像系统的缩小倍率。在耦合介质中，波长只变为 134nm。$\sin\theta=0.994/m$ 的二次谐波小于 $NA=0.92/m$，在我们图中的 θ 范围内被成像透镜拒绝。具有讽刺意味的是，拒绝高次谐波会产生更大的 DOF，这是因为 PDS。

从表 8.2 来看，重组 PDS 为 2.03%，比 134nm 干式情况下的 PDS 大，正如预期。然而，在 $\sin\theta \geqslant 0.676$ 的干式系统的像中包含了二次谐波后，干式系统的重组 PDS 更大。正如 8.5.1.2 节所讨论的，由于更好的折射率匹配，0.12%处的反射 PDS 预计会比干式系统中的对应物小得多，即使只有一次谐波。

让我们把注意力转向由环形照明产生的双光束干涉系统。图 8.31 中使用的特征与图 8.29 中的特征相同，只是使用了透射率为 6%的 AttPSM 和 $\sigma_{in}=0.42$、$\sigma_{out}=0.84$ 的环形照明。以带圆形照明的 BIM 为例，没有 PDS 的 DOF 比三光束情况下的 DOF 要高得多，正如该 RET 所预期的。8.5.2.2 节中讨论的双光束杠杆作用使 PDS_{recom} 小于三光束情况下的 PDS，特别是对于 1∶1 的特征。表 8.3 中总结了这种情况下的 SSL、PDS 和反射率。

干式系统是否比浸没式系统效果更好？图 8.32 显示了三种系统的 65nm 1∶1 特征的 DOF 与 $\sin\theta$ 的关系：157nm 干式、134nm 干式和 193nm 浸没式。由于缺乏分辨率，193nm 干式系统没有包括在内。在该图中，我们还包括了既没有 DOF 也没有 PDS 的仿真。在同一波长组中，完全没有任何杂散光的系统明显优于其他系统。134nm 干式系统的 SSL 和 PDS 的贡献大致相同，而尽管 PDS 的反射较小，193nm 的浸没式系统显示的 DOF 比 134nm 的对应系统少，因为 PDS_{recom} 在这里更重要。当与 157nm 干式系统相比时，所有 134nm 的系统，包括 193nm 的浸没式系统，都要好得多。

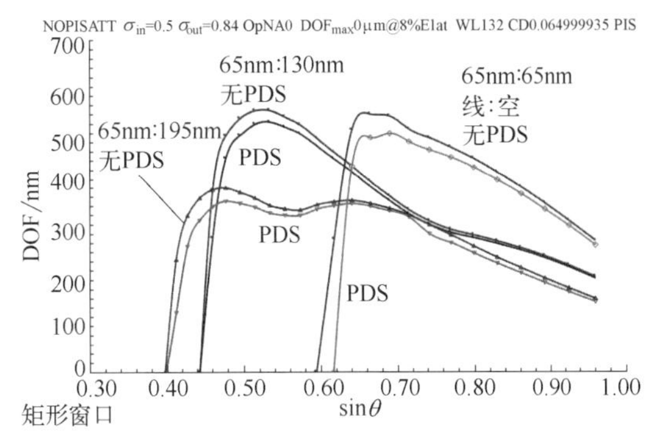

图 8.31　与图 8.29 相同，除了使用 AttPSM 和环形照明，$\sigma_{in}=0.42$，$\sigma_{out}=0.84$。PDS 的焦深损失不太严重。

表 8.3　图 8.31 中使用的 SSL、PDS 和反射率值。

系统	L∶S	PDS	PD×SSL	PDS_{recom}	PDS_{reflec}	反射率
193nm 浸没式	1∶3	无	7.50%	—	—	—
		有	7.50%	4.49%	0.12%	0.82%
	1∶2	无	6.67%	—	—	—
		有	6.67%	7.97%	0.12%	0.83%
	1∶1	无	5.00%	—	—	—
		有	5.00%	17.94%	0.13%	0.88%

对于图 8.33 所示的 1∶2 线空对，趋势是相似的，但幅度较小。这里包括了 193nm 的干式系统。在该图中，我们绘制了 DOF 对 NA 的图，而不是 $\sin\theta$。193nm 的浸没式系统现在与 193nm 的干式系统走向了相同的 NA 范围。这意味着 193nm 浸没式透镜的复杂性与 193nm 干式系统相似，但 DOF 却大至 2 到 3 倍。193nm 透镜的复杂性高于 157nm 系统的复杂性。然而，由于减少了材料质量，157nm 透镜的优势并不明显。

图 8.34 显示了 65nm 接触孔的 DOF，孔与空的比（H∶S）为 1∶1、1∶2 和 1∶3，使用 AttPSM、$\sigma=0.82$ 的圆形照明。现在这是一个二维物图案。杂散光水平的评估方式与一

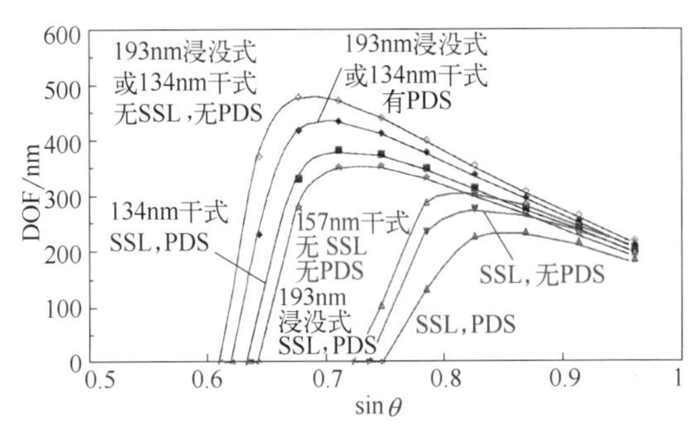

图 8.32　图 8.29 中 1∶1 线空对的三个系统的 DOF：157nm 干式、134nm 干式和 193nm 浸没式。不含 SSL 和 PDS 的曲线都包括在内。不包括 193nm 干式系统的结果，因为在这种情况下没有 DOF。

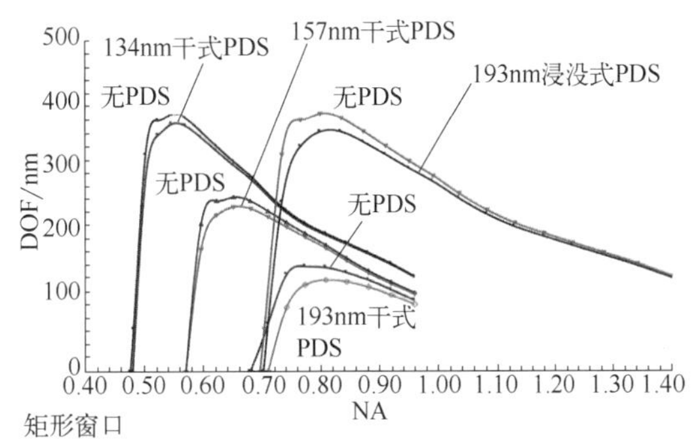

图 8.33　与图 8.32 相同，除了物是 1∶2 线空对。也包括了 193nm 干式系统。请注意，横轴现在显示 NA 值，而不是 $\sin\theta$ 值。

维情况类似，因为 x 和 y 的空间频率是独立的。然而，现在的图案密度较低，减少了 SSL 的相对影响。表 8.4 中的 SSL 值比表 8.2 和表 8.3 中的值低 50%到 25%。重组 PDS 值大约小 2/3。尽管这些贡献较小，但由于开始时无 PDS 的 DOF 较小，接触的 DOF 比线空图案的 DOF 要小。有 PDS 和无 PDS 之间的差异比线空图案的差异要大，因为杂散光的比例与像的对比度相比更大。

我们一直固定 EL 用 DOF 来表征 PDS。现在，将标准改为固定 DOF 用 EL 表征。选择图 8.29 和图 8.34 中的情况来进行比较。前者为线空比 1∶1、1∶2 和 1∶3 的 65nm 线。后者涵盖了 65nm 的孔，孔与空的比也是 1∶1、1∶2 和 1∶3。

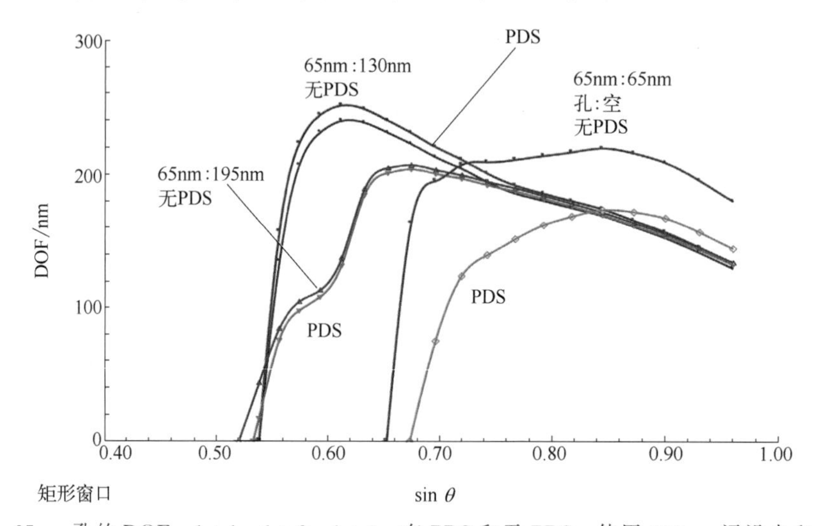

图 8.34　65nm 孔的 DOF，1∶1、1∶2、1∶3，有 PDS 和无 PDS，使用 193nm 浸没水和 AttPSM，$\sigma=0.84$，8%EL，$n_{water}=1.46$，$n_{resist}=1.75$，CD 公差=10%，SSL=10%。

表 8.4　图 8.34 中使用的 SSL、PDS 和反射率值。

系统	H∶S	PDS	PD×SSL	PDS_{recom}	PDS_{reflec}	反射率
193nm 浸没式	1∶3	无	1.25%	—	—	—
		有	1.25%	4.71%	0.17%	0.88%
	1∶2	无	1.67%	—	—	—
		有	1.67%	8.74%	0.13%	1.13%
	1∶1	无	2.50%	—	—	—
		有	2.50%	23.43%	14.51%	100%

图 8.35 是图 8.29 的 EL 对应部分。较大周期的 PDS 的影响较小，这一趋势与 DOF 标准相似。一个值得注意的区别是，根据 DOF 标准，有 PDS 和无 PDS 之间的差异随 $\sin\theta$ 单调地减少。在 EL 情况下，这种差异在正弦波的两端都是零，而在最佳 EL 上达到峰值。这意味着，在最佳 EL 的正弦波处，偏振光的增益是最显著的。

当选择在最佳 DOF 的 $\sin\theta$ 处工作时，EL 的增益就会减少。为了解释这一差异，用于确定图 8.35 中的 EL 和图 8.29 中的 DOF 的 E-D 窗口，分别显示在图 8.36 和图 8.37 中。这两个图中的 E-D 树实际上是相同的。请注意，它们在低 $\sin\theta$ 时延伸出离焦，然后失去离焦，但当 $\sin\theta$ 变大时获得 EL。因此，当相同 EL 的 E-D 窗口被拟合到这些树中时，达到可接受 EL 的无 PDS 的 E-D 树首先显示出一个大的 DOF，而有 PDS 的 E-D 树的 DOF 仍为零。随着 $\sin\theta$ 继续增加，其差异变得不那么明显，这解释了有 PDS 和无 PDS 之间 DOF 差异的

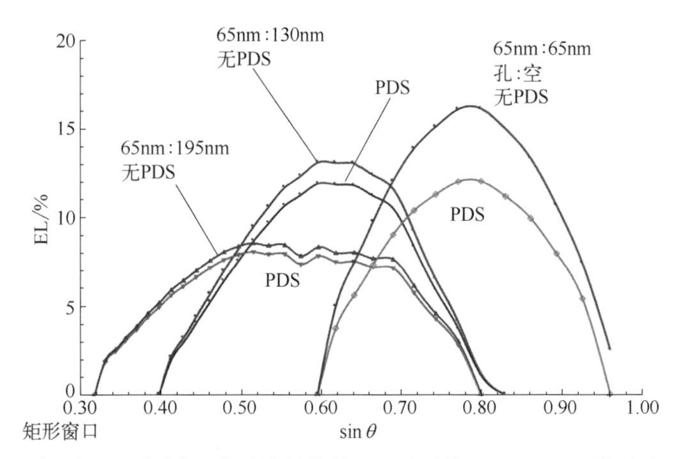

图 8.35　与图 8.29 相同，除了绘制的是 EL 而不是 DOF，DOF 设置为 250nm。

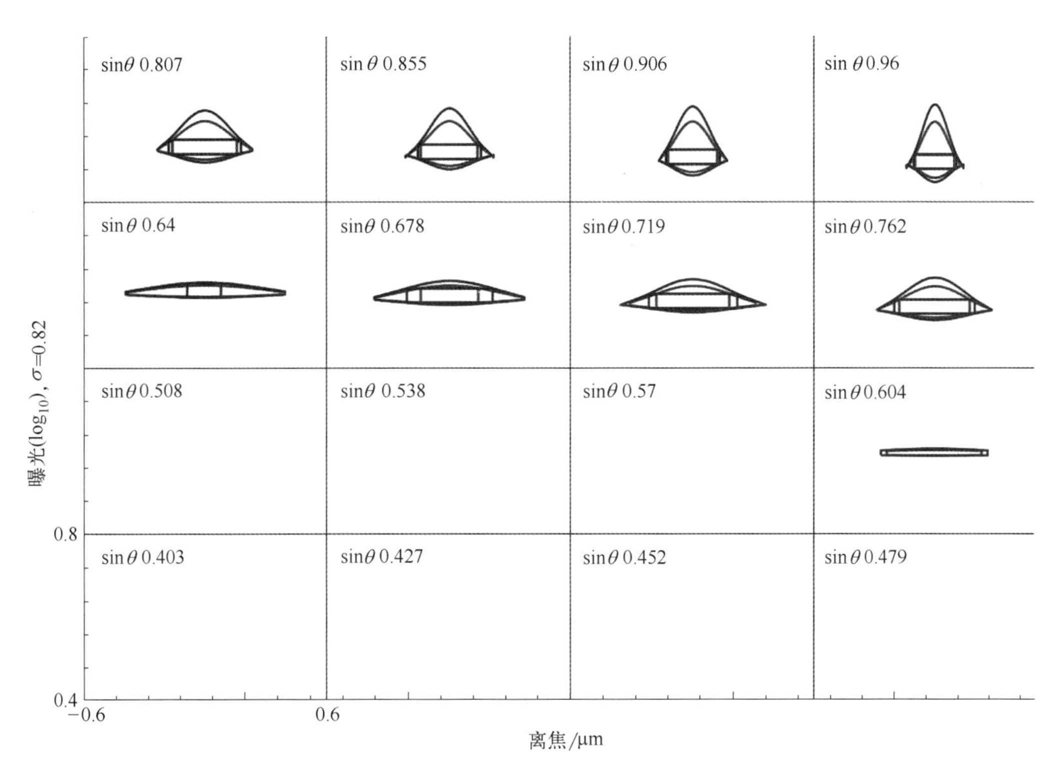

图 8.36　定义图 8.35 中 1∶1 曲线 DOF 的 E-D 窗口。E-D 坐标为 0.4～0.8；每个 sinθ 块在 −0.6～0.6 重复。

单调下降。

另一方面，当固定 DOF 被设定为可用的中值时，E-D 树在低 sinθ 的 EL 差异可以忽略不计。EL 在中间的 sinθ 达到峰值，其中 E-D 窗口在 E-D 树的极端离焦附近没有伸展开来。

图 8.38 中绘制了使用与图 8.35 相同条件的 65nm 孔的 EL 与 sinθ 的函数。在这里，对于紧凑的周期，有 PDS 和无 PDS 之间的差异，比 DOF 的情况更显著。例如，在 sinθ = 0.732 时，EL 从 5.7%下降到 2.88%，几乎下降一半。由于 E-D 树的微笑形状，EL 在高 sinθ 时不会关闭，如图 8.39 所示。

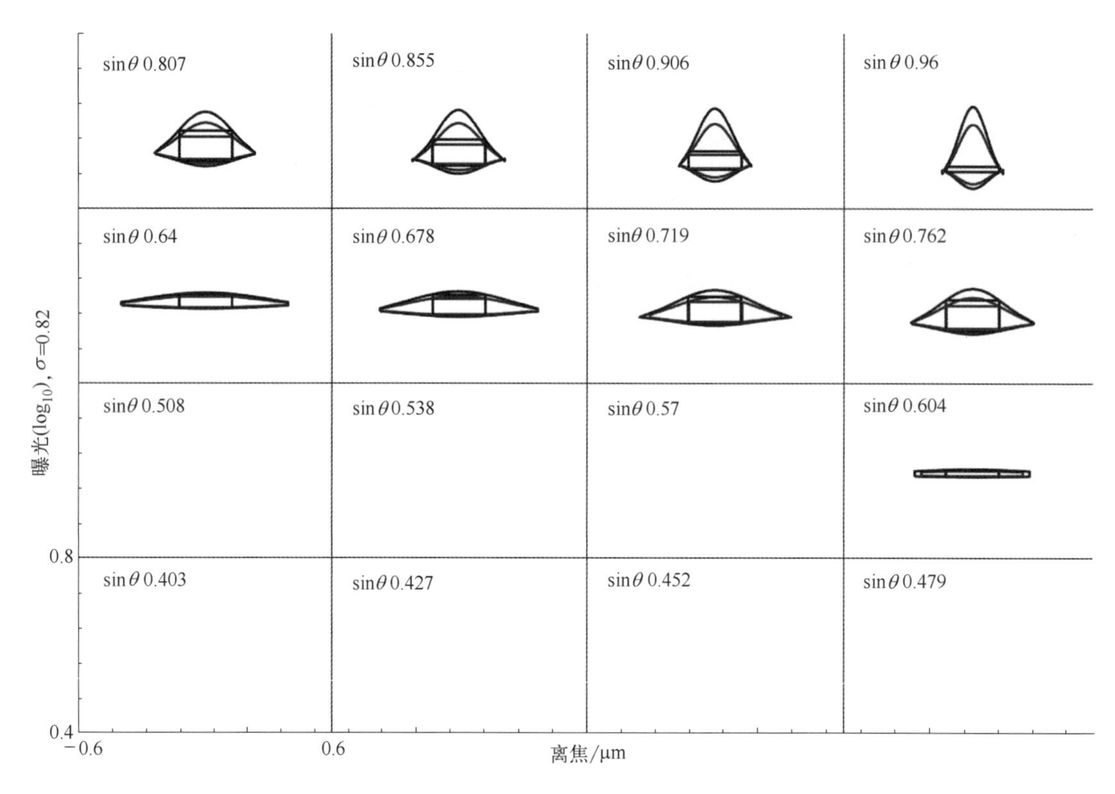

图 8.37 定义图 8.29 中 1∶1 曲线 EL 的 E-D 窗口。E-D 坐标为 0.4～0.8；每个 sinθ 块在−0.6～0.6 之间重复。

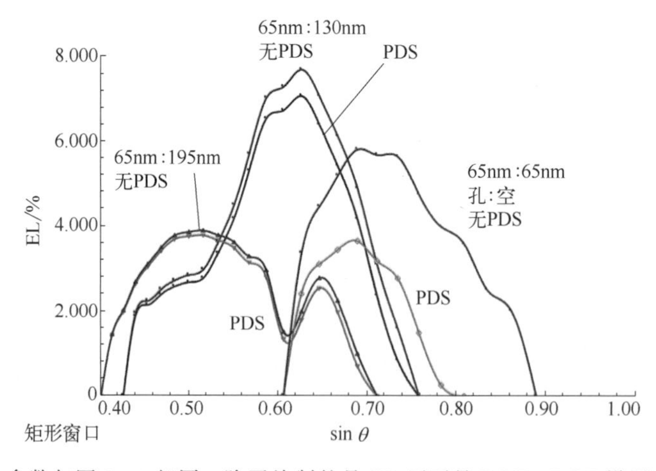

图 8.38 参数与图 8.34 相同，除了绘制的是 EL 而不是 DOF，DOF 设置为 250nm。

偏振照明有助于 DOF 和 EL。它的杠杆作用并不均匀，是成像条件的强函数。如前面的图所示，它的杠杆作用针对的是紧凑的周期。直观地说，人们倾向于认为偏振照明比 DOF 更有助于 EL。然而，实际情况是相当复杂的。在评估这些增益时应该记住，DOF_{avail} 是相关的标准，而不是 $DOF_{diffrac}$。表 8.5 显示了使用 AttPSM 和环形照明对 90nm 和 113nm 周期的 32nm 线的公共窗口的增益比较。

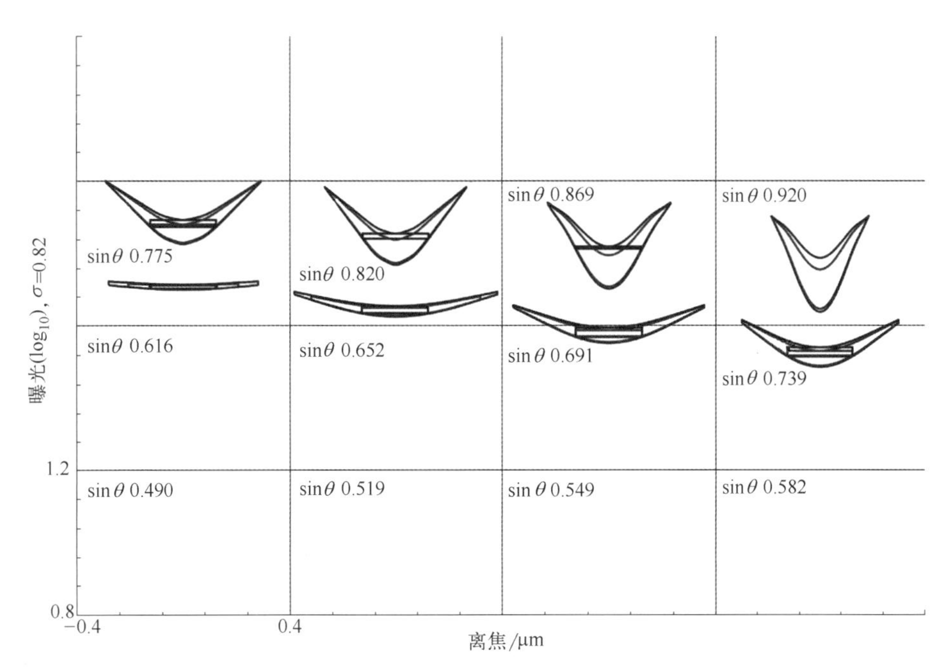

图 8.39 定义图 8.35 中 1∶1 曲线 EL 的 E-D 窗口。E-D 坐标为 0.8～1.2；每个 sinθ 块在−0.4～0.4 重复。sinθ=0.616 线处的 E-D 树超出 EL=1.2 的比例。

表 8.5 偏振照明时 EL 和 DOF 的增益。该模拟基于 32nm 多晶硅线的 90nm 和 113nm 周期的公共窗口。

AttPSM OAI	NA	σ	EL	$DOF_{diffrac}$	DOF_{avail}	改善
非偏振	1.35	0.96:0.48	5%	137	55	
TE	1.3	0.96:0.48	5%	169	87	23%/58%
非偏振	1.25	0.96:0.48	2.43%	200	118	
TE	1.25	0.96:0.48	3.57%	200	118	47%

8.6 浸没式系统和组件

本节阐述浸没式光刻系统的硬件方面。从浸没式系统的配置开始，涵盖浸没液、浸没透镜、气泡、颗粒、掩模和光刻胶。

8.6.1 浸没式系统的配置

基于透镜的配置（lens-based configuration，LBC）也称为淋浴式配置[30,31]。如图 8.40(a) 所示，浸没液应用于覆盖透镜的小区域并从该区域提取；当晶圆被步进或扫描时，这个小的液体限制区域相对于透镜保持静止。图 8.40（b）显示了商用浸没罩（immersion hood，IH）的示意图。

采用 LBC 有许多优势：

① 晶圆台基本上与干式系统的相同，节省了开发成本和时间。

② 可以保持对准、聚焦和调平设置不变。

③ 液体的体积很小。填充空腔可以非常快，以保持晶圆的产率。

LBC 的不足之处主要有以下几点：

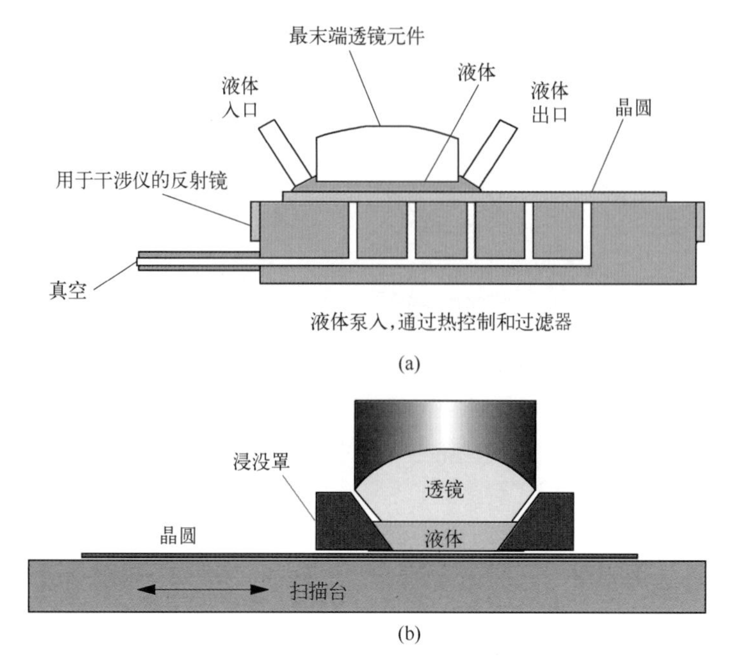

图 8.40 （a）LBC 浸没式系统；（b）商用浸没罩示意图（图片由 ASML 提供）。

① 在晶圆边缘附近，浸没区包括晶圆和晶圆外部的区域。在晶圆和卡盘之间以及晶圆卡盘和卡盘外部区域之间存在不连续性。维持液体动力学和水腔，以及对抽水的管理可能是困难的。晶圆背面的颗粒倾向于被冲到表面。

② LBC 系统的浸没罩［如图 8.40（b）所示］倾向于留下痕量的水或湿气，这是导致水渍的根本原因。

③ 光刻胶在不同位置将具有不一致的水接触历史。当晶圆从一个场步进到另一个场时，相邻的场（或它们的一部分）被水覆盖。这可以在一个场中出现多次，并且不一定按顺序出现，也不一定在每个场中出现相同的次数。不一致性取决于步进模式和场位置。

基于晶圆的配置（WBC）也称为浴槽配置[32]。在这种情况下，晶圆完全浸入晶圆台循环槽中的水里，如图 8.41 所示。水在晶圆台上方和下方不断循环。当水进出晶圆表面区域时，进行过滤并调节温度。水可以完全排出，以进行晶圆装载和卸载。盖子可防止水溢出，并防止异物落入。

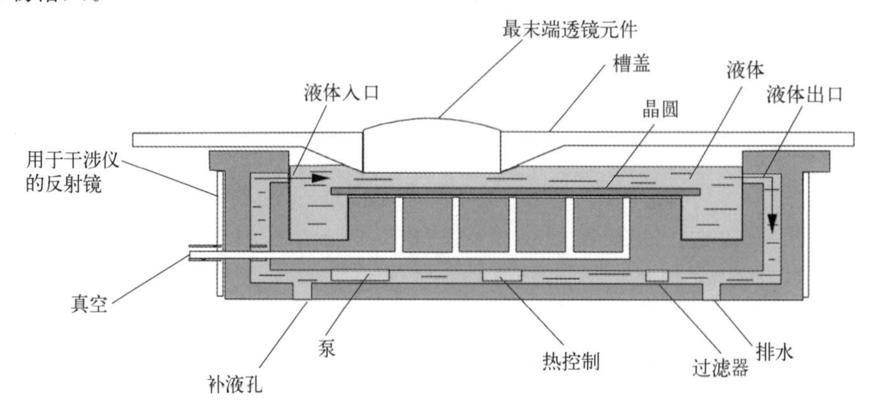

图 8.41 WBC 浸没式系统。

WBC 的优点如下：

① 晶圆边缘的曝光与中心的曝光没有不同。

② 每个场接触晶圆的时间相同。

③ 与 LBC 不同，WBC 头部外侧不会留下水渍。

④ 由晶圆边缘附近的不良液体动力学产生的气泡不是问题。

缺点包括以下几点：

① 每个曝光场的曝光前后浸泡时间是不同的。

② WBC 比 LBC 需要更多的努力或更多的时间来填充和排出水分。

③ 如果不使用双工作台设备，聚焦、倾斜和对准必须在浸没模式下进行。但是，由式(8.12)，如果在液体中进行聚焦和倾斜，则所需 DOF 会减少——如果实际困难可以克服的话。

④ 有必要对晶圆台进行实质性的重新设计。

与干式系统相比，WBC 的构建需要更多的努力，并且需要完全不同的扫描光刻机。因此，只有 LBC 已经商业化，尽管还需要不断改进浸没罩。

8.6.2 浸没介质

浸没式系统的光学要求是高折射率和高透射率。其中折射率应该是一致和均匀的——在曝光过程中不受热变化的影响。表 8.6 列出了 193nm 和 157nm 曝光的各种浸没液[8]。全氟聚醚（PFPE）材料的吸收系数太高；为了将通过液体的光损失限制在 10%，其厚度需要保持在 75μm 以下；在 193nm 时的吸收系数仍然太高。另一方面，水似乎是在 193nm 时浸没的完美介质；不仅其吸收系数低，在 193nm 时的折射率 1.44 也令人惊讶的高。在其他大多数波长中，水的折射率在 1.33 附近。

表 8.6 193nm 和 157nm 浸没液。PFPE 的数据基于参考文献 [8]，水的数据基于参考文献 [33]。

液体	λ_0/nm	n	α/cm^{-1},基于 10	λ_1/nm
PFPE	157	1.37	6～19	115
	193	—	0.1～0.6	—
H_2O	193	1.43664	0.036	134

Burnett 和 Kaplan[33] 严格测量了水的折射率及其在 193nm 波长下的热灵敏度和光谱灵敏度。他们使用了两种独立的方法进行相互校准。第一种方法是用水填充棱镜液体池；通过仔细控制棱镜的角度并测量入射光和折射光的偏离角，以及通过使用精确平行、非常平坦和光滑的熔融石英标准具板作为液体池的窗口，可以将三个光学常数精确到优于五位数。第二种方法是从装满水的标准具单元测量透射光谱中的干涉条纹位置，这种方法的精确度也优于五位数。在 21.5℃ 和 193.39nm 时，水的折射率、热灵敏度和光谱灵敏度分别为 1.43662、-1.00×10^{-4}℃$^{-1}$ 和 -0.002109nm^{-1}。浸没后的波长为 193.39nm，该值用于所有的关键计算。对于一些不太重要的计算，使用早期出版物[8] 中给出的折射率 1.46。

折射率较高的液体可以支持较高的 NA。然而，这并不是没有限制的。表 8.7 列出了透镜、耦合介质和光刻胶介质中的 $\sin\theta$，以及可达到的 NA。假设：①透镜中的最后一个元件是折射率为 1.56 的熔融石英平板，②光刻胶层的折射率是 1.75，③$n_{fluid}=1.44$ 和 $\sin\theta_{fluid}=0.95$，则可获得的 NA 是 1.37。将液体的折射率提高到 1.56 会导致 NA=1.48。进一步将液体折射率增加到 1.66，会导致 $\sin\theta_{len}=1.01$ 这样的物理上不可能的问题。液体中的

角度必须削减到使 $\sin\theta_{fluid}=0.93$，以保持 $\sin\theta_{len}<1$。如图 8.42（a）所示，其中$\sin\theta_{fluid}=0.95$ 的光线在透镜中无法画出来。NA 现在被限制为 1.54。液体折射率的任何进一步增加都不能支持更大的 NA，除非最后一个透镜元件可以具有凹面，如图 8.42（b）所示。曲率使得液体的厚度不均匀，导致在 193nm 下对液体透射的要求高于水。这使得开发折射率高于 1.66 的液体更加困难。

表 8.7 最大可达到的 NA 与 n_{fluid} 的函数。

n_{fluid}	$n_{fused\ silica}=1.56$		$n_{resist}=1.75$	
	$\sin\theta_{lens}$	$\sin\theta_{fluid}$	$\sin\theta_{resist}$	NA
1.44	0.88	0.95	0.78	1.37
1.56	0.95	0.95	0.85	1.48
1.66	0.99	0.93	0.88	1.54
1.66	1.01	0.95	0.9	不适用

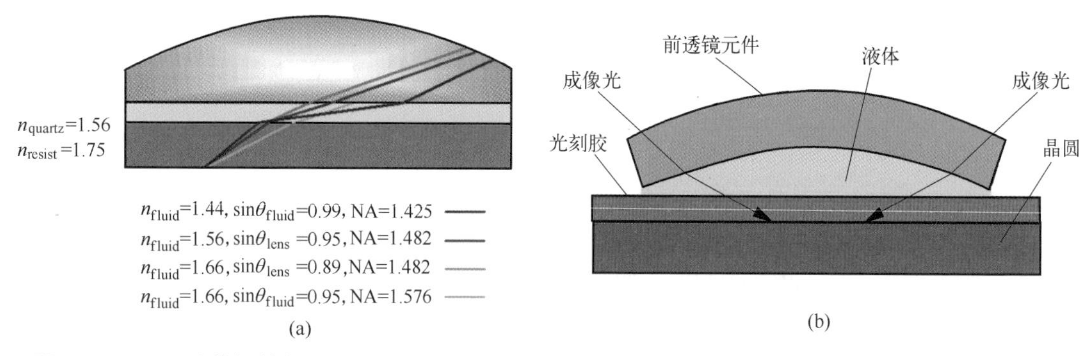

图 8.42 （a）液体折射率的影响。当液体折射率为 1.66 时，$\sin\theta_{len}$ 仅限于 0.89，而不是增加 66%的 NA=1.64，因为相应的 $\sin\theta_{len}$ 超过 1；（b）支持超高 NA 的曲面透镜-液体界面。

除了浸没液的光学特性之外，还必须考虑液体的各种材料特性。首先，液体不能对其接触的表面，即光刻胶表面、透镜及其抗反射涂层造成任何物理或化学变化。此外，不能在这些表面上沉积污染物。要求液体对气体的溶解能力强，以便形成的任何气泡都易溶解。黏度应该很低，这样它可以自由流动而不会降低晶圆的扫描速度。应该仔细优化液体和光刻胶表面（或者光刻胶上的表面涂层材料，如果使用的话）之间的接触角。角度过小会导致透镜浸入头的外侧区域有水残留。如果角度太大，扫描时可能会产生气泡。在显影过程中，为了更好地润湿显影剂，优选小接触角。

浸没介质的厚度应该根据光学和液体动力学因素来确定。从光学的观点来看，除了可接受的透射之外，该厚度直接影响像差灵敏度以致折射率变化。Suzuki[34] 使用以下公式来确定液体厚度 D 和液体中成像光束的角度 θ 之间的关系：

$$D\leqslant\frac{\cos\theta}{\Delta n}m\lambda \tag{8.54}$$

其中，m 是成像波前不能偏离的波长的一部分。Suzuki 假设液体可以控制到 0.01℃。对 dn/dT 使用 Burnett 数，1.00×10^{-4}℃，$\Delta n=1\times10^{-6}$。当 $\sin\theta=0.95$ 时，$D\leqslant3.1\times10^{5}m\lambda$。当 $m=0.02$ 且 $\lambda=193$nm 时，$D\leqslant1.2$mm。D 作为 $\sin\theta$ 的函数绘制在图 8.43 中。

液体厚度也必须满足液体动力学要求。Mulkens 等人[30] 从层流的要求和投影透镜上可接受的剪切力中求极限，以使用液体的密度和黏度来设置液体厚度和扫描速度之间的关系。他们实现了 1～2mm 的液体厚度，可支持几乎 500mm/s 的扫描速度，而干扰力仅为几毫牛（mN）。

8.6.3 浸没透镜

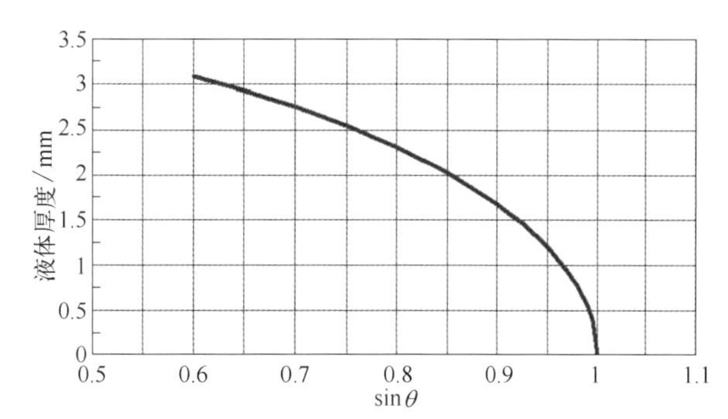

图 8.43 波前误差小于 $\lambda/50$ 时液体厚度 D 的上限。

浸没透镜的挑战根据所需要的 NA 变化很大。当干式系统的 NA 用于浸没时，如图 8.4 的情况，设计和制造浸没透镜并不困难。从干式转变到浸没式的主要变化是工作距离的减小，以利用所需的短光学距离来最小化不均匀性的影响。然而，当需要 NA＞1 时，透镜中的弯曲角度更难管理[30,31]。在 $n_{CM}=1.44$ 时，对于一些透镜设计者来说，设计极限似乎为 1.3NA～1.35NA[35]。在 1.2NA 以上，传统配置透镜的视场尺寸可能需要减小，以将投影光学系统的尺寸保持在物理和经济可行性范围内。众所周知，场尺寸的减小大大降低了曝光机的生产率。幸运的是，无缩小视场[36,37] 的现代浸没透镜的 NA 高达 1.35。这些是折反射系统，而不仅仅是折射。重要的是，折反射系统不会引入掩模的镜像。这可能会让电路设计人员感到困惑，导致不必要的制造误差。因此，反射表面的数量不应该是奇数。图 8.44 为已经安装在商业扫描光刻机中的蔡司（Zeiss）高 NA 浸没式透镜[38]。图 8.45 为 2007 年尼康（Nikon）开发的四个高 NA 镜头[39]。

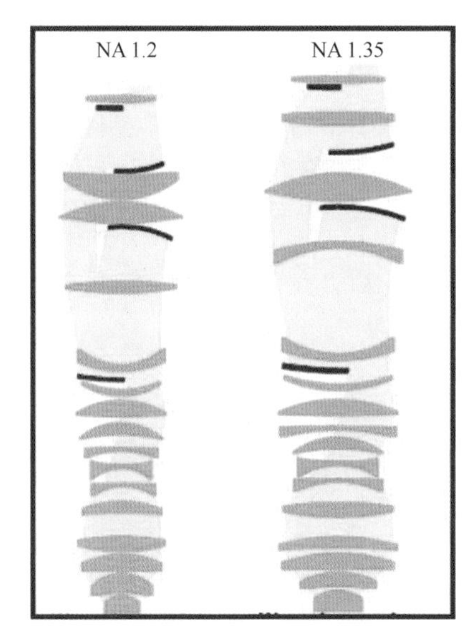

图 8.44 已安装在商业扫描光刻机中的蔡司高 NA 浸没式透镜（转载自参考文献［38］）。

人们需要区分用于获得 DOF 极限和获得分辨率极限的浸没式光刻技术的使用。对于前一个目的，浸没式光刻将现有成像系统的寿命延长到近期的新技术节点（例如，从 65nm 节点到 45nm 节点，并扩大了这些系统的制造边际。到目前为止，还不需要浸没式光刻的额外 DOF 能力。对于后一个目的，没有干式系统可以与浸没式的应用相媲美。这些技术节点包括 45nm、40nm、32nm、28nm、20nm、16nm、14nm、10nm 和 7nm。

8.6.4 浸没介质中的气泡

浸没介质中，气泡的影响主要是以散射的形式改变成像光的方向，导致图像对比度降低。散射效应是气泡的尺寸、数量及其离光刻胶表面的距离的强函数。

Marston[40] 研究了海水中气泡的光散射。他利用米氏理论（Mie theory）和物理及几何光学的近似法，分析了简单气泡和表面有一层外来物质的气泡。他的研究与浸没式光刻相关的方面包括气泡的全反射、临界角的平均角度散射、增强的后向散射以及气泡上的光辐射压力。感兴趣的读者可以在他文章的参考资料中找到更多的研究。Marston 对简单气泡和涂层气泡寿命的解释适用于浸没式光刻技术。简单气泡很容易溶解在悬浮液中。额外的涂层是未溶解气泡的主要原因。我们必须确保水中没有保护气泡的有害杂质。幸运的是，Marston

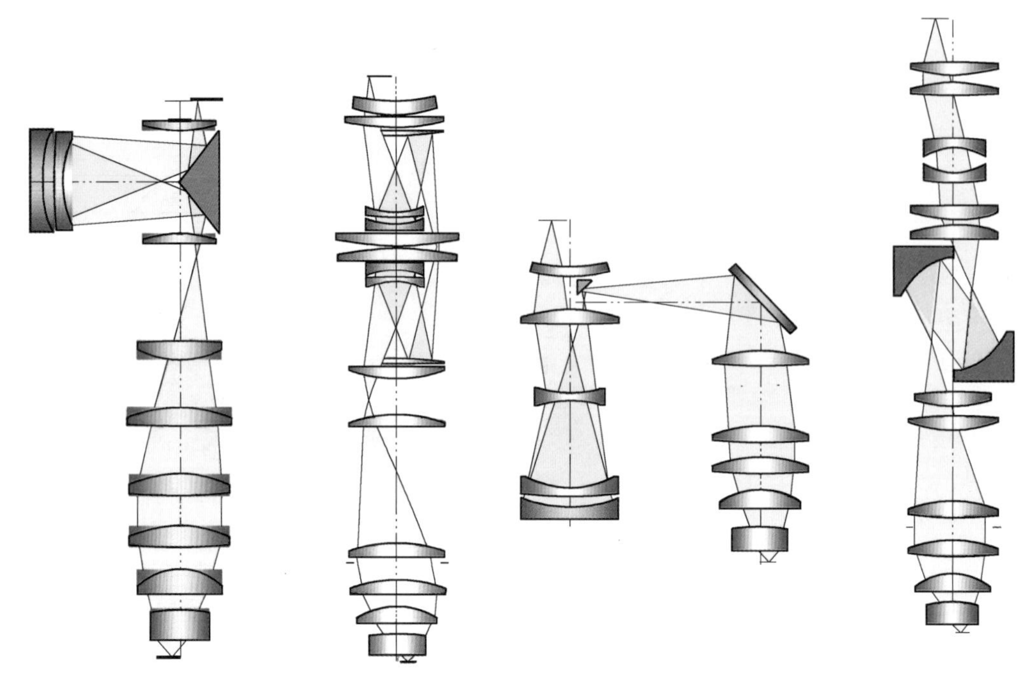

图 8.45 2007 年尼康开发的高 NA 浸没式扫描光刻系统（转载自参考文献［39］）。

证明了两种气泡的散射幅度是相似的。

Marston 研究的情况如图 8.46 所示。一个半径 $a=4.3\mu m$ 的气泡的归一化散射辐照度 I_j，作为散射角的函数，即散射光与光轴所成的角度，绘制在图 8.47 中。散射 i_j 和入射光 i_{inc} 的物理辐照度与 I_j 的关系如下：

$$i_j/i_{inc}=I_j a^2/(4R^2) \tag{8.55}$$

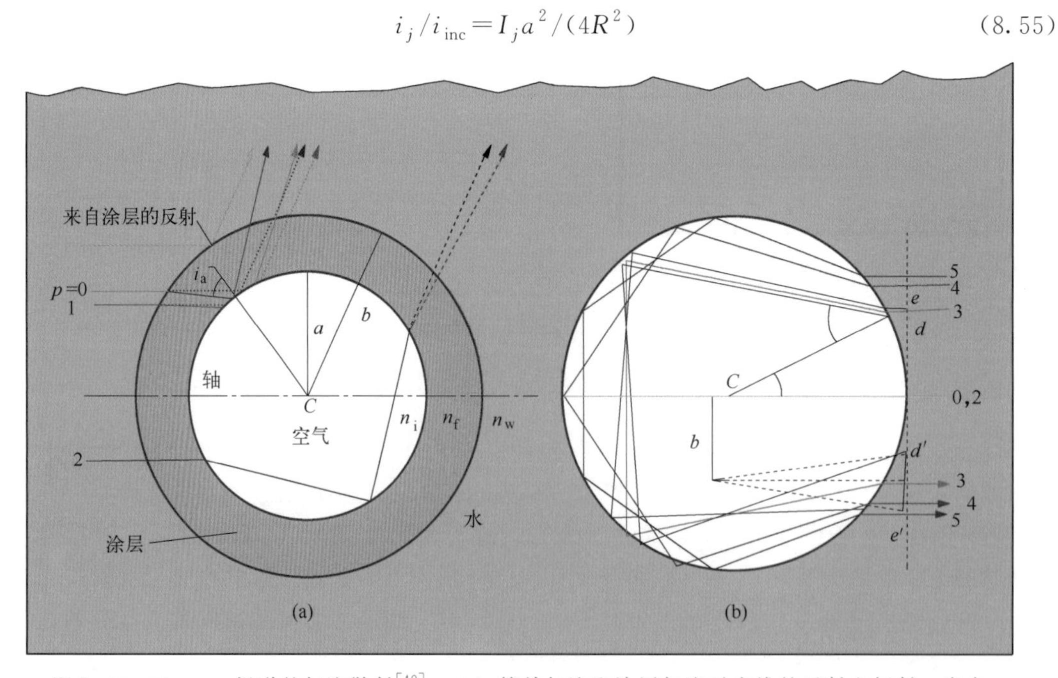

图 8.46 Marston 报道的气泡散射[40]。(a) 简单气泡和涂层气泡对光线的反射和折射。来自前一种类型的光线用虚线画出。(b) 简单气泡的后向传播光线（改编自参考文献［40］）。

$$I_j = |S_j|^2[\lambda/(\pi a)]^2 \tag{8.56}$$

其中，S_j 是来自米氏级数的复散射振幅。TE 偏振用 $j=1$ 表示，TM 偏振用 $j=2$ 表示。R 是从气泡到观察点的距离。为了得到精确的结果，R 必须在远场。Marston 没有指明 R 的原点，因为他主要关心的是远场。让我们假设 R 在一个合理的远场中起源于气泡的中心。取 $R=0.5$mm，这是建议的 1mm 浸没液厚度的一半。$i_j/i_{inc}=I_j\times1.8\times10^{-5}$。对于 4.3$\mu$m 的气泡，散射辐照度相当小，除了小散射角的狭窄范围的情况。但是当气泡更靠近光刻胶表面，i_j/i_{inc} 可以大得多。因此，从气泡到光刻胶表面的距离是一个非常重要的因素。

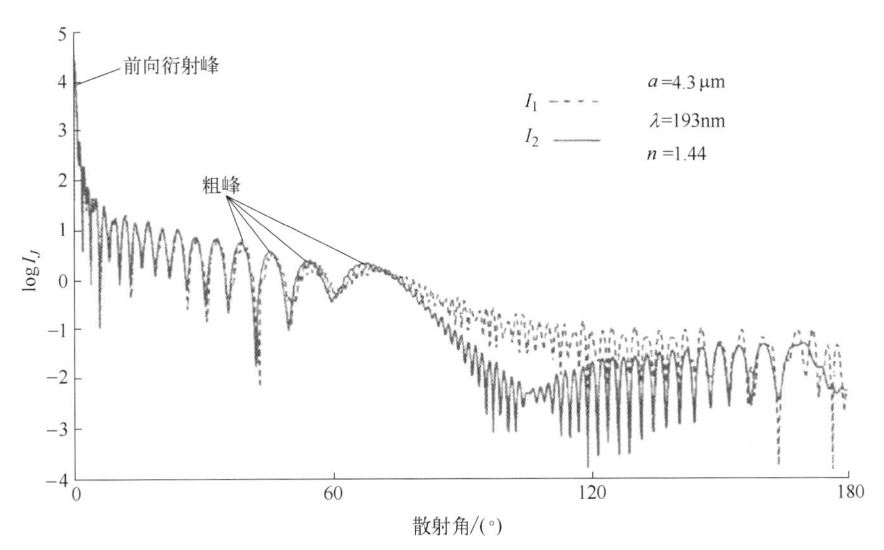

图 8.47 根据米氏理论评估的归一化散射辐照度，作为半径 $a=100\lambda_{water}/\pi=4.3\mu$m 的气泡的散射角的函数（改编自参考文献［40］）。

尽管 I_j 仅针对一种尺寸的气泡绘制，但我们已经使用它来深入了解这种尺寸范围的气泡在光学成像中的重要性。使用米氏级数检查我们的工作结果也很有用[41]。图 8.48 显示了尺寸为 100nm、1μm 和 10μm 的气泡的散射光谱。Marston 使用 4.3μm 气泡的结果符合我们 1μm 和 10μm 光谱的范围。Marston 光谱的形状类似于我们 10μm 的案例。请注意，我们对于 193nm 使用 $n_{water}=1.44$，而 Marston 在可见光波长处使用了 $n_{water}=1.33$。

Gau 等人[41] 使用统计方法和通过利用米氏理论评估的散射截面来研究气泡对成像的影响。在这种情况下，由一组气泡改变方向的能量是

$$P=\left(\frac{Na^3}{V}\right)^{\frac{2}{3}}\frac{\sigma_s}{\sigma_g} \tag{8.57}$$

其中，N 是气泡的数量，V 是气泡均匀分布的液体体积，a 是气泡的半径，σ_s/σ_g 是归一化散射截面。考虑到每个衍射级的所有可能组合，该能量变成了降低光学图像对比度的杂散光。

气泡确实会损害光学图像。曝光时最好不要让浸没液中有任何气泡，其实这并不难。在液体中产生气泡有三种可能的原因：①液体中溶解气体的释放；②由于湍流而夹带的空气；③光刻胶的放气作用。

溶解气体的释放主要是由于已经溶解在液体中的气体饱和。当温度或压力降低饱和点

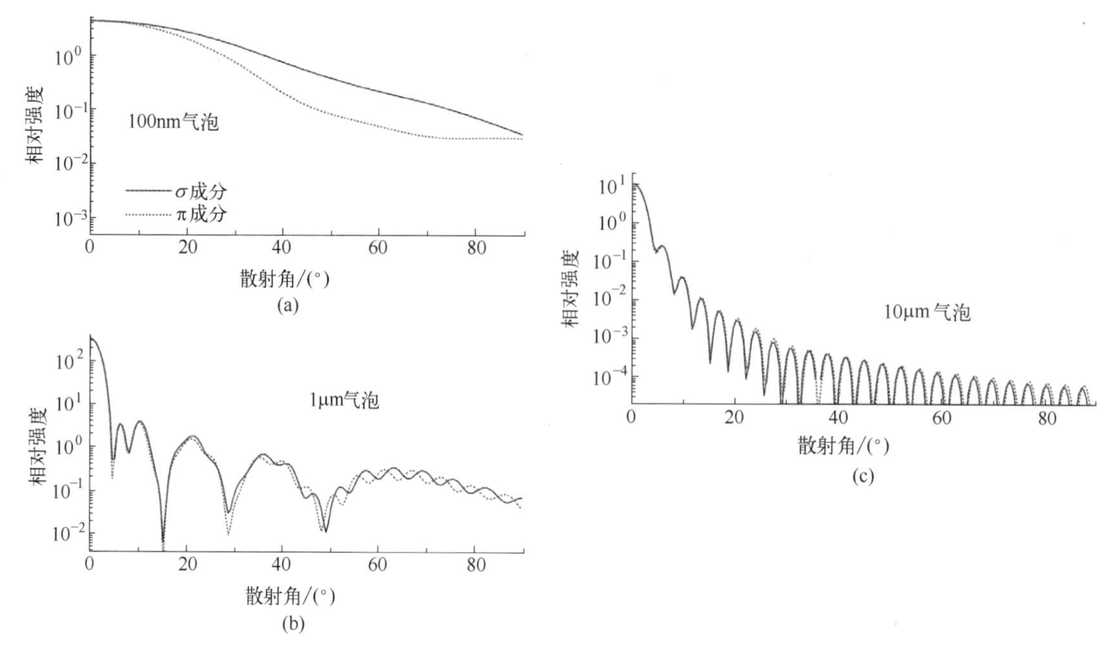

图 8.48 尺寸为 100nm、1μm 和 10μm 的气泡的散射光谱（转载自参考文献［41］）。

时，气体被释放出来。因为脱气设备已可商用，所以没有理由不在将浸没液充满到耦合空间之前对其进行预处理。这样做还有助于由湍流或放气作用产生的任何气泡的溶解。然而，也应该通过浸没外腔的液体动力学设计来避免湍流的产生。

光刻胶放气产生的气泡也很快溶解在浸没液中[34]。即使它们不溶解，光刻胶放气也极有可能破坏记录的图像。在干式系统中，大多数光刻胶会放气。当这些气泡被释放到浸没液中时，耦合介质中的光刻胶-耦合介质界面附近的尺寸和密度必须与界面附近的光刻胶内部的尺寸和密度相似，从而保持对图像相同程度的扰动。因此，如果这种类型的扰动不影响干式系统，它也不应该影响浸没式系统。

当气泡远离光刻胶表面时，由于多个气泡的结合，它们的尺寸会增加。由于溶解到液体中，气泡的尺寸也可能减小。当净效应是气泡尺寸减小时，与界面附近的气泡相比，气泡问题较小。根据式（8.57），即使净效应是气泡尺寸的增加，气泡的密度也会相应地降低，并且当气泡远离界面时，散射效应会降低。现在让我们停下来想一想。干式曝光系统可接受的光刻胶中，气泡的大小和密度必须不能以可检测到的方式影响图像记录。否则，我们就会在全球制造过程中的无数次干式曝光中发现这种效应了。

根据前述论点，光刻胶内部和液体中气泡的扰动具有类似的意义。因此，来自这些光刻胶的放气不会以可察觉的方式影响浸没式图像。

使用脱气的水可以消除对气泡的大部分担忧。然而，正如 Marston 所描述的那样，气泡表面的外来材料涂层可能会阻止它们的溶解。如果发生这种情况，需要在浸没式系统中排除或包含某些材料，以防止气泡涂层的形成。在从 45nm 到 7nm 的浸没式技术节点中，外来材料的涂覆已经不是一个问题。

从上面的讨论可以得出结论，能够影响成像质量的气泡一般大于几微米。它们很可能是由于缺乏层流或高速扫描过程中捕获空气而产生的。图 8.49 显示了曝光过程中受液体中气泡影响的光刻胶像。这些气泡的大小从 2μm 到大于 7μm 不等。

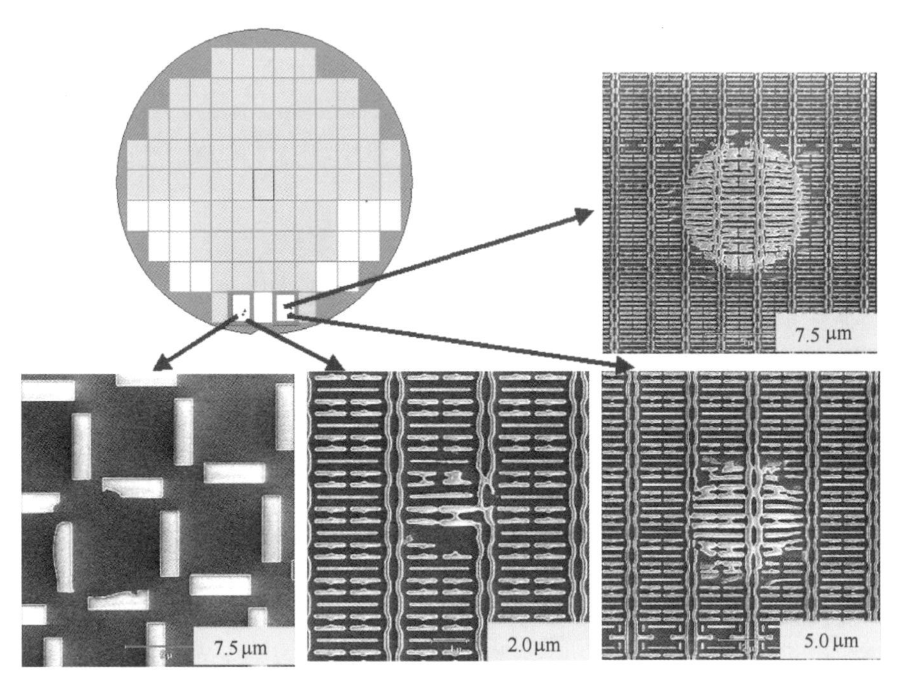

图 8.49 受气泡影响的光刻胶像（图由 C. G. Chen 提供）。

8.6.5 掩模

对于一级掩模，浸没式光刻技术用的掩模是受影响最小的部件。掩模上的照明波长是不变的。所有干式曝光系统中使用的材料，如坯料、吸收体和保护膜，以及制造工艺保持不变。是否有必要浸没掩模？在一个 4× 缩小系统中，即使晶圆侧的 NA 是 1.35，掩模侧的 NA 只有 0.3375，掩模的 NA 仍然远没有到 1。因此没有必要对掩模进行浸没，以增加 NA 来超过 1。

8.6.6 亚波长 3D 掩模

尽管掩模侧不可能具有较大的 NA，但是浸没式光刻能够使给定光频率的分辨率极限扩展到即使特征尺寸放大 4 倍也能使掩模图案达到亚波长的程度。例如，晶圆侧的 32nm 变成掩模侧的 128nm。这仅仅是 0.66λ。亚分辨率辅助特征在掩模上可以小到 0.15λ。掩模上还有其他的亚波长特征，例如由光学邻近效应校正（OPC）引起的夹具形和壶形特征。在这种情况下，必须考虑掩模图案的 3D 特性和偏振效应。掩模衍射对特征取向、吸收体厚度和吸收体轮廓有预期的依赖性。OPC 必须能够处理这种影响，否则需要采取其他措施。此外，制造包含非常小特征的掩模也有困难。从晶圆成像方面来看，随着 NA 变得非常大，透镜的尺寸、材料和制造成本可能会非常高。

通过将透镜的场尺寸从公认标准的 $26\times33\text{mm}^2$ 减小，并将缩小倍率从 4× 提高到 8×，可以缓解这些问题。用于较小场尺寸的透镜设计和加工要求正变得更加宽松。由于要求以较少的特征数量覆盖更大的特征，掩模制作也变得更加容易。此外，CD 控制和循环时间也得到了本质的改善。因此，场尺寸的减小和缩小倍率的增加做到了相互补充，而且对成本控制也是有效的。这两种方法都吸引了潜在受益者的注意。

场尺寸减小涉及两个问题。第一个是由于较小的场尺寸导致的曝光机生产效率损失。步进通过较小场区域所花费的时间增加，因此降低了曝光机的晶圆产率。7.1.5 节对此进行了详细讨论。之前关于 4× 到 5× 掩模生产效率损失的研究[42] 表明，4× 和 5× 之间的成本差异约为 10%。从 4× 到 8× 的成本增加会高得多。缩小场尺寸的第二个问题是，通常情况下，在 26×33mm^2 的曝光场内有许多相同的裸片，每个区域有更多的裸片，就可以提高良率。当裸片的数量减少一半时，良率就会受到影响。最糟糕的是，已经有一些集成电路需要在整个 26×33mm^2 的面积内来制作一个裸片。将场尺寸减半就需要进行场拼接，这对于实现和执行来说都并非容易之事。

注意，在由 30～40 个掩模层组成的整个半导体制造工艺中，如果只有一层具有需要较小场尺寸的设备，则所有其他设备都需要重置它们的场尺寸，除非可以实现极其好的场拼接。设备的成本节约可能适用于一个层，但生产效率的损失会影响所有层。

在扫描光刻机的扫描方向上，完美的拼接是自然的。为了以这种方式增加场大小，我们需要使用更大的掩模，例如 9in 而不是 6in。类似于改变晶圆尺寸的情况，在实施之前，还需要行业中的大部分团体来支持这一举措。

因此，生产效率损失是迄今为止最主要的因素。除非现有的缩小倍率被物理定律所限制，否则掩模缩小倍率不应增加。在采取增加缩小倍率和缩小视场的激烈措施之前，可以通过使用固体浸没式掩模[43] 来避免物理定律带来的限制，见 8.9.2 节所述。

8.6.7 光刻胶

与任何类型的光刻工艺一样，光刻胶也是浸没式光刻中不可或缺的组成部分。没有它，掩模图像不能被成功复制和转移。在浸没式光刻技术的早期，第一个成功的图像是通过使用为干式曝光设计的市售的光刻胶的实验装置来制成的[44]。这并不是说光刻胶不需要针对浸没式光刻进行优化，而是 193nm 水浸没式光刻技术的光刻胶开发看起来比开发 157nm 干式的光刻胶更可行。自从引入浸没式光刻技术后不久，在浸没环境中曝光光刻胶时没有遇到严重的问题[45]。一些浸没式光刻胶在显影过程中会出现图案塌陷，但也有许多其他光刻胶没有受到影响。

除了高折射率、低光吸收和最小放气的光学要求之外，光刻胶必须能承受与水接触的瞬间。最长的可能接触时间是在 WBC 中曝光晶圆所需的时间。对于每小时处理 100 个晶圆，每个晶圆的水接触时间大约为 1min。使用 LBC，接触时间减少了约 1/50，但某些区域可能会被重复接触，这取决于步进扫描方案。在与水接触的过程中，诸如光酸、光酸生成剂或树脂等材料会渗入水中，水也会渗入光刻胶。后者会影响显影过程中的光刻胶特性，而前者会成为透镜的污染源或气泡的表面涂层，阻碍气泡的快速溶解。如果这些材料的交换与曝光相关，那么曝光和显影的均匀性可能会受到影响。

除了水接触时间之外，光刻胶的水接触角也很重要[46]。现在测量接触角的方法不是通常的方法，而是使用倾斜表面上的水滴来模拟 LBC 系统中扫描和步进过程中水被浸没头拖过晶圆的情况。图 8.50 显示了倾斜晶圆表面上的水滴、后退和前进接触角，以及滑动和静态接触角。前进角表示前进浸没头的润湿特性，类似于后退浸没头具有后退角的情况。后退角影响水渍，前进角影响气泡的形成。

为了更有效地控制接触角并将光刻胶材料与浸没液隔离，通常使用顶部涂层（top-coat）。这种顶部涂层在加工过程中像 TARC 一样工作。为了简化工艺，顶部涂层最好在显影过程中可以去除。有些顶部涂层需要单独的溶剂去除步骤。最初，后者更有效。然而，由于对简单性的需要，可由显影剂去除的顶部涂层发展迅速。最终，没有顶部涂层的单一光刻胶层是成本上最优选的工艺。对顶部涂层的需求并不明显。有些光刻胶[47]在没有顶部涂层的情况下也能完美工作。与其过于保守地规定渗入规范，从而导致光刻胶材料的选择有限并需要顶部涂层，防止透镜污染的更好方法是进行有效的定期清洁。

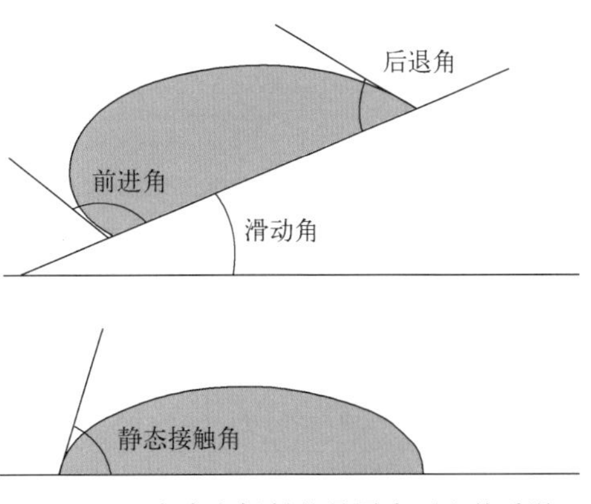

图 8.50　水滴在倾斜的晶圆表面上的后退角、前进角、滑动角和静态接触角。

光刻胶的折射率决定了空间频率复合的角度，而空间频率复合又会影响偏振诱发的杂散光。因此，对于光刻胶来说，高折射率总是优选的，除非在光吸收、成像性能或其他相关的光刻胶加工特性方面存在折中。

8.7　浸没式光刻对工艺的影响

在考虑了浸没式光刻系统的所有因素后，关键问题是：哪些技术节点可以用来制造半导体产品？在这里，我们通过模拟评估 65nm、45nm 和 32nm 节点的多晶硅层、接触层和金属层的 $DOF_{diffrac}$ 和 DOF_{avail}，分别针对 193nm 和 157nm、干式和浸没式光刻系统。我们还简要说明了 157nm 浸没式系统对 22nm 节点成像的可行性。

8.7.1　浸没式光刻的模拟

浸没式光刻的模拟是基于 Signamizer 方案[29]，它结合了 k_3 高 NA 比例[4]、PDS 和 SSL 来评估两个焦深，即 $DOF_{diffrac}$ 和 DOF_{avail}。其技术要求是基于最小半周期、关键尺寸（CD）和其他相关周期。没有考虑孤立的特征，因为假设中使用了虚设的特征。我们系统地将多晶硅成像的 CD 设置为技术节点，即 65nm 的 CD 为 65nm 节点，等等。CD 公差被简单地设定为±10%CD。对于多晶硅层，半周期被认为是最后一个节点的 CD，即对于 45nm 节点为 65nm，等等。对于接触层，CD 是半周期的 1.5 倍，四舍五入到一个接近的整数。2 倍、2.5 倍、3 倍、4 倍和 5 倍 CD 的周期包括在公共 E-D 窗口中。金属层 CD 被认为是半周期的 1.4 倍。线条开口与不透明空图形的比为 1∶1、1∶1.5、1∶2、1.5∶1 和 2∶1。65nm、45nm 和 32nm 节点的多晶硅层的光刻胶厚度分别为 200nm、150nm 和 100nm。对于接触层和金属层，这些厚度变为 250nm、175nm 和 100nm。光刻胶必须减薄以保持 3∶1 的高宽比，并减少所需 DOF 的消耗。65nm 节点的 SSL 被设定为 10%，其他两个节点设为 5%。这是悲观的一面。然而，杂散光水平是根据图案密度调整的。例如，对于相等的线和空，它被乘以 0.5；对于等距的接触孔，它被乘以 0.25，孔与空的比为 1∶1。表 8.8 给出了三个技术节点的多晶硅层、接触层和金属层的半周期、CD 和特征。

这些结果在后面的小节中被绘制出来并列成表格。它们取自基于 Signamizer 的 DOF-sinθ 曲线。DOF-NA 曲线可以通过将 sinθ 乘以耦合介质的折射率而轻易得到。图 8.51 和图 8.52 分别显示了使用 193nm 浸没的 45nm 节点的样本图和 sinθ 值下的相应 E-D 窗口。所有这些计算都使用 134.6nm 作为浸没波长，$n=1.4366$ 作为折射率。浸没波长是基于 193.39nm 的真空波长和五位数的折射率得出的。这里，分辨 130nm 的最小周期需要最大的 θ。

表 8.8 65nm、45nm 和 32nm 节点的多晶硅层、接触层和金属层的半周期、CD 和特征。

多晶硅节点	半周期 1 是上一节点的名称	CD 线	周期 1	周期 2	周期 3		
			2	2.5	3		
65	90	65	180	225	270		
45	65	45	130	162.5	195		
32	45	32	90	112.5	135		
接触层节点	半周期 1	CD 孔	周期 1	周期 2	周期 3	周期 4	周期 5
			2	2.5	3	4	5
65	100	100	200	250	300	400	500
45	70	70	140	175	210	280	350
32	50	50	100	125	150	200	250
金属层节点	半周期 1 是上一节点的名称	CD 线	周期 1	周期 2	周期 3	周期 4	周期 5
			2(1：1)	2.5(1：1.5)	3(1：2)	2.5(1.5：1)	3(2：1)
65	90	90	180	225	270	225	270
45	65	65	130	162.5	195	162.5	195
32	45	45	90	112.5	135	112.5	135

然而，DOF 是由 195nm 的周期控制的。各个特征上的偏置优化了公共 E-D 窗口。它们在 $\sin\theta=0.71$ 和 $\sin\theta=0.82$ 之间得到了很好的优化。与 195nm 曲线相吻合的公共 DOF 是这种优化的证据。

$DOF_{diffrac}$ 和 DOF_{avail} 都被列在后续三个表格中。尽管比较 DOF_{avail} 更为可取，但提供 $DOF_{diffrac}$ 使得在新的光刻胶厚度下计算 DOF_{avail} 更为直接。然而，只有 DOF_{avail} 的值被绘制出来。根据与曝光机供应商的讨论，我们期望曝光机支持 65nm 节点的 DOF_{avail} 为 250nm，45nm 和 32nm 节点的 DOF_{avail} 分别为 150nm 和 100nm。历史上，这些数字对于 130nm 节点是 400nm，对于 90nm 节点是 350nm。

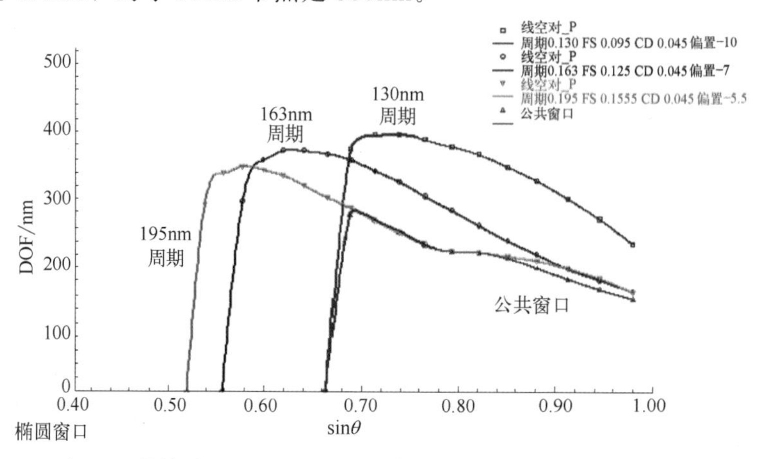

图 8.51 DOF 与 $\sin\theta$ 的关系：193nm 浸没，6%AttPSM，$\sigma_{in}=0.42$、$\sigma_{out}=0.84$，45nm 节点，CD=45nm±10%，周期 130、163、195nm，EL5%，SSL10%，偏置为−10、−7、−5.5nm。

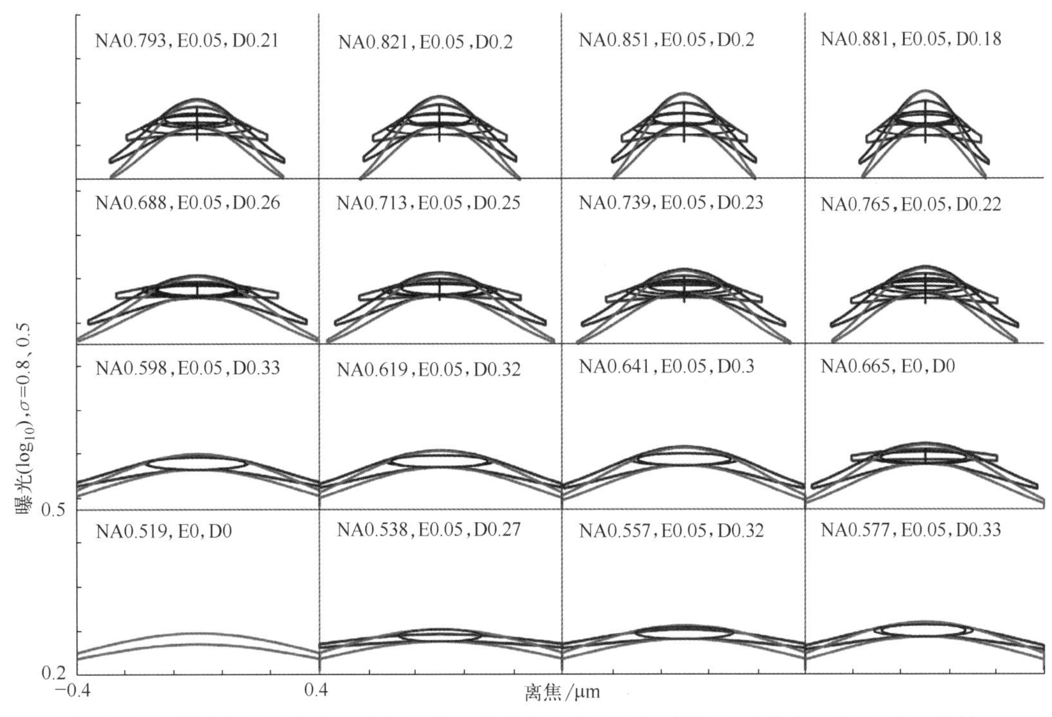

图 8.52　导致图 8.51 的 E-D 窗口。E-D 坐标为 0.2～0.5；每个 sinθ 块在 −0.4～0.4 重复。

8.7.2　多晶硅层

表 8.9 和图 8.53 给出了三个技术节点的多晶硅层仿真结果。在 65nm 节点处，对于使用环形离轴照明和 6% AttPSM 的 193nm 干式曝光系统，$DOF_{diffrac}$ 为 270nm，DOF_{avail} 为 156nm。所要求的 sinθ 或 NA 为 0.888。基于半周期的 k_1 值是 0.414。改为 157nm 干式系统可将 NA 放宽到 0.739，同时将 DOF_{avail} 增加到 277nm。193nm 的浸没式系统在 NA＝0.925 时提供 315nm 的 DOF_{avail}；切换到较低的 NA＝0.839，获得了 286nm 的 DOF_{avail}。注意，与干式系统的情况不同，NA 不再等同于浸没式下的 sinθ。只有 157nm 干式系统和 193nm 浸没式系统支持 250nm 的 DOF_{avail} 要求。NA＝0.839 的要求非常重要，因为这类浸没设备现在随时可用。即使在非最优的较低 NA 下，浸没设备的 DOF_{avail} 仍然高于 193nm 或 157nm 干式曝光系统。

表 8.9　三个技术节点的多晶硅层焦深。

		n_{resist}＝1.75				$n_{193nmCM}$＝1.4366			$n_{157nmCM}$＝1.37	
		65 多晶硅层	90			CD＝65nm, $P1$＝180nm, $P2$＝225nm, $P3$＝270nm			THK_{resist}(nm)＝200	10%SSL, 8%Elat
线编号		λ/nm	HP(k_1)	sinθ	NA	σ	$DOF_{diffrac}$	DOF_{avail}	RET	特征偏置/nm
65P	1	193	0.414	0.888	0.888	0.84 : 0.42	270	156	AttPSM OAI	B−26, −23, −20
65P	2	157	0.424	0.739	0.739	0.84 : 0.42	391	277	AttPSM OAI	B−25, −22, −18.5
65P	3	134.6	0.431	0.644	0.925	0.84 : 0.42	479	315	AttPSM OAI	B−25, −22, −18.5
65P	4	134.6	0.390	0.584	0.839	0.84 : 0.42	450	286	AttPSM OAI	B−25, −22, −20
		45 多晶硅层	65			CD＝45nm, $P1$＝130nm, $P2$＝163nm, $P3$＝195nm			THK_{resist}(nm)＝150	5%SSL, 5%Elat
线编号		λ/nm	HP(k_1)	sinθ	NA	σ	$DOF_{diffrac}$	DOF_{avail}	RET	特征偏置/nm
45P	1	157	0.325	0.784	0.784	0.8 : 0.4	218	132	AttPSM OAI	B−9, −6.5, −5
45P	2	134.6	0.325	0.674	0.968	0.8 : 0.4	278	155	AttPSM OAI	B−8, −5, −3.8

续表

		45多晶硅层	65	CD=45nm,$P1$=130nm,$P2$=163nm,$P3$=195nm					THK_{resist}(nm)=150	5%SSL,5%Elat
线编号		λ/nm	HP(k_1)	$\sin\theta$	NA	σ	$DOF_{diffrac}$	DOF_{avail}	RET	特征偏置/nm
45P	3	157	0.325	0.784	0.784	0.8∶0.4	234	148	AttPSM OAI TE	B−9,−8,−5
45P	4	134.6	0.325	0.674	0.968	0.8∶0.4	297	174	AttPSM OAI TE	B−11.5,−9.5,−8
45P	5	193	0.280	0.831	0.831	0.3	251	165	AltPSM	−7,−5,−4
45P	6	157	0.283	0.684	0.684	0.3	356	270	AltPSM	−5,−4,−6
45P	7	134.6	0.275	0.569	0.817	0.3	450	327	AltPSM	0,2,−5
周期:130,163nm										
45P	8	157	0.337	0.814	0.814	0.8∶0.4	277	191	AttPSM OAI	B−12.5,−10
45P	9	134.6	0.340	0.704	1.011	0.8∶0.4	351	228	AttPSM OAI	B−12.8,−10
45P	10	134.6	0.339	0.701	1.007	0.8∶0.4	347	224	BIM OAI	B−12.8,−10.2
		32多晶硅层	45	CD=32nm,$P1$=90nm,$P2$=113nm,$P3$=135nm					THK_{resist}(nm)=100	5%SSL,5%Elat
线编号		λ/nm	HP(k_1)	$\sin\theta$	NA	σ	$DOF_{diffrac}$	DOF_{avail}	RET	特征偏置/nm
32P	1	134.6	0.296	0.885	1.271	0.96∶0.48	114	32	AttPSM OAI	B−5,−2.5,−1
32P	2	111	0.310	0.765	1.117	0.96∶0.48	149	71	AttPSM OAI	B−10,−8,−6.5
32P	3	134.6	0.294	0.879	1.263	0.96∶0.48	118	36	AttPSM OAI TE	B−5,−2.5,−1
32P	4	111	0.308	0.759	1.040	0.96∶0.48	160	82	AttPSM OAI TE	B−10,−8,−7
32P	5	134.6	0.265	0.793	1.139	0.3	219	137	Alt PSM	B−8,−2,−6
32P	6	111	0.269	0.663	0.908	0.3	308	230	Alt PSM	B−10,−4,−9
32P	7	134.6	0.265	0.793	1.139	0.3	233	151	Alt PSM TE	B−7,−4,−9
周期:90,113nm										
32P	8	134.6	0.314	0.940	1.350	0.96∶0.48	137	55	AttPSM OAI	B−8.7,−6
32P	8a	134.6	0.291	0.871	1.251	0.96∶0.48	200	118	AttPSM OAI	B−9,−5.5
32P	9	111	0.321	0.793	1.086	0.96∶0.48	202	124	AttPSM OAI	B−10,−7.7
32P	10	134.6	0.303	0.905	1.300	0.96∶0.48	169	87	AttPSM OAI TE	B−9,−6.6
32P	10a	134.6	0.291	0.871	1.251	0.96∶0.48	200	118	AttPSM OAI TE	B−9,−6.3
32P	11	111	0.313	0.771	1.056	0.96∶0.48	226	148	AttPSM OAI TE	B−10,−7.7
32P	12	134.6	0.265	0.793	1.139	0.3	447	365	Alt PSM	B−17,−7

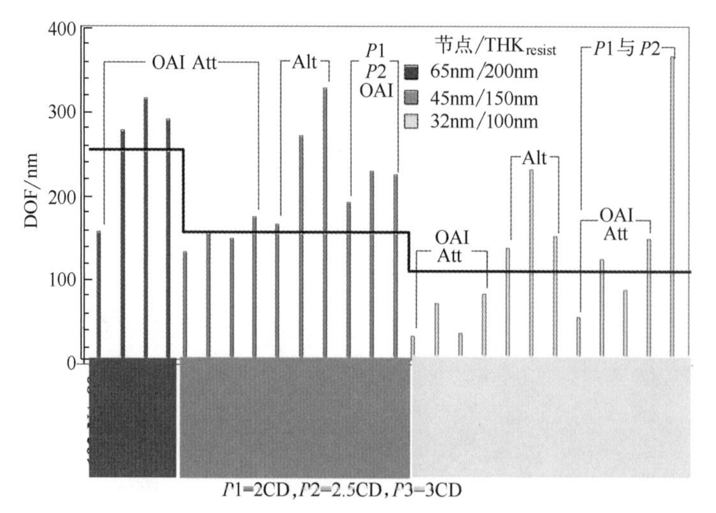

图8.53　三个技术节点多晶硅层的DOF_{avail}。

2008年，几乎所有的半导体工厂制造能力都在65nm节点。由于成本和时间问题，干式光刻机是首选，不需要浸没式光刻机。这是通过使用更强的RET、放宽设计规则、增加最小周期、禁止选通DOF的周期以及光刻机更好的$DOF_{required}$的组合来实现的。一些用于45nm和32nm节点的预期性能增强技术也可以应用于65nm节点。

转向45nm节点，不管NA如何，都不可能使用具有环形照明和6% AttPSM的193nm干式系统。157nm系统提供了134nm的DOF_{avail}，193nm浸没式系统提供了155nm的DOF_{avail}，这是可接受的。但是，如果有必要，有几种方法可以产生更大的余量：

① 收紧曝光机的DOF控制。

② 使用更强的RET，如AltPSM或四极照明。前者可以产生分别用于193nm的干式曝光、157nm的干式曝光和193nm的浸没式曝光的165nm、270nm和327nm的DOF_{avail}。

③ 删除最受限的周期。移除195nm的周期，对于157nm的干式系统可产生191nm的DOF_{avail}，对于具有环形照明和6% AttPSM的193nm浸没式系统可产生228nm的DOF_{avail}。注意，在这种情况下，使用BIM的DOF_{avail}仅比使用AttPSM的DOF_{avail}小4nm。

④ 使用TE偏振。用157nm的干式系统可以获得148nm的DOF_{avail}，用193nm的浸没式系统可以获得174nm的DOF_{avail}。

在32nm节点处，使用6% AttPSM和环形照明的157nm干式曝光系统不再支持公共窗口。193nm浸没产生32nm的DOF_{avail}，157nm浸没产生71nm；采用TE模分别产生36nm和82nm。这种缓解是微不足道的。前面四种情况的DOF_{avail}不足以涵盖100nm设备的DOF控制。切换到强RET就足够了，例如AltPSM。保持6% AttPSM/环形照明，并将周期限制在90nm和113nm，对于157nm的浸没式情况产生足够的DOF_{avail}，但是对于193nm的浸没情况不行。因此，需要继续收紧$DOF_{required}$要求。

8.7.3 接触层

表8.10和图8.54显示了三个节点接触层的DOF。对于65nm节点，157nm干式系统和193nm浸没式系统的272nm和286nm的DOF_{avail}是可接受的，而193nm干式系统是不可接受的。然而，接触层的65nm节点制造，仍然通过用于改善多晶硅层的DOF的类似措施，用干式系统来管理。

对于45nm节点，如果保持6% AttPSM，则157nm干式系统和193nm浸没式系统的DOF_{avail}是不够的。然而，后者的DOF_{avail}更接近工具需求。没有明显的理由表明曝光机的聚焦控制不能稍微收紧以满足要求。或者，可以采取限制周期、减小光刻胶厚度、稍微改变设计规则或更强的RET来弥补差距。例如，保持140～210nm的周期范围有利于172nm的DOF_{avail}，如表8.10所示；将光刻胶厚度改变为150nm导致DOF_{avail}=163nm；将280～350nm周期之间的CD公差放宽到6nm，DOF_{avail}可扩展到166nm。

对于32nm节点，使用6% AttPSM的193nm或157nm浸没的DOF_{avail}也是不够的。为了保持193nm浸没，可以采取几种方法：①使用AltPSM和封装密封技术[32]去除150nm、200nm和250nm周期；②或者在6% AttPSM上使用环形照明，去除200nm和250nm周期。如果想要使用157nm浸没，则必须用圆形照明去除三个周期，或者用环形照明去除两个周期。

表 8.10　三个技术节点的接触层焦深。

$n_{resist}=1.75$					$n_{193nmCM}=1.4366$				$n_{157nmCM}=1.37$	
		65C T	100			CD=100nm,周期=200,250,300,400,500nm			THK_{resist}(nm)=250	10%SSL,8%Elat
线编号		λ/nm	HP(k_1)	sinθ	NA	σ	$DOF_{diffrac}$	DOF_{avail}	RET	特征偏置/nm
65C	1	193	0.369	0.713	0.713	0.78	334	191	AttPSM	0,5,7,9.5,11
65C	2	157	0.385	0.604	0.604	0.78	415	272	AttPSM	0,4,6.5,9,9.5
65C	3	134.6	0.383	0.516	0.741	0.7	491	286	AttPSM	0,3,4.5,7,7
		45C T	70			CD=50nm,周期=140,175,210,280,350nm			THK_{resist}(nm)=175	5%SSL,6%Elat
线编号		λ/nm	HP(k_1)	sinθ	NA	σ	$DOF_{diffrac}$	DOF_{avail}	RET	特征偏置/nm
45C	1	157	0.339	0.760	0.760	0.78	223	123	AttPSM	0,4,5,7,8
45C	2	134.6	0.328	0.631	0.906	0.78	286	142	AttPSM	0,4.5,5,7.5,8
45C	3	134.6	0.328	0.631	0.906	0.78	310	166	AttPSM,±6nm P4,P5	0,4.5,5.4,7.8,8.3
						周期:140,175,210nm				
45C	4	134.6	0.330	0.635	0.912	0.78	316	172	AttPSM	0,4.5,5.4
		32C T	50			CD=50nm,周期=100,125,150,200,250nm			THK_{resist}(nm)=100	5%SSL,5%Elat
线编号		λ/nm	HP(k_1)	sinθ	NA	σ	$DOF_{diffrac}$	DOF_{avail}	RET	特征偏置/nm
32C	1	134.6	0.320	0.862	1.238	0.86	122	40	AttPSM	0,3.8,4.5,6.5,7
32C	1	134.6	0.319	0.858	1.233	0.86	130	48	AttPSM TE	0,3.8,4.5,6.5,7
32C	2	111	0.316	0.702	0.962	0.86	161	83	AttPSM	0,3.8,4.5,6.5,7
32C	3	134.6	0.342	0.920	1.322	0.3	101	19	AltSPM	0,−3.5,5 P1,P2,P5
32C	4	134.6	0.338	0.910	1.307	0.3	113	31	Alt PSM TE	5,−3.5,0
						周期:100,125nm				
32C	3	134.6	0.321	0.863	1.240	0.86	150	68	AttPSM	0,3.9
32C	4	134.6	0.309	0.833	1.197	0.86	172	90	AttPSM TE	0,3.9
32C	5	134.6	0.329	0.885	1.271	0.3	266	184	AltPSM	10,1
32C	6	111	0.323	0.716	0.981	0.86	221	143	AttPSM	0,3.8
32C	7	111	0.310	0.688	0.943	0.86	241	163	AttPSM TE	0,3.9
						周期:100,125,150nm				
32C	8	134.6	0.296	0.798	1.146	0.88∶0.44	202	120	AttPSM OAI	−4,−1.2,0.4
32C	9	134.6	0.289	0.779	1.119	0.88∶0.44	230	148	AttPSM OAI TE	−4,−1.6,0.1
32C	10	111	0.303	0.672	0.921	0.88∶0.44	264	186	AttPSM OAI	−4,−1,0.3
32C	11	111	0.298	0.661	0.906	0.92∶0.46	283	205	AttPSM OAI TE	−4,−1,0.3

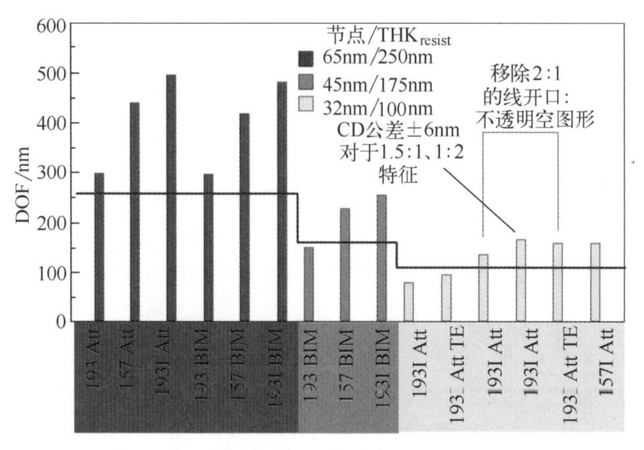

图 8.54　三个技术节点处接触层的 DOF_{avail}。

8.7.4 金属层

对于金属层的仿真结果如表8.11和图8.55所示。请注意，因为线开口与不透明空图形的比分别为1∶1、1∶1.5、1∶2、1.5∶1和2∶1，所以有三种周期但有五种特征。对于65nm节点，298nm、440nm和496nm的DOF_{avail}值是冗余的；甚至还有用BIM替换AttPSM的空间。对于45nm节点，用于193nm干式曝光、157nm干式曝光和193nm浸没式系统的DOF_{avail}也可与BIM一起使用。

对于32nm，使用6%AttPSM和环形照明的193nm浸没的DOF_{avail}是不够充足的。增加偏振照明使其接近工具聚焦控制极限，而157nm浸没在不借助于TE照明的情况下具有足够的优势。AltPSM对于金属层不是很有用，因为需要为不同周期的线和空建立公共E-D窗口。为了保持193nm浸没，可以放弃135nm周期的2∶1特征，以产生135nm的DOF_{avail}。利用偏振照明，这可以扩展到158nm。对于135nm周期处的1∶2特征和112.5nm周期处的1.5∶1特征，进一步将CD控制放宽到±6nm，可以将DOF_{avail}扩展到166nm，而无需借助于偏振照明。

表8.11 三个技术节点的金属层焦深。

		$n_{resist}=1.75$				$n_{193nmCM}=1.4366$			$n_{157nmCM}=1.37$	
		65 M1	90		CD=90,$P1$=180, $P2$=225,$P3$=270nm				THK_{resist}(nm)= 250	10%SSL,8%Elat
线编号		λ/nm	HP(k_1)	sinθ	NA	σ	$DOF_{diffrac}$	DOF_{avail}	RET	特征偏置/nm
65M	1	193	0.332	0.712	0.712	0.76∶0.38	441	298	AttPSM OAI	5,0,5,19,27
65M	2	157	0.328	0.573	0.573	0.76∶0.38	583	440	AttPSM OAI	5,0,5,19,27
65M	3	134.6	0.330	0.493	0.708	0.76∶0.38	701	496	AttPSM OAI	5,0,5,19,27
65M	4	193	0.332	0.712	0.712	0.76∶0.38	439	296	BIM OAI	5,0,5,19,27
65M	5	157	0.333	0.581	0.581	0.76∶0.38	562	419	BIM OAI	5,0,5,19,27
65M	6	134.6	0.330	0.493	0.708	0.76∶0.38	687	482	BIM OAI	5,0,5,19,27
		45 M1	65		CD=65,$P1$=130, $P2$=162.5,$P3$=195nm				THK_{resist}(nm)= 175	5%SSL,6%Elat
线编号		λ/nm	HP(k_1)	sinθ	NA	σ	$DOF_{diffrac}$	DOF_{avail}	RET	特征偏置/nm
45M	1	193	0.299	0.888	0.888	0.84∶0.42	250	150	BIM OAI	0,5,8,11,17
45M	2	157	0.319	0.771	0.771	0.84∶0.42	327	227	BIM OAI	0,5,8,10,14
45M	3	134.6	0.321	0.665	0.955	0.84∶0.42	399	255	BIM OAI	0,5,8,10,14
		32 M1	45		CD=45,$P1$=90, $P2$=112.5,$P3$=135nm				THK_{resist}(nm)= 100	5%SSL,6%Elat
线编号		λ/nm	HP(k_1)	sinθ	NA	σ	$DOF_{diffrac}$	DOF_{avail}	RET	特征偏置/nm
32M	1	134.6	0.292	0.874	1.256	0.92∶0.46	161	79	AttPSM OAI	0,4,6,8.5,13.1
32M	2	134.6	0.292	0.874	1.256	0.92∶0.46	177	95	AttPSM OAI TE	0,4,6,7.5,11.5
32M	3	111	0.289	0.714	0.978	0.92∶0.46	237	159	AttPSM OAI	0,4,6,7.5,13
					周期:90,112.5,135(仅1.5∶1)nm					
32M	4	134.6	0.296	0.884	1.270	0.92∶0.46	217	135	AttPSM OAI	0,4,6.5,9.2
32M	5	134.6	0.287	0.857	1.231	0.92∶0.46	240	158	同上,但使用TE	0,4,5.8, 8.5,11.5
32M	6	134.6	0.297	0.888	1.276	0.92∶0.46	248	166	AttPSM OAI,±6nm $P2$(1.5∶1),$P3$(1∶2)	0,4,7.5,9.5

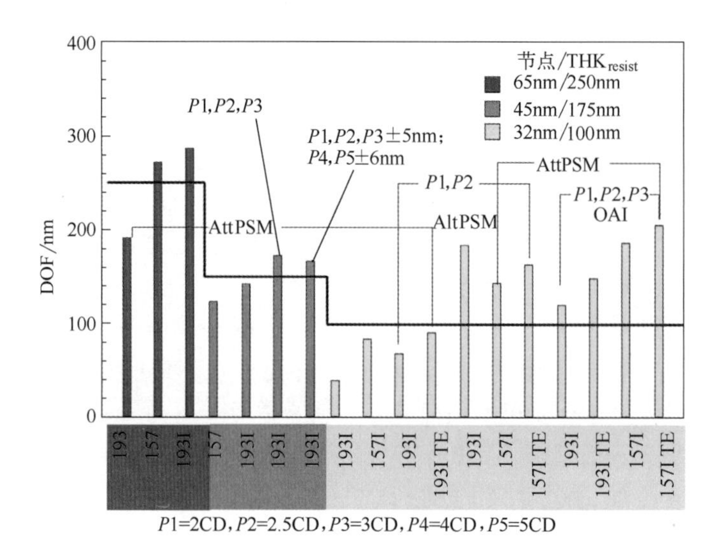

图 8.55 三个技术节点上金属层的 DOF_{avail}，全程使用 OAI。

8.7.5 对三个技术节点的建议

对于 65nm 节点，157nm 干式系统或 193nm 浸没式系统均可接受。后者有更大的优势。193nm 干式系统需要更多的加强措施，如收紧工具聚焦控制，使用更强的 RET，或降低一些周期。尽管 157nm 干式系统可以支持焦深的需求，但该技术尚不完善，因为缺乏光刻胶、软保护膜和大量高质量的 CaF_2。用石英保护膜代替软保护膜有其自身无法克服的问题。对接触层的考虑是相似的。对于金属层，所有三个系统的 DOF_{avail} 都是可接受的。

对于在多晶硅层的 45nm 节点，193nm 浸没式系统和 157nm 干式系统分别顺带地高于和低于 150nm 的 DOF_{avail} 要求，不管是否使用偏振照明。当然，这可以通过进一步加强曝光机的聚焦控制来改变。使用指定周期范围的 AltPSM 或环形照明会使两个系统都超过截止点。AltPSM 甚至可以将 193nm 干式系统移过截止点。带环形照明的 AltPSM 或 BIM 的选择需要同时考虑性能和成本。在接触层，193nm 的浸没式可以更容易地工作。在金属层，所有三个系统的 DOF_{avail} 值都是可以接受的。

对于 32nm 节点，从纯模拟结果来看，157nm 波长的浸没比 193nm 波长的浸没提供了更长的 DOF_{avail}。然而，157nm 浸没式光刻是不可能的。RET 和设计规则变化的组合使得使用 193nm 波长的浸没式光刻成为可能。

偏振照明可以提高给定设置的焦深。在这方面，BIM 的效果比 AttPSM 稍差。然而，在许多情况下可以采用 BIM 来节省掩模成本。

表 8.12 总结了三个技术节点在 193nm 水浸没条件下的最佳 NA 要求。支持工具聚焦控制的 NA 列在每个节点的每个层下。多节点 NA 取自表 8.9 编号为 65C3、45C4 和 32C8 的线；金属节点 NA 取自表 8.11 编号为 65M1、65M6、45M1、45M3 和 32M6 的线。工具列下是针对工具建议的 NA。对于 65nm 节点，所需的工具 NA 是加工所需的最高 NA 的两位数舍入，即 0.84。对于 45nm 节点，0.97NA 的工具就足够了。然而，来自 65nm 工具的增量太小。在达到 32nm 节点之前，在 45nm 工具上实现最大 NA 1.1 足以满足所有关键层以及一些子节点的需求。因此，45nm 工具可能会成为跨代的主力。在 32nm 节点处，再次选择最大工具 NA 来处理所有 32nm 临界层。

表 8.12 三个技术节点对于 193nm 水浸没式系统所需的 NA。

节点	系统	多晶硅层	接触层	金属层	工具
65nm	干式	—	—	0.712 (65M1)	—
	浸没式	0.839 (65P4)	0.741 (65C3)	0.708 (65M6)	0.84
45nm	干式	—	—	0.888 (45M1)	—
	浸没式	0.968 (45P2)	0.912 (45C4)	0.955 (45M3)	1.1
32nm	浸没式	1.14 (32P5)	1.15 (32C8)	1.28 (32M6)	1.3

8.8 浸没式光刻技术实践

当最初提出水浸没式 193nm 光刻技术时，业界已经在 157nm 扫描光刻机开发和支持它的基础设施方面进行了大量投资。在认识到生产大量高质量的 CaF_2 极其困难之前，研发 157nm 技术的势头非常强劲。克服 157nm 光刻胶中的高吸收也有类似的问题。开发耐用的软保护膜也非常困难。因此，该行业转向水浸没的 193nm 光刻技术。在相对较短的两年时间里，光刻机就已经变得可用。光刻胶的研发很快接踵而至。掩模相关的基础设施不需要太多的改变。让浸没式光刻成为可行的大规模制造技术的重担已经转移到半导体制造商身上。下面是一些实现这一目标的方法案例。

8.8.1 曝光结果

193nm 水浸没式技术已应用于逻辑器件和电路，以发掘其潜力并解决其问题。图 8.56 显示了覆盖在有源层上的 90nm 节点静态 RAM（SRAM）芯片的多晶硅图像[48]。有源层在 ASML 的 0.75NA 193nm 原型浸没式扫描光刻机上曝光，多晶硅层在 TSMC 的等效干式曝光系统上曝光。该研究证明了全场成像、可用的光刻胶体系、可接受的套刻精度（overlay）和大的 DOF。转向 0.85NA 的 193nm 浸没式扫描光刻机，制造了 55nm 节点的 SRAM 芯片，图 8.57 显示了该芯片在不同场位置的金属层图像。图 8.58 比较了在接触层分离的干式

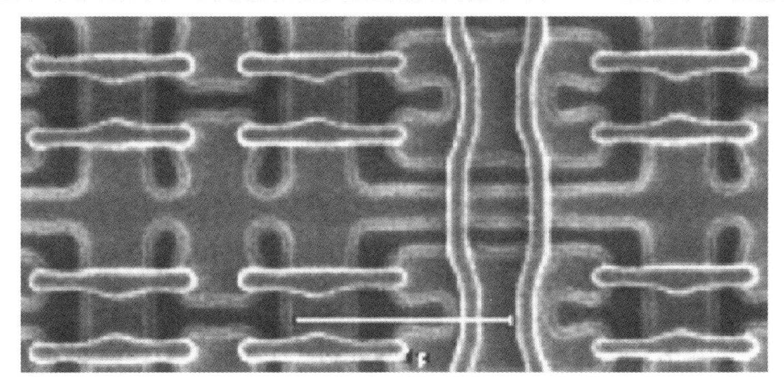

图 8.56 使用 90nm 节点 SRAM 的浸没式芯片，显示了有源层顶部的多晶硅层。用 ASML 的 0.75NA 193nm 原型浸没式扫描光刻机对多晶硅层进行曝光；有源层在 TSMC 用干式扫描光刻机曝光（转载自参考文献 [48]）。

曝光与浸没式曝光中芯片良品与次品数量[49]。浸没式光刻与干式光刻的比例分别为 72∶70 和 62∶80。如果不考虑非光刻的误操作，浸没式的良品芯片数量可以增加 25 个（达到 97∶45）。

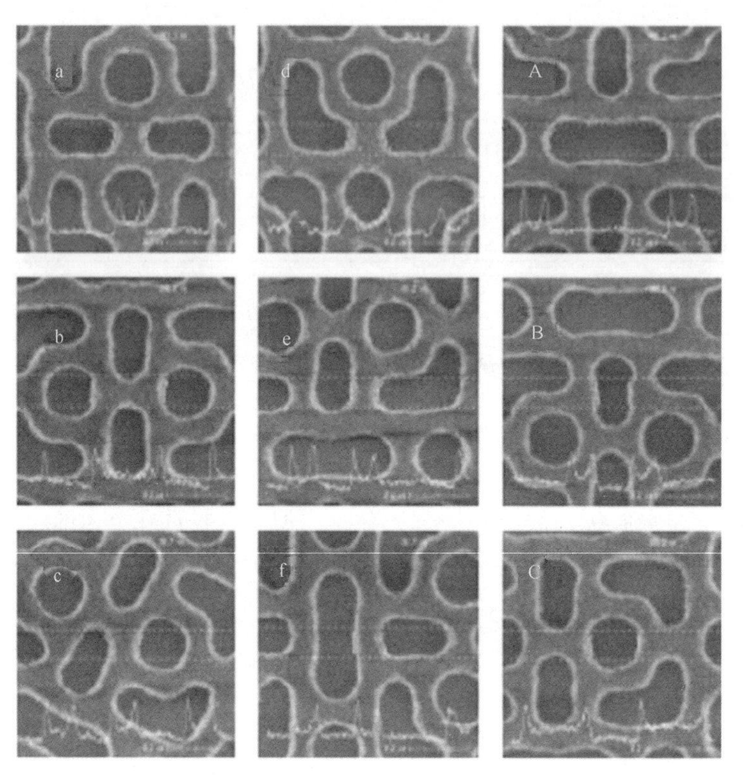

图 8.57 使用 0.85NA 193nm 浸没式扫描光刻机在不同场位置曝光的 0.4mm² 55nm 节点 SRAM 金属层（图片由 K. S. Chen 提供）。

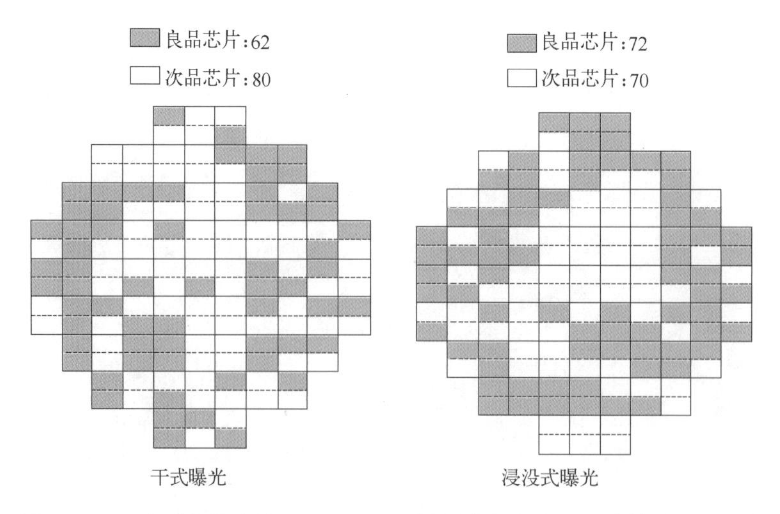

图 8.58 一个研发批次的 65nm SRAM 浸没式的良率。一个特定测试芯片在接触层被分开用于干式（左）和浸没式（右）曝光。如果浸没晶圆的中心区域没有被非光刻操作损坏，则良率会更高（图由 K. S. Chen 提供）。

8.8.2 减少缺陷

浸没式光刻技术已经取得了长足的进步。晶圆产率和套刻性能已经被稳步提高。除了对生产效率和封装密度的持续需求之外，对于 45nm 到 7nm 的制造，不再担忧这些问题。也许最迫切的挑战是将缺陷水平降低到个位数，就像干式光刻技术一样。到 2010 年，许多半导体工厂能够将缺陷控制在可接受的水平。主要区别在于光刻胶上面是否需要顶部涂层。不需要顶部涂层的公司可以享受创新带来的成本节约和更好的成像性能。

图 8.59 显示了浸没式光刻的三种主要缺陷类型，即水渍、气泡和颗粒。水渍是由于浸没头通过后在光刻胶表面的润湿残留，可以通过防止残余润湿、材料处理和/或特殊处理来控制水渍。曝光期间水中的气泡会修改光刻胶图像，就好像在曝光期间插入了放大镜一样。气泡主要是由步进和扫描过程中液体动力学的破坏引起的。颗粒可以存在于水源中，或者可以从水接触的任何表面被带到晶圆上；一个主要的可疑来源是来自晶圆边缘附近的晶圆下面。

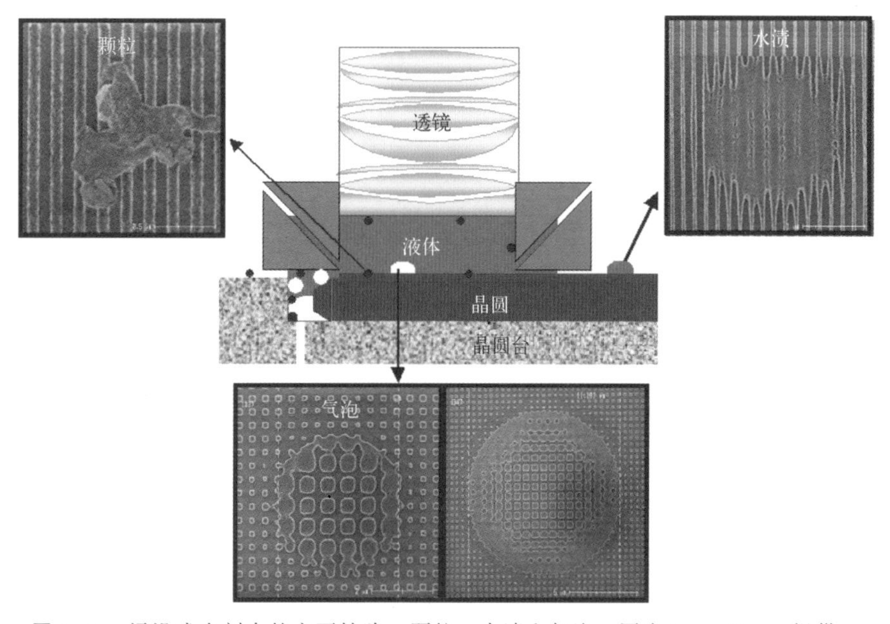

图 8.59 浸没式光刻中的主要缺陷：颗粒、水渍和气泡（图由 C. Y. Chang 提供）。

图 8.60 显示了一种有效的曝光后浸泡方法，用于去除在给定条件范围内产生的水渍。新的浸没罩设计大大减少了气泡的数量。

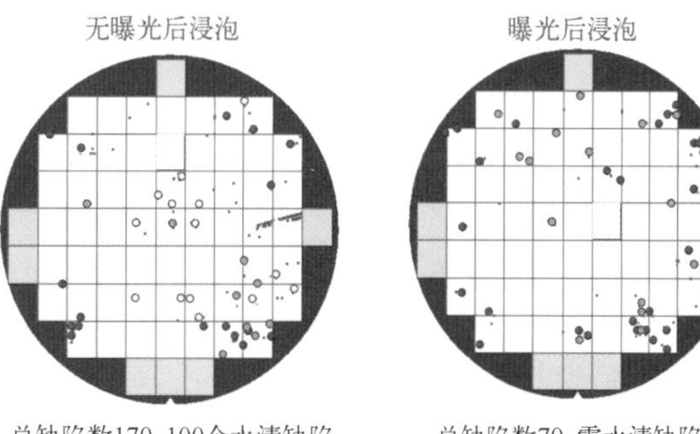

图 8.60 曝光后浸泡（右）与无曝光后浸泡（左）相比，减少了水渍缺陷（图由 S. C. Wang 提供）。

图 8.61 显示了在普通晶圆上进行多次曝光的研究结果，旨在区分静态和动态缺陷。在晶圆上发现的 85 个缺陷中，只有大约 1/4 在 5 次微型曝光后存在。在每次曝光过程中位于不同位置的其他缺陷被排除。该实验是在光刻胶上使用顶部涂层并使用曝光后烘焙进行的，以

简化所产生缺陷的类型。我们可以把大多数动态定位的缺陷归因于气泡，而把静态定位的缺陷归因于颗粒。

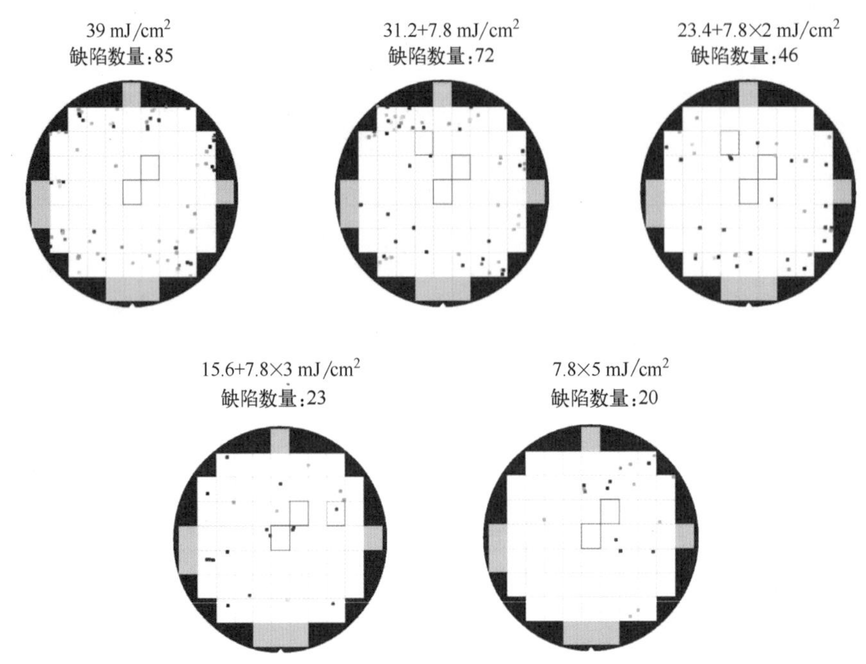

图 8.61 通过多次曝光进行的浸没缺陷研究（图由 S. C. Wang 提供）。

8.8.3 监测浸没罩和特殊路线

精心设计的浸没式系统以及亲水材料可以防止气泡的产生。曝光后浸泡或精心选择的光刻胶/顶部涂层可以防止水渍。即使仅仅使用顶部涂层也可以大大减少显影后存在的有害颗粒的数量。不幸的是，上述方法都不能防止曝光前沉积颗粒的印刷。一种独特的特殊路线技术[50] 可以将每个晶圆的颗粒印刷缺陷减少到个位数。这种特殊路线方法是监测浸没罩的特殊技术的延续。

浸没罩（immersion hood，IH）是浸没式扫描光刻机的重要组成部分，用于在曝光过程中水的供应、限制和排出。它是圆形的，放置在底部透镜元件的下面。其边缘在曝光场之外，也就是说，浸没液的覆盖面积大于曝光场。为了限制浸没液，气刀以径向向内的力围绕 IH，防止水在晶圆移动期间泄漏到浸没区域的外部。图 8.62 从概念上描述了 IH 的构型，显示了气流和水流的方向、曝光狭缝的位置和曝光场。

因为颗粒印刷是浸没式光刻中缺陷的重要原因，所以有必要识别颗粒来自哪里以及它们是如何被印刷的。

对于颗粒印刷，考虑的第一种可能情况是，悬浮在光刻胶表面附近的水中的颗粒被印刷。假设晶圆扫描速度为 500mm/s，水流速度为 1.5L/min，在曝光过程中，水中的颗粒相对静止，而晶圆在下面快速通过。如果悬浮的颗粒被印刷，光刻胶图像将由条纹组成。但实际中从未观察到条状缺陷。

第二种可能的情况如图 8.63 所示。在曝光过程中，颗粒有可能从浸没罩通过水被输送到晶圆表面，并且在曝光狭槽内的颗粒被印刷。没有直接的证据支持或反对这种缺陷的存在。然而，除了完全消除水中的颗粒之外，没有任何方法可以阻止颗粒印刷。

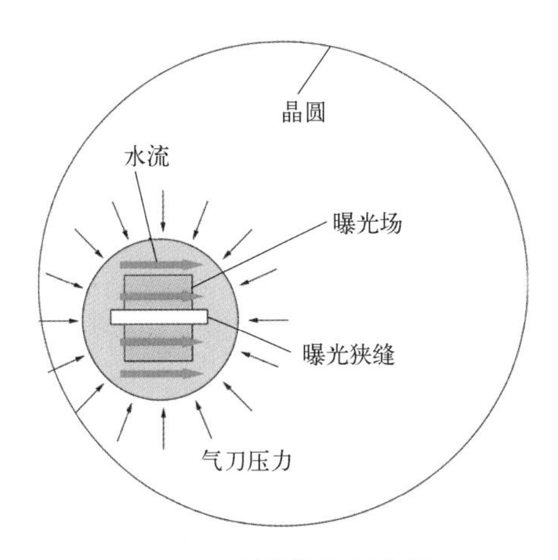

图 8.62　浸没罩的概念图。

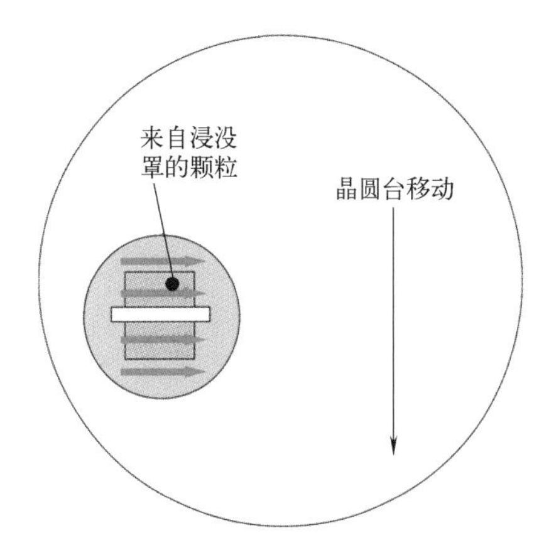

图 8.63　曝光过程中颗粒从浸没罩通过水转移到晶圆。

第三种可能的情况是先前曝光场留下的颗粒被印刷。它们可能被留在那里，因为水滴在晶圆扫描期间从 IH 中漏出。在晶圆扫描期间确实有水泄漏。如果 IH 设计不当、扫描速度过快或晶圆表面过于亲水，就会发生漏水。图 8.64（a）显示了 20 个裸硅测试晶圆的缺陷图上累积的晶圆缺陷分布。可以清楚地观察到直线和弧形轨迹。由于 IH 边缘的水仅在径向受到约束，因此水只能在 IH 边缘沿其行进路线沿切线方向泄漏。除了在 IH 边缘沿切向方向的漏水之外，IH 还由于平台加速期间的惯性力而泄漏，尤其是在平台开始移动时的后边缘，进而导致弧形缺陷分布。因此，图 8.64（a）所示的缺陷图分别由垂直运动和水平运动的直线和圆弧组成。垂直方向是晶圆扫描方向。

图 8.64（b）显示了缺陷分布与参考文献［50］的作者使用的特殊模型的拟合结果，来描述第三种可能性的现象。显示的良好拟合证实了这种可能性。如果使用含有圆形布置气孔的空气幕，图 8.64 将包含径向缺陷条纹，这是由于 IH 边缘周围的气孔之间的低气压区，在阶段加速期间增加了泄漏。图 8.64 中的缺陷图是用气刀代替空气幕从 IH 中得到的。前者支持连续的径向气流，并且不产生径向条纹，这就解释了图 8.64 中没有这种条纹的原因。

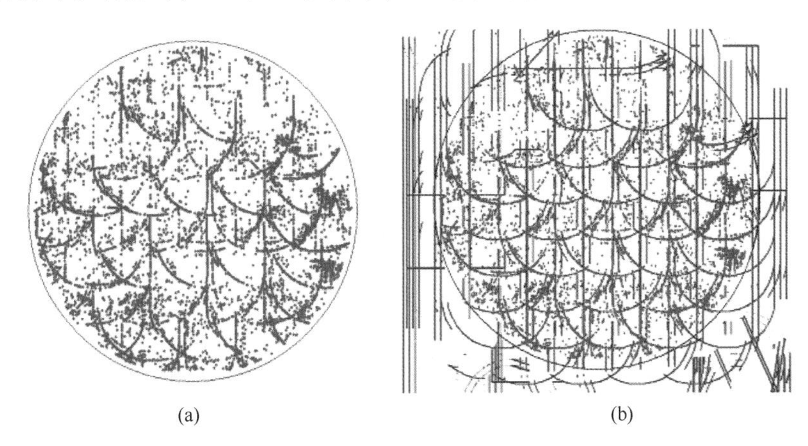

图 8.64　（a）来自 20 个裸硅片的累积缺陷分布。（b）在曝光期间考虑晶圆台轨迹后的模型拟合（改编自参考文献［50］）。

从许多晶圆中累积缺陷分布，并将它们拟合到预定的模型，已经成为缺陷分析的有力工具，由此开发了特殊路线技术。为了解释这种特殊的路线，让我们先来看一下图 8.65，它说

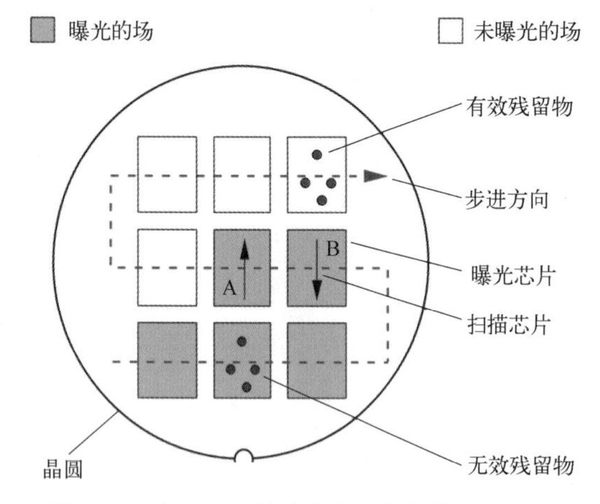

图 8.65 有效和无效残留物。场扫描 B 留下有效残留物，而场扫描 A 留下无效残留物。

明了扫描后哪些颗粒作为残留物留在晶圆上。我们根据是否印刷将这些颗粒分为有效残留物和无效残留物。如图 8.65 所示，留在已曝光区域上的残留物不会造成印刷缺陷，这些是无效残留物；图中的有效残留物是沉积在未曝光区域的颗粒。如果它们留在晶圆上而没有被流动的水搅动，则它们随后被印刷。由于遮光罩比曝光场大，因此可能会有多个相邻场的残留物。

特殊路线可以解决这个问题。图 8.66 显示了正常曝光路线和两种特殊路线。在正常路线中，场进行逐行曝光，扫描方向在向上和向下之间交替，因此用于将掩模向后移动的时间也可用于曝光晶圆，以提高生产效率。扫描方向垂直于场步进方向。特殊路线以列的方式曝光场，扫描方向平行于场步进方向。特殊路线 1 具有在一列中交替分配的相反扫描方向，而扫描方向都平行于特殊路线 2 中的场步进方向。

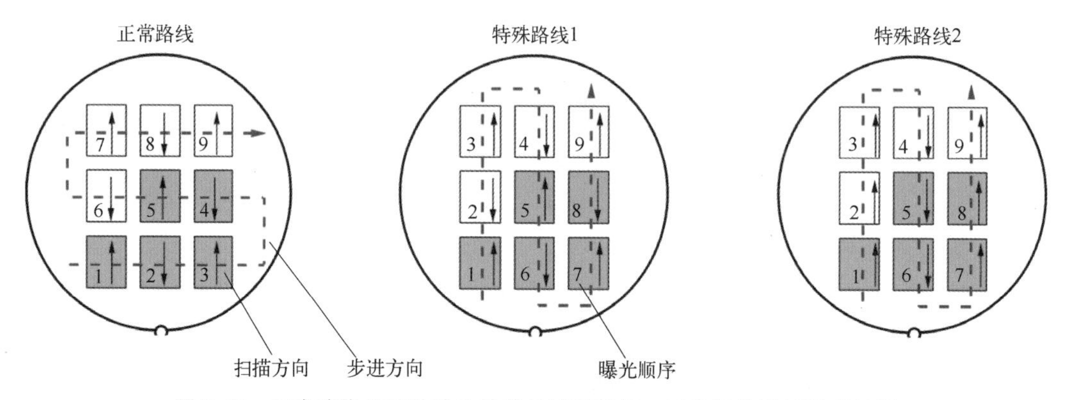

图 8.66 正常路线和两种减少缺陷的特殊路线。正常路线用于干式扫描光刻机生产运行，而特殊路线 1 和 2 用于减少浸没缺陷。

图 8.67 描述了正常路线产生的有效和无效残留物。紧接着扫描场 1 之后，残留物被留在场之外——这些是无效残留物。晶圆现在步进到场 2，然后以相反的方向扫描。残留物留在其区域中以供将来曝光，这些是有效残留物。在扫描了所有九个场之后，有三组有效残留物团簇。

图 8.68 描述了特殊路线 1 产生的有效和无效残留物，如图所示，有效残留物团簇的位置不同。在扫描所有九个场之后，还有三组有效残留物团簇。这九个场是为了能清晰地展示。实际上，300mm 晶圆上的场数量大约为 100 个。让我们研究一下，即使图 8.67 和图 8.68 显示了相同数目的团簇，特殊路线是否受有效残留物的影响较小。如果我们在正常路线的情况下在场 7、8 和 9 上增加两行，即场 10～15，有效和无效残留物团簇的分布将与场 4～9 的分布相同，将有三个额外的团簇。类似地，我们可以在场 3、4 和 9 之上再添加两行，用于特殊路线 1。在场 3 和场 4 之间将扫描场 3a、3b、3c 和 3d。然后，将在场 9 之后扫描另外两个场。对于这两个额外行，仍然有三组额外的有效残留物团簇。特殊路线 1 减少

缺陷的能力不明显。到目前为止，我们只考虑了缺陷分布的弧形轨迹。增加对切向轨迹的考虑，可以区分两种路线方案的缺陷特征。

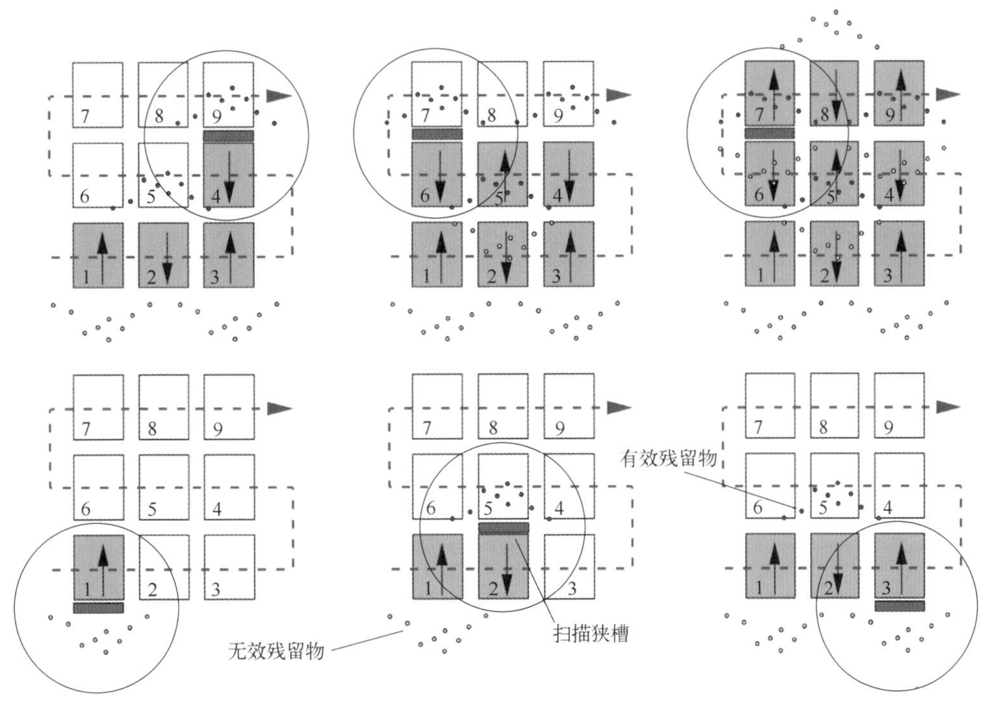

图8.67 正常路线产生的有效和无效残留物。

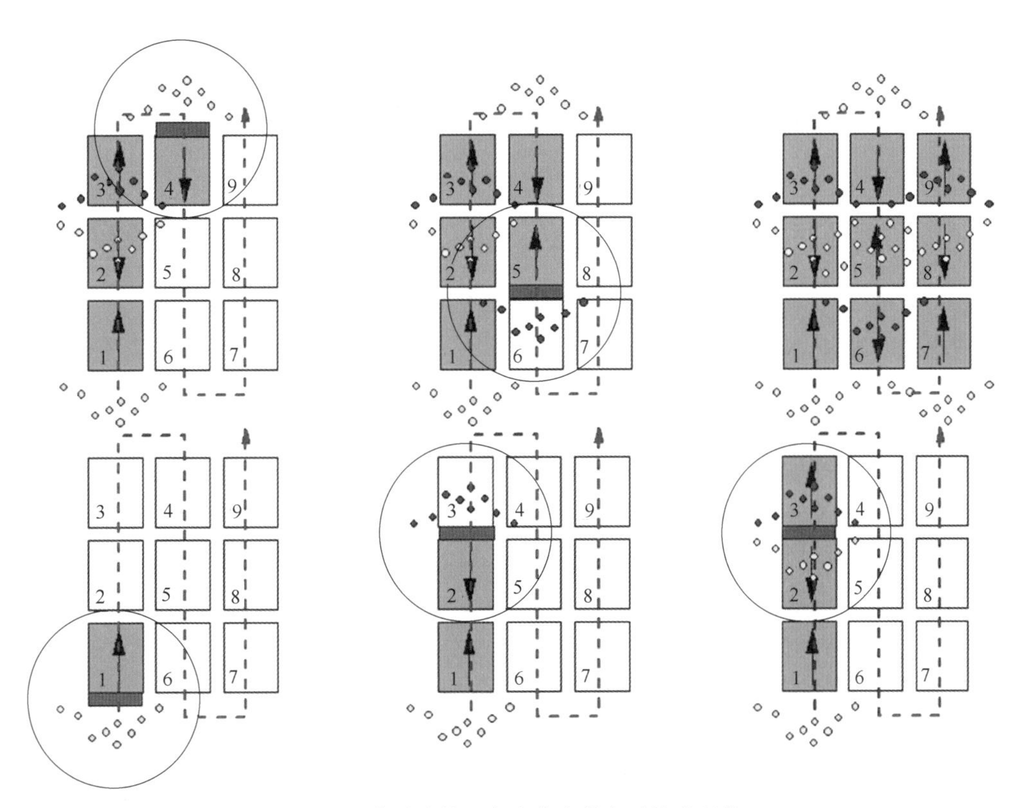

图8.68 特殊路线1产生的有效和无效残留物。

图 8.69 显示了特殊路线 2 产生的有效和无效残留物，所有残留物都是无效的。我们希望这种特殊路线能大大减少缺陷。比较每批 25 个晶圆的两个晶圆批次，使用特殊路线 2 的晶圆，平均每个晶圆 4.8 个缺陷；而没有特殊路线的批次，每个晶圆 19.7 个缺陷。

总之，虽然特殊路线证实了浸没罩（IH）漏水的影响，但是这种方法降低了晶圆产率，不适用于大批量生产。

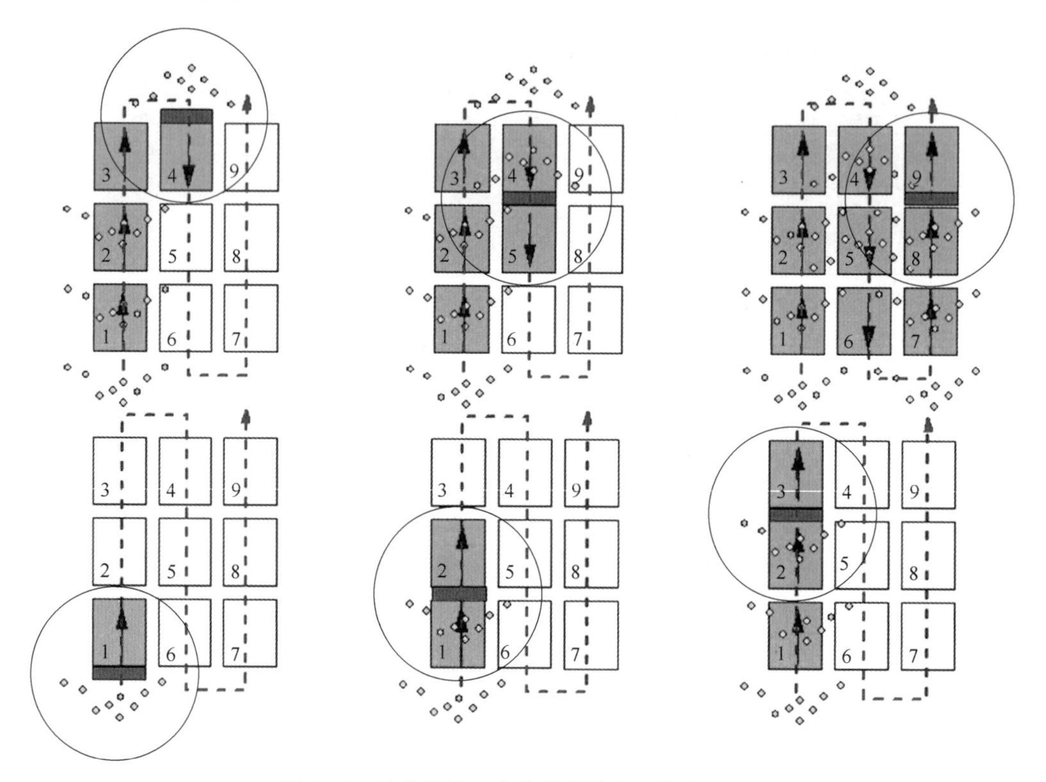

图 8.69 特殊路线 2 产生的有效和无效残留物。

8.8.4 其他缺陷减少方案

以下小节中介绍的方案对于大批量生产是可行的。

8.8.4.1 晶圆和设备清洁

流动的水可以搅动原本在曝光过程中处于休眠状态的颗粒。它可以沿着其路线携带由任何表面产生或附着到任何表面的颗粒。水本身可能包含来自其源头的颗粒。必须煞费苦心地消除一切原因。供应的水必须仔细过滤。在装配过程中，必须彻底清洁所有与水接触的零件。曝光机投入使用后，必须定期清洁这些表面。所有有水路的半导体加工设备都需要定期清洗，以清除颗粒和其他污染物。浸没式光刻设备也不例外。晶圆边缘容易受到许多非光刻工艺的影响，必须正确处理这些工艺以保持其清洁度。晶圆背面通常不会像正面一样保持非常干净，因此容易产生颗粒。

8.8.4.2 晶圆密封环

有一种简单的方法来隔离背面颗粒，以防止它们到达正面。如图 8.70 所示，薄而软的材料可以覆盖晶圆边缘和晶圆卡盘之间的间隙。厚度小于 0.1mm 的软材料附在较厚的框架上，用于支撑和运输。晶圆卡盘是凹进去的，以允许密封环平放在晶圆边缘。晶圆边缘和框架之间的间隙的真空将密封环紧固在接触表面上。对于基于透镜的配置（LBC），浸没头位于晶圆边缘，水不会通过它泄漏，气泡引起的湍流被消除，来自晶圆背面的颗粒被密封以防止它们被搅动。图 8.71 显示了装有密封环及其框架的晶圆的装载和卸载。框架提升器将密封环和框架提升到晶圆装载/卸载位置上方，使得正常的晶圆装载/卸载不受干扰。在其升高位置，框架和密封环可以方便地更换。

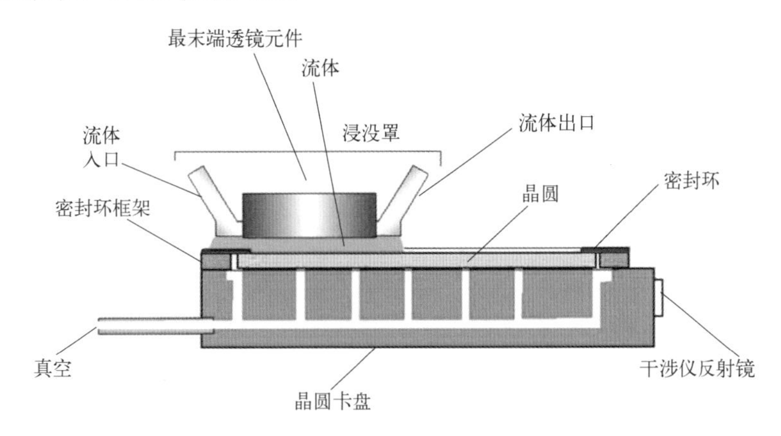

图 8.70 放置在晶圆边缘的、在密封环框架上的晶圆卡盘支撑边缘密封环。框架和晶圆是共面的。

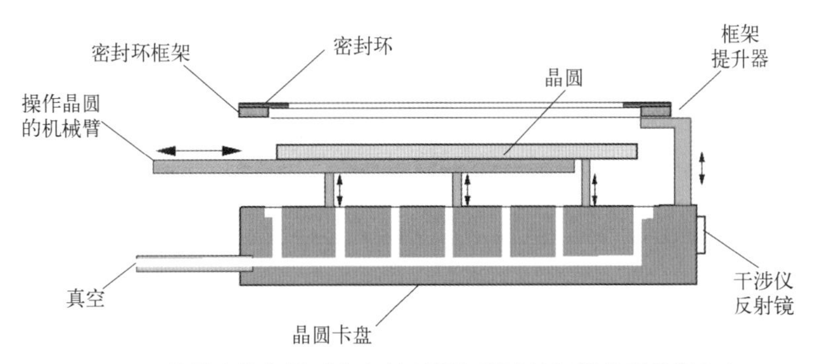

图 8.71 晶圆边缘密封环和密封环框架通过销钉提升到晶圆上方，以允许机械臂将晶圆装载到晶圆卡盘上或从晶圆卡盘上卸载。

8.8.5 结果

图 8.72 显示了 TSMC 的 ASML 1700i 浸没式扫描光刻机的缺陷监测图。监测了两种光刻胶体系，这两种光刻胶体系的缺陷特征非常不同。就每个晶圆的缺陷数而言，光刻胶类型 2 显然比光刻胶类型 1 更好。图 8.73 是 45nm 逻辑电路节点的多晶硅层的掉落颗粒趋势图。

当 CMOS 电路处于静止状态时，电源电流称为 IDDQ（direct drain quiescent current 的简称，可称之为“直流漏极静态电流”——译注）。使用 ASML XT-1400E 和 1400i 扫描光刻机，以及 0.93 NA 干式透镜和浸没式透镜，集成了浸没成像的有源层、多晶硅层、接触层和金属层的 65nm 产品的静态电源电流（IDDQ）的良率和分布成功达到了干式制造的水平。IDDQ 分布的比较如图 8.74 所示。尽管 65nm 产品的大规模生产不需要浸没式光刻机，但是 65nm 节点是一个独特的节点，对于该节点，干式和浸没式扫描光刻机可用于比较良率和电性能。IDDQ 测试是一种测试 CMOS 电路制造故障的方法。IDDQ 越高，短路越多，即较低的 IDDQ 百分位数是更好的。在这种比较中，百分位数在干法制造和浸没式制造之间交替变化，没有一种类型比另一种类型更好或更差。

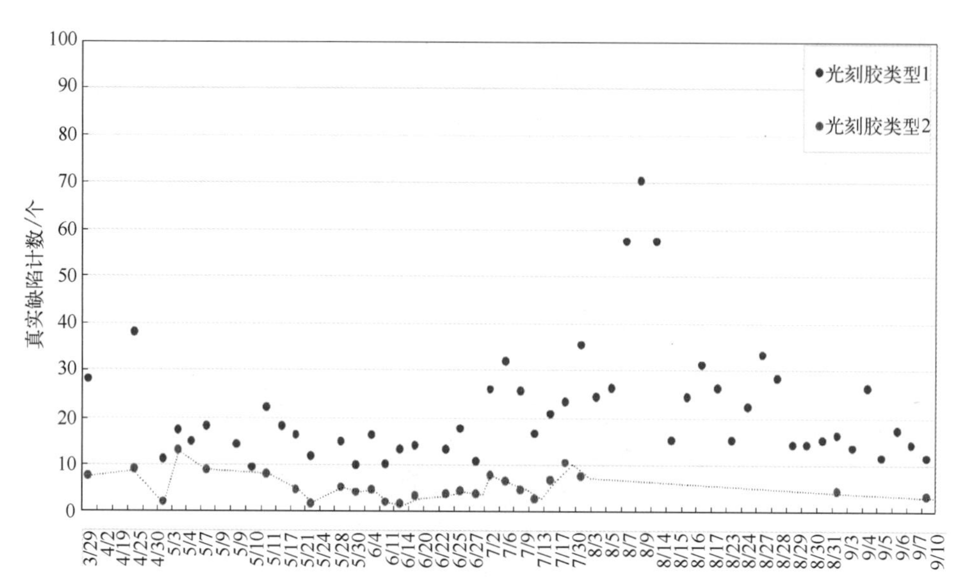

图 8.72　ASML 1700i 浸没式扫描光刻机的缺陷监测图。

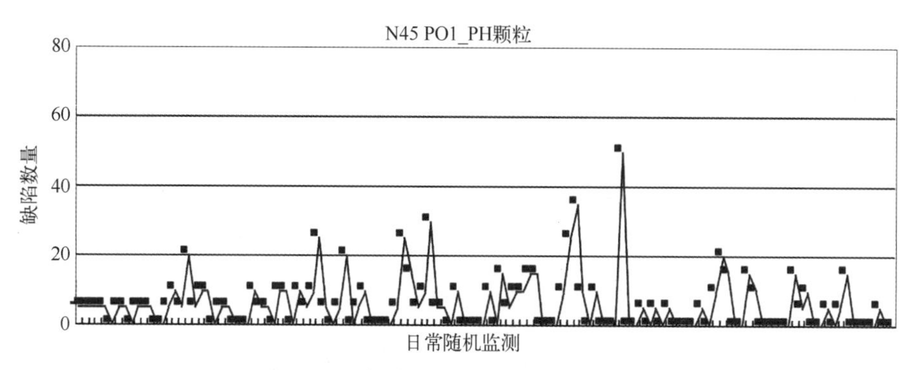

图 8.73　多晶硅层的掉落颗粒趋势图。

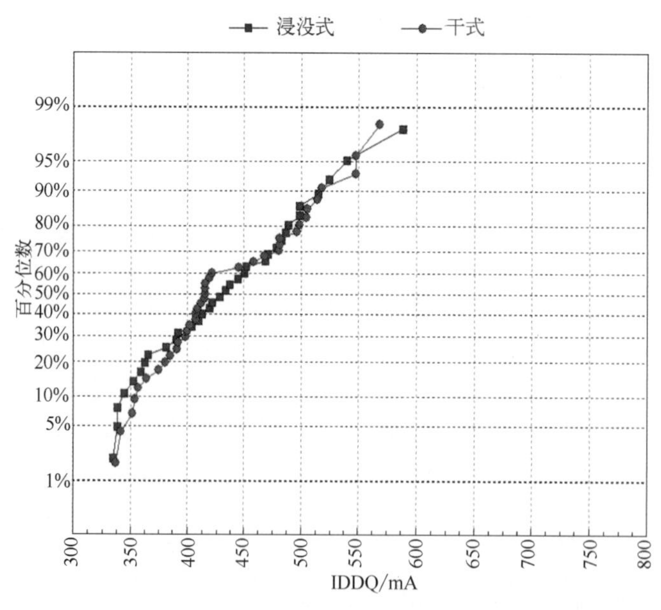

图 8.74　IDDQ 分布，比较了全干式光刻的产品与浸没式光刻构建有源层、多晶硅层、接触层和金属-1 层的产品（图由 K. S. Chen 提供）。

8.9 浸没式光刻的延伸

193nm 水浸没式光刻可以通过更多的技术来将其延伸到超越 28nm 的半周期。这些延伸技术使用高折射率材料、固体浸没式掩模、偏振照明和多重图案化。

8.9.1 高折射率材料

折射率接近 1 的空气一直在限制着从透镜到光刻胶的空间频率耦合。在 193nm 处折射率为 1.44 的水要好得多。理论上的耦合极限设定了水浸没式 193nm 系统的最大 NA 为 1.44。然而，使用成像透镜的实际上限 $\sin\theta=0.95$，实际 NA 极限是 1.368。为了突破这个限制，必须使用更高折射率的耦合液。图 8.42（a）描述了各种可能性。在 $\sin\theta=0.95$ 的情况下，$n=1.56$ 的液体将极限值提高到 NA=1.482。因为熔融石英的折射率约为 1.56，而 CaF_2 的折射率更低，所以折射率高于 1.56 的浸没液不能在平坦的透镜底部支持一个更高的 NA。例如，在 $n=1.66$ 时，最大的实际 NA 仍然是 1.482，但由于液体中的角度较小，DOF 也较大。在透镜材料中保持 $n<1.56$，增加 NA 超过 1.482 的唯一方法是弯曲最后的透镜表面，如图 8.42（b）所示。拥有一个不平坦的底部透镜表面需要在耦合介质中的极低吸收率，否则，光在耦合介质中会被不均匀地吸收，导致成像困难。流体动力学也会受到影响。为了保持底部透镜表面的平整，需要更高折射率的光学材料。

尽管仍未准备好用于实际应用，但在 2005 年第二届浸没式光刻国际研讨会上提出了折射率为 1.5 至 1.8 的 193nm 浸没液和折射率为 1.6 至 2.0 的透镜材料[51-53]。这些尝试和其他后来的尝试从未成功过。尽管提高浸没液的折射率是相当困难的，但仍比提高透镜材料的折射率容易。生产质量适合纳米成像的高折射率材料，需要的投资规模与 157nm 光刻所需的 CaF_2 的投资类似，只是高折射率所需的材料数量要小得多。与之前几乎整个透镜柱都需要特殊的材料相比，在成像透镜的最后一个元件上只需要一块薄薄的高折射率材料。因此，投资回报率是很高的。不扩大 ArF 水浸没式光刻技术的第二个原因是 DOF。即使 NA 可以增加，DOF 的减少也不可避免地随之而来。

8.9.2 固体浸没式掩模

32nm 节点的 CD 是掩模上的亚分辨率。即使在 4× 的放大率下，对于 193nm 的 ArF 波长，这也只是 0.663λ。当使用亚分辨率辅助特征时，它们在掩模上可以小到 0.166λ。还有通过光学邻近效应校正（OPC）引入的亚分辨率的夹具形和壶形特征。此外，吸收体的厚度也是不可忽视的。70nm 的厚度是 0.36λ。这些三维亚波长特征对照明的反应是非线性的，会导致成像困难，更不用说制作包含非常小特征的掩模的挑战。

与其在掩模处使用较大的放大率，不如使用固体浸没式掩模来推迟三维亚波长效应的发生。图 8.75 中描述了固体浸没式掩模的情况。一个高折射率的透明材料在掩模上的三维吸收体结构上进行平坦化。这样，照明波长就会根据平坦化层的折射率而减少。减少到 70%～80%是可能的。即使波长在光离开平坦化层后被恢复，亚波长的衍射区也已经被考虑到了。

除了具有高折射率外，固体浸没材料必须对成像光透明，它的光学特性在反复曝光后应该是一致的。该材料必须使用平坦化技术进行涂覆。如果以其他方式涂覆，如使用保形涂覆方法，材料需要进行抛光以实现平坦化。涂覆过程不应夹带任何颗粒或气泡，以免在掩模上形成缺陷。涂层应该是可剥落的，而不会损坏掩模。光刻胶树脂将是一个很好的起始候选材料。图8.76显示了连续涂有200nm和500nm高折射率材料的无涂层掩模的测量掩模误差增强因子（MEEF）的改善。在180nm到1mm的周期范围内，CD为65nm，这里MEEF从3.2提高到2.5，DOF从220nm提高到270nm，对于180nm周期的多晶硅测试图案，使用500nm厚的平坦化层。200nm厚的平坦化层的帮助稍小。

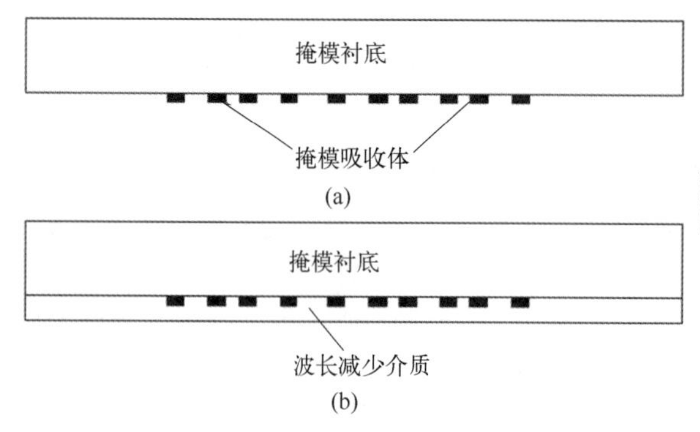

图8.75 （a）典型的二元强度掩模（BIM）；（b）浸入波长减少固体介质的掩模。

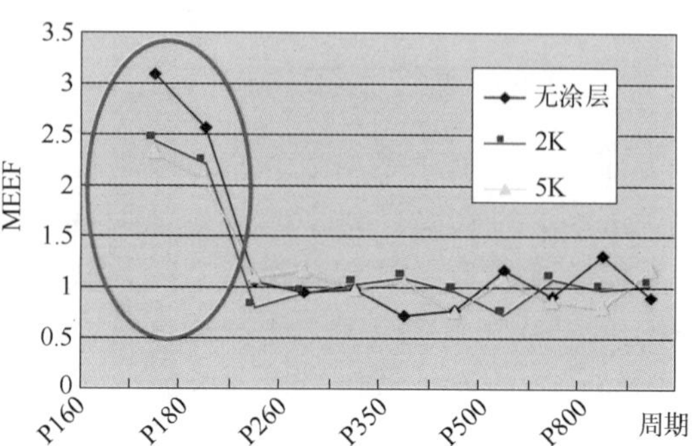

图8.76 MEEF：无涂层掩模、涂有200nm高折射率材料的掩模（2K）、涂有500nm高折射率材料的掩模（5K）（图由C. H. Lin提供）。

8.9.3 偏振照明

8.5节详细讨论了偏振及其对高NA的干式和浸没式系统中光学成像的影响。它对高NA系统的影响是很大的。作为一个例子，表8.13列出了使用AttPSM和离轴环形照明，对于32nm线、90nm和113nm周期的公共E-D窗口，在5%的EL下使用TE偏振照明的$DOF_{diffrac}$和DOF_{avail}的增益[13]。还显示了在$DOF_{diffrac}$保持不变的情况下，EL（或Elat）的增益为200nm。$DOF_{diffrac}$的增益为23%，DOF_{avail}为58%，Elat为47%。所有的浸没式系统都应该配备偏振照明，从而可以为尽可能多的纳米IC设计进行定制。

表8.13 多晶硅层曝光裕度（Elat）和DOF增益：偏振，32nm线，90nm和113nm周期。

AttPSM、OAI	NA	σ	Elat	$DOF_{diffrac}$	DOF_{avail}	改善
无偏振	1.35	0.96∶0.48	5%	137	55	—
TE	1.3	0.96∶0.48	5%	169	87	23%/58%
无偏振	1.25	0.96∶0.48	2.43%	200	118	—
TE	1.25	0.96∶0.48	3.57%	200	118	47%

8.9.4 多重图案化

7.5节已详细讨论了多重图案化这个主题。这种方法包括通过分割掩模图案的周期分离、通过侧壁成像的周期分割、线端切割以及打包和解包。这些都是扩展光刻技术的强大技术，也可用于扩展浸没式光刻技术。

8.10 小结

水浸没式193nm光刻技术是由笔者在2002年提出的，以避免157nm干式光刻技术的材料难题。这不仅避免了开发157nm光刻技术的所有技术困难和资金浪费，而且分辨率也大大优于157nm光刻技术。当时，业界处于130nm节点，希望在大约两年内制造出90nm

节点。在65nm节点和55nm半节点之后，其余的节点直到7nm节点都是用浸没式光刻制造的。

表8.14显示了每个波长可以处理的节点。最初，在5000nm节点，IC制造使用接近式曝光，而且它是多色光的。在3000nm左右的节点，使用全反射光学的投影式曝光取代了接近式曝光，但它仍然是多色光的。使用汞弧灯的g线，436nm的步进和重复投影式曝光在1500nm时变得很理想，然后是1000nm；它不能完全处理700nm节点。因此，投影式曝光有两个大量使用的节点，即1500、1000nm。365nm的系统对700、500、350nm节点最有效。需要对光源和光刻胶进行大幅度的改变，以切换到248nm，该波长被用于250、180、130、90nm节点。248nm的波长维持了令人印象深刻的4个节点，尽管90nm的节点对于最关键的掩模层来说是一个延伸。193nm的干式系统被用于90、65nm节点。然后迅速切换到193nm的浸没式系统，该系统用于45、40、32、28、20、16、14、10、7nm节点的半导体制造。总共有6个完整的节点和3个子节点可以用193nm的浸没式工艺，这比过去任何其他波长所能处理的节点都要多，而且未来很可能也是如此。即使有了MPT，与挑战者相比，浸没式光刻技术在成本方面仍然是冠军。

表8.14 不同波长的节点。

波长	节点/nm					
接近式	5000	3000				
全反射	5000	3000	2000	1500		
436nm	3000	2000	1500	1000	700	
365nm	700	500	350	250		
248nm	250	180	130	90		
193nm	90	65				
193nm浸没式	40	28	20	16	10	7
13.5nm	7					

无论摩尔的缩放定律如何，半导体的产量将继续增加。用浸没式光刻技术生产的晶圆的价值将始终突出。例如，2017年用浸没式光刻技术生产的12英寸晶圆的数量估计为1.5亿个，价值估计为750亿美元。浸没式光刻技术以及使其适用于7nm节点的所有分辨率增强技术，即使不进一步扩展，也需要加以掌握。

下一章将探讨浸没式光刻技术的潜在后继者，并研究其成功所需的成本和基础设施。

参考文献

1. B. J. Lin, "The future of subhalf-micrometer optical lithography," *Microelectronic Engineering* **6** (1-4), pp. 31-51, (1987).
2. B. J. Lin, "Drivers, prospects, and challenges for immersion lithography," Third International Symposium on 157 nm Lithography, held in Antwerp by IMEC, International SEMATECH, and Selete (2002).
3. S. Owa and H. Nagasaka, "Immersion lithography: its history, current status and future prospects," *Proc. SPIE* **7140**, 714015 (2008) doi: [10.1117/12.804709].
4. B. J. Lin, "The k_3 coefficient in nonparaxial λ/NA scaling equations for resolution, depth-of-focus, and immersion lithography," *J. Micro/Nanolith., MEMS, and MOEMS* **1** (1), pp. 7-12 (2002) [doi: 10.1117/1.1445798].
5. H. Kawata, J. M. Carter, A. Yen, and H. I. Smith, "Optical projection lithography using lenses with nu-

merical apertures greater than unity," *Microelectronic Engineering* **9** (1-4), pp. 31-36 (1989).

6. J. A. Hoffnagle, W. D. Hinsberg, M. Sanchez, and F. A. Houle, "Liquid immersion deep-ultraviolet interferometric lithography," *J. Vac. Sci. Technol. B* **17** (6), pp. 3306-3309 (1999).
7. M. Switkes and M. Rothschild, "Immersion lithography at 157nm," *J. Vac. Sci. Technol. B* **19**, pp. 2353-2356 (2001).
8. M. Switkes and M. Rothschild, "Resolution enhancement of 157nm lithography by liquid immersion," *J. Micro/Nanolith., MEMS, and MOEMS* **1** (3), pp. 225-228 (2002) [doi: 10.1117/12.474568].
9. D. G. Flagello and A. E. Rosenbluth, "Lithographic tolerances based on vector diffraction theory," *J. Vac. Sci. Technol. B* **10**, pp. 2997-3003 (1992).
10. D. Flagello, T. Milster, and A. Rosenbluth, "Theory of high-NA imaging in homogeneous thin films," *J. Opt. Soc. Am. A* **13**, pp. 53-64 (1996).
11. T. A. Brunner, N. Seong, W. D. Hinsberg, J. A. Hoffnagle, F. A. Houle, and M. I. Sanchez, "High-NA lithographic imagery at Brewster's angle," *J. Micro/Nanolith., MEMS, and MOEMS* **1** (3), pp. 188-196 (2002) [doi: 10.1117/12.474473].
12. B. J. Lin, "Immersion lithography and its impact on semiconductor manufacturing," *J. Micro/Nanolith., MEMS, and MOEMS* **3** (3), pp. 377-395 (2004) [doi: 10.1117/12.534507].
13. B. J. Lin, "Depth of focus in multilayered media—a long-neglected phenomenon aroused by immersion lithography," *J. Micro/Nanolith., MEMS, and MOEMS* **3** (1), pp. 21-27 (2004) [doi: 10.1117/1.1637591].
14. V. N. Mahajan, *Optical Imaging and Aberrations, Part 1, Ray Geometrical Optics*, SPIE Press, p. 318 (1998) [doi: 10.1117/3.265735].
15. B. J. Lin, "Exposure-defocus forest," *Jap. J. Appl. Phys.* **33**, p. 6756 (1994).
16. B. J. Lin, "Partially coherent imaging in two dimensions and the theoretical limits of projection printing in microfabrication," *IEEE Trans. Electron. Dev.* **ED-27**, pp. 931-938 (1980).
17. C. A. Mack, "Focus effects in submicron optical lithography, part 4: metrics for depth of focus," *Proc. SPIE* **2440**, pp. 458-471 (1995) [doi: 10.1117/12.209276].
18. D. G. Flagello, H. van der Lann, J. B. P. van Schoot, I. Bouchoms, and B. Geh, "Understanding systematic and random CD variations using predictive modeling techniques," *Proc. SPIE* **3679**, p. 162 (1999) [doi: 10.1117/12.354328].
19. S. Inoue, M. Itoh, M. Asano, and K. Okumura, "Desirable reticle flatness form focus deviation standpoint in optical lithography," *J. Micro/Nanolith., MEMS, and MOEMS* **1** (3), p. 307 (2002) [doi: 10.1117/12.474600].
20. S. S. Sethi, A. Flores, P. McHale, R. Booth, S. W. Graca, S. Frezon, and C. Fruga, "Improving the backend focus budget for 0.5μm lithography," *Proc. SPIE* **2440**, p. 633 (1995) [doi: 10.1117/.209290].
21. B. W. Smith and J. S. Cashmore, "Challenges in high NA, polarization, and photoresists," *Proc. SPIE* **4691**, p. 11 (2002) [doi: 10.1117/12.474562].
22. B. J. Lin, "Simulation of optical projection with polarization-dependent stray light to explore the difference between dry and immersion lithography," *J. Micro/Nanolith., MEMS, and MOEMS* **3** (1), pp. 9-20 (2004) [doi: 10.1117/1.1636769].
23. B. J. Lin, "Off-axis illumination—working principles and comparison with alternating phase-shifting masks," *Proc. SPIE* **1927**, p. 89 (1993) [doi: 10.1117/12.150417].
24. D. Gabor, "Light and information" in *Proc. Symposium on Astronomical Optics and Related Subjects*, Z. Kopal, Ed., North-Holland Publ., p. 17 (1956).

25. D. Gabor, "Optical Transmission," in *Information Theory*, C. Cherry, Ed., Butterworths Scientific Publ., p. 26 (1956).
26. M. Born and E. Wolf, *Principles of Optics*, 6th *Edition*, Cambridge University Press, p. 40 (1998).
27. Page 43 of Ref. 26.
28. B. J. Lin, "Electromagnetic near-field diffraction of a medium slit," *J. Opt. Soc. Am.* **62** (8), pp. 977-981 (1972).
29. B. J. Lin, "Signamization," *Proc. SPIE* **2726**, p. 71 (1996) [doi: 10.1117/12.240965].
30. J. Mulkens, D. Flagello, B. Streefkerk, and P. Graeupner, "Benefits and limitations of immersion lithography," *J. Micro/Nanolith.*, *MEMS*, *and MOEMS* **3** (1), pp. 104-114 (2004) [doi: 10.1117/1.636768].
31. S. Owa and H. Nagasaka, "Advantage and feasibility of immersion lithography," *J. Micro/Nanolith.*, *MEMS*, *and MOEMS* **3** (1), pp. 97-103 (2004) [doi: 10.1117/1.1637593].
32. B. J. Lin, Semiconductor foundry, lithography, and partners," *Proc. SPIE* **4688**, 11 (2002) [doi: 10.1117/12.472292].
33. J. H. Burnett and S. G. Kaplan, "Measurement of the refractive index and thermo-optic coefficient of water near 193 nm," *J. Micro/Nanolith*, *MEMS*, *and MOEMS* **3** (1), pp. 68-72 (2004) [doi: 10.1117/1.1632501].
34. A. Suzuki, "Immersion lithography update," in the Second International Sematech Immersion Lithography Workshop, July 2003.
35. Private communications with Akiyoshi Suzuki.
36. J. Ishikawa, T. Fujiwara, K. Shiraishi, Y. Ishii, and M. Nei, "Latest results from the hyper-NA immersion scanners S609B and S610C," *Proc. SPIE* **6520**, 65201W (2007) [doi: 10.1117/12.712042].
37. J. de Klerk, C. Wagner, R. Droste, L. Levasier, L. Jorritsma, E. van Setten, H. Kattouw, J. Jacobs, and T. Heil, "Performance of a 1.35NA ArF immersion lithography system for 40-nm applications," *Proc. SPIE* **6520**, 65201Y (2007) [doi: 10.1117/12.712094].
38. R. Garreis, B. Kneer, P. Graupner, H. Feldmann, W. Kaiser, and T. Heil, "Catadioptric optics enabling ultra-high NA lithography," Third International Symposium on Immersion Lithography, Kyoto, 4 October (2006).
39. T. Matsuyama, Y. Ohmura, and D. M. Williamson, "The lithographic lens: its history and evolution," *Proc. SPIE* **6154**, 615403 (2006) [doi: 10.1117/12.656163].
40. P. L. Marston, "Light scattering from bubbles in water," *Proc. Oceans '89* **4**, pp. 1186-1193 (1989).
41. T. S. Gau, C. K. Chen, and B. J. Lin, "Image characterization of bubbles in water for 193-nm immersion lithography," *J. Micro/Nanolith.*, *MEMS*, *and MOEMS* **3** (1), pp. 61-67 (2004) [doi: 10.1117/1.1630602].
42. B. J. Lin, "4X/5X mask considerations for the future," ASML 157nm Users' Forum, September (2000).
43. B. J. Lin, H. T. Lin, and H. C. Hsieh, "A device and method for providing wavelength reduction with a photomask," U. S. Patent 20110244378A1 (2011).
44. The first demonstration of immersion exposure on a wafer was by J. Mulkens of ASML in 2003.
45. T. Hirayama, "Resist and cover material investigation for immersion lithography," Second International Sematech Immersion Workshop, Almaden, California, July (2003).
46. A. Otoguro, J. Santillan, T. Itani, K. Fujii, A. Kagayama, T. Nakano, N. Nakayama, H. Tamatani, and S. Fukuda, "Development of high refractive index fluids for 193nm immersion lithography," Second International Immersion Symposium, Bruges, September (2005).

47. Private communication with C. Y. Chang.

48. J. H. Chen, L. J. Chen, T. Y. Fang, T. C. Fu, L. H. Shiu, Y. T. Huang, N. Chen, D. C. Oweyang, M. C. Wu, S. C. Wang, J. C. H. Lin, C. K. Chen, W. M. Chen, T. S. Gau, B. J. Lin, R. Moerman, W. Gehoel-van Ansem, E. van der Heijden, F. de Johng, D. Oorschot, H. Boom, M. Hoogendorp, C. Wagner, and B. Koek, "Characterization of ArF immersion process for production," *Proc. SPIE* **5754**, pp. 13-22 (2005) [doi: 10.1117/12.602025].

49. C. H. Lin, S. C. Wang, K. S. Chen, C. Y. Chang, T. C. Wu, M. C. Wu, M. T. Lee, J. H. Chen, S. W. Chang, Y. S. Yen, Y. H. Chang, T. C. Fu, T. S. Gau, and B. J. Lin, "193-nm immersion lithography for 65-nm and below," Second International Symposium on Immersion Lithography, Bruges, September (2005).

50. F. J. Liang, H. Chang, L. H. Shiu, C. K. Chen, L. J. Chen, T. S. Gau, and B. J. Lin, "Immersion defect reduction, part 1: analysis of water leaks in an immersion scanner," *Proc. SPIE* **6520**, 652012 (2007) [doi: 10.1117/12.712531].

51. S. Peng, et al., "New developments in second generation 193nm immersion fluids for lithography with 1.5 numerical aperture," Second International Symposium on Immersion Lithography, Bruges, September (2005).

52. Y. Wang, et al., "Material design for highly transparent fluids of the next generation ArF immersion lithography," Second International Symposium on Immersion Lithography, Bruges, September (2005).

53. Y. Inui, et al., "Fluoride single crystals grown by the CZ method," Second International Symposium on Immersion Lithography, Bruges, September (2005).

第9章 极紫外（EUV）光刻

9.1 引言

在 k_1=0.28 的机制下，光学光刻是非常复杂的。图像对比度很低，除了具有特殊照明的一维单周期图案外，掩模误差增强因子（MEEF）很高。对于接触孔的图案化，MEEF 可以超过 4，这就否定了 4×缩小系统的增益。线端的 MEEF 可以高达 10。此外，在低 k_1 下图案的形状变圆，并且需要大量的光学邻近效应校正来保持图案的可用性。极紫外光刻[1,2]（extreme-UV lithography，EUVL）以前使用 13.4nm 的波长。最近，这项技术的波长迁移到了 13.5nm。无论是哪种波长，都比水浸没式 ArF 的 134nm 波长减少了一个数量级。这就提供了一个机会，使 k_1 恢复到 0.5 以上。难怪 EUV 光刻技术已经吸引了全世界大量的研究和开发工作。EUV 开发工作的规模已经使其他两个著名的光刻技术的发展相形见绌，即 157nm 光刻技术和 X 射线接近式曝光。以 32nm 的半周期为例，在 134nm 的水浸没式 ArF 波长下和 $\sin\theta$=0.95 时，k_1 是 0.227；转到 $\sin\theta$=0.25 的 EUV，k_1 变成 0.597。最初，术语“软 X 射线”[3] 被用来定义这种光刻技术。然而，与 X 射线光刻技术相比，紫外线的使用有令人印象深刻的成功历史。将该技术与获胜的波长范围联系起来是有意义的，因此它被称为 EUV 光刻技术。自 1989 年参考文献［1］发表以来，三十多年的时间过去了，许多挑战都得到了解决。用于生产 7nm 节点的 EUVL 已得到证明[4]。大批量的生产预计随之而来。跟踪节点的数量是值得的，通过这些节点，三十年的开发工作才可以延伸半导体的缩放。

由于波长的急剧下降，EUV 成像系统与原有的系统有很大的不同。首先，EUV 光会被任何物质（包括气体）严重吸收，光路必须在真空中。其次，由于 EUV 光的强吸收特性，没有传输材料——EUV 光学成像依赖于反射。然而，反射率很低，大约为 1%的量级。反射率由 40～50 对 Mo 和 Si 组成的多层膜堆叠构成，以实现 65%～70%的反射率，从而实现包括照明光学系统、掩模和成像光学系统的全反射光学系统。图 9.1 显示了美国桑迪亚国家实验室（Sandia National Laboratories）和劳伦斯利弗莫尔国家实验室（Lawrence Livermore National Laboratory）开发的 EUV 成像系统[5,6]。YAG（钇铝石榴石）激光束击中 Xe 团簇目标，产生 13.4nm 的光。光被附近的聚光镜收集，并穿过光瞳光学器件、成像光学器件、滤光器和中继光学器件以照亮掩模。由于没有分束器，入射光和反射光是倾斜的，相对于垂直于掩模的方向大约呈 6°。掩模图案在成像透镜中经历四次反射。成像光穿过圆形阻挡的狭缝以曝光晶圆上的光刻胶。该系统的 NA 为 0.1。

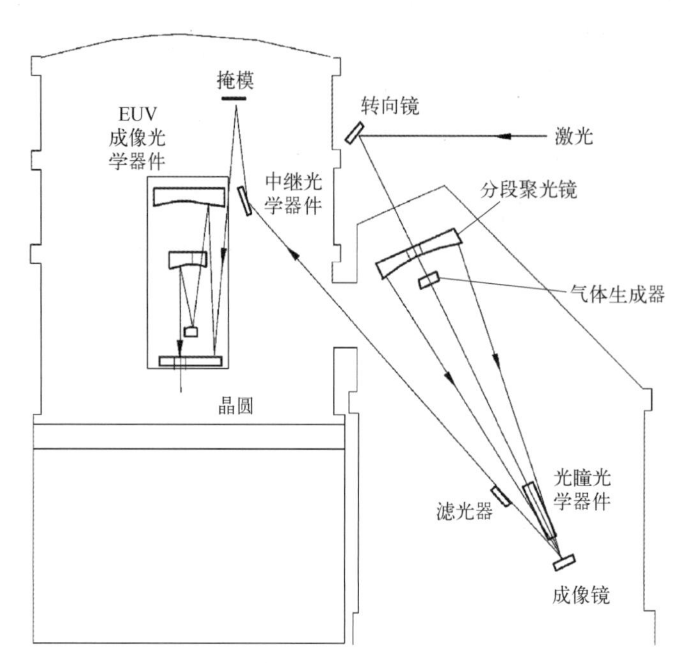

图 9.1 美国桑迪亚国家实验室和劳伦斯利弗莫尔国家实验室开发的 EUVL 系统（转载自文献［6］）。

蔡司为 ASML EUV alpha 型机和原型机开发了一个 0.25 NA 的系统。随后，0.33 NA 系统被开发出来，并成为大批量生产的主要工具。图 9.2 显示了 ASML NXE3100 0.25 NA 原型系统的 EUV 光源[7]。来自 CO_2 驱动激光器的几千瓦红外光通过光传输管进入真空容器，其中有一个液滴发生器，以几十千赫兹的速度发送 Sn 液滴。这些液滴被 CO_2 激光脉冲击中，生成等离子体以产生 EUV 光。真空容器中的聚光镜收集分散的 EUV 光，并将其导向中间焦点（IF），因此使它进入图 9.3 所示的扫描光刻机模块。图 9.2 中的 EUV 光从真空容器左侧射出，进入图 9.3 左侧所示扫描光刻机的模块。图 9.2 还展示了支持 CO_2 驱动激光器的热交换器和射频（RF）发生器。

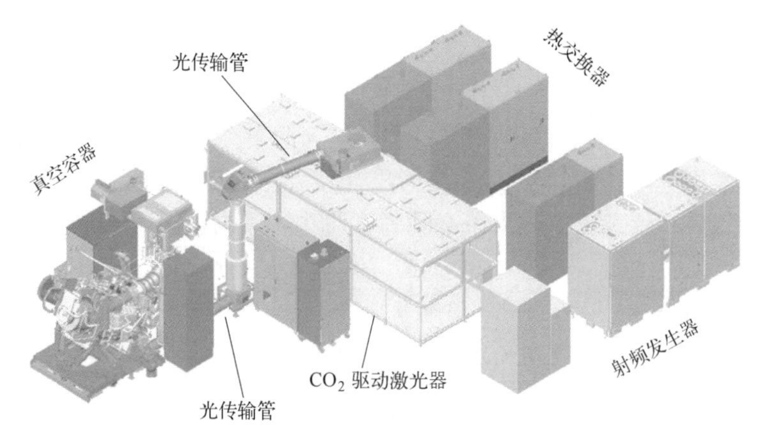

图 9.2 ASML NXE3100 原型系统的 EUV 光源（改编自参考文献［53］）。

0.25 NA 和 0.33 NA 的透镜都由六个反射面组成。后者的光学布局[8] 如图 9.4 所示。连同图 9.5 所示照明器中的两个反射镜、反射掩模和一个聚光镜，共有 10 个垂直入射的反射面。

像光学扫描光刻机一样，成像场采用一个长 26mm 的狭缝，通过扫描填充整个 $26\times33mm^2$

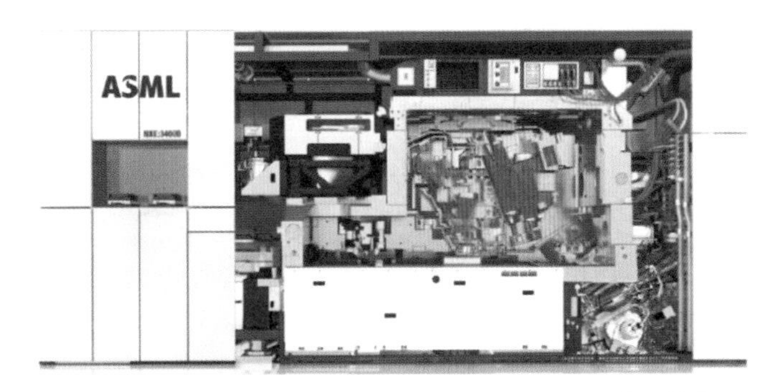

图 9.3 ASML EUV 扫描光刻机模块（经 ASML 许可转载）。

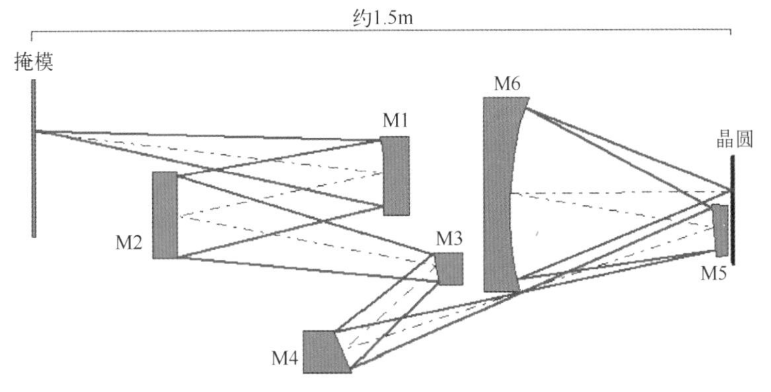

图 9.4 蔡司为 ASML 开发的 EUVL 0.33 NA 投影光学系统（改编自文献［7］）。

的场。与光学扫描光刻机的直狭槽不同，使用了弯曲狭缝。相比于直狭槽，圆形狭缝在扫描的开始和结束时需要更多的移动距离。一个更重要的考虑是，弯曲狭缝场取自一个环形场，该环形场仅在无限小的环形宽处才具有最佳成像。作为离环距离的函数，在环形外部或内部的其他环位置的成像逐渐变差。直狭槽场取自大的圆形场，如在扫描光刻机透镜中。成像质量应该一致良好。即使在考虑像差之后，这种直狭槽场的成像质量均匀性仍然应该比狭缝场好得多❶。

ASML EUV alpha 型曝光机中使用的照明器如图 9.5 所示。聚光镜在 IF（intermediate focus，中间焦点）处反射 EUV 光，使得光穿过照明器光学系统（由两个正入射镜和两个掠入射镜组成）到达掩模。这个简化的照明器用于显示照明系统中反射镜的典型数量。需要启用 OAI、光源优化和光源掩模优化以及控制部分相干性的生产型照明器要复杂得多，就像 DUV 照明器一样。一些照明器的例子可以在参考文献［19］的 5.5.3 节中找到。

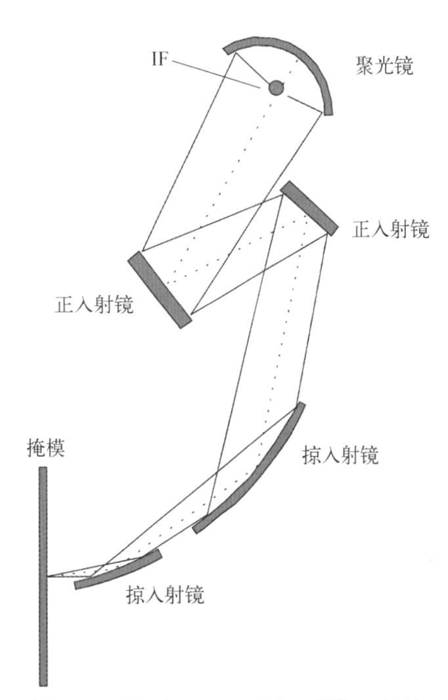

图 9.5 用于 ASML alpha 型曝光机的 EUV 照明器示例。掠入射镜因其高反射率而被采用（改编自参考文献［54］）。

❶ 在步进扫描曝光机中，我们用“狭缝”（slit）来表示弯曲场，用“狭槽”（slot）来表示直场。

9.2 EUV 光源

EUV 光源一直是 EUVL 大规模制造的关键瓶颈，其功率水平尚不足以支持可行的产率。经过供应商和潜在用户的数十亿美元巨额投资，涉及成千上万人投入研究，结合了许多学科人才的工程能力、管理和营销技能、意志力和远见，EUV 光源现在可以支持一个可接受的但仍然不是令人兴奋的产率。进一步增加光源功率的途径现在是可见的，但是这种高功率带来了关于电网负载、散热和环境影响的额外挑战性问题。在讨论光源的工作原理之前，我们先考虑光源的功率要求和影响。因为没有照明器的光学布局，我们使用 alpha 型曝光机的照明模块中的聚光镜和反射镜的数量[54]。

9.2.1 光源功率要求

对于制造半导体来说，EUV 扫描曝光机必须是经济的。可以预计，扫描曝光机本身的成本将比 193nm 浸没式高出许多倍。EUV 光源所需的空间也大很多倍。所需的原始功率和诸如水和气体之类的消耗品的数量要大得多。因此，为了避免成本上升，使 EUV 扫描光刻机的产率比传统扫描光刻机的产率高得多是非常重要的。这意味着必须经济地增加光源功率和光学系统的透射率，克服扫描速度的限制，或者增加光刻胶的灵敏度。

让我们假设曝光光刻胶需要 S mJ/cm^2，其中 S 是一个以 mJ/cm^2 为单位的代替光刻胶实际灵敏度的变量。在一个直径 300mm 的晶圆上有 700cm^2 的面积要曝光，每个晶圆在扫描曝光机中花费 65%的时间用于曝光。每个晶圆将花费 36s 以达到 100wph 的产率（其中 wph 是每小时的晶圆数，wafers per hour）；因此，$(700\text{cm}^2/65\%)/36\text{s}\times S\ \text{mJ/cm}^2=30S$ mW/cm^2，即为每个晶圆需要的 EUV 带内功率。

入射到每个 EUV 光学元件上并被其吸收的 EUV 功率如表 9.1 所示。对于图 9.4 和图 9.5 的复合光学布局中的关键组件，这些数值在图 9.6 中进行了标记。

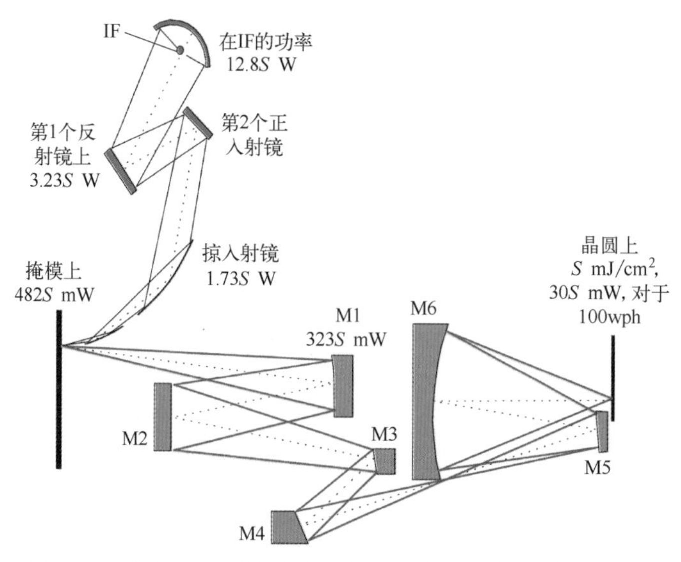

图 9.6 EUV 功率，对应于图 9.5 的照明器和图 9.4 的投影光学系统的光学布局中的组件。

根据表 9.1，为了达到 0.03S W，在光源处产生并传播到 2π 球面度（steradian，sr）的

EUV 带内光为 12.87S W。聚光镜维持 2π 的 70%的固体角。它在光轴附近的反射率假定为 67%，与其他正入射的多层膜反射镜相同。离轴越远，反射率越低，因为入射角越小。这一损失假定为 20%。照明器有两个正入射镜，投影光学系统有六个。掩模反射率也被假定为 67%。每个掠入射镜[9] 的反射率取为 80%。虽然参考文献 [9] 中没有说明，但根据参考文献 [10]，照明器中的积分器（此积分器未在图 9.5 中示出，但应该包括在任何扫描曝光机的照明器中）最有可能由两个反射率均为 80%的多面镜组成。如参考文献 [10] 中所估计的，我们还引入了 10%的路径长度衰减损耗，以及照明器和投影光学系统中 10%的带宽失配损耗。在最后一个透镜表面和光刻胶之间插入一层膜，以滤除由产生 EUV 光的等离子体而同时产生的红外光，并阻挡来自光刻胶的任何可能污染光学元件的放气。该膜的透射率估计为 85%。

根据前面的计算，使用 20mJ/cm^2 的 EUV 光刻胶灵敏度，在 IF 处导致了 257W。这接近于 Fomenkov 等人[11] 给出的 250W。最初，EUVL 技术的开发人员设定了 5mJ/cm^2，以预示一个有吸引力的产率。目标光刻胶的灵敏度被放宽到了 10mJ/cm^2，但这仍然过于乐观。7nm 节点的新目标是 20mJ/cm^2。似乎至少需要 30mJ/cm^2 来满足足够数量的光子以克服随机效应的要求。关于这一点，将在 9.6 节关于 EUV 光刻胶的内容中进行更多详细说明。随着技术节点的进一步发展，需要更低的灵敏度，因为更小的特征尺寸需要更高的光子密度来保持击中目标特征的光子数量。

表 9.1 列出了 1、20、30、50、80mJ/cm^2 下的光刻胶灵敏度。吸收率被简单地假设为 $1-R$，R 即每个组件的反射率。未被照明器中的聚光镜收集的功率扩散到照明器和成像腔中的其他地方。还存在光路和带宽失配中的功率损失。最后，光刻胶和晶圆吸收所有入射功率。

吸收的功率会加热各自的光学元件或腔室的侧壁，显示出每个元件需要冷却的程度。这些功率值的总和代表了 EUV 光学系统中需要管理的总功率。从 30mJ/cm^2 的光刻胶灵敏度开始，总功率值从几百 W 到超过 1kW 的数量级。

只有在 2%的带宽内辐射的功率是可用的。这个频带以外的光是有害的。由于多层膜反射器的光谱反射率达到峰值，反射率在可用带宽之外急剧下降；未反射的光被吸收并转化成热量，进一步使 EUV 光学系统的热管理复杂化。

参考文献 [11] 指出，在 IF 处 200W 的 EUV 功率需要 20kW 的激光功率。这意味着来自 CO_2 激光器的 20kW 的红外输出可转换为 200W 的 EUV 光。对于 30mJ/cm^2 的光刻胶灵敏度，在 IF 处需要 386W 的 EUV 功率，则需要 39kW 的红外输出。对于 50、80mJ/cm^2，EUV 功率分别为 643、1029W，而红外功率分别为 65、100kW。CO_2 激光器所需的输入功率将是红外输出的四倍左右。仅用于光源供电的所需功率为 260～400kW。

每个光学元件吸收的功率都会使该元件发热，所以每个元件都必须被冷却。幸运的是，反射镜的背面总是可以用来冷却的。在照明器区域有更多的热量，而在成像光学器件区域，温度必须得到更精确的控制。公差是很严格的。由于是反射光学器件，入射光线方向的任何表面误差都会对成像光束产生两次影响，所以通常要求的 0.02λ 意味着表面精度必须是 0.01λ±0.014nm，这相当于一个原子尺寸的几分之一。令人印象深刻的是，这种精度是可以尝试的。

红外光还加热了真空容器中红外光束击中 Sn 液滴的区域。这意味着需要除去 40～100kW 的热量。

表 9.1 入射到每个 EUV 光学组件上并被其吸收的功率（NI 为正入射，GI 为掠入射，BW 为带宽）。

光学组件	反射率或透射率/%	入射功率/W	吸收功率/W	留存功率/W	吸收功率/W	留存功率/W	吸收功率/W	留存功率/W	吸收功率/W	留存功率/W	吸收功率/W
光刻胶灵敏度/(mJ/cm²)		1		20		30		50		80	
来自 Sn 等离子体的 EUV 功率/W	12.866	12.866		257.320		385.980		643.300		1029.280	
按面积划分的收集效率	70%	9.006	3.860	180.124	77.196	270.186	115.794	450.310	192.990	720.496	308.784
聚光镜反射率	54%	4.827	4.179	96.546	83.578	144.820	125.366	241.366	208.944	386.186	334.310
第 1 个 NI 镜上的入射	67%	3.234	1.593	64.686	31.860	97.029	47.790	161.715	79.651	258.745	127.441
第 2 个 NI 镜上的入射	67%	2.167	1.067	43.340	21.346	65.010	32.020	108.349	53.366	173.359	85.386
第 1 个 GI 镜上的入射	80%	1.734	0.433	34.672	8.668	52.008	13.002	86.679	21.670	138.687	34.672
第 2 个 GI 镜上的入射	80%	1.387	0.347	27.737	6.934	41.606	10.402	69.344	17.336	110.950	27.737
光集成器的入射	64%	0.888	0.499	17.752	9.985	26.628	14.978	44.380	24.964	71.008	39.942
照明路径中的路径衰减之前	90%	0.799	0.089	15.977	1.775	23.965	2.663	39.942	4.438	63.907	7.101
照明路径中的 BW 不匹配之前	90%	0.719	0.080	14.379	1.598	21.569	2.397	35.948	3.994	57.516	6.391
在掩模上的入射	67%	0.482	0.237	9.634	4.745	14.451	7.118	24.085	11.863	38.536	18.980
第 1 个反射镜上的入射	67%	0.323	0.159	6.455	3.179	9.682	4.769	16.137	7.948	25.819	12.717
第 2 个反射镜上的入射	67%	0.216	0.107	4.325	2.130	6.487	3.195	10.812	5.325	17.299	8.520
第 3 个反射镜上的入射	67%	0.145	0.071	2.898	1.427	4.346	2.141	7.244	3.568	11.590	5.709
第 4 个反射镜上的入射	67%	0.097	0.048	1.941	0.956	2.912	1.434	4.853	2.390	7.765	3.825
第 5 个反射镜上的入射	67%	0.065	0.032	1.301	0.641	1.951	0.961	3.252	1.602	5.203	2.563
第 6 个反射镜上的入射	67%	0.044	0.021	0.871	0.429	1.307	0.644	2.179	1.073	3.486	1.717
成像路径中的路径衰减之前	90%	0.039	0.004	0.784	0.087	1.176	0.131	1.961	0.218	3.137	0.349
成像路径中的 BW 不匹配之前	90%	0.035	0.004	0.706	0.078	1.059	0.118	1.765	0.196	2.824	0.314
通过膜	85%	0.030	0.005	0.600	0.106	0.900	0.159	1.500	0.265	2.400	0.424
光刻胶上	1	0.030	0.030	0.600	0.600	0.900	0.900	1.500	1.500	2.400	2.400
总吸收功率/W		12.866		257.320		385.980		643.300		1029.280	
除光刻胶外(即光学组件)的总吸收功率/W		12.836		256.720		385.080		641.800		1026.880	

9.2.2 激光等离子体光源

EUV 光主要由放电等离子体（discharge-produced plasma，DPP）[12,13] 或激光等离子体（laser-produced plasma，LPP）[10,14] 产生，在 EUVL 发展的三十年中，LPP 光源成为赢家。因此，我们将重点讨论 LPP 光源，即 ASML 公司旗下 Cymer 公司的 LPP。如图 9.7 所示，LPP 位于真空容器中。驱动激光脉冲从地下厂房地板通过光束传输管来到主厂房地板，那里是真空容器和扫描光刻机模块的所在地。地下厂房地板上设有种子单元和几级的红外光功率放大器，还放置了图 9.2 所示的射频发生器和热交换器，但在此省略。在真空容器中，有一个锡液滴发生器，使锡保持在熔融的液体状态，并以 40～100kHz 的频率分散锡液滴（像喷墨一样）。由一个前脉冲（pre-pulse，PP）和一个主脉冲（main pulse，MP）组成的双脉冲增加了从红外（IR）光到极紫外（EUV）光的转换效率。来自液滴的 EUV 光被聚光镜收集并被送到中间焦点处。随后，它进入扫描光刻机模块，该模块包含照明器和成像光学透镜。叶片被用来捕获激光束轰击液滴产生的 Sn 碎片。

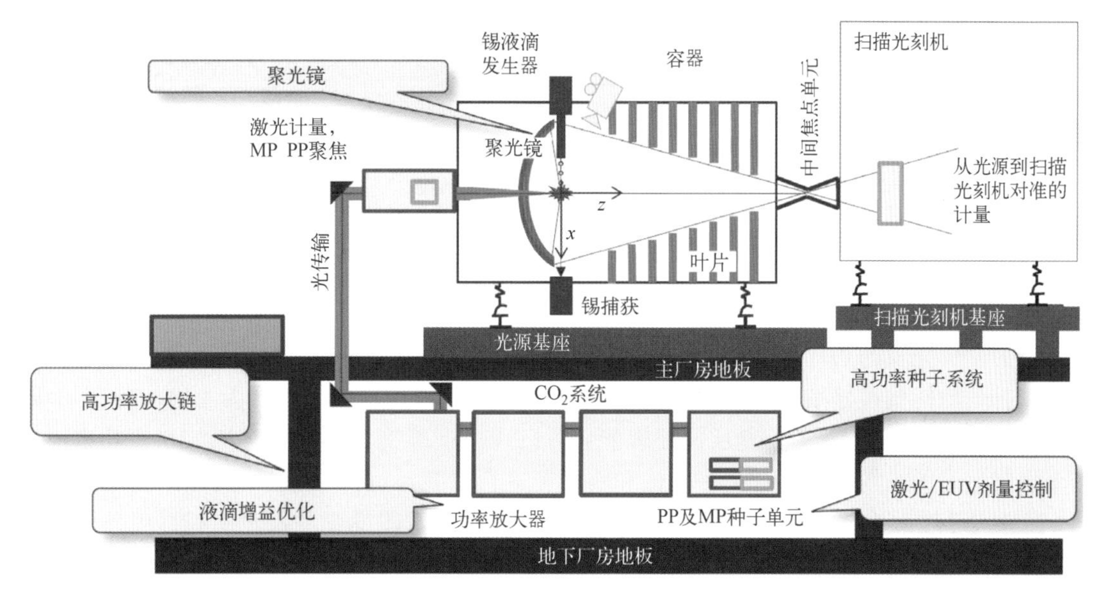

图 9.7 ASML NXE3300 的 Sn LPP MOPA（主振荡器功率放大器）架构（经 ASML 许可转载）。

我们已经讨论了 CO_2 驱动激光器及其挑战。液滴发生器也面临着挑战。参考文献 [11] 解释了使用气体压力的创新方法，以有效地产生具有适当大小和所需频率的激光脉冲的均匀液滴。这一点很重要，因为如果激光束错过了液滴，强大的光束将击中真空容器的侧壁，并可能刺穿侧壁，使冷却水爆裂。已经采取了措施来保护可能被激光束意外击中的区域。最好是持续供应 Sn，而不是使用液滴盒。加热液滴发生器的液滴盒、更换空的液滴盒以及校准都需要时间。如果可以减少这些时间，就能增加 EUV 扫描曝光机的产率。

预脉冲技术[15]显著提高了 EUV 的转换效率。如图 9.8 所示，其想法是使用一个预脉冲来压平锡液滴以增加目标区域，而不需要使用更多的锡（意味着更少的锡碎片），以及预先进行锡液滴激励。

如图 9.9 所示，从同一激光束中产生的两个脉冲利用了主脉冲的延迟路线。二向色分束器是区分来自预脉冲种子激光器和主脉冲种子激光器的略微不同的波长的关键元件。这些分

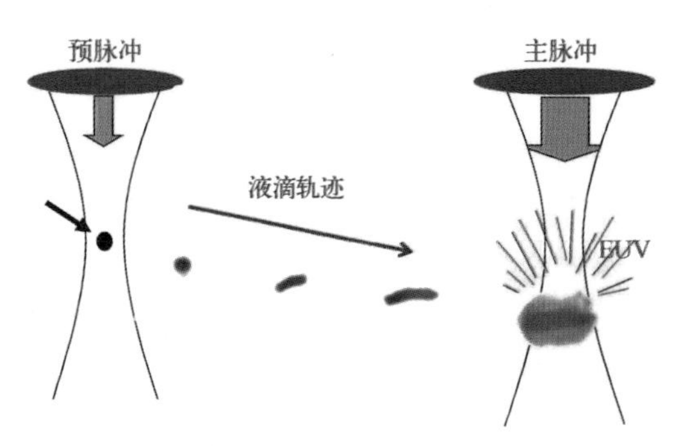

图 9.8 用于提高 EUV 转换效率的预脉冲技术（转载自参考文献 [50]）。

束器让预脉冲光束通过，并将主脉冲光束重定向到一个较长的路径长度，以产生时间延迟。

聚光镜面临一个重大的挑战。它又大又贵。因为它接近强辐射，可能会严重损害。另外，更换聚光镜需要给真空容器通气，这意味着由于通气和抽气而造成的生产力损失。除了辐射损害外，Sn 碎片会在聚光镜的表面积累，造成反射率的损失和聚集光束的错误方向。

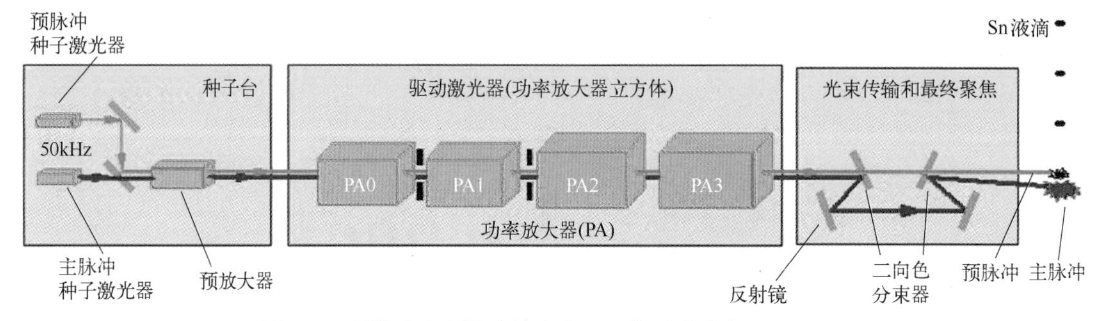

图 9.9 预脉冲和主脉冲的生成（经许可改编自 ASML）。

9.2.3 EUV 系统的输入功率要求

过去，曝光机的功耗不是问题。然而，由于采用了外来光源、两级转换以及原始能源成本的飙升，功耗值得仔细研究。对于运行 59 台每小时 100 层的曝光机，为了维持每月 13 万个晶圆、每个晶圆上 20 个关键层的处理能力，已通过计算确定了其所需原始输入功率[16]。产率根据典型的视场大小组合、可用性和实用性进行调整。运行一个 12 英寸晶圆厂所需的 150 MW，可作为关键层曝光机所需功率的参考。支持双重图案化的浸没式扫描曝光机的功率被假定为每小时 200 层的单次曝光产率。这些浸没式光刻机中，每台消耗 115kW 来运行光源，并且消耗 50kW 来运行曝光单元。其中不包括运行轨道设备所需的功率。以这种方式运行 59 个浸没式扫描光刻机，需要晶圆厂总功率的 6.49%。运行 59 台使用 LPP 光源的 EUV 扫描光刻机，会增加运行整个晶圆厂所需功率的 57%。

9.3 EUV 掩模

EUV 掩模是一个反射式掩模。由于缺乏分束器，照明需要相对于掩模的光轴形成一个角度，这个角度通常是 6°。与 EUV 光学中的反射镜类似，反射率是通过多层膜堆叠建立起来的，每对膜层贡献堆叠总反射率的 1.5%～2.0%。EUV 掩模的形状和尺寸可以与 UV 掩模相似，因此前者可以在物理上适合传统的掩模写入器和检查及维修工具。对于 EUV 掩模写入器来说，预期没有太大的变化，除了对于浸没式光刻机的双重图案化技术，对于许多技术节点来说，掩模上的最小周期保持在 320nm。没有周期减小，EUV 掩模上的最小周期现在是 160nm 或更小。掩模写入器的分辨率必须显著提高。此外，掩模检查需要光化光。需要开发新的掩模检查工具。掩模修复并不简单，尤其是对于多层膜堆叠。因此，预期的掩模修复良率低于常规掩模。

9.3.1 EUV 掩模的配置

如图 9.10 所示，一个 EUV 掩模由一个衬底、一个多层膜堆叠、一个封盖层、一个缓冲层和一个吸收层组成。由于反射光学器件的原因，掩模衬底不需要对光化光透明。要求具有低热膨胀、刚性、稳定性，易于抛光和平坦化，在多层膜堆叠中具有良好的附着力，以及与静电卡盘兼容。

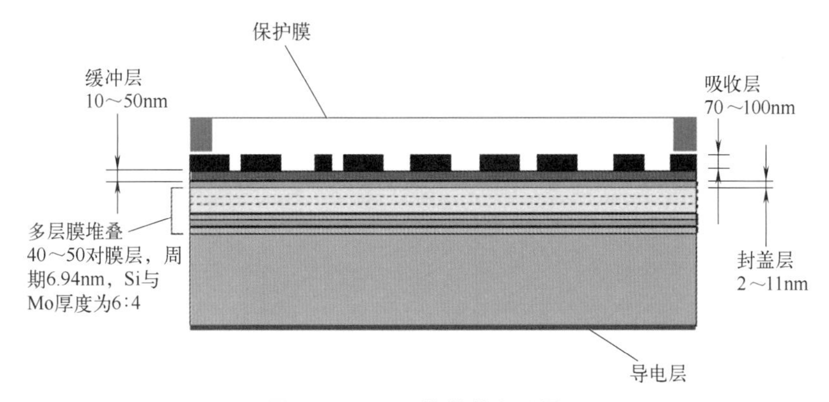

图 9.10　EUV 掩模的配置图。

如同 EUV 光学系统中的所有反射镜，EUV 掩模通过多层膜堆叠实现其反射性。该多层膜堆叠由 40 或 50 对 Mo 和 Si[17,18] 组成，每对膜层的总厚度为 6.94nm。Mo 的厚度约为每对膜层厚度的 40%。为了保护多层膜堆叠，2～3nm 的 Ru[17] 和 11nm 的 Si[18] 被用作封盖层。缓冲层包括 50nm 的 SiO_2 和 10～50nm 的 CrN[17]。吸收层的厚度一般为 70～100nm，包括 Cr[18]、TaN[17]、TaBN[17] 和 W。在掩模衬底背面有一个导电层，铬是一个很好的选择，因为掩模行业对它很熟悉。由于 EUV 扫描光刻机是在真空中操作的，因此不可能在真空下夹取掩模和晶圆。掩模和晶圆都是通过静电固定在各自的支架上，但这不是防止缺陷颗粒被吸引到掩模和晶圆上的最佳手段。

吸收层的厚度是 13.5nm 波长的 5.2～7.4 倍。相比之下，对于 193nm 的掩模，300nm 的吸收层厚度是光化波长的 1.56 倍。因此，来自掩模的衍射图像必须被认为是一种三维电磁（electromagnetic，EM）效应。

9.3.2 斜入射对掩模的影响

9.3.2.1 图案阴影

由于物方主光线角（CRAO）为 6°，吸收层的厚度投下了一个阴影，引起了特征尺寸的明显变化，如图 9.11 所示。有两个阴影效应：一个是由于吸收层厚度，另一个是由于多层膜（multilayer，ML）厚度。S_D 是 CRAO 投下的阴影的宽度：

$$S_D = D\tan\theta \tag{9.1}$$

其中，D 是吸收层的厚度，θ 是 CRAO。S_d 是多层膜投射的阴影的宽度：

$$S_d = nd\tan\theta \tag{9.2}$$

其中，n 是多层膜的第 n 对，d 是多层膜中每对膜层的厚度。注意，S_d 与 S_D 无关。即使当吸收层厚度为零时，在使用 ML 反射光的反射掩模处仍然存在阴影效应。替换 $D=100\text{nm}$、$n=40$ 和 $d=9.63\text{nm}$，得到 $S_D=11\text{nm}$、$S_d=29\text{nm}$。后者因为取自第 40 对膜层，没有 29nm 那么差。在考虑了所有 40 对膜层的平均效应之后，该值变小了。然而，这个讨论让我们意识到，纳米尺寸特征的阴影可能是几十纳米的量级。对于离轴照明，情况可能更复杂[19]。这里我们只考虑几何效果。对于更精确的计算，应该使用 3D EM 模拟。

阴影可以通过适当的邻近效应校正来补偿。然而，这并不容易实现。首先，3D EM 模拟是困难且耗时的。其次，阴影效应是特征方向的函数。Lorusso 和 Kim 提供了两幅图来说明边缘阴影效应[20]。图 9.11 显示了曝光狭缝中不同方向的吸收层特征的阴影。图 9.12 显示，即使在相同的特征方向，狭缝中不同位置的阴影仍然存在差异（注意：线特征被假定为无限长）。因此，阴影是为线边缘绘制的，而不是为线端绘制的。图 9.13 是四个不同方向的线特征的俯视图。对于 45°和 135°的线，阴影相对于特征中心对称，因为照明光束和线的相对方向在狭缝的两端不同。

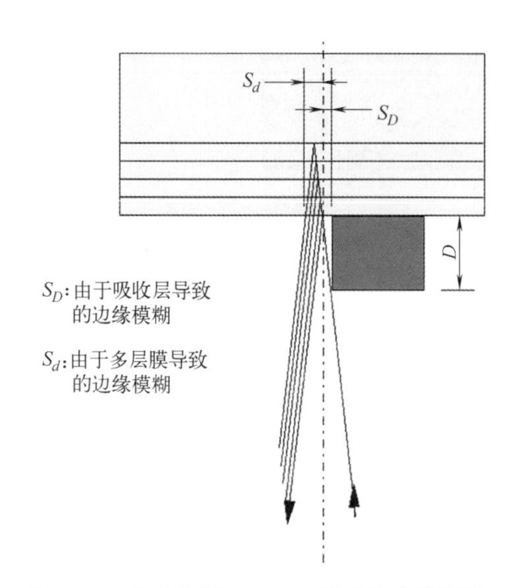

图 9.11 由于有限 CRAO θ 导致的边缘阴影。

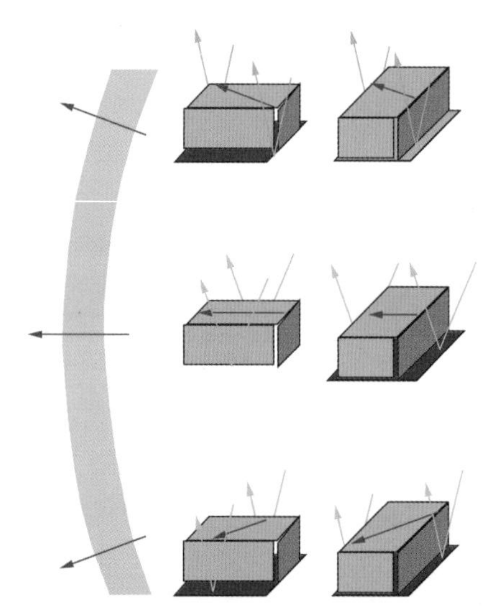

图 9.12 由于照明方向造成的阴影（经 IMEC 许可，转载自参考文献［20］）。

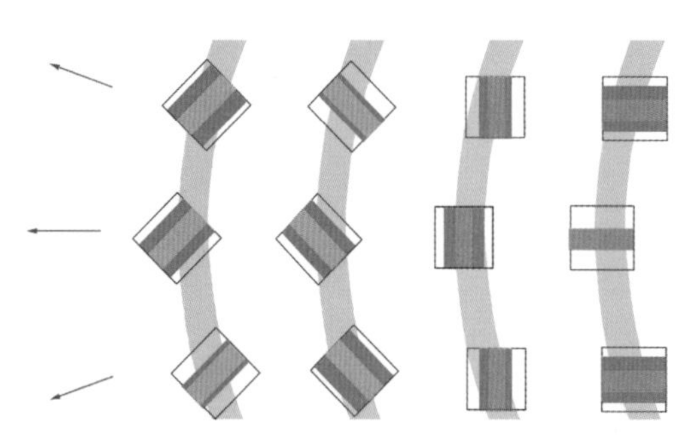

图 9.13 边缘阴影是照明狭缝中特征位置的函数（经 IMEC 许可转载自文献［20］）。

这意味着 OPC 需要考虑相对于圆形扫描狭缝的特征方向，即使该方向在不同的管芯之间是相同的。电路中相同的单元很可能需要根据曝光过程进行不同的邻近效应校正。

9.3.2.2 掩模平整度造成的套刻误差与聚焦误差

另一个不期望的效果来自非零 CRAO 反射掩模的使用。如图 9.14 所示，由于局部厚度扰动或局部倾斜，当掩模的平整度不够时，就会出现图像的横向位移和聚焦误差。图 9.15（a）显示了图 9.4 所示 EUV 成像光学系统上的光线追踪，以分析掩模平整度不足的影响。这里，展示了从掩模到 M1，然后从 M6 到晶圆的光线，我们隐藏了从 M1 到 M6 的这些光线。掩模上的点 a_M 和晶圆上的点 a_W 之间存在共轭关系。来自 a_M 的所有光线，无论倾斜角度如何，都会会聚到 a_W。向晶圆传播的主光线垂直于晶圆，使得晶圆图像是远心的，也就是说，晶圆图像不会横向偏离焦平面。

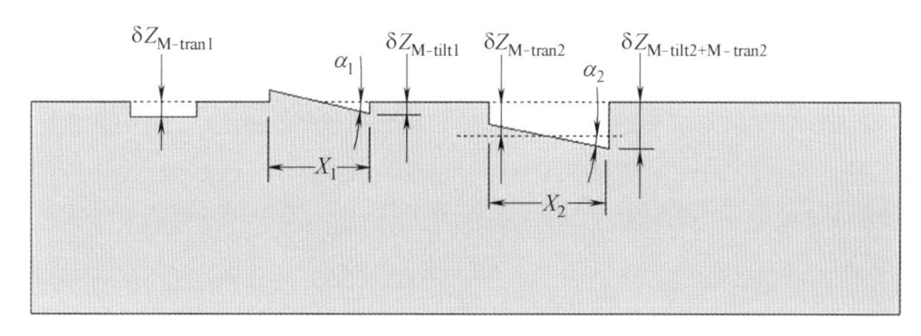

图 9.14　由局部平移和局部倾斜组成的掩模粗糙度。

在这种倾斜照明的反射系统中，最显著的横向图像偏移是由掩模的平移引起的，换句话说，就是焦点的纵向偏移，这如图 9.15（b）所示。

当通过 $\delta Z_{\text{M-tran}}$ 在 z 向上平移掩模时，该平移直接在晶圆图像空间中产生平移：

$$\delta Z_W = \delta Z_{\text{M-tran}}/M^2 \tag{9.3}$$

当 $\delta Z_{\text{M-tran}}=50\text{nm}$，而 $\delta Z_W=50/16\text{nm}=3.125\text{nm}$。这对于任何投影成像系统都是有效的，无论它是折射的、折反射的还是反射的，1×或 M×，垂直或倾斜照明。对于倾斜照明的反射掩模，由在纵向方向掩模偏移 $\delta Z_{\text{M-tran}}$ 产生横向偏移 δX_W：

$$\delta X_W = \frac{2}{M}\delta Z_{\text{M-tran}}\tan\theta \tag{9.4}$$

在 $\theta=6°$、$M=4$ 和 $\delta Z_{\text{M-tran}}=50\text{nm}$ 的情况下，发生了 2.63nm 的像移。

图 9.15（c）显示了一个倾斜角度为 α 的掩模。该角度在掩模反射后变为 2α，然后在通过缩小透镜后变为 $2M\alpha$。引入了晶圆图像中任何失焦位置的横向偏移。结果，失去了远心。x 方向的位移为

$$\delta X_W = \delta Z_W \tan(2M\alpha) \tag{9.5}$$

如果 $\alpha=1°$，$M=4$，$\delta Z_{\text{M-tran}}=80\text{nm}$，则 $\delta X_W=11\text{nm}$。此图像横向偏移太大。DOF 或掩模微小的倾斜都需要限制。

套刻限制用于分解每个组件的性能参数，如下所示。式（9.4）和式（9.5）的总横向图像偏移为：

$$\Delta X_{\text{W-total}} = \sqrt{\left(\frac{2}{M}\delta Z_{\text{M-tran}}\tan\theta\right)^2 + [\delta Z_W \tan(2M\alpha)]^2} \tag{9.6}$$

通常，最小特征的三分之一用作套刻公差，该套刻公差的三分之一可分配给 $\delta X_{\text{W-total}}$，假设其他传统的套刻成分可以被挤压以容纳这个额外的反射掩模引起的组件。对于一个 16nm 的半周期来说，反射掩模的长度为 5nm。其 1/3 为 1.67nm，而反射掩模引起的分量的余量为 0.56nm。我们刚刚表明，如果在 $\theta=6°$、$M=4$ 和 $\delta Z_{\text{M-tran}}=50\text{nm}$ 的情况下，发生了 2.63nm 的像移，则式（9.6）第一项的像移为 2.63nm；对于 $\alpha=1°$，$M=4$，$\delta Z_{\text{M-tran}}=80\text{nm}$，则 $\delta X_W=11\text{nm}$；$\Delta X_{\text{W-total}}=11.47\text{nm}$。为了减少贡献，使 $\Delta X_{\text{W-total}}$ 达到 0.56nm 的范围，我们设定 $\alpha=0.05°$，$\delta Z_{\text{M-tran}}=10\text{nm}$，$\delta Z_W=80\text{nm}$。这些参数总结在表 9.2 中，表明掩模平整度必须保持在 10nm 以内，远心偏差将 DOF 限制在 50nm，局部掩模倾斜度小于 0.05°。对于空白掩模，这些要求是非常严格的。

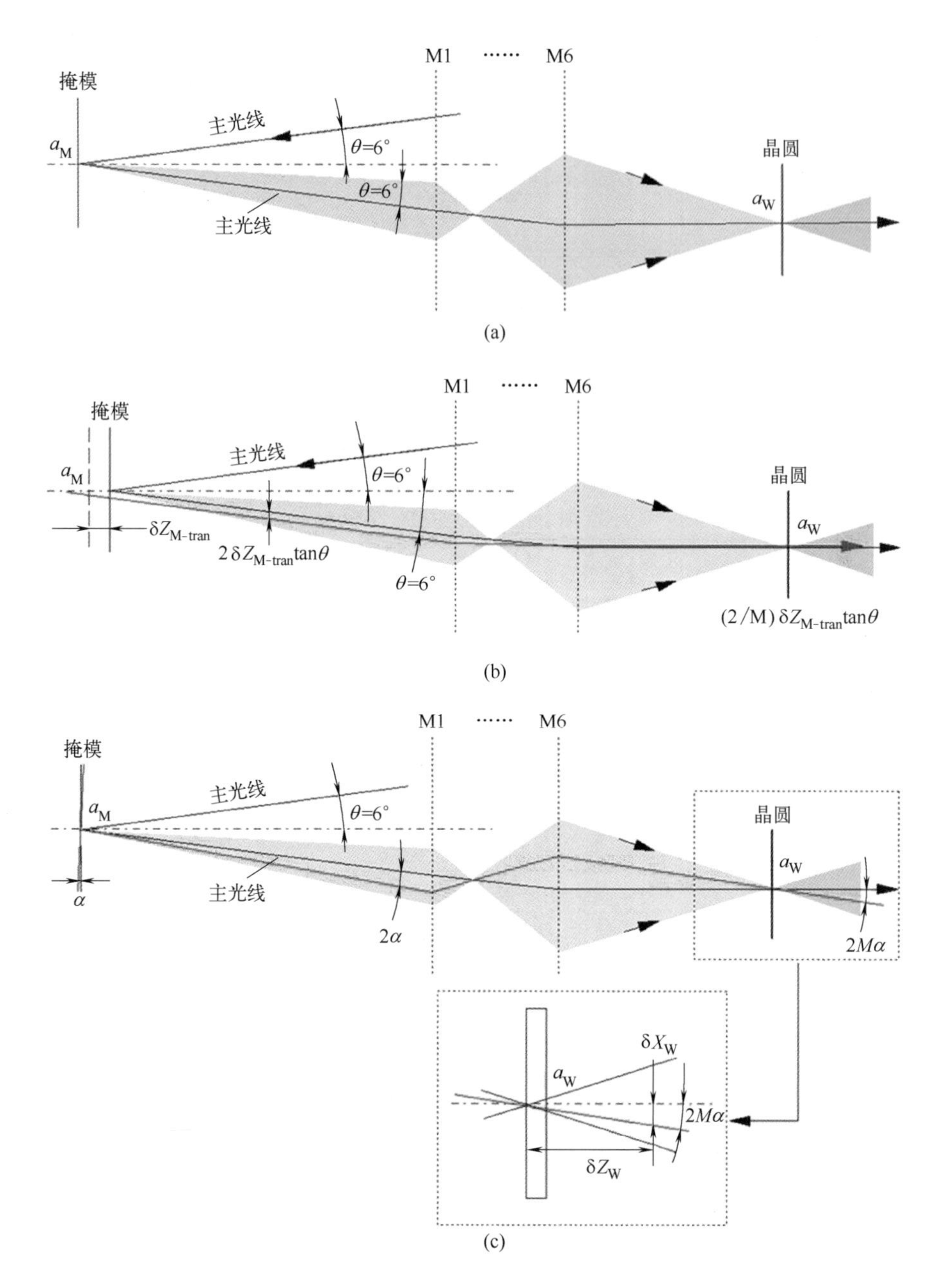

图 9.15 (a) 基于图 9.4 的系统，从掩模到晶圆的光线追踪。隐藏了从 M1 到 M6 的光线。掩模上的点a_M 和晶圆上的点a_W 是共轭点。主光线相对于掩模法线成一角度 θ，但通常入射到晶圆上，使像远心在晶圆侧。(b) 掩模纵向错位在像中产生横向位移。(c) 由于反射，α 的倾斜变成 2α，然后由于缩小倍率 M，它变成 $2M\alpha$。当晶圆在焦点上时，没有引起横向移动。当晶圆偏离焦点达δZ_W 时，会有 $\delta X_W=\delta Z_W\tan(2M\alpha)$的横向位移。

表 9.2 控制反射掩模导致的套刻误差贡献的参数。

M	θ /(°)	α /(°)	$\delta Z_{M\text{-tran}}$ /nm	$\delta X_{W(\text{from M-tran})}$ /nm	δZ_W /nm	$\delta X_{W(\text{from M-tilt})}$ /nm	ΔX_W /nm
4	6	1	50	2.63	80	11.17	11.48
4	6	0.05	10	0.53	50	0.35	0.63

9.3.3 EUV 掩模的制作

在掩模写入方面，EUV 掩模的图案化应该与 UV 掩模的图案化一样。掩模写入器可能是最不需要修改的。唯一需要注意的是，由于对反射掩模粗糙度和平整度的严格要求，掩模写入器和曝光机中的卡盘应尽可能接近。掩模写入器中的静电卡盘是一项新的尝试。除掩模写入外，检查、维修和减少缺陷的后续过程也不是小事。当涉及实际操作时，即使是掩模写入也不像原来所认为的那样简单。其中一个原因是，由于存在双重和三重图案化，浸没式掩模的写入不需要很多技术的进步。最小周期不必缩小。四个技术节点——20、16、10、7nm——过去了，在减少最小周期方面没有什么进展。现在，随着 EUVL 的发展，最小周期已经减少了至少一半，但我们对掩模写入器的理解却缺乏进展。

从掩模衬底开始，这种材料的热膨胀系数必须比石英低。透射性并不重要，但衬底必须平整到 10nm 以内，如 9.3.2.2 节所述。在 40 对多层膜反射涂层沉积到它上面之前，它不能有任何瑕疵或颗粒。这两点还没有被完全掌握。因此，无缺陷的 EUV 空白掩模（掩模坯件）一直是极为罕见的。缺陷数量为个位数的坯件可以获得高溢价。

就描绘接触孔而言，坯件处的缺陷不成问题，因为在接触孔的位置上出现个位数缺陷的概率不高。不幸的是，接触孔很难成像，因为 DOF 很浅。阴影效应非常严重。低透射率和不足以收集光子的面积，使得有必要增加 EUV 功率，从而降低了晶圆产率并增加了成本。有人建议对接触孔使用负性光刻胶或负性显影，这意味着要以更高的缺陷数来换取产率，这种方法的价值还有待证明。

对于诸如栅极层和金属层等其他层，图案密度可以接近 50%，使得缺陷不太可能在不透明的位置。坯件缺陷分布图必须与图案分布相匹配，以隐藏所有的缺陷。通过将缺陷分布图旋转 90°四次，会产生四种可能性。如果仍然没有匹配，坯件将被放回仓库，等待下一个匹配机会。图 9.16 显示了通过匹配掩模不透明区域来减少缺陷的例子[21]。

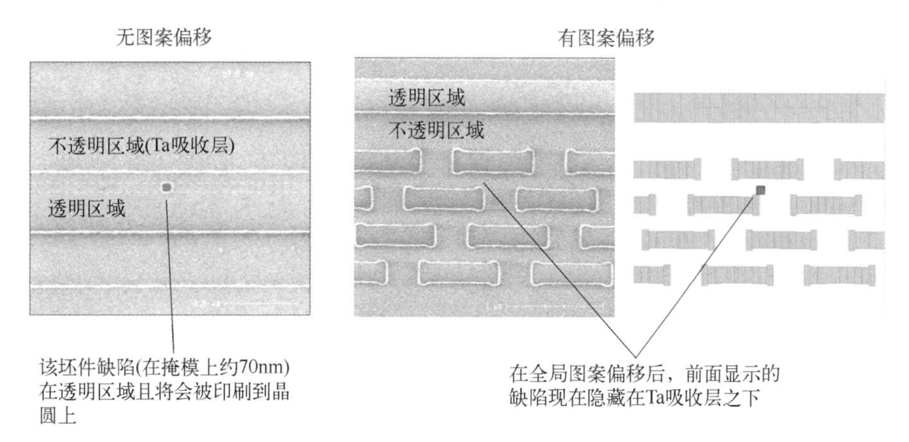

图 9.16　通过操纵掩模图案的位置，用不透明的特征覆盖缺陷，以减少 EUV 坯件缺陷（转载自参考文献［51］）。

为了描绘吸收层，必须保护多层膜免受刻蚀和任何相关处理的损坏，因此需要缓冲层。封盖层可保护多层膜免受环境腐蚀，刻蚀保护通常留给缓冲层。缓冲层还在修复过程中保护多层膜，修复过程通常使用 Ga 聚焦离子束。然而，已经存在于 UV 掩模修复中的 Ga 污染，对于使用多层膜堆叠的 EUV 掩模来说更加严重。使用原子力显微镜（AFM）类型的设备对吸收层缺陷进行机械移除[17,22]会留下碎屑，必须小心地移除。机械去除已被证明在缓冲层内停止，而不会划伤封盖层和多层膜。电子束修复是一项新技术，但很有前景[23]，随着工艺的改进，对缓冲层的需求已经降低。

在图案化之后必须检查掩模以定位修复部位。光化波长的检测需要一种全新的检测技术。一般的想法是在连续波（CW）中以方便的 UV 波长进行检查，例如在 257nm。为了便于这种波长外检查，在检查波长下，吸收层和反射层堆叠之间必须有足够的对比度，并且 EUV 缺陷必须是可检测的。迄今为止，许多 EUV 可印刷的缺陷逃过了波长外的检查。光化检测可能是不可避免的。需要明亮的 EUV 光源和反射检查光学系统。

9.3.4 EUV 保护膜

图 9.10 中包括一个保护膜，它使颗粒远离掩模的 DOF 区域，这样它们就不会在晶圆上成像而构成缺陷。所有的光掩模都受到保护膜的保护。任何不小心落在掩模上的颗粒都被保持在离焦点安全的距离。颗粒的清晰像会变成一个放大的模糊像。EUV 掩模在储存和运输过程中被置于不透明的盖子之下，但当它在扫描光刻机中处于曝光位置时却没有保护。EUV 光学器件的设计是在曝光位置时使掩模朝下，以尽量减少颗粒落在上面的机会。然而，静电卡盘可能会意外吸引颗粒。图 9.17 显示了在 EUV 扫描光刻机中 EUV 曝光的第 17 步，一个微米级尺寸的颗粒附着在掩模上[24]。这种情况发生的频率为每几百个晶圆一次。在 100wph 的额定产率下，每个生产班次后必须清洁掩模。

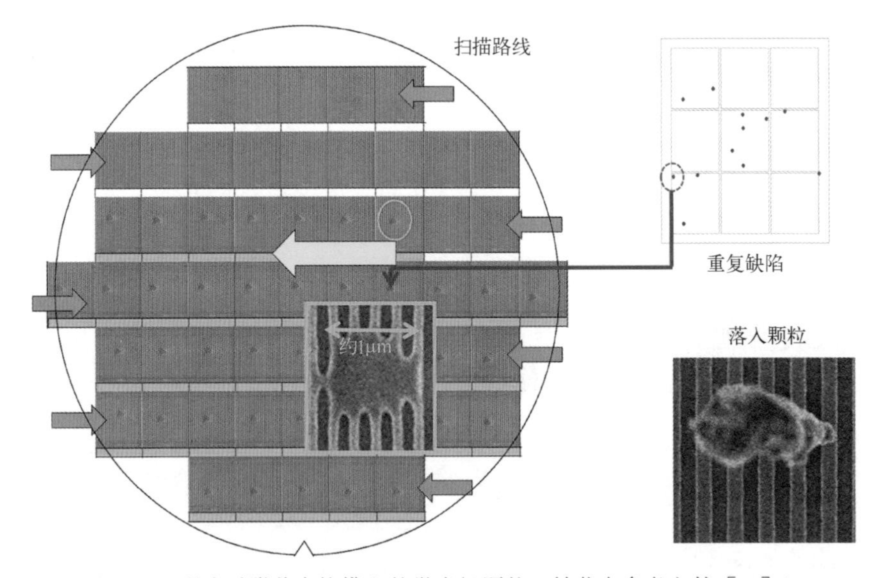

图 9.17 曝光时附着在掩模上的微米级颗粒（转载自参考文献 [51] ）。

由于透射率低，只有几十纳米数量级的覆盖有氮化硅的极薄多晶硅[25] 才能用作 EUV 保护膜。保护膜可实现的透射率约为 85%。由于反射掩模，光分两次通过保护膜。因此，大约 28%的成像光在保护膜上损失。如果将这一损失纳入表 9.1，基于 $S=30\mathrm{mJ/cm^2}$ 的 IF 处的功率将从 386W 增加到 534W，入射到保护膜上的功率将为 20W。保护膜是独立的薄膜，不能通过接触式散热器冷却。因为处于真空环境，所以没有空气冷却。由于除了辐射之外没有其他冷却方式，保护膜的温度[26] 可高达 944℃。因此，除了需要高 EUV 透射率之外，保护膜还必须能够：①承受高热而不破裂；②承受掩模在真空环境内外的循环；③承受每小时 104 次的曝光循环。

关于 EUV 保护膜最严重的问题是要求保护膜的厚度和应力均匀。具有弱点的区域倾向于引发保护膜破裂。不幸的是，无论保护膜的均匀性和一致性有多好，当颗粒附着在保护膜上而不是掩模上时（如预期的那样），颗粒会成为热点，保护膜会在该处破裂。当保护膜破裂时，它会飞到意想不到的地方。破裂的保护膜碎片大部分是无害的，但是如果碎片落在光学元件或掩模上，则可能是灾难性的。

Brouns 等人[27] 提出了一种巧妙的工具，克服了之前对安装和拆卸保护膜进行掩模检查的顾虑。

笔者认为，最好不要使用 EUV 保护膜。增加曝光机的清洁度以减少颗粒附着在掩模上的频率，才是减少重复缺陷的更可行的方法。

9.4 EUVL 分辨率增强技术

分辨率增强技术（RET）是扩展现有曝光机分辨率的有效方法。对于 EUV 中 0.33NA 处的 20nm 半周期，k_1 已经是 0.488，这完全在 RET 的范围内。此外，由于 EUVL 本身价格昂贵，应尽可能使用可再生能源技术。对于 DUV 光刻来说，照明优化、掩模优化、光源-掩模优化和多重图案化是有效的。照明优化包括离轴照明、自由形式照明和偏振照明。实施偏振并不简单，但是由于 EUVL 的 NA 没有超过 0.33，并且将来可能不会超过 0.55，所以偏振效应并不显著。因此，本节将只讨论可以提供离轴照明的柔性照明；还将讨论 EUVL 中的掩模优化，包括光学邻近效应校正和相移掩模。

9.4.1 EUV 柔性照明

EUV OAI 的原理与 DUV 一样，它们之间的一个区别是，前者必须使用严格的反射光学器件。最初，用透射光学器件实现 OAI 比较容易。图 6.11 中的配合锥体装置就是一个例子。最终，对更复杂的 OAI 的需求导致了衍射光学元件（DOE）和 Flexray® 的发明，即图 6.12 所示的可编程阵列。因为 Flexray 需要反射镜，可编程阵列的概念可以很容易地转移到 EUVL 上。图 9.18 显示了使用可编程场-分面-反射镜阵列（field-facet-mirror array）的 EUV 柔性照明[28]。反射镜可以倾斜，根据所需照明的程序将中间焦点投射到光瞳分面反射镜上。最左图显示场分面通过照亮红色的光瞳分面，形成垂直偶极照明。最右图显示了为水平偶极而重新编程的场分面。中间的图显示了切换的动作：八个光瞳分面已切换，还有两个待切换。

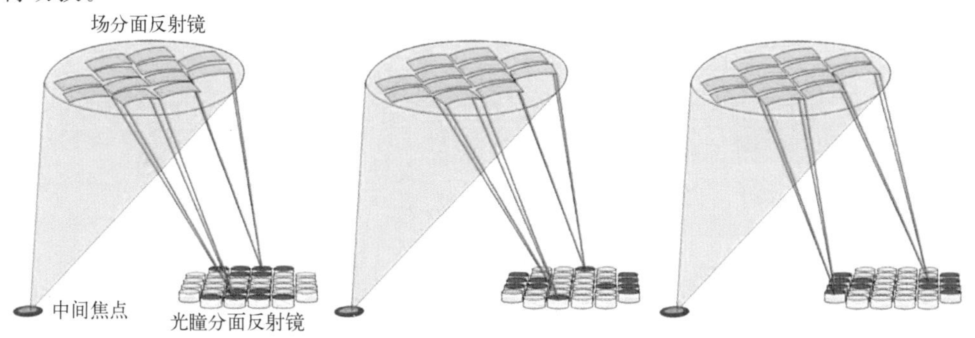

图 9.18　EUV 柔性照明，从垂直偶极排列切换到水平偶极排列（转载自参考文献［28］）。

图 9.19（a）显示，环形设置中的四个被照亮的光瞳分面（由箭头标识）被移动以形成一个偶极 x，如左图所示；取代这四个分面，可以移动其他四个分面以形成偶极 y，如右图所示[29]。图 9.19（b）显示，更复杂的照明 1、2、3 可以在具有更多微镜的制造工具上实现柔性照明。

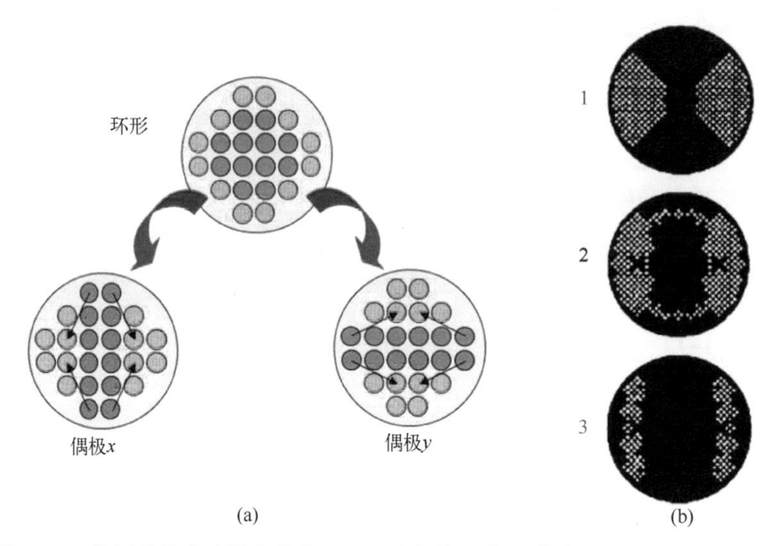

图 9.19 编程后的光瞳强度分布。（a）重新编程的环形设置，以形成偶极 x 和偶极 y（转载自参考文献［29］）。（b）通过使用柔性照明使更复杂的分布成为可能（经许可改编自参考文献［52］）。

EUV OAI 和 DUV OAI 两者之间的另一个区别是前者 6°的 CRAO 要求。如图 9.20 所示，以 $\arcsin[\sin 6° + (\lambda/(2P))/4]$ 的角度引出的离轴光束，进一步扩展了高吸收层的边缘阴影区。其中，$\lambda = 13.5\text{nm}$ 是 EUV 的波长，P 是掩模上光栅的周期，$\lambda/(2P)$ 决定了斜向照明的最佳角度，数字 4 来自 4×缩小系统。

总之，这种 EUV 柔性照明对 EUVL 中的 k_1 降低（RET）是一个重要的贡献，并且可以在理解会有较大边缘阴影的情况下实施。

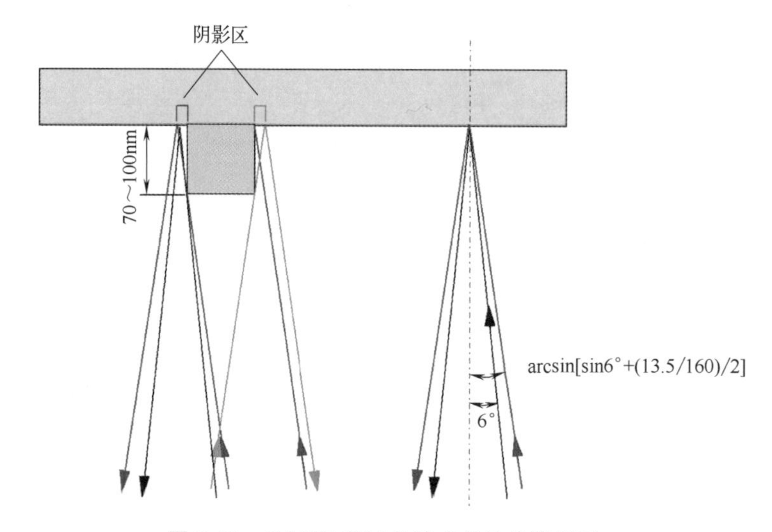

图 9.20 OAI 和 CRAO 造成的边缘阴影区。

9.4.2 EUV邻近效应校正

最初，由于 k_1 相对较高，EUVL 的 OPC 被认为是简单的。然而，两个新现象对 EUVL 的 OPC 提出了非常规的挑战。EUV 图像中的杂散光不仅比传统光学的杂散光高一个数量级，而且还依赖于场，即杂散光的水平在不同的场内位置变化；因此，它的对比度和曝光水平取决于场，必须根据杂散光在掩模上的位置对它们进行补偿。杂散光分布也很有可能因设备而异，使得 OPC 与设备相关。随着光学器件老化和污染，杂散光分布可能不会保持恒定。因此，OPC 也可以是时间的函数。必须开发一种算法来根据给定的杂散光分布调整 OPC。一个基本的解决方案是将杂散光减少到与 DUVL 中的杂散光大约相同的水平。减少杂散光是设备供应商的持续努力，并持续取得进展。

第二种现象，阴影效应，也是场相关的。它来源于 9.3.2.1 节和 9.4.1 节中讨论过的图案阴影，如图 9.12 和图 9.13 所示。

9.4.3 EUV多重图案化

自 20nm 节点以来，多重图案化技术（MPT）已经用于大规模制造至少四代。EUVL 也有采用多重图案化技术的类似潜力。对于 DUVL，k_1 已经推进到 0.28。由于这里和许多其他作者考虑的许多问题，对于 EUVL 来说，达到 0.4 k_1 是不容易的，也就是说，对于 NA＝0.33，当最小周期达到 32nm 时，需要进行周期分离以进一步减小。另一种替代方法是使用更高的 NA，如 2017 年公布的 0.55[30]。9.7.2 节将介绍这种替代方法。

就 EUVL 的多重图案化技术而言，周期分离和 SADP 技术都可以发挥作用。管理图案可分离性的 G 规则也适用。7.5 节中讨论的带有多重图案化的线切割，以及带有双重图案化的打包-解包技术，都可以使用。对使用 EUV 多重图案化技术的犹豫是由于额外的成本和一个尴尬的因素。后者是一个问题，因为 EUVL 通常被宣传为单一图案化技术，而不像 DUV 光刻技术。

9.4.4 EUV相移掩模

在进行 EUV 相移时，必须注意反射相移和透射相移的区别，如图 9.21 所示。在反射相移中，相位差 ϕ 是由一个以 t 为阶梯高度的阶梯产生的。而在透射相移的情况下，相位差来自两束穿过两个不同介质的光束。对于反射相移，

$$\phi=\frac{2t}{\cos\theta}\times\frac{2\pi}{\lambda}=\frac{4\pi t}{\lambda\cos\theta} \tag{9.7}$$

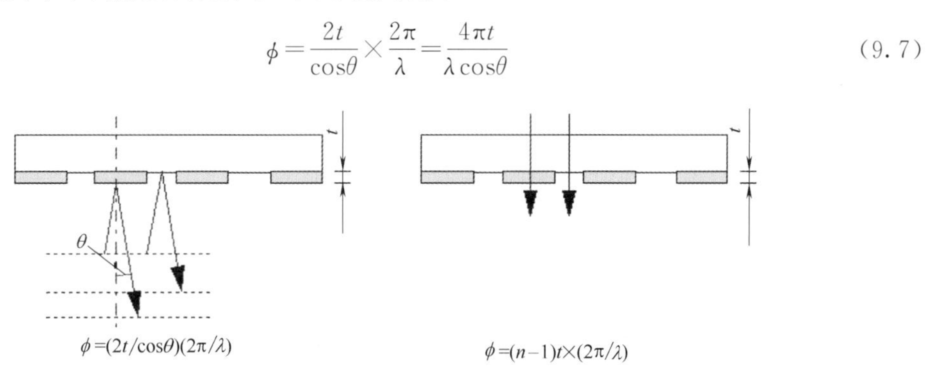

图 9.21 （左）反射移相掩模和（右）透射移相掩模的厚度 t 比较。

对于透射相移，

$$\phi=(n-1)t\ \frac{2\pi}{\lambda}=(n-1)\frac{2\pi t}{\lambda} \tag{9.8}$$

其中，一种介质的折射率为 n，另一种介质的折射率为 1（如真空）或接近 1（如空气）。对于常见的 $n=1.5$ 的紫外线，在反射相移的情况下，相位变化作为 t 的函数是 4 倍多。在 13.5nm 的 EUV 波长下，要将相位移动 π，$t=(\lambda/4)\cos\theta=3.36\text{nm}$。为了将相移误差保持在 6°以内，$\Delta t$ 必须小于 0.11nm。

如果吸收层或相移层的厚度没有控制到所需的参数要求，就会发生随机相移。这就减少了公共 E-D 窗口，如图 9.22 上图所示。这里，使用 E-D 窗口方法评估了基于四个吸收层厚

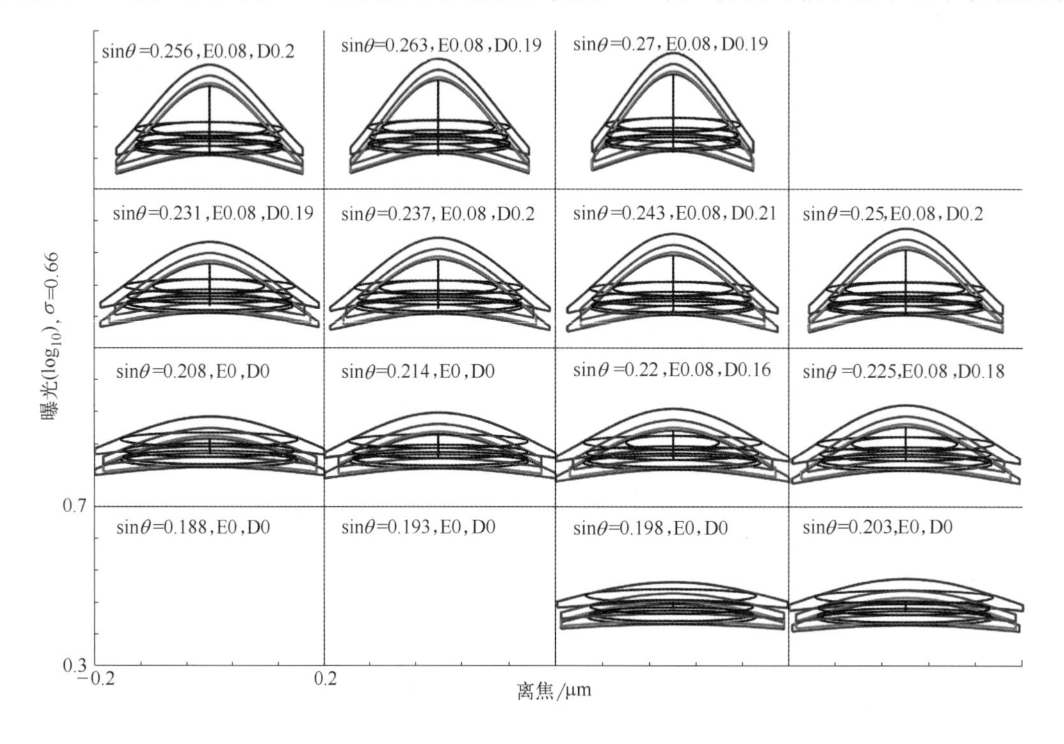

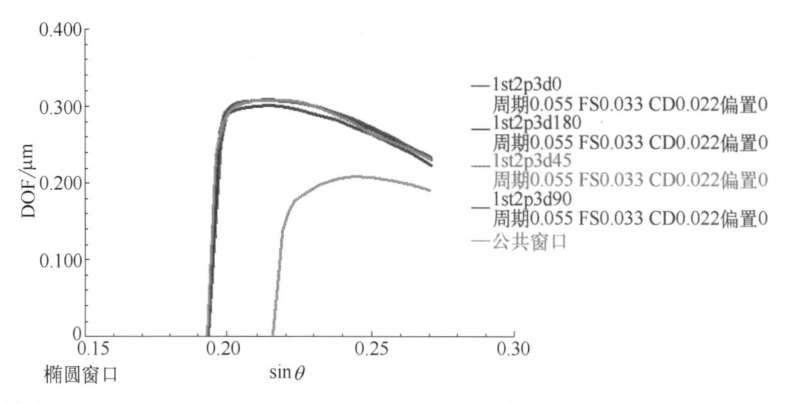

图 9.22 （上图）单独和公共 E-D 窗口。基于 $\sigma=0.66$、$CD_{tol}=10\%$、EL=8%、$\lambda=13.5\text{nm}$ 和 15%的杂散光，对于周期为 55nm 的 22nm 不透明线，分别以 0°、45°、90°和 180°的相位评估四个单独的窗口。吸收层的反射率为 2%。（下图）上图单独和公共 E-D 窗口的 DOF 与 $\sin\theta$ 的曲线。

度产生0°、45°、90°和180°相移的DOF。吸收层的反射率为2%。该特征是一条周期为55nm的22nm不透明线。基于8%的EL和±10%的CD公差，使用$\sigma=0.66$、$\lambda=13.5$nm的同轴照明。假设杂散光的水平为15%。图9.22下图中来自四个吸收层厚度的DOF与$\sin\theta$的曲线都非常相似，在300nm以上有一个峰值DOF。然而，公共E-D窗口只支持约200nm的DOF。

有了这个基本考虑，让我们来研究两个最流行的相移掩模——强相移掩模与弱相移掩模，即AltPSM和AttPSM。

9.4.4.1 EUV AltPSM

制作EUV AltPSM的简单方法[31]是将多层膜反射器沉积在衬底的台阶上，台阶高度为h，产生π相移。图9.23显示了被刻蚀成这种台阶高度的掩模衬底。台阶底部被指定为0°，台阶顶部为180°。沉积多层膜，然后沉积吸收层。对于生产用掩模而不是实验用掩模，保护多层膜的封盖层是必要的。通常在封盖层和多层膜之间使用一个缓冲层。最后，吸收层被图案化，形成图中右侧所示的俯视图和侧视图。能够产生180°相移的台阶高度h由下式控制，其中λ是波长，n是正整数：

$$h=\left(\frac{1}{4}+\frac{n}{2}\right)\lambda \tag{9.9}$$

其中，$n=0$，1，…。因此，h可以是3.375、10.125、16.88nm，等等。

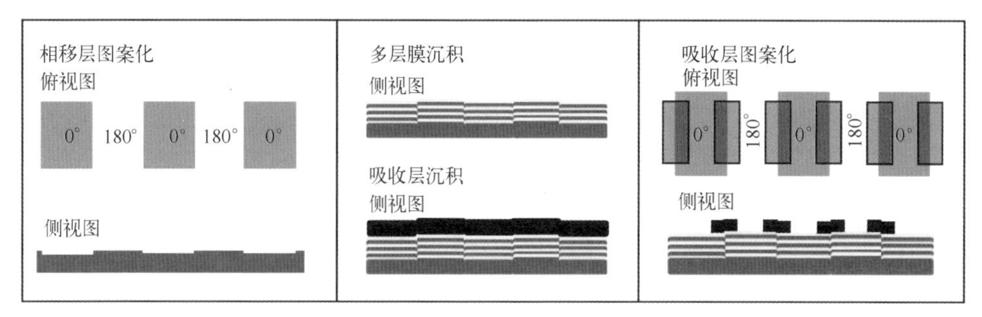

图9.23 AltPSM的制造（转载自参考文献[31]）。

这种方法的优点是多层膜、缓冲层、封盖层和吸收层的沉积与普通BIM制造工艺相同，即使在实验用BIM中没有使用缓冲层和封盖层。这种方法的缺点是带图案的掩模必须由坯件制造商制造，制造商需具有制造低缺陷EUV掩模坯件的专业知识和设备。另一方面，这可能是一家富裕的半导体公司阻止其他公司使用EUV AltPSM的一种方式。这种方法的一个基本缺点是，EUV相移的厚度公差很小，这一点已经在式（9.7）中讨论过了。

Yan等人[31]还比较了AltPSM和BIM的性能，如图9.24所示。比较是在50nm周期和ΔCD=±10%的15nm线条上进行的。使用具有最大E-D面积的E-D窗口。所示的EUV AltPSM窗口明显比BIM窗口大得多。这些E-D曲线类似于图7.52和图7.53中的曲线，在考虑AltPSM的加工公差之后，其中AltPSM的较大E-D窗口变得小于BIM的窗口。对于EUV AltPSM，更严格的比较还应考虑制造公差。

制作AltPSM还有其他方法。Deng等人[32]模拟了四种不同的EUV掩模配置的成像，如图9.25所示。AltPSM有两种配置：一种没有吸收层，另一种有吸收层图案。这些掩模使用不同层数的多层膜来产生相移π。这些配置的一个有趣的方面是其厚度变化对相变的低灵敏度。Deng等人只提供了AttPSM配置的厚度灵敏度结果，这将在9.4.4.2节讨论。这

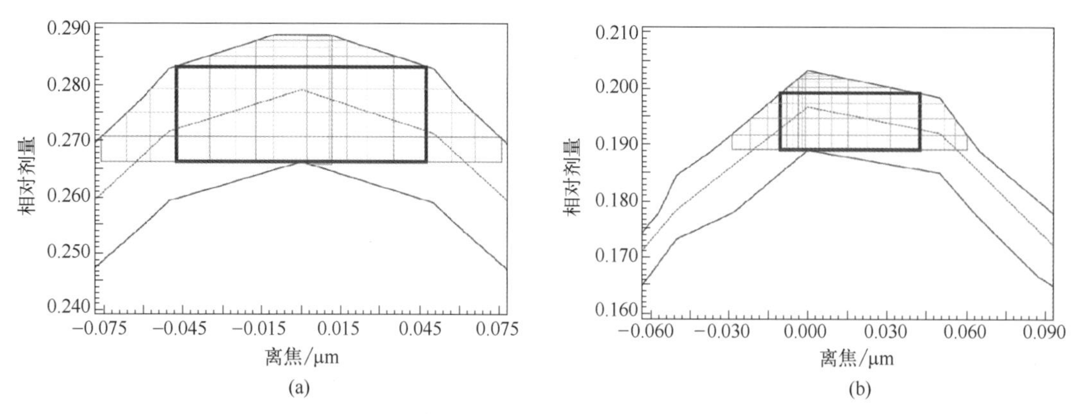

图 9.24 AltPSM 与 BIM 的性能（改编自参考文献［56］）。

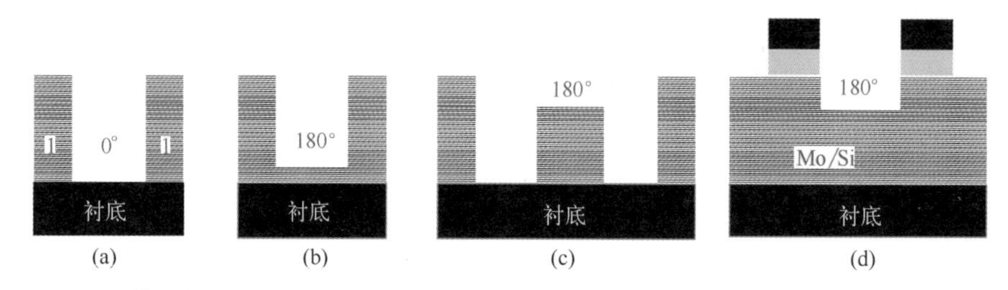

图 9.25 使用刻蚀的多层膜的各种 PSM 配置：(a) BIM；(b) AttPSM；(c) AltPSM；(d) 顶部带有吸收层图案的 AltPSM（转载自参考文献［32］）。

种灵敏度的降低是由于与单个反射层的影响相比，整个多层膜对累积相位叠层的影响较小。

为了使刻蚀的多层膜在大规模制造中工作，这些层需要被封盖层保护。可以根据 AltPSM 或 AttPSM 应用来预制具有覆盖和刻蚀停止的特殊掩模坯件。刻蚀后多层膜暴露的侧壁必须用覆盖材料的原子层沉积来覆盖。不用说，在将这种结构应用于大批量制造之前，必须从理论和实验两方面对其进行严格的表征。

总之，使用 EUV AltPSM 的衬底方法对台阶高度变化和台阶上掩模图案化后的多层膜沉积很灵敏。刻蚀的多层膜结构配置对刻蚀公差具有较低的灵敏度，这可以通过嵌入刻蚀停止层来进一步改善。嵌入两个封盖层并使用刻蚀侧壁的原子层沉积（如果充分显影的话）可以改善最初提出的配置，使其更接近于为大规模制造应用做好准备。不幸的是，就像 DUVL 一样，固有的相位冲突问题使 AltPSM 不能用于任意图案。只有特殊的图案，如完全填充的单周期线对或接触孔，才能利用 AltPSM 的优势。因此，即使克服了所有的 EUV 问题，EUV AltPSM 的应用也将是有限的。

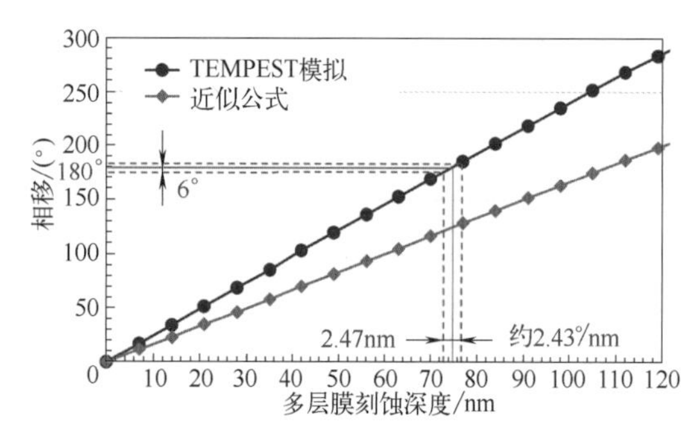

图 9.26 AttPSM 的多层膜刻蚀深度公差，来自一个刻蚀的多层膜（转载自参考文献［32］）。

9.4.4.2 EUV AttPSM

AttPSM 一直是 DUV 光刻的主力军。同样的情况会发生在 EUV 光刻中吗？有几种配置的 EUV AttPSM。Deng 等人[32] 研究了图 9.26 所示的刻蚀的多层膜 AttPSM。刻蚀的厚度公差已被证明是 2.47nm，以保持刻蚀的 6°相位公差。这比依靠一个步骤来产生相移更宽容。然而，制造过程是相当复杂的。

Yan 等人展示了一种更简单的制造 EUV AttPSM 的方法[33]，其方案如图 9.27 所示。任何市售的带封盖层的多层膜，都涂有厚度为 28.5nm 的吸收层对（TaN/TiN）。这种吸收层反射率为 6%，并产生所需的 π 相移；而对于同样封盖的多层膜衬底，涂有总厚度为 85nm 的 TaON 和 TaN，其反射率只有不到 0.5%，符合 BIM 的要求。对于涂有 TaN/TiN 的空白掩模，用户只需对吸收层进行图案设计，就像对 EUV BIM 进行图案设计一样。因此，EUV AttPSM 可以与 OAI 结合，就像 DUV AttPSM 可以与 OAI 结合一样。这种组合有可能用于大批量制造。

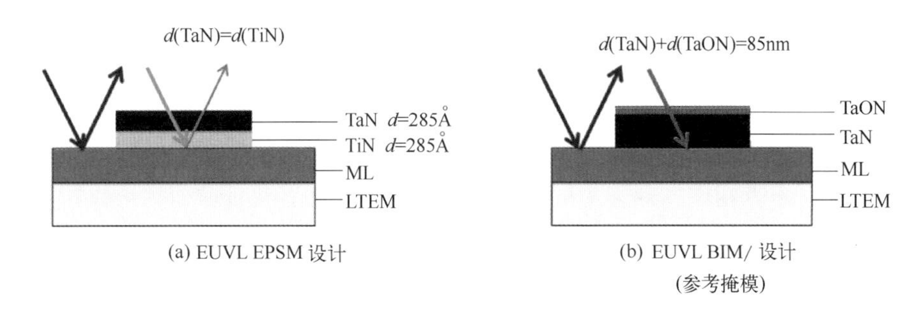

图 9.27　(a) AttPSM 设计；(b) BIM 设计（转载自参考文献 [33]）。
EPSM—embedded phase-shift mask，嵌入式相移掩模；LTEM-lowthermal-expansion material，低热膨胀材料

9.5　EUV 投影光学器件

EUV 光学元件的典型布局如图 9.1 至图 9.3 所示。其中组件的平滑度对于减少杂散光至关重要。注意，反射使光学元件中纵向表面变化的光程差加倍。如图 9.21 所示，反射元件比折射元件灵敏得多。为了保持相同水平的杂散光，反射表面的粗糙度和结构必须比折射表面好四倍。193nm 成像波前中 λ/50 的要求转化为 13.5nm/200=0.067nm，这是原子尺寸的一小部分。图 9.28 显示了在 ASML EUV 扫描光刻机中波前均方根误差从大于 1nm 减少到约 0.2nm[34]，已经取得了令人印象深刻的进展。在同一参考文献中可以看到与这些均方根误差水平相关的耀斑。如图 9.29 所示，这种耀斑从 16%下降到 3%和 4%之间。

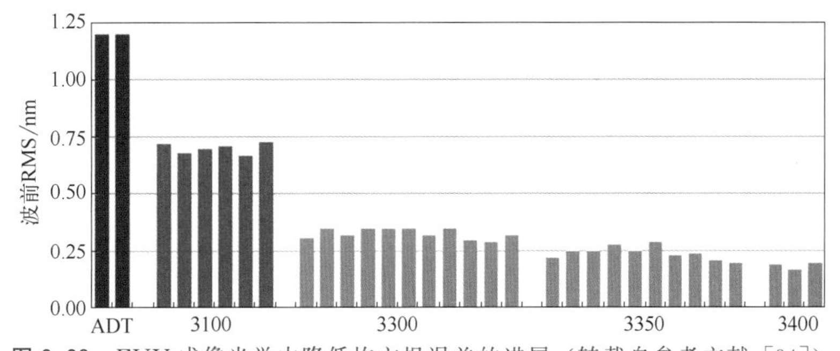

图 9.28　EUV 成像光学中降低均方根误差的进展（转载自参考文献 [34]）。
ADT—alpha demo t ool，alpha 演示设备

对于 NA=0.25，0.14nm 的中等空间频率粗糙度可以将系统耀斑[11,35] 保持在 10%。在透镜和扫描光刻机工厂的制造、安装和装配过程中，以及在晶圆制造车间的真空中的对准和重新对准过程中，必须保持这种精度。光学表面上累积的污染物也会使粗糙度超过规定指标。

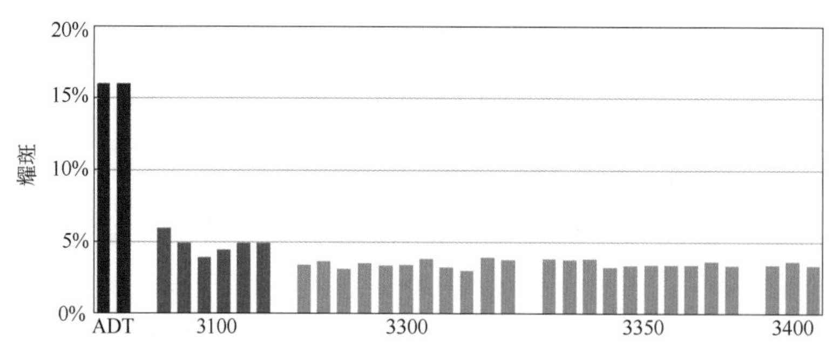

图 9.29 EUV 成像光学中减少耀斑的进展（转载自参考文献［34］）

光学表面的污染会损害光学元件的超高平滑度和精度。氧化是不可逆的。多层膜结构上的封盖层被设计为防氧化的。积碳大概可以被清除。清洁周期以及清洁时间和频率应保持在可接受的水平，以最大限度地减少生产中断和拥有成本。反射镜寿命的规格应该超过 3 万小时，或大约 3.5 年。

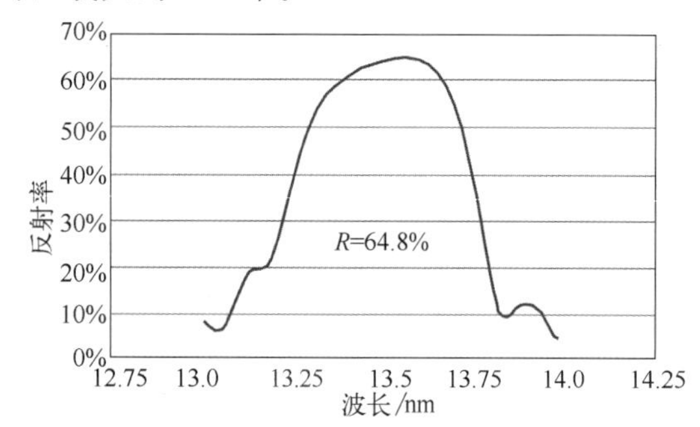

图 9.30 EUV 多层膜涂层的光谱反射率（改编自参考文献［10］）。

反射式光学系统具有多色响应的固有优势，因此具有宽带宽。取代 193nm 光刻所需的几分之一皮米带宽，EUVL 的带宽需求是 2%。大多数多层膜涂层都能满足这一要求，如图 9.30 所示[11]。一个关键要求是将所有涂层集中到 13.5nm。光谱不匹配会浪费宝贵的 EUV 功率。根据参考文献［10］，由于多层膜不匹配引起的功率损耗约为 10%。

应该小心地控制光学元件上的热量。图 9.6 和表 9.1 给出了光学元件需要承受的热负荷的概念。热量必须快速均匀地移除，以保持光学表面的亚纳米精度。从热管理的观点来看，使用快速光刻胶是理想的。如 9.2.3 节所述，这也适用于控制电源功率以实现更好的功率管理。

9.6 EUV 光刻胶

随着时间的推移，EUV 光的光刻胶问题已经迅速改变。当软 X 射线投影式光刻被提出时，对光刻胶的主要关注是其高吸收性。据估计[36]，吸收系数 α 大于 $3\mu m^{-1}$。EUV 光可以穿透到 200nm，但有效的成像厚度约为 60nm。当时，0.25μm 对于光学光刻来说是一个令人生畏的分辨率[37]。只有文献［38］的作者预测了 0.13μm 的分辨率。EUV 光刻是鉴于光学光刻的悲观前景而提出的。因此，光刻胶的吸收显然是一个问题。双层和三层光刻胶体系被认为是支持 EUVL 的必要条件。

然而，光学光刻技术毫不畏惧地继续发展。继任者的机会几乎不会出现在 32nm 的半周期，预计在最初的 EUV 建议之后至少 20 年才会出现。对于 20～30nm 的特征尺寸，光刻胶的厚度不再受吸收的限制。由于毛细力和光刻胶显影/冲洗过程中的其他因素，如 7.2.4 节所述，高宽比大于 3∶1 的光刻胶图像往往会倒塌。30nm 特征尺寸的光刻胶厚度被限制在 100nm 以下，10nm 特征尺寸的光刻胶厚度被限制在 33nm 以下，以此类推。

另一方面，光学扫描光刻机的产率在 250wph 的数量级上，而 4× 缩小系统的场尺寸仍然是 $26\times33\text{mm}^2$。任何继任者都必须达到最先进的扫描光刻机的拥有成本。由于设备的成本预计是光学扫描光刻机的 1.5～2 倍，而产率为 100wph，EUV 扫描光刻机在成本和产率方面已经处于劣势。因此，高光刻胶灵敏度是使 EUVL 经济化的唯一希望。如果光刻胶的灵敏度对于 LER 控制保持在 $30\sim50\text{mJ/cm}^2$，那么光源的功率要求将极难满足，这一点可以从表 9.1 中看出。即使研究高能量的物理学家成功地制造出极强的 EUV 光源，光学元件上的入射功率和由此产生的热量也将难以控制。对于产率和热量控制来说，最好是光刻胶灵敏度在 $1\sim2\text{mJ/cm}^2$ 之间。当然，在这样的光刻胶灵敏度下，除了 LER 之外，还必须考虑 EUV 的散粒噪声。

9.6.1 EUV 光刻胶曝光机制

Brodie 和 Muray[39] 给出了以电子伏特（eV）为单位的光子能量与波长之间的关系。表 9.3 显示了光子的波长和他们按照如下公式在电子伏特中的等效能量：

$$\lambda_{\text{photon}}=1239.9E_0^{-1} \tag{9.10}$$

从表 9.3 中可以看出，EUV 的能量是 193nm 波长的 14.3 倍。有了这么大的能量差异，EUV 光刻胶的曝光机制与 UV 和 DUV 范围下的曝光机制有很大不同。在后两种情况下，入射光线被光酸生成剂（PAG）吸收后会产生光酸。它被聚合物树脂吸收的程度可以降到最低。在前一种情况下，入射光线具有丰富的能量，可以产生几个数量级的二次电子，每个电子的能量损失为个位数，从 PAG 和光刻胶中的其他聚合物分子产生光酸。因此，EUV 光刻胶的曝光机制相当像是将类似电子伏特的电子暴露在 EUV 光下。因此，EUV 光刻胶就像电子光刻胶一样，有一个显著的几纳米的电子散射截面。这种电子模糊降低了来自空间像的分辨率。

表 9.3　光子波长及其以电子伏特（eV）为单位的等效能量。

	g 线	i 线	KrF	ArF	F_2	EUV	X 射线
λ/nm	436	365	248	193	157	13.5	1
eV	2.8	3.4	5.0	6.4	7.9	91.8	1240

由于能量的不同，在一定体积内，EUV 光子的数量为 ArF 紫外光子的数量的 1/14.3。在相同的光刻胶厚度下，相同剂量（mJ/cm^2）的 ArF 紫外光子要多至 14.3 倍。光子的分布可以被证明是泊松分布的[40]。考虑到泊松分布的剂量变化，EUV 的变化率是 ArF 紫外线的 $\sqrt{14.3}=3.8$ 倍，如图 9.31 所示。太少的光子使 CD 和 LER 具有随机性。

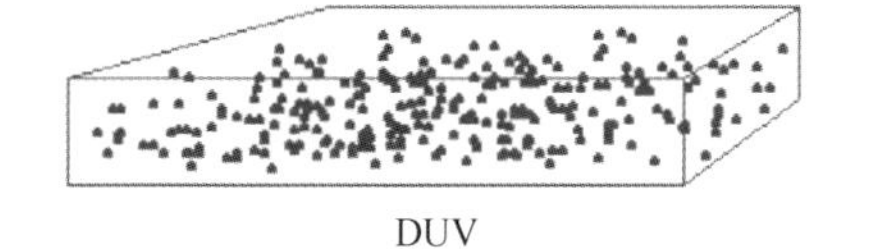

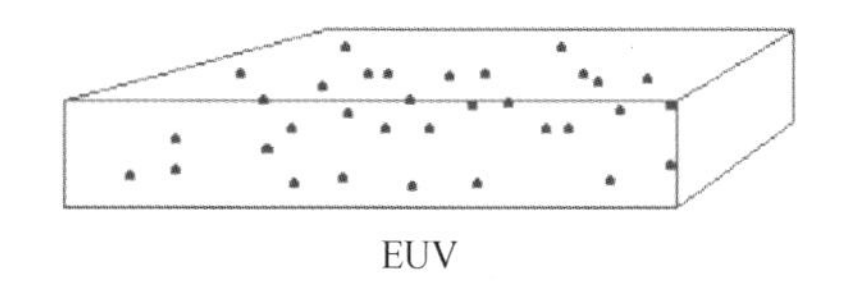

$$\frac{\text{单位体积的 193nm 光子数}}{\text{单位体积的13.5nm 光子数}}=\frac{91.8\text{eV}}{6.4\text{eV}}=14.3$$

$$\frac{\text{EUV光子的变化率}}{\text{ArF光子的变化率}}=\sqrt{\frac{91.8\text{eV}}{6.4\text{eV}}}=3.8$$

图 9.31　EUV 和 ArF UV 的光子变化率。

因此，为了控制CD和LER，EUV光刻胶的灵敏度不允许太高。另一方面，低光刻胶灵敏度会降低曝光机上的晶圆产率，从而提高曝光成本。因此，应该确定一个最佳的灵敏度。

9.6.2 化学放大EUV光刻胶

目前，有两种主要类型的EUV光刻胶。乘着化学放大光刻胶（CAR）的势头，也有为EUV开发的CAR。像用于DUV的CAR一样，EUV CAR由聚合物树脂和PAG组成。然而，其曝光机制要复杂得多，如9.6.1节所述。

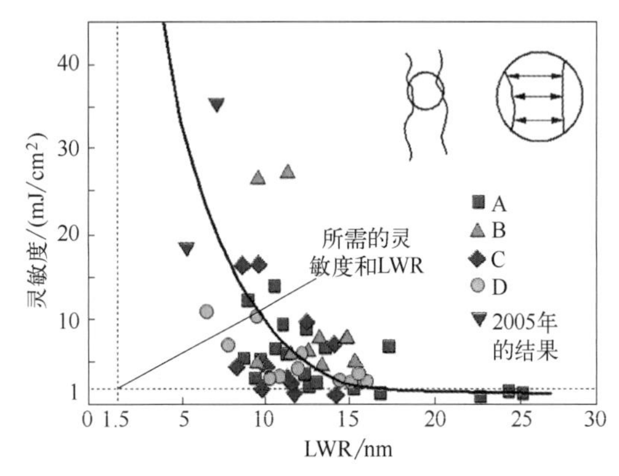

图9.32 灵敏度和LWR之间的权衡，光刻胶来自供应商A~D（改编自参考文献[55]）。增加了两个2005年的数据点。渐近曲线是本书作者绘制的。

至少四家光刻胶公司已经尝试开发具有低LER和高灵敏度的EUV光刻胶。评估了不少于48个样本[41]。注意，LER值通过乘以$\sqrt{2}$转换为线宽粗糙度（linewidth roughness，LWR）。32nm节点所需的$1mJ/cm^2$的灵敏度和2nm的LWR，位于图9.32中水平和垂直虚线的交点处。笔者冒昧地在图上画了一条渐近曲线，显示了在统计上如何权衡光刻胶灵敏度与LWR。

需要脱离曲线以满足灵敏度与LWR之间的要求。已经使用酸放大器和光敏CAR进行了几次尝试。Brainard等人[42]全面介绍了这两种技术。笔者认同灵敏度有所增加，但不确定这是否能克服灵敏度与LWR之间的权衡。确实有更多的光子来曝光光刻胶。但是这些光子是由随机的种子光子产生的。此外，正如Naulleau已经证明的那样[43]，酸放大过程和光敏化过程也贡献了它们自己的随机可变性。必须了解、证明和优化减少CD可变性和LER的净效应。

基于化学放大的光刻胶有几个缺点，厚度是其中之一。当特征尺寸缩小时，光刻胶的厚度必须减少，因为光刻胶在去除显影液的毛细力作用下会倒塌，这一点在7.2.4节中讨论过。一个10nm的特征最多只能使用30nm的光刻胶厚度。在光刻胶厚度较小的情况下，没有足够的光刻胶在晶圆上勾勒出电路图案。此外，在EUV系统中，成像系统的DOF比DUV系统中的光刻胶消耗得更多，因为在计算DOF预算的消耗时，光刻胶厚度要除以其折射率。在DUV系统中光刻胶的折射率通常在1.7左右，而在EUV系统中通常接近于1。

图9.33显示了来自CAR的曝光-离焦矩阵中13nm线空图案的SEM图像[44]。深蓝色的边界线定义了这个光学装置和CAR过程中可用的E-D区域。为了量化E-D窗口，笔者添加了三个椭圆。平坦的绿色椭圆显示DOF为98nm，EL为3.6%。高的红色椭圆的DOF为23nm，EL为10.3%。第三个棕色椭圆解决了蓝色E-D区域的崎岖形状。在EL中间突然失去DOF可能是由于光刻胶倒塌或其他意外问题。在这里，笔者将崎岖不平的地方平滑化，以构建一个宽松的工艺窗口。DOF是86nm，EL是6.7%。该修复后的工艺窗口有一个勉强可用的EL和DOF。所需的曝光剂量是$58mJ/cm^2$，LWR=4.4nm，吸收系数$\alpha=4\mu m^{-1}$。灵敏度太低了。让我们考虑86nm的DOF。由于文献［44］没有明确规定光刻胶的厚度，根据其表2，它可以是50nm，或根据其第3页的处理信息，可以是25nm。对于

DUV，50nm 或 25nm 的光刻胶厚度在光学上将分别为 29nm 或 14.5nm。在这里，整个 50nm 或 25nm 被计算在 DOF 预算中，没有减少。

基于化学放大的光刻胶的另一个缺点是放大作用。化学放大和来自曝光后烘焙的质子扩散会引入光刻胶的模糊，范围在 5～10nm，这限制了分辨率，即使空间像可以支持更高的分辨率。因此，必须针对 CAR 改进光刻胶模糊、灵敏度、LWR、耐蚀性和光刻胶厚度。

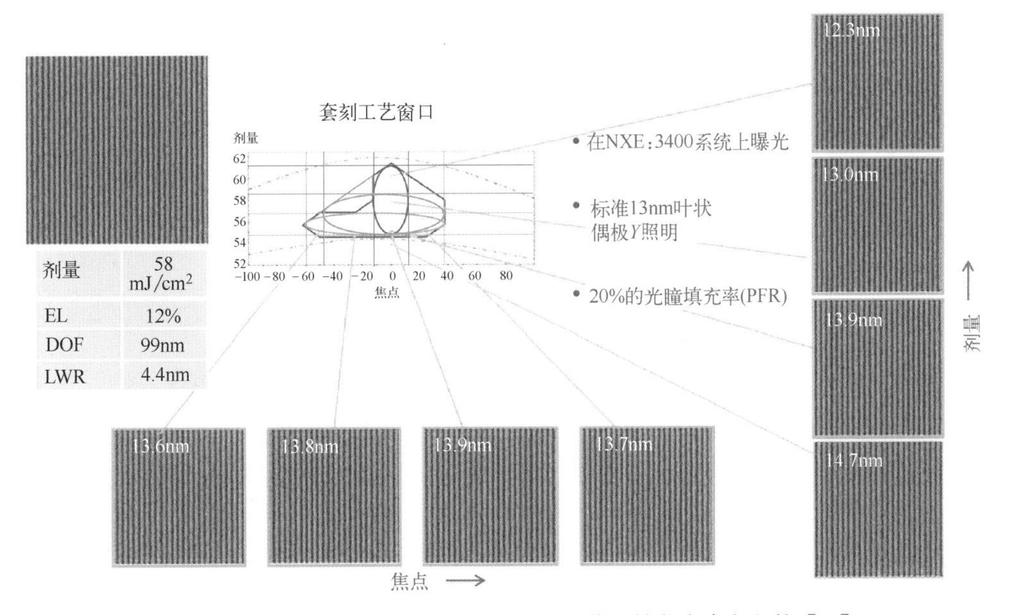

图 9.33 13nm 线空图案的化学放大光刻胶图像（转载自参考文献［44］）。

9.6.3 非化学放大 EUV 光刻胶

解决前述问题的方法是在光刻胶中引入金属氧化物，如 HfO_2、ZrO_2 或 SnO_x[45-47]。根据 Yildirim 等人[44] 的报道，这些氧化物团簇被有机配体所包围。在 EUV 曝光时，金属氧化物交联，且不溶于有机溶剂，使光刻胶具有负极性。根据 Hinsberg 和 Meyers 的说法[48]，在 EUV 图案曝光时，氧化网络的不同凝结会引起不同程度的交联，使潜像的溶解率产生对比。这些氧化网络的形成可以用 PEB 来驱动完成。由于较高的耐蚀性，光刻胶的厚度可以大大减少。光刻胶的模糊、灵敏度和 LWR 也得到了改善。

图 9.34 显示了在 E-D 矩阵中对相同的 13nm 线空图案成像的结果，但来自非 CAR。可用的 E-D 区域比 CAR 的 E-D 区域表现得更好。曝光剂量为 $34mJ/cm^2$，较好但仍有提升空间。如可用 E-D 区域中的椭圆所示，在对于 EL＝10％有 131nm 的 DOF。

由于缺少所需的 NA 和较小周期的掩模，Yildirim 等人[44] 借助瑞士保罗·谢勒研究所（Paul Scherrer Institut，PSI）的 EUV 干涉成像设备来证明 Inpria 光刻胶的高分辨率。图 9.35 显示了 13、12、11、10nm 线空图案的光刻胶图像。

曝光这些特征的剂量分别为 37、55、69、$70mJ/cm^2$。较小特征需要较高剂量的原因尚不清楚。当然，剂量必须增加以保持曝光特征中相同的最小光子数，从而维持类似的 LWR。如果使用该标准，因为只有光刻胶线的宽度改变，而长度和高度保持不变，所以剂量将是 37、40、44、$48mJ/cm^2$，这简单地与半周期成反比。作为半周期函数的曝光剂量的增加比光子随机引起的增加高得多。可能有其他额外的随机来源，如光刻胶团簇、配体和其

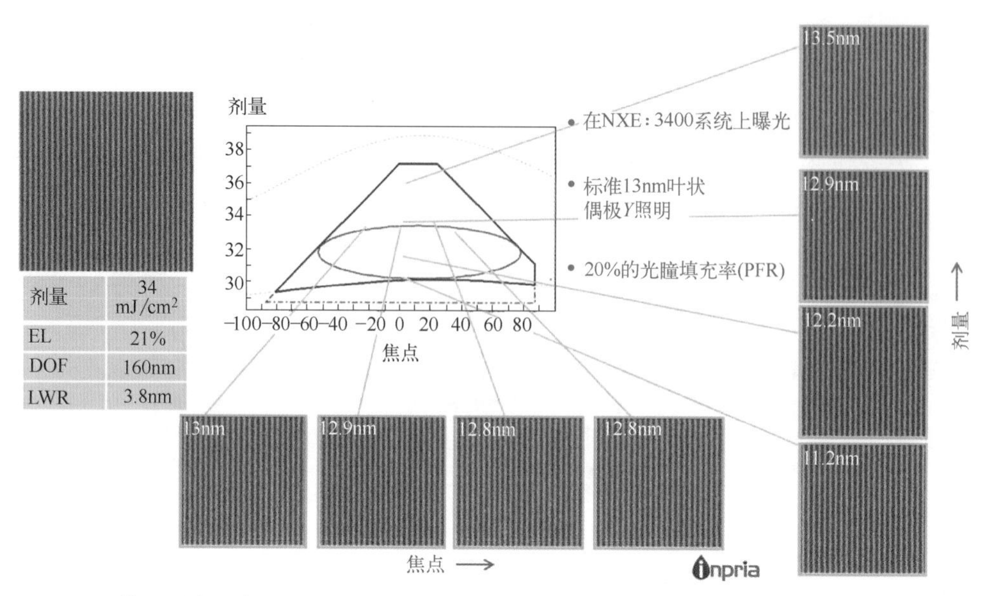

图 9.34　13nm 线空图案的非化学放大的含金属光刻胶（Inpria YA 系列）图像（转载自参考文献［44］）。

密集线	Inpria YA 系列 13nm	Inpria YA 系列 12nm	Inpria YA系列 11nm	Inpria YA系列 10nm
SEM 图像 在BE/BF处				
剂量	37mJ/cm²	55mJ/cm²	69 mJ/cm²	70 mJ/cm²
EL	20%	11%	—	—
LWR	3.2nm	3.4nm	—	—

图 9.35　使用干涉成像的含金属光刻胶灵敏度与分辨率（转载自参考文献［44］）。
hp—半周期；BE—最佳能量，或剂量-尺寸值；BF—最佳焦点

他尚未考虑的来源。LWR 从图 9.33 中使用 CAR 的 4.4nm 改善到图 9.34 中使用非 CAR 的 3.8nm。使用图 9.35 中的干涉成像，剂量增加到 37～55mJ/cm^2，但是对于 13、12nm 的半周期，LWR 稍微改善到 3.2～3.4nm。当 LWR 恶化时，从 13nm 半周期到 12nm 半周期的剂量大幅度增加，需要进一步研究。

CAR 的吸收系数通常为 4μm^{-1}，Inpria 光刻胶的吸收系数可高达 20μm^{-1}。在 i 线时代，使用吸收系数为 3μm^{-1} 的光刻胶被认为是表面成像，如图 4.39 所示。现在，随着光刻胶厚度减少到两位数纳米，4μm^{-1} 不够高。表 9.4 显示了光被光刻胶吸收时的强度，它是光刻胶渗透深度和吸收系数 α 的函数。这显示出，对于 4μm^{-1}，只有 21.7%在 60nm 的深度被吸收；而当 $\alpha=20\mu m^{-1}$，在 20nm 的深度，32%被吸收。这与 i 线时代光刻胶厚度为 1.3μm 和 $\alpha=0.3\mu m^{-1}$ 时吸收的光量相似。因此，先前的 30%的光刻胶吸收率要求仍然有效。表 9.4 还包括 50nm^{-1} 处极高的 α，这在实际材料中可能无法实现。如此高的吸收率不成问题，因为在 $z=20$nm 处的强度仍然是入射强度的 36.8%。对于负性光刻胶，底部应该

有足够的曝光；否则，显影后保留在衬底上的曝光区域将太小而不能保持光刻胶图像黏附在衬底上。

表 9.4 光刻胶中的强度与 α 和光刻胶中渗透深度的函数。

α/nm^{-1}	强度										
	z/nm 0	z/nm 10	z/nm 20	z/nm 30	z/nm 40	z/nm 50	z/nm 60	z/nm 70	z/nm 80	z/nm 90	z/nm 100
0.004	1.000	0.961	0.923	0.887	0.852	0.819	0.787	0.756	0.726	0.698	0.670
0.020	1.000	0.819	0.670	0.549	0.449	0.368	0.301	0.247	0.202	0.165	0.135
0.050	1.000	0.607	0.368	0.223	0.135	0.082	0.050	0.030	0.018	0.011	0.007

9.7 EUVL的延伸

9.7.1 每个技术节点的光刻胶灵敏度、产率和功率

现在清楚的是，EUV光刻胶的灵敏度必须高，以支持高的晶圆产率，然而光刻胶必须捕获最小数量的光子，以克服随机效应。随着技术节点的进步，特征尺寸减小，光刻胶的厚度也减小，以保持3∶1的高宽比，从而防止在光刻胶湿法显影的干燥过程中使光刻胶倒塌。必须抑制光刻胶灵敏度，以在收缩的体积中保持光子数阈值。

表9.5显示了每个节点中刻蚀图像的最小特征尺寸（minimum features size，MFS）和相应光刻胶图像的MFS、光刻胶厚度、所需灵敏度、wph和IF处的功率。这里，刻蚀图像的MFS被用来定义节点。这是一个通用的定义，可能与技术节点的商业定义不同。光刻图像的MFS通常比刻蚀图像的MFS大，因为刻蚀是用来帮助将图像修剪到所需的尺寸。10nm和7nm节点使用2nm的刻蚀偏置，其他节点使用1.5nm。光刻胶的厚度被设定为光刻胶图像MFS的3倍，而光刻胶的体积是光刻胶面积乘以厚度。这里，光刻胶图像是一条无限长的直线，所以体积被视为每单位特征长度的体积。

表 9.5 从14nm节点到3.5nm节点所需的EUV功率。计算的基础是随着节点的推进，对缩小的光刻胶体积保持相同的光子数量，并对每个技术节点保持恒定的产率100wph。刻蚀偏置用来增加光刻胶图像的体积，以减少所需的EUV功率。

节点/nm	14	10	7	5	3.5
刻蚀 MFS/nm	10	7	5	3.5	2.5
光刻胶 MFS/nm	12	9	6.5	5	4
光刻胶倒塌前的最大厚度/nm	36	27	20	15	12
MFS单位长度的光刻胶量/nm^2	432	243	127	75	48
恒定散粒噪声的光刻胶灵敏度	34	60	116	196	306
基于437W的EUV功率，在IF处的wph值	100.0	64.7	37.2	23.1	15.2
对于100wph，在IF处的EUV功率/W	437	675	1174	1893	2884

光刻胶的灵敏度需要降低，以保持与10nm节点相同的光子数量。14nm节点的34mJ/cm^{2}的灵敏度是基于图9.34所示的用于描绘13nm线空图案的Inpria光刻胶。其他节点的灵敏度是通过保持各节点的光刻胶体积和灵敏度的乘积不变来计算的。10nm节点在IF所需的437W EUV功率是由表9.1中的光刻胶灵敏度乘以12.866得到的，假设EUV曝光机与该表使用的设备一样。根据表9.1，其他节点所需的EUV功率的评估方法相同。

为了在降低灵敏度的情况下保持100wph的产率，每个节点的EUV功率都必须增加。这个功率与mJ/cm^{2}值不是成线性比例的，因为晶圆产率取决于曝光时间、步进时间以及晶圆加载和卸载时间；后面两个时间值与光刻胶的灵敏度无关。因此，产率Q是用以下公式评估的：

$$t_w = st_{expo} + t_{step} + t_{load} \tag{9.11}$$

其中，s是灵敏度比，$s \equiv s_{new}/s_{orig}$，$t_w$是曝光、步进以及装载和卸载每个晶圆所需的时间，$t_{step}$是步进晶圆的时间，$t_{load}$是装载和卸载晶圆所需的时间。令

$$t_{step} + t_{load} \equiv t_c$$

其中，t_c是相对于光刻胶灵敏度的恒定产率。则有

$$t_w = st_{expo} + t_c$$

产率Q由下式给出

$$Q = \frac{A}{t_w} = \frac{A}{st_{expo} + t_c} \tag{9.12}$$

其中，当t值以无量纲单位表示时，A是确定Q的比例常数。

对于10nm节点，假设$s=1$、$t_c=0.3$、$t_{expo}=0.7$和$A=100$wph，这意味着70%的时间用于曝光，30%用于步进、加载和卸载：

$$Q_{10} = \frac{100}{0.7s + 0.3} = 100\text{wph}$$

从其他节点代入s，得到相应节点的Q。对于将EUV扩展到未来的节点，结果一点也不乐观。

可以尝试五种不同的方法来改善这种情况：

① 增加刻蚀偏置以增大光刻胶MFS来收集更多的光子；

② 提高光刻胶倒塌阈值；

③ 缩短t_c，直到达到机械极限；

④ 使集成电路设计对LER不太敏感；

⑤ 或在不增加LER的情况下提高光刻胶灵敏度。

表9.6将10nm和7nm节点的刻蚀偏置增加到每边2nm，然后将其他节点的刻蚀偏置增加到1.5nm。

光刻胶倒塌的阈值提高到4∶1的高宽比，并且步进时间减少到10nm节点总晶圆时间的10%。集成电路的设计和光刻胶的改进并没有被考虑在内。提高产率的五种方法没有一种是容易的，但是应该采用这些方法来控制EUVL的成本。

表9.6 14nm节点到3.5nm节点所需的EUV功率，当10nm和7nm节点的刻蚀偏置增加到每边2nm时，其他节点的刻蚀偏置增加到1.5nm，光刻胶倒塌阈值拉伸到4∶1的高宽比，10nm节点的t_c减少到总晶圆时间的10%。集成电路设计和光刻胶的改进将进一步改善这种情况。

节点/nm	14	10	7	5	3.5
刻蚀 MFS/nm	10	7	5	3.5	2.5
光刻胶 MFS/nm	14	11	8	6.5	5.5
光刻胶倒塌前的最大厚度/nm	56	44	32	26	22
MFS单位长度的光刻胶量(nm^2)	784	484	256	169	121
恒定散粒噪声的光刻胶灵敏度	34	55	104	158	220
基于437W的EUV功率，在IF处的wph值(t_c=0.3)	100.0	69.7	40.9	28.2	20.7

续表

对于100wph，在IF处的EUV功率/W(t_c=0.3)	437	626.61	1067.9	1550.2	2113.1
基于437W的EUV功率，在IF处的wph值(t_c=0.1)	125.0	81.0	44.6	29.9	21.6
对于100wph，在IF处的EUV功率/W(t_c=0.1)	349.6	539.21	980.52	1462.8	2025.7

前面对每个节点所需的光刻胶灵敏度的分析是基于一维特征，如线和空。对于二维特征，光刻胶体积的计算是基于光刻胶图像的长度、宽度和高度。灵敏度的要求就更不乐观了。

在保持光子数量不变方面，我们假设对于13nm半周期，34mJ/cm^{2}的剂量是足够的，并将其作为起点，以保持每个缩小的体积的光子数量相同。然而，当向后追踪节点时，不能使用每个MFS的恒定光子数量的说法。否则，光子的密度会变得太低。当从14nm光刻胶的MFS向后追溯时，需要使用恒定的光子密度作为标准。

9.7.2 增加NA

很难将EUV的半周期减少到0.4 k_1。在NA=0.33的情况下，半周期为16nm，比双重图案化浸没式光刻技术的20nm半周期小不了多少。为了避免多重图案化，已经公布了一个NA=0.55的光刻机[30]，这将使半周期达到9.8nm。然而，用蛮力增加NA有很多问题。

当增加掩模尺寸和增加CRAO的选择都被排除后，一个巧妙的解决方案被提出来了，它涉及一个妥协。扫描方向上的NA增加到0.55，以利用该方向上的零CRAO。缩小倍率必须是8×，以保持掩模NA为0.1375；否则，三维掩模吸收层的效果会恶化。在不增加掩模尺寸的情况下，y向上的像场尺寸从33mm减少到16.5mm。在x向上，NA保持在0.33，缩小倍率保持在4×。因此，x方向的26mm像场尺寸得以保留。这种类型的器件被称为变形光学器件。

现在这个场尺寸是惯用场尺寸的一半，这还不如用蛮力增加NA时被缩小到四分之一那么糟糕。就生产效率而言，需要更多的步骤来覆盖整个晶圆。产率因此而减少。补救措施是提高步进和扫描速度，这对两种速度来说都是可能的，但并不容易。如果可行的话，同样的技术也可以用于0.33NA的扫描光刻机，以提高到非常理想的生产效率。

较小的场尺寸在缺陷方面的宽容度较低，并会降低产率。对于一个集成电路来说，使用的场大于26×16.5mm^2，就需要进行拼接。没有办法得到完美的拼接。因此，在设计集成电路时，应该在拼接区域放宽规约。拼接也需要一个额外的掩模，其成本将与用0.33 NA的光刻胶的双重图案化制造相当。但后者由于有一个全场透镜，比前者提供更高的生产效率。

为了获得更好的分辨率，一个明显的权衡就是y方向的DOF。应用比例方程，0.55 NA的DOF是以$\sin^2 0.165/\sin^2 0.275=2.94$的系数变小。对于一系列12nm的空，van Schoot等人[49] 报告说DOF为150nm。这意味着7.2nm的空有一个50nm的DOF。对于接触孔，DOF会变得更小。

使用0.55 NA光学器件的DOF要大得多，使用高NA的EUV扫描曝光机的DOF也是如此。成本和占地空间的增加是以倍数而不是百分比来衡量的。

因此，是否采用高NA EUV扫描曝光机，取决于0.33 NA扫描曝光机能做什么。双重图案化、三重图案化和四重图案化已经在浸没式光刻中得以实现。图案分离技术也已经被开发出来。现在的问题是EUVL是否能利用这些技术。挑战是在EUVL中对于尺寸提高套刻精度。让我们假设k_1=0.35对于EUVL是可能的，并且（至少）可以实现三重图案化。这是 4.77nm 半周期的分辨率，比使用 0.55NA 和双重图案化的 4.3nm 半周期大不了多少。由于 0.33NA 光刻机具有大的场尺寸、大的 DOF、制作掩模时无尺寸收缩、占地面积小、设备成本低、生产效率高等优点，因此很难为 0.55NA 的光刻机开辟出一片空间。

9.8 EUVL 小结

EUVL 提供了一个将光学光刻至少延长两代的机会。在 EUV 光学器件、多层膜涂层、光源、光刻胶、掩模和掩模制作方面已经取得了巨大的进展。商业因素上，由于 EUVL 是利润丰厚的项目，具有高回报，因此人们已经在其物理、化学、材料、工艺和计量方面获得了很多知识，也已经建立相关的技术。不管 EUVL 是否会成为工业中的主力军，许多才华横溢的科学家已经在从事对其研究中获得了收益。已经有了关于 EUVL 的大量文献，推动了其科学和工程发展。

对投资的需求并没有停止。为了明智地使用资金，进一步研究提高光源功率需要考虑热导致的损害和缺陷。需要开发具有小的光刻胶模糊、吸收更多的光子以获得更好的 LER 而不牺牲 CD 控制和光刻胶附着力的光刻胶。减少碎片和延长聚光镜的寿命也很重要，更不用说需要减少曝光期间颗粒附着在掩模上的概率。

要面临的其他挑战包括：离轴光学器件，杂散光，原子级配置和光学元件的平滑度，光学组件因碎片、污染和高能辐射而缩短的寿命，掩模缺陷、掩模检查和修复、掩模成本、掩模颗粒及掩模平整度，随机相移，场相关的 OPC，系统正常运行时间、产率和占地面积，能源消耗，以及成本。

9.9 光刻技术展望

UV 至 DUV 光刻与所有的分辨率增强技术（RET），包括多重图案化，使半导体技术从 5μm 节点到 3.5、2.5、1.8、1.25、1、0.7、0.5、0.35、0.25、0.18、0.13μm 节点，然后到 90、65、40、28、20、16、10、7nm 节点。总的来说，光刻技术在 40 年里经历了 19 个节点。分辨率已经降低了近 3 个数量级。这有助于以可接受的成本维持摩尔定律。

图 9.36 显示了光学光刻技术的发展，从使用 NA=0.15 的 g 线设备开始，在 2.3μm 处描绘出 k_1=0.8 的特征。在没有改善任何其他参数的情况下，NA 增加了几个台阶，达到 0.45，产生了 0.78μm 的特征，k_1 仍为 0.8。当时还没有 RET，NA 被认为很难提高。波长被缩短到 365nm，而 NA 被放宽到 0.35，产生了 0.83μm 的特征。正是在 365nm 波长的时代，RET 开始发挥作用。在 k_1=0.6 的情况下，勉强支持 357nm 的亚波长的几何形状。

图 9.36 中，波长线用红色标记。在 g 线时代，所有特征都在红线之上。在 i 线，节点的底部达到红线。

在 248nm 处发生了一个量子跳跃。通过从汞弧灯光源切换到准分子激光器，波长被大大降低。引入了化学放大光刻胶（CAR），不仅分辨率得到提高，而且产率也得到提高。这是因为新光源的亮度高得多，而且使用 CAR 的灵敏度大幅提高。由于带宽窄，处理的色差少，NA 从 0.35 上升到 0.82，k_1 从 0.6 下降到 0.4。分辨率从 425nm 到 121nm，这大大低于波长。

ArF 激光器、193nm 光刻胶和 ArF 光学器件的开发需要时间和精力。ArF 设备在 65nm

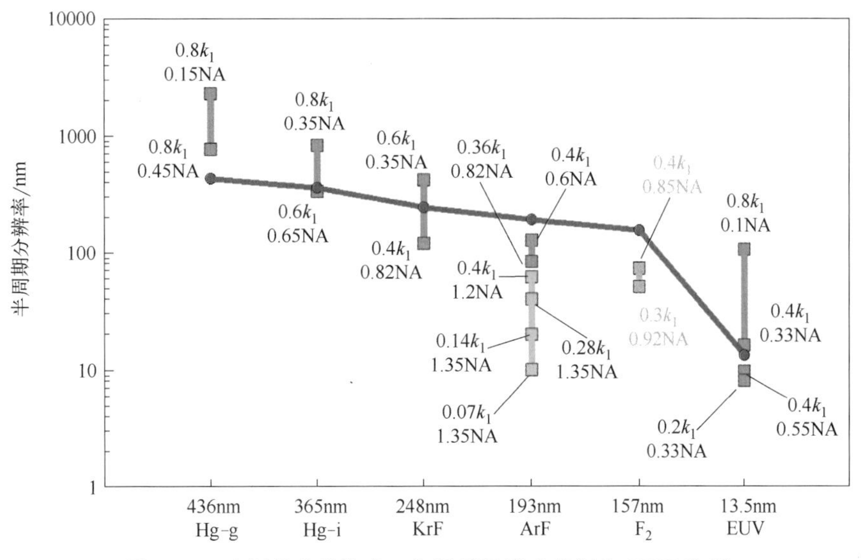

图 9.36 光刻技术的演变，包括了浸没式光刻和 EUV 光刻。

节点被大量使用，而 KrF 设备覆盖了 250、180、130、90nm 节点。到了 45nm 节点，就需要 193nm 的浸没式光刻了。双重图案化从 20nm 节点开始，到 7nm 节点的多重图案化。单一图案化的 k_1 从 0.4 开始，最后达到 0.28；k_1 通过多重图案化扩展到 0.07。

EUVL 最初计划在 90nm 节点分阶段进行。它的投入生产一直搁置到 7nm 节点，在此期间它面临着摩尔定律的最后几个节点的扩展。它是否能实现其 4.77nm 半周期的潜力还有待观察。应该知道，技术节点的定义不再是基于最小特征尺寸，而是取决于商业名称。

半导体技术的许多其他方面，如刻蚀、沉积、抛光和计量学都在接近各自的极限。光刻技术可能仍然比许多其他技术持续更长的时间。

当缩放最终结束时，由于对更多电路、更多功能和更多应用的需求从未停止过，半导体行业仍将蓬勃发展。到那时，用于制造的光刻技术可能会分为几个不同的组别：i 线非 CAR 组到 350nm 节点，KrF-CAR 组到 80nm 节点，ArF-CAR 组（干式和浸没式）到 7nm 节点，以及 EUV 组——如果上述问题能够被克服的话。EUVL 就像一个超音速的运输工具，由于其开发和运行成本，其商业跨度很小。对于那些负担不起 CAR 的机构来说，将所有的 RET 应用于 i 线组是很划算的。

突破缩放的惯性需要更多的创新，如更低的功率、更高的密度、更好的性能和更低成本的新器件，以在集成电路市场上竞争。新器件将被发明出来。更好的 IC 设计和架构可以加快计算速度，节省功率，降低成本，并通过使 IC 不易有缺陷、噪声、LER 和高物理精度依赖性而提高良率。先进的、可降低成本和提高性能的封装技术供不应求。新的技术会有新的应用。制造成本的竞争将继续发挥其不可或缺的作用。

参考文献

1. H. Kinoshita, K. Kurihara, Y. Ishii, and Y. Torii, "Soft x-ray reduction lithography using multilayer mirrors," *J. Vac. Sci. Technol. B* **7**, p. 1648 (1989).
2. J. E. Bjorkholm, J. Bokor, L. Eichner, R. R. Freeman, T. E. Jewell, W. M. Mansfield, A. A. Macdowell,

E. L. Raab, W. T. Silfvast, L. H. Szeto, D. M. Tennant, W. K. Waskiewicz, D. L. White, D. L. Windt, O. R. Wood II, and J. H. Brunning, "Reduction imaging at 14 nm using multilayer-coated optics: Printing of features smaller than 0.1 μm," *J. Vac. Sci. Technol. B* **8**, p. 1509 (1990).

3. D. Attwood, *Soft X-Rays and Extreme Ultraviolet Radiation*, Cambridge University Press, p. 404 (1999).
4. G. Yeap, S. S. Lin, Y. M. Chen, H. L. Shang, P. W. Wang, H. C. Lin, Y. C. Peng, J. Y. Sheu, M. Wang, X. Chen, B. R. Yang, C. P. Lin, F. C. Yang, Y. K. Leung, D. W. Lin, C. P. Chen, K. F. Yu, D. H. Chen, C. Y. Chang, H. K. Chen, P. Hung, C. S. Hou, Y. K. Cheng, J. Chang, L. Yuan, C. K. Lin, C. C. Chen, Y. C. Yeo, M. H. Tsai, H. T. Lin, C. O. Chui, K. B. Huang, W. Chang, H. J. Lin, K. W. Chen, R. Chen, S. H. Sun, Q. Fu, H. T. Yang, H. T. Chiang, C. C. Yeh, T. L. Lee, C. H. Wang, S. L. Shue, C. W. Wu, R. Lu, W. R. Lin, J. Wu, F. Lai, Y. H. Wu, B. Z. Tien, Y. C. Huang, L. C. Lu, J. He, Y. Ku, J. Lin, M. Cao, T. S. Chang, and S. M. Jang, "5nm CMOS production technology platform featuring full-fledged EUV, and high mobility channel FinFETs with densest 0.021 μm^2 SRAM cells for mobile SoC and high-performance computing applications," *2019 IEEE International Electron Devices Meeting (IEDM)*, San Francisco, pp. 36.7.1-36.7.4 (2019).
5. D. A. Tichenor, G. D. Kubiak, W. C. Replogle, L. E. Klebanoff, J. B. Wronosky, L. C. Hale, H. N. Chapman, J. S. Taylor, J. A. Folta, C. Montcalm, R. M. Hudyma, K. A. Goldberg, and P. P. Naulleau, "EUV engineering test stand," *Proc. SPIE* **3997**, pp. 48-69 (2000) [doi: 10.1117/12.390083].
6. D. A. Tichenor, G. D. Kubiak, S. J. Haney, and D. W. Sweeney, "Extreme ultraviolet lithography machine," U. S. Patent 6,031,598 (2000).
7. H. Meiling, J. P. H. Benschop, U. Dinger, and P. Kuerz, "Progress of the EUVL alpha tool," *Proc. SPIE* **4343**, pp. 38-50 (2001) [doi: 10.1117/12.436675].
8. J. B. P. van Schoot and J. C. M. Jasper, "Fundamentals of EUVL Scanners," in *EUV Lithography, 2nd Edition*, V. Bakshi, Ed., SPIE Press, Chapter 9, Fig. 9.18 (2018) [doi: 10.1117/3.2305675.ch9].
9. K. Ota, K. Murakami, H. Kondo, T. Oshino, K. Sugisaki, and H. Komatsuda, "Feasibility study of EUV scanners," *Proc. SPIE* **4343**, pp. 60-69 (2001) [doi: 10.1117/12.436704].
10. H. Meiling, V. Banine, N. Harned, B. Blum, P. Kurz, and H. Meijer, "Development of the ASML EUV alpha demo tool," *Proc. SPIE* **5751**, pp. 90-101 (2005) [doi: 10.1117/12.600725].
11. I. V. Fomenkov, D. C. Brandt, A. I. Ershov, A. A. Schafgans, Y. Tao, and G. O. Vaschenko, "EUV Sources for High-Volume Manufacturing," in *EUV Lithography, 2nd Edition*, V. Bakshi, Editor, SPIE Press, Chapter 3A, p. 116 (2018) [doi: 10.1117/3.2305675.ch3A].
12. G. Schriever, M. Rahe, W. Neff, K. Bergmann, R. Lebert, H. Lauth, and D. Basting, "Extreme ultraviolet light generation based on laser produced plasmas (LPP) and gas discharge based pinch plasmas: A comparison of different concepts," *Proc. SPIE* **3997**, pp. 162-168 (2000) [doi: 10.1117/12.390051].
13. J. Pankert, R. Apetz, K. Bergmann, G. Derra, M. Janssen, J. Jonkers, J. Klein, T. Krucken, A. List, M. Locken, C. Metzmacher, W. Neft, S. Probst, R. Prummer, O. Rosier, S. Seiwet, G. Siemons, D. Vaudrevange, D. Wagemann, A. Weber, P. Zink, P. Zink, and O. Zitzen, "Integrating Philips' extreme UV source in the alpha-tools," *Proc. SPIE* **5751**, pp. 260-271 (2005) [doi: 10.1117/12.598650].
14. I. V. Fomenkov, D. C. Brandt, A. I. Ershov, A. A. Schafgans, Y. Tao, and G. O. Vaschenko, "EUV Sources for High-Volume Manufacturing," in *EUV Lithography, 2nd Edition*, V. Bakshi, Editor, SPIE Press, Chapter 3A, Fig. 3A.4 (2018) [doi: 10.1117/3.2305675.ch3A].
15. I. V. Fomenkov, D. C. Brandt, A. I. Ershov, A. A. Schafgans, Y. Tao, and G. O. Vaschenko, "EUV Sources for High-Volume Manufacturing," in *EUV Lithography, 2nd Edition*, V. Bakshi, Editor,

SPIE Press, Chapter 3A, Fig. 3A. 27 (2018)[doi: 10. 1117/3. 2305675. ch3A].

16. B. J. Lin, "NGL comparable to 193-nm lithography in cost, footprint, and power consumption," *Microelectronic Engineering* **86** (4-6), pp. 442-227 (2008).
17. S. Bajt, Z. R. Dai, E. J. Nelson, M. A. Wall, J. Almeda, N. Nguyen, S. Baker, J. C. Robinson, J. S. Taylor, M. Clift, A. Aquila, E. M. Gullikson, and N. V. G. Edwards, "Oxidation resistance of Ru-capped EUV multilayers," *Proc. SPIE* **5751**, pp. 118-127 (2005) [doi: 10. 1117/12. 597443].
18. M. Kureishi, R. Ohkubo, M. Hosoya, T. Shoki, N. Sakaya, H. Kobayashi, O. Nozawa, Y. Usui, and O. Nagarekawa, "Development of low damage mask making process on EUV mask with thin CrN buffer layer," *Proc. SPIE* **5751**, pp. 158-167 (2005) [doi: 10. 1117/12. 598613].
19. S. Migura, W. Kaiser, J. T. Neumann, H. Enkisch, and D. Hellweg, "Optical Systems for EUVL," in *EUV Lithography*, *2nd Edition*, V. Bakshi, Editor, SPIE Press, Chapter 5, Fig. 5. 19 (2018) [doi: 10. 1117/3. 2305675. ch5].
20. G. F. Lorusso and I. S. Kim, "Shadowing effect characterization and compensation," IMEC Technical Program week **H1**, L111 (2007).
21. A. Yen, "Semiconductor manufacturing using EUV lithography: progress and remaining challenges," 2013 EUV Symposium, Toyama, Japan, October 6 (2013).
22. H. Seitz, F. Sobel, M. Renno, T. Leutbeecher, N. Olschewski, T. Relchardt, R. Walter, H. Becker, U. Buttgereit, G. Hess, K. Knapp, C. Wies, and R. Lebert, "Recent results on EUV mask blank multilayers and absorbers," *Proc. SPIE* **5751**, pp. 190-199 (2005) [doi: 10. 1117/12. 600538].
23. T. Liang, E. Frendberg, D. Bald, M. Penn, and A. Stiveres, "E-beam repair: fundamental capability and applications," *Proc. SPIE* **5567**, pp. 456-466 (2004) [doi: 10. 1117/12. 569210].
24. M. Dusa, A. Yen, M. Phillips, I. Corp, Y. Ekinci, M. Vockenhuber, N. M. Mojarad, D. Fan, T. Kowaza, J. Joseph, S. Santillan, and T. Itani, "Progress and challenges of EUV lithography for high-volume manufacturing," Semicon, September 5 (2014).
25. D. Smith, "NXE pellicle progress update," EUV Mask Pellicle TWG, 2015 EUVL Symposium, 4-7 October, Maastricht, The Netherlands (2015).
26. L. Scaccaborozzi, D. Smith, P. R. Diago, E. Casimiri, N. Dzioomkina, and H. Meijer, "Investigation of EUV pellicle feasibility," *Proc. SPIE* **8679**, 867904 (2013) [doi: 10. 1117/12. 2015833].
27. D. Brouns, A. Bendiksen, P. Broman, E. Casimiri, P. Colsters, P. Delmastro, D. de Graaf, P. Janssen, M. van de Kerkhof, R. Kramer, M. Kruizinga, H. Huntzel, F. van der Meulen, D. Ockwell, M. Peter, D. Smith, B. Verbrugge, D. van de Weg, J. Wiley, N. Wojewoda, C. Zoldesi, and P. van Zwol, "NXE pellicle: offering an EUV pellicle solution to the industry," *Proc. SPIE* **9776**, 97761Y (2016) [doi: 10. 1117/12. 2221909].
28. B. Kneer, S. Migura, W. Kaiser, J. T. Neumann, and J. van Schoot, "EUV lithography optics for sub-9nm resolution," *Proc. SPIE* **9422**, 94221G (2015) [doi: 10. 1117/12. 2175488].
29. R. Peeters, S. Lok, E. van Alphen, N. Harned, P. Kuerz, M. Lowisch, H. Meijer, D. Ockwell, E. van Setten, G. Schiffelers, J. -W. van der Horst, J. Stoeldraijer, R. Kazinczi, R. Droste, H. Meiling, and R. Kool, "ASML' s NXE platform performance and volume introduction," *Proc. SPIE* **8679**, 86791F (2013) [doi: 10. 1117/12. 2010932].
30. J. van Schoot, E. van Setten, G. Rispens, K. Z. Troost, B. Kneer, S. Migura, J. T. Neumann, and W. Kaiser, "High-numerical aperture extreme ultraviolet scanner for 8-nm lithography and beyond," *J. Micro/Nanolith., MEMS, and MOEMS* **16** (4), 041010 (2017) [doi: 10. 1117/1. JMM. 16. 4. 041010].
31. P. -Y. Yan, A. Myers, Y. Shroff, M. Chandhok, G. Zhang, E. Gullikson, and F. Salmassi, "EUVL al-

ternating phase shift mask," *Proc. SPIE* **7969**, 79690G (2011) [doi: 10.1117/12.884790].

32. Y. Deng, B. M. La Fontaine, H. J. Levinson, and A. R. Neureuther, "Rigorous EM simulation of the influence of the structure of mask patterns on EUVL imaging," *Proc. SPIE* **5037**, pp. 302-313 (2003) [doi: 10.1117/12.484986].
33. P.-Y. Yan, I. Mochi, and K. Goldberg, "EUV actinic imaging tool aerial image evaluation of EUVL embedded phase shift mask performance," *Proc. SPIE* **8322**, 83221P (2012) [doi: 10.1117/12.919710].
34. S. Migura, W. Kaiser, J. T Neumann, H. Enkisch, and D. Hellweg, "Optical Systems for EUVL," in *EUV Lithography, 2nd Edition*, V. Bakshi, Editor, SPIE Press, Chapter 5, Fig. 5.11 (2018) [doi: 10.1117/3.2305675.ch5].
35. M. Lowisch, U. Dingeer, U. Mickan, and T. Heil, "EUV imaging: an aerial image study," *Proc. SPIE* **5374**, pp. 53-63 (2004) [doi: 10.1117/12.537338].
36. G. N. Taylor, R. S. Hutton, S. M. Stein, C. H. Boyce, O. R. Wood II, and D. R. Wheeler, "Extreme UV resist technology: the limits of silylated resist resolution," *Proc. SPIE* **2437**, pp. 308-330 (1995) [doi: 10.1117/12.209168].
37. T. E. Jewell, M. M. Becker, J. E. Bjorkholm, J. Bokor, L. Eishner, R. R. Freeman, W. M. Mansfield, A. A. Macdowell, M. L. O' Malley, E. L. Raab, W. T. Silfvast, L. H. Szeto, D. M. Tennant, W. K. Waskiewicz, D. L. White, D. L. Windt, O. R. Wood II, and J. H. Bruning, "20 : 1 projection soft x-ray lithography using tri-level resist," *Proc. SPIE* **1263**, pp. 90-98 (1990) [doi: 10.1117/12.20173].
38. B. J. Lin, "Quarter-and sub-quarter micrometer optical lithography," *Proc. 1991 Int. Symposium on VLSI Technology, Systems, and Applications (VTSA)* **1**, pp. 16-21, Taipei, 22-24 May (1991).
39. I. Brodie and J. J. Muray, *The Physics of Microfabrication*, Plenum Press, p. 80 (1982).
40. G. M. Gallatin and P. P. Naulleau "EUVL System Patterning Performance," in *EUV Lithography, 2nd Edition*, V. Bakshi, Editor, SPIE Press, Chapter 10, p. 677 (2018) [doi: 10.1117/3.2305675.ch10]; G. M. Gallatin, "Resist blur and line edge roughness," *Proc. SPIE* 5754, pp. 38-52 (2005) [doi: 10.1117/12.607233].
41. H. B. Cao, J. M. Roberts, J. Dalin, M. Chandhok, R. P. Meagley, E. M. Panning, M. K. Shell, and B. J. Rice, "Intel's EUV resist development," *Proc. SPIE* **5039**, pp. 484-491 (2003) [doi: 10.1117/12.485095].
42. R. L. Brainard, M. Neisser, G. Gallatin, and A. Narasimhan, "Photoresists for EUV Lithography," in *EUV Lithography, 2nd Edition*, V. Bakshi, Editor, SPIE Press, Section 8.7 (2018) [doi: 10.1117/3.2305675.ch8].
43. G. M. Gallatin and P. P. Naulleau, "EUVL System Patterning Performance," in *EUV Lithography, 2nd Edition*, V. Bakshi, Editor, SPIE Press, Chapter 10, Table 10.1 (2018) [doi: 10.1117/3.2305675.ch10].
44. O. Yildirim, E. Buitrago, R. Hoefnagels, M. Meeuwissen, S. Wuister, G. Rispens, A. van Oosten, P. Derks, J. Finders, M. Vockenhuber, and Y. Ekinci, "Improvements in resist performance towards EUV HVM," *Proc. SPIE* **10143**, 101430Q (2017) [doi: 10.1117/12.2257415].
45. M. Trikeriotis, W. J. Bae, E. Schwartz, M. Krysak, N. Lafferty, P. Xie, B. Smith, P. A. Zimmerman, C. K. Ober, and E. Giannelis, "Development of an inorganic photoresist for DUV, EUV, and electron beam imaging," *Proc. SPIE* **7639**, 76390E (2010) [doi: 10.1117/12.846672].
46. C. Y. Ouyang, Y. S. Chung, L. Li, M. Neisser, K. Cho, E. P. Giannelis, and C. K. Ober, "Non-aqueous negative-tone development of inorganic metal oxide nanoparticle photoresists for next generation lithography," *Proc. SPIE* **8682**, 86820R (2013) [doi: 10.1117/12.2011282].
47. A. Grenville, J. T. Anderson, B. L. Clark, P. De Schepper, J. Edson, M. Greer, K. Jiang, M. Kocsis,

S. T. Meyers, J. K. Stowers, A. J. Telecky, D. De Simone, and G. Vandenberghe, "Integrated fab process for metal oxide EUV photoresist," *Proc. SPIE* **9425**, 94250S (2015) [doi: 10.1117/12.2086006].

48. W. D. Hinsberg and S. Meyers, "A numeric model for the imaging mechanism of metal oxide EUV resists," *Proc. SPIE* **10146**, 1014604 (2017) [doi: 10.1117/12.2260265].
49. J. van Schoot, K. van Ingen Schenau, G. Bottiglieri, K. Troost, J. Zimmerman, S. Migura, B. Kneer, J. T. Neumann, and W. Kaiser, "EUV high-NA scanner and mask optimization for sub-8nm resolution," *Proc. SPIE* **9776**, 97761I (2016) [doi: 10.1117/12.2220150].
50. I. Fomenkov, D. Brandt, A. Ershov, A. Schafgans, Y. Tao, G. Vaschenko, S. Rokitski, M. Kats, M. Vargas, M. Purvis, R. Rafac, B. La Fontaine, S. De Dea, A. LaForge, J. Stewart, S. Chang, M. Graham, D. Riggs, T. Taylor, M. Abraham, and D. Brown, "Light sources for high-volume manufacturing EUV lithography: technology, performance, and power scaling," *Advanced Optical Topics* **6** (3-4), pp. 173-186 (2017).
51. B. J. Lin, "Optical lithography with and without NGL for single-digit nanometer nodes," *Proc. SPIE* **9426**, 942602 (2015) [doi: 10.1117/12.2087008].
52. R. Peeters' slide presentation, "ASML's NXE platform performance and volume," given at the SPIE Advanced Lithography 2013 Symposium.
53. D. C. Brandt, I. V. Fomenkov, N. R. Farrar, B. La Fontaine, D. W. Myers, D. J. Brown, A. I. Ershov, R. L. Sandstrom, G. O. Vaschenko, N. R. Böwering, P. Das, V. Fleurov, K. Zhang, S. N. Srivastava, I. Ahmad, C. Rajyaguru, S. De Dea, W. J. Dunstan, P. Baumgart, T. Ishihara, R. Simmons, R. Jacques, R. Bergstedt, P. Porshnev, C. Wittak, R. Rafac, J. Grava, A. Schafgans, Y. Tao, K. Hoffman, T. Ishikawa, D. Evans, and S. Rich, "CO_2/Sn LPP EUV sources for device development and HVM," *Proc. SPIE* **8679**, 86791G (2013) [doi: 10.1117/12.2011212].
54. M. Antoni, W. Singer, J. Schultz, J. Wangler, I. Escudero-Sanz, and B. Kruizinga, "Illumination optics design for EUV lithography," *Proc SPIE* **4146**, pp. 25-34 (2000) [doi: 10.1117/12.406673].
55. H. Meiling, V. Banine, P. Kuerz, and N. Harned, "Progress in the ASML EUV program," *Proc. SPIE* **5374**, pp. 31-42 (2004) [doi: 10.1117/12.534784].
56. P. -Y. Yan, "EUVL alternating phase-shift mask imaging evaluation," *Proc. SPIE* **4889**, pp. 1099-1105 (2002) [doi: 10.1117/12.468103].

附　　录

附录 A　基于光刻应用的有效区域评估方法

Yen Hui Hsieh，Ming Xiang Hsieh，Burn Lin

A.1　动机

2.3 节比较了各种近似方法，以评估它们与精确解的接近程度。无限狭缝开口用于比较，因为来自这种狭缝的精确 TE 和 TM 照明的解决方案是可用的。使用的标准是基于均方根（RMS）误差。Yen Hui Hsieh 和 Ming Xiang Hsieh（图 2.12 至图 2.21 的两位作者）以及笔者一直在思考是否有更好的标准来评价近似方法的有效性——这些标准是基于光刻应用而不是对精确曲线的绝对拟合。

我们研究了几个不同的标准，包括：①皮尔逊相关系数，用于定义两个函数的相似性；②对数斜率标准，用于确定关键尺寸（CD）控制的有效性；③衍射图中腰处的 CD，如 2.3 节所述；④与 2.3 节中相同的 RMS 标准，除了是使用 313nm 和 436nm 之间的光谱区域中的五条主要汞线进行多色评估。

上述研究作为附录公布于此，供感兴趣的读者参考。

A.2　根据皮尔逊相关系数得出近似方法的相似性

在 2.3 节中，均方根误差被用作衍射近似方法有效性的指标。另一种可能的方式来描述两个物体形状的正确性是通过相似性度量来实现的。相似性度量常用于数据分析、图像处理和生物信息学。例如，在生物信息学中，它可用于量化荧光团之间的共定位程度[1]；在图像处理中，它可用于图像配准[2]。为了定量测量近似模式和精确模式之间的相似性，通常使用皮尔逊相关系数（Pearson correlation coefficient）。该系数可以写成

$$C=\frac{1}{x_2-x_1}\int_{x_1}^{x_2}\frac{F_{\text{approx}}-\overline{F}_{\text{approx}}}{\sigma_{\text{approx}}}\times\frac{F_{\text{exact}}-\overline{F}_{\text{exact}}}{\sigma_{\text{exact}}}\tag{A.1}$$

它显示了样本标准差乘积的样本协方差。其中，$\overline{F}$ 和 σ 分别是衍射图的均值和标准偏差。相似性是归一化的，其范围为 $-1\sim1$。$C=1$ 的情况称为完全相关，$C=-1$ 的情况称为完全负相关。对于某些特定的模式，比较均方根误差和相似性误差 $\delta=1-|C|$ 是很有趣的。表 A.1 显示了四种相关条件，而图 A.1 显示了相应的强度图。即使相似性为 1，均方根误差也可能相当大。然而，相似性误差也可能大于均方根误差。$F_{\text{approx}}=-F_{\text{exact}}$ 均方根误差最大，相似性为 1。对于 $F_{\text{approx}}(x)=-F_{\text{exact}}(-x)$ 的情况则正好相反。

表 A.1　四种情况的相似性及其相应均方根误差。

	精确函数	以系数 n 按比例减少	上下翻转	从左向右翻转
函数值	F_{exact}	$F_{\text{approx}}=nF_{\text{exact}}$	$F_{\text{approx}}=-F_{\text{exact}}$	$F_{\text{approx}}(x)=F_{\text{exact}}(-x)$
均值	F_{exact}	$F_{\text{apx,avg}}=nF_{\text{exct,avg}}$	$F_{\text{apx,avg}}=-F_{\text{exct,avg}}$	$F_{\text{apx,avg}}(x)=F_{\text{exct,avg}}(-x)$

续表

	精确函数	以系数 n 按比例减少	上下翻转	从左向右翻转
标准差	σ_{exact}	$\sigma_{approx}=n\sigma_{exact}$	$\sigma_{approx}=\sigma_{exact}$	$\sigma_{approx}=\sigma_{exact}$
相关系数 C	1	1	−1	0.38
相似性误差 $\delta=1-\lvert C\rvert$	0	0	0	0.62
均方根误差(δ_{RMS}),参照精确函数	0	0.38	0.58	0.29

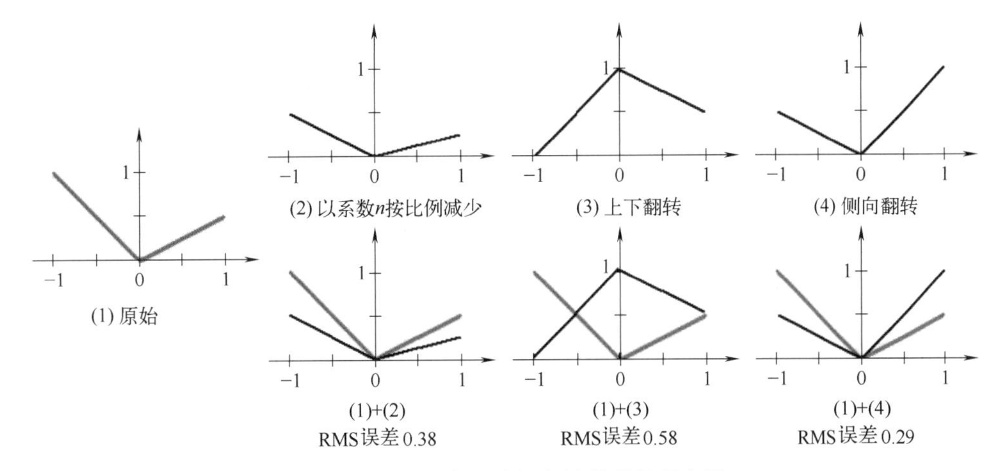

图 A.1 表 A.1 中四种相似性情况的强度图。

我们将 $\delta=1.25\%$ 设置为用均方根误差确定的可用区域的阈值，如图 2.12 和图 2.17 所示。图 A.2 显示了关于 TE 解的夫琅禾费近似的有效范围。W-z 空间中的每个像素由一种颜色表示。色阶的标度与图 2.12 至图 2.17 中的标度相同。用 W-z 坐标绘制的白线对应于菲涅耳数，$\nu=1.126$、11、51。图 A.2 中的红线 $\nu=2.59$ 标记了 $\delta=1.25\%$的边界。可以看出，$\nu<2.59$ 的区域是可以接受的；当 $\nu<2.59$ 时，相似性误差显著减小。使用 $\nu=11$ 和 1.126 处的衍射图分别如图 2.10 和图 2.11 中所示。我们确信，相似性误差的减少归因于从多峰衍射图样到单峰衍射图样的转变。换句话说，当

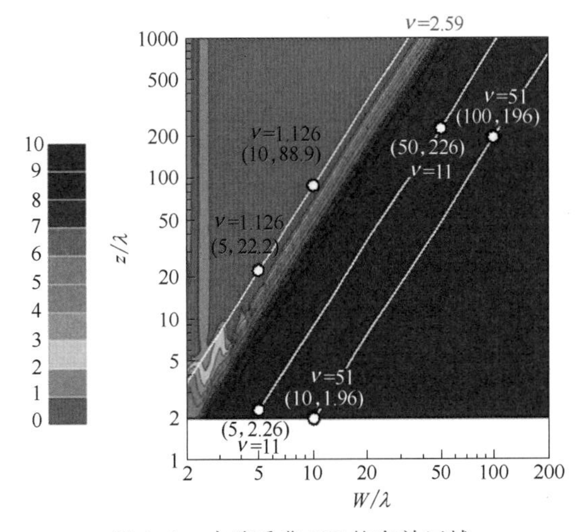

图 A.2 夫琅禾费-TE 的有效区域。

F_{approx} 和 F_{exact} 的衍射图案更平滑时，相似性更高。这就是为什么 $(W,z)=(5,22.2)$ 处的相似性误差小于 RMS 误差，并且通过使用相似性误差指示的有效区域稍微大于 RMS 误差指示的区域。此外，相似性误差的强度等值线比 RMS 误差的等值线更平滑，因为由 TE 情况和物理光学近似（POA）之间的边界条件差异引起的非线性相关性不易被皮尔逊相关系数检测到。

图 A.3 显示了夫琅禾费-TM 的有效区域。$\delta=1.25\%$的区域边界也可视为 $\nu=2.59$，与图 A.2 中的线相比，红线的下部略微上移。

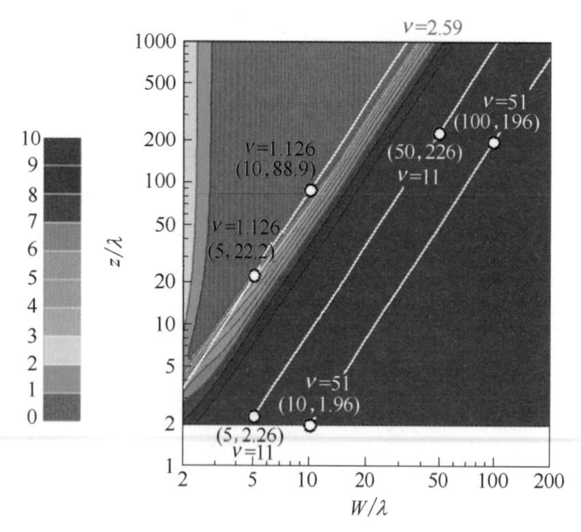

图 A. 3　夫琅禾费-TM 的有效区域。

图 A. 4 和图 A. 5 分别显示了菲涅耳-TE 和菲涅耳-TM 的有效区域。与夫琅禾费相比，由于菲涅耳是更好的近似，有效的 W-z 区域更大。同样，在菲涅耳-TE 情况下，相似性误差在可接受范围内的强度等值线比均方根误差的强度等值线更平滑。

图 A. 6 和图 A. 7 分别描述了 POA-TE 和 POA-TM 的有效区域。区域边界靠近图的最底部，类似于均方根情况下的边界。同样，在 POA-TE RMS 情况中，参差不齐的强度等值线在相似性图中并不明显。

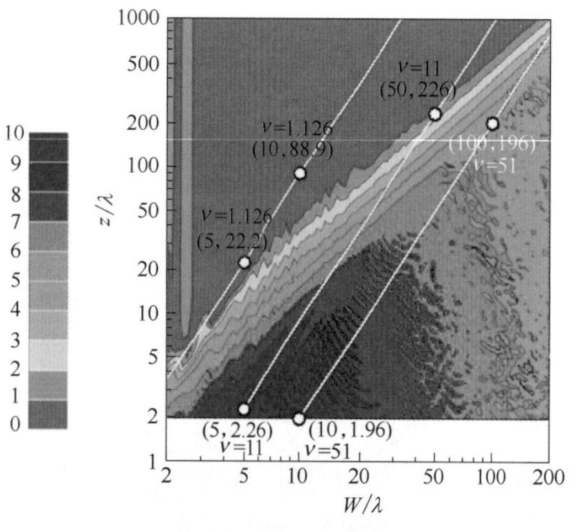

图 A. 4　菲涅耳-TE 的有效区域。

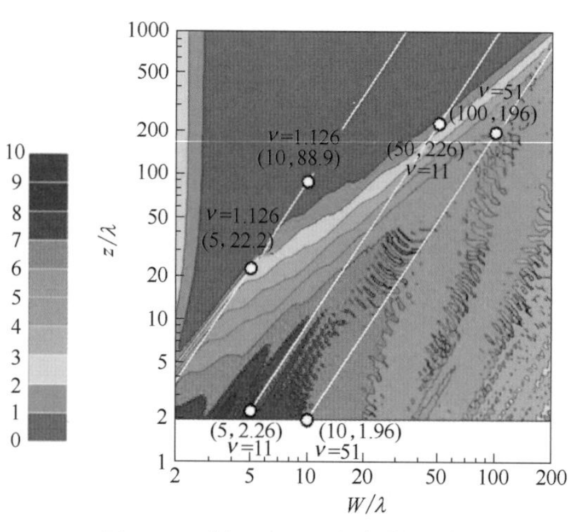

图 A. 5　菲涅耳-TM 的有效区域。

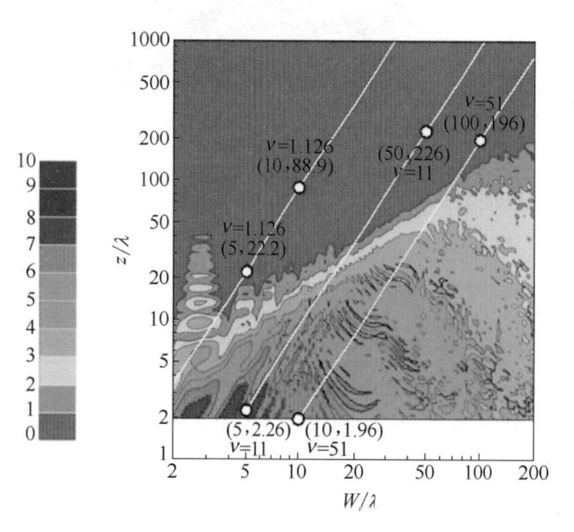

图 A. 6　POA-TE 的有效区域。

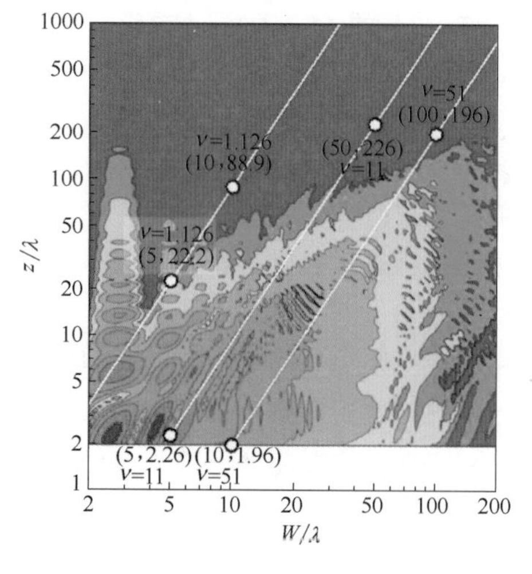

图 A. 7　POA-TM 的有效区域。

A.3 关键尺寸

关键尺寸（CD）的确是光刻的一个重要标准。我们基于给定衍射曲线中腰处的 CD 进行有效性比较，即在峰强度的一半处评估 CD。当掩模到晶圆的间距不太大时，这是可行的。此外，峰值强度太小，衍射曲线分布太广，使得产生的 CD 远大于任何合理的目标 CD。因此，决定 CD 控制有效性的对数斜率是一个更好的指标。

A.4 对数斜率-CD 控制

由于极小的峰值强度和大的 z 处的极其平坦的斜率（如 A.3 节所述），我们评估了 X_{CD} 位于狭缝标称边缘的对数斜率误差，即 $X_{\mathrm{CD}}=0.5W$。第 5 章讨论了对数斜率的 CD 控制。

X_{CD} 的对数斜率由下式给出：

$$S=\left.\frac{\partial \ln F}{\partial x}\right|_{x=X_{\mathrm{CD}}} \tag{A.2}$$

其中，F 是菲涅耳近似、TE 解或 TM 解的衍射强度。然后，斜率误差定义为

$$\delta_{\mathrm{s}}=\left|\frac{S_{\mathrm{approx}}-S_{\mathrm{exact}}}{S_{\mathrm{approx}}}\right|\times 100\% \tag{A.3}$$

图 A.8 和图 A.9 分别显示了相对于菲涅耳近似的 TE 和 TM 情况下，狭缝边缘处对数斜率误差的等值线图。在小 W 时，对数斜率误差≥10%，这与均方根定义的有效区域大不相同，如图 2.15 所示。

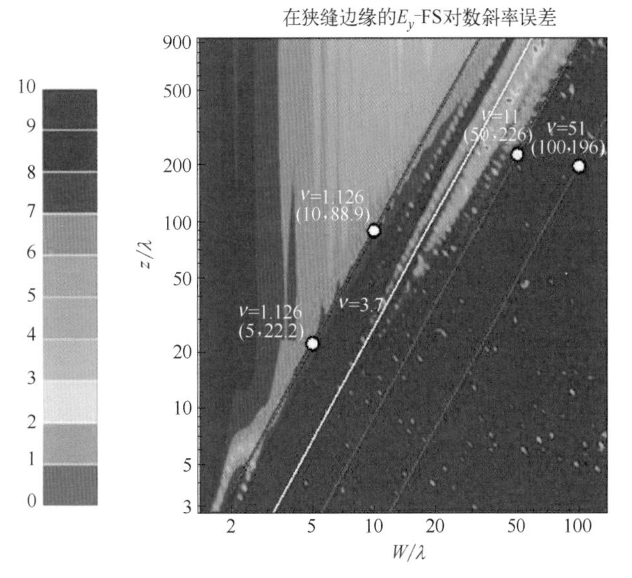

图 A.8 TE-菲涅耳的对数斜率误差等值线图。

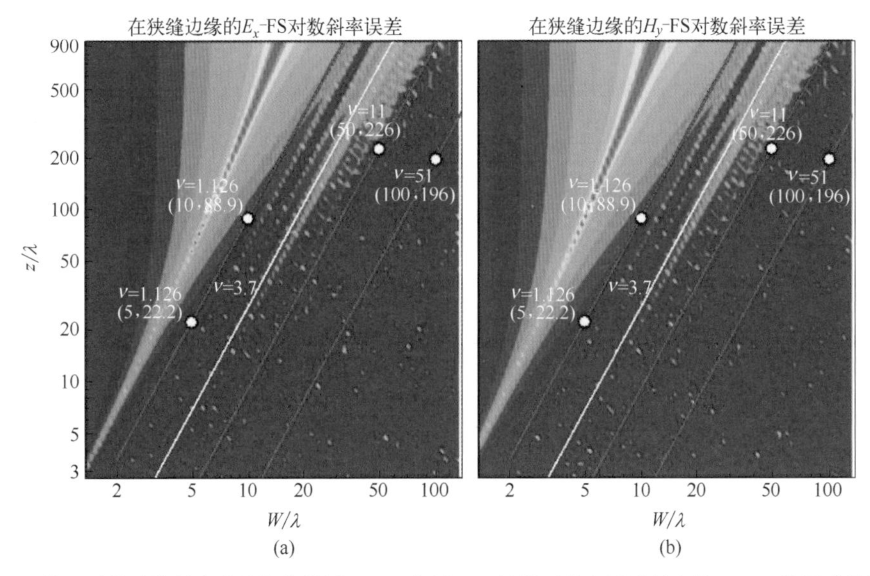

图 A.9 TM-菲涅耳的对数斜率误差等值线图：(a) 使用 TM 情况下的电场进行比较；(b) 使用磁场进行比较。

这里，均方根误差在 W-z 空间的左上角最小。我们对此感到惊讶，并且无法很好地解释该角处对数斜率误差的行为。在 $\nu=1.126$ 和 $\nu=3.7$ 之间的区域，斜率误差迅速变化且较大，这一点不太令人惊讶，且更容易解释。如图 2.9 所示，衍射图样在狭缝的两个边缘呈现两个陡坡的形状，它们之间的强度迅速变化。这些中间峰值合并成越来越少的峰值，直到不再有中间峰值，如图 2.10 中的形状所示。狭缝两边的斜率遵循中间峰值的合并，但是在不同的近似解和精确解之间不完全同步，这解释了 $\nu=1.126$ 和 $\nu=3.7$ 之间的大且快速变化的斜率差异。值得注意的是，出于同样的原因，在图 2.20 和图 2.21 所示的 CD 误差图中可以看到类似的结构。

A.5 多色照明

在 2.3 节中，评估了在单谱线假设下近似方法的有效区域和 CD 误差。实际上，当实施接近式曝光时，更需要宽光谱。这不仅可提供更高的强度以获得更好的产率，而且能使衍射曲线变得平滑，以减少衍射图像中的不稳定行为。这里，研究了多色光对有效区域的影响。选择菲涅耳近似作为范例，因为它可以有效地从列表化的菲涅耳积分中进行评估。汞弧灯的所有五条谱线分别为 313、334、365、405、436nm，相对强度分别为 84、60、192、136、169[3]。因此，多色强度表示为

$$I(x)=\frac{\sum_{i=1}^{5}C_iE_i^*(x,\lambda)E_i(x,\lambda)}{\sum_{i=1}^{5}C_i} \tag{A.4}$$

其中，C_i 是相对强度。图 A.10～图 A.12 是汞弧灯的五条谱线衍射图，以及菲涅耳近似和

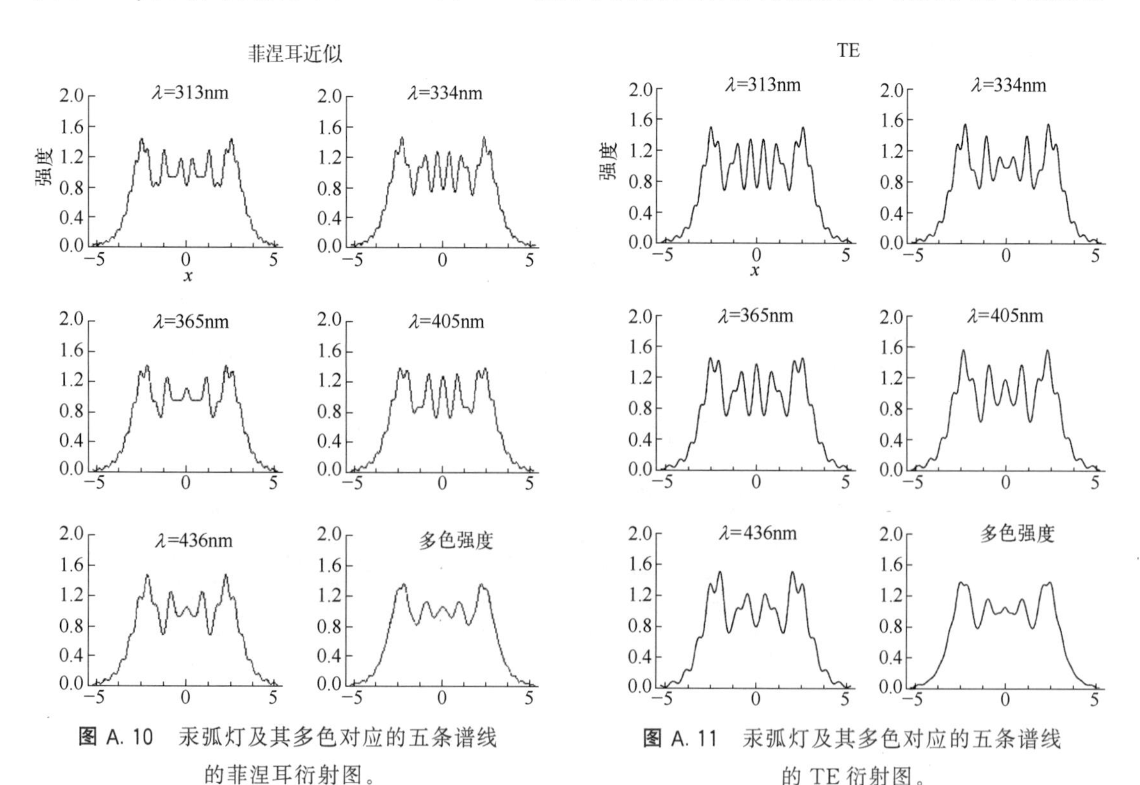

图 A.10 汞弧灯及其多色对应的五条谱线的菲涅耳衍射图。

图 A.11 汞弧灯及其多色对应的五条谱线的 TE 衍射图。

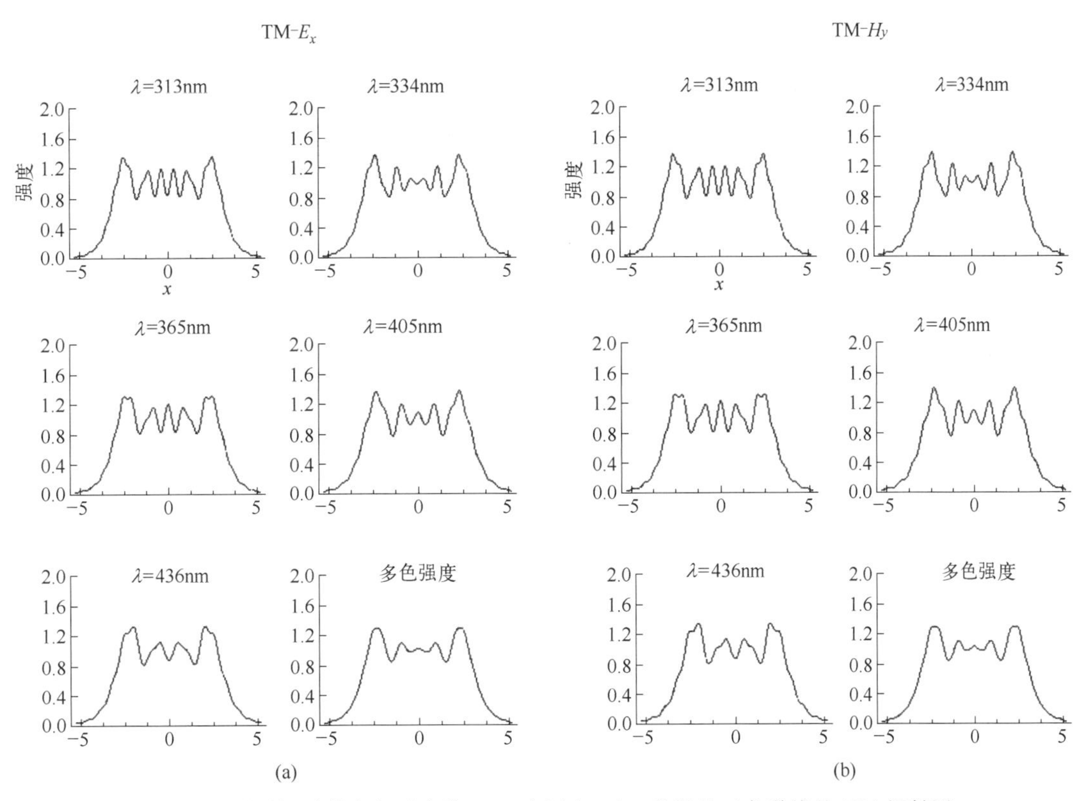

图 A. 12 汞弧灯及其多色对应的（a）电场和（b）磁场的五条谱线的 TM 衍射图。

TE 及 TM 照明的多色衍射图。为了方便起见，狭缝宽度 W 和传播距离 z 都被设置为 7.5μm（≈20λ）。总的来说，多色强度的衍射图样比任何单一波长的都要平滑。此外，被比较的三种情况的多色衍射图案彼此相似，暗示了良好的有效性区域。

均方根误差绘制在图 A. 13 和图 A. 15 所示的 W-z 空间中。每个参数都归一化为 365nm 的中心波长。可以看出相对于图 2. 14 和图 2. 15 中的区域，五个波长的平均效应导致了一个改善的有效区域，在此重新绘制为图 A. 14 和图 A. 16。此外，多色菲涅耳-TE 情况比其单波长情况具有更小的抖动。

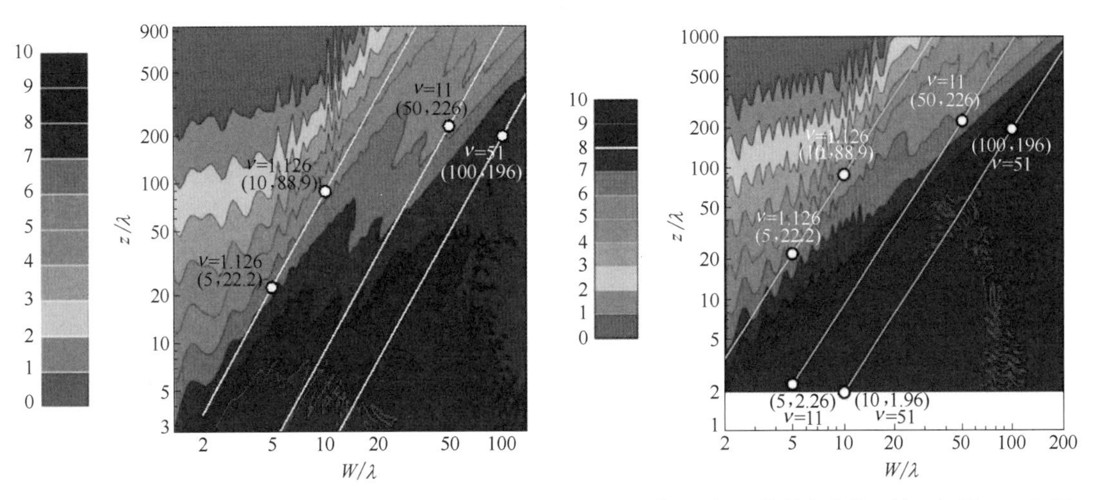

图 A. 13 菲涅耳-TE 的多色改善的有效区域。

图 A. 14 菲涅耳-TE 的单色有效区域（与图 2. 14 相同）。

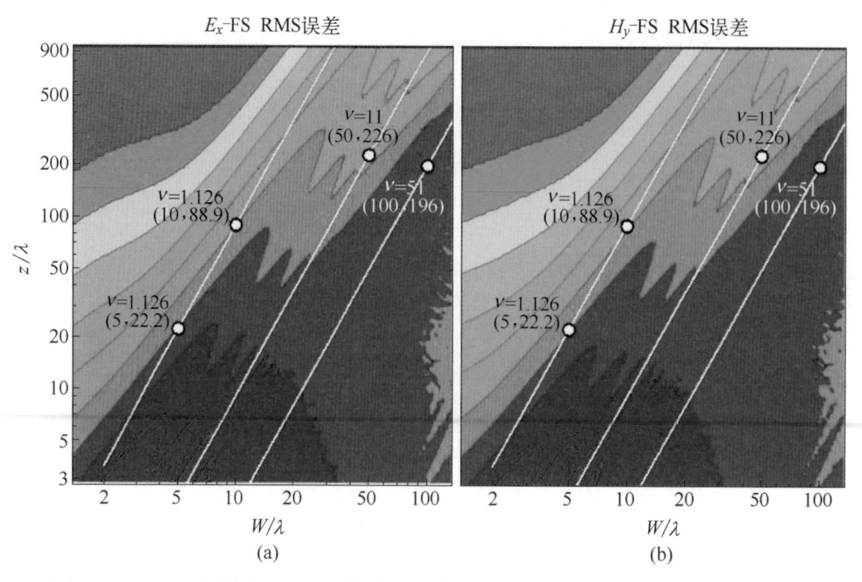

图 A. 15 （a）电场和（b）磁场中对于菲涅耳-TM 的多色改善的有效区域。

A. 6 总结与结论

我们已经讨论了与精确解相比，评价近似方法正确性的几个标准。结论如下：①通过皮尔逊相关系数评估的相似性来显示比基于RMS 误差的相似性更乐观的有效区域；②CD 控制能力用于显示由名义边缘定义的 CD 的有效区域，这一标准不太有前途，但更适合光刻应用；③最后，多色照明有助于提高基于均方根误差的有效区域，我们也期望它能提高相似性，而多色照明的对数斜率预计会稍差。

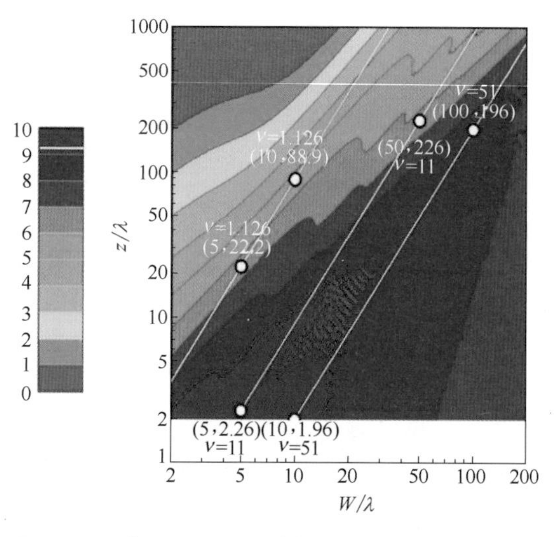

图 A. 16 菲涅耳-TM 的单色有效区域（与图 2. 15 相同）。这里只使用磁场进行比较。

参考文献

1. J. Adler and I. Parmryd, "Quantifying colocalization by correlation: The Pearson correlation coefficient is superior to the Mander's overlap coefficient," *Cytometry* **77A** (8), pp. 733-742 (2010).
2. W. K. Pratt, "Correlation techniques of image registration," *IEEE Transactions on Aerospace and Electronic Systems* **AES-10** (3), pp. 353-358 (1974).
3. R. Newman, Ed., *Fine Line Lithography*, North-Holland Publishing Co, Chapter 2, p. 137 (1980).

附录 B 中英文术语

A

after-develop image (ADI), 显影后图像
after-etch image (AEI), 刻蚀后图像
annular illumination, 环形照明
aperture ratio, 孔径比
application-specific integrated circuit (ASIC), 专用集成电路
astigmatism, 像散
azimuth, 方位角

B

baseline distance, 基线距离
beam splitter, 分束器
BiB overlay mark, 框套框套刻标记
binary complex mask (BCM), 二元复合掩模
binary intensity mask (BIM), 二元强度掩模
binary phase mask (BPM), 二元相位掩模
box-in-box (BiB), 框套框
broadband, 宽带

C

C-Quad illumination, C-Quad 照明
catadioptric system, 折反射系统
central scattering bar (CSB), 中央散射条
chemical mechanical polishing (CMP), 化学机械抛光
chemically amplified resist (CAR), 化学放大光刻胶
chief ray angle at object (CRAO), 物方主光线角
chip, 芯片
chromium, 铬
coma, 彗差
conjugate, 共轭
contact angle, 接触角
cost of ownership (CoO), 拥有成本
critical dimension uniformity (CDU), 关键尺寸均匀性
crosslinking, 交联
cutoff frequency, 截止频率

D

deep UV (DUV), 深紫外
design rule checking (DRC), 设计规则检查
dichroic beam splitters, 分色分束片
die, 管芯、裸片
die-to-database inspection, 管芯到数据库检测
die-to-die inspection, 管芯到管芯检测
diffraction-based overlay (DBO), 基于衍射的套刻
diffractive optical element (DOE), 衍射光学元件
dipole illumination, 双极照明
disk illumination (DKI), 圆形照明
distortion, 畸变
dynamic defects, 动态缺陷

E

edge bead, 边缘珠
edge contrast enhancement, 边缘对比度增强
edge scattering bar (ESB), 边缘散射条
exposure latitude (EL), 曝光裕度
exposure-gap (E-G) methodology, 曝光-间距 (E-G) 法

F

field size, 场尺寸
flare, 耀斑
Fraunhofer approximation, 夫琅禾费近似
Fresnel approximation, 菲涅耳近似
Fresnel number, 菲涅耳数

G

g-line, g 线
ghost line, 鬼线

H

HMDS, 六甲基二硅氮烷
Huygens' principle, 惠更斯原理
hydrophilic material, 亲水材料
hydrophobic material, 疏水材料

I

i-line, i 线
immersion hood, 浸没罩
indene, 茚
interferometer, 干涉仪
interfield basis functions, 场间基函数
interfield CDNU, 场间关键尺寸不均匀性
interfield coordinates, 场间坐标
interfield overlay errors, 场间套刻误差
interfield signature, 场间标记
intrafield basis functions, 场内基函数
intrafield coordinates, 场内坐标

intrafield overlay errors，场内套刻误差
intrafield signature，场内标记
International Technology Roadmap for Semiconductors (ITRS)，国际半导体技术路线图

J

jerk，加加速度

K

kernel，核函数

L

latent image，潜像
least-mean-square method，最小均方法
lens-based configuration (LBC)，基于透镜的配置
light field，光场
line-edge roughness (LER)，线边粗糙度
line-end shortening (LES)，线端缩短
linewidth roughness (LWR)，线宽粗糙度
lithography performance indicator (LPI)，光刻性能指标
log slope，对数斜率

M

mask error-enhancement factor (MEEF)，掩模误差增强因子
mask flatness，掩模平整度
mid-UV，中紫外
mirror image，镜像
multilevel complex mask (MCM)，多级复合掩模
multilevel intensity mask (MIM)，多级强度掩模
multilevel phase mask (MPM)，多级相位掩模
multiple reflections，多重反射
multiple-patterning technique (MPT)，多重图案化技术

N

NA，数值孔径
near UV (NUV)，近紫外
novolak，酚醛树脂
number-average molecular weight，数均分子量
numerical half aperture (NHA)，数值半孔径

O

optical critical dimension (OCD)，光学关键尺寸

P

particle，颗粒
phase-grating focus monitor (PGFM)，相位栅极焦点监视器
photoacid generator (PAG)，光酸生成剂
physical optics approximation (POA)，物理光学近似
pin chucks，销钉卡盘
PMMA，甲基丙烯酸甲酯
point object，点物
Poisson，泊松
polarization-dependent stray (PDS) light，偏振相关杂散光
polychromaticity，多色性
post-apply bake (PAB)，涂胶后烘焙
post-exposure bake (PEB)，曝光后烘焙
processing window，工艺窗口
programmed defect mask (PDM)，可编程缺陷掩模

Q

quadrupole illumination，四极照明

R

reactive ion etching (RIE)，反应离子刻蚀
reduction ratio，缩小倍率
resist blur，光刻胶模糊
resolution-enhancement technique (RET)，分辨率增强技术
reticle，掩模版、光罩
ring field，环形场
ring illumination，环形照明
ripples，波纹
root mean square (RMS)，均方根
root-mean-square (RMS) error，均方根误差
root-sum-square (RSS)，和方根

S

scattering bar (SB)，散射条
scatterometric critical dimension (SCD)，散射测量关键尺寸
self-aligned double patterning (SADP)，自对准双重图案化技术
side-wall angle (SWA)，侧壁角
silylation，硅烷基化
similarity measurement，相似性测量
SiO_2，二氧化硅
site-flatness quality requirement (SFQR)，局部平整度质量要求
slit field，狭缝视场
slit，狭缝
slot，狭槽
source mask optimization (SMO)，光源掩模优化

spherical aberration，球差
spray-and-spin-in-vapor（SASIV），蒸气喷涂旋转
stitching，拼接
stochastic effect，随机效应
subresolution scattering bar（SSB），亚分辨率散射条
subwavelength，亚波长

T

t-BOC，叔丁氧羰基
telecentricity，远心
top antireflection coating（TARC），顶部抗反射涂层
topcoat，顶部涂层
twin-stage system，双工作台系统

W

wafer flat，晶圆定位边
wafer notch，晶圆定位缺口
wafer-based configuration（WBC），基于晶圆的配置
water stains，水渍
wavefront RMS error，波前均方根误差
weight-average molecular weight，重均分子量
working distance（WD），工作距离

X

X-ray，X 射线

作者简介

林本坚（Burn J. Lin）博士是台湾清华大学（清大）特聘研究讲座教授和台积电（TSMC）-清大联合研发中心主任。2000年加入台积电担任资深处长，2011年至2015年担任副总经理和杰出科技院士。早年间，自1970年加入美国IBM T. J. Watson研究中心后，在IBM公司担任过各种技术和管理职务。半个世纪以来，他一直在拓展光学光刻技术的极限。1991年，他创建了Linnovation，Inc.，至今仍是该公司的首席执行官。

林博士是*Journal of Micro/Nanolithography，MEMS，and MOEMS*的创刊主编，美国国家工程院院士，中国台湾“中研院”院士、台湾工业技术研究院院士，IEEE和SPIE终身会士，台湾交通大学和台湾大学联合特聘教授，俄亥俄大学和台湾大学杰出校友。

林博士获得的荣誉有2018年未来科学大奖数学与计算机科学奖，2017年SPIE奖（因在1987年创办了光学微光刻会议），2013年IEEE西泽润一奖，2010年首个SEMI IC杰出成就奖，2009年IEEE Cledo Brunetti奖，2009年Benjamin G. Lamme功勋成就奖，2007年工业技术进步奖，2006年杰出光学工程奖，2005年VLSI Research Inc.的芯片制造行业全明星最有价值专家，2005年台湾两位最佳研发经理之一，2004年PWY基金会杰出研究奖，2004年首届SPIE Frits Zernike奖，2003年杰出科技工作者奖，2002年台湾十大最佳工程师奖；在他的职业生涯中，还获得过两次台积电创新奖、十次IBM发明奖和一次IBM杰出技术贡献奖。

林博士在许多方面一直在开拓：深紫外光刻技术（1975年以来），多层光刻胶体系（1979年以来），2D部分相干成像模拟（1980年以来），曝光-离焦方法（1980年以来），分辨率和焦深的比例方程（1986年以来），k_1降低（1987年以来），1×掩模限制的证明（1987年以来），光学成像中的振动（1989年以来），接触孔电测量（1989年以来），X射线接近式曝光的E-G树（1990年以来），掩模反射率对成像影响的实验演示（1990年以来），透镜最佳NA（1990年以来），衰减型相移掩模（1991年以来），Signamization技术（1996年以来），LWD-η和LWD-β（1999年以来），分辨率和焦深的非近轴比例方程（2000年以来），193nm浸没式光刻（2002年以来），偏振相关杂散光（2004年以来）。他的创新和研究工作跨越了21代光刻技术，从5000nm节点开始，一直延伸到5nm节点。

林博士撰写了两本书以及其他书中的三章内容，发表了132篇以上文章，其中71篇他是唯一或第一作者，还拥有88项美国专利。